本书由青海省科学技术著作出版资金资助出版

"十二五"国家重点图书出版规划项目

典型生态脆弱区退化生态系统恢复技术与模式丛书

三江源区退化草地生态系统恢复与可持续管理

赵新全 等 著

科学出版社
北京

内 容 简 介

三江源区是我国重要的生态功能区，具有丰富的水资源与生物资源，生态地位重要，生态环境脆弱，该地区的生态环境退化已引起各方面的广泛关注。本书系统总结了三江源区退化草地生态系统恢复及可持续发展方面的最新成果，内容包括：三江源区的自然概况、气候变化特征及生态系统演变趋势，典型草地植物群落结构、生产力动态及形成过程，草地退化成因、生态过程、恢复机理及治理措施，适宜优良牧草的筛选和人工草地的建植，草原害鼠及其综合控制，放牧对植物物种多样性、植物及家畜生产力的影响，草地资源的合理利用及草地生态系统可持续管理与展望。

本书可供从事草地生态学、恢复生态学、草原管理学、三江源生态环境问题研究的科研人员、高校教师和研究生阅读，亦可供生态环境保护、草地畜牧业生产及区域可持续发展相关部门的管理人员及技术人员参考。

图书在版编目(CIP)数据

三江源区退化草地生态系统恢复与可持续管理／赵新全等著. —北京：科学出版社，2010

(典型生态脆弱区退化生态系统恢复技术与模式丛书)

“十二五”国家重点图书出版规划项目

ISBN 978-7-03-027059-7

Ⅰ. 三…　Ⅱ. 赵…　Ⅲ. ①退化草地－草地改良－研究－青海省 ②草地－生态系统－研究－青海省　Ⅳ. ①S812. 8②S812. 3

中国版本图书馆 CIP 数据核字（2010）第 048113 号

责任编辑：李　敏　张　菊／责任校对：桂伟利

责任印制：徐晓晨／封面设计：王　浩

科学出版社出版

北京东黄城根北街 16 号

邮政编码：100717

http://www.sciencep.com

北京京华虎彩印刷有限公司 印刷

科学出版社发行　各地新华书店经销

*

2011 年 6 月第　一　版　开本：787 × 1092 1/16

2017 年 4 月第二次印刷　印张：24 3/4

字数：580 000

定价：150. 00 元

如有印装质量问题，我社负责调换

《典型生态脆弱区退化生态系统恢复技术与模式丛书》

编　委　会

《三江源区退化草地生态系统恢复与可持续管理》

撰 写 成 员

主　　笔　赵新全

成　　员　(以姓氏笔画为序)

马玉寿　王启基　刘　伟　周　立　周华坤

赵　亮　施建军　徐世晓　董全民

总　序

我国是世界上生态环境比较脆弱的国家之一，由于气候、地貌等地理条件的影响，形成了西北干旱荒漠区、青藏高原高寒区、黄土高原区、西南岩溶区、西南山地区、西南干热河谷区、北方农牧交错区等不同类型的生态脆弱区。在长期高强度的人类活动影响下，这些区域的生态系统破坏和退化十分严重，导致水土流失、草地沙化、石漠化、泥石流等一系列生态问题，人与自然的矛盾非常突出，许多地区形成了生态退化与经济贫困化的恶性循环，严重制约了区域经济和社会发展，威胁国家生态安全与社会和谐发展。因此，在对我国生态脆弱区基本特征以及生态系统退化机理进行研究的基础上，系统研发生态脆弱区退化生态系统恢复与重建及生态综合治理技术和模式，不仅是我国目前正在实施的天然林保护、退耕还林还草、退牧还草、京津风沙源治理、三江源区综合整治以及石漠化地区综合整治等重大生态工程的需要，更是保障我国广大生态脆弱地区社会经济发展和全国生态安全的迫切需要。

面向国家重大战略需求，科学技术部自“十五”以来组织有关科研单位和高校科研人员，开展了我国典型生态脆弱区退化生态系统恢复重建及生态综合治理研究，开发了生态脆弱区退化生态系统恢复重建与生态综合治理的关键技术和模式，筛选集成了典型退化生态系统类型综合整治技术体系和生态系统可持续管理方法，建立了我国生态脆弱区退化生态系统综合整治的技术应用和推广机制，旨在为促进区域经济开发与生态环境保护的协调发展、提高退化生态系统综合整治成效、推进退化生态系统的恢复和生态脆弱区的生态综合治理提供系统的技术支撑和科学基础。

在过去 10 年中，参与项目的科研人员针对我国青藏高寒区、西南岩溶地区、黄土高原区、干旱荒漠区、干热河谷区、西南山地区、北方沙化草地区、典型海岸带区等生态脆弱区退化生态系统恢复和生态综合治理的关键技术、整治模式与产业化机制，开展试验示范，重点开展了以下三个方面的研究。

一是退化生态系统恢复的关键技术与示范。重点针对我国典型生态脆弱区的退化生态系统，开展退化生态系统恢复重建的关键技术研究。主要包括：耐寒/耐高温、耐旱、耐盐、耐瘠薄植物资源调查、引进、评价、培育和改良技术，极端环境条件下植被恢复关键技术，低效人工林改造技术、外来入侵物种防治技术、虫鼠害及毒杂草生物防治技术，多层次立体植被种植技术和林农果木等多形式配置经营模式、坡地农林复合经营技术，以及受损生态系统的自然修复和人工加速恢复技术。

二是典型生态脆弱区的生态综合治理集成技术与示范。在广泛收集现有生态综合治理技术、进行筛选评价的基础上，针对不同生态脆弱区退化生态系统特征和恢复重建目标以及存在的区域生态问题，研究典型脆弱区的生态综合治理技术集成与模式，并开展试验示范。主要包括：黄土高原地区水土流失防治集成技术，干旱半干旱地区沙漠化防治集成技术，石漠化综合治理集成技术，东北盐碱地综合改良技术，内陆河流域水资源调控机制和水资源高效综合利用技术等。

三是生态脆弱区生态系统管理模式与示范。生态环境脆弱、经济社会发展落后、管理方法不合理是造成我国生态脆弱区生态系统退化的根本原因，生态系统管理方法不当已经或正在导致脆弱生态系统的持续退化。根据生态系统演化规律，结合不同地区社会经济发展特点，开展了生态脆弱区典型生态系统综合管理模式研究与示范。主要包括：高寒草地和典型草原可持续管理模式，可持续农—林—牧系统调控模式，新农村建设与农村生态环境管理模式，生态重建与扶贫式开发模式，全民参与退化生态系统综合整治模式，生态移民与生态环境保护模式。

围绕上述研究目标与内容，在“十五”和“十一五”期间，典型生态脆弱区的生态综合治理和退化生态系统恢复重建研究项目分别设置了 11 个和 15 个研究课题，项目研究单位 81 个，参加研究人员 463 人。经过科研人员 10 年的努力，项目取得了一系列原创性成果：开发了一系列关键技术、技术体系和模式；揭示了我国生态脆弱区的空间格局与形成机制，完成了全国生态脆弱区区划，分析了不同生态脆弱区面临的生态环境问题，提出了生态恢复的目标与策略；评价了具有应用潜力的植物物种 500 多种，开发关键技术数百项，集成了生态恢复技术体系 100 多项，试验和示范了生态恢复模式近百个，建立了 39 个典型退化生态系统恢复与综合整治试验示范区。同时，通过本项目的实施，培养和锻炼了一大批生态环境治理的科技人员，建立了一批生态恢复研究试验示范基地。

为了系统总结项目研究成果，服务于国家与地方生态恢复技术需求，项目专家组组织编撰了《典型生态脆弱区退化生态系统恢复技术与模式丛书》。本丛书共 16 卷，包括《中国生态脆弱特征及生态恢复对策》、《中国生态区划研究》、《三江源区退化草地生态系统恢复与可持续管理》、《中国半干旱草原的恢复治理与可持续利用》、《半干旱黄土丘陵区退化生态系统恢复技术与模式》、《黄土丘陵沟壑区生态综合整治技术与模式》、《贵州喀斯特高原山区土地变化研究》、《喀斯特高原石漠化综合治理模式与技术集成》、《广西岩溶山区石漠化及其综合治理研究》、《重庆岩溶环境与石漠化综合治理研究》、《西南山地退化生态系统评估与恢复重建技术》、《干热河谷退化生态系统典型恢复模式的生态响应与评价》、《基于生态承载力的空间决策支持系统开发与应用：上海市崇明岛案例》、《黄河三角洲退化湿地生态恢复——理论、方法与实践》、《青藏高原土地退化整治技术与模式》、《世界自然遗产地——九寨与黄龙的生态环境与可持续发展》。内容涵盖了我国三江源地区、黄土高原区、青藏高寒区、西南岩溶石漠化区、内蒙古退化草原区、黄河河口退化湿地等典型生态脆弱区退化生态系统的特征、变化趋势、生态恢复目标、关键技术和模式。我们希望通过本丛书的出版全面反映我国在退化生态系统恢复与重建及生态综合治理技术和模式方面的最新成果与进展。

典型生态脆弱区的生态综合治理和典型脆弱区退化生态系统恢复重建研究得到“十五”和“十一五”国家科技支撑计划重点项目的支持。科学技术部中国21世纪议程管理中心负责项目的组织和管理，对本项目的顺利执行和一系列创新成果的取得发挥了重要作用。在项目组织和执行过程中，中国科学院资源环境科学与技术局、青海、新疆、宁夏、甘肃、四川、广西、贵州、云南、上海、重庆、山东、内蒙古、黑龙江、西藏等省、自治区和直辖市科技厅做了大量卓有成效的协调工作。在本丛书出版之际，一并表示衷心的感谢。

科学出版社李敏、张菊编辑在本丛书的组织、编辑等方面做了大量工作，对本丛书的顺利出版发挥了关键作用，借此表示衷心的感谢。

由于本丛书涉及范围广、专业技术领域多，难免存在问题和错误，希望读者不吝指教，以共同促进我国的生态恢复与科技创新。

丛书编委会

2011年5月

序

三江源地区地处青海省南部高原，总面积36.3万km^2，因中华民族的两条母亲河（长江、黄河）及著名国际河流澜沧江发源于境内，而获得“中华水塔”的美誉。其中黄河、长江、澜沧江地表径流量的49%、25%和2%分别来源于此。三江源区分布着我国面积最大、海拔最高的天然高寒湿地；区内冰川资源丰富，是河流湖泊的重要补给水源。三江源地区是我国最重要的生态功能区之一，区内发育有丰富而独特的高寒植被，是高寒生物自然种质资源库，在涵养水源、固碳增汇、维持生物多样性等方面作用显著。由于作为青藏高原主体的三江源地区的热力作用和动力作用在东亚地区初夏大气环流转换过程中起着非常重要的作用，其下垫面植被的变化对于高原东亚季风环流和我国气候的变化有重大影响。正是由于该地区水资源、气候和生态系统的独特性、原始性与脆弱性，使得该地区成为全球变化的敏感区，备受国际科技界瞩目。

近年来在气候变化和人类活动的共同影响下，三江源地区草场退化、土地沙化、水土流失、河流径流量减少、冰川萎缩和湖泊水位下降等生态与水资源问题日益严重，对当地乃至我国社会经济的可持续发展造成了严重的影响，引起党中央、国务院的高度重视。对此，国务院于2005年正式批准实施《青海三江源自然保护区生态保护和建设总体规划》，此外即将实施“三江源国家生态保护综合试验区”等项目，这些项目投资大、周期长，具有艰巨性和复杂性，是惠及三江流域乃至全国的宏大生态工程。这些项目工程不仅关系到三江源区人民的利益，更关系到我国经济社会的可持续发展和全面实现小康社会宏伟目标的大局。保护和建设好三江源生态环境，恢复其生态功能，实现区域生态环境良性循环与草地畜牧业的可持续发展，改善农牧民生存条件，提高人民生活水平，是历史赋予我们的光荣使命。

在中国科学院西部行动计划、国家科技支撑计划、青海省科技攻关计划、三江源自然保护区生态保护和建设总体规划等科研与推广项目的支持下，中国科学院西北高原生物研究所、青海省畜牧兽医科学院等科研单位，紧紧围绕恢复生态学的国际学术热点问题和区域社会经济可持续发展的重点进行了长期系统的研究。这些研究以三江源高寒草地生态系统为研究对象，通过国内外有效合作，运用生态学、草业科学、畜牧学、土壤学、气象学、草原管理等学科的系统理论，开展了野外长期监测、定位控制实验和试验示范等方面的研究，并在三江源区的自然概况、气候变化特征及生态系统演变趋势，典型草地植物群落结构、生产力动态及形成过程，草地退化成因、生态过程、恢复机理及治理措施，适宜优良牧草的筛选和人工草地的建植，草原害鼠及其综合控制，放牧对植物物种多样性、植物及家畜生产力的影响，草地资源的合理利用及草地生态系统可持续管理等方面取得了可喜的进展。

这部专著是高原生态科学工作者们多年研究的系统总结。有些研究成果，诸如草籽生产及加工、退化草地的生态恢复、天然草地及人工草地合理放牧利用、家畜冷季科学补饲及育肥等方面的技术规程，已由青海省质量技术监督局颁布为青海省地方标准。通过研究已经初步建立了三江源区生态保护和可持续发展的配套技术体系，经过实践检验，在三江源草地生态功能恢复和可持续利用方面取得了良好的效果。

这部专著既是以上研究成果的集中反映，也是对我国恢复生态学及区域可持续发展领域的重要贡献。它的出版将为三江源区退化草地生态系统恢复与可持续管理提供重要的理论基础和技术支撑，并对加速恢复三江源区退化生态系统的服务功能、合理利用草地资源、发展草地生态畜牧业、促进三江源区可持续发展，具有重要的理论价值和实践意义。在该书即将出版之际，我很高兴地为之作序，并向长期在高寒草地进行科研和实践工作的科技工作者们表示深深的敬意与祝贺。

中国工程院院士

2011 年 3 月

前　言

在书稿即将完成之际，便开始为新书的前言写些什么而忙碌，不禁浮想联翩。此刻我正在前往北京的飞机上，似乎云端之上的我心绪和思维都变得异常活跃，思绪一下跌进回忆里。时光荏苒，往事早已深深地铭刻于脑海，历历在目，难以忘怀。将时针拨回 1982 年 8 月，那时我刚刚参加工作，带着青春的梦想和一腔热忱，寸草欲报三春晖，与同事们一同乘坐解放牌大卡车前往中国科学院海北高寒草甸生态系统研究站，一路颠簸。当车翻越大阪山时，天突然下起雨来，虽然单位给我们配备了羽绒服，但高海拔缺氧又寒冷的气候，对于我这个来自陕西农村的孩子来说还是一个不小的考验。经过近 10 个小时的车程，终于抵达目的地——海北站（我们习惯了这样简称）。我的老师皮南林先生便详细地介绍了海北站的工作，并手把手地教我开展藏系绵羊的放牧及营养代谢实验，而且告诉我今后家畜方面的野外研究工作主要由我来完成，从此我就与海北站的家畜放牧生态学研究结下了不解之缘：在绵羊及牦牛的食性、食量、体重变化、消化代谢、能量平衡等方面开展研究，同时还与周兴民先生指导的植物组成员联合组成放牧生态研究大组，学到很多植物学方面的知识。一边搞科研，一边“串帐房”、访牧民，了解他们的生产、生活情况，掌握了不少“一线”资料。每天晚饭后的篮球赛和可口免费的牦牛酸奶成为那段青春岁月里令我快乐和满足的事情；连夜寻找丢失的试验羊不慎被困沼泽地的情景也至今让我心惊胆战；冬季在河里破冰打水时水桶粘去手皮见证了青藏高原的寒冷。其间有苦、有乐，也有危险。直到 1999 年，我一直从事放牧生态学及动物营养学研究工作。在此期间一起工作的还有王启基、周立、张松林、赵多琥 、史顺海、林亚平、冯金虎等先生。通过研究我们得出青海草地传统畜牧业生产效率低下、过度放牧是草地退化的主要原因，鼠害是草地退化的结果而不是原因，草地退化引起鼠害，进而加速了草地退化的进程等科学结论，为以后工作的扩展打下了良好的基础。

从 2000 年起，在科学技术部“十五”攻关项目的支持下，我们将工作地域逐步拓展到三江源区。2001 年 4 月在朗百宁、周立、王启基先生的指导下，我们将新的研究工作布局在青南高原玛沁县的军牧场，其间研究团队不断壮大，刘伟、周华坤、徐世晓、赵亮等许多年轻的科学工作者的加入，为我们的团队注入了新的活力，随后青海省畜牧兽医科学院的马玉寿、董全民、施建军、李青云等先生也加入其中，同时，果洛藏族自治州的各级领导及草原站的李有福、李发吉先生也给予了无私的帮助。试验地海拔接近 4000 m，高寒缺氧，条件十分艰苦。我们面对的是一片片杂草蔓延、没有生机的“黑土滩”不毛之地和凛冽刺骨的狂风、肆虐寒彻的雨雪，但我们大家没有退缩，更坚定了信心和力量去从容面对这些困难。风餐露宿、与牧民同吃住、共度时艰，同志们当时吃面片时那种迷茫无奈、哭笑不得的尴尬表情，成为现在闲暇时相互调侃的话题，亲切而难忘。当年建立了牧草良种繁育、以恢复植被为目的的多年生人工草地，完成了天然草地补播施肥及除莠灭杂、鼠害综合防治、牛羊冬季舍饲育肥等多项试验研究，研究区域约 3 万亩①，开了在海拔 4000 m 大面积建植人工草地的先河，同时建立起气象观测场、增温试验平台、碳通量观测塔等设施，收集了大量的第一手资料。在试验示范工作的基础上，提出了草地退化分等级治理的途径与方法、草地鼠害综合治理的理念，分别完成了草籽生产及加工、退化草地的生态恢复、天然草地及人工草地合理放牧利用、家畜冷季科学补饲及育肥等方面的技术规程编制，提出了“120 资源转换”模式。建立“以地养地”的模式是解决草畜之间季节不平衡矛盾的重要措施，也是保证冷季放牧家畜营养需要和维持平衡饲养的必要手段。

2006 年起，在国家科技支撑计划、中国科学院西部行动计划、青海省重大科技专项等项目的支持下，我们重新调整研究计划，将生态恢复与区域畜牧业生产紧密结合，争取实现生态环境保护与区域畜牧生产、农牧民致富的双赢。应用生态系统耦合理论及生态学原理，建立了典型草地牧业区、农牧交错区和河谷农业区农牧业生产系统耦合的“三区理论”及相应的生产范式，实现三大效应：时空互补效应、资源互作效应、信息与资金的激活效应。建立了稳定、高产的人工草地，加强冷季补饲，搭起区域间资源流动桥梁，减缓系统间的时空相悖性。证明在三江源区严重退化且难以自然恢复的退化草地建植人工植被是可行的也是必要的，并在三江源东部条件较好的地区建立了 20 余万亩的人工饲草料基地，结合青干草、青贮、草颗粒及全价颗粒饲料加工的饲草料加工体系和集约化舍饲育肥示范基地，年育肥牛羊 20 万头（只），牧民的收入得到大幅度提高，初步实现了当初从丹麦回来拟建立青藏高原饲草料基地的梦想。当接过巴滩果洛生态移民新村牧民送来的具有浓郁民族特色的锦旗时，我为之感动，心中是沉甸甸的，这其中有满足、有安慰，更有一份责任。2008 年正月初八冒着满天纷飞的大雪与青海省科技厅厅长解源同志再次去果洛新村调研，牧民们渴望致富的眼神和积极生活的热情让我觉得很是欣慰，多少年来利用节假日深入牧区牧户、指导生产生活的辛劳顿时化为满心的幸福和自豪，那一刻嘴角露出的是来自心底的微笑。

结合青海生态立省战略的实施及绿色发展的理念，我们定义了草地畜牧业的内涵及发展的三个阶段，即以生态保育为前提的草地生态畜牧业的模式，这是生态畜牧业的初级阶段，适合于自然条件差的广大天然草地区；以资源循环利用为目标的生态畜牧业发展模式，这种生产方式是生态畜牧业的一更高种形式，适应于农牧交错区、退耕还草（林）及有条件建植人工草地的区域；现代健康养殖的有机畜牧业生产方式，这种方式利用区域草

① 1 亩≈667m^2，后同。

地畜牧业的环境优势，发展有机畜产品，生产纯天然、高品位、高质量、高附加值的健康肉食品。通过实践，凸显了它的活力，可以说这是青海草地畜牧业发展新的突破，它将实现青海草地畜牧业由量变到质变的跨越。

以上内容均在本书中有所体现。但三江源疆域辽阔，环境异质性大，生物、环境、人类活动相互作用极其复杂，鉴于我们认识自然的手段有限，有“瞎子摸象”之感。可以说本书的出版发行是我们事业的一个新开始。如果现在要我回答一位朋友提出的我为何不换个地方工作的疑惑，这可能是原因之一吧。在此要特别感谢与本著作有关的项目专家组成员傅伯杰、欧阳志云、蔡运龙、李秀彬、刘国华等先生及项目主管部门的解源、冯仁国、高延林、邢小方、格泽彭措、沈建忠、黄铁青、庄绪亮、赵涛、张超远、黄圣彪、张书军、王磊、柯兵、曹慧、马瑞等同志，感谢他们无私的帮助与亲切的关怀，这本书同样属于他们。

本书的研究得到中国科学院西部行动计划项目“三江源区受损生态系统修复机制及可持续管理试验示范”（KZCX2-XB2-06-02），国家科技支撑计划项目“高寒草地退化生态系统综合整治技术研究”（2006BAC01A02）、“三江源区退化草地生态修复关键技术集成与示范”（2009BAC61B02）、“三江源区适宜性草－畜产业发展关键技术集成与示范（2009BAC61B03）”，“十五”国家科技攻关计划重大项目“江河源区退化草地治理技术与示范”（2001BA606A-02）、青海省重大科技专项“青海省种草养畜技术集成与示范”（2009A1-1），中国科学院院士咨询评议项目“三江源国家生态保护综合试验区生态经济发展中的若干重大问题研究”（2009-0405-3）等项目支持。中国科学院海北高寒草甸生态系统研究站、中国科学院西北高原生物研究所三江源草地生态系统观测研究站、中国科学院高原生物适应与进化重点实验室、青海省寒区恢复生态学重点实验室为本研究提供了先进的研究平台和完备的实验条件，在此一并致谢！

书稿本该在四年前就完成，但总觉得需要完善的东西太多，便一拖到今，深感遗憾和歉意。本书各章的写作主笔分别为：第 1 章徐世晓、赵新全；第 2 章周立、周华坤；第 3、4 章王启基、周华坤；第 5 章王启基、赵亮；第 6 章马玉寿、施建军；第 7 章刘伟；第 8、9、10 章董全民、赵新全；第 11 章赵新全、周华坤、董全民、徐世晓。在书稿统稿过程中，周华坤、董全民、徐世晓、赵亮等做了大量的工作，显示出年轻人的活力和智慧，从他们身上，我看到了三江源生态恢复及区域可持续发展的未来与希望。

本书内容涉及多方面，由于笔者才疏学浅，对问题的认识不尽完善，难免有不足之处，恳请读者批评指正。

赵新全

2011 年 1 月 10 日

目　录

总序
序
前言
第 1 章　三江源区的自然概况 …… 1
1.1　地质地貌 …… 1
1.2　气候 …… 5
1.3　水文特征 …… 9
1.4　土壤 …… 10
1.5　植被 …… 13
1.6　野生动物 …… 20
第 2 章　三江源区气候变化特征及其生态系统演变趋势 …… 23
2.1　自然景观演化 …… 23
2.2　三江源区气候变化特征 …… 24
2.3　生态系统变化及演变趋势 …… 34
2.4　三江源区草地退化驱动力分析 …… 36
第 3 章　典型草地植物群落结构、生产力动态及形成过程 …… 44
3.1　高寒草甸主要类型植物群落结构特征 …… 44
3.2　高寒草甸生物量动态及其形成机制 …… 57
第 4 章　高寒草甸草地退化成因、生态过程及恢复机理研究 …… 85
4.1　草地退化与恢复的概念及其研究进展 …… 86
4.2　草地退化现状及其退化类型 …… 90
4.3　草地退化原因 …… 93
4.4　高寒草地退化机理与生态过程 …… 108
4.5　退化草地恢复演替进程 …… 122
第 5 章　三江源区高寒草甸退化草地治理模式 …… 127
5.1　天然草地退化程度及恢复技术 …… 127
5.2　退化草地治理技术的筛选及其特点 …… 133
5.3　轻度退化草地治理模式 …… 135
5.4　中度退化草地治理模式 …… 137
5.5　重度退化草地治理模式 …… 138
5.6　退化草地治理效果分析 …… 139
5.7　退化草地综合治理模式 …… 144
第 6 章　适宜优良牧草的筛选与人工草地建植 …… 145
6.1　优良牧草的筛选与评价 …… 145

6.2　优良牧草的生物生态学特性及栽培要点 …… 151
6.3　人工草地的建植与管理 …… 158
第7章　草地害鼠及其综合控制 …… 171
7.1　主要害鼠的生物学特征 …… 171
7.2　草地害鼠爆发原因及危害特点 …… 176
7.3　草地害鼠防治技术 …… 181
7.4　草地鼠害的综合防治——以三江源区高原鼠兔为例 …… 187
第8章　放牧对草地生产力及生物多样性的影响 …… 197
8.1　放牧演替及其发生机制 …… 198
8.2　放牧对草地植物生产力的影响 …… 200
8.3　放牧对牧草品质的影响 …… 216
8.4　放牧对植物多样性的影响 …… 223
第9章　放牧对家畜生产力的影响 …… 230
9.1　自然放牧下家畜采食量及生产力变化 …… 230
9.2　天然草地放牧家畜个体增重 …… 241
9.3　天然草地放牧家畜单位面积增重 …… 244
9.4　人工草地放牧牦牛个体增重 …… 245
9.5　人工草地牦牛单位面积增重 …… 247
第10章　三江源区草地资源合理利用 …… 249
10.1　天然草地资源的合理放牧利用 …… 249
10.2　人工草地的合理放牧利用 …… 258
10.3　草产品加工技术 …… 262
10.4　牦牛和藏系绵羊暖棚舍饲育肥 …… 275
第11章　三江源区草地生态系统可持续管理与展望 …… 289
11.1　生态系统可持续管理的概念、原理和方法 …… 289
11.2　三江源区草地生态系统可持续管理的原则 …… 290
11.3　生态系统耦合理论及其应用 …… 295
11.4　生态畜牧业理论及其实践 …… 302
11.5　草地生态系统可持续管理展望 …… 311
参考文献 …… 320
附件 …… 338
附件1　高寒草甸中、轻度退化草地植被恢复技术规程 …… 338
附件2　“黑土型”退化草地等级划分及综合治理技术规程 …… 343
附件3　“黑土型”退化草地（黑土滩）人工植被建植及其利用管理技术规范 …… 347
附件4　高寒草甸牦牛放牧利用技术规程 …… 353
附件5　高寒人工草地牦牛放牧利用技术规程 …… 359
附件6　高寒牧区藏羊冷季补饲育肥技术规程 …… 364
附件7　高寒牧区牦牛冷季补饲育肥技术规程 …… 371

第 1 章　三江源区的自然概况

1.1　地 质 地 貌

三江源区位于青藏高原腹地，是青藏高原的主体部分，地理位置介于东经 89°24′ ~ 102°41′、北纬 31°39′ ~ 36°16′。古近纪 – 新近纪末逐渐由海洋抬升成为陆地，在新近纪时高原隆升高度不高，甘肃、新疆一带还多是草原，山区较湿润，有森林分布。到中更新世晚期，高原及西北众多的山脉已隆升至相当高度，这时的准高原面在青藏高原地区达到 3000 m 左右，对水汽的阻滞作用显著，下沉气流强盛，致使我国西北大部分地区出现大片荒漠，到第四纪新构造运动时随着青藏高原继续隆起，形成古代侵蚀地貌。昆仑山及其支脉的巴颜喀拉山、阿尼玛卿山和唐古拉山脉构成了三江源区的骨架，海拔 3335 ~ 6564 m，平均海拔约 4000 m，其间由一系列相间分布的高山、沟谷、盆地等组成，并分布有冰川、裸岩、高寒荒漠、草甸、湿地、湖泊与河流。区域内原始自然植被及其富含有机质的土壤使其水源涵养功能显著，素有"中华水塔"之称，长江总水量的 25%、黄河总水量的 49%、澜沧江总水量的 15% 均来自三江源区（任继周和林慧龙，2005）。它不仅是我国中下游地区水源和生态环境安全的保障，而且对东南亚国家生态安全和区域可持续发展也具有不容忽视的作用。

1.1.1　三江源区范围界定

从行政区划来看三江源区西部以新疆维吾尔自治区为界，南部紧邻西藏自治区，东部、东南部与甘肃省和四川省毗邻，北以青海省海西藏族自治州，海南藏族自治州的共和县、贵南县、贵德县及黄南藏族自治州的同仁县为界（图 1-1）。

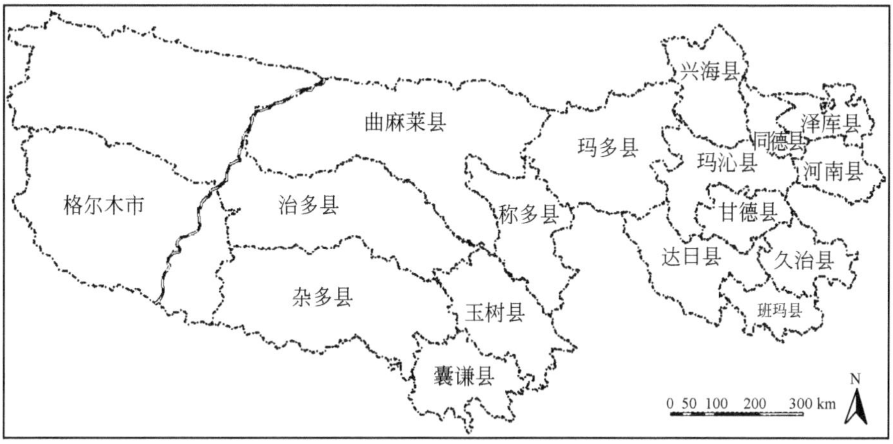

图 1-1　三江源区行政区划图

行政区域包括果洛藏族自治州的玛多县、玛沁县、达日县、甘德县、久治县、班玛县6个县；玉树藏族自治州的称多县、杂多县、治多县、曲麻莱县、囊谦县、玉树县6个县；海南藏族自治州的兴海县、同德县2个县；黄南藏族自治州的泽库县、河南县2个县；以及格尔木市代管的唐古拉山乡，共16个县，109个乡（镇），679个行政村（表1-1）。

表1-1　三江源区所辖州、县、乡（镇）名录

州名	县名	乡（镇）名
玉树藏族自治州	玉树县	结古镇、隆宝镇、下拉秀镇、仲达乡、巴塘乡、小苏莽乡、上拉秀乡、安冲乡
	囊谦县	香达镇、毛庄乡、娘拉乡、觅扎乡、吉曲乡、着晓乡、吉尼赛乡、东坝乡、尕羊乡、觉拉乡
	称多县	称文镇、歇武镇、扎朵镇、清水河镇、珍秦镇、拉布乡、尕朵乡
	治多县	加吉博洛格镇、索加乡、扎河乡、多彩乡、治渠乡、立新乡
	杂多县	萨呼腾镇、昂赛乡、结多乡、阿多乡、苏鲁乡、查旦乡、莫云乡、扎青乡
	曲麻莱县	约改镇、巴干乡、秋智乡、叶格乡、麻多乡、曲麻河乡
果洛藏族自治州	玛沁县	大武镇、拉加镇、大武乡、东倾沟乡、雪山乡、下大武乡、优云乡、当洛乡
	班玛县	赛来塘镇、达卡乡、吉卡乡、知钦乡、玛柯河乡、多贡麻乡、江日堂乡、亚尔堂乡、灯塔乡
	达日县	吉迈乡、上红科乡、下红科乡、桑日麻乡、特合土乡、建设乡、满掌乡、窝赛乡、德昂乡、莫坝乡
	久治县	智青松多镇、索乎日麻乡、哇赛乡、门堂乡、哇尔依乡、白玉乡
	玛多县	扎陵湖乡、黑河乡、黄河乡、花石峡镇
	甘德县	柯曲镇、江千乡、青珍乡、下贡麻乡、上贡麻乡、下藏科乡、岗龙乡
黄南藏族自治州	河南县	优干宁镇、宁木特乡、赛尔龙乡、柯生乡、多松乡
	泽库县	泽曲镇、宁秀乡、和日乡、王家乡、多禾茂乡、多福顿乡、西卜沙乡
海南藏族自治州	同德县	秀麻乡、唐干乡、谷芒乡
	兴海县	中铁乡、龙藏乡、温泉乡、曲什安乡
海西蒙古族自治州	格尔木市	唐古拉山乡

目前在三江源区生态环境研究中，关于三江源区范围有两种比较典型的观点：一种是以地理概念上的流域干流水文网形成的河源区为范围，即黄河源区以多石峡为界，长江源区以楚玛尔河汇合口为界，澜沧江以玉树藏族自治州杂多县为界，认为无论是生态环境研究或者自然地理、水文方面的研究，均应该恪守“源区”的地理限制；另一种是以宏观自然区划为基础，认为龙羊峡水库以上的区域应为黄河源区，该界线与青藏高原同季风气候区和干旱区的分界线接近；直门达水文站以上区域为长江源区。黄河流域生态环境研究的源区不应仅局限在多石峡以上地带，应该以达日县境内的麦多唐宫玛峡为界，以上区域为生态环境研究的黄河源区，该区域大致位于33°00′～35°35′N及96°00′～99°45′E的范围，

流域面积 7.46 万 km^2。长江流域生态环境研究的源区范围应在楚玛尔河口至治多县与玉树县相交一带，以登尔龙曲汇口至治多县境为界，大致范围位于 32°30′～35°40′N、90°30′～95°35′E，流域控制面积约 11.42 万 km^2（王根绪等，2001）。澜沧江在昌都以上分为两支，西支为昂曲，东支为扎曲。扎曲河长 518 km，昂曲河长 364 km，作为澜沧江正源的扎曲发源于青海省玉树藏族自治州杂多县境内，在杂多县西北部，距离杂多县城约 110 km 的尕纳松多（94°36′40″E、33°12′33″N）又分为两支，即扎阿曲与扎纳曲（靳长兴和周长进，1995）。

从生态环境演变研究的角度出发，依据自然地理学的流域界定原则，冯永忠等（2004）在广泛查阅文献资料的基础上，结合实地考察确定黄河源区在青海省的范围：黄河源区的界定行政区划上包括曲麻莱县（麻多乡）、称多县（清水河乡）、玛多县、达日县、班玛县（部分）、久治县、甘德县、玛沁县、河南县、泽库县、同德县、兴海县、贵南县、共和县、贵德县、化隆县、同仁县、尖扎县、循化县 19 个县；南以巴颜喀拉山为界，西北以布青山为界，北部以拉鸡山为界，东以青海省为界；在青海省内的流域面积为 12.3612 万 km^2，若包括甘川Ⅰ大转弯，流域面积为 14.38 万 km^2。长江源区的界定，认为从区域生态环境演变特征角度出发，确定长江源区东以巴颜喀拉山为界，北至昆仑山脉，西至青海省界，南到唐古拉山北坡。行政区划上主要包括海西蒙古族藏族自治州唐古拉乡（格尔木市代管区），玉树藏族自治州的杂多县、治多县（部分）、曲麻莱县（部分）、称多县（部分）、玉树县（部分）。长江干支流在青海省内的流域面积为 15.55 万 km^2。青海省境内的澜沧江源区指其干流流域及支流流域的集水面积，从青海省行政区划图、青海省地形地貌图，结合青海省水利志及各县的农牧业区划可以判定，澜沧江源区在青海省主要包括杂多县部分、囊谦县全部和玉树县部分，流域面积约为 3.7028 万 km^2。

1.1.2　地质地貌特征

三江源区在古近纪－新近纪中期以前，同西藏高原、川西高原、滇西北高原一起，曾被古地中海（特提斯海）所淹没。自渐新世末，发生了强烈的喜马拉雅造山运动，海水西撤，青藏高原才大规模、急剧地从沧海中升起成为陆地。这次造山运动强烈地影响着整个青藏高原及其外围地区的地质构造，在喜马拉雅造山运动之后，形成了三江源区现代山岳形态的基本特征。三江源地区是青藏高原的腹地和主体，以山地地貌为主，山脉绵延、地势高耸、地形复杂，海拔为 3335～6564 m。四大山脉构成三江源区地貌的基本骨架，北面，莽莽的昆仑山横空出世；西面，绵延的可可西里山神奇壮丽；东面，巍巍的巴颜喀拉山高峻逶迤；南面，雄伟的唐古拉山冰雪接天。这些巨大的山系纵横错落，在高原面上耸立起 2000 余座海拔 5000 m 以上的高峰。每一座高峰之上便是终年不化的积雪和千万年凝冻的冰川，冰川总面积超过 5000 km^2，储水量约 4000 亿 m^3。这些大山不仅是江河的摇篮，也成为一条条大江大河的分水岭。

长江源区在大地构造上位于青藏“歹”字形构造头部的中间带和南西带北部，北部基岩岩性主要是古生代和三叠纪的大理岩、片岩、灰岩以及坚硬的花岗岩等，南部主要是侏罗纪、白垩纪和古近纪－新近纪的泥岩、黏土岩和灰岩岩系。长江源区区域地貌特征是巨大山脉从北、西、南三面围限，中部形成一个巨大的盆谷地，昆仑山和唐古拉山呈南北挟持状态，西侧有大致南北向的乌兰乌拉山和北西—东南向的祖尔肯乌拉山与之汇接，封闭了西部边界，从而造成河源区三面环山的盆、谷地态势，属于岭谷构造地貌。在盆地内部，还有次一级的岭谷构造。通天河支流北侧的中高山将东西走向的楚玛尔河谷地、北麓河谷地和沱沱河谷地分开，祖尔肯乌拉山的余脉又将沱沱河谷与尕尔曲河谷分割，呈现由北而南岭谷相间排列的规律。当曲流域东南部这种规律已不明显，多是块状丘陵和中低山分割各支流谷地。长江源区可以分为三个大的地貌单元：唐古拉山高山区山峰的走向多为北西西向，仅在其西段，唐古拉山口以西出现北东至北东东走向的山岭，唐古拉山山体宏伟高大，海拔为5500～6000 m，高山与山麓地带有500～1000 m的高差。西部为长江源高平源区地势平缓开阔，湖泊沼泽发育，其中以波状起伏的高原面为其主要特征，高原面海拔多为4500～5000 m，其山岭的走势大体以90°E为界，以东为北西西向，以西多为北东至北东东向。长江源区东部为巴颜喀拉山高山区。

黄河源区是新生代构造凹陷带，在古近纪－新近纪时是大湖盆，在今盆地南北两侧分布有红色碎屑岩和红色泥岩地层。古近纪－新近纪时周围山地不高，是一个海拔为500～1000 m的低山丘陵盆地景观。第四纪时期，黄河源区主要以河湖相沉积为主，在山地发育沉积有冰碛物及冰缘沉积。在湖盆区主要为粉砂岩及黏土岩，湖岸有风沙及沙丘沉积。黄河源区中的地貌特征是在高原面上一系列近于平行的低山与宽谷、河湖盆地相间排列，平均海拔4000～5000 m，巴颜喀拉山、阿尼玛卿山和布青山环绕四周，各山脉之间相对高差不大，地形相对开阔，起伏平缓，河流切割较弱，高原面保留完整。源区北为高山，其中布青山海拔为4500～5000 m，最高峰海拔5415 m，北坡有悬冰川；阿尼玛卿山海拔为5000 m左右，最高峰玛卿岗日海拔6282 m；南部巴颜喀拉山较低，一般海拔高程为5000 m左右，中段最高峰海拔5266 m，无现代冰川发育。黄河源区处于东西向的构造凹地中，西面海拔达4500 m，东面多石峡河谷段海拔4200 m，再向东至达日河段海拔至3900 m。黄河河源段是发育于盆湖内的平原性河流，河床浅宽、河谷不明显，湖泊众多。黄河源区地势西高东低，高原面保留完整，山体相对高度不大。另外，黄河河源地貌发育过程十分活跃，在强烈的地壳隆起和下沉内应力作用下，加之外应力寒冻冰缘作用与流水作用，内外力作用互相制约，塑造着河源区的地形地貌特征。区内多年冻土极为发育，形成了分布极为广泛的冻胀丘、融冻泥流阶地、滑塌和热融湖塘等冻土地貌（王根绪等，2001；三江源自然保护区生态环境编辑委员会，2002）。

澜沧江流域地貌类型复杂多样，不同的地貌类型以及地势高低、坡度大小、山川走向，直接影响着水热条件的再分配及土壤的形成与发育，进而决定土地利用的基本模式。总体上，流域地势由北向南呈明显下降趋势，云南段北部的最高点梅里雪山主峰卡格博峰海拔6740 m，南部最低点为思茅地区江城县的土卡河口水面，其海拔为317 m。南北高差达6423 m，按流域云南段南北相距990 km计算，平均每千米地势降低量为6.5 m。流域北部山川并列，山体海拔多为3500～5000 m，河谷海拔也达2000 m以上，为典型的高山峡谷区；中部海拔多为1000～3000 m，属于中山宽谷区；南部海拔大多降至1000m以下，呈现中低山宽谷盆地的地貌景观（甘淑等，1999）。

1.2 气　　候

三江源区在气候区划上属于青藏高原亚热带的那曲－果洛半湿润区和羌塘半干旱区，气温分布呈现东南高西北低的总趋势，具有典型的内陆高原气候特征。日照时数多，总辐射量大，光能资源丰富；夏季凉爽，冬季寒冷，热量资源差；降水时空分布差异显著；气象灾害多，危害严重，大风、沙暴、缺氧等现象突出。

1.2.1 气温

三江源区各地年平均气温为－5.4～4.1℃，年平均气温最高中心在囊谦，达4.1℃，玉树为次高中心区，年平均气温3.2℃左右。黄河源头的玛多、清水河至唐古拉山伍道梁及其以西是年平均气温最低的地区，在－4℃以下，伍道梁为－5.4℃；年平均气温0℃以上的地区只有海南以及果洛，玉树的南部地区。

一年内以夏季气温最高，最暖月7月平均气温为5.5～13.2℃；黄河源头至唐古拉山腹地与祁连山区仍然为低温区，7月平均气温在8℃以下，伍道梁只有5.5℃。冬季1月气温最低，全区平均气温为－4.7～－16.7℃。春季4月全区平均气温－4.0～4.0℃，秋季气温一般比春季低，10月平均气温－4.9～9.2℃。极端最低气温，玛多为－48.1℃，为全区及省内极低值。三江源区气温年较差最大的是同德，为17.4℃多；果洛、玉树西北部的玛多、伍道梁只有14.0℃，是全区以及全省气温年较差最小的地区；其余大部分地区为15～16℃（表1-2）。

青海省农牧业常用的气温界限是0℃、10℃。日平均气温稳定通过0℃的初日，标志着土壤开始解冻，牧草开始萌动，多种作物开始播种，农耕期开始，大地呈现明显的春来迹象。日平均气温稳定通过0℃的初日，在青海省地区分布总的趋势是东部及柴达木盆地早，祁连山地和青南高原晚。青南高原大部分地区在4月20日以后，伍道梁大于等于0℃的初日始于6月1日，为青海省最迟；只有南部的谷地出现在4月20日前。从全区看，各地日平均气温大于等于0℃初日的早晚，相差一个半月。日平均气温稳定通过0℃的终日，其地区的分布形势与大于等于0℃初日的分布形势相反，即大于等于0℃初日开始早的地区，终日出现晚，大于等于0℃初日开始晚的地区，终日则来得早。三江源区，大于等于0℃终日在10月10日前出现；而可可西里地区9月20日前，日平均气温大于等于0℃便告结束，只有南部谷地，终日在10月10日以后。大于等于0℃的持续日数，也是南部谷地中的久治、班玛、玉树、囊谦等地较长，大部在200天以上，北部和西部山地少于180天，清水河、玛多、沱沱河、伍道梁不足150天，其中伍道梁仅有109天；其余地区为180～200天。全区日平均气温大于等于10℃的日数较少，北部和西部山区不足20天，唐古拉山至果洛藏族自治州西部最少，不足5天，南部谷地为85～120天。

表 1-2　1971～2000 年青海省各站逐月、季、年平均气温　　（单位：℃）

站名	1 月	2 月	3 月	4 月	5 月	6 月	7 月	8 月	9 月	10 月	11 月	12 月	3～5 月	6～8 月	9～11 月	12 月～翌年 2 月	年平均
同德	-13.0	-8.7	-3.1	2.4	6.9	9.8	11.6	11.0	6.9	1.0	-7.0	-11.9	2.1	10.8	0.3	-11.2	0.5
泽库	-14.1	-11.0	-5.9	-0.6	3.6	6.7	8.8	8.2	4.4	-1.0	-8.2	-12.7	-1.0	7.9	-1.6	-12.6	-1.8
河南	-13.7	-9.6	-4.3	0.8	4.9	8.2	10.0	9.2	5.6	0.4	-6.7	-12.1	0.5	9.1	-0.2	-11.8	-0.6
大武	-12.4	-9.2	-4.2	0.7	4.9	7.9	9.8	9.3	5.9	0.7	-6.3	-11.5	0.5	9.0	0.1	-11.0	-0.4
班玛	-7.7	-4.8	-0.5	3.5	7.3	10.4	11.8	10.7	8.2	3.6	-2.7	-7.1	3.4	11.0	3.0	-6.5	2.7
达日	-12.6	-9.6	-4.6	0.0	4.1	7.4	9.2	8.6	5.3	0.0	-7.1	-12.0	-0.2	8.4	-0.6	-11.4	-0.9
久治	-10.3	-7.6	-2.9	1.3	5.0	8.2	10.1	9.4	6.4	1.6	-4.7	-9.3	1.1	9.2	1.1	-9.1	0.6
玛多	-16.8	-13.4	-8.2	-3.0	1.7	5.2	7.4	7.2	3.3	-2.9	-11.0	-15.7	-3.2	6.6	-3.5	-15.3	-3.9
玉树	-7.6	-4.5	0.1	3.9	8.0	11.1	12.7	12.0	8.9	3.8	-2.7	-7.0	4.0	11.9	3.3	-6.4	3.2
囊谦	-6.5	-3.3	1.1	4.7	8.7	11.8	13.2	12.6	9.8	4.9	-1.5	-5.9	4.8	12.5	4.4	-5.2	4.1
清水河	-17.3	-14.1	-8.9	-3.8	0.8	4.3	6.4	5.8	2.5	-3.7	-12.3	-17.1	-4.0	5.5	-4.5	-16.2	-4.8
曲麻莱	-14.2	-10.8	-6.1	-1.5	2.9	6.4	8.6	8.2	4.5	-1.6	-9.3	-13.5	-1.6	7.7	-2.1	-12.8	-2.2
扎多	-11.5	-8.0	-3.1	1.0	5.2	8.7	10.6	10.2	7.1	1.5	-5.5	-10.4	1.0	9.8	1.0	-10.0	0.5
伍道梁	-16.7	-14.6	-102.0	-5.5	-0.5	3.1	5.5	5.2	1.4	-4.9	-11.8	-15.3	-3.6	4.6	-5.1	-15.5	-5.4
沱沱河	-16.7	-13.6	-8.6	-3.7	1.3	5.2	7.5	7.2	3.5	-3.8	-12.1	-16.0	-3.7	6.6	-4.1	-15.4	-4.2

1.2.2　太阳辐射

青海省三江源区太阳辐射年总量为5975~6720 MJ/m²，高于我国东部同纬度地区，是我国辐射资源较丰富的地区之一。区内空间分布由西北向东南逐渐递减。玛多、沱沱河、伍道梁普遍超过6550 MJ/m²，其中沱沱河高达6720 MJ/m²，是全区总辐射量最大的地区。其余地区绝大部分年总辐射量小于6720 MJ/m²。河南、泽库、兴海、同德、玛沁、达日、玉树、囊谦、曲麻莱、治多、杂多等地的年总辐射量一般为6000~6500 MJ/m²，久治是全区年总辐射量最小的地区，仅为5975 MJ/m²。全区总辐射量的年内时间分布基本一致。各地12月总辐射量均小于411 MJ/m²，各地总辐射量以4~8月最多，占年总量的49%~55%，月总辐射量大部分地区超过600 MJ/m²。

总体上，三江源区年日照时数要比我国东部相近纬度的地区多，比四川盆地的北部、陕西南部、河南西部相近纬度的地区多400 h左右；即使日照时数较少久治、达日、班玛与东部相近纬度的地区比较也偏多。在作物、牧草生长季，即日平均气温≥0℃期间日照时数为820~1600 h，同德、兴海以及果洛、玉树藏族自治州的南部为1200~1600 h；唐古拉山的伍道梁至玉树藏族自治州的清水河之间只有820~870 h。

1.2.3　降水状况

三江源区地处青藏高原腹地，地形复杂多样，既有巍峨的高山，又有坦荡的高原，还有大小不等的盆地以及宽窄不一的谷地，致使降水的分布不但在地域分布上差异显著，在季节分布上也极不均匀；降水的种类也较多，一天中雨、雪、霜、雹都出现的情况并不鲜见；年际间降水量极不稳定，久治的年雨量变率为1.7倍；年降水量主要集中在夏秋（4~9月）牧草生长季，降水量占到年降水量70%~80%。

三江源区多年平均降水量为274.6~746.9 mm。年降水量的分布由东南向西北渐次减少。东南部，离该区域主要的水汽源地——孟加拉湾较近，受西南季风影响较明显，同时由于青藏高原本身的作用，这一带低涡和切变活动比较频繁，而且地形由东南向西北升高，有利于对气流的抬升，成为该省年降水量最多区；西部及三江源头一带，年降水量大部为400mm左右；且越往西北部，降水量越少，玛多为321.7 mm，伍道梁、沱沱河只有275 mm左右，是三江源区气象观测台站中降水量最少的地方。

三江源区年降水量的季节分配特点是：夏季多，冬季少；秋季降水多于春季降水。春季（3~5月），各地降水量占年降水量的9.0%~20.0%，大部地区在20%以下。具体情况是：东南部的同德、兴海、河南、泽库、久治、班玛在18%以上，沱沱河、伍道梁在13%以下，其余地区为13%~18%。夏季（6~8月），各地降水量占年降水量的52%~70%，玉树藏族自治州各地、果洛藏族自治州的玛沁、玛多及唐古拉地区超过60%，久治、班玛最少，为52%左右；秋季（9~11月），各地降水量一般占年降水量的20%多，多于春季。冬季（12月至翌年2月）是一年四季中降水量最少季节，仅占年降水量的1%~6%，且均为固态降水，全区各地均表现为寒冷干燥的气候特点。

从各季节农牧业生产对降水的需求来看，春季由于继承着上年秋冬两个少雨季节，同时春季气温回升快，大风日数多，蒸发量大，因此春季大部分地区普遍缺水，春旱比较频繁，对农牧业生产十分不利；夏季是三江源区农作物和牧草生长的旺盛时期，温度高，需水量大，较多的降水对农牧业生产十分有利；秋季该区的农作物已成熟或收割，牧业区的牧草也逐渐黄枯，所以总体来看，秋雨对当年的农作物或牧草的意义并不大，但影响来年春季的土壤墒情，对春播、出苗起着重要的作用；冬季该区无农作，在高浅山和脑山地区的阴坡，可形成较久的积雪，对春后的土壤墒情起一定的作用。各地夜间（20:00～08:00）降水量都大于白天降水量，其中南部地区，夜间降水量占全年降水量的60%以上，玉树等县夜雨率达65%～66%（表1-3）。

表1-3　三江源区各地年、季平均降水状况

地名	年均降水量（mm）	季均降水量（mm）			各季降水占年降水比例（%）		
		3～5月	6～8月	9～11月	3～5月	6～8月	9～11月
同德	425.7	79.1	256.1	82.8	18.6	60.2	19.5
泽库	472.3	88.9	274.8	100.2	18.8	58.2	21.2
河南	554.5	112.6	310.1	117.8	20.3	55.9	21.2
玛沁	508.5	83.1	304.9	112.1	16.3	60.0	22.0
达日	544.5	95.2	310.4	123.9	17.5	57.0	22.8
久治	746.9	151.5	391.1	187.0	20.3	52.4	25.0
玛多	321.7	50.8	191.7	68.3	15.8	59.6	21.2
玉树	485.8	79.1	288.2	108.1	16.3	59.3	22.3
囊谦	520.9	72.4	317.8	120.9	13.9	61.0	23.2
清水河	508.6	84.6	294.7	111.4	16.6	57.9	21.9
曲麻莱	407.0	56.0	250.8	91.4	13.8	61.6	22.5
杂多	535.4	73.2	323.2	120.1	13.7	60.4	22.4
伍道梁	274.6	34.3	183.9	51.9	12.5	67.0	18.9
沱沱河	275.6	24.9	191.4	54.7	9.0	69.4	19.8
班玛	671.5	130.6	352.4	172.6	19.4	52.5	25.7

三江源大部地区年降水量不多，降水强度不大，但相对来说，降水日数较多。日降水量≥0.1mm的降水日数为100～173.4天。西北部的伍道梁、沱沱河年降水日数超过100天；果洛藏族自治州东南部在150天以上，久治多达173天，是该区降水日数最多的地方。三江源区降水强度一般较小，降水日的86%以上是小雨。大雨日（降水量≥25mm）≤2天，一日最大降水量为10.7～106.5 mm。全年日降水量大于5 mm的日数超过30天的仅有果洛、玉树两州的东南部；超过40天的地区已为数不多，仅河南、久治、班玛等地。日降水量≥10 mm的天数，除河南、班玛、久治为16.1～21.4天，全区其余地区普遍在15天以下。日降水量≥25 mm的日数更少，一般为2天以下。

1.3 水文特征

长江源区水系是由长江正源沱沱河、南源当曲、北源楚玛尔河以及通天河上段组成有一级支流340条，二、三级支流纵横密布的外流水系。沱沱河位于三江源区西部，主干流经格尔木市代管的唐古拉山乡，全长350.2 km，流域面积1.76万km^2，年平均径流量9.18亿m^3。汇入沱沱河的支流众多，其中一级支流97条，流域面积大于1000 km^2的有3条，300~1000 km^2的有10条。当曲位于三江源区南部，流经杂多县、治多县及唐古拉山乡，流域面积3.07万km^2，当曲全长351 km，年平均径流量46.06亿m^3，是三江源区最大的河流。当曲流域现状近似三角形，流域内沼泽、雪山、冰川较多，水源充沛，水系发达，共有一级支流85条，其中面积大于1000 km^2的有6条，尤以一级支流布曲最大，其流域面积几乎占当曲流域面积的一半。楚玛尔河位于三江源区北部，流经治多、曲麻莱两县，发源于昆仑山脉南麓可可西里山东部，源头在治多县西部。楚玛尔河全长526.8 km，流域面积2.08万km^2。楚玛尔河水系不发育，支流较小，有一级支流57条，流域面积大于1000 km^2的支流仅3条。通天河上段位于青海省玉树藏族自治州境内的囊极巴陇，区段内河段长280 km，流域面积3.36万km^2。通天河上段水系发育，共有一级支流101条，流域面积大于1000 km^2的支流有6条，流域面积为300~1000 km^2的支流3条。

长江源区自1958年以来，分别在青藏公路沿线陆续设立了楚玛尔河、沱沱河水文站以及尕尔曲沿的得列楚卡水文站和布曲上的雁石坪水文站，40年的水文观测结果，基本反映了长江源区主要河流的水文变化规律（表1-4）。

表1-4 长江源区主要河流水文特征

河名	水文站名	集水面积（m^3）	多年平均流量（万km^2）	年径流量（亿m^3）	径流深（mm）
沱沱河	沱沱河	15 924	25.0	7.88	49.5
尕尔曲	得列楚卡	4 166	24.6	7.76	186.3
布曲	雁石坪	4 538	24.9	7.86	173.7
楚玛尔河	楚玛尔河	9 388	7.46	2.35	25.1

资料来源：三江源自然保护区生态环境编辑委员会，2002

长江源区的现代冰川均属于大陆性山地冰川，主要分布在唐古拉山北坡河祖尔肯乌拉山西端。当曲流域冰川覆盖面积最大，沱沱河次之，楚玛尔河最小。长江源区冰川总面积1496.04 km^2，储量1496亿m^3，年消融量11.87亿m^3。

黄河源段有一级支流54条，其中流域面积在1000 km^2以上的有3条，500~1000 km^2的有4条，300~500 km^2的有2条。二级以下支流众多，大都集中在干流右岸一级支流卡日曲、多曲河勒那曲水系，这三条支流的流域面积占河源总流域面积的50%。二级支流流域面积在1000km^2以上的有2条，500~1000 km^2的有1条，300~500 km^2的有2条。据玛多县黄河沿水文站资料，多年平均径流量6.02亿m^3，多年平均流量19.1 m^3/s。径流量具有显著的季节差异，5~9月径流量占年径流量的49%，7~11月径流量占62.2%。丰水期与降水集中期后延了2个月，反映了上游河川的槽蓄与湖泊的调节等作用；枯水期从

12月到翌年6月，径流量占全年径流量的37.8%。最枯径流量多发生在11月，其次发生在12月，再次发生于1~4月的次数较少。黄河源区冰川总面积191.95 km^2，冰川总储量191.95亿m^3，年融水1.65亿m^3。

澜沧江地区水系发育，有一级支流50条，其中流域面积在1000 km^2以上的有扎阿曲、阿曲、布当曲；流域面积为100~1000 km^2的有扎加曲、陇冒曲、结抛涌查日曲等13条；流域面积在100 km^2以下的有尕郡曲、加果章斗曲等34条；有二级支流100余条，其中流域面积超过100 km^2的有6条，最大的是流域面积为452 km^2的托吉曲。澜沧江干流扎曲在流经杂多县城时河口水面宽50~55 m，平均水深1.5~1.7 m，流速1.0~1.5 m/s，流域平均年径流深236.6 mm。区内大多数支流多年平均流量都在1 m^3/s以下，仅有几条支流大于1 m^3/s。最大的一级支流扎阿曲多年平均流量19.60 m^3/s，年平均径流量6.18亿m^3，河口水面宽28 m，流速2.3 m/s；列第二位的布当曲，多年平均流量16.5 m^3/s，河口水面宽25m，平均水深1.0 m，流速2.0 m/s，年平均径流量5.2亿m^3。澜沧江源区内冰川面积为124.75 km^2，冰川储量达124.75亿m^3，年融水量1.65亿m^3，占全区水资源总量的6.6%（王根绪等，2001；三江源自然保护区生态环境编辑委员会，2002）。

1.4 土　　壤

1.4.1 土壤类型

区域土壤的形成与分布受地貌、气候、围岩、植被及水分等条件的控制。三江源区所具有的高寒干燥与强太阳辐射的气候条件，广泛发育的冰缘沼泽与冻土、高寒草甸与草原为主要类型的植被条件等成土要素，决定源区土壤以高山寒冻成土为主要类型。三江源区土壤属青南高原山土区系。由于青藏高原地质发育年代晚，脱离第四纪冰期冰川作用的时间不长，现代冰川还有较多分布，至今地壳仍在上升，高寒生态条件不断强化，成土过程中的生物化学作用减弱，物理作用增强，土壤基质形成的胶膜比较原始，成土时间短，区内土壤大多厚度薄、质地粗、保水性能差、肥力较低，并容易受侵蚀而造成水土流失。按四级分类制，三江源区地域性分带土壤主要有高山寒漠土、高山草甸土、高山草原土、山地草甸土及栗钙土等，非地带性隐域土壤类型主要有草甸土、沼泽土、泥炭土和风沙土等类型（表1-5）。

表1-5　三江源区土壤类型及分布特征

土壤类	土壤亚类	分布地域范围
高山寒漠土	高山寒漠土	主要分布于高山地带顶上部，如分水岭或古冰斗、古冰台区，以巴颜喀拉山、唐古拉山及其支脉为主
高山草甸土	普通高山草甸土 高山草原草甸土 高山灌丛草甸土	区内分布最为广泛，一般发育在海拔4100 m以上的山区，上承高山寒漠土，多分布于山体中山部和平缓山地顶部以及排水良好的宽谷地段与中小河流的发源地

续表

土壤类	土壤亚类	分布地域范围
高山草原土	高山草原土 高山草甸草原土 高山荒漠草原土	主要分布于青藏公路以西以及黄河源区的玛多、达日及玛沁西部，一般位于海拔4100～4500 m的宽谷、平缓湖盆、山前倾斜平原或起伏不大的平缓山体阳坡、半阳坡高山地带
山地草甸土	山地草甸土 山地草原化草甸土 山地灌丛草甸土	分布较少，属于林线范围内的无林区土壤，一般位于海拔3100～4000 m，在区内主要分布于治多、曲麻莱东部、玛沁东部河谷地带
草甸土	草甸土 成灌草原土	属半水成隐域性土壤，分布较广泛，多位于河流两岸的河漫滩、湖滩地、季节性积水洼地
栗钙土	栗钙土	分布范围较小，多见于低海拔3500～3800 m的山间谷地。滩地及低山丘陵地带以及中小河流冲洪积扇带，是区域土壤垂直带谱的基带土壤。在该区主要分布于玛沁东部、通天河河谷阳坡和阶地
沼泽土	草甸沼泽土 沼泽土 泥炭沼泽土	是源区内分布较广的隐域性土壤，多分布于河谷盆地、湖滨洼地、河谷两岸及交汇处、河流发源地，在区内各地都有分布，尤以曲麻莱、治多、杂多、玛多、达日分布广泛
泥炭土	高位泥炭土	分布位置一般与沼泽土成复区出现，海拔比沼泽土略高
风沙土	草原风沙土	分布范围较小，主要见于玛多、玛沁黄河两岸、楚玛尔河两岸部分地带

三江源区土壤类型具有山地垂直地带性和水平分异规律，随海拔升高，土壤类型呈现高山草原土、高山草甸土、高山寒漠土的分布带谱。在平面上，从源区东南向西北，土壤出现高山灌丛草甸土、高山草甸土、高山草原化草甸土、高山草原土、高山荒漠草原土的过渡规律。土壤以高山草甸土为主，沼泽化草甸土分布也较普遍，但面积不大，受高寒作用的影响，地表物质风化过程缓慢或由于新露出地面风化度很浅，现代土壤仍处于新的成土过程中。

1.4.2　土壤物理特征

三江源区特有的寒冻气候条件和广泛分布的冰缘地貌，加之十分年轻的成土过程和微弱的生物作用，使该区域土壤具有明显的粗骨质、分层不明显的发育特征。位于高山顶上部靠近冰雪带的高山寒漠土，由于脱离冰川作用影响最晚，气候严寒多风，土壤冻结时间漫长，冻融交替频繁；太阳辐射强烈，昼夜温差较大；因此，土壤发育迟缓，成土过程以物理风化为主。此类土壤土体质地很粗，粒径大于0.25 mm的块石、砾石等含量达到395～582 g/kg，粒径大于0.05 mm的中粗砂、砾石等含量一般超过870 g/kg；土体剖面风化不明显，土被不连续。高山草甸土是三江源区最主要的一类土壤，广泛分布在高山中上部山坡、浑圆山丘、河谷阶地、湖盆滩地等地带，母岩以物理风化为主，但由于植被发育，存在一定的生物与化学风化作用；由于土壤母质抗风化能力的不同，该类土壤质地差别悬殊，从黏土到砾石砂土都有，从剖面机械组成来看，主要集中在粒径为0.01～0.25 mm的粗、细砂及粗粉粒，含量可达410～650 g/kg，一般砾石含量亦较高，且表现出剖面上部含量低于下部的规律。高山草甸土具有特有的根系盘结构层（As），这是密丛性短根茎嵩草发育的结果，在As层下是大量腐殖质累积的暗色A1或AB层，底部则为母质层或母岩（C或D）。高山草原土的成土过程与高山草甸土相似，但降水明显减少，旱化增强，植被成分已由密丛性莎草转变为稀疏性禾草，甚至以耐干旱的小灌丛、垫状植被为主。高山草原土粗骨性明显，其粗粒含量明显高于高山草甸土类，粒径大于0.01 mm的粗砂、砾石等含量超过810 g/kg，土壤表层多砂砾化。土壤剖面形态以高山草甸草原土发育较好，具有与高山草甸土相似的构型，但有机质含量较低，高山草原土剖面分化相对较弱，一般为A-AB-BC（C）型。草甸土主要分布于河流沿岸的河漫滩地、湖滨洼地或沼泽退化迹地等，成土母质以冲洪积物和湖积物为主，受中生植被的影响和氧化－还原环境交替作用，土壤发育微弱，土体具有明显铁锈斑纹，剖面呈As-Ag-C或As-Bg-C型。与高山草甸土相类似，草甸土粒度组成也主要集中于0.01～0.25 mm的中粗砂、细砂与粗粉粒，含量占58%以上，粗砾成分主要分布于剖面下部。沼泽土广泛分布于三江源区，土壤底部存在多年冻土层，腐殖质积累与潜育化过程为其成土过程，一般泥炭发育；由于母质来源不同，沼泽土质地差异明显，湖积物细粒成分较多，冰水沉积物黏粒含量较少，总体上沼泽土粒度组成与高山草甸土相似，以粗细砂和粗粉砂为主。在高寒气候控制下，三江源区土壤普遍表现为粗骨性、含砾石成分高、土壤化学与生物风化作用弱，以石质砾土、砂壤土为主。

1.4.3 土壤化学特征

由于自然条件的差异，不同地区同类土壤化学性质差异较为显著，尤其是高山草甸土、高山灌丛草甸土，其有机质、速效养分变化幅度较大。不同类型土壤有机质含量相差较大，其含量高低次序排列为：沼泽土＞高山灌丛草甸土＞高山草甸土＞高山草原土＞高山寒漠土，反映出植被发育程度越好，有机质含量愈高的基本规律。在同一土壤剖面中，有机质的垂直分布规律是A层＞B层＞C（D）层，沼泽土这种现象尤为明显，具有显著的表聚现象。同海拔较低的平原地区土壤相比（平原灰钙土一般平均为9.5～14.6 g/kg，棕钙土10～12.8 g/kg，灰棕漠土小于6.0 g/kg），该区域土壤有机质含量普遍较高，反映出三江源区寒冷、冻融条件下土壤有机质不易分解、易于在土壤中积累的现象。从土壤常量养分要素分析中看，氮素（包括水解氮）在土壤中的含量分布与有机质相似，而且全氮占有机质含量的5.77%～7.07%，碱解氮占全氮含量的4.98%～11.67%，与同区域平原土壤接近，比同为寒冷冻融条件下的东北地区土壤（全氮占有机质的3%～5%，碱解氮占全氮3%～5%）要高。土壤全钾和速效钾含量丰富，略高于全国平均水平，全磷和速效磷含量较缺乏。总体上讲，三江源区土壤养分潜在肥力高，表现在有机质含量高，多钾少磷，氮素水平较高，可溶态氮除寒漠土以外，其余土壤在中等以上（表1-6）。

表 1-6　三江源区主要土壤类型的化学性质

土壤类型	深度（cm）	全养分（g/kg）			速效养分（mg/kg）			有机质	$CaCO_3$
		N	P_2O_5	K_2O	N	P_2O_5	K_2O	（g/kg）	（g/kg）
高山寒漠土	0～20	0.64	1.41	26.6	42	3.03	105	11.1	90.0
	20～50	0.6	1.29	22.6	34	1.83	104	9.6	127.5
高山草甸土	0～10	5.43	1.9	22.6	286	6.2	173	122.9	6.8
	10～20	3.43	2.6	25.0	182	3.7	115	71.9	4.0
	20～50	3.03	1.6	11.6	150	2.9	104	45.37	29.1
高山草原土	0～20	1.18	1.66	18.75	46	5.0	110	29.3	52.7
	20～50	1.02	1.5	18.65	21	4.0	100	20.6	130.6
高山灌丛草甸土	0～25	7.1	2.0	18.0	459	3.0	110	1357.5	0
	25～50	5.2	2.3	19.5	394	2.0	80	118.5	0
沼泽土（泥炭沼泽土）	0～20	8.3	1.67	16.1	294	9.6	163	177.5	62
	20～50	4.8	1.32	15.5	112	4.1	93	61.2	38

三江源区天然土壤微量元素在高山草甸土、高山灌丛土和沼泽土中 Zn（锌）、V（钒）、Cu（铜）、Mn（锰）、Cr（铬）、As（砷）等元素含量显著高于其他土壤，且高值均出现在沼泽土和高山灌丛土中。反映这些微量元素具有在湿润、植被发育较好的水热条件相对优越环境下，在土壤中聚集的特性。其他微量元素在各类土壤中含量分布变化不大，较稳定。比较而言，三江源区高山草甸土、高山草原土等主导性土壤类型的 Cu、Zn、Se（硒）含量低于全国平均值，尤其是硒元素，在三江源区各类土壤中含量普遍很低，一般都低于 0.02 mg/kg，属严重贫硒地区；而 Pb（铅）、As/Sr（锶）相对丰富。通常土壤中微量元素的含量取决于成土母质岩性特征，同时又受气候、水分、植被以及人类活动等成土条件的影响，泥炭土、水成潜育土、遭受强烈淋溶的酸性土以及酸性火成岩土壤往往出现微量元素缺乏现象。三江源区土壤中 Cu、Zn、Se 等微量元素相对缺乏，在一定意义上反映了三江源区高寒草甸与草原土壤的潜育性和淋溶作用较强的特点。三江源区土壤较低的 Se 含量可能与土壤黏粒对 Se 的吸附和有机质的螯合作用有关（王根绪等，2001）。

1.5　植　　被

1.5.1　植被类型

区域植被类型的形成是气候、地貌、土壤等多种自然因素长期综合作用的结果，经过长期的演化与自然选择，形成了具有一定外貌特征、种类组成和生态环境多样性的植物群落。三江源区复杂的地形地貌和气候环境决定了该区植被类型的多样性和特殊性。参考植物分类中植物群落学－生态学原则，在强调植被群落本身特征的基础上，又体现植被群落周围自然地理环境的表征；同时，针对三江源区植被的垂直地带性和水平地带性分布规律，以植物种类组成和自然地理环境作为分类的依据将三江源区的天然植被划分为草原植被、草甸植被、森林植被、灌木与灌丛植被、荒漠植被和湿地植被等（吴玉虎和梅丽娟，2001；温秀卿等，2004）。其中高寒草甸植被和高寒草原植被是三江源区主要植被类型和天然草场，群落种类成分较为丰富，分布广，面积大（刘敏超等，2005a）。

1.5.1.1 草甸植被

草甸植被是三江源区分布最广、面积最大的草场类，包括高寒草甸、高寒沼泽草甸、山地草甸、平原草甸 4 个草场类。水平分布上在青南高原的玉树藏族自治州、果洛藏族自治州、海南藏族自治州、黄南藏族自治州均有大面积的连续分布；垂直分布表现在森林郁闭线以上、雪线以下，占据着青海各高山的中上部，在唐古拉山、巴颜喀拉山、积石山、阿尼玛卿山和昆仑山均广泛分布，其中以高寒草甸草场类为主体。

（1）高寒草甸草场类

高寒草甸草场类植被主要分布在青南高原东、中部和祁连山、东昆仑山山体上部，海拔 3200 ~ 4700 m 的山地，为三江源的主要草场，约占三江源草场面积的 50%。适应寒冷、湿润的气候。该类草场草层低矮，但分布面积大，牧草适口性强，营养丰富，具有“四高一低”的特点，即蛋白质、粗脂肪、无氮浸出物、热值含量高，粗纤维含量低。草场极耐牧，为藏系绵羊、牦牛的优良放牧场（温秀卿等，2004；王堃等，2005）。主要优势种为高山嵩草、矮嵩草、线叶嵩草、披碱草等。该类草场主要由 4 个草场型组成。

1）滩、阶、坡地高山嵩草草场型。该草场型是三江源最普遍、面积最大的草场型之一。主要为寒冷而潮湿或不规则的冻胀裂缝和泥流阶地。草场优势种为高山嵩草，株高 10 ~ 20 cm，覆盖度 60% ~ 80%。草场植物种类较多，是很好的放牧场。其水平分布广，垂直分布幅度宽，因而草场植物种类、组成、结构有明显的差异。在半干旱滩地、半阳坡处伴生大量紫花针茅、异针茅；在一般浑圆山顶处，圆穗蓼常为次生优势种；在过牧或鼠类猖獗的地段甘肃马先蒿或黄帚橐吾等毒杂草侵入而成为优势种；在海拔较高、气候更趋寒冷的青南高原垫状蚤缀、垫状点地梅大量侵入，成为重要的组成成分，降低了饲用价值。

2）滩地、坡麓矮嵩草草场型。分布面积较小，主要在青南高原和祁连山地海拔 3200 ~ 4500 m，一些排水良好的滩地、坡麓和山地阴坡。草群覆盖度 80% 左右，平均产鲜草 2250 kg/hm^2。

3）半阴坡、阶地、滩地线叶嵩草草场型。广泛分布于山地阴坡中、下部以及河谷、滩地、阶地，海拔 3800 ~ 4500 m，草层高 30 ~ 60 cm，覆盖度在 90% 以上，产草量高。

4）滩地垂穗披碱草草场型。该草场是高山嵩草草甸草场的次生草场，多分布在阳坡滩地，在黄南藏族自治州集中在海拔 3400 m 以下分布，主要为禾本科草伴生杂类草，优势种为垂穗披碱草，生长稠密，株高 70 ~ 120 cm，覆盖度 95%，是青海天然的刈割草场。

（2）高寒沼泽草甸草场类

高寒沼泽草甸草场类植被广泛分布在青南高原和祁连山东段排水不畅、土壤通透性不良的湖滨、地势低洼地以及河水漫流的河漫滩地区，山麓浅水溢出带以及高山上部冰川前缘，海拔3800~4800 m，气候严寒，草场植物以密丛短根茎嵩草占绝对优势，主要有两种草场型。

1）滩地藏嵩草草场型。滩地藏嵩草草场型是面积较大、分布较广的类型之一，在青南高原的莫云、星宿海和祁连山东段的木里等地尤为集中。草场植物生长茂密，覆盖度80%~95%。优势种藏嵩草柔软、适口性好、极耐牧，是较好的放牧场，但常年积水融凹地，星罗棋布，只适宜放牧牦牛，而不适宜放牧羊。

2）山间垭口甘肃嵩草草场型。成块状零星分布于海拔4000~4700 m的山间垭口部位和阴坡平缓地带以及山麓潜水溢出带，优势种甘肃嵩草株高10~20 cm，成簇生长，草群茂密，覆盖度90%左右。

（3）山地草甸草场类

牧草种类比较贫乏，优势种为普通赖草，伴生种为垂穗披碱草、早熟禾、扁穗冰草等。在玛多县扎陵湖乡湖滨地区零星分布，海拔4100~4400 m。

（4）平原草甸草场类

平原草甸草场类植被主要分布在河滩阶地，赖草草场主要分布在贵南巴洛乎滩，优势种为马蔺、赖草，植被覆盖度35%~85%。

1.5.1.2 草原植被

草原植被是欧亚草原在青海省境内楔入而成的。在森林郁闭线以上和无林山原高山带较干旱区域，分布于唐古拉山以北、昆仑山以南的广大山地高平原区。同时也分布于玉树藏族自治州西三县（曲麻莱、治多、杂多）西部4300 m以上的宽谷、湖盆阶地和缓坡，海南藏族自治州西部高山带阳坡及地形开阔处，果洛藏族自治州玛多、达日、玛沁三县西部4100~4 300 m的宽谷、湖盆、滩地及阳坡、缓坡。随着水热综合条件的变化，构成山地草原草场、高寒草原草场两个草场类。

山地草原草场类主要分布于祁连山东段的黄河流域谷地及其两侧坡地，海拔1700~3200 m。同时也分布于黄南藏族自治州尖扎县的东南部、同仁县隆务河河谷及两侧山地，泽库县巴滩地区。玛沁县的军功、拉加乡海拔3200~3400 m的沿黄河河谷、切木曲，西哈龙下游河谷两岸也有分布。海南藏族自治州分布在滩地及海拔3600 m以下的山地阳坡。该类草场分布地区气温较高，草场下部多为农田，主要为喜温、旱生的禾草类的针茅、芨芨草、青海固沙草等优势种。

高寒草原草场类集中分布于青南高原中部、西部和昆仑山内部山地，也集中分布在长江源高寒草原区的宽谷、湖盆外缘、洪积－冲积扇和干阳坡等，以及玛多县布青山南麓的低山丘陵、玛沁县大武乡曲什吻山地阳坡和河谷阶地及优云乡沿黄河河谷沙丘地带，在共和盆地也有少量的分布，海拔一般为3400~4600 m。该类草场的主要优势种是耐旱抗旱的多年生密丛禾草。主要以紫花针茅草场为典型。该草场型是高寒草原草场类的主体，优势种为紫花针茅，草场经济利用价值较高，营养丰富。紫花针茅生长比较稀疏，株高20~40 cm，覆盖度60%，平均产鲜草1500 kg/hm^2 左右，是重要的放牧草场。但由于所处的生态条件不同，草场植被结构、种类组成有较大的差别，利用价值也不同。在青南高原中部的通天河一带及青海湖外缘高山带阳坡、滩地，嵩草属牧草为伴生种，草场发育较好，利用价值较高。在过牧条件下，局部会出现狼毒、白花枝子花等毒杂草。在青南高原西部沱沱河的宽谷，垫状点地梅、高寒棘豆等垫状植被大量散生，降低了草场的利用价值。

1.5.1.3 森林植被

三江源区乔木林面积为11.6万 hm^2，覆盖率仅为0.36%。森林植被以针叶林为主体，也有部分落叶阔叶林。集中分布在东部和东南部的高山峡谷地带，即阿尼玛卿山、巴颜喀拉山、唐古拉山东段的高山峡谷地区，行政区划上主要包括囊谦、玉树、班玛三县。在囊谦、玉树有江西、冬仲、白扎、吉曲四大天然林区。在黄河流域，森林植被分布在黄河河谷及其支流河谷；海南藏族自治州的中铁、江群、河北也有部分分布。森林植被发育较差，植物群落简单，乔、灌、草层片明显，林下饲用草丛发育良好，是良好的辅助牧场（王世红，2003；温秀卿等，2004）。

1.5.1.4 灌木与灌丛植被

灌木、灌丛植被主要分布于青南高原东南部海拔3600～4500 m的山地阴坡、局部滩地和局部山地阳坡，约占青海省草场面积的6.3%，绝大部分属于原生灌木。灌木种类繁多，区系地理成分复杂，以高寒灌木草丛草场类为主体，也有部分山地灌木草丛草场类。山地灌木草丛草场类主要分布在东部的河谷两侧山地，一般呈小面积块状分布，为森林破坏后的次生灌木草丛草场。灌木下层多为杂类草，利用价值低，主要有阳坡直穗小檗草场型和河谷沙柳草场型两种类型。高寒灌木草丛草场类广泛分布于森林以上的高山带，常与高寒草甸草场类复合分布，灌木下层以多年生寒冷中生草丛为主，是较好的辅助草场。该类草场由阴坡百里香杜鹃、坡麓和滩地金露梅、阴坡高山柳、河谷滩地和坡地以及阳坡鬼箭锦鸡儿5种草场型组成。

1.5.1.5 荒漠植被

在三江源区，荒漠植被主要分布在共和县的沙珠玉、三塔拉、湖东地区，贵南县的木格滩、黄沙头，玛多县黑河乡，黄河乡的黄河谷地、台地及扎陵湖、鄂陵湖盆地岸边及星宿海附近，玛沁县优云乡的黄河沿谷地。

平原荒漠草场类是共和盆地主要的地带性植被之一，广泛分布于共和盆地的山前平原、山麓淤积平原、洪积扇，沙丘和干旱低山上，在柴达木盆地中部和昆仑山北侧海拔2600～3000 m的冲积－洪积的砂、砾戈壁上较为集中。

山地荒漠草场类主要分布在昆仑山前海拔3200～3600 m的坡地上，海南藏族自治州中部至东北部黄河两岸阳坡、阶地及冲积扇上，地形破碎，坡度较陡。此外。在祁连山东段黄河谷地北岸海拔2500～2800 m的阳坡、阶地上也有零星分布。由于坡陡、生物量低，放牧利用价值不大。主要有石质山麓红砂草场型、沙砾山麓猪毛菜草场型、沙砾山麓盐爪草场型及砾石坡麓驼绒藜草场型4种草场类型。

高寒荒漠草场类主要以石质山坡垫状驼绒藜草场型为主。垫状驼绒藜是青藏高原北部特有植物，为垫状小半灌木，植株具肉质小叶，株高仅5～10 cm，覆盖度在10%以下，利用价值不高。

1.5.1.6　湿地植被

湿地是三江源区重要的景观生态类型之一。三江源区湿地生态系统（包括沼泽、湖泊和河流）面积为398万hm^2，占总面积的12.52%。湿地独特的地理位置和高原自然环境条件，使其拥有丰富和独特的生物群落。三江源区湿地的形成和发展与青藏高原地区所具有的地势高亢、气候严寒、冰雪融水、冻土发育等独特自然条件密切相关。长江、黄河和澜沧江源区水系发达，支流众多，且多数支流垂直向干流汇集，基本上呈羽状或扇状水系。由于地形开阔及宽谷平坦，河流坡降不大，弯曲和分叉较多，常与串珠状的大小湖泊连为一体。地势平坦的宽谷盆地中水流平缓，曲流、牛轭湖和分汊河道发育，从而形成三江源区大小支流众多、湖泊沼泽广布的基本格局。多年冻土的广泛发育和分布是高寒湿地形成的重要环境条件之一。河源区高寒低温的环境条件造成冻土广泛发育，冻土厚度一般为30～70 m，夏季融冻层厚度为2～4 m。因此，在三江源区发育和形成了世界上海拔最高的大面积沼泽湿地（宋作敏和赵广明，2003；刘敏超等，2006）。

根据水文、生物、土壤等基本要素形成的综合特征，三江源区高寒湿地可以划分为湖泊型湿地、河流型湿地、沼泽型湿地等基本类型。湖泊型湿地是以湖泊为主体形成的湿地类型。黄河源区以扎陵湖、鄂陵湖以及星宿海的小湖泊群为典型代表；长江源区则缺乏大型湖泊，相对较大的湖泊有多尔改错、尼日阿错改、玛章错钦、特拉什湖等；澜沧江源区仅有朵宗错湖等小型湖泊。河流型湿地是以河流为主体构成的湿地类型。三江源区由相对高度变化不大的山原、丘陵及丘间盆地组成，坡度变化相对平缓，水系特征为河谷开阔、河槽宽浅、河网密集、河床平均比较低。由于河网密集、水系发育、支流众多的特点，形成高原河流湿地类型。以黄河源区为例，黄河沿段河道宽30～40 m，一级支流密集在多石峡至麦多唐贡玛峡区段，河流分布密度为6.2条/100 km^2，在河流缓慢流动的区段或溪流发育区段，水生植物生长良好，形成河流湿地。沼泽型湿地是以沼泽为主体构成的湿地类型。长江、黄河和澜沧江的河源区，地形平缓开阔，气候十分寒冷，冻土广泛发育，致使地表长期或暂时积水，土壤常呈水饱和状态，生长沼生或湿生植物。随着泥炭积累逐渐形成泥炭层，或有潜育层发育。这种在高原低温以及冻融作用等冰缘环境下形成的沼泽湿地，是三江源区面积相对较大的湿地类型（三江源自然保护区生态环境编辑委员会，2002）。三江源区这三类湿地生态类型在植物群落上并没有显著的差异，其植物群落的组成也比较复杂。三江源区高寒湿地的发生和发展与源区高寒条件以及多年冻土广泛发育等冰缘环境和冰缘作用有密切关系，而与我国东部地区的湿地有明显差异。

湿地独特地理位置和高原自然环境条件，使其拥有丰富和独特的生物类群。三江源区湿地植被可划分为水生植被、沼泽植被和沼泽草甸三大类型。水生植被是指以沉水植物为主要代表植物组成的植被类型，广泛分布于三江源区的湖泊浅水区、河流缓流区或微弱流动的溪流以及湖塘洼地等水生环境，其主要优势植物有眼子菜（*Potamogeton distinctus*）、水毛茛（*Batrachium bungei*）等。沼泽植被是指以挺水植物为典型代表种类组成的植被类型，广泛分布于三江源区湖泊浅水区、河流缓流区或微弱流动的溪流以及湖塘洼地等低洼积水生境中，其主要优势植物为杉叶藻（*Hippuris vulgaris*）、圆囊薹草（*Carex orbicularis*）等。沼泽草甸是指以湿生植物为典型代表植物所组成的植被类型，它广泛分布在三江源区的湖滨地带、河流两侧低阶地以及排水畅的平缓滩地、山间盆地、碟形洼地等生境中，典型优势植物种类有藏嵩草（*Kobresia tibetica*）、青藏薹草（*Carex moorcroftii Falc.*）、华扁穗草（*Blysmus sinocompressus*）等。湿地是许多高原珍稀野生动物，特别是许多珍稀鸟类、鱼类和两栖类动物赖以生存的主要环境。高寒沼泽草甸是青藏高原水禽和涉禽重要的栖息地和繁殖地，为鸟类生存所需食物以及筑巢、繁殖后代提供了必要的条件，比较常见的有苍鹭（*Ardea cinerea*）、斑头雁（*Anser indicus*）、赤麻鸭（*Tadorna ferruginea*）、黑颈鹤（*Grus nigricollis*）、野牦牛（*Bos mutus*）、藏野驴（*Equus kiang*）等珍稀动物（刘敏超等，2006）。

三江源区高寒湿地生态类型分布特征十分明显，主要表现为以下三种典型的分布格局。①以湖泊或浅塘为中心，沿湖滨边缘的环带状分布：这是由湖泊的特点所决定的，受湖泊或湖塘水位变化波动的影响，在湖泊边缘的浅水区至湖滨地带往往生长一些沉水或挺水植物群落类型，如篦齿眼子菜（*Potamogeton pectinatus*）群落等，形成明显的环带状特征。这一湿地类型多位于潜水溢出带，有时表现为以河流入湖口为中心，呈扇形展开的形状。受湖泊水文特征及其地形地貌等因素的影响，湖滨湿地带宽幅度有所差异，可形成环湖地区的间断分布。②以河流为中心，沿河流两侧浅水区或低洼潮湿积水地段的条带状分布：在河流水流速度缓慢以及河床为淤泥地段，这一湿地类型的分布更为明显。构成该格局的系列条带状湿地植物群落类型依次为河流中心的沉水植物群落、河流两侧的挺水植物群落以及河流两边滩地的沼泽草甸。河流型湿地类型的分布可随着河流两侧地貌及滩地积水的差异，在河流两侧边缘呈不规则扩展。③河流源头高海拔地区或高原平缓滩地的沼泽型湿地，主要呈斑块状镶嵌分布：江河源头区地势高亢、气候寒冷，土层下部常有多年冻土层或季节性冻土层，降水和冰雪融水在平缓滩地产生滞水，不断发生沼泽化过程，草本植物残体难以完全分解，在土壤中形成厚度不均的泥炭层或潜育层。由于融冻作用常常形成半圆形的冻胀草丘，丘间洼地常积水，也常形成形态大小各异的热融湖塘。以嵩草（*Kobresia* spp.）群落和薹草（*Carex* spp.）群落为典型代表的沼泽湿地在广阔的三江源区呈斑块状镶嵌分布，构成三江源区沼泽湿地独特的景观生态类型（陈桂琛等，2002）。

近几十年来，在全球气候变化和人类活动的综合影响下，青海高原湿地出现了明显的变化，湖泊水位下降、湖泊面积萎缩、河流出现断流以及沼泽湿地退化已成为青海高原生态环境退化的重要标志之一。黄河源区最大的两个湖泊扎陵湖和鄂陵湖均出现了湖面明显退缩的痕迹，湖泊的水位在缓慢下降。20 世纪 70 年代末的调查表明，鄂陵湖 1952 ~ 1978 年湖水面降低了近 60 cm，平均每年下降 2. 3 cm。长江源区的湖泊退缩变化十分明显，从卫星图片上分析，雀莫错湖原有的湖岸线已远离现在的湖边，湖面已缩小近 1/2。黄河源区 80 年代初有沼泽面积 3895. 2 km^2，根据卫星解译结果，90 年代沼泽面积减少为 3247. 45 km^2，平均每年递减达 58. 89 km^2。长江源区许多山麓及山前坡地上的沼泽湿地已停止发育，部分地段出现沼泽泥炭地干燥裸露的现象。随着沼泽湿地的退化，沼泽湿地边缘中生、旱生植物种类逐渐侵入，植物群落类型朝草甸化的方向演替。由此可见，青海高原湖泊面积缩减、河流出现断流以及沼泽湿地萎缩退化是区域气候变化、水资源减少的具体表现，也是高原地区湿地生态环境对全球气候变化的一种响应（陈桂琛等，2002）。高寒湿地变化也将对区域生态环境及生物多样性等产生影响，目前在三江源区湿地生态研究方面仍有大量的工作需要开展，特别是全球变化对高寒湿地生态系统的影响以及湿地生态过程和变化机制等问题需要进一步深入研究探讨。

另外，三江源区有部分的农业植被，主要分布在光、热、水条件较好的地区。黄河谷地、共和盆地是农业的主要种植区。种植的粮食作物主要有小麦、青稞、蚕豆、豌豆、马铃薯等；油料作物有油菜。此外在青南高原海拔较低，光、热、水条件较好的地方也有零星分布。

1.5.2　植被分布规律

三江源区地处青藏高原东北部，由于受其地理位置、地势及气候特征等综合影响，源区植被呈现较为复杂的分布规律，具有一定的区域分异和明显的垂直变化。

1.5.2.1　垂直分布规律

三江源区植被具有明显的垂直分布特征，以阿尼玛卿山为例，山地阴坡海拔 3500 ~ 3700 m 为寒温性针叶林，海拔 3700 ~ 4200 m 为高寒灌丛，海拔 4200 ~ 4700 m 为高寒草甸，海拔 4700 m 以上为高寒流石坡稀疏植被。山地阳坡海拔 3400 ~ 3900 m 为寒温性针叶林及其疏林，海拔 3900 ~ 4100 m 为高寒灌丛，海拔 4000 ~ 4600 m 为高寒草甸，海拔 4600 m以上为高寒流石坡稀疏植被。植被垂直带谱由东南向西北趋于简化，植被垂直带结构的不同反映了从高原边缘向高原内部随海拔升高所引起的植被系列变化。虽然东北部山地垂直带谱受毗邻地区的影响而出现温性植被类型，但就其内部特征而言与高原主体系列变化相一致，即山地上部发育着特殊的高寒植被垂直带（三江源自然保护区生态环境编辑委员会，2002）。

1.5.2.2　水平分布规律

三江源区东北部海拔 3400 m 以下的黄河谷地、山前缓坡及滩地，出现较大面积温性草原分布，明显不同于高原主体的高寒植被，这主要是受到东北部相对较低的地势特征和干旱的气候环境条件的影响，造成毗邻地区的草原植被向源区东北部扩展分布。森林主要沿长江、黄河及澜沧江等河流两侧山地分布，以斑块状或片状形式出现。寒温性针叶林在黄河上游可分布至阿尼玛卿山的东北部。就整体而言，由东南向西北随着海拔升高以及水分和热量的梯度变化，植被分布呈现明显的规律性变化，即表现为高寒灌丛 – 高寒草甸 – 高寒草原的替代变化（陈桂琛等，1999）。植被的这一水平变化格局与青藏高原高寒植被由东南向西北的变化基本一致，具有明显的高原地带性规律。就现代气候特征而言，一方面与源区整体地势及气候环境特征所表现出来的由东南向西北呈现的半湿润、半干旱、干旱的梯度变化相一致；另一方面对高寒生境具有重要指示意义的垫状植物除了作为优势层片出现于高寒草原和高寒草甸之中外，还可以其为优势构成垫状植被类型，分别出现在这两个植被带中，显示出区域与青藏高原的高寒植被的密切关系。

1.5.3 植物物种多样性

三江源区辽阔的区域面积、独特的地理景观、复杂的环境条件，孕育了丰富的生物多样性。据不完全统计，三江源区有种子植物 73 科，390 属，1700 余种，其中野生资源植物约 1200 种，占全部植物物种数的 70.6%。黄河源区植物以种子植物、蕨类植物和苔藓与地衣植物为主，其中种子植物构成该区域植物区系的主要成分，有 55 科，195 属，600 余种。根据科属统计黄河源区植物种类以菊科（Compositae）、禾本科（Gramineae）、十字花科（Cruciferae）、伞形科（Umbelliferae）、毛茛科（Ranunculaceae）、豆科（Leguminosae）、玄参科（Scrophulariaceae）、龙胆科（Gentianaceae）、蔷薇科（Rosaceae）等为主要优势科，其中 10 种以上的科 17 个，占植物总物种数的 54% 以上，1 科 1 属的比较少见（三江源自然保护区生态环境编辑委员会，2002）。长江源区植物分属于 65 科 348 属，其中最大的科为菊科和禾本科，各有 202 种和 145 种；其次是十字花科 77 种、毛茛科 71 种、龙胆科 68 种、玄参科 66 种、豆科 59 种、伞形科 60 种、莎草科 49 种、报春花科 45 种和石竹科 42 种等，总植物种数在 900 种以上，无论植物科、属及种数均显著大于黄河源区，与黄河源区相同的是植物区系以北温带成分为主。三江源区植物从科属的分布来看，70% 集中于区域东南部，向西北逐渐减少（吴玉虎，1995；吴玉虎，2000）。

在三江源区各种特殊的自然环境因素的综合作用下，该区域天然植物资源相对丰富。根据植物资源的不同利用途径，植物的资源类型可划分为牧草植物、药用植物、食用植物、纤维与芳香油植物和观赏植物等。其中以禾本科和莎草科植物为主的牧草植物种类有 800 种以上，尤其多种嵩草和薹草，营养价值高、耐牧性强，形成高寒地区草地资源的明显特征。三江源区野生药用植物丰富，总植物种数达 808 种，在全国统一普查的 363 种重点药用植物品种中，三江源区有 50 种，羌活（*Notopterygium incisum*）、唐古特大黄（*Rheum tanguticum*）、黄芪（*Astragalus membranaceus*）、水母雪莲（*Saussurea medusa*）等广泛分布，药用植物不但种类数量多，且许多种类的蕴藏量大，分布集中，便于开发利用。三江源区还分布有 80 种食用植物和 400 种观赏植物。三江源区分布的国家二级保护植物有麦吊云杉（*Picea brachytyla*）、红花绿绒蒿（*Meconopsis punicea*）、冬虫夏草（*Cordyceps sinensis*）3 种，列入《国际贸易公约》附录Ⅱ的兰科植物 31 种，青海省级重点保护植物 34 种（王明宁等，2006）。尽管三江源区植物物种比较贫乏，主要以草本被子植物为主，少量蕨类植物，基本没有裸子植物，植物区系以温带成分为优势，缺少热带和亚热带成分，但组成成分复杂多样，汇集了蒙古草原、中国－喜马拉雅和青藏高原等成分，同时还分布有大量的青藏高原特有种属。

1.6 野生动物

三江源区特殊的地理位置和生态环境孕育了种类繁多的特有和珍稀动物种类，是世界高海拔地区生物多样性最集中的地区。按我国动物地理区划，三江源区野生动物区系属“青海藏南亚区”，动物分布型属“高地型”。区系分为寒温带动物区系和高原高寒动物区系，以青藏类为主并有少量中亚型以及广布种成分（刘敏超等，2005b）。据调查，区内有兽类8目20科85种，鸟类16目41科237种（含亚种为263种），两栖爬行类7目13科48种。国家重点保护动物有69种，其中国家一级重点保护动物有藏羚、野牦牛、雪豹等16种，国家二级重点保护动物有岩羊、藏原羚等53种。另外，还有省级保护动物艾虎、沙狐、斑头雁、赤麻鸭等32种（孟延山和李长明，2004）。

三江源区哺乳类动物约有133种，分属8目15科，其中，长江源区59种，分属7目14科；黄河源区哺乳类动物分布种数大于长江源区，黄河源区是青藏高原哺乳类动物的高分布区，也是青海省分布种数较多的地区。哺乳类动物中食肉目（Carnivora）动物最多，占兽类总数的1/3，其中优势种有狼（*Canis lupus*）、藏狐（*Vulpes ferrilata*）、艾虎（*Mustela eversmanni*）、猞猁（*lynx lynx*）、雪豹（*Panthera unica*）等。其次是啮齿目（Rodentia）动物占总数的1/4，其中青海田鼠（*Microtus fuscus*）为三江源区特有种，喜马拉雅旱獭（*Marmota himalayana*）、藏仓鼠（*Cricetulus kamensis*）、斯氏高山䶄（*Alticola stoliczkanus*）为青藏高原特有种。奇蹄目（Perissodactyla）种数很少，但藏野驴（*Equus kiang*）是三江源区种群数量最大的兽类。兔形目（Lagomorpha）的鼠兔属（*Ochotona*）是青藏高原兽类中分布最广、种群最为发达的一个种群，分化种较多，其中格氏鼠兔（*Ochotona gloveri brookei*）是三江源区特有种，高原鼠兔（*O. curzoniae*）、柯氏鼠兔（*O. koslowi*）、大耳鼠兔（*O. macrotis*）等均为青藏高原特有种。哺乳动物中有雪豹、藏野驴（*Equus kiang*）、白唇鹿（*Cervus albirostris*）、藏羚（*Pantholops hodgsoni*）等9种国家一级保护动物，猞猁、马鹿（*Cervus elaphus*）、马麝（*Moschus sifanicus*）等8种国家二级保护动物；石貂（*Martes foina*）、岩羊（*Pseudois nayaur*）和藏原羚（*Procapra picticaudata*）等4种国家三级保护动物。被列入《国际濒危动植物种国际贸易公约》（CITES）中属Ⅰ、Ⅱ级濒危的动物物种有雪豹（*Uncia uncia*）、野牦牛（*Bos mutus*）、藏羚（*Pantholops hodgsoni*）、藏野驴（*Equus kiang*）、盘羊（*Ovis ammon*）、猞猁等17种。

鸟类是三江源区脊椎动物中最为庞大的类群，有249种，其中长江源区分布147种，分属15目34科，占总数的59%，没有明显优势。与长江源区相比，黄河源区鸟类分布缺少雨燕目（Apodiformes），其他14目种数也较少。长江源区不仅是整个青藏高原鸟类的高分布区，也是青海省境内鸟类种类最多的地区。鸟类中以雀形目（Passeriformes）占绝对优势，其种数占总种数的61%，优势种有虫食性的燕科（Hirundinidae）、鹡鸰科（Motacillidae）、伯劳科（Laniidae）、鸦科（Corvidae）等，植食性的山雀科（Paridae）及朱雀属（*Carpodacus*），杂食性的红尾鸲属（*Phoenicurus*）、山雀属（*Parus*）以及雪雀属（*Montifringilla*）等。斑头雁（*Anser indicus*）、藏雪鸡（*Tetraogallus tibetanus*）、血雉（*Ithaginis cruentus*）、雉鹑（*Tetraophasis obscurus*）及白马鸡（*Crossoptilon crossoptilon*）等为青藏高原特有种（王根绪等，2001）。

鱼类在三江源区分布约有219种，按分布特点可划分为特有种、优势种和普通种。其中长丝弓鱼（*Racoma dolichonema*）、硬刺弓鱼（*R. scleracantha*）、大渡裸裂尻鱼（*Schizopygopsis malacanthus*）、热裸裂尻鱼（*S. thermalis*）以及麻尔柯河高原鳅（*Triplophysa markehenensis*）、圆腹高原鳅（*T. rotundiventris*）、唐古拉高原鳅（*T. tanggulaensis*）等是三江源区特有种。鱼类优势种有裸腹叶须鱼（*Ptychobarbus kaznakovi*）、软刺裸裂尻鱼

(*Schizopygopsis malacanthus*)、小头裸裂尻鱼(*Schizopygopsis microcephalus*)、刺突高原鳅(*T. stewarti*)及中华鮡(*Pareuchiloglanis sinensis*)等(武云飞和吴翠珍,1995)。

三江源区两栖类和爬行类动物种类稀少。两栖类以西藏齿突蟾(*Scutiger boulengeri*)、刺胸齿突蟾(*S. mammatus*)和倭蛙(*Nanorana pleskei*)等为优势种;爬行类的优势种为青海沙蜥(*Phrynocephalus vlangalii*)和高原蝮(*Agkistrodon strauchi*)等。两栖类的西藏山溪鲵(*Batrachuperus tibetanus*)、大鲵(*Megalobatrachus davidianus*)、西藏蟾蜍(*Bufo tibetanus*)以及爬行类的青海沙蜥(*Phrynocephalus vlangalii*)为三江源区稀有和特有种(中国科学院西北高原生物研究所,1987)。

三江源区野生动物组成中兽类、鸟类数量巨大,而两栖类和爬行类物种组成简单,种群数量相对较小。三江源区兽类占青海省兽类物种数的82.5%,占全国兽类的16.8%。在85种兽类的地理分布中,古北界有62种,占总兽类种数的73%;东洋界16种,占19%;广布种4种,占5%。国家重点保护兽类有29种,占保护区兽类总数的34%;占青海省国家兽类保护种数的49%;占全国兽类保护总数的27%。其中,国家一级重点保护种类为9种,占保护区保护种类的31%;国家二级重点保护种类为20种,占69%。三江源区分布有鸟类约237种,占青海省鸟类的77%;占全国鸟类的19%。在237种鸟类的地理分布中,古北界有178种,占总鸟类种数的75%;东洋界14种,占6%;广布种45种,占19%。国家重点保护鸟类有39种,占保护区鸟类总数的16%,占全国鸟类保护总数的16%。其中,国家一级重点保护种类为7种,占保护区保护种类的18%;国家二级重点保护种类为32种,占82%。两栖爬行类15种,占全国两栖爬行类的2%。其中两栖类7种,占47%;爬行类8种,占53%。有国家二级重点保护种类1种(孟延山和李长明,2004)。

由于气候的区域差异,三江源区西北部的羌塘高原气候寒冷干燥,动物以古北界和青藏高原特有成分为主,且种类相对贫乏,但动物群落数量大;在区域东南部,气候相对温暖湿润,动物分布成分复杂,多种区系并存,而其间每一种动物的数量并不多,尤其是两栖动物种类显著增多。青藏高原两栖脊椎动物区系的一个主要特征就是具有明显的垂直分布规律,随海拔不同,其物种的区系组成不同,一般海拔逐渐升高,高原特有种和古北种成分逐渐占较大比例,尤其在海拔4000 m以上,高原特有种占据绝对优势,而且有研究表明两栖动物对温度和湿度的要求比哺乳动物和鸟类更为严格。因此,在高海拔地区分布种类较少,且极少有古北种和广布种。故而,三江源区动物种群以高原特有种为优势种,古北种类也较多见,广布种较少,基本缺少东洋种,以哺乳动物和鸟类为优势类群,其他种类较少(王根绪等,2001)。

第2章　三江源区气候变化特征及其生态系统演变趋势

青藏高原的隆起是晚近地球演化过程中十分重要的地质事件。上新世前青藏高原的平均高度为500～1000 m，青藏高原的真正隆升发生在雅鲁藏布江缝合带形成后的晚上新世－更新世，延续至今高原仍在以5 mm/a左右的速度继续上升，达到目前的高原面平均海拔4000～5000 m。青藏高原的隆起阻挡了印度洋暖热气流的北上和北方冷空气的南下，形成了高原季风，导致高原本体、亚洲乃至全球气候和环境的变化。

2.1　自然景观演化

经古近纪－新近纪末喜马拉雅构造运动，青藏高原强烈抬升；到第四纪初期，三江源区发生剧烈的断块隆升，东昆仑山、唐古拉山、巴颜喀拉山开始形成。东部及相邻的黄土高原开始堆积黄土。高原面上升的降温作用，使三江源区开始进入冰冻圈，形成大规模的冰川。

上新世至更新世是高原重要成湖期，此时湖泊广布，有的是继承早期湖盆发育的湖泊，有的是新生的断陷盆地湖泊。全新世中期，高原在暖湿气候的作用下，大多数湖泊湖面上升、扩大，湖水淡化。到晚全新世，高原的干旱化日趋明显，湖水的补给水源减少和湖水的大量蒸发，使得湖泊普遍萎缩。一些湖泊逐渐缩小、裂解、封闭，湖水盐碱化，有的成为盐湖。许多属于外流水系的湖泊转化为内流水系的尾闾。第四纪初的早更新世，高原的隆起使长江、黄河等许多大的水系形成了类似于今天的格局。

从古近纪－新近纪末到第四纪，青藏高原伴随其垂直方向的逐渐增高和水平方向的不断向北漂移过程，经历了六次冰期和间冰期，三江源区历经多次气候冷暖干湿的交替变化。按照时间顺序其气候的总体变化可以归结为：亚热带暖热湿润—暖温带温暖湿润—温带温和湿润—温凉半湿润—严寒干旱。

在地质和气候等自然动力的驱动下，高原植被经历了由森林—疏林灌丛草原—草原的演替过程。中新世时期，三江源区处于低纬度，海拔也不足1000 m，暖热湿润的亚热带气候使三江源区密布森林和林下草原。上新世晚期至早更新世初期，区内海拔已升至2000 m左右，板块继续向北漂移；当第一次冰期到来，区内的气温大幅度下降，导致植被发生重大变化。许多喜暖湿的乔灌木、蕨类植物大量减少，分布区退缩；而藜科，蒿属、麻黄属等小灌木和草本植物得到扩展，但松、榆、桦等乔木仍能适应气候而存活。此时区内呈现一片疏林灌丛草原景观。冰期之后，气候转暖，森林重新恢复、扩展。到了早更新世晚期，区内平均海拔已抬升至3000 m左右，纬度更加趋北；出现了第二次冰期，气候又变得恶劣起来，乔木类植物逐渐减少，以藜科、白刺、麻黄属等灌木和草本植物构成的灌丛草原进而扩展并广泛分布。从早更新世晚期到晚更新世的100万年时间内，又发生了第三、第四、第五、第六次冰期，在冰期和间冰期之间历经多次气候冷暖干湿的交替变化。当末次冰期来临时，高原已上升至海拔4000 m左右，气候变得更加干旱寒冷，高原上的阔叶树木完全消失，仅有极少数的松树和云杉残留下来。冰后期虽然气候稍有转暖，但气候依然寒冷干旱，与之相适应的高寒草甸、高寒草原、荒漠草原和高寒荒漠等植被广泛分布。

2.2 三江源区气候变化特征

2.2.1 三江源区气候特征

异常高大的青藏高原体接近大气平流层，扰乱了太阳系行星大气环流，形成了高原季风，并成为影响我国乃至全球气候的特殊气候区。

三江源区具有高原大陆性的气候特征，并出现南北分异，西南部高寒冷湿，北部温干。总的气候特征是热量低，年温差小、日温差大，日照时间长，辐射强烈，风沙大，植物生长期短，绝大部分地区无绝对霜冻期。暖季受西南季风的影响，产生热低压，水汽丰富，降水较多，形成了明显干湿两季，而无四季之别。三江源区气候的主要特点如下。

1）四季性不明显。只有冷暖两季，冬春季长夏秋季短，冬春季干而冷、夏秋季暖而湿且两季之间转换较快。

2）热量差，气温年较差小，日较差大，地域差异较悬殊。大部分地区年均气温在0℃以下，全年平均气温一般为－5.6～3.8℃，极端最低气温－48℃，极端最高气温28℃，月均温大于0℃的时间仅达5～8个月，远低于我国同纬度的其他地区。气温年较差为20～24℃，最大日较差可达25～34℃，且春季升温慢，秋季降温快，多霜冻。

3）降水集中，水热同期。降水日数多，强度小，地域差异悬殊，且多夜雨。北部降水多集中于5～9月，南部则集中于6～9月，此期间降水量占全年的80%左右，常有冰雹和雷暴。雨日都在80～180天，其中夜雨平均占55%。年平均降水量为262.2～772.8 mm。年蒸发量相对较大，一般为730～1700 mm。

4）日照时间长，辐射强烈，短波光比值大。全年日照时数大，远较同纬度地区高，由于地处青藏高原腹地，海拔高而空气稀薄，日照百分率达50%～65%，年日照时数2300～2900 h，年辐射量5500～6800 MJ/m^2，东部低于西部。

5）地域性水热组合上的矛盾突出。有很大一部分地区年降水量在400 mm以上，但热量不足，年均温在0℃以下，同样影响到植物的生长发育。

6）风季与干季同期，风大、沙多。该区盛行西风，大风日数特多，春季更盛。

2.2.2 三江源区主要气候要素及变化特征

采用三江源区内伍道梁、沱沱河、曲麻莱、治多、杂多、囊谦、玉树、清水河、甘德、达日、班玛、久治、玛沁、玛多、兴海、同德、泽库、河南 18 个气象台站 1961 ~ 1999 年近 40 年的气象资料，探讨三江源区主要气候要素的空间分布特征和演变趋势。

2.2.2.1　气温变化特征

气温的分布主要取决于海拔和纬度，其次也与局部地形、地貌有关。三江源区年平均气温的分布如图 2-1 所示。纬度最低、海拔相对也较低的囊谦，年平均气温最高，达 4.0℃；次高中心为班玛，年平均气温 2.7℃。由东南向西北随着纬度和海拔的升高，年平均气温逐渐下降，西北端的伍道梁，年平均气温最低，仅 －5.7℃。其次，位于巴颜喀拉山南麓的清水河为次低中心，年平均气温为 －5.0℃。由清水河至玉树县，海拔陡降 734 m，温度梯度大，等温线分布密集。东北部的兴海、同德，海拔相对较低，年平均气温为 1.2 ~ 0.4℃，也是热量条件相对较好的地区。三江源区年平均气温的差异很大，最暖的囊谦比最寒冷的伍道梁气温高出 9.7℃。各地气温见图 2-1。

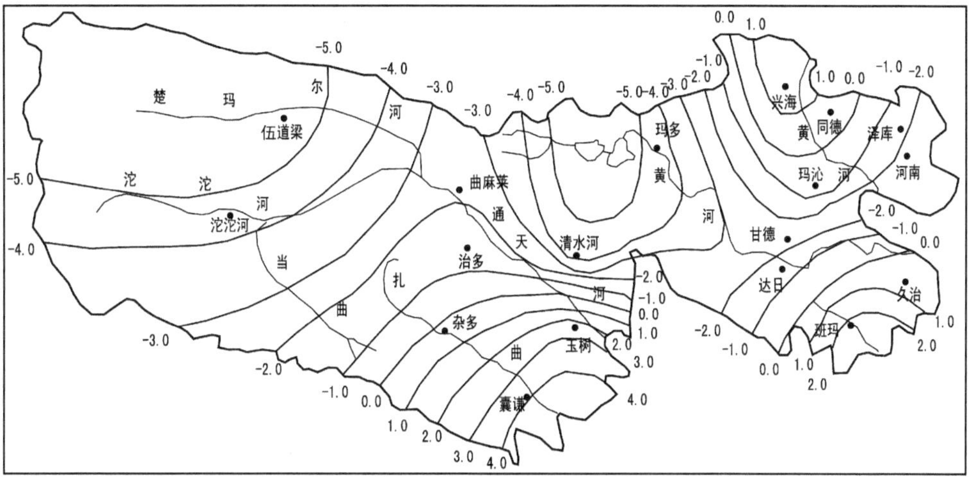

图 2-1　三江源区年均气温分布图

选取三江源区 9 个有代表性气象台站（点）（达日、泽库、大武、玛多、清水河、玉树、杂多、伍道梁、沱沱河）1959 ~ 1999 年 41 年的气温观测数据，代表三江源区该时间段的整体气温，对其变化趋势进行分析。

以 y 表示年均气温序列，x 表示时间（年）序列，y 对 x 进行线性回归，回归线（图中粗直线）的斜率（0.019）即为年均气温年倾向率。41 年的气温变化如图 2-2 所示，图中细直线表示 41 年的平均年均气温。

从图 2-2 中可以看出，三江源区域年平均气温 20 世纪 80 年代中期至 90 年代，气温呈明显上升趋势，1999 年平均气温达到最高点，比 1959 ~ 1999 年 41 年平均值偏高 1.15℃。60 年代平均温度为 －2.36℃，70 年代为 －2.19℃，80 年代为 －2.04℃，90 年代为 －1.78℃。90 年代平均气温最高。1959 ~ 1999 年 41 年来总体年平均气温变化倾向率为 0.19℃/10a。

进入 21 世纪以来，三江源区的气温更是日趋增高，2006 年三江源地区年平均气温

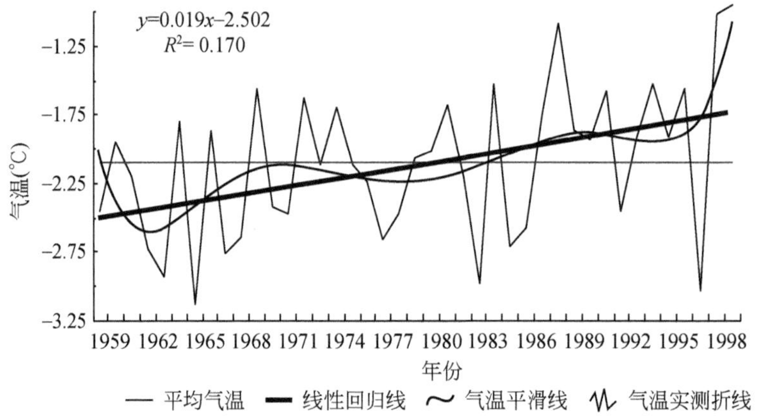

图 2-2　三江源区年平均气温变化图

0.6℃，较历年均值偏高 1.6℃，创造了 1959 年以来的历史最高值。

2.2.2.2　降水变化特征

青藏高原的水汽输送路径有东西两条，东路水汽源于孟加拉湾，西路源于阿拉伯海。根据三江源区地理位置分析，水汽主要来源于孟加拉湾。三江源区受西南季风的影响和高海拔的地形作用，有利于孟加拉湾暖湿气流抬升；另外，由于高原地形的加热作用，形成的锋面和气旋等的活动，拦截西南气流带来的大量水汽，为长江、黄河、澜沧江的发源地提供了充沛的水源。

三江源区受季风气候的影响，干湿季明显，四季降水分布不均。降水量以 7 月最多，主要集中在 6～9 月，6～9 月降水量占全年降水量 70%～80%。1～2 月、11～12 月降水量较少，降水量占全年不到 5%。降水量最多的地区位于果洛藏族自治州的东南部，以久治县为最多，多年平均达到 738.3 mm，不仅是三江源区而且也是全省降水量之冠；其次是班玛县 670.1 mm 左右。另外，一个次多雨区位于玉树藏族自治州的南部，囊谦、杂多县年降水量也在 525 mm 左右。由多雨区向西北方向年降水量逐渐减少，降水量最少的地区在沱沱河—伍道梁一带，由于水汽输送路径已远，水汽含量大减，形成降水的低值区，降水量 270～300 mm。可可西里山、勒斜武担湖一带年降水量为 200～300 mm，再向西北可可西里山与昆仑山之间的地区，年降水量不足 200 mm。次低区在玛多地区，年降水量仅 314 mm。降水资源分布总的特征是由东南向西北方向逐渐减少，随海拔的升高呈现减少的趋势。多年平均降水等值线图如图 2-3 所示。

(1) 降水量的年代际变化

三江源区年和各季降水量的各年代值如表 2-1 所示。可以看出，年降水量最为丰沛的为 20 世纪 80 年代，该区平均年降水量达到 421.5 mm，60 年代、70 年代、90 年代都是相对少雨时期，其中 90 年代最为干旱，年降水量仅为 400.0 mm。在季节降水年代际变化方面，春季降水在 60 年代明显偏少，70 年代、80 年代递增，其中，80 年代最多，90 年代降水略有减少，但仍然超过 1961～1990 年 30 年标准气候值。总之，该区 60 年代、70 年代春季为少雨时段，而 80 年代、90 年代为多雨时段。夏季降水 60 年代、80 年代为多雨

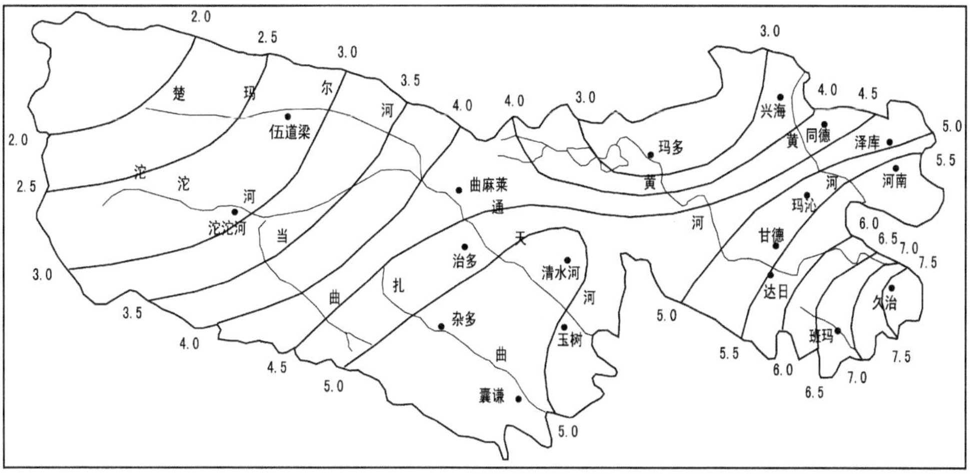

图 2-3 三江源区多年平均降水等值线（单位：dm）

的年代，均超过 30 年标准值；而 70 年代、90 年代为少雨的年代，其中 90 年代比 30 年标准值少 9.6 mm。秋季降水 60～80 年代递增，以 80 年代最多，而进入 90 年代降水明显减少，比 30 年标准值减少 10.0 mm。冬季降水变化最大的特点是降水随着年代递增非常明显，90 年代的降水是 60 年代的 2.1 倍，这也是该区冬季雪灾呈增加趋势的原因之一。

表 2-1 三江源区年代、各季平均降水量 （单位：mm）

时间	1961～1970 年	1971～1980 年	1981～1990 年	1991～1999 年	1961～1990 年
春	56.3	61.1	68.1	64.5	61.9
夏	257.5	246.4	252.6	242.6	252.2
秋	87.4	91.7	92.2	80.4	90.4
冬	5.9	8.5	8.6	12.5	7.7
全年	407.1	407.7	421.5	400.0	412.2

（2）降水量的年际变化

选择三江源区黄河干流的久治、唐乃亥站，长江干流的直门达站，澜沧江干流的囊谦站作为代表站，展示其年降水量的变化（图 2-4～图 2-7）。1956～2004 年久治站、直门达站降水呈现下降趋势，唐乃亥、囊谦站降水多年呈上升趋势。

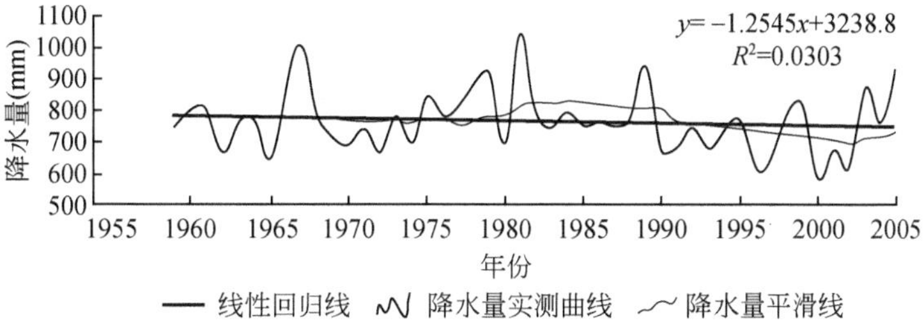

图 2-4 久治站 1956～2005 年降水量及滑动平均值

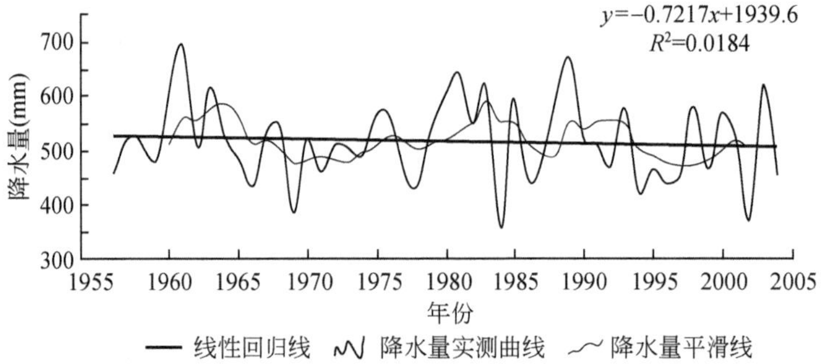

图 2-5　直门达站 1956 ~ 2005 年降水量及滑动平均值

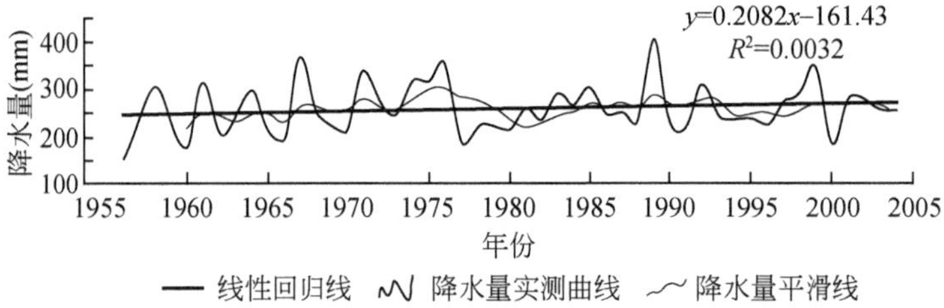

图 2-6　唐乃亥站 1956 ~ 2005 年降水量及滑动平均值

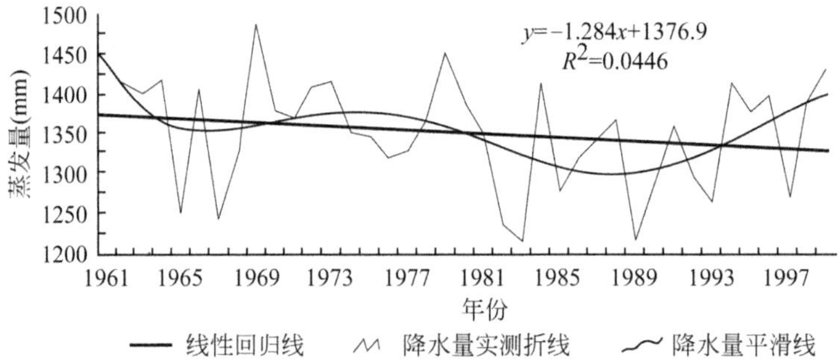

图 2-7　三江源区年蒸发量变化及滑动平均值

三江源区年降水量的变异系数 C_v 值为 0.11 ~ 0.24（表 2-2），其变化幅度较小，表明年际间降水变化较小。年降水量 C_v 值最大的为沱沱河气象站，C_v 值为 0.24，多年平均降水量为 280.0 mm；年降水量 C_v 值最小的为班玛气象站，C_v 值为 0.11，多年平均降水量为 666.4 mm；年降水量 C_v 值总的变化趋势随降水量的增大而减少。

表 2-2　三江源区雨量站 C_v 值、极值比

序号	站名	实测年数	年降水量（mm）	C_v	最大年降水量（mm）	出现年份	最小年降水量（mm）	出现年份	最大/最小
1	沱沱河气象站	50	280.0	0.24	459.4	1985	162.7	1994	2.8
2	伍道梁气象站	43	272.8	0.18	407.0	1989	136.3	1984	3.0
3	曲麻莱气象站	50	400.4	0.17	545.6	2005	279.1	1959	2.0

续表

序号	站名	实测年数	年降水量（mm）	C_v	最大年降水量（mm）	出现年份	最小年降水量（mm）	出现年份	最大/最小
4	治多气象站	35	400.3	0.18	557.5	1989	246.4	1979	2.3
5	清水河气象站	50	505.0	0.12	669.9	1989	342.3	1990	2.0
6	直门达水文站	49	510.7	0.16	693.0	1961	351.5	1984	2.0
7	玉树气象站	45	474.8	0.17	638.3	1989	236.2	1991	2.7
8	班玛气象站	35	666.4	0.11	833.9	1989	502.7	1996	1.7
9	杂多气象站	50	526.4	0.15	693.7	1985	361.9	1959	1.9
10	囊谦气象站	50	530.0	0.18	764.5	2003	369.8	1997	2.1
11	玛多气象站	50	313.1	0.21	485.6	1989	184.0	1962	2.6
12	达日气象站	50	544.7	0.14	698.0	1981	417.0	1970	1.7
13	久治气象站	41	755.0	0.13	1030.8	1981	562.6	2000	1.8
14	玛沁气象站	47	512.6	0.15	695.7	2005	381.0	2000	1.8
15	河南气象站	46	581.4	0.16	887.9	1967	384.5	2002	2.3
16	同德气象站	43	422.0	0.20	598.7	1989	267.4	2000	2.2
17	唐乃亥水文站	45	250.6	0.22	395.0	1989	152.0	1956	2.6
18	兴海气象站	42	270.4	0.18	483.1	1989	214.1	1977	2.3
19	泽库气象站	47	473.7	0.18	650.0	1967	330.8	2002	2.0

三江源区年最大降水量与年最小降水量之比为 1.7～3.0，变化幅度较小，极值比最大的为伍道梁气象站，多年平均降水量为 272.8 mm；极值比最小的为班玛气象站，多年平均降水量为 666.4 mm。年降水量极值比的变化规律一般为降水量大的地区，极值比也小，反之则大，两者较为对应。黄河流域极值比为 1.7～2.6，长江流域和西南诸河极值比为 1.7～3.0，西北诸河极值比为 1.9～2.1。

从图 2-4、图 2-5 和图 2-6 的 C_v 值可以看出，除个别年份年降水量波动较大外，其余大部分年份年降水量都在均值附近的小范围内振荡；此外，其线性回归的相关系数（r）均很小，即降水量没有明显的变化趋势性，这就表明近 40～50 年来三江源区的降水量没有明显的变化。

（3）降水季节分配的变化

气候环境的变化除考虑气温、降水的年均值变化外，降水的季节分配变化也能导致自然环境的变化。

从表 2-3 可以看出，各季节降水量占年降水量比例变化的主要特征是：夏季、秋季比例减少，而冬、春季的比例在增加。

春季和冬季降水递增的气候倾向率分别为 3.10 mm/10a 和 2.03 mm/10a，增加十分明显，分别达到信度 0.01 和 0.001 的显著性标准。夏、秋季降水量变化的倾向率均为负值，但变化尚未达到显著性水平。

表 2-3　三江源区各季降水变化倾向率及降水与年际相关系数

季节	倾向率（mm/10a）	相关系数
春	3.10	0.373 *
夏	-4.00	0.170
秋	-2.51	0.165
冬	2.03	0.667 **

* 和 ** 分别表示达到或超过信度 0.01 和 0.001 显著性检验标准

2.2.2.3　蒸发及其变化规律

水面蒸发能力的空间变化趋势基本与降水量的空间分布特征相反，即降水量大的地区蒸发能力小，年降水量小的地区蒸发能力较大，降水形成以山体为中心的高值区，而蒸发能力则与其相反，这主要取决于影响蒸发能力的风速、温度和饱和度。

三江源区以山地地貌为主，山脉绵延、地势高耸、地形复杂。水面蒸发一般也随着海拔的升高而减小，山区水面蒸发量小，平原、河谷、盆地水面蒸发量大。黄河流域上游达日至久治一带，自西向东南倾斜，平均海拔都在 4000 m 以上，热量条件差，区间高山深谷相间，地形复杂，属于水面蒸发低值区。长江流域及澜沧江水面蒸发趋势大致和降水趋势相反，即年降水较大的地区蒸发量较小，降水较小的地区蒸发量较大。三江源区蒸发量总的变化趋势是自东南向西北方向逐渐升高和降水趋势相反，水面蒸发基本都在 1000 mm 以下，三江源区最大水面蒸发量集中在 5 ~ 8 月。

三江源区各季蒸发量的年代值如表 2-4 所示。可以看出，春、夏、秋三季的蒸发量均以降水量最多的 20 世纪 80 年代为最少时期，因为此时期饱和差较小，从而遏制了蒸发的加大。冬季蒸发量同样以降水量最多的 90 年代为最少时期。春、冬季蒸发量最大时期均出现在 60 年代，此时期降水较少，比较干旱，从而加大蒸发。

表 2-4　三江源区各季蒸发量　　（单位：mm）

季节	1961 ~ 1970 年	1971 ~ 1980 年	1981 ~ 1990 年	1991 ~ 1999 年	1961 ~ 1990 年
春	443.5	438.6	400.1	431.5	427.4
夏	470.0	488.8	463.0	478.5	473.9
秋	274.9	268.5	266.5	277.3	270.0
冬	179.6	177.5	173.1	169.1	176.7

从 20 世纪 60 年代到 90 年代初期，三江源区的年蒸发量呈下降趋势，约为12.84 mm/10a，但此后随着气温的升高，蒸发量又有增加的趋势（图 2-7）。

2.2.3　三江源区典型区域降水量和气温的动态变化趋势

全球气候变化被称为世界环境热点问题，按大气综合环流模型（GCM）的预测，21

世纪全球气温将升高1.5～4.5℃。根据有关资料的推算，下垫面变化对黄河源区径流的影响占径流减少量的38.7%，年均气温升高1℃，蒸发蒸腾量增加7%～8%。面对三江源区草地退化、湿地减少、冰川退缩、湖泊缩小等生态环境问题，为了探明气候变化对草地退化的影响和驱动，以玛多县、达日县和玛沁县为代表分析三江源区历年降水量和年均温的动态变化趋势，表明年均温有上升的趋势，而年降水量略有上升，但变化不明显（图2-8，图2-10，图2-12）。其中，玛多县1991～2005年时间段的年平均气温（－3.20℃）较1961～1970年时间段的年平均气温（－4.21℃）升高1.01℃，较历年平均气温（－3.80℃）升高0.6℃。而该时间段年降水量前者（328.6 mm）较后者（282.54 mm）升高46.05 mm，较历年平均降水量（313.18 mm）升高15.2 mm。达日县1991～2005年时间段的年平均气温（－0.54℃）较1956～1970年时间段的年平均气温（－1.29℃）升高0.75℃，较历年平均气温（－0.9℃）升高0.36℃。而该时间段的年降水量前者（548.5 mm）较后者（542.1 mm）升高6.4 mm，较历年平均降水量（544.8 mm）升高3.7 mm。玛沁县1991～2005年时间段的年平均气温（－0.2℃）较1959～1970年时间段的年平均气温（－1.0℃）升高0.8℃，较历年平均气温（－0.5℃）升高0.3℃。而该时间段的年降水量前者（514.8 mm）较后者（499.4 mm）升高15.4 mm，较历年平均降水量（512.5 mm）升高2.3 mm。

通过三个县年降水量和年均温的距平值分析（图2-9，图2-11，图2-13），玛多县年降水量大于历年平均值的年份有22年，小于历年平均值的年份有23年，年均温大于平均值的年份有23年，小于平均值的年份有22年；达日县年降水量大于历年平均值的年份有23年，小于历年平均值的年份有27年，年均温大于平均值的年份有23年，小于平均值的年份有27年；玛沁县年降水量大于历年平均值的年份有20年，小于历年平均值的年份有27年，年均温大于平均值的年份有25年，小于平均值的年份有22年。三个县的年均温、年降水量与历年平均值相比较，增温最大的是玛多县，其次为达日县和玛沁县。降水量的增加依次为玛多县、达日县、玛沁县。

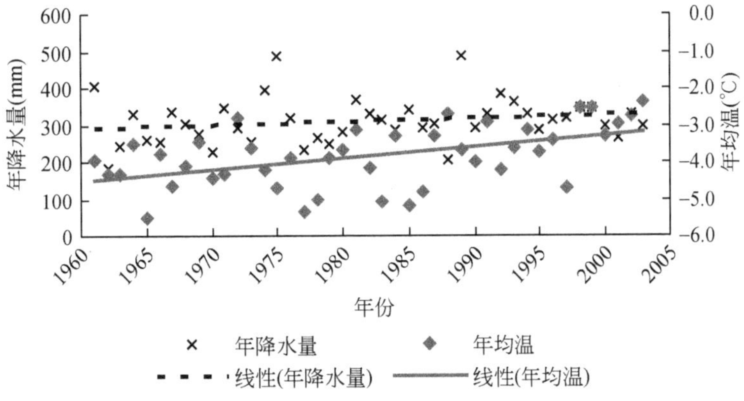

图2-8　玛多县近45年年均温及年降水量变化趋势

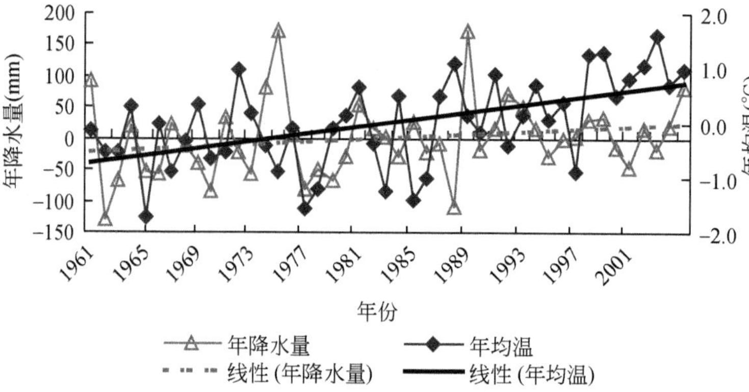

图 2-9　玛多县近 45 年年均温、年降水量距平值变化

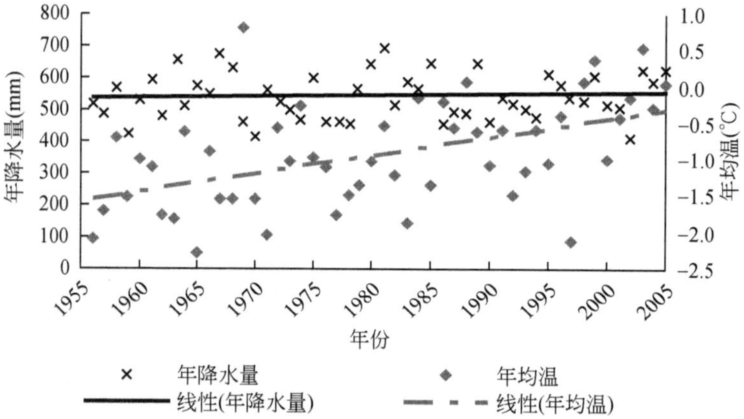

图 2-10　达日县近 50 年气候变化趋势

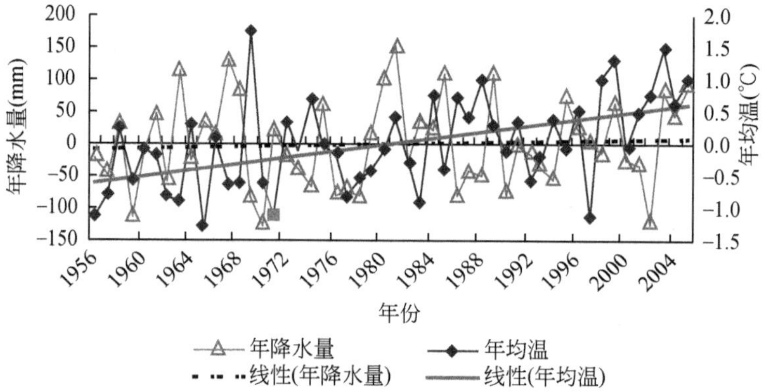

图 2-11　达日县近 50 年年降水量、年均温距平值变化趋势

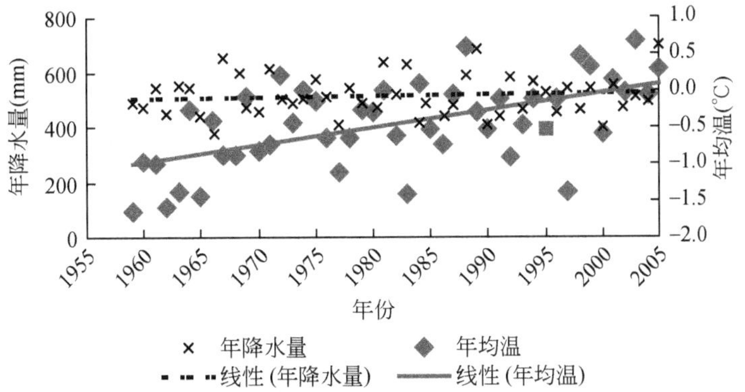

图 2-12　玛沁县近 45 年气候变化趋势

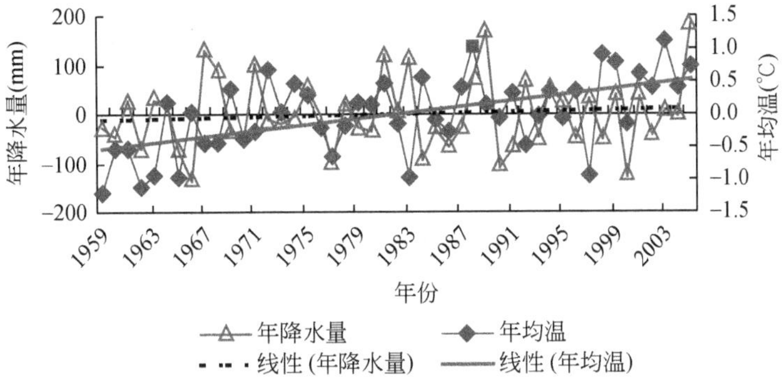

图 2-13　玛沁县年降水量、年均温距平值变化趋势

由图 2-14 可知，玛多县地区大于 0℃的积温的历年平均值为 755℃，其曲线有上升的趋势，尤其从 20 世纪 90 年代初期开始上升速率明显增大。干燥度历年平均值为 4.03，湿润度平均值为 0.26。经相关分析表明，年均温与大于 0℃积温呈极显著正相关（$r=0.614$，$P<0.01$），与年降水量、干燥度呈弱正相关（$P>0.05$），与湿润度呈弱负相关（$P>0.05$）。年降水量与干燥度呈极显著负相关（$r=-0.815$，$P<0.01$），与湿润度呈极显著正相关（$r=0.846$，$P<0.01$）。大于 0℃积温与干燥度呈极显著正相关（$r=0.409$，$P<0.01$），与湿润度呈极显著负相关（$r=0.419$，$P<0.01$）。干燥度与湿润度呈极显著负相关（$r=-0.0963$，$P<0.01$）。

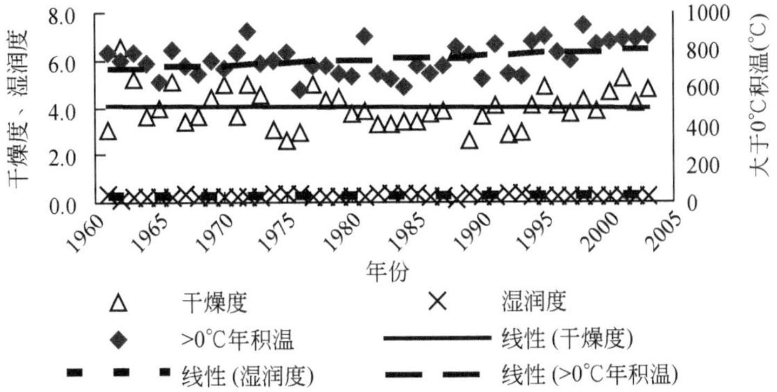

图 2-14　玛多县近 45 年气象要素变化趋势

2.3 生态系统变化及演变趋势

2.3.1 三江源区生态系统的变化

2007年2月，联合国政府间气候变化专门委员会（IPCC）预测，到2100年全球气温将上升1.8~4℃，海平面升高18~59cm。科学技术部、中国气象局、中国科学院等部门2006年12月发布的第一次《气候变化国家评估报告》预测，到2020年，我国年均气温可能增加1.3~2.1℃，年均降水量可能增加2%~3%，降水日数在北方显著增加，降水的区域差异更为明显。由于气温的增高，蒸发增强，总体上北方水资源短缺状况进一步加剧；未来极端天气气候事件呈增加趋势。我国农业、水资源、森林与其他自然生态系统、海岸带与近海生态系统等极易受全球气候变化的不利影响，自然灾害将有进一步加剧的可能。评估报告认为，气候变暖可能使北方江河径流量减少，南方径流量增加，各流域年均蒸发量增大，其中黄河及内陆河地区的蒸发量可能增大15%左右，因此旱涝等灾害的出现频率会增加，并加剧水资源的不稳定性与供需矛盾。

三江源区生态环境的不断恶化，是气候因素和人类不合理的经济活动共同作用的结果（赵新全和周华坤，2005）。任何生态系统都有一定的承受能力和弹性恢复范围，如果人类的开发利用超过这个限度，破坏了相对平衡的生态系统就可能加速退化或崩溃。在三江源区过去的开发建设过程中，往往以畜牧业经济发展为中心，忽视了生态环境和资源的保护，导致了生态系统的持续退化；除引发直接的生态灾难外，由于生态系统的气候反馈效应，还会影响地-气交换和动力、热力作用机制，从而引起大气环流的变化，在不同尺度造成不同程度的气候变化。

16~20世纪全球气温共上升了1℃，北半球上升了1.1℃，其中0.6℃是在20世纪增加的。由于青藏高原对全球气候变化的敏感性和放大作用，1961~1997年青海省年均气温升高达0.02℃，远高于全球的平均水平（贾敬敦等，2004）。气候变暖除引起冰川退缩、雪线上升外，还使得地表蒸散量增大，改变了水热循环，造成水热时空分布模式的改变，如三江源区在植物生长季节增温减慢、降温增快，降水量减少（周华坤等，2003）。生态系统是适应水热条件的产物，因此，水热分布的变化必然引起生态系统的变化。但是，人类对土地的利用方式和土地覆盖的变化，不仅引起生态系统的变化，也会对局部气候产生反馈作用，引起气候的变化。

气候变化的统计规律包含在大时间尺度的长时间序列之中，在不同的时间尺度下可能有不同的波动周期性和趋势。但气候的变化终究是相对缓慢的过程，如年均气温和降水的平均变化均在千分之几或万分之几的数量级上。从中国科学院海北高寒草甸生态系统定位站1976年开始的连续观测试验来看，到目前为止气候变化对封育的天然草地群落结构和初级生产力的影响并不十分显著，未呈现退化的态势（李文华和周兴民，1998）。而人类对天然草地的过度利用和破坏应该是近几十年来草地生态系统快速退化的主要原因（周华坤等，2003）。气候变化与草地生态系统退化的相互作用，既加剧了气候变化，也加速了草地生态系统的恶性循环，从而加剧了生态环境的恶化趋势。

三江源区地处青藏高原腹地，海拔高、自然条件严酷，自然生态系统十分脆弱。在全球气温增高的背景下，高原气候具有增温的超前性和放大性，气温变暖时间提前和幅度增大，对高原土壤（包括冻土）和植被产生正面和负面影响。其正面的作用是延长生长季节，提高光合作用效率，增加土壤养分的释放率等，从而提高植物的产量，增温的另一个显著效果是使生态系统与农林业种植的界限向北或在山地向上扩展。一般来说，全球变暖对于冷湿的北方和高寒地区有较大的好处，在这些地区，低温是植物生产力的限制因素。

增温对植物生长发育的负面作用主要在于增加水分消耗而引起干旱，并在受到水分不足胁迫的同时易于感染病虫害，从而使植物生产力降低或阻碍生长与更新。尤其在植物分布的南界或山地下限，增温使植物得不到足够的低温来刺激休眠，从而不能完成其发育周期；高温还导致花、果或种子败育。此外，全球增暖所造成的暖冬将加强冬旱所致的危害。

通常认为植被带在全球变暖进程中将向北方移动，但因各个种对气候变化的适应性与遗传忍耐力的不同以及它们繁殖与散布的能力差异而有很大区别，山地植被则随全球变暖而向上迁移。物种对于变化环境的适应能力取决于它们的生理适应性、繁殖、散布与迁移的特性。许多物种的完全绝灭或局部绝灭往往是由于它们的散布速度赶不上气候的变化。温度或土壤湿度变化还能影响捕食、寄生与竞争的相互关系。气候变化可能有利于外来的侵入种而造成某些物种被竞争排除而局部绝灭。山地冰川迅速消融后退乃是全球变暖最明显的标志和先兆。然而，植物迁移的速度慢于气候变暖的速度。据估计，植物要每年向上迁移约1 m才能适应气候的变化。但多数植物迁移的速度每 10 年不过 1 m，因此往往不足以挽救自己，或因山地高度不够而找不到避难所，许多高山植物就会因此绝灭。即使是1℃的增温也足以使许多山地的高山植被带整个消失或碎裂化而仅呈岛屿状存在于局部的山头。一般来说，增温对北方高纬度和高海拔的物种与群落造成的压力较大。

与增温相伴随的降水变化也会对生物多样性产生重大影响。在干旱的情况下，植被及其组成将受到损失。大气 CO_2的浓度增加则可能对某些种类，如 C_3 植物更为有利，而改变了竞争的格局，造成生态系统的不稳定。全球变化带来的极端事件，如干旱、火灾、洪水、风暴及冷暖变化等更会对物种的分布与生存产生很大影响。

在地球的地质史时期，自然的气候变化曾导致了生物物种的大规模迁移，生物群落组成的巨大变化与许多物种的绝灭。在全球变化条件下，这一过程势必将以更高的速度发生和进行，尤其是气候变化与生境破坏相配合将威胁到更多物种的生存。

有关研究预测，青藏高原与我国西部高山的高寒植被在 CO_2 浓度加倍的情景下大部分将消失。山地的高山草原与草甸分别向温性荒漠与草原演化，高原上的高寒植被除少数转化为森林和草原外，大部将变为温性荒漠。高原上的连续永冻层将局部消融，雪线与冰川大幅度上移，冰雪带将仅存于局部高山顶部。

2.3.2　三江源区生态系统的演变趋势

印度板块对喜马拉雅板块的挤压、抬升过程仍在继续，随着青藏高原的继续缓慢升高和对全球气候异常变化的放大，三江源区气候总的趋势可能进一步暖化和干旱化，但也会有地域分异（李文华和周兴民，1998）。干燥温暖的气候，加之逐渐增强的高原季风，使青海省柴达木盆地和三江源区的荒漠化气候有加剧的趋势。

气候的变化肯定会对生态系统产生一定的影响，但生态系统的自我调控能力使其能够吸收一定范围内的环境扰动。生态系统的自我调控能力主要用稳定性和恢复性来度量，其性能的高低主要取决于该系统在其生命史中所经历的气候波动程度。在青藏高原隆起的过程中气候曾发生过剧烈的变化，在这种环境中经过长期适应、进化所形成的高原生态系统，也应有较强的自我调控能力。与世界其他地区自然生态系统的研究结果比较表明，高原生态系统的自我调控能力位居中等（李文华和周兴民，1998）。由此看来，健康的高原草地生态系统能够适应气候缓慢的变化，保持其相对稳定性和持久性。

但是，近几十年来三江源区植被大面积退化，草地生态系统功能衰退，自我调控能力减弱，生态系统的稳定性和持久性受到威胁（张耀生等，2000）。从自然动力来看，在退化生态系统与干暖化气候变化的相互作用下，生态环境有进一步恶化的趋势。但在人与自然界构成的大系统中，人占据着主导地位，人类开发利用生态系统资源的策略和行为方式将主要决定青海省三江源区生态环境的以下两个演变趋势。

第一，如果目前的过度开发利用和破坏继续下去，由于退化生态系统的气候反馈作用，将使气候进一步暖干化，反过来又加速生态系统的退化演替，这种恶性循环的结果使生态系统逐渐崩溃，随之而来的是强盛的荒漠化气候和普遍的荒漠化土地。极度干旱的柴达木盆地及邻近的青海湖盆地和共和盆地，沙漠化趋势强烈，沙丘向东南方向逐渐移动，青海省东部地区将受到沙漠化的威胁。冰川加快消融，将影响到江河湖泊的水源补给。冻土层的融冻将破坏草皮层，进一步加速土壤的侵蚀和退化。由于三江源区高寒草地土壤富含有机质，草皮层一旦被大面积破坏，其有机质分解将释放大量的 CO_2，由此产生的反馈作用会对气候产生重大影响。

第二，通过加强生态环境保护和建设，遵循生态规律，合理地开发利用生态系统资源，经过一段时间的努力，能够遏制当前生态环境不断恶化的局面，进而步入良性循环。由于三江源区自然条件严酷，植物生长较缓慢，植被演替过程可能需要几代人的时间，才能恢复到与外界相对平衡的状态或重建稳定的植物群落和草地生态系统。

2.4　三江源区草地退化驱动力分析

2.4.1　草地退化驱动力分析的理论基础

由于缺乏科学管理，长期超载过牧，以及由此而发生的鼠虫危害和毒杂草滋生，不合理的人为干扰和暖干化气候变化的影响，草地退化日趋严重，退化面积逐年扩大。可见，草地退化不仅是青藏高原三江源区面临的重大生态环境问题，而且是我国北方牧区普遍存在的生态环境问题。它将直接威胁到该地区人类和家畜的生存与发展，也威胁到长江、黄河中下游地区的生态安全。由于研究学科的不同和研究地域的差异，有关草地退化原因和主要驱动力的争论不断，研究者各持己见。我们以三江源区典型高寒草甸为例，运用层次分析法研究了高寒草地退化原因以及相关治理措施的有效程度，为高寒草地科学管理、恢复与重建退化草地、优化草地资源利用，防止草地退化提供科学依据。

层次分析法（analytical hierarchy process，AHP）由美国运筹学家 A. L. Saaty 于 20 世纪 70 年代提出，是一种新的定性与定量相结合的系统分析方法，是一种将决策者对复杂对象的决策思维过程数量化并具有较广泛实用性的方法。在系统工程和环境评价等方面应用相当广泛（刘振乾等，2001；孟林，1998；万里强等，2003；赵英伟等，2004）。我们将这种方法运用于高寒草甸放牧生态系统的管理中，将草原管理的复杂问题分解为若干层次和因素，通过各因素之间的比较判断和计算，算出不同管理方案的权重（或组合权重），从而为最佳方案的选择提供基础。其主要步骤如下。

1）分析问题，确定系统的管理目标 C；根据目标及问题性质，将系统区分为若干管理层次及因素（F）。

2）从第二层次开始，逐次确定判断矩阵，计算各因素的权重。

判断矩阵的确定：首先逐对比较基本因素 F_i 和 F_j 对目标的贡献大小，给出它们之间的相对比重 a_{ij}。根据统计资料、专家意见和分析研究者的认识，加以平衡后给出判断矩阵的数值，得到判断矩阵 $\boldsymbol{A}$（表 2-5）。

表 2-5　判断矩阵 A

目标 C	F_1	F_2	…	F_n	权重
F_1	a_{11}	a_{12}	…	a_{1n}	α_1
F_2	a_{21}	a_{22}	…	a_{2n}	α_2
⋮	⋮	⋮	⋮	⋮	⋮
F_n	a_{n1}	a_{n2}	…	a_{nn}	α_n

表中 α_i 是因素 F_i 对目标 C 的权重，它表示诸因素中 F_i 对目标贡献的相对大小。α_i 的计算公式如下：

$$\begin{cases} b_i = \sqrt[n]{\prod_{k=1}^{n} a_{ik}} \\ \alpha_i = \dfrac{b_i}{\sum_{i=1}^{n} b_i} \quad i = 1,2,\cdots,n \end{cases} \tag{2-1}$$

向量 $\bar{\boldsymbol{V}} = [\alpha_1, \alpha_2, \cdots, \alpha_n]^{\mathrm{T}}$称为权重向量。

3）在逐层计算中，若系统的 L 层次有元素 n 个，第（$L+1$）层次有元素 m 个。第（$L+1$）层次元素对于第 L 层次 n 个元素的相对权重向量分别为：$\vec{\boldsymbol{V}}_1$，$\vec{\boldsymbol{V}}_2$，…，$\vec{\boldsymbol{V}}_n$，其中 $\vec{\boldsymbol{V}}_i = (V_{i1}, V_{i2}, \cdots, V_{im})^{\mathrm{T}}$，第 L 层次元素的组合权重为 $\vec{\boldsymbol{U}}^L = (u_1^L, u_2^L, \cdots, u_n^L)^{\mathrm{T}}$，那么，第（$L+1$）层次元素的组合权重向量 $\vec{\boldsymbol{U}}^{L+1} = (u_1^{L+1}, u_2^{L+1}, \cdots, u_m^{L+1})^{\mathrm{T}}$ 为

$$\vec{\boldsymbol{U}}^{L+1} = \sum_{i=1}^{n} U_i^L \cdot \vec{V}_i \tag{2-2}$$

在实例中，该计算过程从第二层次开始，递阶层次逐层向下计算，直到算得最下层元素的组合权重。组合权重反映系统最下层次各个因素对总目标的贡献。

2.4.2 草地退化驱动力分析

2.4.2.1 驱动力分析层次和相关因子的确定

高寒草甸生态系统的管理调控可分为两个层次：退化原因分析和退化草地治理方案实施。前一层次包括导致高寒草甸退化的诸多因素，后一层次是各种恢复治理措施。根据我们在三江源区多年的野外现场调查，草地退化原因和驱动力的分析研究和相关专家的意见进行综合分析后，认为高寒草甸退化原因层次包括以下6个因素：F_1 长期超载过牧，F_2 鼠虫、毒杂草危害，F_3 人类不合理干扰（铲挖草皮、挖药、淘金、修路、挖沙采石和滥垦滥伐等），F_4 畜群结构不合理，F_5 暖干化气候，F_6 土壤侵蚀、冻融作用。恢复治理措施层次包括以下8个因素：E_1 控制合理放牧强度，E_2 围栏封育和划区轮牧，E_3 建立人工草地，E_4 鼠虫害与毒杂草控制，E_5 减少人类不合理干扰，E_6 施肥、补播、松耙，E_7 优化畜群结构，E_8 优良牧草选育。

草地管理的目的在于保护草地植被、维持生态平衡的前提条件下获得最佳的经济效益，达到可持续发展的总目标。假设此为总目标C，可将高寒草甸放牧生态系统的管理问题归结为以下的层次结构（图2-15）。

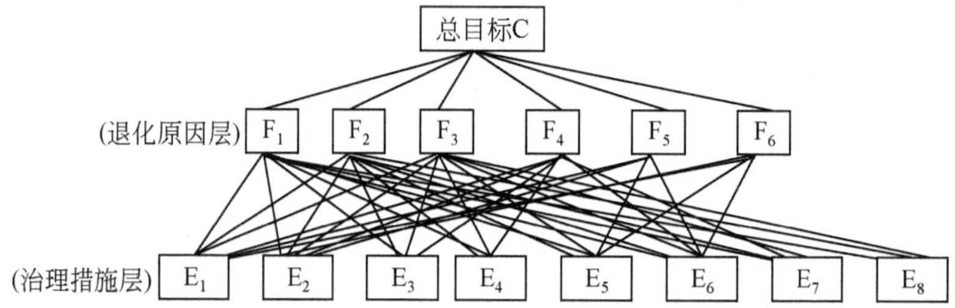

图2-15 高寒草甸放牧生态系统层次结构

2.4.2.2 高寒草甸退化因素权重的确定

从20世纪80年代以来，三江源区草场退化面积的剧增，草地生态环境的恶化，引起了国家、地方政府和科研机构的高度重视，青海省有关畜牧、草原、土地等专业部门及中国科学院西北高原生物研究所对退化草地的形成与综合治理进行了大量研究和恢复、重建等治理工作，开展了国家“十五”科技攻关项目“江河源区退化草地治理技术与示范”（2001BA606A-02）、青海省“九五”重点科技攻关项目“‘黑土型’退化草地植被恢复技术研究”（96-N-112,）、青海省三江源自然保护区生态保护和建设总体规划科研课题及应用推广项目“三江源区退化草地恢复机理、草畜营养平衡及持续利用模式与示范”（2005-SN-2）等一批重大项目的研究与示范。在三江源区所辖的果洛藏族自治州达日县、玛沁县、玛多县、甘德县，玉树藏族自治州的玉树县、称多县、曲麻莱县、治多县以及格尔木市的唐古拉乡等地区进行了各类退化草地植物群落组成、生物量、鼠害调查和土壤养分样品采集、测定等项目的调查研究，并通过省级和三江源区各级畜牧、草原、气象部门收集了社会经济、草地退化状况、畜群结构、人工草地面积、鼠害情况、退化草地恢复治理效果、历年的气象参数等资料。同时在达日县建设乡和窝塞乡、玛沁县大武乡格多牧委会和雪山乡等一些草地退化严重地区调查了若干牧户的基本情况，包括牧户的人口、收入、草场面积、牲畜数量、草地建设投入和方式、鼠虫和毒杂草对草地的危害状况以及对草地退化原因的认识等。依托科研与示范项目和国家天然草地保护、退牧还草等重大工程项目，先后在果洛藏族自治州达日县和玛沁县严重退化草地——“黑土滩”上建成近 7000 hm^2 优质高产人工草地，不仅改善了生态环境，缓解了当地的草畜矛盾，有效保护了天然草地，对退化草地的恢复重建也起到了良好的示范作用。

为了对草地退化各因素权重值的确定更具有权威、科学合理性，除了咨询牧民外，同时咨询了一批长期从事江河源区退化草地成因、恢复治理研究工作的专家和当地草原、畜牧部门的行政管理人员与技术人员，专业涉及草地生态、植物生态、恢复生态学、草地保护、气象和畜牧等领域。许多被咨询人员都对长期超载过牧这一草地退化因素赋予了较大的权重值，气象部门的专家对暖干化气候赋予了较大的权重值，但他们认为长期超载过牧在退化草地的形成中的贡献也不容忽视，权重值也较高。

通过实际调查结果和专家意见的综合分析，根据层次分析法数学模型计算得到退化原因的判断矩阵及有关权重见表 2-6。

表 2-6　高寒草地退化原因的判断矩阵与权重

退化原因	F_1	F_2	F_3	F_4	F_5	F_6	权重
F_1	1	5	7	7	3	9	$\alpha_1=0.3935$
F_2	1/5	1	3	5	1/5	5	$\alpha_2=0.1503$
F_3	1/7	1/3	1	3	1/5	3	$\alpha_3=0.0964$
F_4	1/7	1/5	1/3	1	1/7	2	$\alpha_4=0.0402$
F_5	1/3	5	8	7	1	5	$\alpha_5=0.2664$
F_6	1/9	1/5	1/3	1/2	1/5	1	$\alpha_6=0.0532$

注：表中 α_i 表示退化原因 F_i 对目标 C 的权重（$i=1$，2，3，4，5，6）

各权重计算如下：$b_1=\sqrt[6]{1\times5\times7\times7\times3\times9}=3.0031$，同理，$b_2=1.1472$，$b_3=0.7355$，$b_4=0.3064$，$b_5=2.0328$，$b_6=0.4061$，利用公式 $\alpha_i=b_i/\sum_{i=1}^{6}b_i$，计算得：$\alpha_1=0.3935$，$\alpha_2=0.1503$，$\alpha_3=0.0964$，$\alpha_4=0.0402$，$\alpha_5=0.2664$，$\alpha_6=0.0532$。得到权重向量 $\vec{V}=(0.3935, 0.1503, 0.0964, 0.0402, 0.2664, 0.0532)^T$。

由此得出高寒草地退化原因的权重次序为：$\alpha_1>\alpha_5>\alpha_2>\alpha_3>\alpha_6>\alpha_4$，表明长期超载过牧是导致高寒草甸退化的主导因子（贡献率为 39.35%），其次为暖干化气候变化（贡献率为 26.64%），二者的贡献率为 65.99%；鼠虫危害和毒杂草滋生泛滥是重要因子，贡献率为 15.03%，尤其是害鼠的破坏加速高寒草甸退化进程；人类不合理干扰造成的高寒草甸退化也不容忽视，贡献率达 9.64%；另外，由于土壤侵蚀、冻融作用造成的水土流失、土地退化和畜群结构不合理造成的高寒草甸退化的贡献率分别为 5.32% 和 4.02%。

2.4.2.3 恢复治理措施的权重分析

为了研究管理措施的有效性，首先计算各种退化原因下各恢复治理措施的判断矩阵及权重。其计算结果见表2-7～表2-12。

表2-7 退化原因 F_1（长期超载过牧）下各措施的判断矩阵及权重

治理措施	E_1	E_2	E_3	E_4	E_5	E_6	E_7	E_8	措施权重
E_1	1	1/2	1/2	3	5	3	5	7	β_{11} =0.1656
E_2	2	1	3	5	7	5	5	9	β_{21} =0.2233
E_3	2	1/3	1	3	5	4	5	7	β_{31} =0.1792
E_4	1/3	1/5	1/3	1	3	1	2	3	β_{41} =0.1076
E_5	1/5	1/7	1/5	1/3	1	1/2	1/2	1	β_{51} =0.0707
E_6	1/3	1/5	1/4	1	2	1	3	5	β_{61} =0.1104
E_7	1/5	1/5	1/5	1/2	2	1/3	1	3	β_{71} =0.0818
E_8	1/7	1/9	1/7	1/3	1	1/5	1/3	1	β_{81} =0.0614

注：其中 β_{j1} 表示退化原因 F_1 下治理措施 E_j（$j=1, 2, \cdots, 8$）的权重，即第 j 项治理措施对退化原因 F_1 的有效程度

表2-8 退化原因 F_2（鼠虫、毒杂草危害）下各措施的判断矩阵及权重

治理措施	E_1	E_2	E_3	E_4	E_5	E_6	E_7	E_8	措施权重
E_1	1	1	2	1/5	3	2	3	7	β_{12} =0.1420
E_2	1	1	2	1/5	5	3	3	7	β_{22} =0.1542
E_3	1/2	1/2	1	1/7	3	1	3	5	β_{32} =0.1174
E_4	5	5	7	1	7	5	7	9	β_{42} =0.2546
E_5	1/3	1/5	1/3	1/7	1	1/3	1/2	1	β_{52} =0.0711
E_6	1/2	1/3	1	1/5	3	1	2	4	β_{62} =0.1124
E_7	1/3	1/3	1/3	1/7	2	1/2	1	3	β_{72} =0.0880
E_8	1/7	1/7	1/5	1/9	1	1/4	1/3	1	β_{82} =0.0603

注：其中 β_{j2} 表示退化原因 F_2 下治理措施 E_j（$j=1, 2, \cdots, 8$）的权重，即第 j 项治理措施对退化原因 F_2 的有效程度

表2-9 退化原因 F_3（人类不合理干扰）下各措施的判断矩阵及权重

治理措施	E_1	E_2	E_3	E_4	E_5	E_6	E_7	E_8	措施权重
E_1	1	1	1/5	1/2	1/7	1/3	1	1/2	β_{13} =0.0785
E_2	1	1	1/5	1/2	1/7	1/2	1	1/2	β_{23} =0.0806
E_3	5	5	1	3	1/5	2	3	2	β_{33} =0.1585
E_4	2	2	1/3	1	1/7	1/2	1	1	β_{43} =0.0989
E_5	7	7	5	7	1	7	8	9	β_{53} =0.2692
E_6	3	2	1/2	2	1/7	1	2	3	β_{63} =0.1269
E_7	1	1	1/3	1	1/8	1/2	1	1	β_{73} =0.0900
E_8	2	2	1/2	1	1/9	1/3	1	1	β_{83} =0.0974

注：其中 β_{j3} 表示退化原因 F_3 下治理措施 E_j($j=1,2,\cdots,8$)的权重，即第 j 项治理措施对退化原因 F_3 的有效程度

表 2-10　退化原因 F_4（畜群结构不合理）下各措施的判断矩阵及权重

治理措施	E_1	E_2	E_3	E_4	E_5	E_6	E_7	E_8	措施权重
E_1	1	1	1	1	2	2	1/8	2	$\beta_{14}=0.1146$
E_2	1	1	2	2	2	1	1/8	2	$\beta_{24}=0.1197$
E_3	1	1/2	1	1	1	1	1/9	1	$\beta_{34}=0.0957$
E_4	1	1/2	1	1	1	1	1/9	1	$\beta_{44}=0.0957$
E_5	1/2	1/2	1	1	1	1	1/9	1	$\beta_{54}=0.0916$
E_6	1/2	1	1	1	1	1	1/9	1	$\beta_{64}=0.0957$
E_7	8	8	9	9	9	9	1	9	$\beta_{74}=0.2954$
E_8	1/2	1/2	1	1	1	1	1/9	1	$\beta_{84}=0.0916$

注：其中 β_{j4} 表示退化原因 F_4 下治理措施 E_j（$j=1, 2, \cdots, 8$）的权重，即第 j 项治理措施对退化原因 F_4 的有效程度

表 2-11　退化原因 F_5（暖干化气候）下各措施的判断矩阵及权重

治理措施	E_1	E_2	E_3	E_4	E_5	E_6	E_7	E_8	措施权重
E_1	1	1	1	1	1/2	1/2	1	1	$\beta_{15}=0.1126$
E_2	1	1	1	1	1/2	1/2	1	1	$\beta_{25}=0.1126$
E_3	1	1	1	1	1/2	1/2	1	1	$\beta_{35}=0.1126$
E_4	1	1	1	1	1/2	1/2	1	1	$\beta_{45}=0.1126$
E_5	2	2	2	2	1	2	3	3	$\beta_{55}=0.1749$
E_6	2	2	2	2	1/2	1	3	3	$\beta_{65}=0.1605$
E_7	1	1	1	1	1/3	1/3	1	1	$\beta_{75}=0.1071$
E_8	1	1	1	1	1/3	1/3	1	1	$\beta_{85}=0.1071$

注：其中 β_{j5} 表示退化原因 F_5 下治理措施 E_j（$j=1, 2, \cdots, 8$）的权重，即第 j 项治理措施对退化原因 F_5 的有效程度

表 2-12　退化原因 F_6（土壤侵蚀、冻融作用）下各措施的判断矩阵

治理措施	E_1	E_2	E_3	E_4	E_5	E_6	E_7	E_8	措施矩阵
E_1	1	1/2	3	2	1/5	3	2	4	$\beta_{16}=0.1548$
E_2	2	1	5	3	1/2	4	3	5	$\beta_{26}=0.1919$
E_3	1/3	1/5	1	1/3	1/5	3	1/2	2	$\beta_{36}=0.0017$
E_4	1/2	1/2	3	1	1/5	3	2	3	$\beta_{46}=0.1301$
E_5	5	2	5	5	1	7	5	8	$\beta_{56}=0.2519$
E_6	1/3	1/4	1/3	1/3	1/7	1	1/3	2	$\beta_{66}=0.0808$
E_7	1/2	1/3	2	1/2	1/5	3	1	3	$\beta_{76}=0.1163$
E_8	1/4	1/5	1/2	1/3	1/8	1/2	1/3	1	$\beta_{86}=0.0725$

注：其中 β_{j6} 表示退化原因 F_6 下治理措施 E_j（$j=1, 2, \cdots, 8$）的权重，即第 j 项治理措施对退化原因 F_6 的有效程度

上述各项措施权重反映了每个措施对某一特定退化原因的有效性。为分析某项措施对各种退化原因的综合效应，计算了各项措施的组合权重。

组合权重向量为：

$$\vec{U}=\begin{pmatrix}u_1\\u_2\\\vdots\\u_8\end{pmatrix}=\sum_{i=1}^{6}\alpha_i\begin{pmatrix}\beta_{1i}\\\beta_{2i}\\\vdots\\\beta_{8i}\end{pmatrix}\tag{2-3}$$

将以上各表权重数据代入计算得：

$$\vec{U}=\begin{pmatrix}u_1\\u_2\\\vdots\\u_8\end{pmatrix}=\begin{pmatrix}0.1369\\0.1638\\0.1374\\0.1309\\0.1281\\0.1235\\0.1007\\0.0787\end{pmatrix}$$

$\vec{U}$ 的分量 u_j 表示第 j 项治理措施 E_j 的组合权重。如果组合权重大，则表明其治理的综合效应较好。组合权重依次为 $u_2>u_3>u_1>u_4>u_5>u_6>u_7>u_8$，结果表明 u_2 的综合效应最大（0.1632），u_3、u_1、u_4、u_5、u_6 的综合效应居中（0.1235～0.1374），u_7 和 u_8 的综合效应最小（0.1007，0.0787）。由此可见，在当地自然环境条件下，围栏封育和划区轮牧（E_2）的治理效益最好，其次为建立人工草地（E_3），控制合理放牧强度（E_1），鼠虫害与毒杂草防治（E_4），减少不合理人类干扰（E_5），松耙、补播、施肥改良退化草地（E_6），这些治理效益较好。由于优化畜群结构（E_7）和优良牧草选育（E_8）在治理退化草地中具有间接作用，所以它们的效益和贡献相对较低。此结果与李希来（1996）、周华坤（2004）、马玉寿等（2002）的研究结果一致。各个治理措施组合权重的这种相对均衡的分配格局（图 2-16）与高寒草甸退化现状（包括退化程度和退化面积大小）有关，每个治理策略对退化草地的恢复都有不同大小的贡献。对于轻度退化草地，应以保护为主，通过减轻放牧压力，控制放牧强度和围栏放牧等措施，就可以防止其进一步退化，并朝原

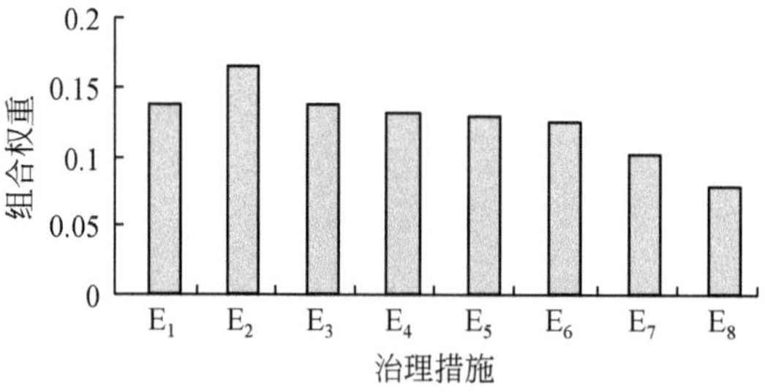

图 2-16　不同治理措施条件下组合权重的分配

生植被方向演替。对于中度退化草地，应采取松耙、补播、施肥和围栏封育等措施，同时控制鼠害，将会有效遏制草场的继续退化，并提高土壤肥力，取得较好的生态效益和经济效益。对于重度退化和极度退化的草地，采用自然恢复治理难度较大，应采取恢复与重建综合治理措施，建立人工或半人工草地，使退化草地植被得到快速恢复，成为重建或改建的生态系统，从而达到一种新的生态平衡（周华坤等，2005）。

第3章 典型草地植物群落结构、生产力动态及形成过程

3.1 高寒草甸主要类型植物群落结构特征

高寒草甸是高山和青藏高原隆起所引起的高寒气候的产物，为典型的高原地带性和重要的山地垂直地带性植被类型（周兴民，1982）。随着青藏高原的形成、演化和环境变迁，高寒嵩草草甸成为经历了严酷的自然选择和生态适应而发育起来的特殊类型。它的分布，北起青海省东北部的祁连山东段，经甘肃南部、四川西部、云南西北部至喜马拉雅山，呈弧形环绕在高原的东半部，处于30°~39°N。其优势种植物以耐低温的嵩草、薹草等高山植物为主。这些种类主要是世界分布或北温带分布属中的北极高山、中国喜马拉雅或青藏高原特有成分。其中，高山嵩草（*Kobresia pygmaea*）、矮嵩草（*K. humilis*）、线叶嵩草（*K. capillifolia*）为中国喜马拉雅或中亚高山成分；藏嵩草为青藏高原特有成分。它们具有草质柔软、营养丰富、热值含量较高等特点，是青藏高原主要的可更新草地资源和优良的放牧场，仅青海省有可利用草甸草场1640.24万hm^2，约占全省可利用草场的49.03%，在青海草地畜牧业生产中占有重要地位。因此，深入系统地研究高寒草甸主要植被类型的物种组成及其特征和生物量动态，对揭示高寒草甸生态系统结构、功能以及高寒草甸生态系统在全球变化中的作用和地位具有重要意义和科学价值。

3.1.1 高寒草甸生态系统主要植物群落结构特征

3.1.1.1 高山嵩草草原化草甸

高山嵩草草原化草甸是广泛分布在青藏高原海拔3200~5200 m的山地阳坡、半阳坡、滩地、宽谷阶地和浑圆山顶部。在寒冷多风、辐射强烈等环境因子的综合影响下，该群落种类组成较少，结构简单，植株低矮，生产力水平较低。但是，饲用价值较高，其优势种和次优势种不但营养丰富，热值含量高（杨福囤等，1986），而且草质柔软，适口性良好。植物根系发达，在0~15 cm的土层中交错盘结形成密集的草皮层，虽然通透性较差，但富有弹性，耐牧性强，是理想的放牧型草地。

高山嵩草草原化草甸植物群落的外貌较单调而整齐，层次分化不明显。组成该群落的植物以旱中生植物为主，并大量侵入旱生植物。优势种高山嵩草的植株矮小，密集丛生，是典型的耐寒旱中生植物，次优势种异针茅（*Stipa aliena*）为旱生植物，杂类草的种类较典型草甸为少。种的饱和度一般为15~30种/m^2，总覆盖度60%~85%。组成该区高山嵩草草原化草甸的主要植物有35种，隶属11科30属（表3-1）。若以主要科属的重要值计，

它们依次为莎草科（24.90）>禾本科（22.12）>菊科（20.47）>龙胆科（9.07）>豆科（6.77）>玄参科（5.34）>蔷薇科（3.79）>毛茛科（3.71）。其余3科的3种植物的重要值为3.63。在35个种群中高山嵩草的重要值最大（20.32），为该群落的优势种和主要组成成分。次优势种和伴生种依次为异针茅、美丽风毛菊（*Saussurea superba*）、紫羊茅（*Festuca rubra*）、垂穗披碱草（*Elymus nutans*）、麻花艽（*Gentiana straminea*）、青海风毛菊（*S. kokonorensis*）、柔软紫菀（*Aster flaccidus*）、异叶米口袋（*Gueldenstaedtia diversifolia*）等。高山嵩草草甸植物群落的层片结构较为简单，植物生活型以地面芽为主，其次为地下芽植物，分别占群落总种数的65.71%和34.29%。其层片组成有：

1）地面芽植物层片：①密丛禾草片层，由耐寒的旱中生和中旱生禾本科植物组成，由于该类型土壤有致密的生草层，通气和透水性能不良，一些耐旱并以营养繁殖为主的密丛型禾草能在这种环境条件下生长和繁殖，如异针茅、紫羊茅等；②莲座状植物层片，由耐旱的中生或旱中生双子叶植物组成，这类植物数量较多，它们的茎极短，根出叶簇生或莲座状丛生而匍匐于地面，如线叶龙胆、麻花艽、美丽风毛菊、蒲公英（*Taraxacum mongolicum*）、花苜蓿（*Medicago ruthenica*）等；③直立茎植物层片，由耐旱的中生或旱中生植物组成，种类较多，但都零散分布在群落之中，为该群落的辅助层片，如青海风毛菊、柔软紫菀、湿生扁蕾（*Gentianopsis paludosa*）等。

2）地下芽植物层片：①短根茎密丛莎草层片，由耐寒的旱中生或中生植物组成，其根茎极短，常形成稠密的草丛，如高山嵩草，矮嵩草等；②根茎疏丛莎草层片，由耐寒的湿中生或中生植物组成，如黑褐薹草（*Carex atrofusca*）等；③根茎疏丛禾草层片，此类植物适应于原生植被破坏之后，土壤较疏松的环境中生长发育，为该群落的辅助层片，如垂穗披碱草、落草（*Koeleria cristata*）等；④根茎植物层片，由中旱生或中生植物组成，此类植物具有较强的繁殖能力，适应在通气良好的疏松土壤中生长，多为退化草地的先锋植物，如矮火绒草（*Leontopodium nanum*）、细叶亚菊（*Ajania tenuifolia*）、兰石草（*Lancea tibetica*）等。

表3-1　高寒嵩草草甸植物群落种类组成及重要值

植物种群	高山嵩草草甸	矮嵩草草甸	藏嵩草草甸
高山嵩草 *Kobresia pygmaea*	20.318	—	—
矮嵩草 *K. humilis*	2.507	6.545	—
藏嵩草 *K. tibetica*	—	—	35.611
线叶嵩草 *K. capillifolia*	—	—	2.290
华扁穗草 *Blysmus sinocompressus*	—	—	7.873
黑褐薹草 *Carex atrofusca*	2.073	0.682	5.107
二柱头藨草 *Scirpus distigmaticus*	—	2.241	5.960
垂穗披碱草 *Elymus nutans*	4.436	6.056	4.155
异针茅 *Stipa aliena*	8.216	6.170	—
紫羊茅 *Festuca rubra*	5.080	7.728	—
微药羊茅 *F. nitidula*	—	—	4.480

续表

植物种群	高山嵩草草甸	矮嵩草草甸	藏嵩草草甸
草地早熟禾 *Poa pratensis*	2. 760	2. 853	—
高原早熟禾 *P. alpigena*	—	3. 350	16. 960
菭草 *Koeleria cristata*	1. 620	2. 115	2. 724
致细柄茅 *Ptilagrostis concinna*	—	—	1. 382
美丽风毛菊 *Saussurea superba*	5. 718	6. 583	—
青海风毛菊 *S. kokonorensis*	3. 156	1. 557	4. 450
星状风毛菊 *S. stella*	—	—	11. 691
柔软紫菀 *Aster flaccidus*	3. 045	—	—
重冠紫菀 *A. diplostephioides*	—	—	1. 441
细叶亚菊 *Ajania tenuifolia*	1. 871	—	—
矮火绒草 *Leontopodium nanum*	2. 274	3. 944	—
乳白香青 *Anaphalis lactea*	2. 407	—	—
淡黄香青 *Anaphalis flavescens*	—	1. 006	—
蒲公英 *Taraxacum mongolicum*	1. 994	1. 077	0. 893
白花蒲公英 *T. leucanthum*	—	1. 315	—
异叶米口袋 *Gueldenstaedtia diversifolia*	2. 867	2. 602	—
多枝黄芪 *Astragalus polycladus*	0. 548	0. 441	—
披针叶黄华 *Thermopsis lanceolata*	2. 231	—	—
急弯棘豆 *Oxytropis deflexa*	—	3. 393	—
甘肃棘豆 *O. kansuensis*	—	1. 802	—
黄花棘豆 *O. ochrocephala*	—	1. 512	—
兰石草 *Lancea tibetica*	1. 764	1. 079	0. 761
甘肃马先蒿 *Pedicularis kansuensis*	2. 490	1. 383	—
阿拉善马先蒿 *P. alaschanica*	—	1. 070	—
斑唇马先蒿 *P. longiflora*	—	—	1. 110
毛果婆婆纳 *Veronica eriogyne*	1. 089	0. 095	—
钉柱委陵菜 *Potentilla saundersiana*	1. 446	3. 328	—
鹅绒委陵菜 *P. anserina*	1. 596	2. 656	—
二裂委陵菜 *P. bifurca*	0. 747	0. 749	—
疏齿银莲花 *Anemone obtusiloba*	1. 617	0. 955	—
高山唐松草 *Thalictrum alpinum*	0. 703	0. 842	0. 460
长叶碱毛茛 *Halerpestes ruthenica*	1. 389	0. 691	—
三裂叶碱毛茛 *H. tricuspis*	—	1. 057	—
雅毛茛 *Ranunculus pulchellus*	—	2. 469	—
线叶龙胆 *Gentiana farreri*	1. 757	2. 496	0. 680

续表

植物种群	高山嵩草草甸	矮嵩草草甸	藏嵩草草甸
刺芒龙胆 *G. aristata*	—	2.567	—
匙叶龙胆 *G. spathulifolia*	—	0.706	—
麻花艽 *G. straminea*	3.778	3.857	—
四数獐牙菜 *Swertia tetraptera*	1.470	1.580	2.241
湿生扁蕾 *Gentianopsis paludosa*	2.066	1.422	0.512
天蓝韭 *Allium cyaneum*	1.163	—	—
四叶葎 *Galium bungei*	0.961	—	—
蓬子菜 *G. verum*	—	0.657	—
圆萼刺参 *Morina chinensis*	1.709	3.200	—
宽叶羌活 *Notopterygium forbesii*	—	2.826	—
簇生柴胡 *Bupleurum condensatum*	—	0.721	—
毛湿地繁缕 *Stellaria uda* var. *pubescens*	—	0.524	—
花苜蓿 *Medicago ruthenica*	1.121	1.268	—
紫花地丁 *Viola philippica*	—	0.796	—
天山报春 *Primula nutans*	—	—	2.621
珠芽蓼 *Polygonum viviparum*	—	—	0.330
山地虎耳草 *Saxifraga montana*	—	—	1.350
物种数	35	45	23

3.1.1.2 高寒矮嵩草草甸

高寒矮嵩草草甸是青藏高原主要草场类型之一，广泛分布于海拔3200～5200 m的山地阳坡和排水较好的滩地。它不仅草质柔软，营养丰富，而且耐牧性强，禾本科牧草在此植物群落组成和生物量分配中的比例较大，在高原草地畜牧业生产中具有重要的地位。

矮嵩草草甸是长期放牧条件下的偏途演替顶极群落，以寒冷中生植物矮嵩草为优势种，次优势种为垂穗披碱草、异针茅、紫羊茅等，群落结构简单，层次分化不明显。矮嵩草草甸植物群落种的丰富度最大，主要由45种植物组成，隶属14科34属（表3-1）。若以主要科属的重要值计，禾本科（22.92）>菊科（15.48）>龙胆科（12.63）>豆科（11.02）>莎草科（9.47）>蔷薇科（6.73）>毛茛科（6.01），其余7科10属11种植物的重要值为13.74。其中，紫羊茅的重要值最大（7.728），其次为美丽风毛菊（6.583）、矮嵩草（6.545），为该群落优势种植物。主要伴生种有异针茅、垂穗披碱草、矮火绒草、麻花艽、蓝花棘豆（*Oxytropis coerulea*）、钉柱委陵菜（*Potentilla saundersiana*）等。

矮嵩草草甸植物群落的层片结构与高山嵩草草原化草甸相类似。其层片结构主要以地面芽植物为主，其次为地下芽植物，分别占该群落总种数的 73.34% 和 26.66%。其中，在地面芽植物中密丛禾草占 6.67%，莲座状植物占 31.11%，直立茎植物占 35.56%。地下芽植物中密丛莎草植物占 2.22%，疏丛莎草植物占 4.44%，疏丛禾草植物占 4.44%，根茎植物占 15.56%。

3.1.1.3 高寒藏嵩草沼泽化草甸

高寒藏嵩草沼泽化草甸广泛分布于海拔 3200 ~ 4800 m、排水不畅、土壤过分潮湿、通透性不良的河流两岸低阶地、山间盆地、潜水溢出带以及高山带的冰川前缘，有常年积水或季节性积水。土壤为沼泽草甸土，厚 5 ~ 10 cm。

藏嵩草沼泽化草甸植物群落生长茂密，外貌整齐，但种类组成较少，平均每平方米有 10 ~ 18 种植物，总盖度约 95%，草丛高度为 15 ~ 25 cm。藏嵩草为优势种，次优势种和主要伴生种有华扁穗草、二柱头藨草、黑褐薹草、星状风毛菊、微药羊茅等。藏嵩草草甸主要由 23 种植物组成，隶属 9 科 21 属（表 3-1）。若以主要科属的重要值计，它们依次为莎草科（56.84）> 菊科（18.47）> 禾本科（14.45）> 龙胆科（3.34）。其余 5 科 6 种植物的重要值为 6.81。在 23 个种群中藏嵩草的重要值最大（35.61），在群落中占绝对优势。次优势种有星状风毛菊（11.69）、华扁穗草（7.87）、二柱头藨草（5.96）、黑褐薹草（5.11）。伴生种依次为微药羊茅、青海风毛菊、垂穗披碱草等。其余 15 种植物的重要值均小于 3，在群落中的分布很不均匀，处于次要地位。

藏嵩草沼泽化草甸植物群落的层片结构简单，以地面芽植物为主，其次为地下芽植物，分别占群落总种数的 52.18% 和 47.82%，其层片组成如下。

1）地面芽植物层片：①密丛禾草层片，由耐寒的中生植物组成。由于土壤潮湿，透水通气性不良，因而分布稀少，为该群落的辅助层片，如微药羊茅、致细柄茅（*Ptilagrostis concinna*）等；②莲座状植物层片，由耐寒湿中生植物组成，茎极短，根出叶簇生或呈莲座状丛生而匍匐于地面，如星状风毛菊、斑唇马先蒿、线叶龙胆、蒲公英等；③直立茎植物层片，由耐寒中生植物组成。这类植物数量很少，零散分布在群落之中。如重冠紫菀、青海风毛菊、湿生扁蕾、祁连獐牙菜（*Swertia przewalskii*）、山地虎耳草、天山报春等。

2）地下芽植物层片：①短根茎密丛莎草层片，由耐寒湿中生或中生植物组成；根茎极短，常形成稠密的草丛，多分布于因冻融作用形成的高出地面 10 ~ 20 cm，直径 40 ~ 80 cm 的冻涨草丘上，为该群落的优势种和次优势种。如藏嵩草、华扁穗草、线叶嵩草等；②根茎疏丛莎草层片，由湿中生植物组成，如黑褐薹草、二柱头藨草等；③根茎疏丛禾草层片，此类植物适宜生长在土壤疏松、通气良好的环境，因而分布极少，为该群落的辅助层片，如垂穗披碱草、落草等；④根茎植物层片，由中生或湿中生植物组成，此类植物具有较强的繁殖能力，适宜在土壤疏松、通气较好的环境中生长，多分布在草丘上。如高山唐松草、兰石草、珠芽蓼等。

3.1.1.4　金露梅灌丛

金露梅（*Potentilla fruticosa*）灌丛是高寒落叶灌丛的典型代表，它广布于青藏高原东部海拔 3200 ~ 4500 m 的山地阴坡、半阳坡、潮湿滩地以及高海拔的山地阳坡，灌丛下生长着多种优良牧草，是青藏高原主要的夏季牧场。

金露梅灌丛的组成植物种类和灌木丛的盖度因生境不同差异较大。种的饱和度一般为 15 ~ 30 种/m^2，有时每平方米可达 40 余种，总覆盖度 50% ~ 60%。该区金露梅灌丛主要由 45 种植物组成，隶属 16 科 36 属（表 3-3）。其中，灌木有 3 种，优势度为 10.51%；半灌木 1 种，优势度为 0.43%；草本植物 41 种，优势度为 89.06%。以每个种的重要值等条件分析，金露梅占绝对优势，是该群落的建群种。草本层优势种植物有线叶嵩草、矮嵩草、紫羊茅、疏花针茅（*Stipa penicillata*）和钉柱委陵菜等。若以主要经济类群的重要值计，它们依次为禾本科（25.30）、莎草科（18.03）、蔷薇科（12.30）、蓼科（5.02）等。以上四类牧草共计 17 种，其优势度为 60.66，均为营养丰富、家畜喜食的优良牧草。其余 28 种植物的优势度仅为 39.35%，种群的平均重要值均小于 2.0。

金露梅灌丛植物群落的生活型以地面芽植物为主（62.22%），其次为地下芽植物（28.89%），其层片组成如下。

1）高位芽植物层片，该层片是金露梅灌丛的建群层片，主要由寒冷中生，冬季落叶的灌木组成，如金露梅、山生柳、高山绣线菊。

2）地上芽植物层片，属矮小半灌木地上芽植物，如藏忍冬。

3）地面芽植物层片：①密丛禾草层片，由耐寒的旱中生和中旱生禾本科植物组成，常形成密集的群丛，如紫羊茅、疏花针茅、藏异燕麦等；②莲座状植物层片，茎极短，根出叶簇生或莲座状丛生而匍匐于地面，这类植物较多，如棘豆、龙胆、风毛菊、簇生柴胡等。

4）地下芽植物层片：①短根茎密丛嵩草层片，具耐寒的旱中生、中生植物的生态学特征，根茎极短，常形成稠密的草丛，如矮嵩草、线叶嵩草等；②根茎疏丛禾草层片，此类植物适宜在原生植被破坏之后，土壤较疏松的环境中生长发育，如垂穗披碱草、落草；③根茎疏丛薹草层片，由耐寒中生和湿中生根茎薹草组成；④根茎植物层片，如兰石草、矮火绒草、高山唐松草等。金露梅灌丛植物生活型谱见表 3-2。

表 3-2　金露梅灌丛植物生活型谱

生活型	高位芽植物	地上芽植物	地面芽植物	地下芽植物
物种数	3	1	28	13
百分率（%）	6.67	2.22	62.22	28.89

群落的垂直结构与水平结构：金露梅灌丛结构简单，层次明显，一般为两层结构。上层以小灌木和高禾草为主，株高 20 ~ 35 cm，下层以莎草科和双子叶植物为主，株高 4 ~ 9cm（表 3-3）。上下两层植株高度差异显著。

表 3-3 金露梅灌丛的种类组成及结构分析

植物种群	相对盖度	相对频度	相对密度	相对高度	重要值
金露梅 *Potentilla fruticosa*	19.59	5.23	0.85	4.83	0.076
山生柳 *Salix oritrepha*	0.21	0.88	0.01	5.20	0.016
高山绣线菊 *Spiraea alpina*	0.08	0.31	0.00	4.94	0.013
矮嵩草 *Kobresia humilis*	12.22	3.74	5.40	0.78	0.055
线叶嵩草 *K. capillifolia*	15.13	4.10	15.47	2.47	0.094
二柱头藨草 *Scirpus distigmaticus*	0.84	3.39	3.50	0.95	0.022
黑褐薹草 *Carex atrofusca*	0.26	1.24	0.45	1.50	0.009
垂穗披碱草 *Elymus nutans*	1.93	1.10	0.48	5.29	0.022
草地早熟禾 *Poa pratensis*	0.03	0.88	0.69	2.94	0.011
紫羊茅 *Festuca rubra*	4.26	3.35	16.96	8.12	0.069
双叉细柄茅 *Ptilagrostis dichotoma*	0.98	0.93	4.16	9.06	0.030
藏异燕麦 *Helictotrichon tibeticum*	1.35	1.45	2.05	5.20	0.025
甘青剪股颖 *Agrostis hugoniana*	0.19	1.59	0.79	4.85	0.019
疏花针茅 *Stipa penicillata*	2.67	4.39	16.42	4.33	0.066
落草 *Koeleria cristata*	2.05×10^{-7}	0.04	0.02	4.33	0.011
细叶蓼 *Polygonum taquetii*	1.74	3.64	2.35	2.60	0.026
高山蓼 *P. alpinum*	1.35	4.10	1.72	2.60	0.024
蒲公英 *Taraxacum mongolicum*	0.64	1.28	0.26	1.56	0.009
淡黄香青 *Anaphalis flavescens*	0.06	2.64	1.19	2.43	0.018
柔软紫菀 *Aster flaccidus*	1.29	3.22	1.50	2.43	0.021
矮火绒草 *Leontopodium nanum*	1.67	4.05	5.36	0.26	0.029
美丽风毛菊 *Saussurea superba*	1.93	1.23	0.31	0.61	0.010
重齿风毛菊 *S. katochaete*	1.29	1.19	0.21	0.69	0.009
星状风毛菊 *S. stella*	0.41	0.48	0.09	0.87	0.005
青海风毛菊 *S. kokonorensis*	1.41	1.50	0.09	0.95	0.010
钉柱委陵菜 *Potentilla saundersiana*	4.24	5.11	8.29	0.78	0.040
高山唐松草 *Thalictrum alpinum*	2.19	4.89	3.47	1.39	0.030
疏齿银莲花 *Anemone obtusiloba*	1.39	2.60	0.86	1.58	0.016
线叶龙胆 *Gentiana farreri*	3.22	2.29	0.65	1.04	0.018
鳞叶龙胆 *G. squarrosa*	1.29	1.72	0.43	0.69	0.010
刺芒龙胆 *G. aristata*	0.77	0.44	0.27	0.87	0.009
麻花艽 *G. straminea*	0.30	0.70	0.12	1.56	0.007
四数獐牙菜 *Swertia tetraptera*	2.44	2.64	1.72	1.73	0.021
急弯棘豆 *Oxytropis deflexa*	2.70	3.48	0.95	2.25	0.024
异叶米口袋 *Gueldenstaedtia diversifolia*	0.71	1.89	0.68	0.87	0.010

续表

植物种群	相对盖度	相对频度	相对密度	相对高度	重要值
短腺小米草 *Euphrasia regelii*	0.42	2.82	0.98	1.38	0.140
甘肃马先蒿 *Pedicularis kansuensis*	2.70	2.51	0.65	2.25	0.020
兰石草 *Lancea tibetica*	1.41	2.20	0.59	0.35	0.011
四叶葎 *Galium bungei*	0.84	1.89	0.60	1.30	0.012
蓬子菜 *G. verum*	0.54	0.66	0.19	2.60	0.010
双花堇菜 *Viola biflora*	0.66	4.32	2.78	0.69	0.021
三脉梅花草 *Parnassia trinervis*	0.47	2.69	0.83	1.21	0.013
卷鞘鸢尾 *Iris potaninii*	0.50	0.57	0.13	1.91	0.008
藏忍冬 *Lonicera tibetica*	0.18	0.22	0.11	1.21	0.004
簇生柴胡 *Bupleurum condensatum*	0.33	0.44	0.19	2.60	0.009

3.1.2　人类活动干扰下的群落结构特征

3.1.2.1　不同演替阶段植物群落组成及特征值

三江源区高山嵩草草甸草场由于长期受过度放牧等人类活动、害鼠危害以及风蚀、水蚀和全球气候变暖等因素的影响，呈现全面退化趋势。根据草地退化的时间和空间格局的不同可分为轻度退化、中度退化、重度退化草地（表 3-4）。

表 3-4　高山嵩草草甸不同退化演替阶段植物群落组成及重要值　（单位:%）

种名	退化等级		
	轻度	中度	重度
高山嵩草 *Kobresia pygmaea*	27.13	12.37	1.82
矮嵩草 *K. humilis*	1.82	1.59	5.09
二柱头藨草 *Scirpus distigmaticus*	3.24	2.71	—
黑褐薹草 *Carex atrofusca*	—	1.97	2.69
羊茅 *Festuca ovina*	4.02	4.96	3.52
异针茅 *Stipa aliena*	3.95	5.76	2.48
垂穗披碱草 *Elymus nutans*	2.73	3.54	4.63
高原早熟禾 *Poa alpigena*	1.24	1.88	1.66
落草 *Koeleria cristata*	1.43	1.72	0.98
紫羊茅 *Festuca rubra*	—	3.71	—
美丽风毛菊 *Saussurea superba*	4.46	4.14	2.01
星状风毛菊 *S. stella*	3.74	—	—
青海风毛菊 *S. kokonorensis*	—	—	1.15

续表

种名	退化等级		
	轻度	中度	重度
乳白香青 *Anaphalis lactea*	1.32	0.91	2.74
蒲公英 *Taraxacum mongolicum*	3.01	0.93	3.51
黄帚橐吾 *Ligularia virgaurea*	2.72	6.48	8.41
高山紫菀 *Aster alpinum*	2.66	3.84	8.63
矮火绒草 *Leontopodium nanum*	0.29	1.13	2.96
细叶亚菊 *Ajania tenuifolia*	0.86	1.32	2.48
臭蒿 *Artemisia hedinii*	—	2.02	4.17
黄花蒿 *Artemisia annua*	—	—	5.60
钉柱委陵菜 *Potentilla saundersiana*	5.08	2.36	1.40
多裂委陵菜 *P. multifida*	1.78	—	—
长叶无尾果 *Coluria longifolia*	2.87	—	—
黑萼棘豆 *Oxytropis melanocalyx*	2.39	6.62	0.79
异叶米口袋 *Gueldenstaedtia diversifolia*	1.29	2.36	—
刺芒龙胆 *Gentiana aristata*	0.97	—	1.58
华丽龙胆 *G. sino-ornata*	2.89	1.62	—
匙叶龙胆 *G. spathulifolia*	1.60	0.95	—
湿生扁蕾 *Gentianopsis paludosa*	0.64	—	2.43
三脉梅花草 *Parnassia trinervis*	3.66	—	—
青藏大戟 *Euphorbia altotibetica*	2.76	—	—
紫花地丁 *Viola philippica*	0.99	1.32	0.29
棉毛茛 *Ranunculus membranaceus*	1.46	1.49	—
美丽毛茛 *R. pulchellus*	—	0.68	1.55
高山唐松草 *Thalictrum alpinum*	3.05	1.32	—
直梗高山唐松草 *Thalictrum alpinum* var. *elatum*	—	—	2.01
婆婆纳 *Veronica didyma*	0.47	0.39	0.87
独一味 *Lamiophlomis rotata*	0.60	1.27	2.69
海乳草 *Glaux maritima*	—	0.13	0.44
兰石草 *Lancea tibetica*	—	1.20	0.85
圆萼刺参 *Morina chinensis*	—	1.87	4.74
珠芽蓼 *Polygonum viviparum*	—	2.27	—
圆穗蓼 *P. macrophyllum*	—	1.58	—
高山蓼 *P. alpinum*	—	0.81	—
西伯利亚蓼 *P. sibiricum*	—	—	2.12

续表

种名	退化等级		
	轻度	中度	重度
唐古特乌头 *Aconitum tangutcum*	—	2.84	—
马尿泡 *Przewalskia tangutica*	—	1.55	2.28
藏忍冬 *Lonicera tibetica*	—	2.00	—
甘肃马先蒿 *Pedicularis kansuensis*	—	2.30	—
平车前 *Plantago depressa*	—	0.44	—
紫花碎米荠 *Cardamine tangutorum*	—	—	1.69
高原鸢尾 *Iris collettii*	—	—	3.85
西藏点地梅 *Androsace mariae*	—	—	2.78
蓬子菜 *Galium verum*	—	—	1.98
总种数	32	40	36

由表3-4可知，轻度退化草场植物群落主要由32种植物组成，占研究区物种数（56种）的58.93%。优势种为高山嵩草，优势度为27.13%；次优势种有钉柱委陵菜、美丽风毛菊、羊茅等，优势度分别为5.08%、4.46%、4.02%。该群落禾本科和莎草科植物的优势度为45.57%，菊科为21.92%，蔷薇科为9.73%，豆科为3.68%，其他11种植物的优势度为19.10%。中度退化草场植物群落主要由40种植物组成，占研究区物种数的73.21%，优势种为高山嵩草，优势度为12.37%，次优势种有黑萼棘豆、黄帚橐吾、异针茅等，优势度分别为6.62%、6.48%、5.76%。禾本科和莎草科植物的优势度为40.21%，菊科为22.42%，蔷薇科为2.36%，豆科为8.98%，其他19种植物的优势度为26.03%。重度退化草场植物群落主要由36种植物组成，占研究区物种数的66.07%，优势种为高山紫菀和黄帚橐吾，优势度分别为8.63%和8.41%。次优势种有黄花蒿、矮嵩草、圆萼刺参，优势度分别为5.60%、5.09%、4.74%。禾本科和莎草科植物的优势度为22.88%，菊科为42.78%，蔷薇科为1.40%，豆科为0.79%，其他16种植物的优势度为32.15%。

根据不同演替阶段植物群落结构特征的变化分析，以克隆繁殖为主的优势种植物高山嵩草（邓自发等，2003；邓自发等，2002），随着退化程度的加剧，其优势度明显降低，尤其在退化严重的“黑土滩”上几乎消失。由于草地不断退化，微环境发生变化，土壤变得疏松，为以种子繁殖为主的外来种入侵创造了条件；有性繁殖为主的高山紫菀、黄帚橐吾、矮火绒草、垂穗披碱草等植物随着退化程度的不断加剧而大量侵入，其优势度逐渐升高（表3-4）。此外，从组成植物群落的主要功能群的变化也可看出高山嵩草草甸的演替变化规律（图3-1，图3-2）。

莎草科植物和蔷薇科植物的重要值随着退化程度的加剧而降低，禾本科和豆科植物的重要值在中度退化演替阶段最高，轻度退化演替阶段居中，重度退化演替阶段最低。菊科植物的重要值随着退化演替程度的加剧明显上升（图3-1）。对畜牧业生产具有重要意义的禾本科和莎草科植物生物量比例，在轻度退化演替阶段为49.18%，中度退化演替阶段

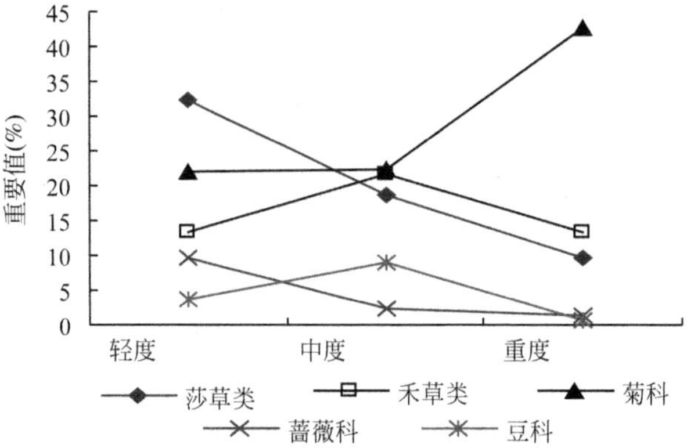

图3-1　不同退化演替阶段主要类群重要值变化

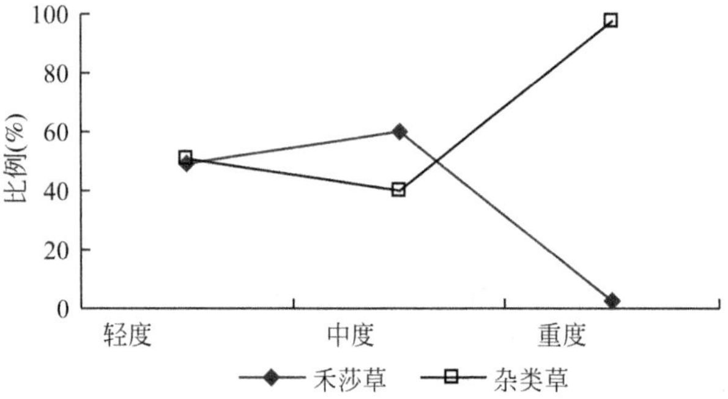

图3-2　不同退化演替阶段主要类群生物量比例

有所升高（60.23%），重度退化演替阶段显著下降，仅占总生物量的2.13%。杂类草生物量比例与禾本科和莎草科植物生物量比例相反，轻度、中度、重度退化演替阶段的生物量比例分别为50.82%、39.77%、97.87%（图3-2）。

3.1.2.2　放牧强度对金露梅灌丛植物群落结构特征的影响

不同的放牧强度对金露梅灌丛草场植物群落的种类组成及其多度有明显影响（表3-5）。植物种群的空间分布变化并不十分显著，但就其重要值分析，禾本科和莎草科植物的重要值随放牧强度的减弱而逐步增加，而杂类草的重要值随放牧强度的减弱而减少。在不同放牧水平下，由于家畜啃食直接影响到植物种群的高度、密度、盖度和生物量，使植物群落的层片结构发生明显的分异。在重牧条件下，金露梅灌丛的叶片、花和幼嫩枝条均被家畜采食，导致大部分灌丛植物生长不良，部分死亡，灌丛的覆盖度降低，灌丛下层光照充足，所剩余的杂类草在缺少禾本科和莎草科牧草竞争的条件下茂盛生长，形成了金露梅+杂类草群落；而随着放牧强度的减小，因样地内可供家畜取食的资源较为充足，上层灌丛的覆盖度增加，禾本科和莎草科植物相应生长发育良好，禾本科植物的丛径一般较重牧大，部分植株还能完成其生长发育周期，禾本科和莎草科植物的竞争能力较强，因而抑制了杂类草的生长，形成了金露梅+禾草+莎草群落。由此可见，过度放牧直接影响到禾本科和莎草科植物的生长和发育，它们遭家畜的反复采食和践踏，长期处在

表 3-5　不同放牧强度下高寒灌丛主要植物种的重要值特征

植物种名	放牧强度				
	重牧	次重牧	中牧	次轻牧	轻牧
金露梅 *Potentilla fruticosa*	28.78	30.19	34.90	37.89	40.52
垂穗披碱草 *Elymus nutans*	4.70	5.29	6.30	7.86	10.04
异针茅 *Stipa aliena*	8.11	9.41	15.12	23.13	21.75
黄花野青茅 *Deyeuxia flavens*	7.03	9.22	9.99	11.85	14.53
双叉细柄茅 *Ptilagrostis dichotoma*	5.13	7.24	8.40	15.63	19.40
藏异燕麦 *Helictotrichon tibeticum*	4.24	5.19	6.47	10.44	13.36
落草 *Koeleria cristata*	3.95	4.71	5.52	6.60	7.71
羊茅 *Festuca ovina*	6.74	7.84	11.76	14.34	17.47
矮嵩草 *Kobresia humilis*	18.71	21.07	22.58	13.03	8.37
线叶嵩草 *K. capillifolia*	15.95	15.72	18.24	18.72	21.38
二柱头藨草 *Scirpus distigmaticus*	5.04	6.00	6.92	7.34	7.54
红嘴薹草 *Carex haematostoma*	3.64	5.60	6.52	9.70	10.22
美丽风毛菊 *Sauaaurea superba*	17.60	17.84	17.99	12.34	7.88
青海风毛菊 *S. kokonorensis*	6.05	7.59	8.88	5.63	3.11
小花棘豆 *Oxytropis glabra*	17.54	13.50	9.16	9.00	7.13
长叶火绒草 *Leontopodium longifolium*	12.67	13.79	14.60	9.42	8.15
矮火绒草 *L. nanum*	25.30	21.06	10.83	6.47	3.20
高山唐松草 *Thalictrum alpinum*	9.32	7.84	6.64	4.49	3.24
华马先蒿 *Pedicularis oederi* Vahl var. *sinensis*	9.98	10.80	7.41	5.46	4.38
兰石草 *Lancea tibetica*	9.24	9.95	10.18	7.43	6.67
疏齿银莲花 *Anemone obtusiloba*	7.23	8.26	7.06	10.05	10.20
钉柱委陵菜 *Potentilla saundersiana*	19.40	9.81	9.01	9.74	7.92
乳白香青 *Anaphalis lactea*	7.35	8.29	8.76	7.63	6.65
蒲公英 *Taraxacum mongolicum*	4.90	2.77	1.95	2.49	3.69
假龙胆 *Gentianella azurea*	6.93	5.60	5.67	5.82	5.98
线叶龙胆 *Gentiana farreri*	12.46	9.66	6.89	7.91	9.27
三脉梅花草 *Parnassia trinervis*	4.35	5.71	6.00	5.43	5.26
珠芽蓼 *Polygonum viviparum*	5.82	6.16	6.07	6.03	5.53
麻花艽 *Gentiana straminea*	4.06	4.08	5.24	6.40	7.10
异叶米口袋 *Gueldenstaedtia diversifolia*	4.68	5.85	7.01	5.12	4.63

营养生长阶段，根蘖和根茎繁殖受阻，其植丛变小，相反杂类草则充分利用资源而旺盛生长。由此可见，长期超载过牧是导致植物种群重要值变化的主要因素。

3.1.2.3 土地利用变化条件下植物群落结构特征

不同土地利用条件下植物群落种类组成及其数量特征不尽相同。原生植被封育草地（YF）、混播人工草地（HB）、松耙单播半人工草地（DBB）、翻耕单播人工草地（DBF）、退化草地封育自然恢复（NR）和重度退化草地（SDL）6个不同处理区共出现了64种植物。其中，YF植被总覆盖度为95%，由41种植物组成，占总种数的64.06%。优势种为高山嵩草，主要伴生种有麻花艽、异叶米口袋、青藏棱子芹（*Pleurospermum pulszkyi*）、冷地早熟禾（*Poa Crymophila*）、黑褐薹草、直梗高山唐松草和双叉细柄茅等；HB植被总覆盖度为79%，优势种为老芒麦（*Elymus sibiricus*）和冷地早熟禾，主要伴生种为白苞筋骨草（*Ajuga lupulina*）、高山唐松草、堇菜等；DBB植被总覆盖度为70%，由28种植物组成，优势种为老芒麦，主要伴生种为冷地早熟禾、铁棒锤（*Aconitum pendulum*）、直梗高山唐松草、甘肃马先蒿、碎米荠；DBF植被总覆盖度为63%，由18种植物组成，优势种为老芒麦，主要伴生种为冷地早熟禾、大籽蒿（*Artemisia sieversiana*）、西藏点地梅、青藏棱子芹；NR植被总覆盖度为71%，由26种植物组成，优势种为大籽蒿，主要伴生种为沙蒿（*Artemisia desertorum*）、白苞筋骨草、兔耳草（*Lagotis* spp.）、黄帚橐吾、垂穗披碱草；SDL植被总覆盖度为41%，由20种植物组成，优势种为兔耳草和大籽蒿，主要伴生种为西藏棱子芹、露蕊乌头（*Aconitum gymnandrum*）、铁棒锤、沙蒿、黄帚橐吾。

依据高寒草甸植物生理－生态特性和经济类群，将群落中的植物划分为4个功能群：禾草类（禾本科植物）、莎草类（莎草科植物）、一年生杂草、多年生杂草（由于高寒草甸主要豆科植物如棘豆等多为有毒有害，食用价值不大，故归到杂类草中），不同处理条件下各功能群的重要值存在差异（图3-3）。禾草类的重要值在人工草地中占绝对优势

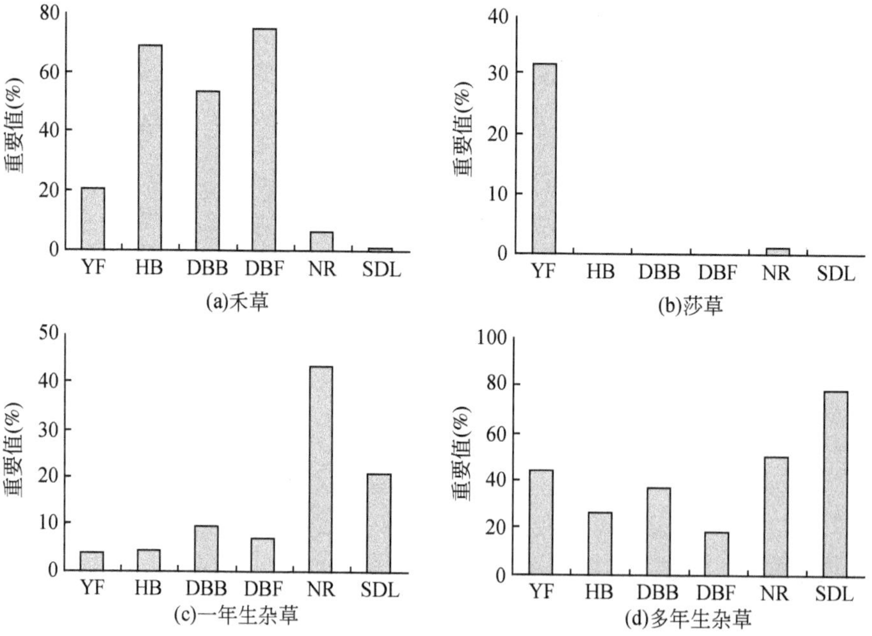

图3-3 不同处理下各功能群的重要值

(50% ~80%)，封育原生植被次之（20.45%)，退化草地封育自然恢复处理和重度退化草地最低（<5.83%)。莎草类重要值在封育原生植被占明显优势（31.65%)，莎草科植物仅在退化草地封育自然恢复处理中有少量出现（0.93%)，但在人工草地和重度退化地中均未出现。一年生杂类草在退化草地封育自然恢复处理占明显优势（43.16%)，重度退化地次之（20.82%)，其他各处理中一年生杂类草较少（4% ~10%)。多年生杂草重要值在重度退化地最高（78.12%)，退化草地封育自然恢复处理和原生植被封育组次之(50.08%、43.74%)，人工草地中相对较低（18% ~37%)。

3.1.2.4 封育对植物功能群结构的影响

通过组成分析发现，在7年的封育草地中，禾草类、莎草类、一年生杂草、多年生杂草等功能群在原生植被中的所占比例为5:8:1:11，中度退化草地的比例为1:0:21:78，重度退化草地为6:1:43:50，重度退化草地上建植的人工草地为10:0:1:3。这些结果证明，草地退化或土地利用变化打破了原有植物群落中各功能群的比例。高寒草甸植被退化以莎草类植物完全丧失和绝大多数禾本科植物丧失为特征。重度退化草地封育自然恢复7年后，恢复最快的是一年生杂草，禾草类稍有增加，与重度退化草地不封育草地相比略有好转，但是效果不明显。重度退化草地重建为人工草地7年后，禾本科植物仍然是群落中的优势类群。但是，高寒嵩草草甸原生植被中的优势功能群－莎草类植物在人工草地始终没有出现。Sala等（1996）应用等级（种）－多度曲线概念模型研究，物种删除或添加对系统功能的影响结果表明，群落中最占优势的物种删除后对群落的功能影响很大，然而群落中优势小的几个物种移出后对群落功能几乎没有什么影响。基于这个模型，群落中少量的优势种对群落的整体功能（生地化功能）起着非常重要的作用。所以，在高寒嵩草草甸生态系统中的优势种——高山嵩草的丢失或减少对该系统的功能产生显著的影响。由于不同的种或功能群能够从可利用的营养库获得它们各自所需要的营养，以及利用空间和时间的差异，使总的营养吸收随着功能群多样性的增加而增大，最终使群落生产力持续稳定地发展。

3.2 高寒草甸生物量动态及其形成机制

3.2.1 初级生产量及其测定方法

初级生产量实际上是植物群落（或植物种群）的生产能力，即在单位时间内，单位面积上植物群落或植物种群物质生产的能力，通常用g/(m^2·d)，或t/(hm^2·a) 来表示。在产量生态学（production ecology）范畴内，有“生物量”（biomass）和“现存量”(standing crop) 之术语。生物量是指单位面积上植物物质的数量（或生物物质的数量)；现存量是指某个时期，单位面积上所存在的生物量（姜恕等，1988)。初级生产量包括两个概念，即总生产量（gross production）和净生产量（net production)。总生产量（P_g）是指单位时间内，单位面积上植物群落所生产物质的总量，其中包括此期间植物群落为维持自身生存，通过呼吸作用所消耗的有机物质，即呼吸消耗量（respiratory consumption）。从总生产量中扣除呼吸消耗量（R），即为净生产量（P_n）。它们可由植物生产的以有机物质形式或以热能值形式表现出来的数量表示。即

$$P_n = P_g - R \tag{3-1}$$

目前测定陆地群落初级生产量常用的方法有以下几种。

1）收获技术：收获样本小区内的植物并测定其生长量。

2）气体交换技术：通过光合作用过程中 O_2 的释放或 CO_2 的摄入来测定。

3）用光、叶表面积，叶绿素及其他群落量度值或其他参数的函数关系估算初级生产量。

植物群落地上生物测定的传统方法是直接收割法。该方法有一定的局限性：①毁坏植被，经一次收割后，不能在原地再次测定；②由于不同植物种群的生长发育节律不同，同期测定的结果不能准确反映所测群落的年最大收获量；③在自然群落中绝大多数种群个体呈集中分布，因此在取样时很难做到与总样地比例相符的样方，故影响其精度。为了克服传统方法的局限性，需要寻求一个更能反映实际生物量，而且不破坏植被的替代方法。如通过对优势种、次优势种以及在群落生物量构成中占较大比例的一些种群的地上生物量峰值的测定，环境水热状况的分析，找到种群生物量与主要环境因子间的函数关系，再结合种群的分布格局估算其地上生物量（杨持等，1985）。也可通过群落或种群的盖度、株高、密度等函数关系估算其地上生物量。在条件具备的情况下，可用现代仪器或遥感技术直接做到非破坏性估测。本章节的生物量用传统方法来测定。

3.2.2 高寒草甸主要植物群落类型地上生物量动态特征

3.2.2.1 高寒草甸主要植物种群生长发育节律及生物量动态

植物种群作为初级生产者的基本单位，不仅是连接植物群落和个体植物的纽带，而且是生态系统的一个重要组成部分。它在空间和时间的分布格局、数量动态和物候特征，与生态系统的结构、功能、能量流动和物质循环密切相关。由于植物种群自身的生物学、生态学特性的差异，其生长发育节律不尽相同，通过植物种群物候特征的研究，可进一步揭示不同植物种群，不同类型生态系统能量、物质的积累和转换机制。

（1）高寒草甸主要禾草种群营养期的分蘖动态

广泛分布于青藏高原的高寒草甸植物在长期适应高寒环境的过程中，通过趋同适应或趋异适应，形成了一些在生态学上互有差异的、异地性的个体群，它们具有稳定的形态、生理和生态特性，并且使这些变异在遗传性上被固定下来，形成不同的生态型，同一个种在不同生态环境下的生长发育和物候特征各不相同（表 3-6）。在牧草返青初期禾草单株分蘖数较低，平均每株 2. 90 枝，主要由先年的越冬芽生长而成。此后随着降水量、日照时数的增加和气温的升高，单株分蘖数不断增加，到孕穗初期最大，进入抽穗期有所下降。这是因为较低的温度限制了抽茎，植物的生命活动转向新枝的形成——分蘖。其结果与 Holmes（1989）在不列颠冷温带气候区的研究结果非常相似。禾草的分蘖与其生长发育节律和环境条件密切相关。

表 3-6　高寒草甸禾草种群营养期分蘖动态

植物种群	单株分蘖数							
	1984. 5. 10		1984. 5. 22		1984. 6. 1		1984. 6. 16	
	范围	平均	范围	平均	范围	平均	范围	平均
高原早熟禾（*Poa alpigena*）	1～6	2. 42	1～6	2. 47	1～8	3. 38	1～8	4. 28
垂穗披碱草（*Elymus nutans*）	1～7	2. 78	1～9	3. 68	1～7	3. 07	1～7	2. 63
羊茅（*Festuca ovina*）	1～6	2. 93	1～8	2. 97	1～11	4. 22	1～13	5. 68
落草（*Koeleria cristata*）	1～6	2. 69	1～8	3. 01	1～9	3. 80	1～9	3. 15
异针茅（*Stipa aliena*）	1～10	3. 70	1～12	4. 36	1～9	3. 54	1～8	3. 28
紫羊茅（*F. rubra*）	—	—	—	—	1～10	3. 51	1～8	3. 64
藏异燕麦（*Helictotrichon tibeticum*）	—	—	1～6	2. 57	1～6	2. 59	1～10	3. 05
平均	—	2. 90	—	3. 18	—	3. 44	—	3. 67

（2）高寒草甸主要禾草种群个体生物量形成规律

禾草个体地上部分干重因种类而存在差异，但季节变化的趋势相似（图3-4，图3-5）。地上部分干重从返青初的零值开始积累，随着气温升高和降水量的增加而增大。生殖枝干重到 8 月底或 9 月初达到最大值，相对稳定一段时间后随着植株衰老和叶子枯黄而减小。营养枝生物量到 9 月上旬达到最大值，随后开始减小。

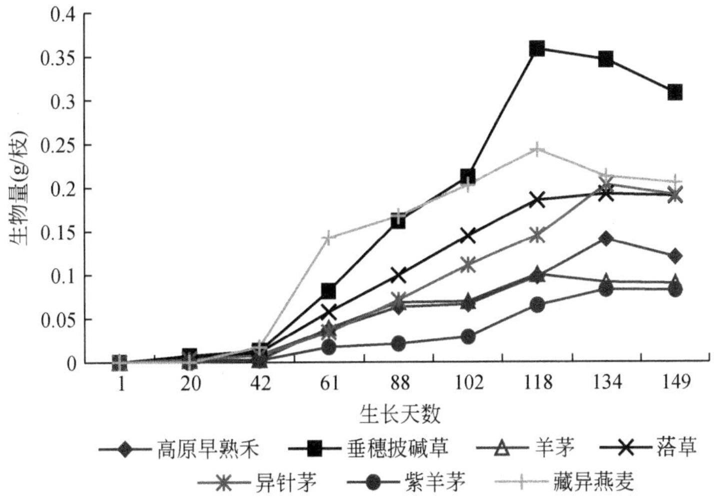

图 3-4　高寒草甸禾草种群生殖枝生物量季节动态

（3）高寒草甸主要禾草种群生物量生长速率季节动态

禾草的个体干重绝对生长速率和相对生长速率存在明显的季节变化（表 3-7），生殖枝绝对生长速率在返青期最低，此后逐渐增大，但在开花期有所下降，乳熟－腊熟期最

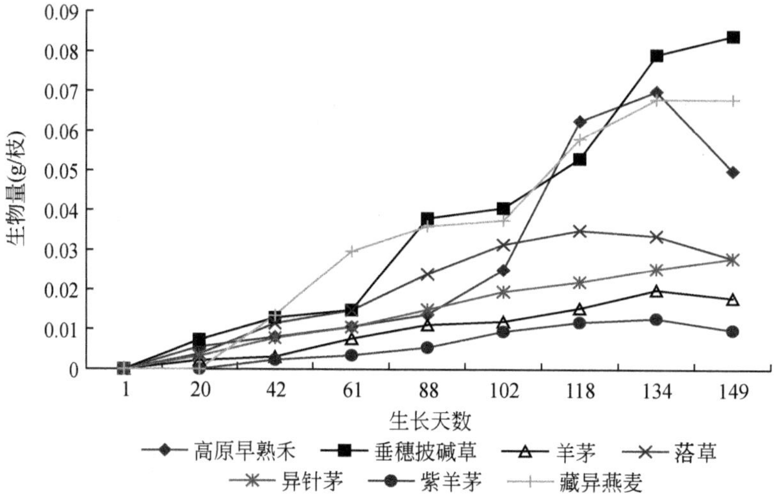

图 3-5　高寒草甸禾草种群营养枝生物量季节动态

大，从完熟期开始下降，到 9 月上旬出现负值。其中，在开花期下降较明显，乳熟期有所回升。营养枝绝对生长速率呈双峰现象，第一个高峰期在孕穗期，第二个高峰期在完熟期，抽穗期较低。相对生长速率在返青初期最大，此后逐渐下降，到 9 月中旬出现负值。其中，在抽穗期明显下降。

表 3-7　高寒草甸禾草种群生物量生长速率季节变化

测定时间（月．日）		4.21～5.22	5.23～6.16	6.17～7.17	7.18～7.31	8.1～8.16	8.17～9.1	9.2～9.16
绝对生长速率	生殖枝	1.68	11.81	18.07	18.19	32.12	6.55	−7.74
	营养枝	1.74	3.79	1.84	3.26	7.34	4.57	−0.30
相对生长速率	生殖枝	0.0682	0.0552	0.0321	0.0187	0.0243	0.0064	−0.0038
	营养枝	0.0682	0.0375	0.0094	0.0185	0.0200	0.0098	−0.0068

禾草生殖枝光合器官干重，在营养期随着气温的升高和降水量的增加而增大，到植株抽穗前达到最大值，相对稳定一段时间后，随着植株成熟衰老而下降。非光合器官干重，从返青开始逐渐增加，到种子成熟期达到最大值。禾草种群在返青期以营养生长为主，光合器官（叶片）的比例较大。其光合器官干重与非光合器官干重比值（*F/C* 值），在返青初期最大，平均值为 7.56，此后逐渐下降。但从抽穗期开始明显下降，平均值为 0.14，到 9 月初为 0.01。从抽穗开始，进入生殖阶段后，以茎秆和果穗的生长为主，光合器官的干重逐渐减少。此外，禾草种群生殖枝干重达到最大值时，以茎秆和果穗为主，叶片的比例极小。*F/C* 值越大，其生产效率越高。

（4）高寒草甸禾草种群株高生长速率的季节变化

禾草生殖枝株高，从返青到 5 月 22 日生长十分缓慢（0.15 cm/d），6 月中旬到 7 月中旬逐渐加快（0.48 cm/d），7 月中旬到 8 月中旬最快（0.82 cm/d），此后明显减慢（0.09 cm/d）。营养枝株高从返青到 6 月 16 日生长缓慢，平均每天生长 0.16 cm，6 月中旬到 8 月中旬，平均每天生长 0.24 cm，此后明显减缓，平均每天生长 0.05 cm。在整个生长季内，禾草植株的生长曲线呈 S 形。通过 7 种禾草的株高与日平均气温，大于等于10℃、大于等于5℃、大于等于3℃的积温，日照，降水量，日平均地表温度等环境因子的相关分析表明，生殖枝株高与大于等于10℃的积温之间的相关性最显著（$P<0.01$），二者的关系可由 Logistic 方程表示（表3-8）。其通式为

$$H_i = K_i / [1 + e^{(A_i - B_i T)}] \tag{3-2}$$

式中，H 为植株高度（cm）；K 为可能达到的最大植株高度；A、B 为回归系数；T 为大于等于10℃的积温（℃）；i 为代表禾草种群（1，2，…，7）。

表 3-8　高寒草甸禾草种群株高生长曲线的回归数据

植物种		K_i	A_i	B_i	r
高原早熟禾	(1)	66.30	4.0673	−0.0392	0.9772*
垂穗披碱草	(2)	86.34	2.2127	−0.0080	0.9918*
羊茅	(3)	46.74	1.7204	−0.0077	0.9886*
落草	(4)	67.91	2.2481	−0.0058	0.9856*
异针茅	(5)	58.34	2.2381	−0.0074	0.9759*
紫羊茅	(6)	43.83	3.0169	−0.0105	0.9868*
藏异燕麦	(7)	66.86	2.0251	−0.0100	0.9940*

* $P<0.01$

3.2.2.2　高寒嵩草草甸主要类型生物量动态及形成过程

(1) 高寒嵩草草甸地上生物量动态及其形成过程

以嵩草属（*Kobresia*）植物为优势的高寒草甸是青藏高原主要植被类型，对发展高原草地畜牧业具有得天独厚的优势和潜在的生产力。由于生存的环境条件，种类组成以及优势种植物的差异，其地上生物量组成成分和季节动态各不相同（图3-6～图3-8）。高寒嵩草草甸一般从4月21日左右开始返青，干物质即从植物返青开始积累，并随植物生长发育节律和气温升高、降水量的增加而逐渐增大，其峰值一般出现在8月底或9月初。在植物生长季，主要植物类群地上生物量季节动态有明显的差异。类群地上生物量（W）和时间（t）之间的动态函数可由 Logistic 方程表示（表3-9）。

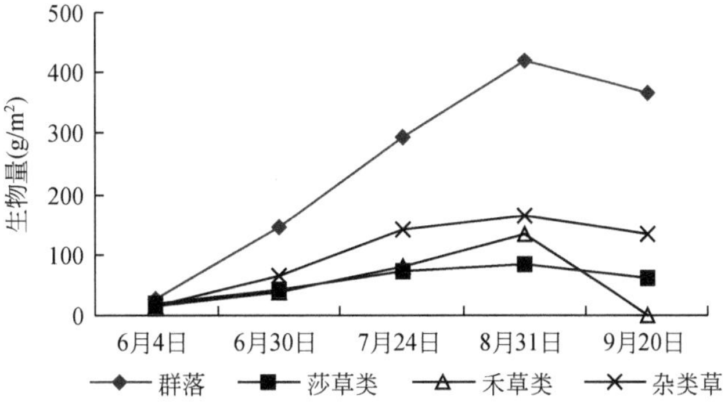

图3-6　矮嵩草草甸生物量季节动态

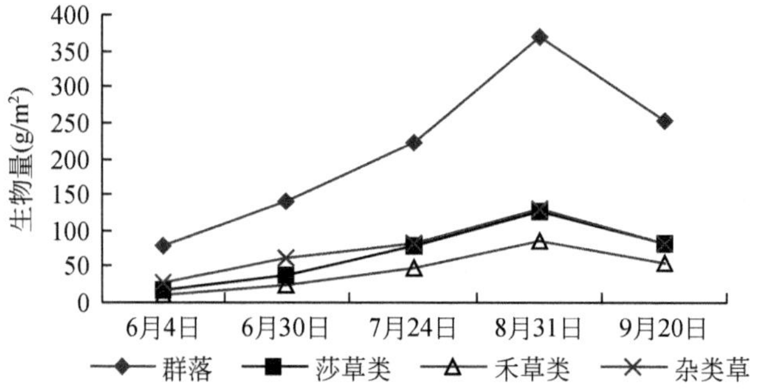

图 3-7　高山嵩草草甸生物量季节动态

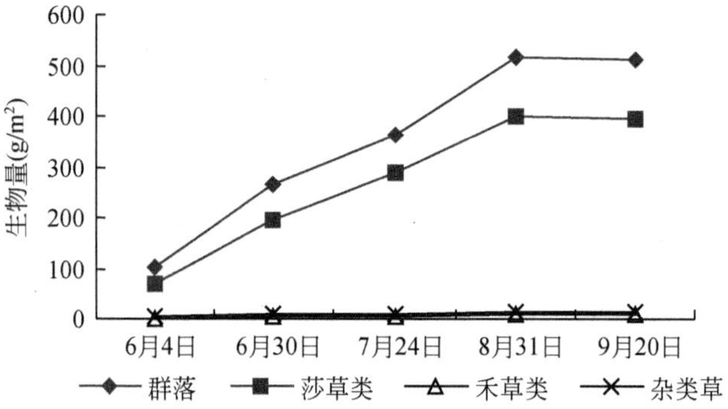

图 3-8　藏嵩草沼泽化草甸生物量季节动态

表 3-9　高寒嵩草草甸不同类型植物群落主要类群生物量季节动态数学模型

类型	植物类群	回归方程	r
矮嵩草草甸	群落（1）	$W1 = 481.89/[1 + \exp(3.9728 - 0.0442t)]$	0.9986*
	莎草类(2)	$W2 = 95.18/[1 + \exp(2.9548 - 0.0391t)]$	0.9856*
	禾草类(3)	$W3 = 162.40/[1 + \exp(4.1430 - 0.0422t)]$	0.9957*
	杂类草(4)	$W4 = 173.04/[1 + \exp(4.5948 - 0.05815t)]$	0.9970*
高山嵩草草原化草甸	群落(1)	$W1 = 448.34/[1 + \exp(3.2081 - 0.0352t)]$	0.9944*
	莎草类(2)	$W2 = 137.34/[1 + \exp(4.3542 - 0.0507t)]$	0.9939*
	禾草类(3)	$W3 = 96.33/[1 + \exp(4.2316 - 0.0472t)]$	0.9944*
	杂类草(4)	$W4 = 148.01/[1 + \exp(3.1727 - 0.0385t)]$	0.9866*
藏嵩草沼泽化草甸	群落(1)	$W1 = 552.63/[1 + \exp(3.4176 - 0.0457t)]$	0.9900*
	莎草类(2)	$W2 = 418.80/[1 + \exp(3.9679 - 0.0534t)]$	0.9924*
	禾草类(3)	$W3 = 9.92/[1 + \exp(3.3845 - 0.0457t)]$	0.9870*
	杂类草(4)	$W4 = 13.49/[1 + \exp(2.9829 - 0.0468t)]$	0.9699*

* $P < 0.01$

在植物生长季，不同高寒嵩草草甸类型植物地上生物量季节变化和组成成分各不相同。植物返青期，矮嵩草草甸的生物量组成为莎草类 > 杂类草 > 禾草类，分别占总生物量的29.03%、25.99%、21.02%。枯枝落叶的生物量占总生物量的23.97%；高山嵩草草原化草甸的生物量组成为杂类草＞莎草类＞禾草类，分别占总生物量的39.84%、23.79%、23.08%。枯枝落叶的生物量占总生物量的19.89%；藏嵩草沼泽化草甸的生物量组成为莎草类＞杂类草＞禾草类，分别占总生物量的69.57%、3.29%、1.87%。枯枝落叶的生物量占总生物量的25.27%。植物生长旺盛期，矮嵩草草甸的生物量组成为杂类草＞禾草类＞莎草类，分别占总生物量的46.07%、27.44%、23.84%。枯枝落叶的生物量占总生物量的2.65%。高山嵩草草原化草甸的生物量组成为杂类草＞莎草类＞禾草类，分别占总生物量的37.57%、34.93%、22.30%。枯枝落叶的生物量占总生物量的5.20%。藏嵩草沼泽化草甸的生物量组成为莎草类＞杂类草＞禾草类，分别占总生物量的79.41%、2.80%、1.81%。枯枝落叶的生物量占总生物量的15.98%。生物量高峰期，矮嵩草草甸的生物量组成为杂类草＞禾草类＞莎草类，分别占总生物量的39.57%、31.66%、20.10%。枯枝落叶的生物量占总生物量的8.67%。高山嵩草草原化草甸的生物量组成为杂类草＞莎草类＞禾草类，分别占总生物量的35.37%、34.38%、23.36%。枯枝落叶生物量占总生物量的6.89%。藏嵩草沼泽化草甸的生物量组成为莎草类＞杂类草＞禾草类，分别占总生物量的77.60%、2.51%、1.80%。枯枝落叶生物量占总生物量的18.09%。由此可见，不同植被类型，由于优势种的不同，其生物量组成成分和年净生产量差异较大（图3-9）。其中，矮嵩草草甸以杂类草和禾草类占优势。高山嵩草草原化草甸以杂类草和莎草类占优势。藏嵩草沼泽化草甸以莎草类占绝对优势。其年净生产量依次为藏嵩草沼泽化草甸[518.4 g/(m^2·a)]＞矮嵩草草甸[418.5 g/(m^2·a)]＞高山嵩草草原化草甸[368.4 g/(m^2·a)]。各类群生物量的这种分布规律，不仅与植物的生物－生态学特征有关，而且与生存环境，尤其与小气候环境密切相关。

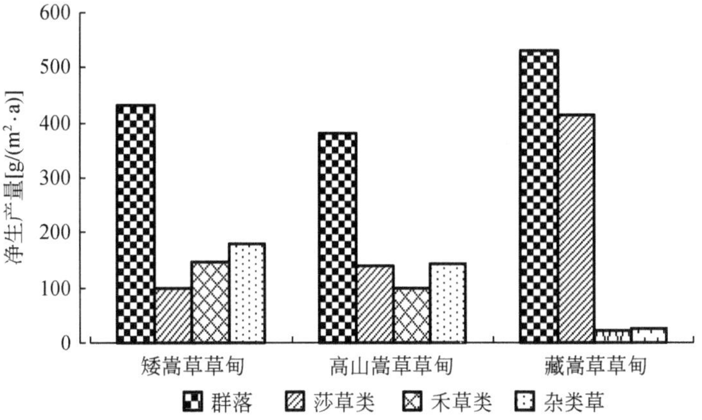

图3-9　高寒嵩草草甸生物量组成及年净生产量

(2) 高寒嵩草草甸地上生物量增长速率的季节动态

高寒矮嵩草草甸、高山嵩草草原化草甸和藏嵩草沼泽化草甸植物群落和主要植物类群生物量绝对增长速率各不相同（表3-10）。在植物生长季，各植被类型群落生物量绝对增长速率呈单峰式曲线。植物返青初期由于低温的影响，干物质积累较缓慢，积累量随着植物生长发育进程、气温的回升和降水量的增加而增大。其中，矮嵩草草甸和高山嵩草草原化草甸地上生物量绝对增长速率的最大值一般出现在7月、8月，藏嵩草沼泽化草甸地上生物量绝对增长速率的最大值一般出现在6月、7月。其峰值分别为5.47 g/(m^2 · d)，3.86 g/(m^2 · d) 和5.88 g/(m^2 · d)。从8月下旬开始，随着气温的下降，植物的衰老、枯黄以及营养物质的迁移，生物量绝对增长速率逐渐下降，到9月中旬出现负值。从返青开始（4月21日）到8月31日，矮嵩草草甸、高山嵩草草原化草甸和藏嵩草沼泽化草甸平均每天每平方米生产的干物质分别为3.17 g、2.79 g和3.93 g。从生长季的动态可以看出，7月、8月矮嵩草草甸和高山嵩草草原化草甸植物生物量绝对增长速率最高，平均每天每平方米生产的干物质分别为4.39 g和3.68 g，此间所积累的物质分别为272.2 g/m^2和228.4 g/m^2，分别占地上净生产量的65.04%和62.0%。这段时间仅占生长季的46.97%，藏嵩草沼泽化草甸植物6月、7月的绝对增长速率最高，平均每天每平方米生产的干物质为5.06 g，此间所积累的干物质为313.7 g/m^2，占地上净生产量的60.52%，而且以莎草类植物为主。这段时间仅占生长季的46.21%。说明矮嵩草草甸和高山嵩草草原化草甸干物质的积累主要在7月、8月两个月。藏嵩草沼泽化草甸干物质积累主要在6月、7月两个月。植物返青初期，各植物类群生物量相对增长速率最大，并随着时间延伸和物候进程逐渐减少（表3-11）。在同一地区不同嵩草草甸类型植物生物量相对增长速率的季节变化趋势基本相似。植物在返青营养生长期的生产效率最大，此后随着植物生长发育节律进程逐渐下降。

表3-10　高寒嵩草草甸主要类型生物量绝对增长速率季节动态　[单位：g/(m^2 · d)]

草地类型	类群	时间（月．日）					
		5.16	5.30	6.30	7.29	8.31	9.20
矮嵩草草甸	群落	0.90	1.83	3.25	5.47	3.76	-3.64
	莎草类	0.26	0.64	0.94	1.39	1.63	-1.00
	禾草类	0.39	0.58	0.77	1.02	0.39	-1.52
	杂类草	0.28	0.61	1.69	2.51	0.79	-2.36
草地类型	类群	时间（月．日）					
		6.4	6.30	7.24	8.31	9.21	—
高山嵩草草原化草甸	群落	1.75	2.41	3.41	3.86	-5.54	—
	莎草类	0.26	0.55	0.99	0.96	-1.54	—
	禾草类	0.39	0.83	1.62	1.29	-2.16	—
	杂类草	0.62	1.33	0.90	1.24	-2.32	—
草地类型	类群	时间（月．日）					
		6.4	6.30	7.24	8.31	9.21	—
藏嵩草沼泽化草甸	群落	2.50	5.88	4.23	4.04	-0.29	—
	莎草类	0.55	0.11	0.07	0.07	-0.08	—
	禾草类	1.63	4.74	3.95	2.96	-0.25	—
	杂类草	0.08	0.20	0.06	0.07	-0.01	—

表3-11 高寒嵩草草甸主要类型生物量相对增长速率季节动态 [单位：g/(m²·d)]

草地类型	类群	时间（月·日）				
		5.16	5.3	6.3	7.29	8.31
矮嵩草草甸	群落	0.077	0.050	0.033	0.023	0.011
	莎草类	0.077	0.050	0.026	0.018	0.005
	禾草类	0.077	0.051	0.029	0.024	0.015
	杂类草	0.078	0.050	0.041	0.025	0.005
草地类型	类群	时间（月.日）				
		6.4	6.3	7.24	8.31	—
高山嵩草草原化草甸	群落	0.045	0.022	0.019	0.013	—
	莎草类	0.046	0.030	0.028	0.013	—
	禾草类	0.046	0.030	0.026	0.014	—
	杂类草	0.045	0.030	0.012	0.012	—
草地类型	类群	时间（月.日）				
		6.4	6.3	7.24	8.31	—
藏嵩草沼泽化草甸	群落	0.045	0.032	0.014	0.009	—
	莎草类	0.046	0.036	0.016	0.009	—
	禾草类	0.050	0.032	0.012	0.009	—
	杂类草	0.050	0.033	0.006	0.006	—

3.2.2.3 金露梅灌丛生物量季节动态及形成过程

(1) 金露梅灌丛地上生物量季节动态

金露梅灌丛主要经济类群地上生物量季节动态具明显的差异，其峰值出现的时间各不相同（图3-10）。草本植物地上生物量从4月底返青前的零值开始积累，随植物生长发育进程逐渐增加。禾草类、莎草类的生物量到9月上旬达最大值（64.09 g/m²、39.34 g/m²）。杂类草生物量到8月底达最大值（80.34 g/m²）。灌木新枝叶从5月中旬开始积累，到8月底达最大值（63.89 g/m²）。群落生物量到8月底达最大值（258.78 g/m²）。各植物类群生物量达到最大值后相对稳定一段时间，随后因气温的下降、植株衰老、种子脱落等逐渐减少。

枯枝落叶的生物量变化呈“V”形。在返青期较高（36.05 g/m²），随着气温的回升、降水量的增加和微生物分解活动增强而减少，到7月底、8月初最小（9.80 g/m²），此后逐渐增加。

(2) 金露梅灌丛主要类群生物量生长速率的季节动态

在金露梅灌丛中，不同植物类群的生长速率各不相同，其高峰期具明显的差异（图3-11）。生长速率的高峰均在营养生长期，生殖生长期有不同程度的下降。禾草的生长速率在6月、7月营养生长期较高，峰值［0.7606 g/(m²·d)］在7月，8月、9月生殖生长阶段明显下降，9月底出现负值。莎草类植物的生长速率呈双峰现象，即牧草返青

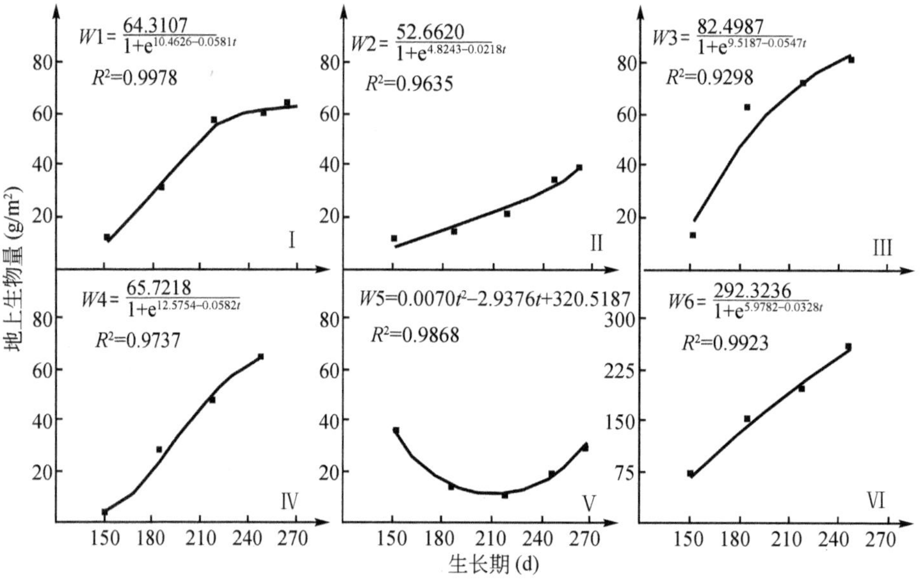

图 3-10　金露梅灌丛主要经济类群地上生物量季节动态

Ⅰ. 禾草类；Ⅱ. 莎草类；Ⅲ. 杂草类；Ⅳ. 灌木；Ⅴ. 枯枝落叶；Ⅵ. 群落

期较高［0.3083 g/(m²·d)］，6 月生殖生长阶段显著下降［0.0981 g/(m²·d)］，7 月开始回升，8 月结果后营养期最高［0.4750 g/(m²·d)］，9 月底出现负值，杂类草和灌木生长速率的峰值［1.6371 g/(m²·d)、0.8345 g/(m²·d)］在 6 月，7 月、8 月开花结果期有所下降，9 月初出现负值。整个群落生长速率的峰值在 6 月，平均每天每平方米生产干物质 2.6032 g，该月所积累的干物质占地上总生物量的 30.26%。枯枝落叶的生物量变化速率，6 月、7 月呈负值［－0.6832 g/(m²·d)、－0.1635 g/(m²·d)］，从 8 月初开始增加，峰值［0.4984 g/(m²·d)］在 9 月。

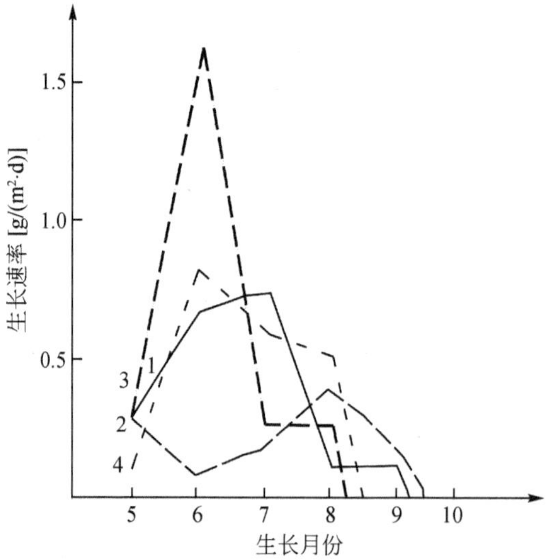

图 3-11　金露梅灌丛主要类群生物量生长速率季节动态

1. 禾草类；2. 莎草类；3. 杂类草；4. 灌木枝叶

(3) 金露梅灌丛地上净生产量

金露梅灌丛地上净生产量为 266.72 g/(m^2 · a)，所固定的太阳能为 4834.23 kJ/m^2 · a。其中，杂类草生物量最高，占地上净生产量的 30.10%，禾草类和灌木枝叶居中，分别占地上净生产量的 24.24% 和 23.91%，莎草类最低，占 14.72%，枯枝落叶占 7.03%（表3-12）。若按光能利用率比较，杂类草最高，灌木和禾草类居中，莎草类最低。地上部分总光能利用率为 0.0797，低于矮嵩草草甸（0.099%）和垂穗披碱草草甸（0.212%）的光能利用率（王启基和周兴民，1991；杨福囤等，1989）。

表3-12　金露梅灌丛地上生产量

植物类群	禾草类	莎草类	杂类草	灌 木	枯枝落叶	合计
净初级生产量 [g/(m^2 · a)]	64.79	39.34	80.43	63.89	18.79	267.24
干物质热值 (J/g)	17 787.4	18 409.2	17 336.94	18 882.60	19 462.08	—
所固定的太阳能数 [kJ/(m^2 · a)]	1 139.99	724.22	1 394.41	1 206.41	369.19	4 834.22
光能利用率 (%)	0.018 8	0.011 9	0.023 0	0.019 9	0.006 1	0.079 7

3.2.2.4　高寒嵩草草甸不同演替阶段地上生物量变化特征

在不同退化演替阶段高山嵩草草甸植物群落地上生物量依次为中度退化草地（MD）>轻度退化草地（LD）>重度退化草地（HD），其生物量分别为 134.8 g/m^2、107.0 g/m^2、75.4 g/m^2（图3-12）。其中，禾本科和莎草科植物生物量依次为 52.6 g/m^2、81.2 g/m^2、1.6 g/m^2，杂类草生物量依次为 54.4 g/m^2、53.6 g/m^2、73.8 g/m^2。重度退化草地中禾本科和莎草科生物量较轻度退化草地、中度退化草地生物量分别减少 3187.5% 和 4975%，而杂类草生物量分别增加了 37.69% 和 35.66%。植被总盖度依次为轻度退化草地>中度退化草地>重度退化草地，分别为 90.0%、87.0%、48.0%。6月、7月、8月，轻度退化草地地上生物量均大于重度退化草地地上生物量，而且禾草类生物量比例明显高于重度退化草地的比例。根据8月下旬地上生物量高峰期测定的结果（表3-13）表明，重度退化草地地上总生物量较轻度退化草地地上总生物量减少 11.22%。其中，重度退化草地禾草类生物量较轻度退化草地减少 89.20%，莎草类生物量减少 78.83%，而杂类草增加 80.28%。

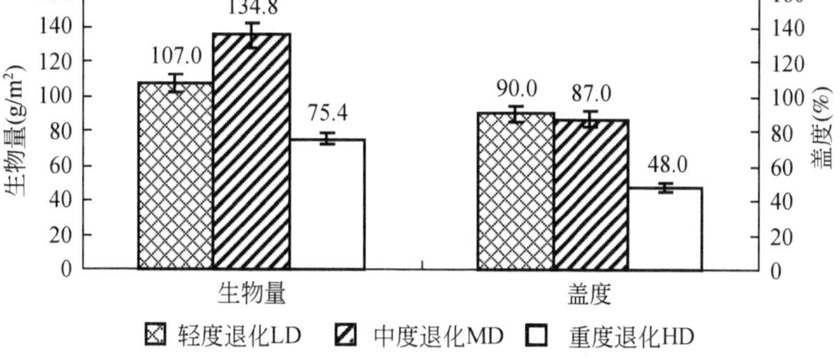

图3-12　不同退化演替阶段群落生物量及盖度

表 3-13　不同退化演替阶段地上生物量季节动态　（单位：g/m^2）

演替阶段	类群	2003 年 6 月 26 日	2003 年 7 月 19 日	2003 年 8 月 30 日
轻度退化	禾草类	19.45（22.62）	54.83（43.46）	73.24（43.68）
	莎草类	31.16（36.23）	13.69（10.85）	18.42（10.98）
	杂类草	35.38（41.15）	57.65（45.69）	76.03（45.34）
	群落	85.99	126.17	167.69
重度退化	禾草类	4.58（8.81）	3.54（2.95）	7.91（5.31）
	莎草类	0.86（1.64）	3.24（2.70）	3.90（2.62）
	杂类草	46.61（89.55）	113.30（94.35）	137.07（92.07）
	群落	52.05	120.09	148.88

注：括号内数据为占总生物量的百分比（%）

在原生植被、中度退化和重度退化 3 个演替阶段，其群落生物量及其禾草类、莎草类、杂类草生物量均呈现明显“S”形生长曲线（李海英等，2004）（图 3-13）。在返青期生物量较低，随着植物的生长发育生物量逐渐增加，到 8 月下旬达到最高值，随后进入枯黄期，生物量又逐渐下降。地上生物量的变化，主要取决于环境条件（温度和水分）的变化及建群种植物对环境的适应性；而环境条件的变化又是通过植物本身的生长发育反映出来。高原气候寒冷，植物返青较晚，直到 4 月底、5 月初，日平均气温达到 5℃时，植物才开始萌发生长，可见 5℃是耐冷湿的高寒植物种类开始生长的阈值。植物返青后，直到 5 月底或 6 月初，气温较低且变幅较大，仍受冰雪霜冻频繁袭击，加之土壤尚未完全解冻，植物叶片很小，光合强度低，干物质积累缓慢；进入 6 月中旬后，随着气温上升和降水量的增加，水热条件协调，光合强度增强，植物生长加快，生物量积累显著；到了 7 月中旬，气温、降水条件最为有利，大多数植物进入拔节抽穗或盛花期，干物质积累迅速增加；到 8 月底，气温、降水日渐降低，植物本身也逐渐衰老，部分叶子变黄，光合强度减弱，干物质积累减慢，最后停止。虽然 3 个演替阶段地上生物量季节动态变化趋势基本一致，但是群落及其各类群地上生物量组成却有所不同。在相同的生长期内禾草类、莎草类以及群落总生物量依次为原生植被样地 > 中度退化样地 > 重度退化样地，而杂类草有所不同，中度和重度退化样地的杂类草生物量大于原生植被样地。Duncan 多重分析结果显示，地上生物量最高的 8 月，中度和重度退化草地与原生植被草地的禾草类、莎草类以及群落总生物量差异极显著（$P<0.01$），杂类草之间没有明显差异（$P>0.05$）。原生植被草地 6～9 月的地上总生物量主要取决于禾草类和杂类草植物的生物量，它们所占比例分别为 45.48% 和 31.78%；中度退化草地和重度退化草地其群落生物量主要取决于杂类草的生物量，其所占比例分别为 69.16% 和 85.37%。禾草类和莎草类所占比例很小，禾草类比例分别为 16.67% 和 10.20%，莎草类比例分别为 1.66% 和 0.94%，它们对群落生物量影响甚微。中度和重度退化草地与原生植被草地相比，植物地上生物量（5～9 月）下降明显，中度退化样地与原生植被样地相比下降了 40.54%，重度退化样地下降了 59.25%（图 3-14）。草地退化的明显指标是植物群落种类组成发生变化，生物量下降，杂类草增多，优良牧草比例减少。

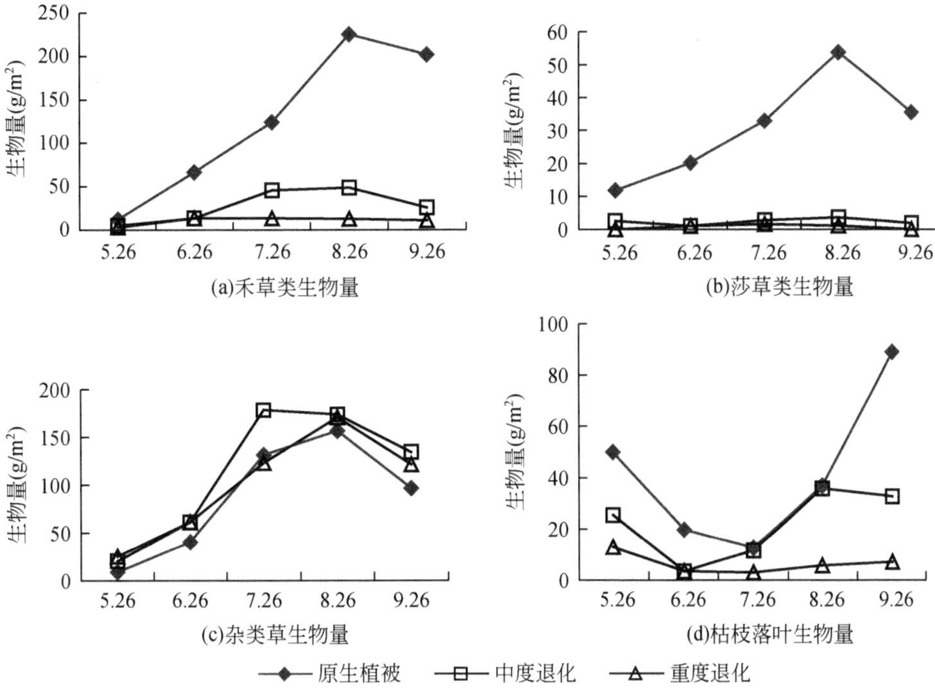

图3-13　矮嵩草草甸不同演替阶段各经济类群生物量季节动态

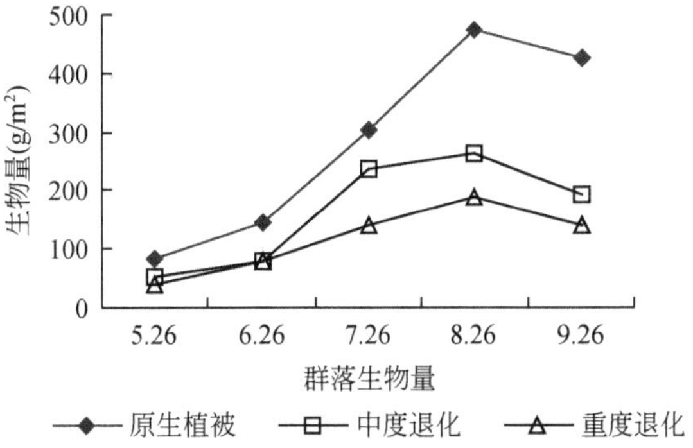

图3-14　矮嵩草草甸植物群落生物量季节动态

3.2.2.5　不同放牧强度对植物群落生物量的影响

在不同放牧强度下，家畜的采食行为，植物的喜食性、耐牧性以及植物被采食的程度（落叶强度）等因素的差异，影响了植物的生长发育、繁殖和更新，导致微环境条件、植物种群的空间生态位和适应性发生变化。它们的同化器官（枝、叶）和吸收器官（根系），随时间的延续向不同的空间生态位发展，使不同放牧强度下，植物地上、地下生物量分布格局不尽相同（图3-15）。重度放牧（A组、B组）条件下的净生长量最低（396.1 g/m^2，418.1 g/m^2），适度放牧（C组）条件下最高（453.6 g/m^2）。轻度放牧（D

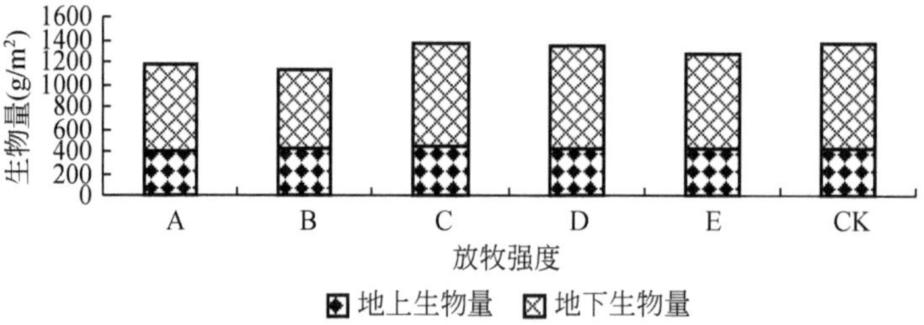

图 3-15　不同放牧强度下植物地上、地下生物量比较

组、E 组）条件下居中（435.2 g/m^2，419.2g/m^2）。重度（A 组）、次重度（B 组）、适度（C 组）、次轻度（D 组）和轻度（E 组）放牧条件下，地上净生产量分别占对照组（430.0 g/m^2）的 92.12%、97.23%、105.49%、101.21% 和 97.49%。同样在重度放牧（A 组、B 组）条件下，地下生物量减少。A 组、B 组分别为 722.88 g/m^2，708.96 g/m^2，其平均值仅占对照组的 75.35%，轻度放牧（D 组、E 组）条件下，地下生物量分别为 912.96 g/m^2 和 852.48 g/m^2，其平均值占对照组的 94.32%；在适度放牧条件下地下生物量最大（991.36 g/m^2），为对照组的 105.93%。

植物地上、地下生物量垂直分布呈金字塔、倒金字塔模式，在重度放牧（A 组、B 组）条件下，植物群落的层次分化不明显，垂直高度明显下降。地上生物量主要分布在 0～10 cm的冠层中，占地上总生物量的 91.84%～95.72%，10 cm 以上冠层中的生物量仅占 4.28%～8.16%；在适度放牧（C 组）条件下，植物群落的层次开始分化，最高植株可达60 cm左右。0～10 cm 冠层中的生物量约占地上总生物量的 87.16%，10 cm 以上冠层中的生物量约占 21.84%；在轻度放牧（D 组、E 组）条件下，植物群落层次明显分化，垂直高度明显增大，最高植株可达 60～70 cm。0～10 cm 冠层中的生物量占地上总生物量的 78.02%～82.09%，10 cm 以上冠层中的生物量占 17.31%～21.98%。经相关分析表明，0～10 cm 冠层中的生物量比例随放牧强度的减小而减小（$r=0.9249$，$P<0.01$），10～20 cm 冠层中的生物量比例随放牧强度的减小而增大（$r=0.9688$，$P<0.01$）。由此可见，在牧草返青期过度放牧，一些家畜喜食的优良牧草经反复采食和践踏，植物光合面积减小，光合产物不能满足其自身生长发育的需求，同时还要消耗根系先年储存的营养物质作补充。其结果不仅影响了植物根系的发育，而且制约了地上干物质的积累。有些种甚至不能完成其生命的全过程，造成这些种的衰退和消失。

3.2.2.6　土地利用变化和生产措施对高寒草甸净初级生产量的影响

高寒退化草地通过人为调控措施，植物群落地上净生产量均有提高（表 3-14）。据 1990 年、1991 年、1992 年的测定，SRF 比 CK2 分别提高 78.22%、82.61%、71.01%，平均每年提高 77.28%；比 CK1 分别提高 70.89%、79.73%、64.20%，平均每年提高 71.58%；比 SR 分别提高 35.29%、43.72%、37.29%，平均每年提高 38.77%。SR 比 CK2 分别提高 31.73%、27.06%、24.56%，平均每年提高 27.78%。CK1 比 CK2 分别提高 4.29%、1.60%、4.14%，平均每年提高 3.343%。此外，从地上净生产量、养分动态分析可以看出，松耙、补播和施肥不仅可提高植物、土壤养分含量（王启基等，1995a）

和保墒能力，减少了气候对产量的影响，而且使所建立的半人工草地，生物量的空间分布格局更为合理。

表 3-14　不同调控策略下地上净生产量年间动态　　（单位：kg/hm^2）

时间	处理			
	SRF	SR	CK1	CK2
1990 年	5482	4052	3208	3076
1991 年	4096	2850	2279	2243
1992 年	2890	2105	1760	1690
平均	4156	3002	2416	2336

注：SRF，松耙 + 补播 + 施肥 + 封育；SR，松耙 + 补播 + 封育；CK1，封育；CK2，对照

在不同调控策略下，高寒嵩草草甸地上生物量的空间分布格局各不相同。其中，在松耙 + 补播 + 施肥 + 封育处理（SRF），其冠层垂直高度达 80 cm 以上，松耙 + 补播 + 封育（SR）可达70 cm左右，对照（CK2）仅 50 cm 左右。SRF、SR 和 CK2，在 0 ~ 10 cm 冠层中的生物量分别占地上总生物量的 43. 72%、66. 59% 和 85. 62%；10 ~ 20 cm 冠层中的生物量分别占 21. 13%、16. 14% 和 7. 14%；20 ~ 30 cm 冠层中的生物量分别占 12. 16%、5. 68% 和 2. 96%；30 cm 以上冠层中的生物量分别占 23. 12%、11. 59% 和 4. 28%。由此可见，高寒退化草地通过人为的调控作用，所建立的人工群落，其生物量的空间分布格局发生明显变化，使空间生态位宽度增大，减少了光的反射和散射，提高了光能资源的利用效率（王启基等，1995b）。

3. 2. 2. 7　高寒草甸植物群落地上净生产量时间、空间分布格局及环境因子

高寒矮嵩草草甸地上净生产量年际差异较大，其变动范围为 260. 4 ~ 451. 2 g/m^2，平均值为 362. 0 g/m^2，最高值为 451. 2 g/m^2（2001 年），最低值为 260. 4 g/m^2（1982 年），前者为后者的 1. 7 倍。从 20 年的发展趋势看，其地上净生产量波动较大，但从总的趋势分析有上升的趋势（图 3-16）。年地上净生产量与气温年较差、4 月降水量、5 月平均气温和年降水量呈正相关，而与 1 月平均气温呈负相关。通过年地上净生产量与上述 11 个气候因子的逐步回归分析，矮嵩草草甸年地上净生产量的预测预报模型为

$$W = 22.0053X_5 + 1.1869X_7 + 0.3707X_8 - 293.2563 \qquad (3\text{-}3)$$

式中，X_5 为气温年较差；X_7 为 4 月降水量；X_8 为 7 月降水量。

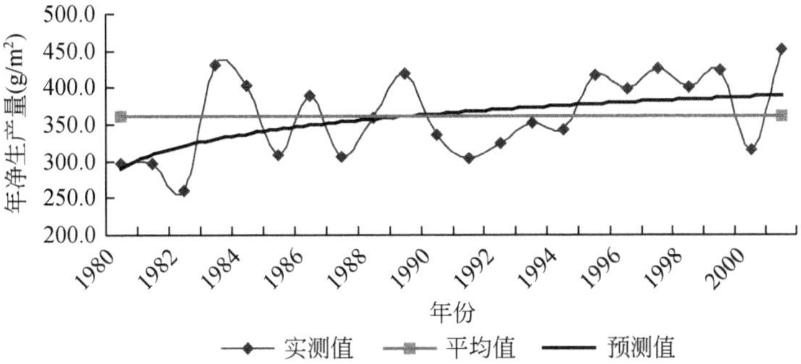

图 3-16　高寒矮嵩草草甸地上生物量年际动态

根据青海省35个县的草地资源调查资料（青海省畜牧厅畜牧业区划组，1987）可以看出，高寒嵩草草甸地上净生产量与分布地区的生态环境有密切关系（表3-15）。经35个县的海拔、年均温、大于等于5℃的积温、年降水量与产量之间的相关分析表明，高寒草甸地上净生产量与年降水量呈极显著的正相关，它们之间的关系可由如下数学模型表示（$F=51.72$，$n=35$，$P<0.01$）：

$$W=8.3533P+48.0390 \tag{3-4}$$

式中，W为地上净生产量（kg/亩）；P为年降水量（mm）。

表3-15　高寒草甸地上净生产量空间格局及其环境因子

县	海拔（m）	气温（℃）			全年降水量（mm）	日照时数（h）	地上净生产量（kg/亩）
		年平均气温	1月平均气温	7月平均气温			
西宁	2261.2	5.7	-8.4	17.2	368.2	2762.0	223.4
乐都	1979.7	6.9	-7.2	18.5	334.3	2776.4	152.4
循化	1870.3	8.6	-5.3	19.9	264.4	2685.8	222.9
同仁	2491.4	5.2	-8.0	16.0	425.7	2568.6	258.5
尖扎	2084.6	7.8	-6.2	19.2	353.0	2660.8	187.4
贵德	2237.1	7.2	-6.7	18.3	254.2	2913.9	219.7
互助	2480.0	3.4	-10.7	14.4	482.7	2576.5	259.0
大通	2567.8	2.8	-11.4	14.1	513.8	2590.5	223.4
湟中	2667.5	2.8	-10.9	14.3	528.2	2580.4	221.4
祁连	2787.4	0.7	-13.6	12.8	391.4	2873.6	151.8
天峻	3417.1	-1.5	-15.0	10.5	324.7	2996.0	117.4
海晏	3080.0	-0.3	-15.0	11.8	397.4	2768.2	99.6
刚察	3301.5	-0.6	-14.0	10.7	370.3	3036.8	192.2
共和	2835.0	3.3	-11.0	15.2	306.6	3001.3	143.7
兴海	3323.2	0.9	-12.2	12.1	340.5	2790.7	196.0
贵南	3200.6	2.0	-11.4	13.4	398.6	2701.0	189.3
同德	3289.4	0.2	-13.4	11.7	427.2	2745.8	191.9
都兰	3191.1	2.7	-10.6	14.9	179.7	3110.2	109.3
乌兰	2981.5	3.7	-11.0	15.6	176.1	3182.8	142.4
格尔木	2678.9	5.1	-10.4	19.1	23.4	3153.0	62.5
大柴旦	3173.2	1.1	-14.3	15.1	82.0	3243.5	62.5
茫崖	3138.5	1.4	-12.4	13.5	46.1	3310.6	62.5
称多	4415.4	4.9	-17.0	6.4	503.6	2555.4	252.4
玉树	3681.2	2.9	-7.8	12.5	480.5	2454.7	196.1
囊谦	3643.7	3.8	-6.6	13.2	526.1	2560.2	240.9
泽库	3662.6	2.4	-14.8	8.7	468.1	2651.3	259.0
久治	3628.5	0.1	-11.2	9.9	764.4	2314.5	323.2

续表

县	海拔（m）	气温（℃）			全年降水量（mm）	日照时数（h）	地上净生产量（kg/亩）
		年平均气温	1月平均气温	7月平均气温			
班玛	3750.0	2.5	-7.7	11.6	652.4	2328.3	350.3
玛沁	3719.0	-0.7	-12.7	9.7	509.4	2571.3	234.3
甘德	4050.0	-2.7	-14.9	7.6	477.6	2498.0	244.6
达日	3967.5	-1.3	-12.9	9.1	536.6	2370.1	206.1
玛多	4272.3	-4.1	-16.8	7.5	303.9	2702.7	101.3
曲麻莱	4231.2	-2.5	-14.1	8.5	391.7	2667.6	99.3
治多	4179.1	-1.7	-12.6	8.8	387.0	2653.2	98.7
杂多	4067.5	0.2	-11.3	10.6	511.1	2447.1	156.9

从上述环境因子与高寒草甸地上净生产量的逐步回归分析结果可以看出，降水量和年均温是制约嵩草草甸地上净生产量的主导因子。其逐步回归的数学模型为

$$W = 8.0580T + 0.3967P + 16.8364 \tag{3-5}$$

式中，W 为地上净生产量；P 为年降水量；T 为年均温。

3.2.2.8 高寒嵩草草甸植物枯枝落叶的季节动态变化

高寒嵩草草甸枯枝落叶生物量季节变化，因植物群落类型和微环境条件的不同而有差异。如矮嵩草草甸和高山嵩草草原化草甸枯枝落叶的季节动态基本相似。在植物生长季，枯枝落叶生物量变化呈“V”字形曲线，即在牧草返青期，枯枝落叶生物量较高，但由于此时地上总生物量较小，它所占比例较大，占地上总生物量的28.10%～31.41%，7月最低，占地上总生物量的3.62%～5.20%，到牧草枯黄期枯枝落叶生物量最大，占地上总生物量的6.89%～8.67%。但由于此时地上总生物量最大，它所占比例较小，其中，矮嵩草草甸（y_1）和高山嵩草草原化草甸（y_2）枯枝落叶在牧草生长季的动态变化可由如下二次方程表示：

$$\begin{aligned} y_1 &= 0.0108t^2 - 1.7413t + 76.4883\ (R^2 = 0.8954) \\ y_2 &= 0.0054t^2 - 0.9177t + 51.5200\ (R^2 = 0.9886) \end{aligned} \tag{3-6}$$

式中，y_1 为矮嵩草草甸枯枝落叶生物量（g/m^2）；y_2 为高山嵩草草原化草甸枯枝落叶生物量（g/m^2）；t 为自4月21日返青开始的时间（天），$1 \leq t \leq 152$。

藏嵩草沼泽化草甸枯枝落叶的生物量自返青开始逐渐增多，直到枯黄期达到最大值（Wang et al.，1994）。其季节变化动态可由Logistic方程表示：

$$y_3 = 225.87/[1 + \exp(2.375 - 0.0152t)]\ (R^2 = 0.9619) \tag{3-7}$$

这种变化趋势有别于矮嵩草草甸、高山嵩草草原化草甸和金露梅灌丛枯枝落叶的变化规律（杨福囤等，1987；王启基和周兴民，1991）。矮嵩草草甸和高山嵩草草原化草甸枯枝落叶生物量的变化速率，在生长季呈双峰曲线，即返青期和枯黄期较高，6月底、7月初最低。从返青后期逐渐下降，6月、7月呈负值，从7月底开始回升，其高峰期出现在9月（表3-16）。

表 3-16　高寒嵩草草甸枯枝落叶生物量及其变化速率的季节动态

草甸类型	日期	5月30日	6月30日	7月29日	8月31日	9月14日
矮嵩草草甸	生物量（g/m^2）	22.40	12.70	5.00	36.30	55.10
	变化速率［$g/(m^2 \cdot d)$］	—	-0.31	-0.26	0.95	1.34
草甸类型	日期	6月4日	6月30日	7月24日	8月31日	9月20日
高山嵩草草原化草甸	生物量（g/m^2）	21.60	14.00	11.50	25.40	35.40
	变化速率［$g/(m^2 \cdot d)$］	—	-0.29	-0.10	0.36	0.50
草甸类型	日期	6月4日	6月30日	7月24日	8月31日	9月20日
藏嵩草沼泽化草甸	生物量（g/m^2）	32.90	54.60	58.30	97.80	94.10
	变化速率［$g/(m^2 \cdot d)$］	—	0.83	0.15	0.93	0.02

藏嵩草沼泽化草甸枯枝落叶生物量的变化速率虽然也呈双峰曲线，但变化速率的高峰期出现的时间有差异，第一个高峰期出现在6月，从7月初到8月初明显下降，说明在这段时间内枯枝落叶的分解率增大，积累速率相对减小。从8月初开始随气温的下降，植株的成熟和衰老，枯枝落叶生物量的增长速率逐渐增大，到8月底出现第二个高峰期，9月增长速率减小，这种变化趋势与群落种类组成有关。但从生长季总的趋势看，枯枝落叶的积累速率大于分解速率，其绝对增长速率呈正值，先年的枯枝落叶到夏季不能完全分解，这就是沼泽化草甸土壤腐殖质含量高以及形成泥炭层的主要原因之一。

3.2.3　高寒草甸地下生物量动态及其形成机理

植物根系在植物生活中起着特别重大的作用，它不仅有固定支持植物躯体、吸收水分和矿质营养供植物地上部分的需要的功能，而且还能储藏营养物质，为植物的越冬和翌年萌发生长提供物质基础，根系在代谢过程中的特殊产物——生物碱和激素，不但对植物本身有影响，而且对土壤根际微生物的活动及土壤的形成起着重要的作用。同时也为地下草食动物提供了不可缺少的食物。研究高寒草甸生态系统的结构和功能，测定植物地上、地下生物量是必不可少的两个方面。

测定地下生物量的目的在于阐明有机体结构与功能之间的相互关系，掌握和了解在高寒生境条件下植物根系在土壤中的分布特征及生物-生态学特征；根系生物量季节动态和年际变化规律；根系生物量与地上生物量之间的相关性，为高寒嵩草草甸的科学管理、改良和提高初级生产力提供依据。

3.2.3.1　高寒矮嵩草草甸地下生物量季节和年间动态

（1）高寒矮嵩草草甸地下生物量季节及年际动态

高寒矮嵩草草甸植物群落地下生物量呈现明显的季节及年际变化（图3-17）。牧草返青初期，生物量较低，此后由于牧草的萌发，根系生物稍有上升，返青后期由于嵩草属植物正处于开花结实阶段，同时植物地上部营养器官的生长速度加快，根系储藏物质大量消耗，地下生物量也随着下降。在植物生长旺盛期，由于水热条件有利于植物的生长发育，

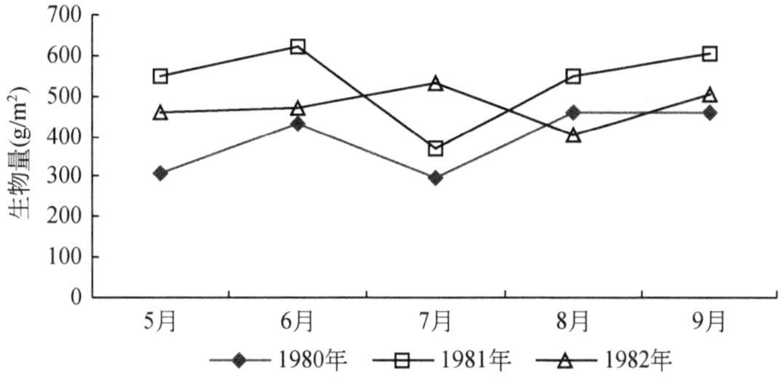

图 3-17　高寒矮嵩草草甸地下生物量动态

光合产物除了供地上茎叶本身的需要，还有一部分运转到地下供根系的生长发育，新根、地下茎不断增加，生物量也随着增加，到牧草枯黄期生物量最大。其地下净生产量是根据生长季内地下根系最大现存量（9 月初）与最小现存量（7 月初）的差值计算而得（王启基等，1989）。其年际间地下净生产量也有明显差异。

（2）高寒矮嵩草草甸活根和死根生物量垂直分布及季节变化

高寒矮嵩草草甸植物活根生物量从牧草返青开始逐渐减少，到返青后期最低（896. 88 g/m^2），此后逐渐增加，到牧草枯黄期生物量达到最高（1649. 84 g/m^2）（表 3-17）。死根生物量从牧草返青开始逐渐增加，到 6 月初最高（625. 24 g/m^2）；此后由于环境条件有利于土壤昆虫和微生物的活动，一部分死根被分解，死根生物量随之减少，到枯黄期生物量最低（302. 76 g/m^2）。0 ~ 50 cm、0 ~ 10 cm 土层中活根和死根生物量相对比例的季节动态基本相似（表 3-18）。0 ~ 50 cm 活根生物量的相对比例从返青开始到返青后期有所下降，平均每天减少 0. 14%；0 ~ 10 cm 土层中活根生物量从牧草生长旺盛期开始到枯黄期逐渐增加，6 月、7 月、8 月平均每天分别增加（6.45×10^{-4}）%、0. 24%、0. 15%，在牧草生长旺盛期增加较为显著。而死根相对比例的季节动态正好和活根相反，6 月、7 月、8 月平均每天分别减少（6.45×10^{-4}）%、0. 24%、0. 15%。6 ~ 8 月死根生物量相对比例与直接计数法测定 0 ~ 10 cm 土壤中细菌数量和生物量（李家藻等，1985）呈强负相关，死根生物量相对比例的减少是土壤微生物分解活动的结果。

表 3-17　矮嵩草草甸不同土壤深度活根、死根生物量季节动态　　（单位：g/m^2）

取样日期	生物量							
	0 ~ 10 cm 土层		10 ~ 20 cm 土层		20 ~ 30 cm 土层		30 ~ 50 cm 土层	
	活根	死根	活根	死根	活根	死根	活根	死根
5 月 2 日	1355. 56	429. 32	150. 88	54. 24	72. 04	25. 92	92. 48	15. 6
	(61. 73)	(19. 55)	(6. 87)	(2. 47)	(3. 28)	(1. 18)	(4. 21)	(0. 71)
6 月 1 日	1577. 44	625. 24	106. 4	30. 4	49. 84	20. 44	57. 36	24. 92
	(63. 30)	(25. 09)	(4. 27)	(1. 22)	(2. 00)	(0. 82)	(2. 30)	(1. 00)

续表

取样日期	生物量							
	0 ~ 10 cm 土层		10 ~ 20 cm 土层		20 ~ 30 cm 土层		30 ~ 50 cm 土层	
	活根	死根	活根	死根	活根	死根	活根	死根
7月1日	896.88	355.2	88.04	33.6	36.4	16.56	40.24	12.88
	(60.60)	(24.00)	(5.95)	(2.27)	(2.46)	(1.12)	(2.72)	(0.82)
8月1日	1506.64	398	122.72	33.04	48.56	20.56	44.4	14
	(68.86)	(18.20)	(5.61)	(1.51)	(2.22)	(0.94)	(2.03)	(0.64)
9月7日	1649.84	302.76	156.12	57.56	112.92	59.24	70.16	19.68
	(67.95)	(12.47)	(6.43)	(2.37)	(4.65)	(2.44)	(2.89)	(0.81)
平均	1397.27	422.10	124.83	41.77	63.95	28.54	60.93	17.42
	(64.49)	(19.86)	(5.83)	(1.97)	(2.92)	(1.30)	(2.83)	(0.80)

注：括号内为总根量的百分数

表 3-18　矮嵩草草甸不同生长期 0 ~ 50 cm 和 0 ~ 10 cm 土层中活根、死根相对比例

（单位：%）

取样日期	0 ~ 50 cm 土层		0 ~ 10 cm 土层	
	活根	死根	活根	死根
5月2日	76.08	23.92	75.95	24.05
6月1日	71.87	28.13	71.61	28.39
7月1日	71.73	28.27	71.63	28.37
8月1日	78.72	21.28	79.10	20.90

(3) 矮嵩草草甸地下净生产量形成与环境因子的关系

根据地下生物量季节动态，用差值法计算的年根系净生产量及每克根系干物质热值含量（14.0024 kJ/g）和净生产量推算出所固定的能量如表 3-19 所示。

表 3-19　矮嵩草草甸地下净生产量及所固定的能量

项目	1980 年	1981 年	1982 年
净初级生产量 [g/(m^2 · a)]	654.0	948.0	386.24
生长期平均每天净生产量 [g/(m^2 · d)]	4.844 4	6.869 6	2.904 1
固定的太阳能数 [kJ/(m^2 · a)]	9 157.58	13 274.29	5 048.29

注：1980 ~ 1982 年的生长期分别按 135 天、138 天、133 天计算

从表 3-19 可知，不同年份矮嵩草草甸地下净生产量各不相同，其生长速率也有差异。这是由于每年生长季节的气温、降水量等生态因子的差异（表 3-20）对根系生长影响的结果。

表 3-20　矮嵩草草甸生长季的主要生态因子

年份	月平均气温（℃）	不同土壤深度月平均地温（℃）				降水量（mm）	不同土壤深度含水量（%）		
		5 cm	10 cm	15 cm	20 cm		0 ~ 10 cm	10 ~ 20 cm	20 ~ 30 cm
1980	6.84	11.68	11.43	10.62	9.42	433.4	—	—	—
1981	7.96	13.04	11.52	10.32	9.84	476.1	38.0	35.11	31.69
1982	6.52	11.64	9.66	8.56	7.94	383.3	32.97	31.02	32.18

1980 年、1981 年、1982 年的地下净生产量与各年生长季的降水量和月平均气温之间的相关分析（表 3-21）表明，生长季的降水量对矮嵩草草甸地下净生产量影响较大，其次是气温和地温。通过对 5 cm、10 cm、15 cm 和 20 cm 深的土壤温度与地下净生产量之间的相关分析可知，0 ~ 10 cm 深的土壤温度对地下净生产量的影响最大，若此层温度较高，则有利于植物根系的生长；随着土壤深度的增加土壤温度逐渐降低，不利于植物根系的生长发育和对水分的吸收。

表 3-21　生长季的主要生态因子与地下净生物量的相关性分析

相关系数	月平均气温	不同土壤深度月平均温度				降水量
		5 cm	10 cm	15 cm	20 cm	
r	0.9601	0.8909	0.8739	0.7280	0.7653	0.9973
R^2	0.9218	0.7936	0.7637	0.5299	0.5857	0.9946

从表 3-21 分析可知，矮嵩草草甸地下净生产量与生长季的降水量和气温呈强正相关，它随着生长季降水量和气温的增加而增加。它们之间的函数关系可用如下二元回归方程表示：

$$y = -1872.8019 + 0.0051P + 356.4736T \tag{3-8}$$

式中，y 为地下净生产量 [g/(m^2 · a)]；P 为生长季的降水量（mm）；T 为生长季月平均气温（℃）。

（4）矮嵩草草甸地上、地下净生产量的相关分析

矮嵩草草甸净初级生产量不仅与植物的生物 – 生态学特性及生态因子有关，而且与植物地下、地上净生产量关系密切（表 3-22）。

表 3-22　矮嵩草草甸地上、地下年净生产量的相关性

项目	1980 年	1981 年	1982 年	r	R^2
地上净生产量 [g/(m^2·a)]	296.6	308.0	232.6	—	—
地下净生产量 [g/(m^2·a)]	654.0	948.0	386.2	0.9172	0.8412
地下/地上	2.20	3.08	1.66	0.8677	0.7529

从表 3-22 可知，矮嵩草草甸地上年净生产量与地下年净生产量呈强正相关（r = 0.9172）。它们之间有着相互依赖、相互制约的关系。植物根系发育良好，地下净生产量较高，则能促进植物地上部的生长发育，获得较高的地上净生产量。即地下、地上净生产

量的比值越大，地上净生产量也就越高。此外，据1980～1982年测定，矮嵩草草甸地下、地上生物量的比值分别为6.16、7.88、8.63。说明在高寒地区地下生物量占很大比例，平均比值为7.56，近似于地上生物量的8倍。这是高寒地区植物适应高寒生态环境的一个重要特征。由此可见，通过改善土壤养分和水分状况，促使植物根系充分生长发育，既能提高地上净生产量，还能起到防止草场退化，提高草场生产力的作用。

（5）高寒嵩草草甸地下生物量的垂直分布特征

高寒草甸的分布地域辽阔，地势高亢，生态环境复杂，类型多样，这主要是由于组成植物群落的种类和数量特征各不相同。因此，不同植被类型的高寒草甸地下生物量及其垂直分布特征亦有差异。但是垂直分布的总趋势基本相同，即呈倒金字塔模式，其地下生物量主要分布在0～10 cm深的土层中。例如，矮嵩草草甸地下生物量在0～10 cm土层中分布约占地下总生物量的84.35%。其中，活根占64.49%，死根占19.86%；10～20 cm土层中的地下生物量约占7.80%。其中，活根占5.83%，死根占1.97%；20～30 cm土层中的生物量约占4.12%，其中，活根占2.29%，死根占1.83%；30～50 cm土层中的生物量约占3.63%，其中，活根占2.83%，死根占0.80%。不同生长期，其地下生物量和垂直分布格局也不一样。在牧草返青后期（7月初）地下生物量最低，枯黄期（9月初）地下生物量最高，其垂直分布格局如图3-18所示。

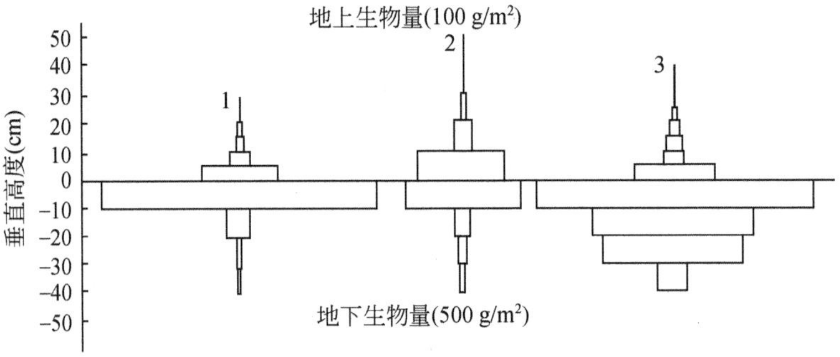

图3-18　高寒嵩草草甸地下生物量垂直分布

1. 高山嵩草草甸；2. 矮嵩草草甸；3. 藏嵩草沼泽化草甸

由图3-18可知，矮嵩草草甸9月初的地下生物量最大，为2428.28 g/m^2，其中，活根为1989.04 g/m^2，占地下总生物量的81.91%，死根为439.24 g/m^2，占地下总生物量的18.09%。7月初的地下生物量最小，为1479.80 g/m^2，其中，活根为1061.56 g/m^2，占地下总生物量的71.74%，死根为418.24 g/m^2，占地下总生物量的28.26%。9月初与7月初地下总生物量的比值为1.64，活根之比值为1.87，死根之比值为1.05。由此可见，牧草返青期，由于气温低，降水量少等条件的制约，植物光合作用所积累的干物质不能满足其自身生长发育的需求，而必须大量消耗植物根系先年储藏的营养物质和能量，造成根系生物量下降，活根的比例减小，死根的比例增大。从7月初开始，随着气温的升高，降水量增加，牧草生长旺盛，干物质积累不断增加，根系生物量随着地上生物量的增大而增大，活根比例增大，死根比例减小，为越冬和翌年的萌发和生长储备养料。

高山嵩草草原化草甸地下生物量主要分布在0～10 cm土层中（图3-18），占地下总生物量的90.43%，10 cm以下土层中的生物量仅占9.75%。其中10～20 cm、20～30 cm、

30～50 cm 土层中的生物量分别占地下总生物量的7.47%、1.63%、0.43%。藏嵩草沼泽化草甸植物地下生物量的垂直分布格局有别于矮嵩草草甸和高山嵩草草原化草甸（图3-18）。其中0～10 cm 土层中分布的生物量占地下总生物量的45.51%，10～20 cm、20～30 cm、30～50 cm 土层中的生物量分别占地下总生物量的26.40%、23.16%、4.93%。若以牧草枯黄期的最大值计，藏嵩草沼泽化草甸其地下生物量最大（11 183.2 g/m^2），高山嵩草草原化草甸居中（5604.8 g/m^2），矮嵩草草甸最小（2428.3 g/m^2）。地下、地上生物量比值依次为藏嵩草沼泽化草甸（21.57）>高山嵩草草原化草甸（15.21）>矮嵩草草甸（7.56）。

嵩草草甸地下生物量的垂直分布特征与高寒草甸区的气候、土壤有很密切的关系。植物为了充分利用高寒草甸区水热同季的有利条件，将大部分根系分布在0～10 cm 的表土层中，获取更多的热量、水分和矿质营养，同时表层土壤通气条件较好，这些都为根系的生长发育创造了较为有利的条件，随着土壤深度的增加，土壤温度、含水量和通气条件逐渐恶劣，根量也随之减少，这是高寒草甸植物对生态环境的适应策略。

此外，从不同放牧强度对矮嵩草草甸植物群落地下生物量及其垂直分布的影响可以看出，在重度放牧条件下，一些家畜喜食的优良牧草经反复采食和践踏，植物光合面积减少，尤其在牧草返青期，其光合产物不能满足其自身生长发育的需要，而要消耗植物根系先年储存的营养物质作补充。其结果不仅影响了植物根系的生长发育，而且制约了地上、地下干物质的积累，有些种甚至不能完成其生命的全过程，久而久之，这些种逐渐衰退和消失，最后导致地下生物量减少。如在重度放牧条件下的A组、B组，其地下生物量仅占对照组地下生物量的75.35%，而轻度放牧条件下的D组、E组，其地下生物量接近对照组地下生物量，占对照组地下生物量的94.30%。不同放牧强度下，其地下生物量垂直分布虽有差异，但它们的分布趋势基本相似，亦呈倒金字塔模式（王启基等，1995c）。

3.2.3.2　高山嵩草草甸不同退化演替阶段地下生物量季节变化

由于高山嵩草草甸退化演替使植物群落组成发生变化，由直根系的双子叶植物替代密丛、短根茎莎草科和禾本科植物，植物群落地下生物量同时发生变化（表3-23）。

表3-23　不同退化演替阶段地下生物量季节动态　　（单位：g/m^2）

退化类型	深度	2003年6月26日	2003年7月19日	2003年8月30日	平均
轻度退化	0～20 cm	1885.0（85.03）	3046.8（84.54）	2401.9（96.15）	2444.6（88.16）
	20～40 cm	331.8（14.97）	557.1（15.46）	96.3（3.85）	328.4（11.84）
	合计	2216.8	3603.9	2498.2	2773.0
重度退化	0～20 cm	1214.7（97.01）	1023.6（97.88）	694.5（96.59）	977.6（97.21）
	20～40 cm	37.5（2.99）	22.2（2.12）	24.5（3.41）	28.1（2.79）
	合计	1252.2	1045.8	719.0	1005.7

注：括号中数据为相对比例（%）

由表3-23可知，重度退化草地地下总生物量较轻度退化草地减少63.73%，其中，0～20 cm 土层中的生物量减少86.57%，20～40 cm 土层中的生物量减少97.13%。轻度退化草地0～20 cm 土层中的生物量占地下总生物量的88.16%，20～40 cm 土层中的生物量占地下总生物量的11.84%；重度退化草地0~20 cm土层中的生物量占地下总生物量的97.21%，20~40 cm土层中的生物量仅占地下总生物量的2.79%。轻度退化草地和重度退化草地地下生物量与地上生物量比值分别为16.54和6.76。

此结果与王启基等（1998）在中国科学院海北高寒草甸生态系统定位站对高山嵩草草甸、矮嵩草草甸、藏嵩草草甸地下生物量垂直分布规律相似，其地上、地下生物量垂直分布呈金字塔和倒金字塔模式。地下生物量主要分布在0~10 cm土层中，分别占地下总生物量的90.43%、80.42%、45.51%。此外，张娜等（1999）的研究结果表明，铁杆蒿、长芒草群落的地下生物量具有明显的垂直结构，呈倒金字塔形。根系主要集中在0~50 cm和0~30 cm土层，6月底、7月初雨季前该层根量分别占总根量的87.2%和84.7%，并指出植物根系生长发育动态和形态特征是由生态学特性和环境因素共同作用的结果，根系的生长和分布会根据土壤水分供应状况做出综合适应性反应，反应程度取决于植物种类、发育阶段、土壤条件和大气蒸发力等因素。

由此可见，天然草地地下生物量分布格局与群落的物种组成和环境有密切关系。高寒嵩草草甸由于优势种高山嵩草生物-生态学特性，以及高寒低温和土层薄等环境特征是影响地下生物量分布在0~20 cm土层中的主要原因。轻度退化草地优势种高山嵩草属短根茎密丛植物，根系发达、密集，地下生物量很高，并形成10 cm左右的草皮层，地下、地上生物量比值较高。随着草地退化演替程度的加剧不仅使植物群落组成发生变化，而且导致草地初级生产力下降，高山紫菀、黄帚橐吾成为群落优势种，植物群落以直根系双子叶植物为主，不仅使地下生物量明显减少，而且使根系空间分布范围缩小。草地原始状态受到严重破坏，地下、地上生物量比值和草地质量显著下降，几乎失去经济利用价值和生态保护功能。

3.2.3.3 高寒矮嵩草草甸再生草季节动态及其与环境的关系

（1）矮嵩草草甸再生草绝对再生强度季节变化

矮嵩草草甸再生草生物量从牧草返青开始到牧草生长旺盛期（5月初~7月底）一直处于迅速增长的过程。此后，随着气温逐渐下降，植株衰老，再生草生物量逐渐下降（表3-24）。

表3-24 矮嵩草草甸再生草生物量及绝对再生强度季节变化

生长期*（月.日）	再生天数（天）	再生草产量（g/m^2）	绝对再生强度[$g/(m^2 \cdot d)$]	对照[$g/(m^2 \cdot d)$]
5.7~6.5	29	22.67	0.7816	1.0069
6.6~7.6	31	79.87	2.5763	2.7613
7.7~8.6	31	118.67	3.8280	4.1806
8.7~9.5	30	48.00	1.6000	1.3600
9.6~9.14	9	2.00	0.2222	-3.4889

*生长期从4月20日开始算起

矮嵩草草甸再生草生物量和生长时间的函数关系可用如下方程表示：

$$W = -231.7168 + 7.2313t - 0.0382t^2 \tag{3-9}$$

式中，W 为再生草生物量；t 为自牧草返青之日起的生长天数。

经显著性测验，相关系数 $r=0.9624$，$P<0.05$。

为了分析再生草生物量的变化规律，用生物量绝对增长速度（G）（吉田重治，1979），以表示再生草生物量对时间的变化率。在取样时，测定时间 $t_i \sim t_k$ 的平均绝对再生强度（G），取样次数越多，间隔时间越短，平均值越接近瞬时值。

由于留茬高度为 0.5 cm，将刈割后的生物量假设为 0，则：

$$G_{(i-k)} = W_k/(t_k - t_i) \tag{3-10}$$

式中，W_k 为再生草生物量；t_k 为刈割再生草时间（天）；t_i 为刈割初生草时间（天）。

将生长季各次测定的再生草生物量（W_k）和时间（t_i，t_k），逐次代入式（3-10）可以计算出不同生长季的绝对再生强度（表 3-24）。说明矮嵩草草甸植物绝对再生强度具有明显的季节变化。绝对再生强度在返青期较低［0.7816 g/(m^2·d)］；随着时间的延长，气温升高，绝对再生强度迅速增大，在植物生长旺盛期最高［3.828 g/(m^2·d)］；从 8 月初绝对再生强度开始下降，至 9 月中旬停止生长。绝对再生强度与时间的函数关系可用如下方程表示：

$$G = -7.2568 + 0.2280t - 0.0012t^2 \tag{3-11}$$

式中，G 为平均绝对再生强度；t 为自牧草返青之日起的生长天数。

经显著性测验，相关系数 $r=0.9400$，方程效果良好。

由式（3-11）可以求得绝对再生强度最大时的时间 t。由于二次方程的导数为 0，a 对于 x 的导数为 0，bx 的导数等于 b，cx^2 的导数等于 $2cx$，故得

$$0.2280 + 2(-0.0012)t = 0 \tag{3-12}$$

$t=95$ 天，代入式（3-11）得

$G=3.5732$ g/(m^2·d)

说明矮嵩草草甸植物绝对再生强度自牧草返青之日起第 95 天最大，即 7 月下旬。此时可适当增大载畜量，利用夏秋草场开展季节畜牧业生产。

矮嵩草草甸植物绝对再生强度的季节变化呈典型的单峰式曲线（图 3-19），它反映了矮嵩草草甸地上生物量的积累状态和有机质的生产速率，并启示我们在牧草返青期，若能及时迁出冬场，则有利于冬春草场植物的生长发育。

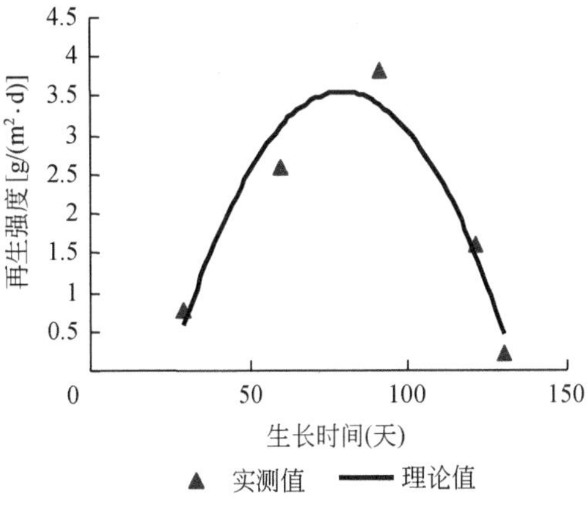

图 3-19　矮嵩草草甸植物绝对再生强度季节动态

为了分析刈割对牧草生长发育的影响，用封育自然生长区牧草的绝对生长强度作对照进行比较（表 3-24），经 t 值显著性测验，5～7 月的刈割处理与对照组之间差异显著（$P<0.05$），8 月、9 月差异不显著（$P>0.05$）。可见从牧草返青期到生长旺盛

期，刈割对矮嵩草草甸植物绝对生长强度影响较大。在这段时间内，刈割阻止了植物的生殖生长，而减缓了植株的衰老，促进了植物的再生能力。如果不刈割，虽然在5~7月绝对生长强度较高，但在生长后期由于生殖生长使植株提早衰老，绝对生长强度下降较快，到9月上旬植物不但不生长，生物量反而下降，绝对生长强度出现负值。

(2) 主要生态因子对绝对再生强度的影响

草场生产力的高低，是植物对生态因子综合反应的结果，它不仅受控于环境因子的制约，而且与利用方式和时间有密切的关系。

1）气温对绝对再生强度的影响。由表3-25可知，高寒矮嵩草草甸区气温从4月中旬开始回升，7月气温最高，月平均气温11.2℃，极端最高气温达27.5℃，持续一段时间后从8月初逐渐下降。气温在生长季的变化呈典型的单峰式曲线，它与绝对再生强度的变化曲线同形。回归分析表明，生长季的气温与绝对再生强度呈正相关。5~7月的相关性（$r=0.9999$）较5~9月的相关性（$r=0.8682$）更加显著（表3-26）。说明5~7月的气温与再生草绝对再生强度、生产量密切相关。

表3-25　绝对再生强度与主要生态因子

生长期（月．日）	绝对再生强度 [g/(m^2·d)]	月平均气温（℃）	降水量（mm）	不同土壤深度的含水量（%）			
				0~10 cm	10~20 cm	20~30 cm	0~30 cm
5.7~6.5	0.7816	5.2	11.6	31.77	32.97	29.42	31.38
6.6~7.6	2.5763	8.8	83.0	34.91	28.72	27.03	30.22
7.7~8.6	3.8280	11.2	108.7	40.86	38.25	32.16	37.09
8.7~9.5	1.6000	10.3	164.6	35.21	34.74	32.95	34.29
9.6~9.14	0.2222	4.3	108.8	44.50	40.88	36.72	40.70

表3-26　不同生长期的绝对再生强度与月平均气温的相关性

生长期（月．日）	斜率	相关关系	R^2	显著性测验
5.7~8.6	0.5070	0.9999**	0.9998	$P<0.01$
5.7~9.14	0.4070	0.8682*	0.7538	$P<0.05$
8.7~9.5	—	0.7802	0.6087	$P>0.05$

*显著，**高度显著

2）降水量的季节分配对绝对再生强度的影响。由表3-27可知，每年生长季内不同时期的降水量对矮嵩草草甸植物绝对再生强度的影响是不同的。其中以5~6月、6~7月、5~7月三个组合的降水量与绝对再生强度呈极显著的正相关；5~8月呈中等程度的正相关；整个生长季（5~9月）呈弱正相关。

表 3-27　不同时期的降水量与绝对再生强度的相关性

对应的降水时间（月.日）	斜率	相关系数	R^2
5.7～7.6	0.025 1	0.999 99**	0.999 98
6.5～8.6	0.048 7	0.999 98**	0.999 96
5.7～8.6	0.030 0	0.986 8**	0.973 8
5.7～9.5	0.008 0	0.387 4	0.150 1
5.7～9.14	0.005 5	0.180 7	0.032 7
7.6～9.14	—	-0.136 4	0.018 6
6.5～9.14	—	-0.247 9	0.061 5
6.5～9.5	—	-0.615 3	0.378 6
7.6～9.5	—	-0.999 99**	0.999 98

**差异极显著（$P<0.01$）

同样，从生长季各组合月份的降水量与再生草生产量的比例也类似上述结论。如整个生长季（5～9月）总降水量为476.7 mm，再生草总生产量为271.2 g/m^2；5～7月的降水量为203.3 mm，占生长季总降水量的42.65%，再生草生产量为221.2 g/m^2，占再生草总生产量的81.56%，平均每毫米的降水量可生产1.0880 g干物质。8～9月的降水量为273.4 mm，占生长季总降水量的57.35%，再生草生产量为50.0 g/m^2，仅占生产量的18.44%，平均每毫米降水量只生产0.1831 g干物质。虽然8～9月降水量较大，却不能被植物生长所充分利用。比较起来，相关程度最强、影响最大的还是5～7月的降水量。

由此可见，在高寒草甸区降水的季节分配比全年总降水量对牧草的生长发育和再生能力更为重要。

3）土壤含水量对绝对再生强度的影响。从表3-28可知，5～8月，0～10 cm的土壤含水量与绝对再生强度的关系极为密切，其次是10～20 cm和20～30 cm深的土壤含水量。它与根系垂直分布（约有80%以上的根系分布在0～10 cm的土层中）特性紧密相关。

表 3-28　生长季及土壤含水量与绝对再生强度的相关性

生长期（月.日）	土壤深度							
	0～10 cm		10～20 cm		20～30 cm		0～30cm	
	斜率	相关系数	斜率	相关系数	斜率	相关系数	斜率	相关系数
6.5～8.6	0.210 4	0.999 97**	0.131 3	0.999 98**	0.223 5	0.915 9	0.182 2	0.999 8**
5.7～8.6	0.318 8	0.961 3**	0.149 1	0.464 8	0.244 6	0.410 0	0.294 7	0.707 7
5.7～9.5	0.325 1	0.938 3**	0.165 3	0.510 4	0.054 2	0.111 6	0.250 2	0.587 9
5.7～6.5	0.491 7	0.927 5	-0.422 3	-0.999 97**	—	-0.999 97**	—	-0.999 97**
6.5～9.5	0.292 9	0.879 0*	0.099 6	0.429 5	-0.031 1	-0.089 5	0.151 7	0.469 3
5.7～9.14	—	0.001 8	—	-0.200 8	—	-0.416 7	—	-0.588 5
8.6～9.14	—	-0.999 98**	—	-0.999 99**	—	-0.999 7**	—	-0.999 99**

*差异显著（$P<0.05$），**差异极显著（$P<0.01$）

从生长发育阶段分析，均以 6 ~7 月的关系最为密切，其次是 5 ~7 月。而 5 ~6 月呈负相关，这是由于越冬后的 5 月，残留的冰雪逐渐融化，土壤刚刚解冻，土壤含水量较高；但因气温较低，植株幼小，绝对再生强度很小。6 月随着气温的升高，土壤蒸发量增大，加之植物迅速生长使蒸腾强度增大，此时虽有降水补充，但仍不能满足植物生长的需要，而形成土壤水分供不应求的状况，在 6 ~7 月若能得到水分补充可达到提高产量的目的。气温是影响高寒草甸植物生长发育的主导因子，从牧草返青至生长旺盛期（5 月初 ~7 月底）的气温和降水量与绝对再生强度呈强正相关，差异显著（表 3-29），此时它们的大小直接影响着再生草生物量的高低。

表 3-29　主要生态因子与绝对再生强度之间的相关显著性测验

生态因子		生长期（月．日）	相关系数	标准 r 值	实测 t 值	标准 t 值	结果
气温		5.7 ~8.6	0.9999	0.9900	70.5054	9.925	$P<0.01$
		5.7 ~9.14	0.8682	0.8114	3.0305	2.776	$P<0.05$
降水量		5.7 ~8.6	0.9868	0.9500	6.0935	4.303	$P<0.05$
		5.7 ~9.14	0.1807	0.8114	0.3182	2.776	$P>0.05$
土壤含水量	0 ~10 cm	5.7 ~8.6	0.9613	0.9500	3.4892	4.303	$P>0.05$
	0 ~30 cm		0.7077	0.9500	1.0017	4.303	$P>0.05$
	0 ~10 cm	5.7 ~8.6	0.0018	0.8114	0.0031	2.776	$P>0.05$
	0 ~30 cm		-0.5885	0.8114	1.2607	2.776	$P>0.05$

第 4 章　高寒草甸草地退化成因、生态过程及恢复机理研究

三江源区因特殊地理位置和生态环境的制约，自然条件非常严酷，自然生态系统十分脆弱，其植被和环境一旦遭到破坏靠自然恢复需要很长的时间，甚至不可逆转。三江源区作为大江大河的发源地和主要集水区，通过长江、黄河将该区的生态环境同我国东部以及全国的生态环境紧密地联系在一起。该区作为北半球气候变化的主要启动区和调节区，对我国东部、西南部的生态环境和社会经济发展产生巨大影响，是我国最重要、影响范围最大的生态功能区。因此，三江源区生态环境对全国乃至全球生态环境有着直接的影响和重大作用，是我国生态安全的战略要地。由此可见，保护和改善三江源区的生态环境，不仅对人与自然和谐发展，实现农牧民小康生活具有重要的意义，而且对促进全国可持续发展具有重要的战略意义。

由于自然条件严酷，交通闭塞，该区的社会经济发展相对滞后。草地畜牧业生产落后，经济效益低下，资源浪费严重。科技支撑体系建设滞后，创新能力不足。基础研究不深入、不系统，而且缺乏系统的技术储备。所以对三江源区的生态环境等现状了解不够，特别是对草地退化、沙化、荒漠化和“黑土滩”等退化草地的主要成因、形成机理、生态过程缺乏系统、深入的基础性研究，有些至今仍为科研的盲点。应用研究、实用技术研究不能满足生产实际需要，有些科技成果不能及时转化为生产力。

目前，三江源区草地已呈现全面退化的态势，中度以上的退化面积占可利用草地面积的 50%~60%，并有逐年加快退化的趋势。草地的退化改变了啮齿动物的栖息环境，引发了草地鼠害。生态环境的退化和人类活动范围的不断扩大，使野生动植物的栖息环境不断恶化，三江源区濒危物种达 15% ~20%，高于全世界 10% ~15% 的平均水平，生物多样性渐趋贫乏。

虽然国家和青海省投入大量的人力、物力，制定了保护三江源区生态环境的法律和法规，并实施了退化草地治理和生态建设工程，但是由于退化草地形成原因、防治技术研究的时间较短，技术储备不足，尤其缺乏退化草地形成的机理和生态过程的研究，三江源区经济技术发展相对滞后，经济和技术基础薄弱，科技投入较少，牧民群众的科技素质较低，法制观念较淡薄，特别是脆弱生态系统的生态治理难度较大，反复性强等原因，使该区生态环境的整体恶化趋势并没有得到有效的遏制，甚至还有扩大退化的趋势。实践证明，生态环境的保护和治理必须与发展经济、改善和提高农牧民的生活水平结合起来。深入了解和掌握高寒草甸生态系统结构功能特征，草地退化的原因、机理和生态过程，才能提出因地制宜、可操作性强的治理措施和方案，实现草地畜牧业与生态环境协调发展的路子，才能达到治本的目的，并巩固和发展草地生态环境的治理成果。

针对三江源区生态环境特征，以及因放牧过度和气候变化导致草地大面积退化和鼠害猖獗等突出问题，以生态学原理和系统科学理论为基础，紧密结合恢复生态学和可持续发展理论，采用定位研究和生态建设工程相结合，定量、半定量方法，研究三江源区退化草地的现状、形成机理、生态过程和演变趋势，可以为三江源区生态保护和生态功能的恢复以及三江源国家自然保护区生态建设提供技术支撑和科学依据。

4.1 草地退化与恢复的概念及其研究进展

4.1.1 退化生态系统

生态系统的动态发展，在于其结构的演替变化。正常的生态系统处于一种动态平衡中，生物群落与自然环境在其平衡点做一定范围的波动。生态系统的结构和功能也可能在自然因素和人类干扰的作用下发生位移，位移的结果打破了原有生态系统的平衡，使系统固有的功能遭到破坏或丧失，稳定性和生产力降低，抗干扰能力和平衡能力减弱，这样的生态系统被称为退化生态系统或受害生态系统（赵晓英和孙成权，1998）。草地退化是土地荒漠化的主要表现形式之一。草地退化是指由于人为活动干扰或不利的自然因素所引起的草地（包括植被及土壤）质量衰退，生产力、经济潜力及服务功能降低，环境变劣以及生物多样性或复杂程度降低，恢复功能减弱或失去恢复功能（李博，1997a）。

退化生态系统是指生态系统在自然或人为干扰下形成的偏离自然状态的系统。与自然系统相比，退化生态系统的种类组成、群落或系统结构改变，生物多样性减少，生物生产力降低，土壤和微环境恶化，生物间相互关系改变。退化生态系统形成的直接原因是人类活动，部分来自自然灾害，有时两者叠加发生作用（Chapman，1992；Daily，1995）。陈灵芝和陈伟烈（1995）认为退化生态系统是指生态系统在自然或人为干扰下形成的偏离自然状态的系统。章家恩和徐琪（1999）认为退化生态系统是一类病态的生态系统，是指生态系统在一定的时空背景下，在自然因素和人为因素，或者在二者的共同干扰下，生态要素和生态系统整体发生的不利于生物和人类生存的量变和质变，其结构和功能发生与其原有的平衡状态或进化方向相反的位移（displacement），具体表现为生态系统的基本结构和固有功能的破坏或丧失，生物多样性下降，稳定性和抗逆能力减弱，系统生产力下降。这类系统也被称之为“受害或受损生态系统”（damaged ecosystem）。不同的学者对退化生态系统类型的划分是不同的，余作岳和彭少麟（1996）将退化生态系统分为裸地、森林采伐迹地、弃耕地、沙漠化地、采矿废弃地和垃圾堆放场等类型；章家恩和徐琪（1999）认为退化生态系统应分为退化陆地生态系统、退化水生生态系统和退化大气生态系统；刘国华等（2000）认为生态系统退化的主要类型有森林生态系统的退化、水土流失和土地沙漠化等。退化的过程由干扰的强度、持续的时间和规模决定（任海和彭少麟，2001；彭少麟，1997；Brown and Lugo，1994）。Daily对造成生态系统退化的人类活动进行了排序：过度开发（含直接破坏和环境污染等）占35%，毁林占30%，农业活动占28%，过度获取薪材占7%，生物工业占1%。自然干扰中外来种入侵、火灾及水灾是最重要的因素。

4.1.2　恢复生态学

恢复生态学（restoration ecology）是研究生态系统退化的原因、退化生态系统恢复与重建的技术和方法及其生态学过程和机理的学科。这里所说的“恢复”是指生态系统原貌或其原先功能的再现，“重建”则指在不可能或不需要再现生态系统原貌的情况下营造一个不完全雷同于过去的甚至是全新的生态系统。一般泛指改良和重建退化的自然生态系统，使其重新有益于利用，并恢复其生物学潜力，也称为生态恢复。生态恢复最关键的是系统功能的恢复和合理结构的构建（赵晓英和孙成权，1998）。由于恢复生态学具理论性和实践性，从不同的角度看会有不同的理解，因此关于恢复生态学的定义有很多。其中，以美国自然资源委员会、Jordan（1995）和 Cairns（1995）等为代表先后提出的定义强调恢复是使受损的生态系统恢复到干扰前的理想状态。但由于缺乏对生态系统历史的了解、恢复时间太长、生态系统中关键种的消失、费用太高等现实条件的限制，这种理想状态不可能达到。余作岳和彭少麟（1996）提出恢复生态学是研究生态系统退化的原因、退化生态系统恢复与重建的技术与方法、生态学过程与机理的科学 。Bradshaw（1987）认为生态恢复是有关理论的一种“严密验证”（acid test），它研究生态系统自身的性质、受损机理及修复过程；Diamond（1987）认为生态恢复就是再造一个自然群落或再造一个自我维持并保持后代具持续性的群落。（国际）恢复生态学会（Society for Ecological Restoration）先后提出3个定义：①生态恢复是修复被人类损害的原生生态系统的多样性及动态的过程；②生态恢复是维持生态系统健康及更新的过程；③生态恢复是帮助研究生态整合性的恢复和管理过程的科学，生态整合性包括生物多样性，生态过程和结构、区域及历史情况，可持续的社会实践等广泛的范围。与生态恢复相关的概念还有：重建（rehabilitation）、改良（reclamation）、改进（enhancement）、修补（remedy）、更新（renewal）、再植（revegetation），这些与恢复相关的概念可看作广义的恢复概念（Daily，1995；Chapman，1992；彭少麟，2003；余作岳和彭少麟，1996）。生态恢复包括人类的需求观、生态学方法的应用、恢复目标和评估成功的标准，以及生态恢复的各种限制（如恢复的价值取向、社会评价、生态环境等）等基本成分。考虑到目标生态系统的可选择性，从大时空尺度上恢复的生态系统可自我维持，恢复后的生态系统与周边生境具有协调性，但生态恢复不可能一步到位。如果说恢复（restoration）是指完全恢复到干扰前的状态，主要是再建立一个完全由本地种组成的生态系统。在大多数情况下，这是一个消极过程，它依赖于自然演替过程和外界干扰的消除；积极的恢复要求人类成功地引入生物并建立生态系统功能。不管是积极恢复还是消极恢复，其目标是促进保护，并且在短期内不能实现。随着人口增长、土地破碎化、生物入侵、环境污染等导致完全恢复不太可能。对自然保护而言，能够保护原有的植物和动物区系就很好了。在恢复比较困难或不可能的情况下，社会对土地和资源的要求又强烈，需要一或多种植被转换，因而重建是必要的。重建就是通过基于对干扰前生态系统结构和功能的了解，目标从保护转而利用，通过建立一个简化的生态系统而修复生态系统。这种生态系统如果管理得好，就可以恢复到更复杂的状态。从理论上讲，重建得越过几个恢复的临界阈值。对极度退化的生态系统就必须改良，这意味着对生态系统长期的管理和投资，不再追求生态系统自我更新，而是完全人工制造并维持（任海等，2004）。

Lugo（1988）在 Bradshaw 的退化、恢复、重建与改良示意图的基础上又加以修改（图 4-1）。说明当原生态系统退化后其景观和结构破碎化，生态系统结构破坏和功能下降，根据其退化程度采用不同的恢复措施，并获得预期的效果。

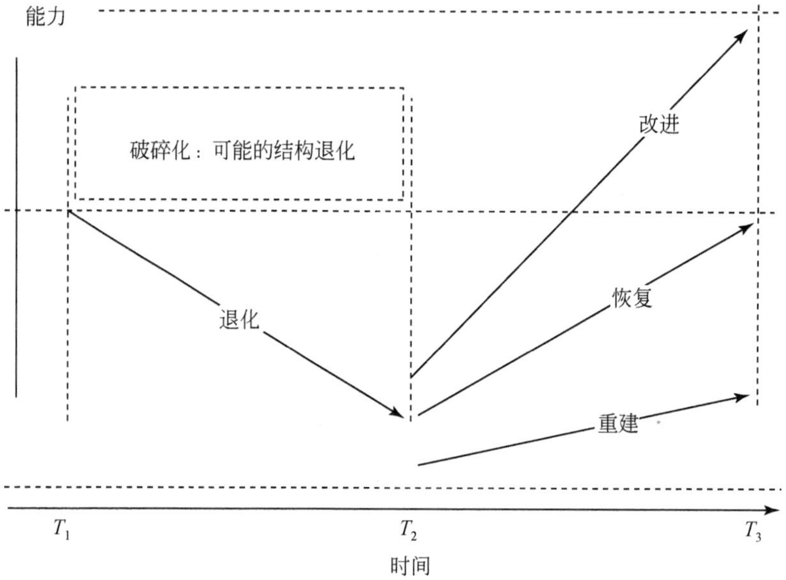

图 4-1　退化和恢复（Lugo，1988）

4.1.3　生态恢复的目标与研究内容

广义的恢复目标是通过修复生态系统功能并补充生物组分使受损的生态系统回到一个更自然条件下，理想的恢复应同时满足区域和地方的目标。Hobbs 和 Norton 认为恢复退化生态系统的目标包括：建立合理的内容组成（种类丰富度及多度）、结构（植被和土壤的垂直结构）、格局（生态系统成分的水平安排）、异质性（各组分由多个变量组成）、功能（诸如水、能量、物质流动等基本生态过程的表现）（Hobbs，1996）。事实上，进行生态恢复工程的目标不外乎 4 个：①恢复诸如废弃矿地这样极度退化的生境；② 提高退化土地上的生产力；③ 在被保护的景观内去除干扰以加强保护；④对现有生态系统进行合理利用和保护，维持其服务功能。由于生态系统的复杂性和动态性，虽然恢复生态学强调对受损生态系统进行恢复，但恢复生态学的首要目标仍是保护自然的生态系统，因为保护在生态系统恢复中具有重要的参考作用（任海等，2004）。恢复的长期目标应是生态系统自身可持续性的恢复，但由于这个目标的时间尺度太大，加上生态系统是开放的，可能会导致恢复后的系统状态与原状态不同。

恢复模式是一个包括了预期的物理、化学和生物特征的生态恢复框架。虽然这个模式有地点特征，但这些特征也应符合区域恢复的需要。发展一个恢复模式可加强在地方和区域尺度的生物多样性和功能，并要了解这两个尺度上的限制和机遇。恢复模式需要当前的信息（海拔、水文、植被、土壤、地形、时空异质性、人类干扰等）和历史信息（相关的杂志、书籍、论文、标本记录、图件、气象纪录、航空图片、土地利用规划、土壤等）才可（任海等，2004）。

恢复生态学研究的主要内容包括退化生态系统的类型与分布，退化的过程和原因，恢复的步骤与技术方法、结构与功能机制等。恢复生态学的基础理论研究包括：① 生态系统结构（包括生物空间组成结构，不同地理单元与要素的空间组成结构及营养结构等）、功能（包括生物功能，地理单元与要素的组成结构对生态系统的影响与作用，能流、物流与信息流的循环过程与平衡机制等）以及生态系统内在的生态学过程与相互作用机制；② 生态系统的稳定性、多样性、抗逆性、生产力、恢复力与可持续性研究；③先锋和顶级生态系统发生、发展机理与演替规律研究；④不同干扰条件下生态系统的受损过程及其响应机制研究；⑤生态系统退化机构诊断及其评价指标体系研究；⑥生态系统退化过程的动态监测、模拟、预警及预测研究；⑦生态系统健康研究。

应用技术研究包括：①退化生态系统的恢复与重建的关键技术体系研究；②生态系统结构和功能的优化配置研究；③物种和生物多样性的恢复与维持技术；④生态工程设计与实施技术；⑤环境规划与景观生态规划技术；⑥典型退化生态系统恢复的优化模式试验示范与推广研究（马世骏，1990；任海和彭少麟，2002）。

4.1.4　退化草地及其恢复机理研究进展

人类在改造利用自然的过程中，伴随着对自然环境产生的负面影响。长期的工业污染，大规模的森林砍伐以及将大范围的自然生境逐渐转变成农业和工业景观，形成了以生物多样性低、功能下降为特征的各式各样的退化生态系统。这些变化都严重威胁到人类社会的可持续发展。因此，如何保护现有的自然生态系统，综合整治与恢复已退化的生态系统，以及重建可持续的人工生态系统，已成为摆在人类面前亟待解决的重要课题。

自 1973 年在美国召开了“受害生态系统恢复”国际会议之后，生态恢复实践和研究得到迅速发展，并出现了“恢复生态学”一词。随着全球环境的恶化，人们愈来愈关注生态环境问题。美国麻省理工学院率先发起的“环境问题紧急讨论会”，提出了“生态环境需求”这一量化指标，对于全世界未来的生态环境压力提出了清晰的轮廓，并且发出了最早的预警，被人们看做是 1986 年提出“可持续发展”理论的前奏和准备。1987 年世界环境与发展委员会（WCED）发表的《我们共同的未来》一书首次系统地阐述了“可持续发展”的概念和内涵，认为可持续发展就是“既满足当代人的需要，又不对后代人满足其需要的能力构成危害的发展”。

退化生态系统恢复的指标是多方面的，但最主要的是土壤肥力的恢复和物种多样性的恢复。而试验的结果恰恰有力地证明这两方面是可恢复的，对生态系统的能量流动和物质循环的测定，以及群落小气候、土壤动物、微生物的长期观测，表明生态系统的结构和功能是不断提高的。受害生态系统的恢复可以遵循两个模式：一种是当生态系统受害不超负荷，并且是可逆的情况下，压力和干扰被移去后，恢复可在自然过程中发生，如在中国科学院海北高寒草甸生态系统开放试验站，对中轻度退化草场进行围栏封育，几年之后草场就得到了恢复。另一种是生态系统的受害是超负荷的，并发生不可逆变化，只依靠自然过程并不能使系统恢复到初始状态，必须依靠人的帮助，必要时还须用非常特殊的方法，至少要使受害状态得到控制。例如，在沙化和盐碱化非常严重的地区，依靠自然演替恢复到原始状态是不可能的，可以引进适合当地气候的草种、灌木等，进行人工种植，增加地面的植被覆盖，在此基础上再进行更进一步的改良。

我国对退化生态系统恢复的研究工作早有开展。刘慎谔（1986）早在20世纪50年代就把他的动态地植物学理论应用于植物固沙和人工植被的建立，从动态地植物学和历史植物地理学观点来分析，认为这也是一种退化生态恢复的典范，属于当今恢复生态学的范畴，总结出建立人工植被的几条原则：①研究和建立人工植被必须与自然植被的研究相结合，人工植被的建立必须符合自然规律；②研究和建立人工植被必须考虑结构，结构是植物生存竞争的结果，只有摸清了这一竞争规律（相互作用关系）才能建立比较完善的人工植被；③研究和建立人工植被要有明确的目标性；④研究和建立人工植被要有明确的对象。刘慎谔教授在总结治沙实践时指出自然演替是先有草后有灌木再有乔木，建立人工植被则只要有条件可以三者一起上，即“草、灌、乔三结合”，必要时可以同级代替以促进作为一种范式。

生态系统退化实际上是一个系统在超载干扰下逆向演替的生态过程。例如，草原过度放牧超出草场生态系统的调剂能力，常常引起植被的“逆行演替”。在逆行演替中，首先是不耐践踏的植物比例不断减少，接着是高度、盖度和生产量有规律地降低，最后只能保持稀疏植被，形成低产脆弱的生态系统。一旦这种干扰强度超过其负荷，即超过生态系统的抵抗力并发生不可逆变化，生态系统将发生退化。因此，生态系统的退化既取决于其内在的因素，即系统的自维持和抵抗力的强弱，也取决于外在的驱动力干扰。因此，生态系统退化的根本驱动力，乃是人类直接或间接干扰。因此，人类在破坏生态系统和恢复与重建生态系统中都是不可忽视的因素。康乐（1990）、彭少麟等（1999）认为，由于人的合理参与，可以加速受害生态系统的恢复。生态系统不管受到多么巨大的干扰和障碍，从生态学的意义上讲，均可能重新获得优于以往条件的状态。但是，这并不是说我们可以肆无忌惮地去破坏任何一个生态系统，毕竟恢复一个受害的生态系统要付出很大的代价。

4.2 草地退化现状及其退化类型

4.2.1 退化草地的现状

4.2.1.1 退化草地面积大，退化速度加快

土地荒漠化是当前世界重要的环境问题。1994年联合国签署的《防治荒漠化公约》中，把荒漠化定义为气候变化和人为活动导致的干旱、半干旱和偏干亚湿润地区的土地退化。目前，地球上沙漠及荒漠土地面积4560.8万km^2，占地球土地面积的35%，威胁到全球15%的人口和100多个国家和地区。我国是荒漠化最为严重的国家之一，我国北方荒

漠化土地面积 30 万 km^2 以上。其中，地质时期形成的荒漠化土地面积为 12 万 km^2，占荒漠化总面积 48.2%，影响 12 个省（区）的 212 个县（旗），近 3500 万人口，近 67 万 hm^2 草场和耕地。每年平均扩大 1000 km^2。我国每年因荒漠化造成的经济损失高达 540 亿元，相当于西北 5 省区 1996 年财政收入的 3 倍。

根据中国防治荒漠化协调小组 1996 年发表的资料，我国北方草地退化面积计 137.77 万 km^2，占北方草地总面积的 50.24%。据 1998 年 6 月 4 日，青海省环境保护局公布的《青海省 1997 年环境状况公报》称，全省水土流失面积 3340 万 hm^2，土地沙漠化面积 1252 万 hm^2。每年流入河道的泥沙量达 9026 万 t。全省草场退化面积 530 万 hm^2，占可利用草场面积的 16.8%。据 20 世纪 80 年代统计，全省"黑土型"退化草地有 120.14 万 hm^2，到 90 年代中期增加到 213.07 万 hm^2，增加了 92.93 万 hm^2（马玉寿等，1999）。另据果洛藏族自治州农牧局统计，1994 年达日县"黑土型"退化草地的面积已达 17.69 万 hm^2，为全县可利用草地面积的 15.83%。比 1985 年全州普查时增加 2.76 万 hm^2，平均每年退化 2760 hm^2，年递增速率为 1.71%。同期青海省玉树藏族自治州"黑土型"退化草地年递增率达到 1.9% ~2.1%。

4.2.1.2　草地产草量和载畜能力下降

长期的粗放经营管理，超载过牧，使大部分草地处于不同的退化阶段，平均产草量下降了 20% ~50%（表 4-1）。

表 4-1　天然草地牧草产量对比

地区	测定时间	产草量(kg/hm^2)	测定时间	产草量(kg/hm^2)	增减率（%）	备注
刚察	1980 年	2607.2	1992 年	1399.8	-46.30	鲜草
泽库	1974 年	5200.9	1982 年	3544.9	-31.87	鲜草
贵南	1974 年	3066.7	1982 年	2083.3	-32.07	鲜草
共和	1974 年	3287.4	1982 年	2188.8	-33.42	鲜草
囊谦	1965 年	1708.5	1982 年	1172.5	-31.37	干草
玉树	1965 年	1678.2	1981 年	1321.1	-21.28	干草

三江源区的果洛藏族自治州达日县有天然草地 140.2 万 hm^2，占全县土地面积的 94%；可利用草地面积 111.7 万 hm^2，占草地面积的 80%；退化草地面积为 51.0 万 hm^2，占全县可利用草地面积的 45.66%，其中轻度退化草地面积为 10.6 万 hm^2，中度退化草地面积 25.5 万 hm^2，重度退化草地面积为 14.9 万 hm^2，分别占全县可利用草地面积的 9.49%、22.83% 和 13.34%。根据野外测定，达日县建设乡才哇沟退化草地植被平均盖度约 21.7%，每公顷产鲜草 400.5 kg，原生植被平均盖度约 91.7%，每公顷产鲜草 3027.0 kg，后者为前者的 7.6 倍。达日县因草地退化而损失的可食牧草达 10 302.3 万 kg，相当于 7.06 万只羊单位一年的需草量。由于草地的大面积退化而引起可食牧草产量的降低，导致草地承载力严重下降，使草畜矛盾更加突出。

4.2.1.3 水土流失严重，生态平衡失调

由表4-2可知，土壤的坚实度随草地退化程度加剧而减小。土壤坚实度降低，土体松软，如遇强降雨，将会造成大面积水土流失和山体滑坡。土壤中速效氮、速效磷的含量在轻度和中度退化草地中相对较高，原生植被和重度退化草地相对较低。其他微量元素如Cu、Zn、B、Se和Mo随着草地退化程度的加重而减少。草土比随着草地退化程度的加剧而减少，其结果表明草地退化程度的增大，植物地下生物量随之减少。

表4-2 土壤坚实度及营养成分

退化程度	坚实度(kg/cm^3)	深度(cm)	pH	草/土	速效氮(mg/kg)	速效磷(mg/kg)	Ga(mg/kg)	Mg(mg/kg)	Cu(mg/kg)	Zn(mg/kg)	Fe(mg/kg)	Mn(mg/kg)	B(mg/kg)	Se(mg/kg)	Mo(mg/kg)
原生植被	4.026	0~10	6.44	0.112	136.1	8.02	0.283	0.652	13.65	71.56	0.38	573.8	23.2	0.077	0.82
		0~20	6.62	0.029	83.16	6.52	0.127	0.953	14.85	73.85	0.62	508.2	22.8	0.148	0.79
轻度退化	2.900	0~10	6.29	0.221	328.9	18.28	0.757	0.632	12.43	72.45	0.47	696.8	21.8	0.068	0.77
		0~20	6.64	0.014	117.2	12.88	0.276	0.725	13.56	70.24	0.50	424.0	21.4	0.114	0.70
中度退化	2.301	0~10	6.36	0.093	400.7	13.13	0.722	0.107	9.85	68.70	0.45	484.6	22.4	0.059	0.61
		0~20	6.61	0.009	147.4	11.29	0.333	0.197	11.36	69.24	0.53	461.9	20.7	0.108	0.54
重度退化	0.380	0~10	6.68	0.002	98.28	7.86	0.255	0.451	8.56	65.05	0.50	770.5	19.8	0.050	0.46
		0~20	6.72	0.001	105.8	6.44	0.658	0.129	10.52	67.89	0.71	926.3	18.6	0.102	0.43

三江源区生态环境严酷，海拔高，山势陡峭，由于水蚀、风蚀和冻融剥离等因素的影响，部分山体、坡麓草皮层滑塌，经风吹雨淋，表土层流失，岩石裸露，土壤养分大量流失。如青海省天峻县快尔马乡，轻度鼠害地区每公顷损失腐殖质7121.93 kg，氮素310.51 kg，中度鼠害地区每公顷损失腐殖质21 365.79 kg，氮素915.20 kg，重度鼠害地区每公顷损失腐殖质40 357.61 kg，氮素1759.53 kg。青藏高原“黑土滩”退化草地面积以703万hm^2计，每年可损失有机质1455亿kg，氮素62.33亿kg。草地退化不仅造成了土地资源的极大浪费，而且使水资源受到严重污染。据黄河吉迈水文站21年的实测资料表明，多年平均径流量为38.57亿m^3，年平均输沙量为10.5亿kg，最大日含沙量为4.92 kg/m^3。如此大量的水土流失不仅使黄河、长江源头生态环境遭受破坏，而且严重威胁着黄河、长江中下游的生态环境和区域经济的发展。黄河断流时间和距离不断延长，1998年长江洪水泛滥就是一个很好的例证。

4.2.1.4 鼠害加剧

三江源区主要害鼠有高原鼠兔（*Ochotona curzoniae*）、达乌尔鼠兔（*O. daurica*）、高原鼢鼠（*Myospalax baileyi*）等，鼠害发生面积约1750万hm^2，约占青藏高原草地面积的13.64%。这些害鼠不仅与牛羊争食，消耗大量的牧草，而且使草地经受反复的挖掘、啃食，原生植被被破坏，并形成斑块状的次生裸地。尤其在鼠兔和鼢鼠共同生存的地段，鼠洞和土丘纵横交错，经风蚀、水蚀等因素的作用，次生裸地不断扩大，相互连片，最后形

成寸草不生的“黑土滩”。根据考察资料表明，较为突出的地区有四川的石渠县、青海果洛藏族自治州的达日县，其发展速度之快相当惊人，仅四川的石渠县鼠害发生面积 1987 年、1992 年较 1982 年分别增加 421.3% 和 828.90%；造成危害的面积分别增长 273.69% 和 652.42%，“黑土滩”面积 1992 年较 1987 年增加 242.52%。

据 1997 年达日县调查的结果，全县鼠害发生面积为 50.13 万 hm^2，占可利用草地面积的 39.6%。其中，危害面积达到 44.24 万 hm^2。根据在达日县实测的结果，原生植被总洞数为 122 个，平均密度为 25 只/hm^2，轻度－重度退化草地总洞数 258～576 个，平均个体密度为 48～148 只/hm^2，说明随着草地退化程度的加剧，害鼠密度增大（表 4-3）。

表 4-3　高原鼠兔的密度、总洞数及危害面积

退化水平	平均密度（只/hm^2）	总洞数（个）	洞口面积（m^2/hm^2）
原生植被	25	122	12.36
轻度退化	82	384	69.14
中度退化	148	576	494.0
重度退化	48	258	58.12

4.2.2　退化草地类型

根据国内一些学者制订的草地评价指标体系（赵新全等，1989；李博，1997a），以及草地植被盖度、牧草产草量、优良牧草（可食牧草）比例、可食牧草自然高度等评价指标，并以原生植被作对照对草地质量进行综合评估，初步拟订了适宜三江源区高寒草甸草地分级标准，根据这一标准将三江源区高寒草甸草地可分为原生植被、轻度退化草地、中度退化草地、重度退化草地和极度退化草地（黑土滩）5 种类型。

4.3　草地退化原因

4.3.1　超载过牧是导致草地退化的主要因素

20 世纪 50 年代以来，随着人口的快速增加，三江源区畜牧业发展迅速，区内各州县家畜数量呈同步波动快速增长模式（图 4-2）。各县在畜牧业发展中普遍片面追求牲畜存栏数，1960 年以后数量急剧增长，在 70 年代末 80 年代初达到最高峰，玛沁县、达日县一度超过 200 万只羊单位，甘德县、玛多县达到 178 万和 136 万只羊单位的历史最高纪录。由于天然草场载畜能力有限，出现严重超载过牧现象，按理论载畜水平分析，甘德、玛沁和达日超载 4～5 倍，玛多接近夏秋草场载畜量，冬春草场超载率达 41.5%。

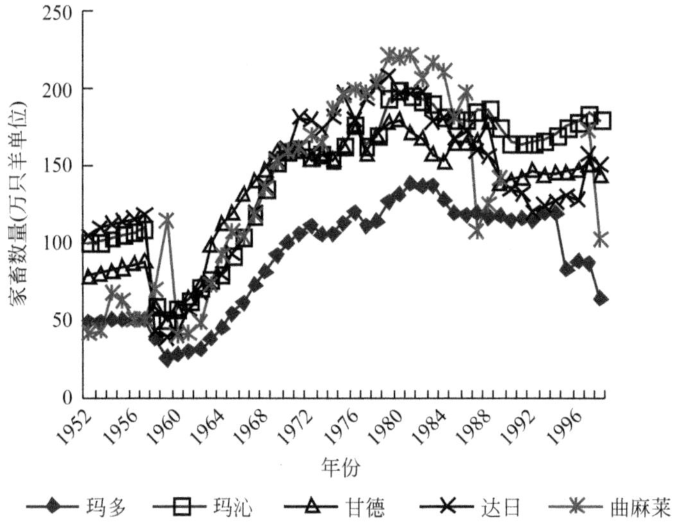

图 4-2　三江源区典型地带家畜数量变化动态

根据三江源区所涉及的草地退化严重的玛多、甘德、玛沁、达日四县 1994～1996 年统计资料分析，草场载畜状况见表 4-4。

表 4-4　三江源区所辖四县草场理论载畜量与实际载畜量状况

地区	实际载畜量（万只羊单位）	冬春草场理论载畜量（万只羊单位）	盈亏率（%）	夏秋草场理论载畜量（万只羊单位）	盈亏率（%）
玛多	87.50	105.21	16.83	381.02	77.04
达日	152.01	110.43	－37.65	201.60	24.60
玛沁	183.04	57.09	－220.62	101.56	－80.23
甘德	79.97	21.10	－279.0	44.46	－79.87

由表 4-4 可以看出，除了玛多县冬春草场现状利用水平基本接近理论载畜水平，夏秋草场有盈余外，其他三县冬春草场全面超载，超载率高达 37.65%～279.00%，即目前放牧牲畜量是草场理论载畜量的 1.4～3.8 倍。夏秋草场以玛沁和甘德二县超载严重，超载率达 79.87%～80.23%。三江源区冬春草场存在较为严重的超载过牧、草畜矛盾尖锐的现象，尤其是当地放牧习惯于在离定居点和水源地接近的滩地、山坡中下部以及河道两侧等地的冬春草场，频繁、集中放牧，加剧了冬春草场的压力，造成草地衰退；相反，在山地中上部和离牧民定居点较远的夏秋草场，利用率相对较低，放牧压力较轻。

草场超载过牧，严重破坏了原生优良嵩草、禾草的生长发育规律，优势地位逐渐丧失，致密地草皮层丧失，导致土壤、草群结构变化，给高原鼠兔和高原鼢鼠的泛滥提供了条件，进一步加剧了草地退化，同时，由于牲畜过度啃食和践踏草皮，加速了草地生态系统氮素循环失调，导致土壤贫瘠化而呈现严重退化态势。由于草畜矛盾尖锐，牲畜数量一直维持在草地承载能力之上，草地不断退化，牲畜数量随之不断下降，进入了“超载过牧—草地退化—草畜矛盾加剧—生态环境恶化”的恶性循环，严重影响牧民生活和三江源区的畜牧业经济的健康发展。草地退化后植被盖度下降，生物量减少，涵养水源和保持水土的能力下降，易导致土地沙化和湖泊干枯，可以看出对于三江源区的草地退化、生态环境恶化，超载过牧发挥着重要作用。周华坤等（2005）利用层次分析法对三江源区草地退化原因的定量分析表明长期超载过牧的贡献率达到39.35%，位居第一。

以达日县1952～1999年牲畜占有的草地面积数量的变化为例，1952～1999年按每畜占有可利用草地的面积分析，可分为6个时段（表4-5）。其中，1958年牲畜大幅度减损，其后又遇3年自然灾害，畜牧业直到1964年才逐步恢复。这一时期是特殊的历史阶段，姑且不论。从其他5个时段的情况来看，第Ⅳ时段最低，第Ⅴ时段最高。第Ⅳ时段对应的是1968～1975年的8年，这一时期牲畜头数始终保持在59万～66万，其中，1974年曾达到历史最高峰79.35万头（只）。在这8年中，每畜占有草地面积只有1.62 hm^2，仅占1952～1957年平均占有面积的48%。随后在1974年10月～1975年春季遭遇大雪灾，牲畜大批死亡，每只家畜占有草地面积又创历史新高（4.24 hm^2/头只）。1984～1999年，达日县的牲畜一直在40万～55万徘徊，每畜占有草地的面积为2.42 hm^2，成为第三个低点。从以上分析可以看出，第Ⅳ时段（1968～1975年）的8年是草地严重退化的渐变期。第Ⅵ时段（1984～1999年）的16年是草地严重退化的发展期，这一时段由于草地质量和初级生产量大幅度降低，生态环境恶化，牲畜头数一直徘徊不前，草地生产力处于低水平波动状态。

表4-5　达日县历年牲畜占有草地面积

时段	Ⅰ (1952～1957年)	Ⅱ (1958～1964年)	Ⅲ (1965～1967年)	Ⅳ (1968～1975年)	Ⅴ (1976～1983年)	Ⅵ (1984～1999年)
每畜平均占有草地面积 [hm^2/头(只)]	3.40	6.45	2.56	1.62	4.24	2.42
年数	6	7	3	8	8	16

4.3.1.1　藏系绵羊放牧强度对草地植物群落结构特征的影响及生态过程

人类活动干扰、放牧等对植物群落将会产生直接和间接影响。食草动物与植物的相互作用是通过两种方式实现的。一方面，可利用植物的数量和质量影响着草食动物种群的多度和分布格局；另一方面，食草动物通过对可食性牧草的采食改变了植物群落中植物个体的特征和种的相对多度。食草动物对植物特性的反映首先涉及动物本身的行为和生理方面的调节。这些调节的结果使个体的特性，如生长、繁殖或存活以及该种群的分布和多度发生变化，由此而引起的草食动物在空间、时间格局中的变化就直接反馈到植物上（Batzli，1994）。草食动物的活动不仅可以直接影响到植物，而且它也可影响到生态系统的其他方面如土壤营养循环等。

（1）藏系绵羊不同放牧强度对植物群落组成及其多度变化

高寒草甸生态系统是一种受控放牧生态系统，系统的输入主要依靠初级生产者——牧草的光合作用，将太阳能转化为化学能储存在植物体内，供消费者——放牧家畜和其他食草动物采食利用。输出则以肉、乳、毛皮等畜产品为主。由此可见，植物群落的结构、功能对草地生产力至关重要。草地畜牧业生产的一个显著特点是人们可以通过调节，控制系统内部的某些参变量，从而使放牧生态系统的结构、功能达到最优化状态和可持续发展。

根据中国科学院海北高寒草甸定位站的放牧试验，共设置 5 个不同的放牧强度，即 A (5.30 只/hm^2)、B (4.42 只/hm^2)、C (3.55 只/ hm^2)、D (2.67 只/ hm^2)、E (1.8 只/ hm^2)。多年的藏系绵羊放牧强度试验表明，不同放牧强度对金露梅灌丛草场植物群落结构产生了不同程度的影响（表 4-6）。

表 4-6　不同放牧强度下植物群落种类组成及多度值

种　名	放牧强度			
	A 组	C 组	E 组	CK 组
禾草类	10.754	17.502	19.593	23.737
异针茅 *Stipa aliena*	1.973	5.306	6.334	8.995
紫羊茅 *Festuca rubra*	2.933	6.588	5.366	6.278
垂穗披碱草 *Elymus nutans*	3.570	3.372	4.213	4.160
高原早熟禾 *Poa alpigena*	0.595	0.588	1.451	1.485
落草 *Koeleria cristata*	1.538	1.087	1.930	2.100
藏异燕麦 *Helictotrichon tibeticum*	0.145	0.561	0.212	0.618
双叉细柄茅 *Ptilagrostis dichotoma*	—	—	0.087	0.101
莎草类	9.693	13.984	6.072	4.871
矮嵩草 *Kobresia humilis*	2.955	5.887	0.693	1.301
二柱头藨草 *Scirpus distigmaticus*	3.743	2.752	1.575	1.880
黑褐薹草 *Carex atrofusca*	2.941	2.964	1.754	1.328
线叶嵩草 *Kobresia capillifolia*	0.054	2.381	2.050	0.362
灌丛	10.921	9.694	18.92	13.898
金露梅 *Potentilla fruticosa*	10.739	9.584	18.92	13.677
藏忍冬 *Lonicera tibetica*	0.182	0.110	—	0.221
杂类草	66.074	52.070	50.677	45.155
鹅绒委陵菜 *Potentilla anserina*	3.810	—	0.778	0.309
蒲公英 *Taraxacum mongolicum*	2.762	0.444	1.563	0.459
乳白香青 *Anaphalis lactea*	1.621	1.250	1.475	0.804
柔软紫菀 *Aster flaccidus*	2.507	1.009	1.418	2.395
矮火绒草 *Leontopodium nanum*	6.773	4.230	2.610	3.019
美丽风毛菊 *Saussurea superba*	0.435	2.090	0.754	0.221
青海风毛菊 *S. kokonorensis*	3.214	1.406	2.800	4.426
钉柱委陵菜 *Potentilla* saundersiana	4.254	5.388	3.556	4.027
高山唐松草 *Thalictrum alpinum*	4.779	5.918	4.601	3.252

续表

种　名	放牧强度			
	A 组	C 组	E 组	CK 组
疏齿银莲花 *Anemone obtusiloba*	2. 580	2. 831	2. 528	1. 905
线叶龙胆 *Gentiana farreri*	1. 331	1. 919	0. 390	—
刺芒龙胆 *G. aristata*	1. 810	1. 512	1. 628	0. 908
甘肃马先蒿 *Pedicularis kansuensis*	2. 073	—	0. 961	0. 858
兰石草 *Lancea tibetica*	4. 870	5. 557	3. 240	3. 070
甘青老鹳草 *Geranium pylzowianum*	5. 331	1. 841	3. 066	2. 994
细叶蓼 *Polygonum taquetii*	2. 593	3. 447	1. 800	0. 952
雅毛茛 *Ranunculus pulchellus*	3. 367	0. 212	1. 096	1. 437
直梗高山唐松草 *Thalictrum alpinum* var. *elatum*	2. 073	0. 503	2. 757	0. 890
箭叶橐吾 *Ligularia sagitta*	—	0. 197	0. 817	5. 505
珠芽蓼 *Polygonum viviparum*	1. 575	3. 528	2. 514	0. 872
小米草 *Euphrasia pectinata*	2. 942	0. 911	3. 435	2. 758
紫花地丁 *Viola philippica*	1. 485	1. 330	1. 287	0. 274
二裂委陵菜 *Potentilla bifurca*	1. 665	0. 294	0. 233	—
婆婆纳 *Veronica didyma*	0. 833	—	0. 301	0. 150
蓬子菜 *Galium verum*	0. 181	0. 380	0. 223	—
四叶葎 *G. bungei*	0. 099	1. 080	0. 609	—
宽叶羌活 *Notopterygium forbesii*	0. 453	0. 118	0. 848	0. 504
獐牙菜 *Swertia* spp.	0. 407	1. 897	1. 713	0. 855
叠裂黄堇 *Corydalis dasyptera*	0. 054	—	—	0. 071
三裂叶毛茛 *Harlerpestes tricuspis*	—	—	—	—
麻花艽 *Gentiana straminea*	—	1. 301	—	0. 814
卷鞘鸢尾 *Iris potaninii*	—	0. 200	0. 153	—
湿生扁蕾 *Gentianopsis paludosa*	—	0. 452	—	0. 080
长叶碱毛茛 *Halerpestes ruthenica*	—	0. 059	—	—
飞燕草 *Consolida ajacis*	—	—	0. 737	—
三脉梅花草 *Parnassia trinervis*	—	0. 558	0. 704	0. 664
圆萼刺参 *Morina chinensis*	—	0. 208	—	0. 682
红景天 *Rhodiola rosea*	—	—	0. 044	—
簇生柴胡 *Bupleurum condensatum*	—	—	0. 038	—
豆科	2. 756	6. 505	5. 731	11. 964
异叶米口袋 *Gueldenstaedtia diversifolia*	1. 647	4. 215	1. 724	2. 564
多枝黄芪 *Astragalus polycladus*	0. 778	1. 380	2. 108	5. 312
黄花棘豆 *Oxytropis ochrocephala*	0. 213	0. 851	1. 409	1. 501
披针叶黄花 *Thermopsis lanceolata*	0. 118	0. 059	0. 490	2. 587

由表4-6可知，重度放牧强度（A组），由43种植物组成，优势种植物有金露梅、矮火绒草、甘青老鹳草、兰石草、高山唐松草和钉柱委陵菜。中度放牧强度（C组），由45种植物组成，优势种植物有：金露梅、紫羊茅、高山唐松草、矮嵩草、兰石草和钉柱委陵菜。轻度放牧强度（E组），由48种植物组成，优势种植物有：金露梅、异针茅、紫羊茅、高山唐松草、垂穗披碱草和钉柱委陵菜。对照组（CK组），由44种植物组成，优势种植物有：金露梅、异针茅、紫羊茅、箭叶橐吾、青海风毛菊和垂穗披碱草。

如果以主要经济类群：禾草类、莎草类、灌木、杂类草的多度分析，不同放牧强度下各类群的分布比例不尽相同（图4-3）。杂类草在A组中占绝对优势，并随放牧强度的减轻而减小，A组、C组、E组、CK组中杂类草的多度依次为65.88%、52.07%、50.68%、45.16%；禾草类的多度CK组最高，并随放牧强度的减轻而增加，A组、C组、E组、CK组中禾草类的多度依次为10.75%、17.50%、19.59%、23.74%；莎草类多度依次为C组（13.98%）>A组（9.69%）>E组（6.07%）>CK组（4.87%）；灌木的多度依次为E组（18.92%）>CK组（13.90%）>A组（10.92%）>C组（9.69%）；经相关性分析表明，杂类草的多度变化与放牧强度呈显著正相关（$P<0.05$），禾草类的优势度变化与放牧强度呈显著负相关（$P<0.05$）。

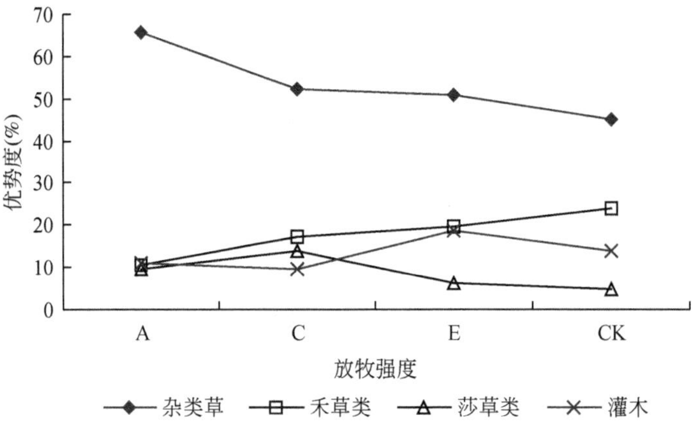

图4-3 不同放牧强度下植物主要类群优势度变化

高寒草甸灌丛草场主要植物类群在不同放牧强度下所形成的这种格局与植物生物-生态学特性及家畜在不同食物资源条件下的采食行为有密切的关系。例如，喜光的莎草科植物，在轻度放牧条件下，禾本科植物和灌木得到充分发育，由于它们的植株较高，郁蔽度较大，从而使莎草类植物生长受到制约；而在重度放牧条件下，虽然光照条件适宜，但由于过度的采食，使其再生长受到抑制，同样重牧组的禾本科植物由于过度采食限制了它们的生殖生长，种子不能成熟，种子的更新和生长受到制约，故它们的多度较低；而中度放牧条件，正好适宜莎草科植物的生长发育，所以在适度放牧条件下的多度较大。

（2）藏系绵羊不同放牧强度对主要植物类群的时间格局变化

在不同放牧强度下，从植物返青期（5月底）到枯黄期（9月底），植物群落的盖度变化趋势基本相似：从植物返青期开始盖度逐渐增加，到8月底达到最大。但不同放牧强度下，主要植物类群盖度的时间格局变化各不相同。重牧组（A组）中杂类草的盖度增长率最快，而禾草、莎草、灌木和豆科植物的变化均很小。而轻牧组（E组）、对照组（CK组）正好与A组相反，禾草、灌木的盖度增长较快，表明不同放牧强度下各类草在各个生长时期对总盖度的贡献各不相同。不同放牧强度下各类群在不同时间段上的差异明显，利用不同方差分析进行检验，其结果表明：A组季节间差异不显著（$F_{(4,16)}=2.48$，$P>0.05$）；C组季节间差异显著（$F_{(4,16)}=3.05$，$P<0.05$）；E组季节间差异极显著（$F_{(4,16)}=4.26$，$P<0.01$）CK组差异显著（$F_{(4,16)}=3.49$，$P<0.05$）。

（3）藏系绵羊不同放牧强度下群落物种数（*N*）、多样性指数（*H*）和均匀度（*J*）指数

物种多样性是一个包括了群落中物种数量、种的个体数及所占比例的综合概念。它不仅反映了群落的丰富度和物种分布的均匀性，而且在一定程度上反映了群落结构的复杂性和稳定性。由表4-7可知，不同放牧强度下平均物种数依次为E组>CK组>C组>A组，多样性指数依次为A组>C组>E组>CK组，均匀度指数依次为A组>C组>CK组>E组。从季节动态来看，物种丰富度在牧草返青期较低，其后随气温的升高和降水量的增加而增多，到牧草生长旺盛期（6月底~8月初）达到最大值。其后有些植物由于生育期的完成而减少。多样性指数均在7月达到最高，返青期和枯黄期均较低。多样性指数和均匀度指数呈极显著正相关（$r_{n=20}=0.7825$，$n=20$，$P<0.01$），多样性指数和物种丰富度指数呈正相关（$r_{n=20}=0.4509$，$n=20$，$P<0.05$）。

表4-7　不同放牧强度下物种多样性（*H*）、均匀度（*J*）和物种丰富度（*N*）比较

时间（月．日）	指数	放牧强度			
		A组	C组	E组	CK组
5.28	*H*	3.260	3.237	3.232	3.246
	J	0.884	0.878	0.854	0.963
	N	40	40	44	43
6.21	*H*	3.387	3.232	3.300	3.209
	J	0.890	0.859	0.844	0.829
	N	45	43	50	48
7.22	*H*	3.393	3.352	3.325	3.266
	J	0.902	0.881	0.829	0.829
	N	43	45	48	44
8.21	*H*	3.282	3.321	3.241	3.188
	J	0.875	0.858	0.837	0.843
	N	43	48	48	43

续表

时间（月．日）	指数	放牧强度			
		A 组	C 组	E 组	CK 组
9.02	*H*	3.208	3.089	2.988	3.018
	J	0.858	0.837	0.805	0.802
	N	42	40	41	43
平均	*H*	3.306	3.246	3.217	3.185
	J	0.882	0.863	0.834	0.853
	N	42.6	43.2	46.2	44.2

（4）藏系绵羊放牧强度对草地生产力的影响

研究结果表明，藏系绵羊在不同放牧强度下不仅对草地植物群落组成有影响，而且对草地和家畜生产力产生影响（图 4-4）。

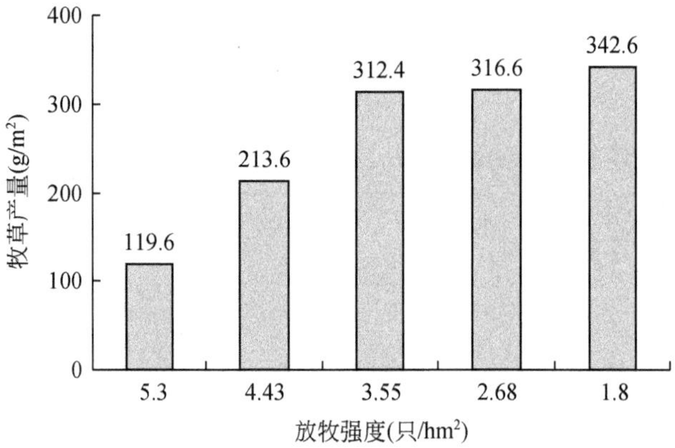

图 4-4　藏系绵羊放牧强度与牧草产量的关系

由图 4-4 和图 4-5 可知，随着放牧强度的增大，草地群落生物量减少。其中重度放牧强度地上生物量较中度放牧强度地上生物量减少 61.72%，较轻度放牧强度地上生物量减少 65.09%。优良牧草的比例、凋落物比例随着放牧强度的增大而减少，杂类草比例、莎草类比例随着放牧强度的增大而增大。其中，重度放牧条件下禾草类比例（18.42%）较轻度放牧条件下禾草类比例（34.17%）减少 46.09%；重度放牧条件下凋落物比例（3.08%）较轻度放牧条件下凋落物比例（26.03%）减少 88.17%；重度放牧条件下杂类草比例（49.47%）较轻度放牧条件下杂类草比例（19.01%）增加 160.23%；重度放牧条件下莎草类比例（16.57%）较轻度放牧条件下莎草类比例（7.83%）增加 111.62%；灌木类比例差异不大，中度放牧条件下略高于轻牧和重牧（图 4-5）。

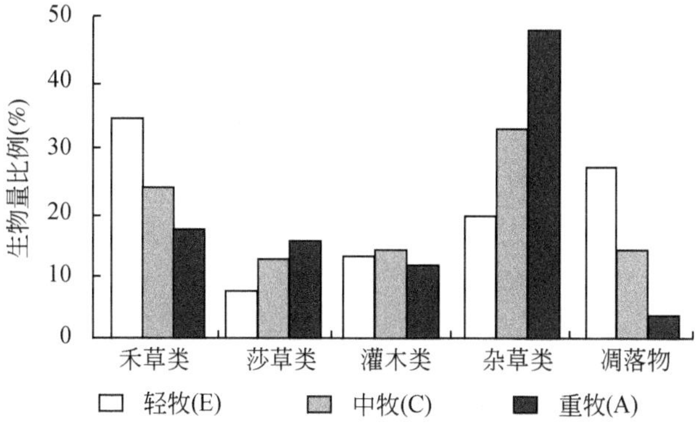

图 4-5　不同放牧强度下植物主要类群生物量比例变化

随着放牧强度的增加，绵羊体重（图 4-6）和活体增重（图 4-7）明显减少。说明放牧强度不仅影响植物群落结构和特征，而且影响初级生产力和次级生产力水平。

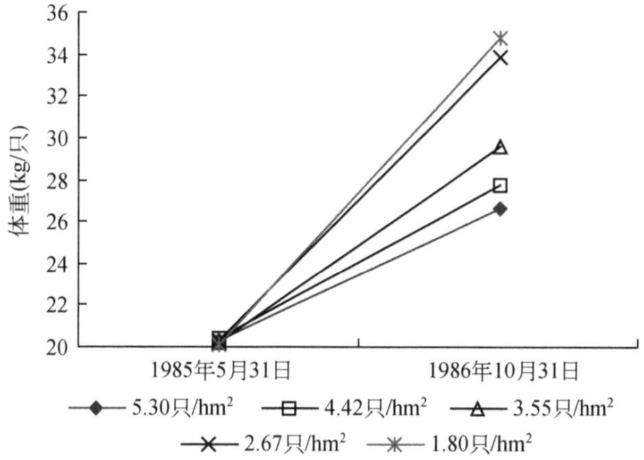

图 4-6　不同放牧强度下藏系绵羊体重变化

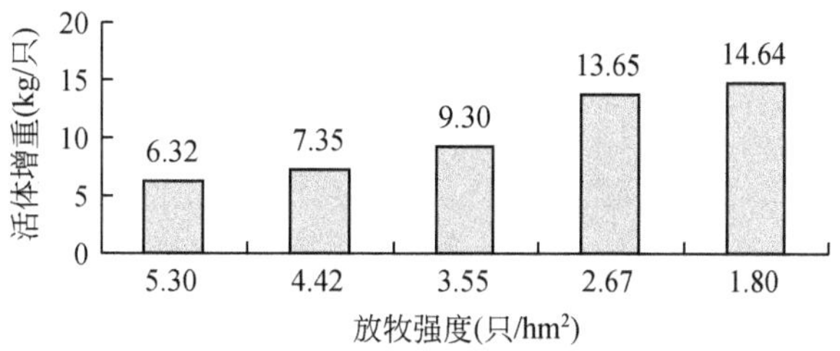

图 4-7　不同放牧强度下藏系绵羊增重

4.3.1.2　牦牛放牧强度对高寒草甸群落结构及功能的影响

(1) 试验地点及设计

该试验研究在三江源核心区的达日县窝赛乡高寒嵩草草甸草场完成，试验动物为 2.5

岁牦牛，共12头，随机分成3组，每组4头。试验分为冷季放牧和暖季放牧2季轮牧。冷季草场面积为10.49 hm^2，暖季草场面积为9.17 hm^2。放牧强度试验按牧草利用率设置4个处理（表4-8），即轻度30%（L）、中度50%（M）、重度70%（H）和对照（CK）。根据产草量和牦牛的日粮，按不同的利用率折算出每个放牧组的面积，然后用网围栏分围。试验从1998年6月开始，到2000年5月结束，历时47个月。在试验期按月测定不同放牧强度试验区产牧草现存量。在测定牧草产量时，按禾草类、莎草类、杂类草等功能群分类，并于每年7~8月测定草场植物群落种类组成及分盖度、株高等参数。试验期间，5~10月（暖季草场），每月月底用电子秤测定牦牛体重，11月至翌年4月（冷季草场），每2月测定牦牛体重一次。

表4-8　牦牛放牧强度试验设计

利用率	试验牛数（头）	草地面积（hm^2）		放牧率（头/hm^2）		
		暖季	冷季	暖季	冷季	全年
30%（L）	4	4.50	5.19	0.89	0.77	0.41
50%（M）	4	2.75	3.09	1.45	1.29	0.68
70%（H）	4	1.92	2.21	2.08	1.81	0.96
对照（CK）	0	1.00	1.00	0.00	0.00	0.00

（2）牦牛不同放牧强度对草场植物群落组成的影响

随着放牧强度的增加，优良牧草（禾本科和嵩草科植物）比例减少，而杂类草比例增大，无论是夏场还是冬场其变化规律基本相似（图4-8，图4-9）。

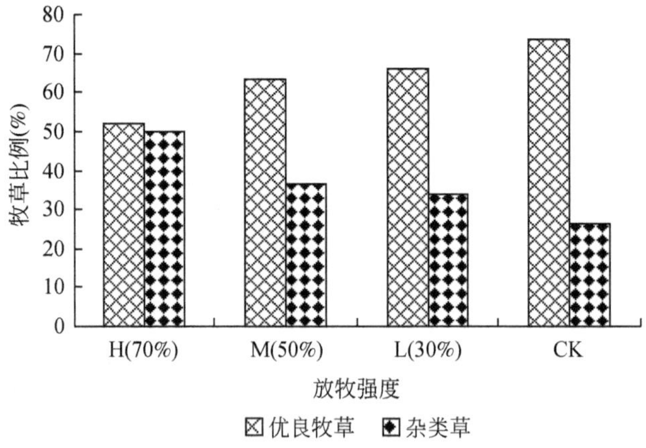

图4-8　不同放牧强度下夏秋草场牧草比例

在重度放牧强度下，由于过度的采食和践踏抑制了优良牧草的生长和种子更新，导致禾本科牧草逐渐减少，并为一些喜光的双子叶植物的生长发育和杂类草的入侵创造了条件，成为草场退化的预兆。

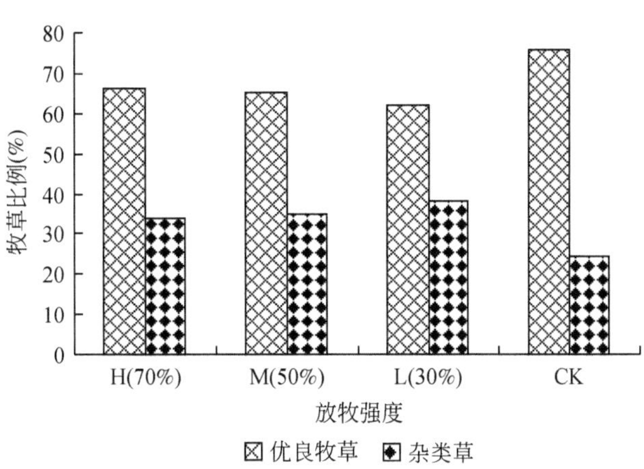

图 4-9　不同放牧强度下冬春草场牧草比例

(3) 牦牛不同放牧强度对草场地上生物量的影响

由图 4-10、图 4-11 可知，不同放牧强度下草场植物地上现存量发生明显变化，试验初期（1998 年 7 月），无论是冬季草场还是夏季草场各处理区牧草现存量差异不大，到第二年生物量高峰期（8 月底）各处理区牧草地上现存量差异明显，尤其夏季草场变化最为明显（图 4-11）。其中，夏季草场对照组现存量最大（318.0 g/m^2），其次为轻牧组（225.6 g/m^2）和中牧组（183.2 g/m^2），重牧组现存量最低（137.6 g/m^2）。重牧组牧草现存量分别较对照组、轻牧组、中牧组现存量减少 56.73%、39.00%、24.89%。由此可见，放牧对夏季草场牧草的生长发育及生物量的影响最大，与夏季草场相比放牧对冬季草场的影响较小。

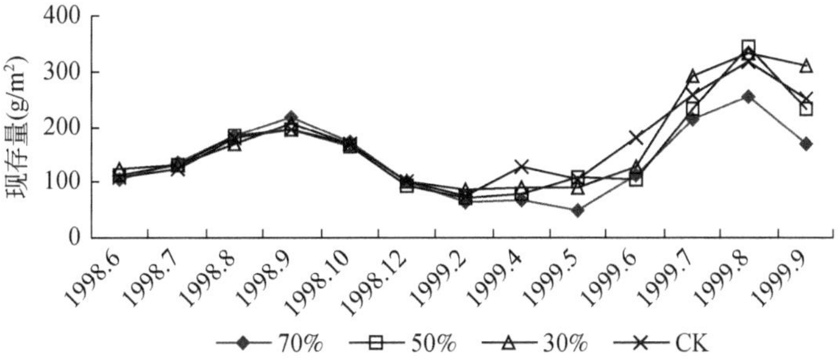

图 4-10　牦牛不同放牧强度下冬季草场牧草现存量季节动态

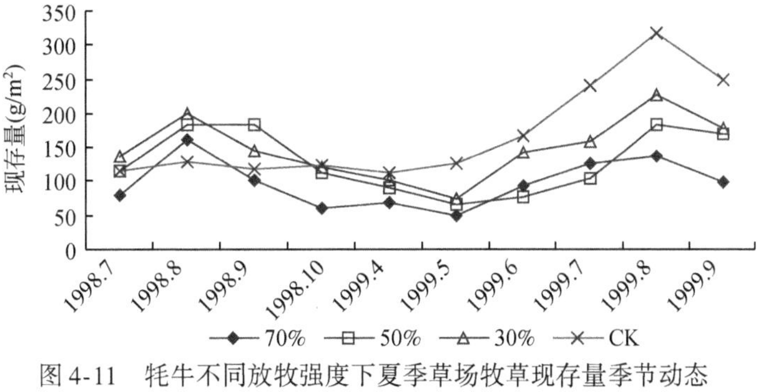

图 4-11　牦牛不同放牧强度下夏季草场牧草现存量季节动态

综上所述，在不同放牧强度下，无论是放牧藏系绵羊，还是放牧牦牛的采食利用对草场植被和家畜体重都会产生明显的影响。在重度放牧条件下，由于家畜的过度采食抑制了牧草的生长，尤其对禾本科牧草的过度利用，使它们失去生殖生长和种子更新的机会，最后导致优良牧草逐渐衰退，有毒有害的杂草滋生，植物低矮，无明显的层次分化，初级生产力下降；而在中度或轻度放牧条件下，由于草场有充足的饲草供应，家畜啃食较轻，牧草有较好生长发育的条件和机会，植株较高，层次分化明显，植物群落垂直结构一般以禾草类为上层，嵩草属植物和杂类草为下层的双层结构。

高寒嵩草草甸草地由于人为活动的干扰，超载过牧、鼠虫危害等因素的影响，导致原生植被向退化演替方向发展，群落结构特征发生重大变化，物种数急剧减少，覆盖度下降，优良牧草的比例锐减。但是，在不同的草地植被演替阶段，采用相应的措施进行保护或恢复与重建，可使退化生态系统向恢复演替方向发展。高寒草甸退化生态系统演替模式如图 4-12 所示（王文颖和王启基，2001）。

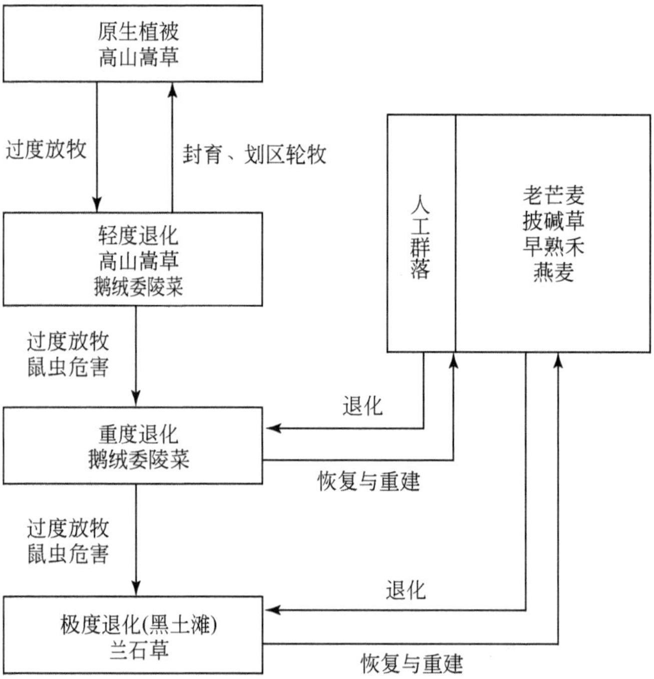

图 4-12　高寒嵩草草甸演替及恢复模式

通过青海省达日县、四川石渠县、红原县和西藏那曲等地区高寒嵩草草甸植物群落的调查，对 11 个不同演替阶段植物群落样地（41 个样方）进行 PCA 排序结果显示，11 个样地归为 4 个类型。其中，类型Ⅰ主要由 15 种植物组成，隶属 9 科 14 属。兰石草为优势种，主要伴生种为高原早熟禾和红紫桂竹香，植被总盖度仅为 21.7%，优良牧草（禾本科和莎草科植物）仅占 13.17%，属于严重退化的草场类型。类型Ⅱ主要由 18 种植物组成，隶属 13 科 16 属，鹅绒委陵菜为优势种，主要伴生种为西伯利亚蓼、二裂委陵菜、珠芽蓼，植被总盖度虽达 63.7%，但禾本科和莎草科优良牧草仅占 10.86%，属于退化比较严重的类型。类型Ⅲ主要由 22 种植物组成，隶属 11 科 18 属，高山嵩草为优势种，主要伴生种有鹅绒委陵菜、蒲公英、钉柱委陵菜，植被总盖度虽为33.3%，但优良牧草比例达45.55%，属于轻度退化草场类型。类型Ⅳ主要由27种植物组成，隶属13科23属，优势种有高山嵩草、矮嵩草，主要伴生种为紫羊茅、珠芽蓼、柔软紫菀、钉柱委陵菜等，植被总盖度为87.5%。其中，禾本科和莎草科优良牧草比例达34.1%，基本上属于未退化的原生植被。从植物群落组成、盖度、优势种及优良牧草比例等方面分析，类型Ⅳ属于原生植被，以嵩草属植物为优势种，群落盖度较高，优良牧草比例大。类型Ⅲ虽然以高山嵩草为优势种，但植被总盖度仅为33.3%，表明该类型草地由于害鼠的破坏以及风蚀、水蚀形成了许多斑块状的裸露地，在此退化阶段为杂类草的侵入提供了生存环境，是轻度退化的表现，总盖度虽然不高，但是高山嵩草仍然较多，如果在这个演替阶段进行封育、施肥等草地保护和改良措施，草地植被可得到恢复，否则将会造成草地的严重退化。类型Ⅱ以鹅绒委陵菜为优势种，虽然群落总盖度达到63.7%，但大多数植物为外来入侵的杂类草，莎草类和禾草类植物仅占10.86%，是重度退化的表现。这种草地类型在畜牧业生产中利用价值不大，尤其在枯草季节大部分杂类草经家畜践踏、风吹成为裸露的“黑土滩”。类型Ⅰ以不可食牧草兰石草为优势种，而且群落中物种数稀少，植被总盖度也极低，仅21.7%。说明此类型退化草地中裸露地面积很大，水土流失严重，是草地极度退化的表现，对该类型退化草地必须进行恢复重建。

4.3.2　气候变化对草地演替进程的影响

气候变化改变牧草分布的海拔高度，引起植物区系组成的变化，即草地类型在景观上的迁移。通过玛沁县大武乡3年的增温试验得到的初步结果表明：多年生天然草地人工增温幅度从0.08℃到2.63℃，3年来植被长势好于对照样地，尚未发现草地明显退化趋势；但是，通过放牧强度试验表明，放牧利用率超过50%的天然草地长期放牧利用，却使草地明显退化；中度或轻度放牧强度条件下的退化草地经过2～3年的封育后草地植被逐步得到恢复，其结果从反面证明超载过牧可引起草地退化。我国著名草原专家李博先生曾在1997年指出“对导致草原退化的主导因素曾有过争议。有人认为气候变干是主导因素，但据气象资料分析，近百年来北方草原区气候尽管有波动，却未发生过重大变化，尤其是近40年来气候比较平稳，可见20世纪60年代以来全国范围的草原退化，气候并非决定因素。草原退化的主要驱动力，应从人为因素中寻找”（李博，1997b）。

根据青海省气象局对果洛、玉树两州9个典型重点地区40年来气象资料的综合分析认为，青海南部三江源区年平均气温变化倾向率为0.019℃，秋、冬季变暖趋势明显，倾向率分别为0.025℃和0.019℃，明显高于全国平均值。从降水倾向率来看，40年来冬春两季降水量呈明显增加趋势，降水量变化的倾向率分别为1.89 mm/10a、4.28 mm/10a；夏季呈减少趋势，倾向率为－3.39 mm/10a；秋季变化不明显。尤其进入20世纪90年代以来，冬季降水量比多年平均值偏多4.4 mm，接近50%，致使冬季雪灾严重，而夏秋两季比多年平均值偏少9.6 mm和6.8 mm，即降水总量保持不变，但季节分配变化较为明显。从目前的对比试验结果来看，放牧利用过度是草地退化的主导因素。以气温升高为主要特征的气候变化，可引起蒸发蒸腾量增大、冻土层冻融侵蚀等环境变化，对草地退化有一定的影响作用。由于大面积草地退化改变了下垫面的结构和性质，从而影响地－气系统的热量平衡和水汽交换，在全球气候变暖的大格局下推动了局部气候暖干化进程，从而间接影响高寒草甸植被退化。因此，我们认为根据目前三江源区的气候变化情况分析，应该有利于植物的生长和发育，当增温达到一定的预警值才会产生不利的影响，而目前这个预警值还未找到。而且气候变化对草地植被的影响是一个大范围、长时间尺度上作用的结果，有一定的滞后效应。

4.3.3 鼠害加速高寒草甸植被退化的进程

4.3.3.1 高寒嵩草草甸植物、鼠类群落演替过程与机理

长期以来，随着人口增长、牲畜数量增加以及对草场不合理的利用，草场大面积退化，导致鼠害发生。而鼠害数量的增加，又加速了草场的退化。鼠患严重地区的原生植被破坏殆尽，次生裸地不断扩大，从而形成大面积的“黑土滩”。据黄河源头的果洛地区调查，全州可利用草地面积585万hm^2，其中鼠害面积246.98万hm^2，而鼠害面积中“黑土滩”退化草地的面积约123.40万hm^2。草地严重退化，因此，治理鼠害是当前解决草地退化的重要途径之一。

三江源区鼠害的发生与人类活动关系密切，超载过牧所导致的中、轻度退化草地，为害鼠提供了充足食物，适宜的栖息地等生存环境，为鼠害繁衍创造了条件。由于害鼠的危害面积不断扩大，三江源区草地植被遭到严重破坏，草地景观破碎化，在冻融、风蚀、水蚀等因素的共同作用下产生大面积次生裸地，从而加速了草地退化进程。

植被演替与鼠类种群消长相互关系的研究表明，鼢鼠喜食各种多汁的直根类植物，如鹅陵委陵菜、细叶亚菊、甘肃马先蒿等，这些植物正是草地严重退化后的代表种。而高原鼠兔则喜食嵩草属、薹草属植物和禾本科植物。由于两种鼠类的营养生态位差异较大，因而它们可以生活在同一地段，平安相处。而甘肃鼠兔和根田鼠的食物资源谱虽然与高原鼠兔有相似之处，但甘肃鼠兔和根田鼠的栖息环境与高原鼠兔的栖息环境差异较大，二者几乎很少生活在同一地段。随着植物群落的演替变化，其鼠类群落也随着食物资源和栖息环境的改变而变化（图4-13）。高原鼠兔和高原鼢鼠生活在青藏高原高寒草甸这种特定的栖息场所，它的生物学特性与栖息环境是紧密联系的，一旦它的栖息场所发生改变或破坏，就会严重威胁它的生存和繁衍。

4.3.3.2 鼠害防治及草地植被恢复机理

在高寒草甸生态系统中，高原鼠兔作为一种重要消费者，它与所处地理环境和食物资源之间存在着既相互协调又相互制约的动态平衡关系。因此，对三江源区退化草场鼠害治理，我们从以生态治理为主的观点出发，采取了不同的处理措施，对高原鼠兔种群数量产生了不同影响。针对三江源区草地退化严重、害鼠危害猖獗的现状，按照以药物防治和生物防治相结合的原则实施了草地鼠害治理和植被恢复综合技术措施。通过鼠兔对毒饵的接受性观察，采用D型肉毒杀鼠素防治草原鼠害，具有适口性好、灭鼠效果高、毒饵残效期短、不污染环境、无二次中毒的特点，对保护鼠类天敌，维持生态平衡等方面都有良好的

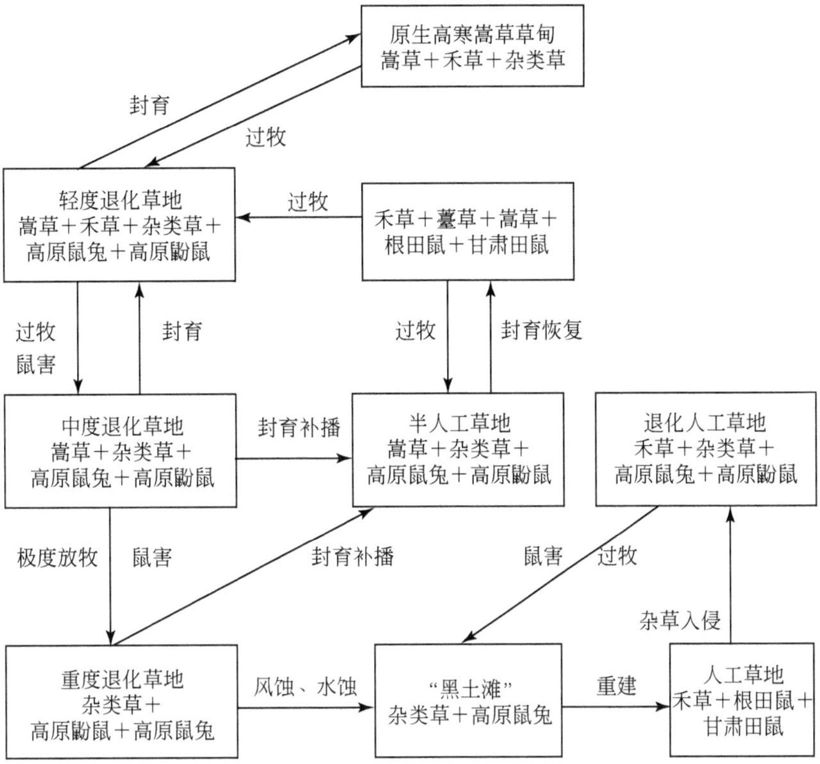

图4-13　高寒嵩草草甸植物、动物群落演替过程与机理

作用，是其他化学杀鼠剂所不及的。建议在以后草原鼠害的防治中交替使用。

在进行药物防治的同时注意观察对退化草地植被恢复过程中，采用翻耕+耙耱+撒播+轻耙覆土+镇压（A）；耙耱+撒播+轻耙+镇压（B）；对照（C，未做任何处理的退化草地）等不同技术措施建植的人工草地和半人工草地对高原鼠兔种群数量的变化可产生的明显影响（表4-9）。

表4-9　不同生境条件下鼠洞变化比较

处理	措施	治理前有效洞口数（个/hm^2）	治理后有效洞口数（个/hm^2）	灭洞率（%）
人工草地	A	464	24	94.8
半人工草地	B	532	188	64.7
退化草地（对照）	C	440	440	0

由于对退化草地采用人工重建措施所建植的人工植物群落，彻底改变了害鼠原有的栖息环境和食物资源，使害鼠密度大幅度下降，治理效果达94.8%；采用补播措施建植的半人工草地，由于原有的土壤结构和植物组成没有变化，通过补播仅增加了禾草密度和高度，害鼠密度下降虽没有人工草地治理区明显，但治理效果已达到了64.7%。而对照区害鼠密度和有效洞口数基本没有变化。

多年的研究表明，高原鼠兔与草场植被之间有着密切的联系。草地退化、植被稀疏、栖息环境开阔的地区，有利于高原鼠兔的繁衍。相反，植被繁茂、环境郁闭时，对它的生存产生不利影响，具有明显的回避效应。通过对不同处理区当年草盛期（8 月）草场植被与鼠兔密度的调查结果表明，人工草场植被平均盖度 85.33%，植物平均高度 5.43 cm，平均鼠洞数 80 个/hm^2；半人工草地植被平均盖度 59.33%，植物平均高度 4.53 cm，平均鼠洞数 360 个/hm^2；对照区植被平均盖度 35.00%，植物平均高度 3.07 cm，平均鼠洞数 648 个/hm^2。

人工与半人工治理区植被盖度较退化草场（对照区）分别增加 140% 和 70%，草层高度也分别增长 80% 和 48%。但鼠密度则相反，人工和半人工草场治理区比退化草场（对照区）分别降低 87.7% 和 77.8%。进而说明，草场退化、植被稀疏和低矮有利于鼠兔的生存和繁衍，而植被繁茂、环境郁闭则危及它的活动和生存。采用害鼠生活习性、取食行为以及与栖息环境之间相互制约关系进行鼠害防治和植被恢复，既经济又实用，并为生态防治鼠害提供了科学依据（景增春等，2003，2006）。

4.4 高寒草地退化机理与生态过程

4.4.1 草地植被退化演替过程及其特征

4.4.1.1 人工、半人工草地演替过程及特征

(1) 物种丰富度及群落特征

草原植物群落的结构外貌通常以优势种和种类组成为特征，优势种的更替是草原演替阶段的标识。三江源区草地资源由于过度放牧和人类活动的干扰，草地严重退化，生态环境破坏，广大农牧民的生存环境受到极大的威胁。在退化草地恢复与重建的过程中，根据草地退化演替阶段的不同，采用人工群落重建（混播、单播）、补播 + 封育、封育等治理措施后其植物群落结构特征发生明显变化（表 4-10）。

表 4-10　不同处理区物种丰富度、多样性、均匀度指数

年龄	5 龄				6 龄			
处理	LP5	ES5	CKF5	CK5	LP6	ES6	PV6	CK6
物种种数（S）	10	9	24	21	26	22	35	21
多样性指数（H）	1.621	1.510	2.768	2.701	2.426	2.374	3.261	2.758
均匀度指数（E）	0.704	0.687	0.871	0.887	0.745	0.757	0.917	0.829

注：老芒麦 + 冷地早熟禾混播（LP）；老芒麦单播（ES）；对照 + 封育（CKF）；对照不封育（CK）；原生植被封育（PV）

由表 4-10 可知，五年生老芒麦 + 冷地早熟禾混播群落由 10 种植物组成，隶属 6 科 10 属。优势种植物为老芒麦，优势度为 42.20%，次优势种为冷地早熟禾，优势度为 29.33%，其余 5 科 8 属 8 种植物主要由甘肃马先蒿、直梗高山唐松草、细叶亚菊等组成，

优势度为 28.47%；五年生老芒麦单播群落由 9 种植物组成，隶属 7 科 9 属。优势种植物为老芒麦，其优势度为 55.66%，次优势种有藏忍冬、白苞筋骨草、甘肃马先蒿，其优势度依次为 10.54%、9.85%、9.41%，其余 3 科 4 属 5 种植物的优势度仅占 19.54%；对照区通过 5 年的封育，植物群落由 24 种植物组成，隶属 14 科 24 属。优势种为藏忍冬和密花香薷（*Elsholtzia densa*），优势度分别为 17.45% 和 15.55%，次优势种有早熟禾、白苞筋骨草、灰绿藜（*Chenopodium glaucum*），优势度分别为 7.78%、7.25%、7.13%。伴生种有垂穗披碱草、黄帚橐吾（*Ligularia virgaurea*）、圆萼刺参（*Morina chinensis*），优势度分别为 6.03%、4.41%、4.01%，其余 7 科 16 属 16 种植物的优势度为 30.39%；对照区由 21 种植物组成，隶属 12 科 21 属。优势种为播娘蒿（*Descurainia sophia*）、高山葶苈（*Draba alpina*），优势度分别为 17.44%、13.93%，次优势种有海乳草、白苞筋骨草、早熟禾，优势度分别为 8.13%、7.25%、7.13%，伴生种有兔耳草、垂穗披碱草、直立梗唐松草，优势度分别为 6.42%、6.31%、5.96%，其余 5 科 13 属 13 种植物的优势度为 27.43%。

六年生老芒麦 + 冷地早熟禾混播群落由 26 种植物组成，隶属 17 科 21 属。优势种植物为老芒麦，其优势度为 40.29%，次优势种为冷地早熟禾，优势度为 10.22%，伴生种有直梗高山唐松草、直梗高山唐松草、密花香薷，优势度分别为 5.16%、4.98%、4.63%，其余 14 科 17 属 21 种植物的优势度为 30.09%；六年生老芒麦单播群落由 22 种植物组成，隶属 15 科 20 属。优势种植物为老芒麦，其优势度为 28.04%，次优势种为甘肃马先蒿，优势度为 24.96%，伴生种有高山唐松草、直梗高山唐松草、白苞筋骨草，优势度分别为 5.97%、5.32%、4.36%，其余 11 科 16 属 16 种植物的优势度为 31.35%；原生植被封育 6 年后植物群落由 35 种植物组成，隶属 14 科 30 属。优势种植物为垂穗披碱草，优势度为 10.41%，次优势种为双叉细柄茅（*Ptilagrostis dichotoma*）、棱子芹、麻花艽、高山嵩草、早熟禾，优势度分别为 6.66%、5.94%、5.91%、5.64%、5.48%，伴生种有羊茅、薹草、黑褐薹草、异叶米口袋、矮嵩草等，优势度分别为 4.77%、4.43%、4.32%、4.31%、4.06%，其余 9 科 22 属 24 种植物的优势度为 38.08%；对照区植物群落由 21 种植物组成，隶属 13 科 18 属。优势种植物为播娘蒿，优势度为 16.79%，次优势种有兔儿草、白苞筋骨草、棱子芹、藏忍冬，优势度分别为 9.79%、9.55%、9.01%、8.82%，伴生种有橐吾、海乳草、铁棒锤、鹅绒委陵菜、露蕊乌头，优势度分别为 5.32%、4.79%、4.12%、4.05%、4.04%，其余 5 科 9 属 11 种植物的优势度为 23.72%。

（2）不同处理区植物群落物种丰富度、多样性与均匀度比较

草地植物群落物种丰富度，即其所含的植物物种总数，是群落多样性的最基本特征。草地生态系统的可持续性和草地生产力的维持在很大程度上依赖于草地群落的生物多样性。不同处理条件下草地植物群落的物种丰富度、多样性指数、均匀度指数因时间和空间的变化而有明显的差异（表 4-10）。

由表 4-10 可知，在同年度比较，5 龄植物群落物种丰富度、多样性指数依次为对照 + 封育 > 对照 > 混播 > 单播；均匀度指数依次为对照 > 对照 + 封育 > 混播 > 单播；6 龄植物群落物种丰富度依次为原生植被 + 封育 > 混播 > 单播 > 对照。多样性指数依次为原生 + 封育 > 对照 > 混播 > 单播。均匀度指数依次为原生植被 + 封育 > 对照 > 单播 > 混播。不同年龄比较，对照区 5 龄和 6 龄植物群落物种丰富度、多样性指数和均匀度指数变化不大，而混播群落和单播群落变化明显。6 龄植物群落的物种丰富度、多样性指数和均匀度指数较 5 龄植物群落明显增加。这是由于人工草地的管理不到位以及老芒麦、冷地早熟禾生物-生态学特性和杂类草的入侵，使优势种植物老芒麦、冷地早熟禾种群数量下降，优势度下降，为甘肃马先蒿等杂草侵入创造了条件，整个群落呈现退化趋势（史惠兰等，2005b）。

经相关分析表明，物种数与多样性指数呈显著的正相关（$P<0.01$），多样性指数与均匀度指数呈显著正相关（$P<0.01$），物种数与均匀度指数呈正相关（$P<0.05$）。说明物种多样性不仅与物种的丰富度密切相关，而且与各物种的均匀度密切相关（表 4-11）。

表 4-11　不同处理区物种数、多样性、均匀度相关分析（$n=8$）

指数	物种数（S）	多样性（H）	均匀度（E）
物种数（S）	1		
多样性（H）	0.9251	1	
均匀度（E）	0.7151	0.9202	1

（3）不同处理区群落稳定性分析

人工、半人工草地的群落稳定性是草地生态学的主要研究内容之一，是衡量人工草地质量的标准之一，也是合理、有效地建植、利用、管理和改良人工草地的基本依据。自从 MacArthur 在 1955 年首次提出群落稳定性的概念，Elton 于 1958 年也提出了与 MacArthur 类似的概念。关于稳定性的争论持续了半个世纪，从不同的研究层次和角度出发，科学家们也对稳定性的定义赋予了不同内涵，并产生了不同外延的稳定性概念。Odum（1971）指出，群落稳定性是指在外界因子或干扰活动的作用下，群落各组分抵抗变化和保持平衡状态的倾向。人工草地的群落稳定性是指种间竞争、环境压力和干扰活动三个因素存在的条件下，人工草地植物群落各组分稳定共存、草地生产能力和经济利用价值不致降低的状态（王国宏，2002）。

1）不同处理条件下人工、半人工草场异质性变化。该试验开始前，各处理草场均为退化较严重的“黑土滩”，而在不同的处理下，5 龄与 6 龄草地植物群落结构相似性有较大变化（表 4-12）。

表 4-12　不同处理植物群落相似性比较　　（单位:%）

处理	LP6	ES6	PV6	CK6	CK5	CKF5	LP5	ES5
LP6	1	62.50	49.18	38.30	42.55	40.00	38.89	34.29
ES6		1	49.12	46.51	46.51	43.48	43.75	38.71
PV6			1	50.00	35.71	44.07	26.67	27.27
CK6				1	52.38	48.89	25.81	26.67
CK5					1	62.22	32.26	33.33
CKF5						1	35.29	36.36
LP5							1	42.11
ES5								1

注：LP6、ES6、PV6、CK6、CK5、CKF5、LP5、ES5 意义见表 4-10

从表 4-12 可看出，ES6 和 LP6 群落相似性系数（ISs）较 ES5 和 LP5 提高 20.39%，共有种从 4 种增加到 15 种；LP6 和 CK6 较 LP5 和 CK5 提高 6.04%，共有种从 5 种增到 9 种；ES6 和 CK6 较 ES5 和 CK5 提高 13.18%，共有种从 5 种增到 10 种。群落间相似性系数的变化说明，单播（ES）与混播（LP）人工草地群落有趋同演化的趋势。人工草地在 5 龄、6 龄时，群落结构的变化比对照群落结构变化更为明显。这与群落中次优势种、伴生种如甘肃马先蒿、多裂委陵菜、青海风毛菊、多枝黄芪、白苞筋骨草、黄、帚橐吾、直梗高山唐松草、高山唐松草等杂类草的入侵有关。而人工草地群落随着结构的复杂化，与对照群落间的相似性提高，说明群落处于退化演替阶段。

同一处理条件下 5 龄、6 龄人工草地群落间的异质性也越来越大。ES5 和 ES6 处理之间群落相似性系数为 38.71%，共有种有 6 种；LP5 和 LP6 处理之间为 38.89%，共有种有 7 种；CK5 和 CK6 处理之间为 52.38%，共有种有 11 种。说明人工草地发育到 5 龄、6 龄时群落结构变化较大，群落稳定性较差，开始向退化演替方向发展。而 CK 处理之间相似性系数较高，物种变化不大，群落处于相对稳定状态。

此外，随着生育年龄的增加，表现出单播群落的稳定性比混播群落更差，由于种内竞争加剧，导致群落优势种明显减少，较早地发生退化，而混播处理由于群落结构优化上的优势，较单播处理群落更稳定些。这与王刚和蒋文兰（1998）的研究结果一致，他们指出品种组合是调节人工草地种间竞争机制的主要途径，对人工草地群落稳定性有明确效应。

2）群落丰富度、多样性和均匀度与人工草场群落稳定性之间的相关性分析。安渊等（2002）的研究认为，特定资源生产力水平下草地群落固有的生物多样性，是保持草地稳定和健康发展的基础。通过对单播（ES）、混播（LP）人工草地群落、对照（CK）群落、对照 + 封育（CKF）群落、原生植被 + 封育（VP）群落物种丰富度、多样性、均匀度与群落稳定性的比较分析表明，原生植被 + 封育处理物种丰富度最大、多样性指数和均匀度指数最大（表 4-10），它是该地区的气候顶极群落，是长期适应高寒环境和气候的结果，其群落稳定性最好。从 5 龄到 6 龄混播处理（LP）物种丰富度、多样性指数、均匀度指数分别提高 160.00%、49.66%、5.82%，单播处理（ES）物种丰富度、多样性指数、均匀度指数分别提高了 144.44%、57.22%、10.19%，对照处理（CK）物种丰富度没有变化，多样性指数仅增加了 2.11%。均匀度指数减少 6.54%。这一结果说明，5 龄人工草地由于群落结构简单，多样性指数和均匀度指数较低，群落稳定性也较差。随着生育年龄的延长和杂类草的入侵，群落物种丰富度和多样性指数增大，群落的稳定性相对增大，群落同时呈现严重退化趋势，此结果与高寒地区的生产实际相吻合。由此可见，5 ~ 6 龄的人工草地是群落演替过程发生变化的重要阶段，同时也是采取必要的生产技术和管理措施维持群落稳定性的关键阶段。

4.4.1.2　天然草地植被退化演替过程及特征

物种丰富度、多样性和均匀度指数作为描述群落结构特征的测度指标，可以定量反映群落生态组成及生理 - 生态学特性，对认识和比较群落复杂性和资源丰富程度具有重要的意义。由表 4-13 可知，中度退化演替阶段植物群落的丰富度最大，重度退化演替阶段居中，轻度退化演替阶段最小。物种多样性指数依次为中度退化草地 > 重度退化草地 > 轻度退化草地，均匀度指数依次为重度退化草地 > 中度退化草地 > 轻度退化草地（表 4-13）。

表 4-13　不同退化演替阶段物种丰富度、多样性、均匀度指数

退化草地类型	丰富度	多样性	均匀度
轻度退化草地	33	2.99	0.86
中度退化草地	41	3.41	0.92
重度退化草地	37	3.39	0.94

这种分布格局说明，轻度退化演替阶段原生植被结构和功能保存较好，高山嵩草草甸处于放牧演替顶极群落状态（周兴民等，1987），植物群落矮小密集，盖度较大，土壤生草层紧密、结实而有弹性，外来物种很难入侵和生存，所以物种丰富度较低，植物群落的优势种高山嵩草种群在空间占有明显的生态位优势，使群落物种均匀度指数下降，从而形成物种多样性指数较低的格局。此结果与贺金生等（2003）的研究结果相似，认为植物群落是在一定时间和空间上由不同种类组成的组合体，因此密度增加使那些在群落中表现"弱"的物种比例减少，从而引起群落均匀度的降低，这将使群落多样性降低。中度退化演替阶段，由于草地原生植被破坏，并出现斑块状次生裸地，土壤变得较为疏松，为外来物种的入侵和生长发育创造了有利的条件，特别是一些以种子繁殖为主的植物大量入侵。原生植被的优势种高山嵩草生态位下降，禾本科植物的数量增加，同时退化草地的先锋植物如黄帚橐吾、甘肃马先蒿、圆萼刺参、兰石草、海乳草、雅毛茛、平车前等大量入侵，种群数量不断增加，该演替阶段物种丰富度和物种多样性指数最高。中度退化草地在长期过度放牧，牧草经反复采食和践踏，失去休养生息和种子更新机会，杂类草大量滋生，优良牧草减少。高山嵩草种群数量明显减少，成为伴生种，高山紫菀、黄帚橐吾成为优势种植物。由于草层高度降低，导致害鼠大量迁入和繁殖，加大了草地破坏的强度，并在风蚀、水蚀、冻融等自然因素的共同作用下，造成水土流失严重，生态环境恶化，最终形成大面积的次生裸地——"黑土滩"。该演替阶段物种丰富度、多样性指数较中度退化草地有所减少，但是物种均匀度指数较轻度退化草地、中度退化草地演替阶段有所提高。

4.4.1.3　不同演替阶段植物碳、氮分布和储量特征

（1）不同演替阶段植物碳、氮分布

三江源区嵩草草甸草场由于长期过度放牧等人类活动、害鼠危害以及风蚀、水蚀和全球气候变暖等因素的影响，呈现全面退化趋势（王启基等，1997）。根据草地退化的时间和空间格局的不同，选择轻度退化草地和重度退化草地为研究对象，其地上部分主要功能群（禾草类、杂类草、莎草类）和地下部分根系全碳、全氮浓度如表 4-14、表 4-15所示。

表 4-14　高山嵩草草甸不同演替阶段主要功能群 C、N 浓度（±标准误差）

类群	轻度退化草地			重度退化草地		
	全碳（%）	全氮（%）	C/N	全碳（%）	全氮（%）	C/N
禾草类	42.072（0.615）a	1.335（0.070）A	31.515	37.354（1.752）b	1.310（0.112）A	28.515
杂类草	42.544（0.338）a	1.416（0.079）A	30.045	40.488（1.278）a	1.384（0.063）A	29.254
莎草类	40.772（1.875）a	1.330（0.071）A	30.656	37.970（2.680）b	1.265（0.106）A	30.016

注：数据为 5 个样的平均值；小写字母为碳浓度方差检验，大写字母为氮浓度方差检验，字母相同表示差异不显著（$P>0.05$）

表 4-15　嵩草草甸不同演替阶段植物根系 C、N 浓度（±标准误差）

土壤深度	轻度退化草地			重度退化草地		
	全碳（%）	全氮（%）	C/N	全碳（%）	全氮（%）	C/N
0～20 cm	35.915（1.117）a	0.563（0.045）A	63.792	37.423（1.132）a	0.654（0.074）A	57.222
20～40 cm	32.173（1.044）b	0.477（0.048）A	67.449	35.368（1.518）ab	0.637（0.062）A	55.523

注：数据为 6 个样的平均值；a、A 代表意义同表 4-14

由表 4-14 可知，高山嵩草草甸轻度退化草地地上部分主要功能群全碳、全氮浓度和 C/N 值明显高于重度退化草地的浓度。按同一草地类型主要功能群比较，轻度退化草地全碳、全氮浓度依次为杂类草 > 禾草类 > 莎草类，C/N 值依次为禾草类 > 莎草类 > 杂类草；重度退化草地全碳浓度依次为杂类草 > 莎草类 > 禾草类，全氮浓度依次为杂类草 > 禾草类 > 莎草类；C/N 值依次为莎草类 > 杂类草 > 禾草类。经方差分析表明，轻度退化草地与重度退化草地间禾草类、莎草类之间碳浓度差异显著（$P<0.05$），杂类草之间碳、氮浓度差异不显著（$P>0.05$）；轻度退化草地禾草类、杂类草、莎草类之间碳、氮浓度差异不显著（$P>0.05$）；重度退化草地杂类草与禾草类、莎草类之间碳浓度差异显著（$P<0.05$），而禾草类与莎草类之间碳浓度差异不显著（$P>0.05$）；重度退化草地禾草类、杂类草、莎草类之间氮浓度差异不显著（$P>0.05$）。

重度退化草地植物根系全碳、全氮浓度高于轻度退化草地植物根系全碳、全氮浓度（表 4-15）。而轻度退化草地 C/N 值明显高于重度退化草地 C/N 值。植物根系全碳、全氮浓度随着土壤深度的增加而减少。方差分析表明，除轻度退化草地 0～20 cm 与 20～40 cm 植物根系碳浓度、轻度退化草地 20～40 cm 根系碳浓度与重度退化草地根系碳浓度之间差异显著（$P<0.05$）外，其他处理之间碳、氮浓度差异不显著（$P>0.05$）。与地上主要功能群全碳、全氮浓度相比较，无论是轻度退化草地，还是重度退化草地，其植物地上部分的碳、氮浓度明显高于地下根系的碳、氮浓度。其中氮浓度差异尤为明显，地上部分氮浓度几乎是地下部分的 2 倍。

高山嵩草草甸不同退化演替阶段主要功能群碳、氮浓度分布格局的不同，是由于两个演替阶段植物群落物种组成及其优势度差异所致。根据 2003 年 6 月、7 月、8 月测定平均值计，轻度退化草地植物群落由 43 种植物组成，优势种植物为高山嵩草，优势度为 12.73%。次优势种有羊茅、高原早熟禾等，优势度分别为 7.34%、4.54%。该群落 6 种禾本科植物和 5 种莎草科植物的优势度为 45.69%，32 种杂类草植物的优势度为 54.31%。重度退化草地植物群落由 38 种植物组成，优势种植物为细叶亚菊，其优势度为 9.31%。

次优势种有黄帚橐吾、全缘叶绿绒蒿，优势度分别为6.89%、6.04%。5种禾本科植物和5种莎草科植物的优势度为21.08%，30种杂类草植物的优势度为78.92%。其中，高山嵩草草甸由轻度退化草地演替到重度退化草地，优势种植物高山嵩草的优势度由12.73%下降到1.94%，以禾本科和莎草科植物为主的优良牧草的优势度由45.69%下降到21.08%，而杂类草的优势度由54.31%上升到78.92%。由于植物群落组成的变化，导致植物根系的组成和形态发生变化，轻度退化草地主要由短根茎密丛莎草科植物和禾本科植物的须根系形成密集的草皮层，而重度退化草地植物根系以双子叶植物的直根系为主。由此可见，由于群落物种的组成和优势种的变化导致植物碳、氮浓度的变化。

(2) 不同演替阶段植物碳、氮储量特征

根据2003年生物量高峰期（8月30日）地上生物量计算，轻度退化草地、重度退化草地主要功能群碳储量依次为杂类草 > 禾草类 > 莎草类（表4-16）。

表4-16　高山嵩草草甸不同演替阶段主要功能群C、N储量（±标准误差）（单位：g/m^2）

类群	轻度退化草地		重度退化草地	
	全碳	全氮	全碳	全氮
禾草类	30.81（5.60）a	0.98（0.18）A	2.96（1.34）b	0.10（0.05）C
莎草类	7.51（1.82）b	0.25（0.15）B	1.34（0.72）b	0.05（0.03）C
杂类草	32.34（4.64）a	1.08（0.15）A	55.49（6.55）d	1.89（0.22）D
合计	70.66（10.23）e	2.31（0.33）D	59.79（8.49）e	2.04（0.29）D

注：数据为5个样的平均值；小写字母为碳储量方差检验，大写字母为氮储量方差检验（$P<0.05$），字母相同表示差异不显著（$P>0.05$）

重度退化草地地上部分总碳储量（59.79 g/m^2）较轻度退化草地地上部分总碳储量（70.66 g/m^2）减少15.38%。其中，禾草类碳储量减少90.39%，莎草类减少82.16%，而杂类草增加71.58%。

氮储量变化趋势与碳储量变化趋势相似，重度退化草地地上部分总氮储量（2.04 g/m^2）较轻度退化草地地上部分总氮储量（2.31 g/m^2）减少11.69%。其中，禾草类氮储量减少89.80%，莎草类减少80.00%，而杂类草增加75.00%。

经方差分析表明，轻度退化草地禾草类全碳储量与莎草类全碳储量差异极显著（$P<0.01$），而与杂类草全碳储量差异不显著（$P>0.05$）；莎草类全碳储量与杂类草全碳储量差异极显著（$P<0.01$）。重度退化草地禾草类全碳储量与莎草类全碳储量差异不显著（$P>0.05$），而与杂类草全碳储量差异极显著（$P<0.01$）；莎草类全碳储量与杂类草全碳储量差异极显著（$P<0.01$）。轻度退化草地与重度退化草地相比较，禾草类之间、杂类草之间全碳储量差异极显著（$P<0.01$），莎草类之间全碳储量差异不显著（$P>0.05$）；轻度与重度退化草地之间总碳储量差异不显著（$P>0.05$）。氮储量方差分析结果与碳储量方差分析结果基本相似（表4-16）。

由表4-17可知，高山嵩草草甸植物地下部分（植物根系）碳、氮储量明显高于地上部分储量，而且主要集中于0～20 cm土层中，轻度退化草地和重度退化草地在该层植物根系的碳储量分别占0～40 cm土层根系总碳储量的90.31%和97.25%。重度退化草地植物根系碳、氮总储量（0～40 cm土层）较轻度退化草地植物根系碳、氮总储量分别减少

60.46%和57.14%。其中，0～20 cm土层中碳、氮储量分别减少57.42%和53.56%，20～40 cm土层中碳、氮储量分别减少88.79%和88.54%。

表4-17　高山嵩草草甸不同演替阶段植物根系C、N储量（±标准误差）　（单位：g/m^2）

土壤深度	轻度退化草地		重度退化草地	
	全碳	全氮	全碳	全氮
0～20 cm	817.93（77.10）a	13.76A	348.25（60.96）c	6.39C
20～40 cm	87.74（33.33）b	1.57B	9.84（1.97）b	0.18B
0～40 cm	905.67（78.14）a	15.33A	358.10（62.32）c	6.57C

注：数据为9个样的平均值；a、A意义同表4-16

经方差分析表明，同一处理区0～20 cm土层与20～40 cm土层植物根系碳、氮储量差异极显著（$P<0.01$），0～20 cm土层与0～40 cm土层植物根系碳、氮储量差异不显著（$P>0.05$），说明植物根系的碳、氮主要分布在0～20 cm土层的根系中。轻度退化草地与重度退化草地0～20 cm、0～40 cm土层中植物根系碳、氮储量差异极显著（$P<0.01$），而20～40 cm土层中植物根系碳、氮储量差异不显著（$P>0.05$）。此结果说明，由于草地退化使植物根系所固定的碳和氮明显减少，尤其是0～20 cm土层中根系的储量减少最多。

4.4.1.4　不同土地管理措施下禾草类、杂类草和莎草类的碳氮浓度和C/N值

根据达日县窝赛乡试验区研究结果表明，不同土地管理措施［封育的原生植被（YF）、混播处理（HB）、单播处理（DBF）、退化草地封育自然恢复（NR）、重度退化草地（SDL）］下禾草类、杂类草和莎草类地上部分的碳、氮浓度及C/N见表4-18。

表4-18　不同处理禾草类、杂类草和莎草类地上部分碳、氮浓度及C/N

处理	禾草类			杂类草			莎草类		
	C（%）	N（%）	C/N	C（%）	N（%）	C/N	C（%）	N（%）	C/N
YF	40.48	1.27	31.87	43.93	1.53	28.71	41.15	1.22	33.75
HB	40.55	1.02	39.75	41.13	1.39	29.59	—	—	—
DBF	41.47	1.09	38.05	40.83	1.23	33.33	—	—	—
NR	35.48	1.36	26.09	36.64	1.41	25.94	40.25	1.18	34.11
SDL	38.69	1.49	25.97	40.79	1.59	25.53	—	—	—
平均	39.33	1.25	32.38	40.66	1.43	28.60	40.70	1.20	33.93

注：YF为封育的原生植被；HB为混播处理；DBF为单播处理；NR为退化草地封育自然恢复；SDL为重度退化草地

从各处理平均值看：禾草类、杂类草和莎草类的碳浓度平均为39.33%、40.66%和40.70%；禾草类、杂类草和莎草类的氮浓度平均为1.25%、1.43%和1.20%，可以看出杂草的氮浓度比禾草高；它们的碳、氮比分别为32.38、28.60和33.93。

通过t检验，禾草类、杂类草、莎草类碳浓度在各处理间显著性概率分别为0.890、0.997、0.972，远大于5%。禾草类、杂类草、莎草类氮浓度在各处理间显著性概率分别为0.993、0.932、0.984，远大于5%。因此，可以认为不同处理对禾草类、杂类草、莎草类植物碳、氮浓度含量的影响不大，差异不显著（$P>0.05$）。但从测定结果看，YF、

HB、DBF处理下禾草类碳浓度比较相近，但高于退化草地NR和SDL处理，其差异可能来自物种组成的差异或土壤养分的不同。

4.4.1.5 不同土地管理措施下植被地上部分单位面积碳氮储量

由图4-14可知，各处理单位面积植被地上部分碳总储量依次为混播处理（HB，124.60 g/m^2）>封育的原生植被处理（YF，110.42 g/m^2）>翻耕单播处理（DBF，81.96 g/m^2）>退化草地封育自然恢复处理（NR，73.43 g/m^2）>重度退化草地处理（SDL，57.07 g/m^2）。

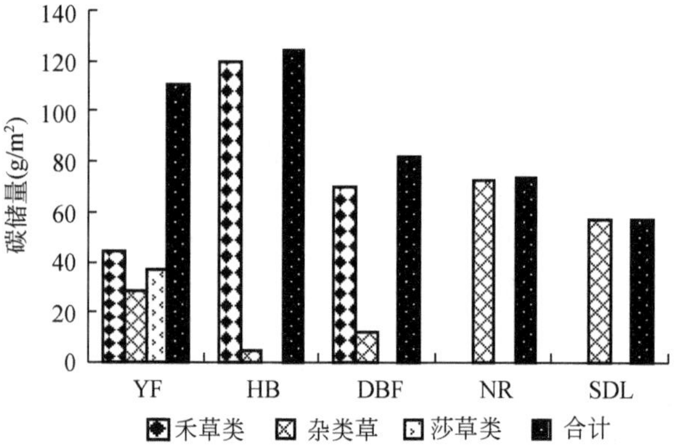

图4-14 不同处理植被地上部分单位面积碳储量

注：YF、HB、DBF、NR、SDL意义见表4-18

其中，YF处理的总碳储量依次由禾草类、杂类草和莎草类的碳储量组成，分别占总碳储量的40.32%、26.17%、33.51%，HB、DBF处理中总碳储量主要由禾草类的碳储量组成，分别占总碳储量的96.07%和85.20%，NR、SDL处理中总碳储量主要由杂类草的碳储量组成，分别占总碳储量的99.20%和100%。

不同处理区单位面积植被地上部分氮储量依次为YF（3.49 g/m^2）>HB（3.16 g/m^2）>NR（2.83 g/m^2）>SDL（2.24 g/m^2）>DBF（2.20 g/m^2）。各处理区禾草类、杂类草和莎草类地上部分氮储量对总氮贡献率变化趋势（图4-15）与总碳变化趋势相似。

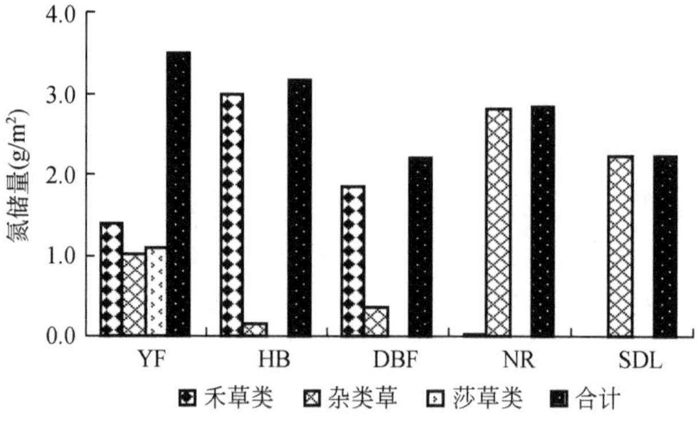

图4-15 不同处理植被地上部分单位面积氮储量

注：YF、HB、DBF、NR、SDL意义见表4-18

4.4.1.6　不同土地管理措施下植物根系碳氮浓度、C/N 及单位面积碳、氮储量

原生植被封育处理地下 0 ~ 30 cm 层根组织碳浓度最高，达 42.51%（表 4-19），显著高于退化草地封育自然恢复处理和 2 个人工种植处理，另外，自然封育处理下根组织碳浓度显著高于翻耕单播处理根中碳浓度；各处理根组织中氮浓度高低顺序为：重度退化处理 > 自然封育处理 > 人工种植处理 > 原生植被封育处理，人工种植处理间根组织氮浓度差异不显著。封育的原生植被处理中根组织 C/N 最高，达 55.64，显著高于其他处理根组织 C/N，且其他处理间 C/N 无显著性差异。

从表 4-19 可以看出，地下 0 ~ 30 cm 根系中每平方米碳含量和氮含量均在封育的原生植被处理中最高，显著高于其他处理，且其他处理间差异不显著，但从测定数值看，自然封育和混播处理中根系的碳储量和氮储量比单播处理和重度退化草地处理高。封育的原生植被处理根系中碳储量为 2957 g/m^2，氮储量为 53.36 g/m^2；重度退化处理根系中的碳储量为 357 g/m^2，氮储量为 15.78 g/m^2，这意味着从原生植被退化演替到重度退化草地阶段，仅从根系中丢失的碳和氮储量分别达 2600 g/m^2 和 37.58 g/m^2，即土地退化导致由根系流失的碳和氮分别达到 88% 和 70%。混播处理根系碳、氮储量分别为封育的原生植被处理的 15.5% 和 32.0%，单播处理根系碳、氮储量分别为原生植被封育处理的 12% 和 28%，退化草地封育自然恢复处理根系碳、氮储量分别为封育的原生植被处理的 17.6% 和 41.5%，相比较而言，恢复地下根系碳、氮效果较好的措施是封育自然恢复和混播处理。

表 4-19　不同处理 0 ~ 30 cm 层根系碳、氮浓度、C/N 及单位面积碳、氮储量

处理	碳浓度（%）	氮浓度（%）	C/N	单位面积碳储量（g/m^2）	单位面积氮储量（g/m^2）
YF	42.51（1.27）a	0.764（0.041）d	55.64（3.88）a	2957（115）a	53.36（4.74）a
HB	34.90（1.17）bc	1.298（0.045）c	26.90（0.48）b	458（41）b	17.08（1.73）b
DBF	30.19（1.15）c	1.244（0.110）c	24.27（1.31）b	358（84）b	15.06（4.11）b
NR	36.71（1.49）b	1.529（0.048）b	24.01（1.30）b	520（227）b	22.15（9.98）b
SDL	38.80（2.27）ab	1.721（0.069）a	22.55（0.56）b	357（34）b	15.78（1.11）b

注：各列的字母显示了多重比较的结果，如字母相同，则差异不显著，$\alpha = 0.05$；YF、HB、DBF、NR、SDL 意义见表 4-18

4.4.2　草地退化演替过程的土壤特征

4.4.2.1　高寒草甸退化对土壤含水量的影响

草地植被的覆盖率和植物群落的种类成分是对保持水土、防止水土流失起积极作用的主导因素，几乎在任何条件下都有阻止水蚀和风蚀的作用（许志信和李永强，2003）。

由图 4-16 可知，无论是在 0 ~ 20 cm 土层，还是 20 ~ 40 cm 土层，轻度退化草地的土壤含水量明显高于重度退化草地土壤含水量。其中，轻度退化草地 0 ~ 20 cm 土层中的含

水量较重度退化草地含水量提高55.16%，20~40 cm土层中含水量提高21.0%。通过轻度退化草地土壤含水量与重度退化草地土壤含水量之间的方差分析表明，轻度退化草地0~20 cm的土壤含水量与重度退化草地土壤含水量差异极显著（$F=23.86$，$n=6$，$P<0.01$），而20~40 cm的土壤含水量差异不显著（$P>0.05$），即随着土壤深度的增大，其相关性逐渐减弱。此外，通过相对应的植被盖度与土壤含水量之间的相关分析表明，植被盖度与土壤含水量之间存在极显著的正相关性关系（$P<0.01$），其中，0~20 cm土层中植被盖度与土壤含水量的相关系数$r_{n=12}=0.8297$，20~40 cm相关系数$r_{n=12}=0.7523$。由此可见，草地植被盖度对土壤含水量的影响极大，也就是说，随着植被盖度的提高土壤涵养水分能力增大。

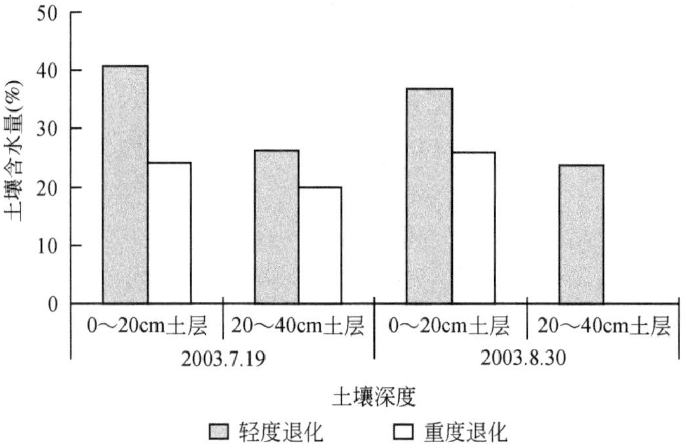

图4-16　不同退化演阶段土壤含水量

4.4.2.2　高寒草甸退化演替对土壤养分的影响

从天然草地和退化草地土壤养分比较（图4-17），未退化原生植被无论是土壤全碳，还是土壤有机碳均比退化草地的含量高，土壤有机氮含量也具有同样的趋势。原生植被和

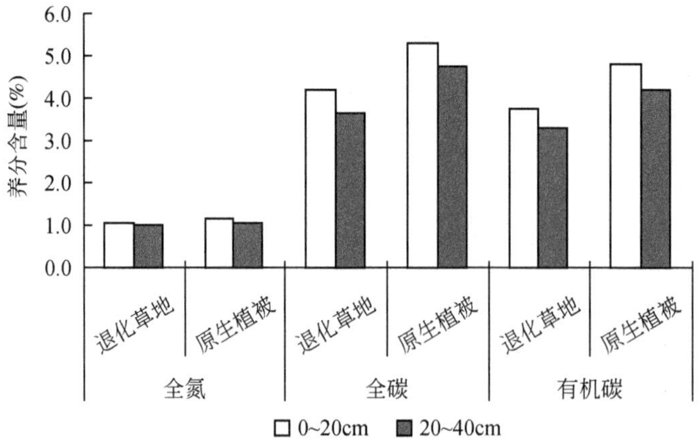

图4-17　草地退化对高山嵩草草甸土壤养分的影响

严重退化草地 0 ~ 20 cm 和 20 ~ 40 cm 土层中全碳平均值分别为 5.03% 和 3.93%；有机碳平均值分别为 4.51 和 3.53；全氮含量平均值分别为 1.08 和 1.01。原生植被和严重退化草地的 C/N 分别为 4.66 和 1.07。

由此可见，三江源区高寒草甸退化草地氮素和碳素养分缺乏，尤其有效养分的缺乏，碳、氮比值失调，而导致草地退化。

4.4.2.3　不同退化演替阶段土壤碳、氮分布和储量动态特征及其对全球变化的贡献

（1）土壤碳氮分布特征

土壤作为植被的基本载体，两者之间有着十分密切的关系。植被的演替过程也是植被和土壤相互影响和作用的过程（张全发等，1990）。植被通过光合作用所形成的有机物质一部分通过植物残体被输送到土壤中，从而对有机碳的积累和周转产生深刻的影响。高寒高山嵩草草甸不同演替阶段土壤总有机碳、全氮浓度见表 4-20。

表 4-20　高寒高山嵩草草甸不同演替阶段土壤总有机碳、全氮浓度（± 标准误差）和 C/N

土壤深度	轻度退化草地			重度退化草地		
	总有机碳（%）	全氮（%）	C/N	总有机碳（%）	全氮（%）	C/N
0 ~ 20 cm	4.821（0.428）a	1.138（0.045）A	4.236	3.733（0.248）b	1.027（0.058）A	3.635
20 ~ 40 cm	4.180（0.853）a	1.053（0.052）A	3.970	3.322（0.311）b	0.998（0.058）A	3.329

注：数据为 6 个样的平均值；a、A 的含义同表 4-14

由表 4-20 可知，0 ~ 20 cm、20 ~ 40 cm 层土壤中，重度退化草地土壤有机碳浓度较轻度退化草地土壤总有机碳浓度分别减少 22.57%、20.53%，土壤全氮浓度分别减少 9.75%、5.22%。重度退化草地土壤 C/N 较轻度退化草地的 C/N 分别下降 11.44% 和 16.22%。方差分析表明，轻度退化草地 0 ~ 20 cm 土壤碳浓度与 20 ~ 40 cm 土壤碳浓度差异不显著（$P > 0.05$），而重度退化草地与轻度退化草地（0 ~ 20 cm、20 ~ 40 cm）之间土壤碳浓度差异显著（$P < 0.05$），二者之间氮浓度差异不显著（$P > 0.05$）。此结果表明，草地退化导致土壤中碳和氮浓度下降。但相比较而言，土壤中有机碳的丢失远大于氮的丢失。

（2）土壤的碳氮储量特征

由表 4-21 可以看出，重度退化草地土壤总有机碳储量（13 131.9 g/m^2）较轻度退化草地土壤总有机碳储量（13 692.7 g/m^2）减少 4.10%，全氮储量增加 13.08%。其中，0 ~ 20 cm 土层中的总有机碳储量减少 1.88%，全氮增加 14.60%。20 ~ 40 cm 土层中的总有机碳储量减少 6.33%，全氮增加 11.64%。

随着土层的加深，总有机碳储量有减少的趋势，而全氮储量有所增加。方差分析表明，0 ~ 20 cm、20 ~ 40 cm 土层中轻度退化草地与重度退化草地或同一处理不同土层之间总有机碳储量、全氮储量差异不显著（$P > 0.05$）。

表 4-21 高山嵩草草甸不同演替阶段土壤总有机碳和氮储量（±标准误差）

土壤深度	轻度退化草地				重度退化草地			
	容重 (g/cm^3)	砾石比例 (%)	总有机碳 (g/m^2)	全氮 (g/m^2)	容重 (g/cm^3)	砾石比例 (%)	总有机碳 (g/m^2)	全氮 (g/m^2)
0～20 cm	0.90 (0.01)	21.18 (1.88)	6 869.7 (692.8) a	1 617.9 (85.3) A	1.24 (0.01)	27.31 (0.47)	6 740.8 (485.6) a	1 854.1 (106.0) A
20～40 cm	1.13 (0.01)	27.72 (1.32)	6 823.0 (639.7) a	1 718.4 (80.5) A	1.34 (0.01)	28.23 (054)	6 391.1 (607.1) a	1 918.5 (110.5) A
合计	—	—	13 692.7 (1211.4) b	3 336.3 (160.0) B	—	—	13 131.9 (1032.3) b	3 772.6 (210.0) C

注：砾石 >0.25 mm 数据为 6 个样的平均值；a、A 意义同表 4-16

通过土壤容重、砾石比例、碳氮浓度、碳氮储量之间的相关分析表明，土壤容重与土壤砾石比例呈极显著的正相关（$r=0.705$，$n=24$，$P<0.01$），与碳浓度呈极显著的负相关（$r=-0.567$，$n=24$，$P<0.01$），与氮储量呈显著正相关（$r=0.429$，$n=24$，$P<0.05$），与碳储量、氮浓度呈负相关（$r=-0.120$，$n=24$，$r=-0.403$，$n=24$），差异不显著（$P>0.05$）；土壤砾石比例与碳浓度呈显著负相关（$r=-0.494$，$n=24$，$P<0.05$），与碳储量、氮浓度呈弱负相关（$r=-0.316$，$n=24$，$r=-0.35.3$，$n=24$，$P>0.05$），与氮储量呈弱正相关（$r=0.056$，$n=24$，$P>0.05$）；碳浓度与碳储量、氮浓度呈极显著正相关（$r=0.861$，$n=24$，$r=0.819$，$n=24$，$P<0.01$），而与氮储量呈弱正相关（$r=0.295$，$n=24$，$P>0.05$）；碳储量与氮浓度、氮储量呈极显著正相关（$r=0.755$，$n=24$，$r=0.666$，$n=24$，$P<0.01$）；氮浓度与氮储量呈极显著正相关（$r=0.601$，$n=24$，$P<0.01$），说明土壤物理结构对土壤化学组成有一定影响。

（3）不同演替阶段碳、氮储量特征比较及对全球变化的贡献率

轻度退化草地（LD）总有机碳储量（0～40 cm 土层）为 14 669.2 g/m^2，其中，土壤有机碳占 93.34%，植物根系占 6.17%，植物地上部分占 0.48%；总氮储量为3352.7 g/m^2，其中，土壤全氮占 99.51%，植物根系全氮占 0.42%，植物地上部分全氮占 0.07%。重度退化草地（SD）总有机碳储量为 13 554.3 g/m^2（0～40 cm土层），其中，土壤有机碳占 96.88%，植物根系占 2.67%，植物地上部分占 0.44%；全氮储量为 3780.6 g/m^2，其中，土壤全氮占 99.78%，植物根系全氮占 0.17%，植物地上部分全氮占 0.05%。由此可见，三江源区高山嵩草草甸的土壤有机碳、氮储量最大，植物根系碳、氮储量居中，植物地上部分碳、氮储量最小。

从两个退化演替阶段总有机碳、氮储量比较可以看出，重度退化草地总有机碳储量较轻度退化草地下降 7.60%。其中，0～40 cm 土壤层碳储量下降 4.10%，植物根系碳储量下降 59.97%，植物地上部分碳储量下降 15.39%；由于草地退化将损失有机碳 11 149 kg/hm^2，其中，土壤、植物根系、植物地上部分有机碳分别损失 5608 kg/hm^2、5432 kg/hm^2、109 kg/hm^2，分别占总有机碳损失量的 50.30%、48.72%、0.98%。重度退化草地全氮储量较轻度退化草地提高 12.76%，其中，0～40 cm 土壤中全氮储量提高 13.07%，植物根系全氮储量下降 55.09%，植物地上部分全氮下降 16.00%。重度退化草地总氮储量较轻度退化草地高主要来自土壤全氮储量，其主要原因可能是土壤容重的增大和由于退化草地土壤松散，土壤温度较高，矿化度提高以及植物组成的改变减少了植物对土壤氮素的吸收利用。由此可见，由于草地退化导致植物群落物种组成和结构、功能发生变化，从而影响高寒草甸生态系统碳、氮储量的变化（王启基等，2008）。

Tiessen 等（1982）与 Davidson 和 Ackerman（1993）的研究表明，草地开垦成农田后土壤中 30%～50% 的碳素会损失掉，大量碳损失发生在开垦后的最初几年，20 年后趋于稳定。Li 和 Chen（1997）的研究指出，内蒙古羊草草原经 40 年的过度放牧后，草地表层土壤（0～20 cm）的碳储量降低了 12.4%。高寒草甸生态系统植物、土壤碳、氮储量的这种分布规律不仅与青藏高原独特的地理位置和气候条件密切相关，而且与长期适应高寒环境植物的生理－生态学特性有关。

4.4.2.4　不同土地管理方式对土壤碳、氮含量的影响

从 0～10 cm 土壤碳浓度比较（表 4-22），原生植被封育处理最高，达 47.47 g/kg，显著高于其他所有处理，而重度退化地最低，仅为 17.63 g/kg。另外，三种恢复重建措施建植的草地相比较，自然恢复处理显著高于其他恢复措施，混播处理次之，翻耕单播处理最低，且与重度退化地土壤碳浓度间差异不显著，表明从土壤有机碳短期恢复（7 年）的角度看，自然恢复的效果要比种植处理好，而种植处理中，混播处理要比翻耕单播好。10～20 cm 土壤碳浓度变化格局与 0～10 cm 相似。

表 4-22　不同处理土壤碳氮浓度（±标准误）及 C/N

处理	C 浓度（g/kg）		N 浓度（g/kg）		C/N	
	0～10 cm 土层	10～20 cm 土层	0～10 cm 土层	10～20 cm 土层	0～10 cm 土层	10～20 cm 土层
YF	47.47（2.85）a	43.79（0.70）a	3.942（0.111）a	3.939（0.125）a	12.04（0.44）a	11.12（0.19）a
HB	30.53（1.08）c	21.06（1.10）c	3.133（0.060）b	2.352（0.106）c	9.74（0.15）c	8.95（0.07）c
DBF	19.22（0.65）d	14.31（0.55）d	2.291（0.070）c	1.900（0.040）d	8.39（0.15）d	7.53（0.23）d
NR	38.47（2.19）b	26.64（1.26）b	3.635（0.173）a	2.810（0.111）b	10.58（0.10）b	9.48（0.13）b
SDL	17.63（0.22）d	15.14（0.32）d	2.094（0.020）c	1.900（0.040）d	8.42（0.18）d	7.97（0.17）d

注：各列字母显示了多重比较的结果，如字母相同，则差异不显著，$\alpha = 0.05$；YF、HB、DBF、NR、SDL 意义见表 4-18

从 0～10 cm 土壤氮浓度看，原生植被封育和自然恢复处理中最高，且两者间差异不显著，混播和松耙单播处理次之，翻耕单播处理和重度退化地最低，且两者间差异不显著。10～20 cm 土壤氮浓度变化格局基本与 0～10 cm 相似，不同点在于几个恢复重建处理中，自然恢复处理和松耙单播处理土壤氮浓度显著高于混播处理，混播处理又显著高于翻耕单播处理。

0～10 cm 和 10～20 cm 土壤 C/N 在不同处理间的变化格局同土壤碳浓度一致，原生

植被封育处理土壤 C/N 最高，达 12.02，而重度退化地为 8.42，说明土地退化导致土壤中碳和氮丢失。但相比较而言，土壤中有机碳的丢失远多于氮的丢失。混播、松耙单播及自然恢复处理可增加土壤的 C/N。此外，所有处理中土壤表层（0 ~ 10 cm）C/N 较深层（10 ~ 20 cm）C/N 高。研究结果同时表明：土地退化后，不仅土壤总有机碳和总氮下降，而且土壤有机碳和总氮在轻组/重组中的分配比例受到很大的影响（表 4-23），轻组有机质占总有机质的比例减少，而重组有机碳占总有机碳的比例增加，表明总有机碳更多的分布在不易矿化分解的重组中。

表 4-23　不同处理土壤层轻组和重组的碳氮浓度及 C/N

处理		碳浓度（%）		氮浓度（%）		C/N	
		HF	LF	HF	LF	HF	LF
0 ~ 10cm 土层	YF	3.84 (0.09) a	28.63 (1.53) a	0.362 (0.003) a	1.192 (0.028)	10.61 (0.21) a	24.02 (0.78) a
	HB	2.83 (0.09) c	22.24 (2.80) bc	0.305 (0.007) b	1.144 (0.130)	9.28 (0.08) c	19.44 (0.86) b
	DBF	1.76 (0.07) d	18.93 (1.53) bc	0.224 (0.007) c	1.061 (0.087)	7.86 (0.09) d	17.84 (0.19) b
	NR	3.43 (0.18) b	22.19 (0.50) bc	0.347 (0.015) a	1.254 (0.012)	9.88 (0.10) b	17.70 (0.46) b
	SDL	1.65 (0.03) d	24.18 (0.31) ab	0.206 (0.023) c	1.310 (0.041)	8.01 (0.12) d	18.46 (0.36) b
10 ~ 20cm 土层	YF	4.09 (0.05) a	26.32 (1.55) a	0.390 (0.010) a	1.060 (0.071) b	10.49 (0.17) a	24.83 (0.26) a
	HB	2.05 (0.11) c	21.33 (1.11) b	0.236 (0.011) c	1.050 (0.046) b	8.69 (0.06) c	20.31 (0.34) b
	DBF	1.38 (0.06) d	18.37 (1.85) bc	0.190 (0.004) d	0.918 (0.125) b	7.26 (0.34) d	20.01 (1.03) b
	NR	2.55 (0.15) b	25.84 (0.63) a	0.279 (0.012) b	1.358 (0.053) a	9.14 (0.17) b	19.03 (0.44) bc
	SDL	1.48 (0.03) d	27.64 (0.31) a	0.191 (0.004) d	1.357 (0.013) a	7.75 (0.06) d	20.37 (0.05) b

注：各列数据后的字母显示了多重比较的结果，如字母相同，则差异不显著，$\alpha = 0.05$；YF、HB、DBF、NR、SDL 意义见表 4-18；HF 为重组，LF 为轻组

4.5　退化草地恢复演替进程

4.5.1　退化草地植物群落演替进程中的物种组成

从物种的科、属、种组成（表 4-24）分析，2、3、4、5、6 龄人工草地系列（Ⅰ）上各群落类型优势种依次为：垂穗披碱草 + 冷地早熟禾 + 落草 + 细叶亚菊→垂穗披碱草 + 播娘蒿 + 铁棒锤 + 葶苈（*Draba nemorosa*）→垂穗披碱草 + 中华羊茅 + 早熟禾 + 异针茅→垂穗披碱草 + 甘肃马先蒿 + 鹅绒委陵菜 + 早熟禾→垂穗披碱草 + 鹅绒委陵菜。从 2 ~ 6 龄，人工草地群落的优势种由垂穗披碱草变为垂穗披碱草和鹅绒委陵菜为优势种的草地，这与匍匐茎植物的生长发育特性有关，这种变化趋势表明人工草地的演替同时是天然草地恢复的过程（史惠兰等，2005a）。

表 4-24　退化草地演替进程中群落种类组成

演替年龄		总科数	总属数	总种数	禾本科			菊科			十字花科			蓼科			蔷薇科		
					属数	种数	优势度	属数	种数	优势度	属数	种数	优势度	属数	种数	优势度	属数	种数	优势度
Ⅰ	2	9	13	13	3	3	63.03	1	1	8.860	2	2	5.46	0	0	0	0	0	0
	3	10	14	15	2	2	41.25	2	2	5.10	2	2	17.89	0	0	0	0	0	0
	4	11	19	19	5	5	61.58	2	2	4.05	1	1	4.96	1	1	3.24	0	0	0
	5	11	13	14	2	2	52.84	1	1	8.23	0	0	0	1	2	8.54	1	1	6.18
	6	11	14	16	2	2	47.92	2	2	3.763	0	0	0	1	2	9.18	1	2	11.42
Ⅱ	2	15	23	23	3	3	10.08	3	3	13.41	2	2	11.11	0	0	0	1	1	2.24
	3	11	21	22	3	3	15.45	0	0	0	3	3	32.29	0	0	0	0	0	0
	4	15	26	28	3	3	17.21	4	4	25.28	1	1	2.40	0	0	0	1	2	4.20
	5	10	12	16	2	2	14.04	0	0	0	0	0	0	1	2	34.83	1	2	16.12
	6	13	15	15	2	2	17.71	1	1	6.32	0	0	0	1	1	14.57	2	2	32.23

2 龄、3 龄、4 龄、5 龄、6 龄“黑土滩”（Ⅱ）退化草地各群落类型优势种依次为：藏忍冬 + 细叶亚菊 + 播娘蒿→播娘蒿 + 葶苈 + 白苞筋骨草 + 兔耳草→细叶亚菊 + 播娘蒿 + 兔耳草 + 早熟禾→珠芽蓼 + 西伯利亚蓼 + 鹅绒委陵菜 + 多裂委陵菜→鹅绒委陵菜 + 西伯利亚蓼 + 早熟禾。在垂穗披碱草人工草地群落中，禾本科植物依然是主要的群落功能稳定的主导者，具有较高的优势度。2 ~ 4 龄，是十字花科植物入侵和被替代的过程，4 ~ 6 龄，蓼科、蔷薇科植物的优势度在两个草地类型的演替进程中均有升高，这表明 4 龄群落是这两种类型草地群落演替过程中不同阶段的过渡群落；同时也反映出随着演替进行，人工草地和“黑土滩”退化草地的物种组成将有相同的变化趋势。

4.5.2　退化草地演替进程中群落植物的生活型变化

随着演替进程的发展，优势种的更替和植物生活型变化有着密切的关系。演替初期，两种类型的草地群落中，各种生活型的植物都侵入，在 3 龄时，植物的生活型种类最丰富，但是随着群落物种间的竞争排斥和不同生活型植物对环境适应能力的不同，对环境扰动具有更强抵抗能力的多年生植物占据优势，而在群落中具有更高优势度（图 4-18）。

由图 4-18 可知，随着时间的延续，优势种和一年生植物优势度下降，一年生植物被多年生植物替代，使多年生植物的优势度上升。人工草地各群落建群层片均为垂穗披碱草为主的多年生疏丛禾草，2 龄、3 龄、4 龄、5 龄、6 龄草地的优势层片分别为：多年生疏丛禾草→多年生疏丛禾草 + 一年生杂草（播娘蒿、葶苈）→多年生疏丛禾草 + 多年生杂草（兰石草、棱子芹、西伯利亚蓼、细叶亚菊）→多年生疏丛禾草 + 一年、二年生丛生禾草（早熟禾） + 多年生杂草（细叶亚菊、鹅绒委陵菜、西伯利亚蓼）→多年生疏从禾草 + 多年生杂草（鹅绒委陵菜、西伯利亚蓼、海乳草、细叶亚菊）。2 龄、3 龄、4 龄、5 龄、6

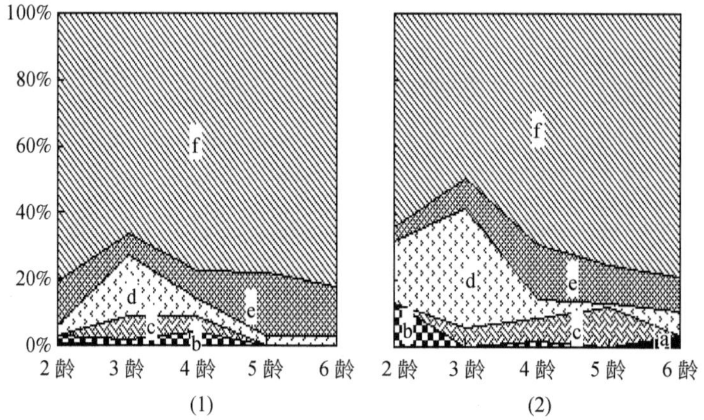

图 4-18 人工草地（1）和“黑土滩”退化草地（2）演替进程中群落的植物生活型变化

a. 直立草本层片；b. 落叶灌丛层片；c. 块根地下芽层片；d. 一年生草本层片；
e. 一年或二年生丛生小草本层片；f. 多年生草本层片

龄“黑土滩”退化草地，各群落建群层及优势层片分别为：小半灌木（藏忍冬）→一年生草本（播娘蒿、灰藜）→一年生草本（播娘蒿、乌头、婆婆纳）＋多年生杂草（细叶亚菊、圆萼刺参、矮火绒草）→多年生杂草（鹅绒委陵菜、多裂委陵菜、西伯利亚蓼、细叶亚菊）→多年生杂草（西伯利亚蓼、细叶亚菊）＋多年生匍匐茎草本（鹅绒委陵菜）。可见，随演替年龄增加两种类型群落在建群种各异的基础上，群落中物种的变化趋势都是一年生杂草先侵入，然后是多年生草本的固定，两种类型的群落在演替进程中，物种的生活型有相同的变化趋势。这与多年生植物比一年生植物具有更强的抵抗环境扰动和保持其群落稳定的能力有关。

4.5.3 不同类型草地演替进程中群落物种丰富度变化

植物群落的物种丰富度指一个群落所含的植物种数。稳定的人工草地群落是物种组成恒定、产量稳定的群落，其演替是杂类草不断侵入、物种丰富度不断升高的过程。

由表 4-26 可知，人工草地群落的平均植物种数为 13～19 种，“黑土滩”退化草地为 15～28 种，其结果与周华坤等于 2002 年的研究，“黑土滩”退化草地群落比人工草地群落具有较高的物种丰富度的结果相一致。从时间尺度分析，人工草地群落种数以 4 龄最高，5 龄、6 龄次之，2 龄、3 龄最低。随着演替过程的延续，植物群落的物种丰富性均在 4 龄时出现峰值，这表明人工草地建植初期，群落优势种垂穗披碱草维持群落的主要生态功能，同时伴随着对严酷环境抵御能力强的一年生植物侵入，到 4 龄时群落物种组成出现峰值，此后随着演替进行抗干扰能力强的多年生植物替代一、二年生植物，群落丰富度降低，同时保持相对稳定。“黑土滩”退化草地群落种数以 4 龄最高，2 龄、3 龄次之，5 龄、6 龄最低。这种变化与演替过程中优势种的不断更替以及“黑土滩”退化草地瘠薄的土壤条件，导致其物种丰富度和其他群落特征值呈递减的趋势。

4.5.4 恢复演替进程中植物群落物种多样性和均匀度的变化

4.5.4.1 退化草地恢复演替进程中 α 多样性分析

物种多样性是群落的重要特征，是生态系统功能维持的生物基础，包括物种丰富度和均匀度两个方面。群落的均匀度指群落中种群多度的配置状况，以群落实测多样性和群落中各种群多度完全均匀分布时的群落多样性之比来衡量。

对不同演替阶段人工草地群落和“黑土滩”退化草地群落 α 多样性的测度表明(图4-19)，人工草地群落多样性指数和均匀度指数有一致的变化趋势，4 龄群落的多样性指数最高（$H=2.2902$），3 龄群落的均匀度指数最高（$J=0.8313$），4 龄次之（$J=0.7778$）；“黑土滩”退化草地，4 龄群落的多样性指数最高（$H=3.078$），2 龄群落的均匀度指数最高（$J=0.9294$），4 龄次之（$J=0.9237$）。这由于人工群落优势种的优势度明显，在群落中占主导地位，导致均匀度指数下降，并使多样性指数下降。

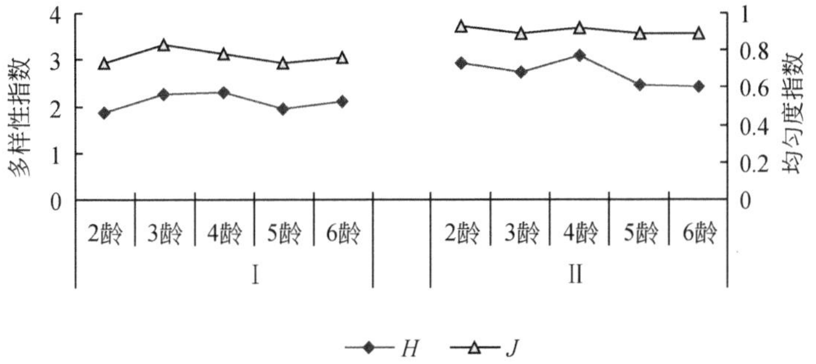

图4-19　人工草地（Ⅰ）和“黑土滩”退化草地（Ⅱ）演替进程中群落的多样性和均匀度动态
H. Shannon-Wiener 多样性指数；*J*. Pielou 均匀度指数

4.5.4.2 退化草地恢复演替进程中 β 多样性分析

β 多样性是指沿着环境梯度的变化物种替代的程度，也有人称之为物种周转速率、生物变化速率。β 多样性包括不同群落间物种组成的差异，不同的群落或环境梯度上不同点之间的共有种越少，β 多样性越大。时间尺度上 β 多样性的测定利于认识生物群落的时空结构和功能过程。

由表4-25 可知，在垂穗披碱草人工草地和“黑土滩”退化草地群落中，2 龄与5 龄、6 龄植被在物种组成上差异最大，即物种的周转速率最大；2 ~4 龄，4 ~6 龄，这两个阶段内植被间的 β 多样性高，物种周转率小。可见，4 龄草地群落是在种间竞争和种内竞争共同作用下产生的过渡群落，在时间序列上可分为 2 ~4 龄、4 ~6 龄两个阶段，第一阶段主要是一年生草本的侵入，第二阶段主要是多年生草本的定居。同时，相邻年度间“黑土滩”退化草地 Sφrensen 指数的平均值比人工草地群落的值小，这种变化趋势也反映出“黑土滩”退化草地比人工草地群落具有更高的物种周转率，群落结构变化更快，更不稳定。同时，多样性的时间动态在一定程度上也反映出了植被演替过程中物种替代规律和周转的特点。

表 4-25　不同类型草地群落间相似性系数

草地类型		I					II				
		2 龄	3 龄	4 龄	5 龄	6 龄	2 龄'	3 龄'	4 龄'	5 龄'	6 龄'
I	2 龄	1	0.50	0.56	0.37	0.28	0.50	0.46	0.44	0.28	0.21
	3 龄		1	0.47	0.41	0.26	0.53	0.49	0.51	0.32	0.33
	4 龄			1	0.42	0.40	0.48	0.29	0.47	0.29	0.35
	5 龄				1	0.80	0.38	0.44	0.33	0.53	0.62
	6 龄					1	0.26	0.32	0.27	0.44	0.52
II	2 龄'						1	0.49	0.51	0.26	0.37
	3 龄'							1	0.44	0.42	0.32
	4 龄'								1	0.32	0.28
	5 龄'									1	0.45
	6 龄'										1

注：I，垂穗披碱草人工草地；II，"黑土滩" 退化草地

4.5.5　退化草地演替进程中植物群落地上生物量及草场质量变化

草原植物资源的科学经营应以高生产力和高生物多样性为目标，建立人工草地的目的是持续获得优良牧草的高额产量。研究认为垂穗披碱草人工草地群落在第 4 年以后生物量大幅度下降，群落中出现大量毒杂草，草地的质量变劣。

垂穗披碱草人工草地随着演替时间延续，群落总生物量从 2 龄的 689.82 g/m^2 到 6 龄的 303.65 g/m^2，呈下降趋势，这与人工草地在演替过程中杂类草入侵和优势种（垂穗披碱草）优势度下降有关。"黑土滩" 退化草地群落总生物量从 2 龄的 176.06 g/m^2 到 6 龄的 154.99 g/m^2，杂类草和禾草类含量及总生物量未发生显著变化。2～6 龄，人工草地群落总生物量分别是黑土滩退化草地的 3.85 倍、3.26 倍、4.35 倍、1.48 倍、1.96 倍；人工草地群落草场质量也明显高于 "黑土滩" 退化草地，分别是 4.83 倍、10.95 倍、1.83 倍、1.82 倍、1.91 倍（图 4-20）。

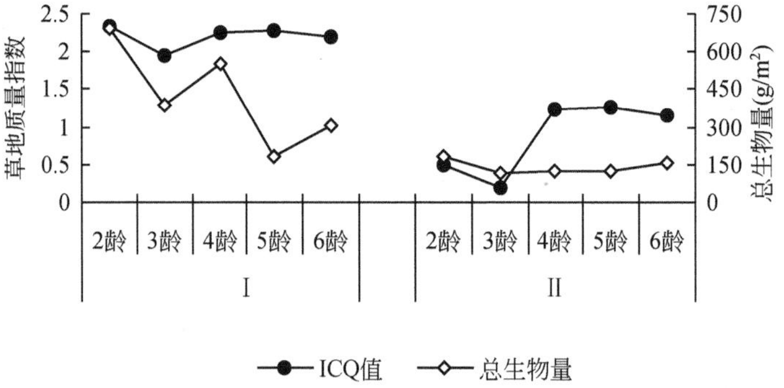

图 4-20　退化草地恢复演替进程中人工草地（I）和 "黑土滩" 退化草地（II）的草场质量指数与总生物量变化

第5章 三江源区高寒草甸退化草地治理模式

正如前所述，三江源区属于少数民族聚集区，由于历史、自然环境条件和社会发展程度等方面的原因，工业、农业、地区交通和通信等基础设施薄弱，经济结构相对单一，资源综合利用水平低，经济效益差，地区经济发展缓慢，少数民族群众生活仍处于贫困状态。作为该区域支柱产业的畜牧业，很大程度依赖于高原草地生态环境。因此，三江源区高寒草甸退化草地治理模式的建立，对保护生态，发展以草产业为核心的生态畜牧业，防止生态环境恶化，遏制草场退化，促进民族地区社会经济发展和政治稳定具有重要意义。

5.1 天然草地退化程度及恢复技术

5.1.1 天然草地退化程度划分标准

草地退化是一个过程，即从不退化的草地到极度退化的草地需经历一段时间。而在这段时间内，又可根据退化的程度将其分为几个阶段。一般来讲，天然退化草地的等级可分为4级，即轻度退化、中度退化、重度退化和极度退化4个不同的演替阶段（表5-1）。

表5-1 天然草地退化程度划分标准

退化等级	退化程度	群落种类组成	盖度（%）	凋落物	产草量比例（%）	可食牧草比例（%）	可食牧草高度变化（cm）	鼠类变化	土壤状况	草场质量
1	原生植被	—	—	—	100	70	25	—	—	标准
2	轻度退化	种类组成无明显变化，优势种个体数量减少	优势种盖度下降20%	明显减少	50～75	50～70	下降3～5	相适应种无大变化	无明显变化	下降1等
3	中度退化	优势种与次优势种明显更替	优势种盖度下降20%～50%	大量消失	30～50	30～50	下降5～10	顶极群落相适应的鼠种明显更替	土壤硬度增加，轻度侵蚀，有机质降低30%	下降1等
4	重度退化	优势种主要为退化草地指示植物，并有大量有毒有害植物	优势种盖度下降50%～90%	基本消失	15～30	15～30	下降10～15	退化草原相适应的鼠种	—	下降1或2等

续表

退化等级	退化程度	群落种类组成	盖度（%）	凋落物	产草量比例（%）	可食牧草比例（%）	可食牧草高度变化（cm）	鼠类变化	土壤状况	草场质量
5	极度退化	原生植被物种基本消失，演变为大面积次生裸地——“黑土滩”，并伴有有毒有害植物	盖度下降 > 90%	消失	<15	几乎为零	—	由于草地退化，害鼠可食资源减少而数量有所减少	严重侵蚀，有机质降低1倍以上	极差

5.1.2 退化草地治理方法

5.1.2.1 封育

（1）封育方法

1）封育类型：适合轻、中、重度退化天然草地。

2）封育时间和管理：一般应根据当地草地面积状况及草地退化的程度进行逐年逐块轮换封育。如全年封育、夏秋季封育、春秋两季两段封育、留作夏季和冬季利用。封育草地的管理主要是为了防止家畜进入封育的草地。封育草地应设置保护围栏。围栏要因地制宜，以简便易行、牢固耐用为原则。小面积草地采用土墙；大面积草地，则宜采用网围栏封育的方法。

（2）封育期内应采取的其他措施

单纯的封育措施只是保证了植物正常生长发育和种子更新的机会，而植物的生长发育能力还受到土壤透气性、供肥能力、供水能力的限制。因此，在草地封育期内需要结合松耙、补播、施肥和灌溉等培育改良措施。此外，草地封育以后，当牧草生长发育得到一定的恢复，应及时进行利用，以免植物变粗老，营养价值降低，造成资源的浪费。

（3）封育作用

封育后防止了随意抢牧、滥牧等的无计划采食，使牧草生长茂盛，盖度增大，草地环境条件发生变化。一方面，植被盖度和土壤表面有机物的增加，可以提高土壤涵养水分能力，减少水分的蒸发，使土壤免遭风蚀和水蚀；另一方面，改善了土壤结构和土壤渗水能力。草地封育后，由于消除了家畜过牧的不利因素，牧草能储藏足够的营养物质，进行正常的生长发育和繁殖，一些优势植物开始形成种子，群落的有性繁殖功能增强。特别是优良牧草，在有利的环境条件下，生长迅速，增强了与杂草竞争的能力，不仅能提高草地产草量，而且可以改善草地的质量。

（4）封育效果

封育后，未退化草地的禾本科植物盖度明显增加，莎草科植物和阔叶型杂类草的盖度呈下降趋势，总生物量从第二年起不再增加。轻度退化草地的总生物量和总盖度以及禾草和莎草科牧草的生物量和盖度在封育后有了明显提高，而杂类草的盖度和生物量则显著下降，封育3年后轻度退化草地的生产性能基本恢复到未退化前的水平。中度退化草地在3年的封育过程中，群落盖度与生物量的变化规律基本上和轻度退化草地一致，3年后基本上能恢复到轻度退化草地的水平。重度退化草地封育3年后，植被总盖度从30%提高到50%，地上总生物量从80.6 g/m^2提高到135.2 g/m^2，但优良牧草增加的速度相当缓慢，盖度从10%增加到了20%，生物量从8 g/m^2增加到了25 g/m^2，优良牧草占地上总生物量的比例仅由9.9%提高到了18.5%，草地牧用价值仍然很低。“黑土滩”通过封育虽然总盖度和总生物量均有了不同程度的提高，但优良牧草的恢复速度非常缓慢，封育3年后优良牧草占地上总生物量的比例只达到8.3%（马玉寿等，2002）。因此，我们认为对于重度退化或极度退化草地仅用封育措施效果不明显，必须加以补播和施肥等人为干预措施。

5.1.2.2　松耙

（1）划破草皮

划破草皮是在不破坏天然草地植被的情况下，对草皮层进行划缝切割的一种草地培育措施。划破草皮的方法及效果，在小面积草地上，可以用畜力机具划破；在较大面积的草地，应用拖拉机牵引的圆盘耙等机具进行划破。划破草皮的深度，一般以10～20 cm为宜，行距以20～40 cm为宜。松耙的适宜时间以当地气候条件为准，一般在早春或晚秋。早春土壤开始解冻，水分较多，易于划破。秋季划破后，可以把牧草种子掩埋起来，有利于翌年牧草种子的萌发生长。

（2）适宜耙地的草地类型

该方法适合中、重度退化天然草地。

（3）耙地

耙地是改善草地表层土壤结构和空气状况进行营养更新的常用措施。

1）耙地作用：① 清除草地上的枯枝残株，以利于新的嫩枝生长；②松耙表层土壤，提高土壤通透性，有利于水分和空气的进入；③消灭匍匐性杂草和寄生杂草，有利于草地植物天然下种和人工补播的种子入土出苗。

2）耙地对草地的不良影响：①耙地直接将许多植物拔出，切断或拉断植物的根系；②耙地将牧草株丛中覆盖的枯枝落叶耙去后，会导致这些牧草的分蘖芽和根系裸露出来，失去覆盖层保护，而在夏季旱死或冬季冻死。

（4）耙地的时间

耙地时间最好在早春土壤解冻2～3 cm时进行，此时耙地一方面起保墒作用；另一方面春季植物生长需要大量养分，耙地松土后土壤通透性提高，同时提高土壤温度和氧气含量，有利于土壤微生物活动和有机质分解，为植物生长发育提供足够养分，促进植物分蘖。

5.1.2.3　补播

对中度退化草地或重度退化草地采取在不破坏或少破坏原有植被的前提下，补播适宜高寒草甸生长的多年生禾本科优良牧草。

(1) 补播时间

在三江源区，适宜时间为5月上旬~6月上旬。

(2) 草种及播种量

1）草种：上繁草主要为垂穗披碱草、老芒麦，下繁草主要为青海草地早熟禾（*Poa pratensis* L. cv. Qinghai）、青海扁茎早熟禾（*Poa pratensis* var. *anceps* Gaud. cv. Qinghai）、冷地早熟禾（*Poa crymophila*）、星星草（*Puccinellia tenuiflora*）、碱茅（*Puccinellia distans*）、中华羊茅（*Festuca sinensis*）等。

2）播种量：单播时，上繁草的播种量为30~45 kg/hm^2，下繁草为10~15 kg/hm^2；混播时，上繁草的播种量为20~30 kg/hm^2，下繁草为8~10 kg/hm^2。

(3) 补播方法

根据补播区实际情况采用单播或混播措施，方法：①面积较大的地区，一般采用圆盘耙松耙一遍，撒施底肥、人工撒种后，再用圆盘耙覆土，最后进行镇压；②小面积斑块撒种后可用人工耙磨覆土和镇压，有条件的地方可用补播机直接补播。播种深度大粒种子为2~3 cm，小粒种子0.5~1 cm。

(4) 管理

补播草地第1年至第2年的返青期绝对禁牧。此后可进行放牧，暖季放牧时间（6月下旬~10月上旬）牧草利用率应控制在40%~60%。冷季放牧时间（11月下旬~翌年4月上旬）牧草利用率应控制在70%~80%。

5.1.2.4 施肥

草地施肥前首先进行草地土壤养分调查，依据不同草场类型、土壤营养状况确定施肥量。

(1) 施肥方法

草地施肥主要以追肥为主，雨前撒施，有条件时可进行覆土或用施肥机施肥。

(2) 施肥时间

6月中旬~7月上旬牧草返青后期为宜。

(3) 肥种及施肥量

草地施肥主要以含氮量为46%的尿素或牛羊粪为主。氮肥的施用量为34.5~51.75 kg/hm^2；牛羊粪用量为15 000~30 000 kg/hm^2。

5.1.2.5 灭除毒杂草

(1) 草地灭杂对象

三江源区退化草地生长的有毒有害杂草种类较多，主要有圆萼刺参、乌头、黄帚橐吾、箭叶橐吾、黄花棘豆、甘肃马先蒿、绿绒蒿、铁棒锤等。

(2) 草地灭杂的时间

灭除有毒有害杂草的时间一般在牧草返青后期或夏季牧草生长期进行为宜。但必须避开雨天，为了提高灭效，必须保证喷药后24 h无雨。

（3）草地灭杂方法

草地灭杂主要用电动喷雾器或手动喷雾器将配好的药液直接喷洒到植物叶面上即可，但必须注意，最好在晴天阳光充足的时候进行作业。喷药量和药液浓度应根据主要灭杂的对象和除草剂的不同而有差异，应用时参照除草剂说明使用。

（4）草地灭杂除草剂选择及其敏感性分析

草地灭杂除草剂选择以无毒无环境污染的生物药剂为主，并以毒杂草的种类不同而有所不同。我们主要以除草剂Ⅰ和除草剂Ⅱ以及 72% 2,4-D 丁酯乳油为材料进行了田间试验（表 5-2）。

表 5-2　高寒草甸主要毒杂草对 3 种除草剂的敏感性　（单位:%）

植物	施药时间（天）	处理										对照
		$A_Ⅰ$	$B_Ⅰ$	$C_Ⅰ$	$D_Ⅰ$	$E_Ⅰ$	$A_Ⅱ$	$B_Ⅱ$	$C_Ⅱ$	$D_Ⅱ$	$E_Ⅱ$	CK
甘肃马先蒿	5	95.8	96.0	96.0	96.4	97.3	92.3	92.7	92.6	92.8	92.9	64.6
	10	95.3	95.4	95.8	95.9	96.5	90.5	91.0	91.2	91.7	92.0	62.9
	15	94.2	94.8	95.1	95.3	96.2	90.3	90.6	91.6	91.7	92.3	62.1
黄帚橐吾	5	94.6	94.8	96.8	97.2	97.7	91.3	91.6	92.0	92.3	93.1	70.0
	10	93.5	94.7	96.2	96.9	97.1	91.2	90.9	92.0	92.1	92.0	67.1
	15	93.2	94.3	95.0	95.4	96.1	90.1	90.8	91.4	91.5	91.8	65.8
黄花棘豆	5	95.0	95.0	96.3	96.8	97.5	92.0	92.9	93.2	93.9	94.1	58.3
	10	94.4	94.8	95.9	96.2	96.5	91.6	92.4	92.8	93.7	93.5	56.8
	15	94.3	94.7	95.4	95.8	96.3	91.2	92.3	92.6	93.3	93.5	54.5
铁棒锤	5	91.3	92.1	92.5	93.6	93.9	90.8	90.9	91.3	91.4	91.4	62.3
	10	91.3	91.5	92.3	93.1	93.5	90.0	90.9	91.1	91.1	91.3	62.1
	15	91.2	91.3	92.2	92.8	93.1	90.0	90.5	90.7	91.1	91.2	60.9

注：A、B、C、D 和 E 为不同施用剂量

试验结果表明，叶面喷施除草剂 15 天后，黄帚橐吾、马先蒿和黄花棘豆对除草剂Ⅰ的敏感性均达到 95% 以上，1.65 L/hm^2、1.95 L/hm^2、2.15 L/hm^2 3 种处理对铁棒锤的敏感率达到 90% 以上；除草剂Ⅱ对黄帚橐吾、马先蒿、黄花棘豆和铁棒捶的敏感性均达到 90% 以上；对照 72% 2,4-D 丁酯乳油对主要毒杂草的敏感率低于 70%。综合考虑施药安全性、施药成本和药效等因素后，初步确定除草剂Ⅱ适用于三江源区天然草地主要毒杂草防治，建议施用剂量为 1.65L/hm^2。

（5）主要毒杂草型退化草地治理效果分析

1）人工草地毒杂草治理效果：在三江源区对人工草地群落构成危害的毒杂草主要是马先蒿，叶面喷施除草剂Ⅱ7 天后，供试草地马先蒿地上植株的死亡率达到 95% 以上。7 月中下旬正是人工草地生长旺季，毒杂草的死亡为优良牧草提供了充足的资源和环境生态位空间，垂穗披碱草和早熟禾的高度和分盖度明显高于对照草地（图 5-1，图 5-2）。第二年 5 月马先蒿的返青率不足 5%。

2）黄花棘豆型退化草地植被恢复过程：三江源区的黄花棘豆型退化草地属于中度退化草地，植被类型为黄花棘豆和嵩草，叶面喷施除草剂后黄花棘豆出现扭曲变形和徒长，施药 20 天后死亡率快速增加（图 5-3），此时牧草已经停止生长。因此，施药当年治理草地原生牧草的生存状况没有明显改观。经 2007 年测定，标记黄花棘豆植株的返青率不足 10%，2007 年 8 月供试草地嵩草、早熟禾和针茅的分盖度分别达到 65%、24% 和 13%。

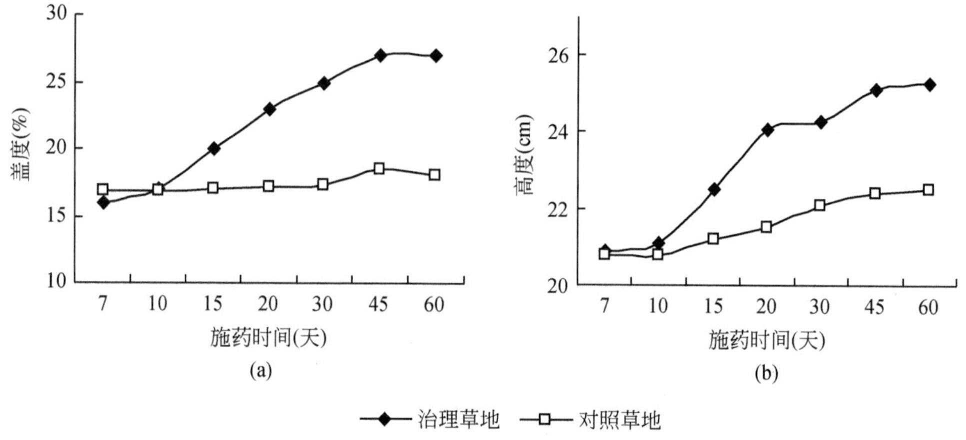

图 5-1　施药后早熟禾高度和盖度变化

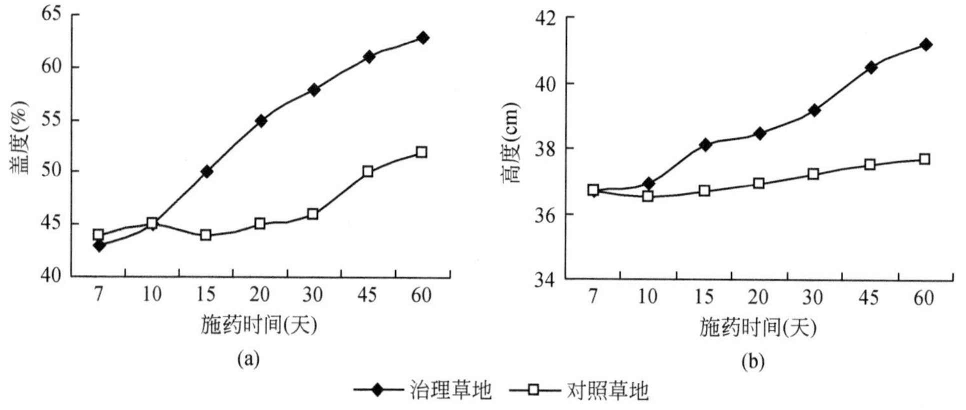

图 5-2　施药后垂穗披碱草高度和盖度变化

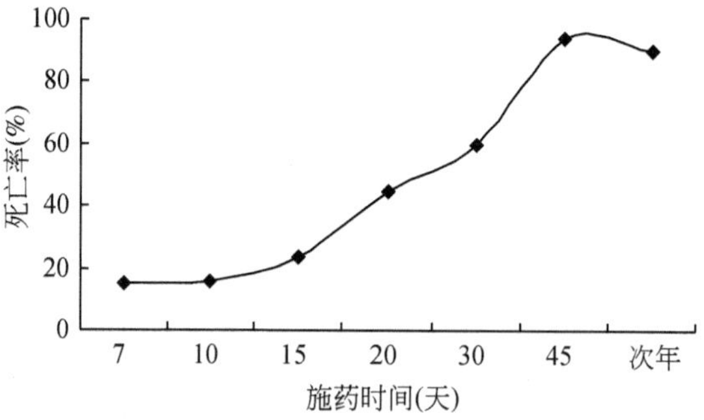

图 5-3　施药后黄花棘豆的死亡率动态

3）黄帚橐吾型退化草地治理效果：黄帚橐吾型退化草地一般属于中度或重度退化草地，黄帚橐吾为优势种，叶面喷施除草剂初期，黄帚橐吾的死亡率达到92.3%，随着时间的推移标记植株的死亡率提高至96.5%，次年标记植株的返青率仅8.2%（图5-4）。

由于黄帚橐吾的死亡改变了草地植被群落结构，优势种群的变化使草地植被覆盖度和密度明显下降。因此，对于该类型退化草地进行灭除杂草，同时要进行牧草补播和施肥措

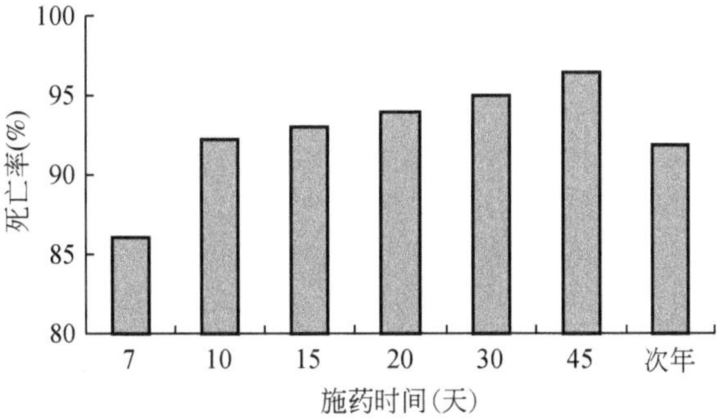

图 5-4　施药后黄帚橐吾的死亡率动态

施才能达到恢复退化草地植被的效果，否则有可能造成生态环境的破坏。

4）其他毒杂草型退化草地治理效果：三江源区重度退化草地生长的毒杂草种类较多，除草剂Ⅱ对圆萼刺参、乌头和绿绒蒿的杀灭效果较好；铁棒锤受药害初期反应明显，20 天以后大部分标记植株扭曲变形，次年的返青率高达 46.5%。湿生扁蕾、乳白香青和蒲公英等植物对除草剂表现出一些反应症状，但随着用药时间的延长，叶片表面的药害斑点消失，植物又恢复正常。龙胆、兰石草、火绒草、兔耳草和委陵菜等杂类草以及禾本科和莎草科牧草对药剂反应不明显。

5.1.3　退化草地治理技术与模式

根据高寒天然草地退化演替阶段和生态环境的不同，集成采用封育、松耙补播、施肥、防除毒杂草和鼠害防治等技术措施（表 5-3），以快速恢复退化草地植被和提高初级生产力，遏制退化草地的发展和蔓延。

表 5-3　退化草地治理技术与模式

退化草地类型	技术措施
轻度退化草地	封育、鼠害防治、封育 + 施肥
中度退化草地	封育、封育 + 补播、灭除杂草 + 施肥
严重退化草地	封育、松耙 + 补播、建立人工或半人工草地
极度退化草地	重建人工群落

5.2　退化草地治理技术的筛选及其特点

三江源区幅员辽阔，面积达 36 万 km^2。各地区草地退化程度不一，应本着因地制宜、重点优先、量力而行的原则，结合“三江源自然保护区”建设工程、“青南地区防灾基地”、“四配套”建设工程、“天然草地保护工程”、“退耕还林（草）工程”和“退牧还草工程”等，采用适宜当地条件的模式逐步治理退化草地。

以生态学原理和系统科学理论为基础，紧密结合恢复生态学和可持续发展理论，采用多学科交叉，理论与实践相结合，科技支撑项目与正在实施的生态治理工程相配合，科技培训与法治教育相结合的方法，在现有技术和研究成果集成整合的基础上，研究开发生态建设和环境保护的实用技术，实现经济社会与生态环境协调发展；采用生态调控为主的综合防治对策。加强草地的优化管理，树立以保护为主，治理为辅的方针，杜绝对草地乱垦乱牧的现象，将保护和合理利用草地资源当作草地畜牧业持续发展的头等大事来抓，通过确定适宜的放牧强度、划区轮牧，松耙、补播、施肥、防除毒杂草、封育和鼠害防治等技术措施的集成，尽快恢复退化草地植被和提高初级生产力，遏制"黑土型"退化草地的发展和蔓延。在制订综合防治规划时遵循经济效益与生态效益相结合，短期效益与长期效益相结合，做到恢复一片，巩固一片，以达到持续利用的目的，退化草地治理技术路线框架如图 5-5 所示。

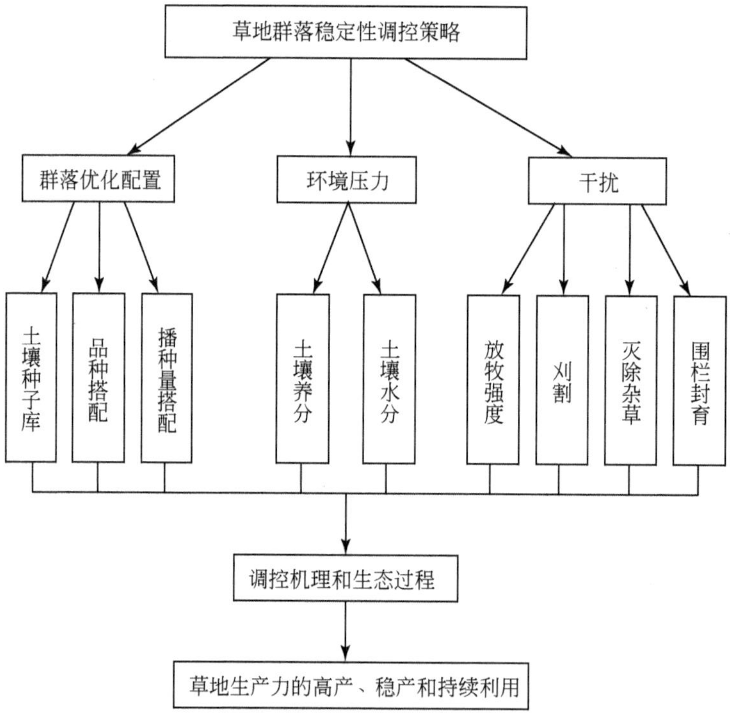

图 5-5　三江源区退化草地综合治理技术与持续利用模式

草地退化治理的关键技术如下。

1）高寒生态条件下退化草地植被快速恢复与重建技术；

2）人工植物群落的优化配置技术；

3）天然草地生态安全及其生物多样性保护策略；

4）天然草地和人工、半人工草地演替规律及其机理和生态过程；

5）三江源区草地可持续利用技术集成及模式。

鉴于财力和藏族牧民科技知识水平限制，大面积天然草地易于采用"季节性封育、降低放牧强度"模式，并以放牧户为单位建立小片的人工草地或半人工草地，解决冬春饲草不足困难。同时，发展以舍饲、半舍饲与天然草地适度利用放牧相结合、暖棚育肥为主的集约化生态畜牧业。这种模式投资少，与当地牧民的经济水平相适应，虽然草地恢复较缓慢，但长期的畜牧业经济效益以及生态环境效益显著。

这种模式的主要特点是：①将技术、示范工程和应用推广紧密结合起来，以示范区建设带动技术开发与集成，通过示范工程检验技术的可行性和实用性，这样不仅缩短了科学研究周期，而且可以加快生态综合整治技术的推广和应用；②通过科研示范与现有的生态治理工程相结合，解决了生态治理工程中迫切需要解决的关键技术问题，使科研成果可以直接应用到生态环境治理的实践；③将三江源区退化草地综合治理与区域经济可持续发展相结合，不仅能实现高寒草地生态系统结构和功能的整体优化，而且能达到畜牧业增效和广大农牧民增收的目标；④将退化草地植被恢复与害鼠防治结合起来，突出生态防治鼠害的目的，既能加速植被的恢复，又能抑制害鼠的滋生和侵入；⑤将退化草地综合治理与集约化的生态畜牧业经营管理模式结合起来，能保持整治成果，又能达到草地畜牧业与生态环境协调发展的目标。

5.3 轻度退化草地治理模式

5.3.1 应用范围

该模式一般应用于轻度退化的原生草地植被上，草地植物群落物种丰富度较高，物种组成一般在 30 种以上。植被盖度大于 70%，优良牧草所占的比例较大，在植物群落生物量组成中不可食杂、毒草所占比例小于 30%。草地景观整齐，草皮层基本保持完好，植物群落自我修复能力较强，当放牧压力得到减轻，并在封育条件下植被会得到很快恢复。

5.3.2 治理措施

对轻度退化草地的恢复治理，首先开展害鼠的防治，同时减轻放牧强度、根据草地状况和草地质量进行季节性封育或 2～3 年封育禁牧，施肥等措施，使草地植被尽快得到恢复。

(1) 鼠害综合防治

长期以来，国内外对草地鼠害的防治多注意单向控制害鼠种群的策略和方法，未能摆脱应急防治、重复投资的被动局面，以至于难以实现持续控制。过牧退化草地为害鼠的生存、繁衍提供了有利条件，成为它们栖居和繁衍种群的适宜生境。即，过牧退化的草地生境提高了害鼠种群的适合度，加之由于长期化学药物灭鼠的二次中毒和捕杀，害鼠的天敌几乎消失，抑制害鼠的食物链断裂，这是高寒草甸、高寒草原天然草场高原鼠兔主要害鼠形成的主要原因。草地植被在群落水平上为鼠类提供生存和发展条件，其组成物种的空间分布格局，可利用与不可利用植物种类的生物量，及其在群落中的比例，以及由植被构成的三维空间、天敌等因素，共同影响着鼠类群落的结构、种间关系及数量动态。植物群落的变化，在很大程度上影响着鼠类赖以生存的多维资源状况，从而左右它们适合度的大小。因而，改变鼠类栖息环境，是直接促使动物群落组成种类在时、空上发生变化的重要措施之一。一旦害鼠的栖息环境发生改变或破坏，害鼠的种群数量也必将发生变化。因此，控制鼠害必须从生态系统的整体结构出发，着眼于草－鼠－天敌群落的整体性与协同性原理，制订草－鼠－天敌协同调控对策，是强化系统自控功能、实现持续控害的基本途径。天然草地是一种可再生资源的自然综合体，合理、适度地利用草地资源，并向自然资源适当投资，保育其生物多样性，保持可持续的生产能力，依靠其自我调控能力完成自我修复或生态修复。草地鼠害防治的着眼点不应该是“灭”或仅挽回“损失”，而应注重扶正草－畜－鼠－天敌的生态协调关系，才能从整体目标上根除成灾条件。综上所述，应该采用以生态防治为主，药物控制为辅的鼠害综合治理措施。

采取封育或减轻放牧强度，促使退化草地植被恢复、保护和招引天敌，并辅以无二次中毒的生物毒素灭鼠，短期、快速减少害鼠数量，以保护植被等综合系统措施，促使退化生态系统向恢复演替方向发展，恢复生态系统的结构和功能，才能达到对鼠害的长期持续控制。基于这种理念，在中度、轻度退化草地首先采用生物毒素灭鼠，并每年扫残。通过休牧或季节性轮牧，减轻放牧强度，促使植被恢复，逐步改变害鼠的栖息环境，坚持连续多年大面积鼠害防治工作。同时树立保护害鼠天敌的积极措施，搭建鹰架和构筑鹰巢，招鹰定居，保护空中和地面上的天敌，通过捕食食物链控制害鼠数量。

（2）围栏封育

根据牧户承包草地面积和牲畜数量，用钢丝网围栏封育，其面积一般为 33 hm^2（500 亩）为宜。该模式的特点是投资少，管理方便，群众便于掌握和接受。但是植被恢复速度比较缓慢，其恢复机理主要是减轻了草地放牧采食压力，使植物能够得到休养生息、生长发育和种子更新的机会。通过一段时间的封育可使优良牧草比例上升、草地生产力会不断提高。如果条件具备，施一些有机肥或化肥，将会取得明显的生态效益和经济效益，适于大面积推广应用。

通过在达日县窝赛乡对不同退化程度的同类型草地进行封育后对地上生物量和盖度等指标进行测定，结果显示（表5-4），未退化草地封育后，禾本科植物盖度明显增加，莎草科植物和阔叶型杂类草的盖度呈下降趋势，总生物量从第二年起不再增加。轻度退化草地的总生物量、总盖度以及禾草和莎草科牧草的生物量、盖度在封育后有了明显提高，而杂类草的盖度和生物量则显著下降，封育 3 年后轻度退化草地的生产性能基本上恢复到了未退化前的水平。中度退化草地在 3 年的封育过程中，群落盖度与生物量的变化规律基本上和轻度退化草地一致。

3 年后基本上能恢复到轻度退化草地的水平。重度退化草地封育 3 年后，植被总盖度从 30% 提高到 50%，地上总生物量从 80.6 g/m^2 提高到 135.2 g/m^2，但优良牧草增加的速度相当缓慢，盖度从 10% 增加到了 20%，生物量从 8 g/m^2 增加到了 25 g/m^2，优良牧草占地上总生物量的比例仅由 9.9% 提高到了 18.5%，草地牧用价值仍然很低。“黑土滩”通过封育虽然总盖度和总生物量均有了不同程度的提高，但优良牧草的恢复速度非常缓慢，封育 3 年后优良牧草占地上总生物量的比例只达到 8.3%。

表 5-4　不同程度退化草地封育 3 年后地上生物量组成比较

草地类型	封育年限	地上生物量 (g/m²)	主要植物类群的地上生物量及组成					
			禾本科		莎草科		毒杂草	
			生物量 (g/m²)	比例 (%)	生物量 (g/m²)	比例 (%)	生物量 (g/m²)	比例 (%)
未退化草地	第一年	330.5	180.6	54.6	105.2	31.8	44.7	13.6
	第二年	348.6	210.0	60.2	98.5	28.3	40.1	11.5
	第三年	346.0	218	63.0	88.4	25.6	39.6	11.4
轻度退化草地	第一年	206.5	83.6	40.5	67.4	32.6	55.5	26.9
	第二年	233.6	105.2	45.0	74.8	32.0	53.6	23
	第三年	335.8	198.5	59.1	85.6	25.5	51.7	15.4
中度退化草地	第一年	156.6	20.2	12.9	15.2	9.7	121.2	77.4
	第二年	187.2	64.4	34.4	36.4	19.4	86.4	46.2
	第三年	198.5	85.1	42.9	50.6	25.5	62.8	31.6
重度退化草地	第一年	80.6	5.0	6.2	3.0	3.7	72.6	90.1
	第二年	112.4	9.8	8.7	3.5	3.1	99.1	88.2
	第三年	135.2	16.5	12.2	8.5	6.3	110.2	81.5
“黑土滩”退化草地	第一年	67.6	1.0	1.5	1.0	1.5	65.6	97
	第二年	75.8	2.0	2.6	1.0	1.3	72.8	96.1
	第三年	96.5	5.0	5.2	3.0	3.1	88.5	91.7

5.4　中度退化草地治理模式

5.4.1　应用范围

中度退化草地治理模式适用于青海省海拔为 3500 ~ 4500 m，年均气温在 0℃ 以下的高寒草甸中度退化草地植被的恢复，主要适用于土层较薄的滩地或平缓的山坡地，植被总盖度为 50% ~70%，优良牧草比例为 30% ~50%。

5.4.2　技术措施

中度退化草地一般采用封育 + 补播、封育 + 补播 + 施肥、施肥三种技术措施建立半人工草地。对中度退化草地采取在不破坏或少破坏原有植被的前提下进行补播或施肥。

(1) 补播时间

一般在 5 月上旬 ~6 月上旬为宜。

（2）草种选用

上繁草主要为垂穗披碱草、老芒麦，下繁草主要为青海草地早熟禾、青海扁茎早熟禾、冷地早熟禾、星星草、碱茅、中华羊茅等（补播的草种种子纯净度、发芽率按 GB 6142—1985 执行）。

（3）播种量

单播时，上繁草的播种量为 30～45 kg/hm^2，下繁草为 10～15 kg/hm^2；混播时，上繁草的播种量为 20～30 kg/hm^2，下繁草为 8～10 kg/hm^2。

（4）补播方法

根据补播区实际情况采用单播或混播措施，方法：①面积较大的地区，一般采用圆盘耙松耙一遍，撒施底肥、人工撒种后，再用圆盘耙覆土，最后进行镇压。②小面积斑块撒种后可用人工耙磨覆土和镇压，有条件的地方可用补播机直接补播。播种深度，大粒种子为 2～3 cm，小粒种子为 0.5～1 cm。

5.5 重度退化草地治理模式

5.5.1 应用范围

重度退化草地治理模式可根据草地和土地退化程度以及当地气候和地形等条件采用封育＋补播＋施肥或建植人工、半人工草地的模式，适用于海拔为3500～4500 m，年均气温在0℃以下，地势平坦，坡度小于25°的地方。封育＋补播＋施肥模式适用于原生植被盖度为30%～50%，牧草产量为原生植被的15%～30%，土层较薄的滩地或平缓的山坡地。其技术措施、补播时间、草种选用、播种量以及补播方法同中度退化草地的治理模式。建植人工、半人工草地的模式适用于原生植被平均盖度小于30%，植物种类构成中60%～80%是毒杂草，同时水热条件相对较好的地方。该类草地不仅经济利用价值和生态服务功能很差，而且自然恢复能力很差，必须采用人工干预措施才能达到恢复植被的目的。

5.5.2 人工、半人工植被建植技术

（1）牧草品种

选用适宜高寒草甸种植生长的牧草品种，上繁草为垂穗披碱草、青海中华羊茅、青牧一号老芒麦、同德老芒麦等，下繁草为青海冷地早熟禾、青海草地早熟禾、青海扁茎早熟禾、星星草、西北羊茅、毛稃羊茅和波伐早熟禾等。对带有长芒的种子应进行脱芒处理。

（2）农艺措施及工艺流程

农艺措施及其工艺流程为：灭鼠→翻耕→耙磨整地→施肥→撒种（或条播）→覆土→镇压。

（3）播种量

撒播单播时，上繁草的播种量为 30～45 kg/hm^2，下繁草为 11～15 kg/hm^2；撒播混播

时，上繁草的播种量为20～30 kg/hm^2，下繁草为8～11 kg/hm^2。

条播单播时，上繁草的播种量为20～30 kg/hm^2，下繁草为8～10 kg/hm^2；条播混播时，上繁草的播种量为15～20 kg/hm^2，下繁草为6～8 kg/hm^2。

（4）播种期

播种适宜期为5月上旬～6月上旬。

（5）播种深度

播种深度，大粒种子为2～3 cm，小粒种子0.5～1 cm。

（6）基肥

需用化肥或牛羊粪作基肥，氮肥的施用量为30～60 kg/hm^2，磷肥的用量为60～120 kg/hm^2，氮磷比为1∶2。牛羊粪用量为22 500～30 000 kg/hm^2。

（7）人工植被的田间管理

人工植被建植后，应及时对其采用围栏管护措施。人工植被建植第一年的生长季和每年的返青期要求绝对禁牧。建植后的第三年起每年或隔年在牧草分蘖－拔节期（6月下旬～7月上旬）追施尿素1次，总用量为75～150 kg/hm^2。人工草地建植第4年起要及时进行毒杂草防除。

（8）控制草地害鼠

根据害鼠的密度和危害程度每年冬春季节可进行灭鼠1次。

（9）人工、半人工植被的利用

人工植被建植第一年的生长季和每年的返青期要求绝对禁牧，生长第二年起可进行适度放牧利用，暖季放牧时间应在6月下旬～10月上旬，牧草利用率应控制在40%～60%。冷季放牧时间应在11月下旬至翌年4月上旬，牧草利用率应控制在70%～90%。

建植的人工、半人工植被作为刈割利用，可从人工植被建植后第二年起，每年7月下旬～8月中旬可对牧草进行刈割利用，留茬高度为4～6 cm。

5.6　退化草地治理效果分析

5.6.1　不同处理区植物群落结构特征

根据天然草地退化程度的差异，在中度退化草地采用补播＋施肥＋封育措施，在轻度退化草地采用封育＋施肥等措施，使植物群落物种组成、多样性等特征值及其植被盖度发生明显变化（图5-6，图5-7）。

通过处理后第二年的测定结果可以看出，封育＋施肥处理区物种数最高，由32种植物组成，优势种植物有垂穗披碱草，优势度为13.3%，早熟禾，优势度为8.1%，次优势种有独活、高山嵩草、细叶亚菊等，优势度分别为7.8%、6.8%、5.4%；补播＋施肥处理区，由13种植物组成，优势种植物有垂穗披碱草，优势度为61.7%，在群落中占绝对优势，伴生种有早熟禾、落草、甘肃马先蒿，优势度分别为7.9%、8.1%、5.4%；对照区由26种植物组成，优势种植物有鹅绒委陵菜、大籽蒿，优势度分别为21.4%、14.7%，

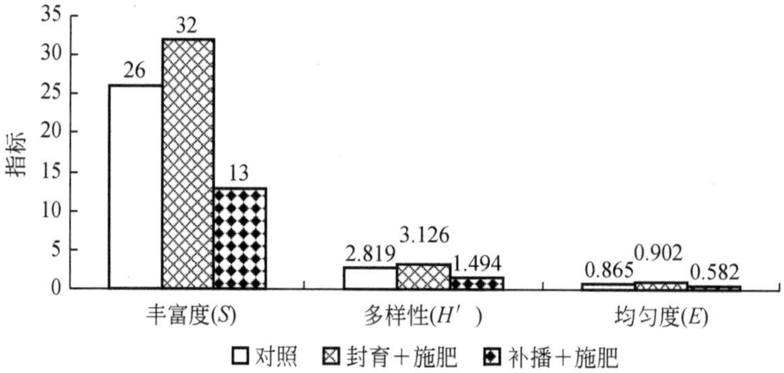

图 5-6　不同处理区物种丰富度、多样性、均匀度比较

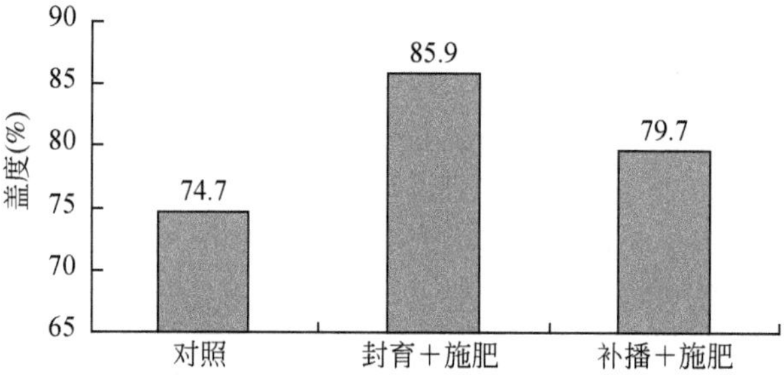

图 5-7　半人工草地不同处理区盖度比较

伴生种有阿拉善马先蒿、垂穗披碱草，优势度分别为 7.6%、5.6%。

多样性指数依次为封育+施肥（3.126）、对照（2.819）、补播+施肥（1.494）。均匀度指数依次为封育+施肥（0.902）、对照（0.865）、补播+施肥（0.582）。群落总盖度依次为封育+施肥（85.90%）、补播+施肥（79.70%）、对照（74.70%）。

5.6.2　不同处理区生物量比较

由图 5-8、图 5-9、图 5-10 可知，退化天然草地通过松耙、补播和施肥等改良措施，建制当年半人工草地生物量达到 116.64 g/m^2，较对照组（98.99 g/m^2）提高 17.83%；禾草比例达到 88.60%，较对照组提高 80.28%；杂类草减少到 11.31%，较对照组减少 771%；总盖度达 68.33%，较对照组提高 32.24%。

半人工草地建植第二年，通过补播+施肥+封育、封育+施肥等恢复、改良措施后，其地上、地下生物量发生明显的变化（图 5-11）。其中，补播+施肥+封育处理后地上生物量最大（4606.48 kg/hm^2），封育+施肥处理居中（3101.44 kg/hm^2），对照区最低（1789.60 kg/hm^2）。补播+施肥+封育处理后地上生物量较对照区生物量提高 157.40%；封育+施肥处理较对照提高 73.30%；补播+施肥+封育处理较封育+施肥处理提高 48.53%。地下生物量依次为封育+施肥（69 203.73 kg/hm^2）>补播+施肥+封育（14 589.60 kg/hm^2）>对照（8289.07 kg/hm^2）。

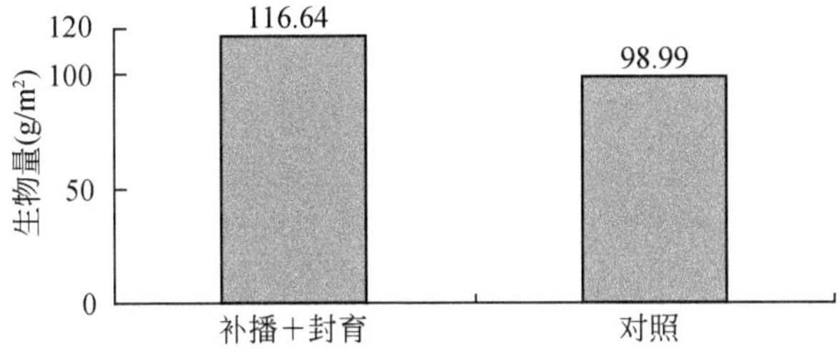

图 5-8　不同处理区半人工草地当年牧草生物量比较（2002 年 9 月测定）

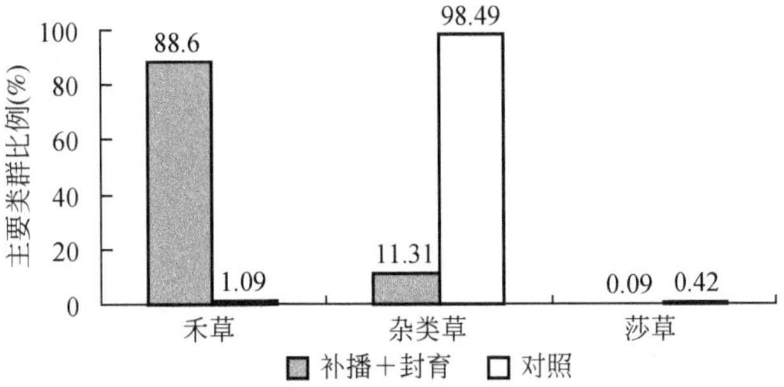

图 5-9　不同处理区当年牧草主要经济类群生物量比例（2002 年 9 月测定）

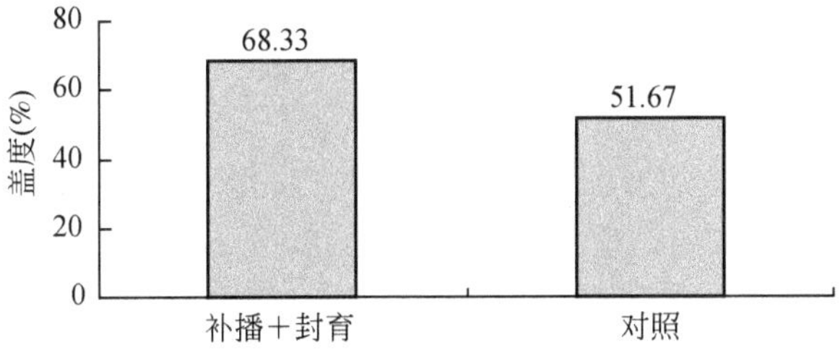

图 5-10　半人工草地不同处理区植物群落盖度比较（2002 年 9 月测定）

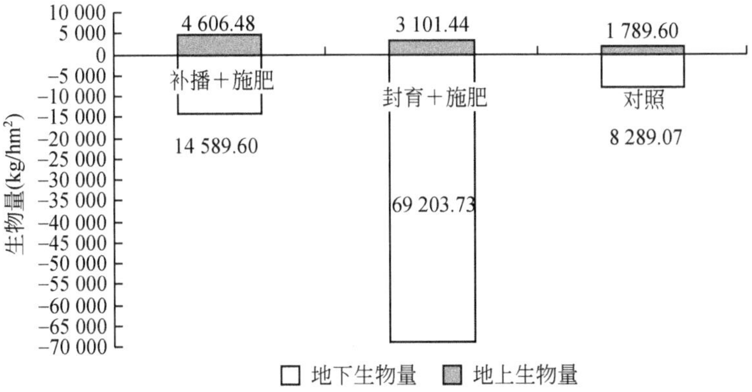

图 5-11　半人工草地不同处理区生物量比较（2003 年 8 月测定）

通过补播、施肥、封育等技术措施，不仅提高了地上生物量和植被盖度，而且明显地提高了优良牧草比例。其中，补播 + 施肥 + 封育处理优良牧草比例达到83%，封育 + 施肥处理达到59.37%，而对照区优良牧草比例仅占1.35%（图5-12），基本失去放牧利用价值。通过3种处理比较，补播 + 施肥 + 封育处理优良牧草较对照区提高近60倍，杂类草减少82.81%；封育 + 施肥处理较对照区优良牧草比例提高43.04%，杂类草比例减少80.46%；补播 + 施肥 + 封育处理较封育 + 施肥优良牧草比例提高39.81%，杂类草比例减少12.07%。

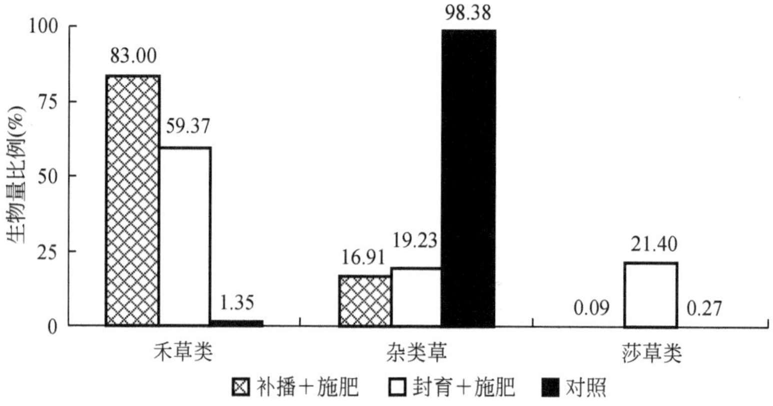

图5-12　半人工草地不同处理区各类草生物量比较（2003年8月测定）

由图5-13可知，补播 + 施肥 + 封育处理后植物群落冠层垂直结构发生明显变化，空间垂直分布增大，最大冠层在80～90 cm。其中，0～10 cm冠层中的生物量占地上总生物量的55.92%，10～20 cm冠层中占12.30%，20 cm以上的7层中分布有31.78%；封育 + 施肥处理区最大冠层在40 cm左右。其中，0～10 cm冠层中的生物量占地上总生物量的97.21%，10～20 cm冠层中占2.46%，20 cm以上2层仅占0.33%；对照区最大冠层在20 cm左右，主要地上生物量集中在0～10 cm冠层中，占地上总生物量的98.70%，10～20 cm冠层中仅占1.30%。

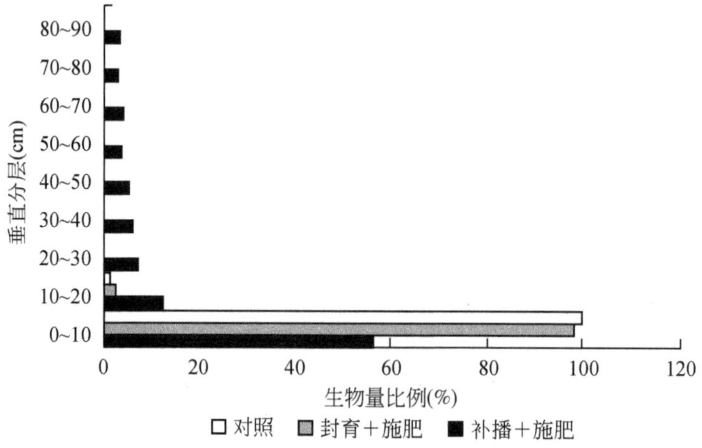

图5-13　半人工草地不同处理区生物量垂直结构（2003年8月测定）

由此可见，通过补播、施肥和封育等综合改良措施，不仅提高了退化草地生物生产力，而且使优良牧草比例明显增大，提高了草地植被覆盖率和草地质量。

5.6.3　不同处理区土壤养分含量比较

由图 5-14 可以看出，不同处理区土壤养分含量各不相同，以 0 ~ 10 cm 和 10 ~ 20 cm 土层中的全氮含量、全碳含量、有机碳含量的平均值计，封育 + 施肥处理区最高，分别为 1.325%、7.818%、7.186%；其次为对照，全氮含量、全碳含量、有机碳含量分别为 1.275%、6.505%、5.680%；补播 + 施肥较低，全氮含量、全碳含量、有机碳含量分别为 1.244%、5.768%、5.238%。

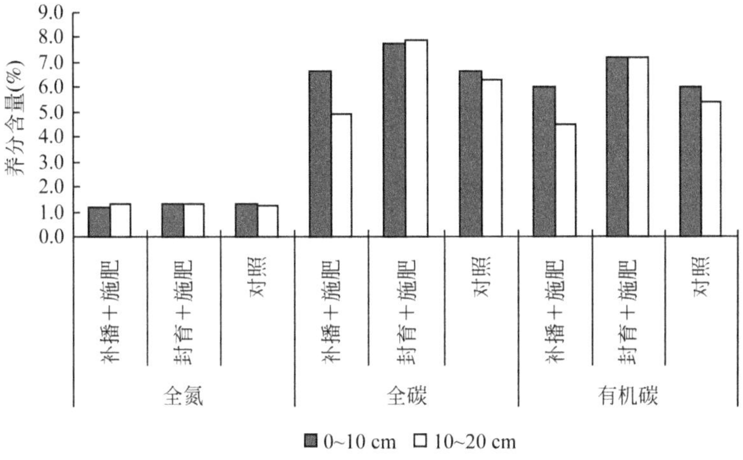

图 5-14　半人工草地不同处理区土壤养分含量比较

此外，达日县建设乡才哇沟采用补播 + 施肥、补播、施肥 3 种方法的试验研究结果见表 5-5。处理第二年补播 + 施肥效果最好，地上总生物量、优良牧草产量、总盖度和优良牧草盖度分别比对照提高了 809.0%、144.9%、45.8% 和 60.0%。

表 5-5　半人工草地不同处理生物量测定结果

地点	措施	面积（hm^2）	地上总生物量（kg/ hm^2）	优良牧草产量（kg/ hm^2）	总盖度（%）	优良牧草盖度（%）	优良牧草高度（cm）
建设乡才哇沟	补播 + 施肥	10	4728	3905	100	75	68
	补播	10	3404	2590	95	65	59
	施肥	15	1532	1380	85	50	42
	对照	100	520	255	65	30	11

5.7　退化草地综合治理模式

由于高寒草甸生态系统内各组分之间存在着既相互协调又相互制约的关系，草地退化只是生态系统结构和功能失调、系统退化的一种表观现象。因此，退化草地治理应着眼于生态系统的动态平衡，调整系统内各组分之间地相互协调，促使系统向健康方向发展。

三江源区草地退化的主要原因是放牧利用过度。家畜高强度地频繁采食优良牧草，抑制了牧草的生长发育和种子更新，使优良牧草在种群竞争中处于劣势，在植物群落演替过程中由优势种逐渐转化为伴生种或消失。原有植物群落结构和功能的破坏，为小型草食啮齿动物营造了适宜的生存条件和食物资源，滋生鼠害发生和繁衍，进而影响到生产者和分解者的结构和功能及土壤的侵蚀退化，并加速和深化了生态系统的退化。因此，单纯恢复植被或灭鼠只是治标，为了彻底遏制草地退化的局面，不仅要合理控制草地放牧利用率，进行科学养畜，而且要辅以灭鼠、植被恢复等综合技术措施，加快系统结构和功能的调整，才能达到治表又治本的效果。否则，即使恢复了植被，也会因草地过度利用等原因而重新退化。

基于这种思路，高寒退化草地的治理应该是包括天然草地改良、鼠害防治、天然草地的划区轮牧、季节性封育、人工草地种植以及改变高寒草地传统经营模式，提高科学管理水平和集约化畜牧业等环节紧密联系的综合治理模式，只有这样才能实现草地生态环境与草地畜牧业的可持续协调发展（图5-15）。

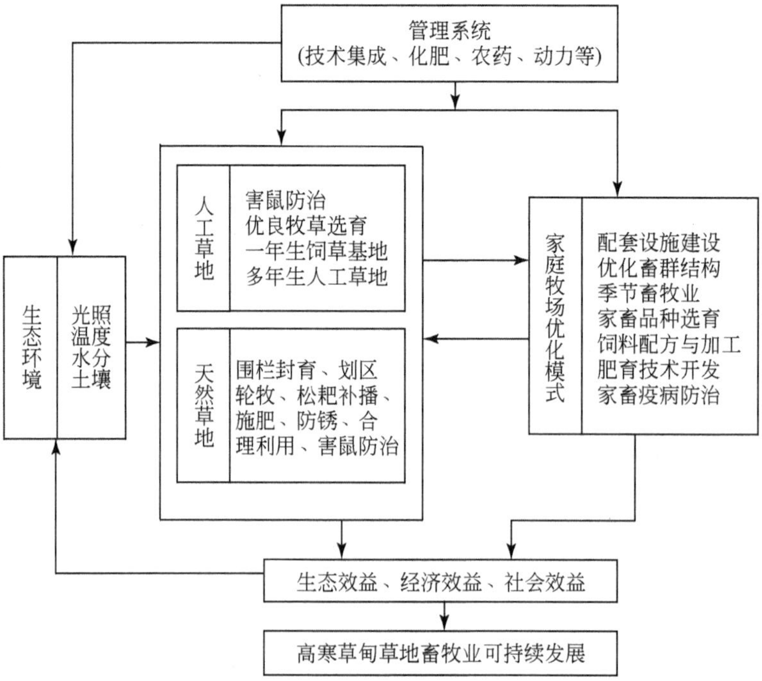

图5-15　三江源区退化草地综合治理技术与示范模式

第 6 章　适宜优良牧草的筛选与人工草地建植

草地中优良牧草的比例是评价草地优劣的重要指标，随着草地退化演替的进程，优良牧草相应减少，在极度退化的“黑土型”退化草地中优良牧草所占的比例几乎为零，草地的牧用价值基本丧失。“黑土型”退化草地生态系统作为一个严重受损的生态系统，已失去自我修复能力，或在短期内无法进行自我修复，必须对受损生态系统通过人工重建和改建的途径，才能快速恢复其原有的生态和生产功能。因此，适宜优良牧草的筛选和人工草地建植在三江源区退化草地生态系统恢复中占有很重要的地位。

6.1　优良牧草的筛选与评价

三江源地区生态治理的中心任务是退化草地植被恢复和重建。植被恢复与重建的基础是优良草种的选择及合理配套的栽培技术。筛选能适应三江源区特殊自然条件的超寒生、耐干旱、抗风沙、能忍受强烈气温变化的多年生长寿草本和灌木种类，并解决相应的栽培技术措施是至关重要的一环。“黑土型”退化草地生态系统的重建和改建目的是要恢复草地群落植被，即通过补播的途径，大幅度提高和恢复草地群落中的优良牧草比例。三江源区由于其特殊的地理气候环境，目前从国内外引进的草种在高寒地区都难以适应或适应性较差而未取得更进一步的发展。因此，筛选适宜该地区种植的优良牧草一直是三江源区退化草地植被恢复技术研究中的关键课题。

6.1.1　优良牧草的筛选

6.1.1.1　牧草引种驯化回顾

三江源区牧草引种、驯化栽培源于 20 世纪 60 年代初。70 年代，在果洛藏族自治州的玛沁县、玛多县和玉树藏族自治州的玉树县，结合科研和生产项目进行了阶段性的引种、驯化的试验研究。如玛多县草原站的吴玉虎和梅丽娟（2001）等自 1978 年开始就在黄河源区建立了牧草引种试验田，先后从省内外引进 40 多种牧草，进行了连续 8 年的阶段性研究，从中初步选育出适于黄河源区栽培的牧草 13 种，其中有较大栽培前途的 7 种，近期内可提供大面积栽培的 4 种，目前已推广的 2 种。这些研究均表明，垂穗披碱草、中华羊茅、冷地早熟禾等仍然是三江源区栽培牧草的当家草种，和这些牧草亲缘关系相近的一些当地乡土草种也表现出非常好的栽培前景，而外来草种大多不适合该地区生长，或者不能完成其生育期。80 年代制定的《青海省多年生牧草栽培区划》中就提出，适宜三江源区高寒草甸区栽培的多年生牧草为垂穗披碱草，中华羊茅和冷地早熟禾，而燕麦（*Avena sativa*）和芜根（*Brassica rapa*）是该地区适于栽培的优良一年生饲草料。90 年代，类似的研究工作又进入了一个新的阶段，1990～1995 年青海畜牧兽医学院黄葆宁等（1996）曾在果洛藏族自治州进行过利用嵩草属牧草恢复“黑土滩”植被的研究，由于嵩草属植物种子的发芽率很低，且生长发育极缓慢而未取得明显效果。1996～2000 年青海省畜牧兽医科学院草原研究所马玉寿等（2002）进行了“黑土滩”成因和恢复的研究，在研究中应用于恢复“黑土滩”植被的草种仍然是以垂穗披碱草、中华羊茅、冷地早熟禾等草种为主。1999～2000 年，刘迎春等结合欧共体援助青南畜牧业项目，从加拿大和北欧引进 19 种耐寒耐旱的多年生禾本科牧草和 5 种豆科牧草，在果洛藏族自治州的大武镇和达日县吉迈镇分别进行引种试验，结果能越冬的不多，按越冬率和生物量由高向低排序第一位的北方冰草的越冬率也仅为 14%，第二年生物量为 810 g/hm^2（干重）。以上研究结果虽然大多为阶段性成果，但对三江源区当家栽培草种的认识是一致的，同时可作为今后的引种选育及育种工作的指南和基础。

6.1.1.2 适宜栽培优良牧草筛选

在玛沁县大武镇引种 13 属 39 个牧草品种，通过对牧草的越冬率、覆盖度、生育物候期、产量及群落结构观测，筛选出适应性较强的 17 种作为三江源区“黑土型”退化草地植被恢复适宜的草种。

1）早熟禾属（*Poa*）：引种的 10 个早熟禾品种中，波伐早熟禾（*Poa. poophagorum*）、青海草地早熟禾和冷地早熟禾翌年越冬率达 95%，第三年达 98% 以上；第三年的生育期明显比第二年缩短 10～18 天，与野生同属牧草生育期趋于一致；生长高度和盖度逐年增加，第二年生长高度为 45.8～72 cm，第四年生长高度为 58.0～88.0 cm；第四年 8 月中旬 3 种早熟禾的茎叶比分别为 13.11、3.33 和 9.58；第二、三、四年干草产量分别为 448.1～626.5 g/m^2、486.9～668.5 g/m^2 和 515.7～880.6 g/m^2，种子产量 62.9～86.7 g/m^2、32.0～64.5 g/m^2、69.7～117.8 g/m^2。扁茎早熟禾翌年越冬率 80%，第三年达 95%，生育期变化与冷地早熟禾一致；第二、三、四年生长高度为 37.5 cm、40.0 cm、63.2 cm；盖度依次为 85%、95%、98%；干草产量为 174.6 g/m^2、239.5 g/m^2、408.5 g/m^2；种子产量为 7.2 g/m^2、16.0 g/m^2、28.8 g/m^2。第四年 8 月中旬的茎叶比为 0.56，叶量丰富，草质柔软。其余 6 个引进品种越冬率低，对该区高寒气候适应性差（施建军等，2006a）。

2）羊茅属（*Festuca*）：目前筛选出适宜该区栽培的羊茅属牧草中有中华羊茅和毛稃羊茅（*F. kirilovii*）。在栽培种植的第二、三、四年间，中华羊茅越冬率均在 98% 以上；植株生长高度达 96.4 cm、101.0 cm 和 98.6 cm；群落盖度可达到 99% 以上；干草产量为 920 g/m^2、962 g/m^2、845.6 g/m^2；种子产量为 108 g/m^2、96.5 g/m^2、123.1 g/m^2。毛稃羊茅第二年只有 20%～35% 的植株抽穗结实，第三年才进入生长旺盛期。栽培种植第二、三、四年间，越冬率 95% 以上；生长高度达 46.1 cm、77.0 cm、90.0 cm；群落平均盖度 99% 以上；干草产量 386 g/m^2、636.5 g/m^2、741 g/m^2；种子产量 8.2 g/m^2、60 g/m^2、77.1 g/m^2（施建军和马玉寿，2006）。

3）披碱草属（*Elymus*）：青牧一号老芒麦（*Elymus sibircus* L. cv. Qingmu No. 1）、垂穗披碱草和短芒披碱草（*Elymus breviaristatus*）3 个草种的越冬率均接近 100%，抗寒性很

强，抗逆性随栽培年限延长而提高。种植当年以营养生长为主，生长高度为 17.0 ~ 21.3 cm。第二年到第四年平均高度均达 90cm 以上。6 月中旬 ~7 月中旬，即牧草拔节—孕穗期间，地上部分的生长率和植物量增长最快。第二年到第四年干草产量均达 1000 g/m^2，最高产量在第二年；第二年到第四年垂穗披碱草种子产量依次为 303.6 g/m^2、152.3 g/m^2、134.3 g/m^2；短芒披碱草种子产量是 338.1 g/m^2、160.5 g/m^2 和 143.2 g/m^2。青牧一号老芒麦在海拔 3700 m 以上的地区栽培时种子不能成熟，叶量远高于垂穗披碱草和短芒披碱草，草质优良（施建军等，2006b）。

4）碱茅属（*Puccinellia*）：碱茅（*Puccinellia distans*）和星星草（*P. tenuflora*）翌年越冬率达 65% 和 70%，第三年均达 90%。生长第二年两种牧草均能完成整个生育期；生长高度和盖度第四年可分别达到 83.6 cm、60.6 cm 和 90%、82%，栽培前两年生长较慢，第三年起生长速率加快，生长期内前期缓慢，进入孕穗期后开始快速生长。第二、三、四年干草产量为 222.7 ~584.3 g/m^2、140.6 ~436.8 g/m^2；种子产量依次为 23.1 ~54.4 g/m^2、12.4 ~53.6 g/m^2。第四年 8 月中旬碱茅和星星草的茎叶比分别是 6.55 和 2.54（施建军等，2007a）。

5）异针茅（*Stipa aliena*）：野生驯化的异针茅，栽培当年越冬率达 98% 以上，第二年干草产量可达到 516.2 g/m^2，种子产量 8.6 g/m^2。第三年各物候期比第二年提前 4 ~ 10 天，并与当地野生种基本一致；8 月下旬盖度达到 100%，茎叶比 2.26，干草产量达到 864.3 g/m^2，与冷地早熟禾相近，种子产量比第二年增加近 5 倍（施建军等，2006c）。

6）梭罗草（*Roegneria thoroldiana*）越冬率可达到 95% 以上，第二年 20% 左右的植株能达到腊熟，干草产量达到 175 g/m^2。第三年比第二年提前 8 天成熟，8 月中旬盖度达到 100%，茎叶比 0.26，干草产量达到 690 g/m^2，种子产量 21.2 g/m^2（施建军和王柳英，2005）。

7）其他 8 种牧草中赖草（*Aneurolepidium dasystachys*）的越冬率可以达到 90% 以上。虽不能完成完整的生育周期，但营养生长良好，生长高度和盖度达 80cm 和 95% 以上，鲜草产量高，达 1568 ~2854 g/m^2，第三年干草产量 810.3 ~ 1084.8 g/m^2，第四年 8 月中旬的茎叶比为 2.11，生长期长。无芒雀麦（*Bromus inermis*）播种当年的越冬率为 60% 左右，以后这些植株就可以安全越冬生长，栽培第二年盖度仅为 55%，由于该草种根茎繁殖力强，分蘖多，至第四年其植被盖度可提高到 95%。生长第四年株高可达 90 cm 以上，鲜草产量 1803 g/m^2，茎叶比 3.31，再生性和适口性好，但种子不能成熟。其余几种引进牧草均不能安全越冬（施建军等，2007a）。

综上所述，结合越冬率、覆盖度、生育物候期和产量选育结果如下：越冬率和覆盖度在 80% 以上，第二年开始能完成完整的生殖生长，且上繁草干草产量 800 g/m^2 以上的品种为青牧一号老芒麦、垂穗披碱草、短芒披碱草和中华羊茅 4 个草种，下繁草 400 g/m^2 以上的品种为波伐早熟禾、冷地早熟禾、青海草地早熟禾、青海扁茎早熟禾、毛稃羊茅、西北羊茅、星星草、异针茅、碱茅和梭罗草 10 个草种。越冬率和覆盖度在 50% 以上，虽不能完成完整的生育期，但由于根茎发达，侵占能力强，能快速形成草皮，且产量较高的草种有：无芒雀麦、赖草及冰草（施建军等，2007a）。

6.1.2 适宜栽培优良牧草的评价

6.1.2.1 垂穗披碱草

垂穗披碱草（*Elymus nutans*）为禾本科披碱草属多年生牧草，为我国北方及青藏高原主要优良栽培牧草，也是三江源区建立人工草地的当家品种。

在三江源区的玛沁县大武镇5月下旬播种，15天左右出苗，当年有近10%的植株能抽穗，但种子不能成熟。次年4月下旬返青，5月初进入分蘖期，6月初即可进入拔节、孕穗期，7月下旬抽穗，8月中旬进入开花期，9月中旬种子成熟，10月进入枯黄期。播种当年干草产量为861 kg/hm^2，第二年干草产量可达到11 320 kg/hm^2，在施肥灭杂等人工调控措施的培育下，第六年干草产量仍然能保持在6530 kg/hm^2。种子产量可以达到1200 kg/hm^2。垂穗披碱草青草期茎叶质地柔软，营养丰富，适口性良好，是各类家畜喜食的优良牧草。据分析，开花期干草含粗蛋白9.18%，粗脂肪4.99%，粗纤维32.38%，无氮浸出物43.41%，粗灰分6.41%，可在三江源区的大部分地区栽培。

6.1.2.2 短芒披碱草

短芒披碱草（*Elymus breviaristatus*）为禾本科披碱草属多年生牧草，1973年青海省畜牧兽医科学院科技工作者采集野生种，在青海省牧草良种繁殖场进行栽培驯化，经多年驯化选育，已成为优良栽培牧草，种子已畅销青海省各地，以及河北、西藏、四川、甘肃、内蒙古、新疆等省（自治区），成为建立人工草地的当家品种。2006年通过全国牧草品种审定委员会审定登记为短芒披碱草，并获得青海省科技成果奖。

在三江源区的达日县吉迈镇5月下旬播种，15～25天出苗，当年最终生长发育处于拔节—孕穗期，群落高度15～25 cm。次年4月下旬返青，5月初开始分蘖，6月中旬拔节、7月上旬孕穗，8月中旬开花，9月中旬种子成熟，10月初开始枯黄。播种当年干草产量为679 kg/hm^2，第二年干草产量可达到11 560 kg/hm^2，在施肥灭杂等人工调控措施的培育下，第4年以后的干物质产量仍然能保持在7587 kg/hm^2，种子产量可以达到1200 kg/hm^2。可在三江源区的海拔低于4000 m的高寒草甸区栽培。该草种外稃芒短，牲畜采食后不易得齿龈炎，是较好的栽培牧草。

6.1.2.3 青牧1号老芒麦

青牧1号老芒麦（*Elymus sibircus* L. cv. Qingmu No.1）为禾本科披碱草属多年生牧草，1973年青海省畜牧兽医科学院科技工作者采集野生种，在青海省牧草良种繁殖场进行栽培驯化，经多年驯化选育，1978年获青海省科技大会奖，2004年通过全国牧草品种审定委员会审定登记为青牧1号老芒麦，并获得青海省科技成果奖。目前已成为建植人工草地的主要品种之一，种子畅销青海省各地及河北、西藏、四川、甘肃、内蒙古、新疆等省（自治区）。

在三江源区的玛沁县大武镇和达日县窝赛乡5月下旬～6月初播种，15～20天齐苗，当年最终生长处于拔节期。次年4月下旬返青，5月初进入分蘖期，7月初拔节，8月初孕穗，8月下旬抽穗，9月中旬进入开花期，该品种在三江源区的大部分地区种子不能成熟。青牧1号老芒麦适口性好，是披碱草属中饲用价值较高的一种，马、牛、羊均喜食。播种当年叶量可达50%以上，生长第二年以后，抽穗期叶量一般占40%～50%，茎占35%～47%，花序占6%～15%，再生草叶量占60%～70%。干草产量3000～6000 kg/hm^2，高产可达7500 kg/hm^{2}以上。可在三江源区的海拔低于4000 m的高寒草甸区栽培。

6.1.2.4 青海冷地早熟禾

青海冷地早熟禾（*Poa crymophila* Keng. cv. Qinghai）为禾本科早熟禾属多年生牧草，1973年青海省畜牧兽医科学院科技工作者采集野生种，在青海省牧草良种繁殖场进行栽培驯化，经多年驯化选育，已成为优良栽培牧草。该牧草的驯化成果曾获1978年青海省科技大会奖。经多年选育，2003年通过全国牧草种子审定委员会审定登记为青海冷地早熟禾，并获得青海省科技成果奖。

在三江源区的玛沁县大武镇和达日县窝赛乡，5月下旬播种，15～25天出苗，当年生长缓慢，株高只能达到5～10cm，至9月中旬停止生长时处于拔节期。次年4月下旬返青，5月初分蘖，6月上旬拔节，7月上旬孕穗，7月中旬抽穗，8月上旬开花，9月上旬种子成熟，10月进入枯黄期。青海冷地早熟禾茎秆直立，营养枝发达柔软，略带甜味，适口性好。据测定，不同发育阶段粗蛋白质含量以抽穗期最高，完熟后含量下降。开花期虽然粗蛋白质含量有所下降，但鲜草产量最高，是刈制青干草的最佳时期。

旱作条件下，青海冷地早熟禾人工草地第一年干草产量525～750 kg/hm^2，株高17～20 cm，第二年至第六年干草产量3375～6750 kg/hm^2，第六年以后产草量下降，通过施肥、灌水、松耙等措施加强管理，草地寿命可延续10年以上。结实性能好，一般结实率可达60%～80%，种子产量600～750 kg/hm^2。

6.1.2.5 青海中华羊茅

青海中华羊茅（*Festuca sinensis* Keng. cv. Qinghai）为禾本科羊茅属多年生草本植物。1973年由青海省草原科技工作者采集野生种，在青海省牧草良种繁殖场进行栽培驯化，经多年驯化选育，目前已培育成适合高寒牧区刈牧兼用和草坪绿化草种。中华羊茅的栽培驯化选育成果获1986年青海省科技进步奖四等奖，于2003年通过全国牧草种子审定委员会审定登记为地方品种——青海中华羊茅，并获得青海省科技成果奖。

在三江源区的玛沁县大武镇和达日县窝赛乡，5月下旬～6月上旬播种，14～22天出苗，7月上旬分蘖，8月中旬拔节，9月上旬35%植株孕穗。翌年4月下旬返青，5月上旬分蘖，6月上旬拔节，7月中旬抽穗，8月上旬开花，9月中旬种子腊熟，返青—完熟平均154天左右，生长期平均172天。青干草产量3450～4500 kg/hm^2，种子产量300～405 kg/hm^2。生长第二年在盛花期收获青干草，9月下旬再生草平均株高可达到24 cm，再生鲜草产量2460 kg/hm^2。青海中华羊茅粗蛋白质含量在抽穗期及开花期较高，分别为14.39%和14.09%，乳熟期粗蛋白质下降到10.36%。

6.1.2.6 青海扁茎早熟禾

青海扁茎早熟禾（*Poa pratensis* var. *ameeps* Gand. cv. Qinghai）是禾本科早熟禾属草地

早熟禾的一个变种。1973 年青海省畜牧兽医科学院科技工作者采集野生种，在青海省牧草良种繁殖场进行栽培驯化，经多年驯化选育，已成为优良栽培牧草。该品种的驯化选育成果曾获 1978 年青海省科技大会奖。于 2004 年通过全国牧草种子审定委员会审定登记为青海扁茎早熟禾，并获得青海省科技成果奖。

青海扁茎早熟禾在海拔 2200 m 地区春播后 25 天左右出苗，32 天后齐苗，苗期生长缓慢。种子在 10 ℃左右萌发，变温处理可提高发芽率，播种当年不能结籽，来年可收获种子，生育期 119 ~ 134 天，异花授粉，成熟后茎秆仍保持绿色。种子粗蛋白含量高达 15.3%，盛花期鲜草粗蛋白含量可达 11.76%，粗纤维含量为 24.58%。

三江源区海拔 3760m 的玛沁县进行栽培试验，6 月上旬播种，20 天左右出苗，最终生长处于拔节期，株高只能达到 5 cm 左右。次年 4 月下旬返青，整个生育期 135 天左右，干草产量 3570 ~ 6000 kg/hm^2，种子产量 160 ~ 288 kg/hm^2。

青海扁茎早熟禾叶量丰富，草质柔嫩，营养丰富，适口性好，茎秆青绿期长，是三江源区生态治理的优良牧草，同时也是保持水土和高寒地区庭院绿化的优良植物。

6.1.2.7 星星草

星星草（*Puccinellia tenuiflora*）又名小花碱茅，为禾本科碱茅属多年生植物，旱中生下繁禾草。星星草抗逆性强，喜湿润和盐泽性土壤，耐寒、耐旱、耐盐碱，在我国东北、华北、华中及西北均有栽培。青海省科技工作者于 1971 年在青海湖采集野生种，在青海省牧草良种繁殖场进行栽培驯化，2008 年登记为地方品种——同德小花碱茅。

在三江源区的玛沁县大武镇进行栽培试验，6 月 17 日播种，22 天后出苗，7 月 25 日进入分蘖期，到 8 月 26 日进入拔节期并停止生长；次年 4 月 25 日返青，5 月 19 日达到分蘖期，6 月 2 日进入拔节期，6 月 25 日进入孕穗期，7 月 28 日进入抽穗期，8 月中旬开花，9 月 10 日进入完熟期；第 4 年的生育期比第 2 年提前 13 天，生育天数由 139 天缩短到 126 天。

星星草茎秆直立，繁茂，叶量大，茎秆柔软、鲜嫩无异味，全株质地优良富含营养，饲用价值高，抽穗期、开花期粗蛋白质含量为 17% 和 13.22%，粗灰分含量少，粗纤维含量亦低。星星草为中等品质牧草，开花前期的青草马、牛、羊最喜食，此时调制的青干草适口性好。

星星草为中旱生禾草，寿命长，产量中等，适于建立放牧及刈收兼用草地。星星草易于栽培，产量稳定。一般在旱作条件下，栽培 1 ~ 6 年，干草产量为 3000 ~ 3945 kg/hm^2；二年生的星星草人工草地，开花期收割干草后，经 65 ~ 75 天其株高可达 30 ~ 35 cm，第一次割草干草产量 3000 ~ 5625 kg/hm^2，第二次收获干草可达 1050 ~ 1875 kg/hm^2。

6.1.2.8 青海草地早熟禾

青海草地早熟禾（*Poa pratensis* L. cv. Qinghai）是三江源区首个驯化选育的根茎型多年生禾草品种，是从海拔 4000 m 的果洛藏族自治州达日地区生长的野生草地早熟禾种群中选择出的，经 10 年栽培驯化选育成的野生栽培品种。于 2005 年通过全国牧草品种委员会审定登记为野生栽培品种，命名为“青海草地早熟禾”。该品种不仅抗逆性极强，而且青绿期长、叶量丰富、适口性好，生长年限长，适宜在海拔4000 m左右的高寒地区栽培；是“黑土型”退化草地植被恢复和改良的适宜草种，也是高寒地区建植人工草地和绿化的优良草种。

青海草地早熟禾在2000年6月17日播种，20天后出苗，30天后进入分蘖期，此后整个生育期基本上处于营养生长阶段，9月下旬个别植株抽穗，但种子不成熟。栽培第2年以后，于4月下旬返青，返青后立即进入分蘖期，直到7月下旬抽穗前，一直处于营养生长阶段，此后进入生殖生长阶段，9月下旬种子成熟。整个生育期历时近150天，比野生条件下生育期推迟10天左右。第三年以后青海草地早熟禾生育期已趋于稳定，于4月下旬返青，6月中旬进入分蘖期，7月上旬拔节，7月下旬抽穗，于8月上旬进入开花期，9月中旬后达到完熟期。经过四年的栽培驯化后青海草地早熟禾生育期与野生状态下的基本一致，整个生育期为140天左右。

青海草地早熟禾分蘖和再生能力强，利用年限长，生长年限达10年以上。耐牧性强，产量高，种植第二年青干草产量高达6300 kg/hm^2，种子产量高达690 kg/hm^2。在海拔4000 m的地区野生和人工栽培条件下，青海草地早熟禾种子均能成熟，地下根茎发达，具有很强的无性繁殖能力，在栽培条件下不仅能形成密集型草皮和良好的植被覆盖度，而且有比较好的生产性能和抗寒性，表现出了良好的生态性能和牧用价值，是适合三江源区“黑土型”退化草地植被恢复与改建的优选草种。

6.2　优良牧草的生物生态学特性及栽培要点

6.2.1　垂穗披碱草

6.2.1.1　植物学特征

垂穗披碱草为多年生禾本科植物，秆直立，基部稍呈膝曲状，高60～150 cm，叶鞘基部具柔毛；叶片扁平，上面有疏生柔毛，下面粗糙或平滑，长3～12 cm，宽2～5 mm。穗状花序较紧密，通常曲折而先端下垂，长3～12 cm；小穗绿色，成熟后带紫色，稍偏生于穗轴一侧，近于无柄或具极短的柄，长8～15 mm，含2～4小花；颖长圆形，长2～5 mm，顶端渐尖或具长1～4 mm的短芒；外稃长披针形，全部被微小短毛，第一外稃长约10 mm，顶端延伸成芒；芒粗糙，向外反曲或稍展开，长12～25 mm；内稃近等长于外稃，脊具纤毛，脊间被稀少微毛，子房顶端具毛。千粒重3.0～4.1 g。

6.2.1.2　生物学特征

垂穗披碱草原为野生种，在我国西藏、西北、华北等地均有分布。在青藏高原海拔2500～4000 m的湿润地区常为建群种。青海、甘肃等省引种、驯化后生长良好。目前，我国西北高寒、湿润地区栽培较多，东北、华北内蒙古干旱草原地区生长较差。

垂穗披碱草叶量比披碱草多，草质比披碱草好，适口性比披碱草强，但饲用价值不如老芒麦，开花以后叶量显著下降，纤维增加。适时刈割调制干草，各种牲畜喜食，再生草也宜放牧利用。青干草营养成分为：水分 13.2%，粗蛋白 5.4%，粗脂肪 2.2%，粗纤维 33.4%，无氮浸出物 38.5%，灰分 7.3%。

垂穗披碱草是短期多年生禾草，具有分蘖力强、适应性广、抗寒、耐旱、耐贫瘠等特点，利用年限 4~5 年，以 2~3 年产量最高。

6.2.1.3 栽培要点

在三江源区比较理想的播种时间为 5 月中旬~6 月上旬，过早播种土壤没有完全解冻，影响地面作业，过晚时 7~8 月的高温和间断性干旱往往会造成幼苗成活率降低。单播用种量 30~45 kg/hm^2，播种深度 2~3 cm，播后覆土并适当镇压，以提高种子出苗的整齐一致性。播种当年的生长期要求禁牧，冬季土壤封冻后可以轻度放牧利用，翌年的返青期亦要求禁牧。为保持垂穗披碱草人工草地的群落稳定性，在三江源区建植人工草地时可以和其他禾草进行混播，用种量为 22.5~30 kg/hm^2。

6.2.2 短芒披碱草

6.2.2.1 植物学特征

短芒披碱草为多年生禾本科植物，具短而下伸根茎；秆直立或基部膝曲，高 75~115 cm；叶鞘光滑，叶舌短，叶片扁平，长 4~13 cm，宽 5~10 mm。穗状花序，疏松，柔软下垂，长 10~18 cm；通常每节具 2 枚小穗，而顶端各节有时仅具 1 枚小穗；小穗灰绿色，成熟后带紫色，长 9~15 mm，含 4~6 枚小花；颖长圆状披针形或卵状披针形，长 3~5 mm，先端尖或具长仅 1 mm 的短尖头；外稃全部被短小微毛或有时背部平滑无毛，第一外稃长 7~9 mm，顶端具粗的短芒，芒长 2~5 mm；内稃与外稃等长，脊间被微毛。千粒重 3.8~4.6 g。

6.2.2.2 生物学特征

野生种分布于甘肃、新疆、四川、西藏等地，生于海拔 2700~4300 m 的高寒草甸、河滩地、灌丛、林缘、路旁等处。该草种具有分蘖力强、耐践踏、抗寒、耐旱、耐贫瘠等特点，在海拔 4200 m 以下地区能正常生长，在 −36℃下能安全越冬。较耐盐碱，在 pH 为 8.5 的土壤上也能良好生长。青海同德地区栽培，干草产量 5700~7800 kg/hm^2，种子产量 600~800 kg/hm^2。适口性好，盛花期干物质含粗蛋白质 11.09%，粗脂肪 2.39%，粗纤维 38.71%，无氮浸出物 39.83%，粗灰分 7.98%。

6.2.2.3 栽培要点

单播用种量 30~45 kg/hm^2，播种深度 2~3 cm，播后覆土并适当镇压，以提高种子出苗的整齐一致性。三江源区退化草地治理中，播种当年的生长期要求禁牧，冬季土壤封冻后可以轻度放牧利用，翌年的返青期要求禁牧。为保持短芒披碱草人工草地的群落稳定性，在三江源区建植人工草地时可以和其他禾草进行混播，用种量为 22.5~30 kg/hm^2。

适宜刈割期在8月中上旬，留茬高度为5～10 cm。

6.2.3 青牧1号老芒麦

6.2.3.1 植物学特征

青牧一号老芒麦为多年生草本直立疏丛型牧草，茎直立，株高90～170 cm。须根系发达，根长20 cm左右。茎具4～6节。叶鞘无毛，大都短于节间；叶舌长约1 mm，顶端平截；叶片扁平，长15～35 cm，宽8～15 mm，无毛或有疏生柔毛。穗状花序疏松，下垂，长18～25 cm；穗轴，细弱，常弯曲，棱边具小纤毛，节间长4～12 mm；穗轴各节常着生2枚或3枚小穗，小穗长8～16 mm（芒除外），几无柄，含4～6枚小花；颖狭披针形，具1～3脉，背部粗糙或具短刺毛，长4～6 mm，顶端尖或具长达5 mm的短芒；外稃披针形，背部粗糙或被短毛，具5脉，第一外稃长9～12 mm，顶端延伸一反曲之芒，芒长14～22 mm；内稃先端钝尖，具2脊，脊上被纤毛；花药长1.2～1.8 mm。千粒重2.9～3.5 g。

6.2.3.2 生物学特性

青牧1号老芒麦的根系发达，入土较深，可利用土壤深层水分，在旱情严重时叶片内卷，减少水分蒸发。1975年，青海同德巴滩地区严重旱灾，青牧1号老芒麦每公顷仍收获7500 kg干草。青牧一号老芒麦分蘖能力强，分蘖节在地表3～4 cm深处，在－3℃的低温下幼苗不受冻害，能耐－4℃的低温。能在－40℃～－30℃的低温下安全过冬，越冬率为96%左右。在青藏高原秋季重霜或气温下降到－8℃时，仍能保持青绿。

青牧1号老芒麦对土壤的要求不严，在瘠薄、弱酸、微碱或含腐殖质较高的土壤中均能生长良好，在pH为7～8、微盐渍化土壤中亦能生长，在降水量400～500 mm的地区，可旱作直播。

6.2.3.3 栽培要点

播种前深翻土地，如春播，应在前一年夏秋季翻地，施足基肥。播前耙耱，使地面平整，干旱地区播前要镇压以保墒。春、夏、秋三季均可播种。因苗期生长缓慢，春播应防止春旱和一年生杂草的危害。秋播应在初霜前30～40天播种，晚播苗期生长时间短，根部贮备养分不足，易造成越冬死亡。青牧1号老芒麦种子具芒，播前要进行断芒处理，增强种子流动性，必要时可加大播种机的排种齿轮间隙或去掉输种管。播种的过程应注意种子流动情况，防止堵塞，保证播种质量。机播时，为控制播种深度，要进行播前镇压，播深4～5 cm，播量一般16～22 kg/hm^2，种子田可酌量减少。

青牧1号老芒麦苗期生长缓慢，容易受杂草危害，故要夏翻和秋耕，以消灭杂草，利于幼苗生长。青牧1号老芒麦对水肥反应敏感，如在有灌溉条件的地方，在拔节期、孕穗期灌水结合施肥，一般情况下每亩可增产鲜草36%～58%。在田间管理中还应注意用石硫合剂、代森锌喷洒以消灭条锈。青牧1号老芒麦生长第三年后产量逐年下降，通过追肥和松耙，提高草地生产力。生长力衰退的草地，分蘖期施过磷酸钙200 kg/hm^2，当年可增产鲜草 43.6%。

青藏高原一般每年刈割 1 次，水肥充足可刈割 2 次；温暖地区每年刈割 2 次，第一次应在开花前期进行。一般再生草产量占总产量的 20% 左右。青牧 1 号老芒麦可调制成优良的青干草，也可青贮。据试验，青牧一号老芒麦与其他牧草混播，管理利用适当可连续丰产 4 ~6 年。但青牧一号再生力和耐牧性稍差，在生长季连续放牧 2 ~3 年，草地显著退化，但秋季刈割后的再生草进行放牧，对草地影响不大。

6.2.4 青海冷地早熟禾

6.2.4.1 植物学特征

青海冷地早熟禾为多年生草本，根须状，具砂套，有根状茎；秆丛生，直立，稍压扁，高 50 ~65 cm；叶鞘平滑，基部略带红色；叶舌膜质；叶片条形，对折内卷，先端渐尖，长 3 ~9.5 cm，宽 2 ~4 mm。圆锥花序狭窄而短小，长形，花序长 4.5 ~8.0 cm，通常每节具 2 或 3 个分枝。小穗灰绿色而带紫色，长 3 ~4 mm，含 1 或 2 枚小花，小穗轴无毛；颖质稍厚，卵状披针形，具 3 脉，第一颖长 1.5 ~3.0 mm，第二颖长 2 ~3.5 mm；外稃长圆形，先端膜质，间脉不明显，基盘无毛，第一外稃长 3 ~3.5 mm；内稃与外稃等长。颖果纺锤形，成熟后褐色。

6.2.4.2 生物学特性

青海冷地早熟禾适应能力强，在海拔 4200 m 的高寒地区仍能正常生长、结实，在年降水量不足 200 mm 的青海省柴达木地区种植，也能获得较高的产量；耐盐碱、耐瘠薄，在 pH 为 7 ~8.3 的土壤上种植，生长良好，并能完成生活周期；抗寒，幼苗能耐 -5℃ ~ -3℃低温，成株冬季 -38.7℃也能安全越冬；对土壤要求不严格，但在湿润的砂壤土，轻黏性暗栗钙土均能繁茂生长；分布于青海大部分地区，甘肃南部、云南和四川西部，生于海拔 2300 ~4800 m 的高山草甸、高寒草原、山坡林缘、沟谷灌丛、河谷阶地、阴坡高寒灌丛草甸等类群中。

6.2.4.3 栽培要点

青海冷地早熟禾种子小而轻，千粒重 0.35 ~0.5 g，每 500 g 种子 100 万 ~142 万粒。因此，种植时要求精细整地。播前镇压，防除杂草，浅开沟，浅覆土。在青藏高原一般可春播，也可秋播，播种量 7.5 ~10 kg/hm^2，割草地可适当增加。条播行距 15 ~30 cm，播深 1 ~2 cm，播后镇压。苗期生长缓慢，要防止牲畜践踏，及时防除杂草，分蘖、拔节期灌水、追肥，可提高产量。

据青海同德地区试验，采用青海冷地早熟禾、星星草、青海扁茎早熟禾、冰草（*Agropyron cristatum*）混播，可建立优质放牧地。产草量比单播可提高 7% ~41%。采用青海冷地早熟禾、青海扁茎早熟禾、冰草、无芒雀麦（*Bromus inermis*）、青牧 1 号老芒麦混播建立优质放牧、割草兼用人工草地，其产草量可比单播提高 28% ~165%。

6.2.5 青海中华羊茅

6.2.5.1 植物学特征

青海中华羊茅为多年生疏丛型牧草，须根系发达，多集中于15～18 cm土层中；秆直立，高50～100 cm，基部稍倾斜，具4节，节紧缩，无毛呈紫色。叶条形，长6～16 cm，宽2～3.1 mm；直立，质地稍硬，无毛或被微毛，叶鞘松弛，无毛，长或短于节间；顶生叶退化；叶舌膜质或革质，具微毛，长0.4～1.5 mm。圆锥花序开展，长12～18 cm，主枝细弱，中部以下裸露，上部具1或2个分枝，小枝具2～4个小穗，小穗含3或4枚小花，小穗长8～10 mm，淡绿或稍带紫色；颖先端渐尖，第一颖长5～6 mm，具1～3脉，第二颖长7～8 mm，具3脉，极少4脉；外稃长圆状披针形，具5脉，通常顶生长0.8～2 mm短芒，内稃狭长圆形。颖果成熟时淡黄色，千粒重0.5～0.8 g。

6.2.5.2 生物学特性

青海中华羊茅全生育期130～150天，根系发达，须根稠密，入土深达85 cm以上，具有较强的抗旱能力。幼苗在0℃以下仍能正常生长，冬季能忍受－38.1℃低温，翌年越冬率仍达90%左右。青海中华羊茅喜生在砂壤质或轻黏质暗栗钙土中，在pH为7.4～8.8的土壤中亦生长良好。分布于青海、四川和甘肃，生于海拔2150～4800 m的湿地、林缘、山坡、山谷及草甸。

6.2.5.3 栽培要点

青海中华羊茅的种子较小，播种前整地要特别精细，要耕得深，耙得细，磨得平，以利出苗整齐。翻耕同时宜施入腐熟厩肥15 000～20 000 kg/hm^2，过磷酸钙30～60 kg/hm^2。

播种时间一般可掌握在春季土壤解冻后即4月下旬至5月上旬，最晚不过6月下旬。过晚则根系发育不良，影响当年植株越冬。条播行距15～25 cm，混播行距15～30 cm，种子田行距30 cm。单播播量10～15 kg/hm^2，混播播量7.5～10 kg/hm^2。播深随土壤而异，砂质土壤或轻壤2～3 cm，黏土1～2 cm。播后均应镇压，以利出苗。

播种当年生长期应禁止放牧，2龄以上草地可适当放牧。调制青干草时宜在抽穗至开花期收割，迟则品质下降，刈割时留茬4～5 cm，种子落粒性强，待70%种子成熟时，即可收割。

6.2.6 青海扁茎早熟禾

6.2.6.1 植物学特征

青海扁茎早熟禾为多年生草本，具匍匐根状茎，秆疏丛生，直立，平滑无毛，高55～85 cm，为绿色扁状茎秆，具2～5节，3节居多。根茎分蘖数达3～51蘖，茎周长0.26～0.74 cm，叶鞘糙涩；叶舌膜质，长1～2 mm；基出叶长达35 cm，茎生叶长6.8～

11.5 cm，叶片扁平，宽 3 ~ 7 mm，光滑无毛。圆锥花序开展，金字塔形或卵圆形，长 6.5 ~ 20 cm，有 10 ~ 17 花序轴；穗轴每节有分枝 1 ~ 5 枝，基部主枝长 4.5 ~ 7.5 cm；分枝和小穗柄具短刺毛，小穗长 6.5 ~ 7 mm，含 3 ~ 5 枚小花，5 枚居多，花药长 2.1 ~ 2.2 mm，异花授粉，开花高峰期在早上 9 ~ 10 点。颖片渐尖，边缘膜质，背部粗糙或具短毛；第一颖卵形，长 3 ~ 3.5 mm，具 1 脉；第二颖阔卵形，长 3.5 ~ 4 mm，具 3 脉。外稃阔卵形，先端尖，边缘膜质，具 5 脉，背部具脊，脊与边脉在中部以下具长柔毛，基盘具稠密而长的白绵毛；第一外稃长 3.5 ~ 4 mm；内稃与外稃近等长，先端 2 齿裂，具 2 脊，脊上具纤毛。颖果长 2.8 ~ 3.7 mm，中宽 0.60 ~ 0.72 mm，千粒重 0.25 ~ 0.34 g。

6.2.6.2　生物学特性

青海扁茎早熟禾耐寒、耐旱、耐贫瘠，越冬能力强，在海拔 4000 m 左右的地区 -35℃的低温下能安全越冬，生长良好，分蘖力强。当年播种的青海扁茎早熟禾一般不能结籽，翌年 8 月上旬盛花，9 月底种子成熟，茎秆在相当长的一段时期内保持青绿。

6.2.6.3　栽培要点

播种当年，清除杂草，平整地块、耙耱镇压。三江源地区 5 月下旬至 6 月初播种。播种量 15 kg/hm^2，行距 15 cm；用于种子生产的播量 7.5 kg/hm^2，行距 30 cm。苗期除杂草，中耕除草；分蘖后期施尿素 60 kg/hm^2，来年的分蘖后期施尿素 60 kg/hm^2；开花期可辅助人工授粉以提高种子产量。建植第二年可适度放牧。

6.2.7　星星草

6.2.7.1　植物学特征

星星草是多年生草本，秆丛生，直立或基部膝曲，高 30 ~ 50cm，具 3 或 4 节。叶鞘平滑无毛，多短于节间，顶生者远长于其叶片；叶片干膜质，顶端半圆形，长约 1 mm；叶片通常内卷，上面微粗糙，长 3 ~ 8 cm。圆锥花序开展，长 7 ~ 15 cm，主轴平滑；分枝细弱，微粗糙，穗轴每节着生 2 ~ 5 枚分枝，上升或平展，下部裸露；小穗柄短，微粗糙；小穗含 3 枚或 4 枚小花，长 3 ~ 4.5 mm；第一颖顶端尖，具 1 脉，长约 1 mm，第二颖先端钝，具细齿，3 脉，长约 1.5 mm；外稃先端钝，具细齿，无芒，背部圆形，基部具微柔毛，具 5 脉，第一外稃长约 1.8 ~ 2.1 mm；内稃近等长于外稃，脊上部微粗糙；花药长约 1.2 mm。颖果纺锤形，成熟后柴褐色，千粒重 0.22 g。

6.2.7.2　生物学特性

星星草生育期为 120 ~ 145 天，根系发达，须根多而稠密，主要集中于土壤 25 ~ 30 cm 深处，能充分利用土壤水分。据测定，第二年一般入土深度达 92 cm，有的深达 120 cm，能吸收土壤深层水分有较强的抗旱能力。星星草能抗御低温的侵袭，在高寒地区，当冬季绝对低温达 -38℃又无积雪覆盖的情况下，越冬率在 95% 以上，比其他牧草越冬率高 12% ~ 20%。星星草为盐碱地的指示植物，喜潮湿、微碱性土壤。在 pH 8.8 的盐碱土中，仍能很好地生长发育。在松嫩草原广布于草原苏打盐碱土区，尤其在盐碱湖（泡）的周围，盐碱低温地均有成片生长。在青藏高原上喜生于海拔3300～3700 m的平滩、水沟、渠道以及山地阴坡、低洼沟谷等地，形成连续繁密的群落。在青海柴达木盆地盐渍化土地上种植表现良好，并获得较高的产量。星星草分蘖力强，据测定，补播在天然草地上，当年实生苗可分蘖2～22个，大面积播种的星星草地，当年植株可分蘖23～46个，第二年以后分蘖数可达40～75个。其分蘖数与水、肥、土壤的坚实度有关，水肥条件好，土壤疏松其分蘖数较高可达百余个。

6.2.7.3 栽培要点

星星草种子小，要求整地精细，播种前一年对土地进行夏、秋深翻、耙耱，并施足底肥。具灌溉条件的地区灌水后5～7天整地播种。无灌溉条件的，播前要机械灭草和镇压，以利于控制播种深度，克服断条、断垄现象。播前镇压比不镇压者出苗率可提高0.5～1倍。星星草的播种时间要求不甚严格，三江源区最晚不能超过7月初。单播种量7.5～15 kg/hm^2；种子田6～9 kg/hm^2，条播行距15～30 cm，播种深度1～2 cm，播后镇压。播种当年生长缓慢，需要严加保护，严禁牲畜采食和践踏。

6.2.8 青海草地早熟禾

6.2.8.1 植物学特征

青海草地早熟禾具匍匐根茎，根茎发达，多集中在10～15 cm土层中。茎直立或基部倾斜，秆扁平，光滑无毛，株高60～130 cm，具3节。叶鞘短于节间，平滑无毛，叶舌膜质，叶片扁平，条形，叶背面平滑无毛，上面及边缘粗糙，长6～19.5 cm，宽0.5～1.4 cm。圆锥花序开展，小穗紫褐色，长4～6 mm，含3～5枚小花，颖披针形，第一颖具1脉，长2.6～3 mm，第二颖具3脉，长3～3.6 mm，外稃先端膜质，长3.2～3.6 mm，有明显的5脉，边脉中部以下有柔毛，基盘密生较长的柔毛，内稃稍短于外稃，脊具纤毛。颖果纺锤形，千粒重0.2～0.3 g，成熟后种子为浅褐色，长2～2.5 mm。

6.2.8.2 生物学特性

青海草地早熟禾在三江源区生育期130～150天，青绿期达172天左右。青海草地早熟禾抗逆性强，抗寒耐旱，在−35℃的低温下能安全越冬。耐贫瘠，对土壤要求不严。茎叶柔软，叶量丰富，适口性好。开花期干物质中含粗蛋白质12.68%，粗脂肪3.99%，粗纤维31.94%，无氮浸出物43.78%，粗灰分7.61%，钙0.30%，磷0.24%。在三江源区黑土滩退化草地上种植，一般年均干草产量4800～6600 kg/hm^2。

青海草地早熟禾根茎具有很强的分蘖能力，当年播种的苗在生长停止前分蘖可达9.3个/株，6月下旬单株移栽在9月中旬分蘖数也能达到7.5个/株，从返青到枯黄不断有分蘖芽。根茎在适当的环境中，可以迅速形成草丛密、草层整齐的绿色草坪覆盖地面，一般移植的单株，3个月后，可以分生100条以上的新枝；经过5个月的生长繁殖，面积可以扩大到 60 cm×60 cm。

青海草地早熟禾最适于肥沃和排水良好的中性到微酸性土壤，但也能在 pH 为 7.0～8.7 的盐碱土上生长。

6.2.8.3 栽培要点

青海草地早熟禾种子微小，应在播种前一年夏、秋季进行翻耕，精细整地。播种前后都要求镇压土地，保持土壤湿度。

三江源区播种宜在 4～5 月。作为人工草场，一般播种量为 7.5～12 kg/hm^2。条播行距 15～30 cm，播深 2～3 cm。在生长分蘖–拔节期施肥，丰产效果好。施氮肥掌握在75～150 kg/hm^2，施磷肥 75～120 kg/hm^2。

6.3 人工草地的建植与管理

人工草地是利用综合农业技术，在完全破坏了天然植被的基础上，通过人为播种建植的人工草本群落。根据用途，人工草地有以饲料为目的的牧用草地，也有以保护环境、美化景观、体育竞赛场地为目的的绿地和草坪（胡自治，1997）。本节论述的是如何在三江源区高寒草甸“黑土型”退化草地上建立人工草地，该类人工草地即可作为牧用人工草地，也是恢复该地区高寒草甸次生裸地的生态型人工草地。

6.3.1 人工草地的建植

多年研究表明，在“黑土型”退化草地上建植人工草地是可行的，也是快速恢复其植被的主要途径（王启基等，2001；马玉寿等，2002）。因此，针对三江源区“黑土滩”退化草地面积逐年扩大造成的严重生态问题，青海省政府和国家有关部门立项实施了“青海省天然草原退牧还草工程”、“荒山种草”以及“天然草原保护”等工程项目，累积建植人工、半人工草地 250 万亩，并立法保护三江源区生态环境、建立自然保护区。建植人工草地已成为三江源自然保护区生态环境保护与建设的重要内容之一。

6.3.1.1 人工草地的类型

在草地分类学中，当前还没有一个被人们普遍接受的人工草地分类系统，因此，在不同地区和不同的需要下，产生了一些不同的分类方法。在这些不同的方法中，三江源区退化草地恢复与重建中所建的人工草地，在按热量带划分的人工草地分类中应划入寒温带人工草地，典型的温带牧草如紫花苜蓿、红豆草、二年生的草木犀以及多年生黑麦草等难以越冬，而喜冷和耐寒的牧草如草地早熟禾、紫羊茅（*Festuca rubra*）、垂穗披碱草、星星草等可以很好地生长。在按利用年限划分的人工草地分类中，三江源区的人工草地有临时人工草地和永久人工草地之分，前者为用一年生禾本科牧草燕麦建植的以刈割为主的饲料地，该类草地每年都需要种植，在三江源区以圈窝种植为主，适宜种植面积有限，户均不超过 0.3 hm^2。后者为多年生禾本科牧草建植的一般可以连续利用 5～10 年以上的多年生人工草地，这类草地以放牧为主，但也可以刈牧兼用。为了便于在生产实践中应用，三江源区退化草地恢复与重建中所建的人工草地，根据它的用途、培育程度、牧草组合及生活性可分为以下几个类型。

1）一年生人工草地：该类草地采用的草种以一年生燕麦为主，在夏季空闲的牛羊圈窝种植的临时人工草地，或在圈窝附近的冬季草场上建立的小面积的饲草料基地，其目的是利用微环境的土壤和气候条件以及一年生燕麦的优质高产特点，生产优质饲草料，解决部分家畜的冬季补饲问题。实践证明该类草地在三江源区畜牧业生产中发挥了很大的作用，也已经逐步被牧民群众接受。存在的问题是一年生人工草地需要每年种植，且在三江源区适宜种植的面积是有限的。

2）多年生禾本科人工草地：多年生禾本科人工草地其实也就是永久人工草地，是利用适宜三江源区种植生长的多年生禾本科牧草，在极度退化的高寒草甸草地上，采用一定的农艺措施重建或改建的人工植被。其特点是可快速恢复三江源区“黑土型”退化草地植被，并能长期为放牧家畜提供优质牧草，一次建植多年利用，既能放牧利用，也可作为打储草基地。根据人工植被组成和利用目标该类草地可进一步划分为以下两种类型：①多年生禾本科单播人工草地：单播人工草地是在同一块地上播种一个牧草种或品种建植而成的草地。单播草地播种方法简单，易于培育和收割，建植和管理费用较低。特别是在三江源区适宜栽培牧草品种缺乏的年代，以垂穗披碱草单播人工草地为该地区多年生人工草地的主体。单播草地具有较多的缺点，如杂草容易滋生、病虫害易猖獗、对土壤营养元素吸收单一、牧草营养成分供求平衡失调、种内竞争激烈等，特别是在利用管理不当时其植被常常引起快速衰退，因此，现在人们开始注重人工植被的群落结构的优化搭配，试图提高人工草地群落稳定性，进而有效地延长其利用年限。②多年生禾本科混播人工草地：该类草地是利用适宜三江源区栽培种植的不同生活型和生长型的多年生禾本科牧草的组合，充分发挥种间互补和充分利用空间的作用，建立相对稳定的人工植被群落。对氮素敏感的禾本科牧草，可通过大量使用廉价的氮肥获得高产，多年生禾本科混播人工草地可用于放牧也可以作为打草场，常用的草种为披碱草属、老芒麦属、羊茅属、早熟禾属和碱茅草属的一些耐寒草种。

6.3.1.2　人工草地建植技术

(1) 三江源区人工草地的适宜建植区域

三江源区是非常脆弱的气候生态区，草地生态系统破坏后很难自然恢复，因此，为了防止造成人为破坏，人工草地的建植区域选择要有非常严格的原则，首先尽量不破坏草地的原生植被，特别是要注意对天然草地中莎草科牧草的保护。2006年由青海省畜牧兽医科学院等单位完成的“三江源区‘黑土滩’本地调查”成果表明，三江源区的高寒草甸上有“黑土型”退化草地近450万hm^2，“黑土型”退化草地是不可逆的受损草地生态系统，只有通过建植人工和半人工草地的途径，才能快速恢复植被。综合分析考虑该类草地的自然条件和退化等级后，认为，三江源区适宜建植多年生人工草地的区域首先应确定在降水量相对较高的高寒草甸区，要求草地的次生裸地面积在80%以上。也就是说原生植被的盖度不足20%，且长势极差，在草地植物群落的组成中毒杂草的比率一般为

90% 以上，严重的地块原生植被荡然无存。主要毒杂草有铁棒锤、黄帚橐吾、甘肃马先蒿、黄花棘豆、裂叶独活（*Heracleum millefolium*）和鹅绒委陵菜等，草地已经完全失去利用价值。其次，要有一定的土壤、气候和地形条件。要求草地土层厚度在 30 cm 以上，海拔在 4300 m 以下，地形平坦适于机械作业。根据以上要求和原则，三江源区适宜建植多年生人工草地的面积为 120 万 hm^2，占全区“黑土型”退化草地面积的 30%，主要分布在高寒草甸区。

（2）建植人工草地的技术要点

针对三江源区特殊的自然、地理和社会经济发展背景，掌握人工草地建植技术，对于成功快速恢复退化草地植被是非常重要的。马玉寿等（2002，2006a，2006b）多年的研究成果表明，在三江源区“黑土型”退化草地上建立人工草地要掌握以下技术要点。①播种时间的选择：在三江源区人工草地的播种时期宜掌握在 5 月上旬 ~6 月上旬，过早土壤没有完全解冻，无法完成地面处理，晚于 6 月中旬，牧草出苗后在温度较高的 7 月常常会遇到间断性干旱危害，影响牧草幼苗的成活率。②草种选择：一年生人工草地上种植的燕麦应以早熟品种为主，如青海 444 燕麦等，虽然一年生燕麦在三江源区大部分地区种子均不能成熟，但早熟品种仍然能获得较高的牧草产量。多年生人工草地要根据草地的利用目的选择草种，种子田选用单一的目标草种，要严禁草种混杂。以打草为目标的人工草地应选用高产的垂穗披碱草、青牧一号老芒麦、短芒披碱草、青海中华羊茅等。以放牧和生态恢复为主的多年生人工草地应增加下繁草的比例，以增加人工群落的稳定性和牧草的适口性，这些牧草包括青海草地早熟禾、青海扁茎早熟禾、青海冷地早熟禾以及羊茅属的一些矮禾草。③农艺措施：可将建植多年生人工草地的农艺措施总结为以下程序，灭鼠—翻耕—耙耱—施肥—播种（撒播或条播）—覆土—镇压—封育。在三江源区适宜建植人工草地的地区往往是鼠害发生区，人工种草前、后如果不及时进行灭鼠，新长出的牧草幼苗会被害鼠不断采食，严重影响草坪形成。土壤翻耕可控制在 20 cm 左右，这样可以充分改良播种牧草的生长环境，还能起到灭杂的作用。播种时用磷酸二铵或羊板粪作基肥，磷酸二铵施用量 150 ~ 300 kg/hm^2；并且肥料尽量施到种子下部，利于牧草根系吸收。分蘖—拔节期用尿素作追肥，追施 1 或 2 次，用量 75 ~ 150 kg/hm^2，可显著提高牧草产量。在人工草地建植中，播种量、播深和镇压的工序至为重要。人工撒播时，播种量 25 ~ 30 kg/hm^2；条播时掌握在 15 ~ 25 kg/hm^2，行距 15 ~ 30 cm，播深 2 ~ 3 cm。镇压不但能使牧草种子与土壤紧密结合，有利于种子破土萌发，而且能起到保墒和减少风蚀的作用。特别是在轻壤或轻砂壤土地区尤为重要。人工草地建植当年的生长期要求禁牧。

6.3.2 人工草地管理

三江源区人工草地的试验与建设始于 20 世纪 70 年代，在几代高原科技工作者的不懈努力下，较系统地总结出了一套适合三江源区“黑土型”退化草地上建植人工草地的技术措施，并且成功地建植了大面积的多年生禾本科人工草地。然而，由于当时在该地区建植人工草地的适宜草种单一、特别是对已建人工草地的合理利用和科学管理技术研究较少、技术储备不足，导致人工草地在建植3～4年后开始退化，草地很快又重新沦为“黑土滩”（黄保宁等，1996），这使得“黑土滩”的治理陷入了困境（尚占环，2006）。因此，如何对三江源区已建成的人工草地进行科学管理和合理利用以达到持续利用的目的，越来越受到人们的关注（龙瑞军等，2005）。近年来的多项试验研究表明，鼠害防治、毒杂草防除、施肥等人工调控措施和合理的利用制度是上述人工草地持续利用的关键，适当的人工调控和适度的利用可有效地维持人工草地的生产力，防止人工草地的快速衰退（马玉寿等，2006a，2006b）。

6.3.2.1 人工草地培育

人工草地并非当地气候条件下的草地植被演替的顶极群落，因此，人工草地在其自然演替的过程中，容易受到有害生物的入侵，从而导致人工群落的衰退。这就要求我们要用各种方法和措施制止人工草地的破坏工程，维持系统的正常运转和平衡，恢复、保持其生产和生态功能。三江源区人工草地培育管理的措施主要包括：鼠害防治、毒杂草防除和施肥。

（1）鼠害防治

危害三江源区人工草地的害鼠主要有高原鼠兔、高原鼢鼠和根田鼠，本节以危害最严重、分布最广的高原鼠兔为研究对象进行其危害性和防治措施的论述。通过大量的调查研究我们将高原鼠兔对人工草地的危害程度划分为重度危害、轻度危害和未危害3级，不同危害程度的人工草地上高原鼠兔总洞口密度和有效洞口密度如图6-1所示。

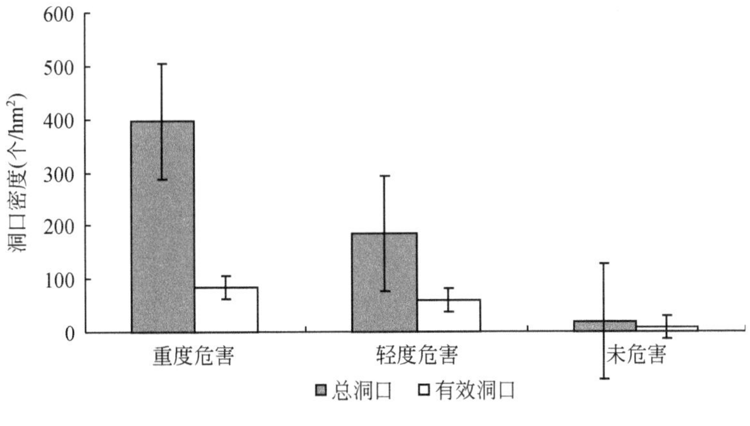

图6-1 人工草地上高原鼠兔不同危害程度洞口密度

高原鼠兔对人工草地群落主要物种株高的影响：栽培牧草的高度随高原鼠兔危害程度的增加而降低。在不同危害程度的人工草地上，栽培牧草的高度存在着显著差异（$P<0.05$），阔叶草的高度变化差异不明显。这说明高原鼠兔主要采食人工草地上的禾本科牧草，对表6-1中的几种阔叶草采食较少。

表 6-1　鼠害对人工草地内几种植物高度（cm）的影响

植物名称	未危害（NJ）	轻度危害（LJ）	重度危害（HJ）
披碱草	89.8a	10.75b	3.47c
冷地早熟禾	23.6a	6.05b	2.38c
中华羊茅	81.4a	9.25b	2.22c
铁棒锤	18a	10.6a	14a
橐吾	12a	8.75a	7.5a
高山蒿	9.8a	12.3a	7.3a

注：a、b、c 字母不同表示差异显著

高原鼠兔对人工草地地上生物量的影响：高原鼠兔的不同危害程度对混播人工禾草地上生物量的影响存在着显著的差异（$P<0.05$，df=3）。其中，未危害人工草地的地上生物量最大（1007.5 g/m^2），重度危害的最小（19.5 g/m^2）。人工草地牧草产量随危害程度的增加而降低，呈显著的负相关关系（相关系数 $r=0.9357$，$P<0.01$）。这是由于，一方面高原鼠兔不断啮食牧草的地上部分（叶、茎），影响牧草的光合速率，从而降低其生长速度和生物量积累；另一方面，高原鼠兔挖洞掘土，破坏了人工草地地面的完整性，使人工草地牧草的盖度和多度随危害程度的加重依次降低（$P<0.05$，df=3），从而导致了地上生物量的降低。可见，人工草地的退化与高原鼠兔的危害有非常重要的关系。

不同危害程度对人工草地土壤坚实度的影响：土壤坚实度是反映草地土壤结构稳定性的一个重要指标，从表 6-2 可以看到，未危害和轻度危害人工草地中土壤坚实度没有差异（3.72 kg/cm^2 和 2.96 kg/cm^2），它们与重度危害人工草地土壤坚实度（1.61 kg/cm^2）有着显著的差异（$P<0.05$）。可见高原鼠兔的活动使人工草地土壤结构发生变化。变松软的土壤更容易引起风蚀和水蚀现象的发生，土壤稳定性降低，从而引起土壤结构、养分和水分状况的进一步恶化。

表 6-2　鼠害对人工草地植物群落特征的影响

危害程度	地上生物量（g/m^2）	盖度（%）	多度（株/m^2）	土壤坚实度（kg/cm^2）
未危害（NJ）	1007.5a	98a	5640a	3.72a
轻度危害（LJ）	116.7b	88b	840b	2.96a
重度危害（HJ）	39.5c	51c	390c	1.61b

注：a、b、c 字母不同表示差异显著

不同危害程度下人工草地物种多样性的变化：生物多样性是指植物种类和数量的丰富程度，是一个生态系统或一个生物群落内可测定的生物学特征，是一个种群结构和内能复杂性的度量。物种丰富度指数（S）表明群落物种的多少。此项研究中不同危害程度下人工草地的物种丰富度指数排序为：未危害 < 轻度危害 < 重度危害（表 6-3）。多样性指数（D 和 H）是物种水平上多样性和异质性程度的度量。由表 6-3 可知：重度危害人工草地

上的多样性指数最高（1.35，0.9974），未危害的最低（0.12，0.5733）。均匀度反映群落中物种分布的均匀程度。受鼠害危害程度不同的人工草地，其均匀度指数变化为重度危害>轻度危害>未危害。随鼠害程度的加重，阔叶型杂草大幅度增加，人工草地植被有明显的向建植前的“黑土滩”植被演替的趋势，可见高原鼠兔的危害是导致“黑土滩”人工草地快速退化的主要因素。

表 6-3　不同危害程度下人工草地物种多样性的变化

危害程度	丰富度指数（S）	Shannon-Winner 指数（H）	Pielou 指数（E）	Simpson 指数（D）
未危害（NJ）	4a	0.12a	0.11a	0.6733a
轻度危害（LJ）	8a	0.28a	0.58b	0.9329b
重度危害（HJ）	11b	1.45c	3.19c	0.9974b

注：a、b、c 字母不同表示差异显著

（2）毒杂草防除

由于人工草地并非三江源区草地植被演替的气候顶极群落，因此，很容易受到当地的一些有害和有毒植物的入侵，这些毒杂草的入侵不仅占据人工草地的面积，消耗土壤中的水分和养分，排挤人工栽培牧草的生长，使草地生产、生态功能和品质下降，而且当数量达到一定程度时，优良牧草就会从群落中逐步消失，草地重新会沦为“黑土滩”。可见，毒杂草作为人工草地退化的重要指标，反映着人工草地向自然植被的恢复演替过程。目前，危害三江源区人工草地的毒杂草主要有玄参科（Scrophulariaceae）中的马先蒿属（*Pedicularis*）植物，并以甘肃马先蒿为主要侵入种。其他易入侵的毒杂草还有黄帚橐吾、铁棒锤、毛茛（*Ranunculus japonicus*）、露蕊乌头、狼毒大戟（*Euphorbia fischeriana*）等。在近几年的研究中发现，毒杂草中特别是甘肃马先蒿最容易入侵人工草地，并以其强大的种子繁殖能力和集群分布形式，对高寒地区人工草地中栽培牧草的正常生长发育会构成严重的威胁。本节以甘肃马先蒿为主要防除对象讨论三江源区人工草地的毒杂草防除。

毒杂草对人工草地地上植物量的影响：从表 6-4 可以看出，灭杂后人工草地群落地上总植物量下降了 26.1%，而垂穗披碱草地上植物量增加了 263.6%。另外，灭杂处理使其他禾草（早熟禾、中华羊茅）的植物量也有了相应的提高，并使其他杂类草的地上植物量明显下降。由此可见，甘肃马先蒿的侵入可大幅度降低人工草地生产力，也是引起人工草地退化的重要因素，毒杂草防除可有效地遏止毒杂草的生长与蔓延，恢复禾本科优良牧草在群落中的优势地位。

表 6-4　毒杂草防除对人工草地地上植物量、盖度、密度的影响

植物种类	地上植物量			盖度		
	未灭杂（g/m²）	灭杂（g/m²）	增加比例（%）	未灭杂（%）	灭杂（%）	增加比例（%）
群落	153	113	-26.1	80	94	17.5
垂穗披碱草	22	81	268.2	31	81	161.3

续表

植物种类	地上植物量			盖度		
	未灭杂(g/m^2)	灭杂(g/m^2)	增加比例(%)	未灭杂(%)	灭杂(%)	增加比例(%)
甘肃马先蒿	96.6	0	—	45	0	—
其他禾草	19	26	36.8	15	25	66.7
其他杂草	19	6	-68.4	20	5	-75.0

毒杂草对人工草地盖度的影响：如表6-4所示，灭杂措施显著提高了人工草地的总盖度。其中，垂穗披碱草盖度灭杂后由31%上升到了81%，其他禾草的盖度通过灭杂后也有了相应的提高。甘肃马先蒿通过灭杂盖度由46%下降到了0，其他杂类草的盖度也大幅度下降。

毒杂草对人工草地植物多样性的影响：由表6-5看出，灭杂处理后的人工群落中，垂穗披碱草的重要值与优势度最大，分别为43.59%和83.19%，说明杂草控制措施有利于垂穗披碱草的生长。灭杂后甘肃马先蒿重要值为0，说明化学灭杂对其效果极为显著，而其他杂类草重要值略有下降，优势度变化较显著。灭杂处理对于其他禾草的影响不明显，重要值与优势度均无明显变化。物种多样性反映了生物群落功能的组织特征，是群落中关于丰富度和均匀度的一个函数，用多样性可以定量地分析群落的结构和功能。未灭杂处理前，人工草地植物群落多样性指数（H）和均匀度指数（J）分别为3.08和1.51，灭杂后各值均有所降低，这说明灭杂处理抑制了其他种的侵入与生长。

表6-5　不同处理下人工草地不同植物类群的重要值与优势度

植物类群	垂穗披碱草		甘肃马先蒿		其他禾草		其他杂类草		多样性指数	
	重要值	优势度	重要值	优势度	重要值	优势度	重要值	优势度	H	J
灭杂	43.59	83.19%	0	0	15.78	13.48%	5.39	3.31%	2.67	1.15
对照	18.45	14.38%	62.69	62.91%	16.10	12.29%	6.12	10.41%	3.08	1.51

防除方法：三江源区人工草地毒杂草的侵入一般从第三年开始，化学防除的方法是用甲黄隆75 g/hm^2 +2,4-D丁酯乳油1500 g/hm^2 的1000倍混合液进行田间杂草防除。也可在毒杂草的盛花期通过刈割进行机械防除。

（3）草地施肥

施肥是提高草地牧草产量和品质的重要技术措施。合理的施肥可以改善草群成分和大幅度提高牧草产量，并且增产效果可以延续几年。近30年来，世界各国草地施肥面积不断扩大，理论上，每施0.5 kg氮肥，可以增产0.75 kg肉，现在生产实际已达到增产0.5 kg肉。试验证明，施氮、磷、钾完全肥料，增产牧草1095～2295 kg/hm^2，草群中禾本科的蛋白质含量增加5%～10%。施肥还可以提高家畜对植物的适口性和消化率。据报道，施用硫酸铵，草地干草中可消化蛋白质提高2.7倍，饲料单位提高了1.2倍。因此为了保持土壤肥力，就必须把植物带走的矿物养分和氮素以肥料的方式还给土壤。

我们于1999～2005年在三江源区的达日县和玛沁县的多年生禾本科人工草地上，

针对禾本科牧草对氮素敏感的特点，用尿素为肥种进行了施肥试验。试验设施肥方式和施肥量 2 个因素，施肥方式为分蘖期一次施入和分蘖期与拔节期两次施入。施肥量为 75～375 kg/hm² 共 5 个水平。试验结果表明：施肥可有效提高草地的产草量，增产幅度为 112%～262%。另外，同量的化肥在分蘖期和拔节期分两次施入的效果优于在拔节期一次施入的效果（表 6-6）。

表 6-6　人工草地施肥试验测定结果

处理	施肥方式	施肥量 (kg/hm²)	产量 (g/0.25m²)	较对照提高 (%)	高度 (cm)	较对照提高 (%)
1	分两次施入	75	5840	125	57.7	66.3
2	分两次施入	150	6200	138	63.5	83.2
3	分两次施入	225	7160	175	67.0	93.3
4	分两次施入	300	7800	201	69.1	99.2
5	分两次施入	375	9440	262	69.2	99.5
6	一次施入	75	5520	112	50.2	44.7
7	一次施入	150	5680	118	57.3	65.4
8	一次施入	225	6080	134	67.3	94.2
9	一次施入	300	7040	170	70.9	14.4
10	一次施入	375	8360	221	75.0	116.3
对照	—	—	2600	0	34.7	0

根据以上结果，再对两次施肥的经济效益进行分析，从而确定最佳的施肥量。从表 6-7 可以看出，施肥 300 kg/hm² 的边际产值/边际成本接近 1，说明该施肥量增产效果显著、成本低，应作为今后制订施肥方案的基础。

表 6-7　人工草地施肥计算表施肥量

施肥量 (kg/hm²)	产量 (kg/hm²)	增产量 (kg/hm²)	单位肥料产量 (kg/hm²)	肥料增量 (kg)	产草量增量（kg）	成本 (元)	边际产量	边际产值	边际产值/边际成本
0	2600	—	0	0	—	—	—	—	—
75	5840	3240	43.2	75	—	275	—	—	—
150	6200	3600	24	75	360	425	4.8	0.6	0.48
225	7160	4560	20.26	75	960	575	12.8	2.56	1.28
300	7800	5200	17.33	75	640	725	8.53	1.71	0.85
375	9440	6840	18.24	75	1640	875	21.8	4.36	2.18

注：成本计算依据是，尿素每千克 2 元，每千克青干草 0.2 元，人工工资 5 个工 125 元

（4）草地综合培育

在试验区内选择地势平坦、土壤和地上植被基本一致的“黑土型”退化草地100 hm^2，于1999年12月用C型肉毒素彻底灭除试验示范地及其周围200 m以内的草地害鼠——高原鼠兔，2000年5月下旬利用垂穗披碱草进行人工植被改建示范研究。具体建植的农艺措施为：深翻—耙平—施肥—撒种—覆土—镇压—围栏封育。其中，垂穗披碱草播种量为45 kg/hm^2，同时以45 kg/hm^2 磷酸二铵复合肥作为基肥，生长季完全禁牧。建植后的人工草地50 hm^2 第二年起采取人工综合调控措施，每年在垂穗披碱草拔节期追施成品尿素750 kg/hm^2。第三、第四和第六年分别用甲黄隆75g/hm^2 +2,4-D丁酯乳油1500 g/hm^2 的1000倍混合液进行田间杂草防除。同时，每年冬季进行一次鼠害防治。其余50 hm^2 自第二年起让其自然演替。所有草地在冷季放牧，整个生长季完全禁牧。每年8月中旬测定不同处理人工草地的群落结构及地上植物量。

综合培育措施对人工群落盖度的影响：由于人工草地在建植时均采取了相同的人工调控措施，因此生长当年人工群落盖度没有显著差异，均在95%左右；生长第二年差异仍然不显著，群落盖度均在99%以上；到3龄和4龄时，自然演替的人工草地盖度下降到了78%和73%，而采取了施肥和灭杂的人工草地，其垂穗披碱草的盖度仍然保持在98%；到5龄和6龄时，自然演替的人工草地垂穗披碱草盖度下降到了70%和60%，而继续进行人工调控的人工草地，其垂穗披碱草的盖度虽然也有所下降，但仍然能保持在90%以上（图6-2）。

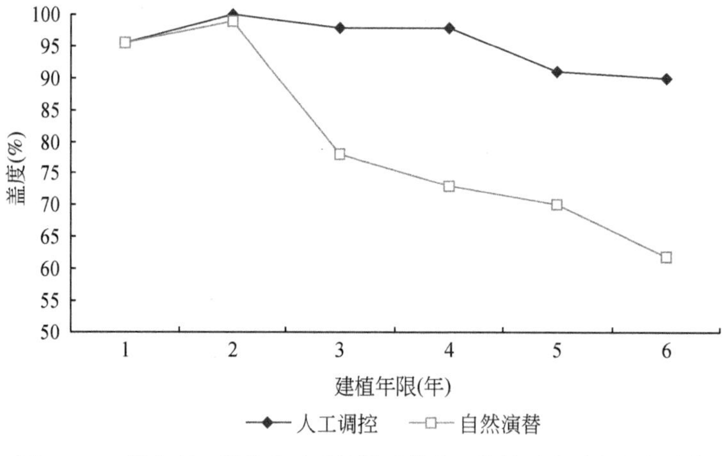

图6-2　“黑土型”退化草地垂穗披碱草人工植被群落盖度变化动态

综合培育措施对人工群落牧草株高的影响：“黑土型”退化草地人工植被在建植当年垂穗披碱草株高可以达到48 cm，生长第二年虽然不同处理的群落盖度差异不显著，但通过施肥的草地上的垂穗披碱草株高显著高于不施肥的草地，到3龄以后两种处理草地上的垂穗披碱草株高均出现逐年下降的趋势，而人工调控下的牧草株高下降速度较慢，到6龄时株高仍然不低于60 cm，而自然演替的草地垂穗披碱草株高下降到了33 cm，几乎比人工调控的草地下降了50%（图6-3）。

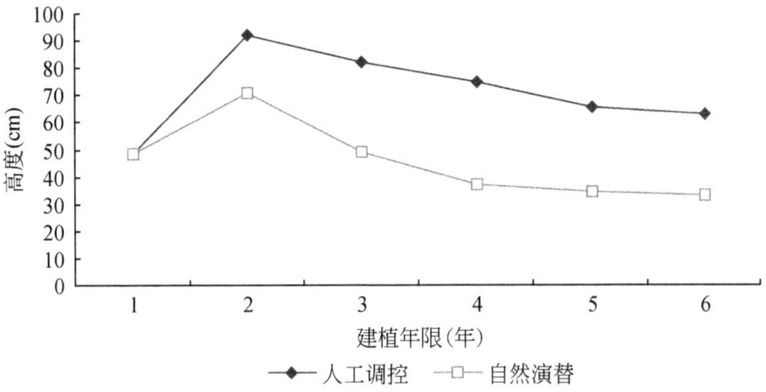

图 6-3　“黑土型”退化草地披碱草人工植被群落高度变化动态

综合培育措施下人工草地地上植物量年生长动态：因为地上生物量是衡量和评价人工草地质量和适应性的最重要的指标之一。因此，我们对“黑土型”退化草地上建立的垂穗披碱草人工草地，在不同人工调控管理措施下的年生长动态进行了连续的观测。建植当年，两种处理的种植条件基本一致，地上生物量也没有显著差异，均为 4140 kg/hm^2；生长第二年不同处理的垂穗披碱草生物量均达到了最高值，但通过施肥的草地的地上生物量显著高于没有任何人工调控管理措施的草地（$P<0.01$）；从第三年起，两种不同管理条件下的草地垂穗披碱地上生物量均开始下降，但通过施肥和毒杂草防除的草地，到第六年地上生物量仍能维持在 5630 kg/hm^2 的较高水平，该生物量水平基本上达到了欧洲国家人工草地的初级生产力水平（马玉寿等，2006b）；而自然演替状态下的人工草地垂穗披碱草地上生物量呈直线下降趋势，到第六年时垂穗披碱草地上生物量已下降到 1100 kg/hm^2，其变化规律与李希来等在同海拔地区的甘德县青珍乡的“黑土型”退化草地上补播垂穗披碱草的试验结果基本一致。可见土壤肥力的下降和毒杂草侵入是引起“黑土型”退化草地垂穗披碱草人工草地退化的直接原因（图 6-4）。

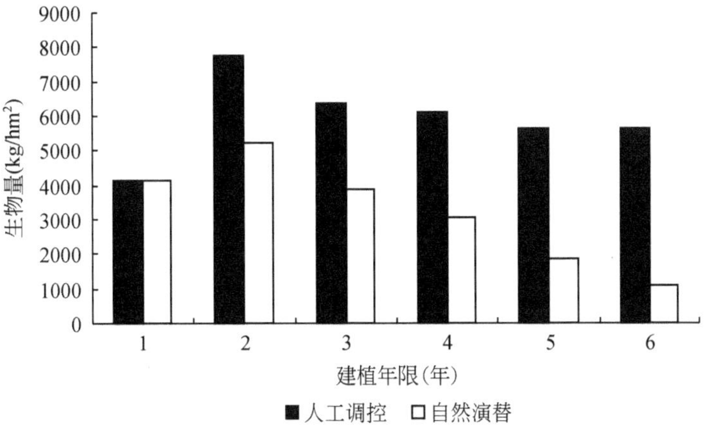

图 6-4　“黑土型”退化草地披碱草人工植被地上生物量变化动态

(5) 经济效益评价

建植人工草地综合培育措施投入主要包括种子、耕作措施、机耕费、设立围栏的成本，以及必要的管理措施如施用化肥、灭杂灭鼠等所投入的费用，具体见表6-8。

表6-8　人工调控投入　（单位：元/hm^2）

建植年限	种子	机耕费	围栏	化肥	灭鼠	灭杂	合计
第一年	615.0	600.0	300.0	360.0	22.5	0	1897.5
第二年	0	0	0	180.0	0	0	180.0
第三年	0	0	0	180.0	22.5	0	202.5
第四年	0	0	0	180.0	0	0	180.0
第五年	0	0	0	180.0	22.5	0	202.5
第六年	0	0	0	180.0	22.5	22.5	225.0
合计	615.0	600.0	300.0	1260.0	90.0	22.5	2887.5

由表6-8可以看出建植人工草地的主要投入在第一年（2000年），合计1897.50元/hm^2，占合计总费用的65.7%。其后五年内的投入主要在施用化肥方面，合计900元/hm^2，灭杂、灭鼠费用合计90元/hm^2，仅为施用化肥费用的1/10。

草地经济效果分析：通过对表6-9、表6-10进行分析，我们不难发现，人工调控下，六年的总直接投入为2887.5元/hm^2，而自然演替下仅为1897.5元/hm^2，差价为990元/hm^2，人工调控的年干草总产量为35 648 kg/hm^2，但自然演替下仅为19 189 kg/hm^2，差额为16 459 kg/hm^2，每千克干草以基本市场价0.40元计，其差价为6583.6元/hm^2，仅此一项就足以弥补990元/hm^2的投入差价。同时人工调控的生产成本也由第一年的0.46元/kg下降到第六年的0.08元/kg，下降了近82.6%，而自然演替下仅下降了72.3%。另如表6-9和表6-10所示，无论是累计产量还是累计收入，人工调控下的产值约为自然演替下的2倍。

表6-9　人工调控直接收益

建植年限	直接投入（元/hm^2）	年干草产量（kg/hm^2）	累计产量（kg/hm^2）	生产成本（元/kg）	年收入（元/hm^2）	累计收入*（元/hm^2）	投入产出比
第一年	1 897.5	4 142	4 142	0.46	1 242.60	1 656.80	1:0.873
第二年	180.0	7 768	11 910	0.17	2 330.40	4 764.00	1:2.293
第三年	202.5	6 340	18 250	0.13	1 902.00	7 300.00	1:3.202
第四年	180.0	6 128	24 378	0.10	1 838.40	9 751.20	1:3.964
第五年	202.5	5 640	30 018	0.09	1 692.00	12 007.20	1:4.510
第六年	225.0	5 630	35 648	0.08	1 689.00	14 259.20	1:4.938
合计	2 887.5	35 648	—	0.08	10 694.4	—	1:4.938

*每千克干草以基本市场价0.40元计

表 6-10　自然演替直接收益

建植年限	直接投入（元/hm^2）	年干草产量（kg/hm^2）	累计产量（kg/hm^2）	生产成本（元/kg）	年收入（元/hm^2）	累计收入（元/hm^2）	投入产出比
第一年	1 897.5	4 142	4 142	0.46	1 242.6	1 656.8	1∶0.873
第二年	0.0	5 200	9 342	0.206	1 560.0	3 736.8	1∶1.969
第三年	0.0	3 862	13 204	0.146	1 158.6	5 281.6	1∶2.783
第四年	0.0	3 036	16 240	0.12	910.8	6 496.0	1∶3.423
第五年	0.0	1 849	18 089	0.11	554.7	7 235.6	1∶3.813
第六年	0.0	1 100	19 189	0.10	330.0	7 675.6	1∶4.405
合计	1 897.5	19 189	—	0.10	5 756.7	—	1∶4.405

由此可见，在某一植被类型的区域选择地形平坦、土壤条件较好的地段种植优良牧草，如垂穗披碱草建植人工草地时，进行必要的人工调控，诸如围栏、施肥、灭杂、灭鼠等措施，可获得较高的牧草产量，以承担该区域的一部分或大部分的载畜量，从而大大缓解天然草地上的放牧压力，逆转其退化进程。

通过对人工调控以及自然演替两种情况下的人工草地生产力间的经济研究及其对草地经济效益的分析可知，无论是在人工调控下还是在自然演替下 $E=0.2687>0$、$E'=0.2363>0$，$Y=3831.45>0$，$Y'=2374.82>0$ 且 $R/r>P2/P5$ 或 $R/r>1/\beta$ 时，其物质转变与经济转移这两个转变过程中实现了经济的正增长，这正是草地畜牧业生产的最终目的。另外，人工调控下的牧草转化增值系数（E）>自然演替，人工调控比自然演替更具有经济价值，也就是说，人工调控的经济价值大于自然演替。同时，制订科学合理的载畜量与管理措施，不仅能保护草地的生态环境，同时也是提高草地经济效果的重要因素。

6.3.2.2　人工草地利用管理

（1）放牧利用管理

植被变化和家畜生产力变化是草场的两种不同属性。但植被变化是草场变化的最直接表现，也是导致其他属性土壤营养状况、家畜生产力变化的基本因素。因此，在家畜生产力指标之下，如果要直接度量草场植被的变化，首先应度量不同植物类群的变化，即植被放牧价值的变化，也就是从描述植被变化的指标转移到以家畜生产力评价植被变化的指标，从而既可以描述植被变化，也能描述家畜生产力的状况。另外，为了比较不同放牧强度对草场质量的影响，也可计算草地质量指数。为了便于比较，我们将评价植被状态的各指标一并列于表 6-11 中。

表 6-11　人工草地植被状态变化的度量指标

放牧强度	植被变化指标			牦牛生产力变化指标
	相似性系数变化	优良牧草比例变化（%）	草地质量指数变化	牦牛个体增重变化（kg/头）
极轻放牧	0.0270	5.21	0.010	7.35
轻度放牧	-0.0314	2.13	-0.095	6.90
中度放牧	-0.0405	-0.34	-0.225	3.01
重度放牧	-0.0689	-1.84	-0.705	-4.35

从表6-11可以看出，4个指标与放牧强度之间均存在负相关，且轻度放牧区的4个指标均为正值，表明极轻放牧强度下植被的放牧价值和牦牛生产力逐年改善，其植物群落与对照组植物群落的差异逐年减小，草地质量（放牧价值）在提高。在轻度放牧，优良牧草比例和牦牛个体增重的年度变化均为正值，但植物群落的相似性系数和草地质量指数年度变化为负值。这说明轻度放牧能改善高寒草甸植被的放牧价值和牦牛生产力，但群落整体与对照组的差异略有增大。在中度放牧条件下，尽管3项指标均为负值，但牦牛个体增重的年度变化为正值，这与周立等（1995a，1995b，1995c，1995d）在藏系绵羊上的结论不完全一致。这可能是系统误差和测量误差造成牦牛个体增重的年度变化与草地放牧价值和草地质量相反，也可能是牦牛放牧与其他家畜在消化和代谢等方面不同所致，需进一步深入研究。

由前文可知，各放牧区地上生物量和优良牧草的变化趋势一致，因此，植被状态的变化就是草地生产力和牧草质量的变化，从而各放牧区牧草质量（优良牧草比例）的年度变化决定了牦牛个体增重的年度变化。因此，优良牧草比例增大，表明草场质量指数增大，草场植被改善或向好的方向变化，反之说明植被变劣、退化或向坏的方向发展。另外，由于植被状态的变化（优良牧草比例变化或草地质量指数）就是放牧价值的变化，因此以对照组为标准的相似性系数的年度变化或草地质量指数可作为度量植被整体年度变化的一个定量指标。由于计算相似性系数时，各个植物种或类群及其丰富度的地位是相同的，因而它的变化表示物种或类群及其丰富度的相对变化，但相似性系数的变化与优良牧草比例的变化指标不同，它与家畜个体生产力没有明显的联系，因而不能反映草场放牧价值的变化。对草地质量指数而言，不同植物类群盖度的测定和适口性的判别人为因素干扰太大，因而它也不是一个很客观的指标。由于优良牧草和牦牛个体增重的平均年度变化随放牧强度变化的两直线交点对应的放牧强度（9.97头/hm^2）基本能维持优良牧草比例和牦牛个体增重年度不变。因此，可以认为该放牧强度（9.97头/hm^2）大约是高寒人工草地（牧草生长季放牧）不退化的最大放牧强度；另外，依据枯草季放牧草场牧草营养减损情况，冬季草场不退化的最大放牧强度约为4.01头/hm^2。

（2）刈割利用管理

刈割是人工草地的主要利用形式之一。草地割草能给家畜提供大量的鲜草和干草，提高草地的利用价值。人工草地的刈割管理有很多方面，包括要严格控制刈割强度（cutting intensity）、刈割时期（cutting duration）等。如果人工草地处于过度利用状态，草地群落结构、组成和功能均会受到不同程度的影响。刈割强度和刈割时期是影响人工草地的两个最重要的因素，当刈割强度和频率加大到一定程度时，植物就要做出形态学适应，不同植物对刈牧的耐牧和反应的差异取决于其固有的生物学和生态学特性。同时，它们会影响群落组成结构、群落演替、土壤营养元素含量、地上生物量及营养元素储存和分配。草地刈割技术主要基于刈割强度和刈割时期确定。只有建立适宜的刈割制度及合理科学的管理方法，才能够获得优质牧草产出，持久而有效地利用草地资源。

第7章　草地害鼠及其综合控制

草地鼠类之所以为“害”，仅仅是针对畜牧业发展和人类的利益而言，如果排除人类因素，在纯粹的生态系统中，鼠类的存在本身并无“害”与“非害”之分。显然，关于鼠害的界定显然不能仅考虑人类的利益，而应当兼顾生态系统中所有成员的利益，将维护系统的完整性与稳定性作为基本的判别标准。因此，所谓草地鼠害可以定义为：在草地生态系统中，鼠类数量在一种或多种因素干扰下出现超常（爆发式）增长，其结果不仅使人类的利益受到损害，同时还威胁到整个生态系统结构的稳定与安全，甚至导致整个系统功能的紊乱乃至部分功能的丧失。

中国幅员辽阔，地理气候多样，有分属于16个类（综合顺序分类法），总面积达4亿hm^2的草地。由于草地分布区域跨越了不同的气候带，致使各草地分布区栖息的鼠类在种类组成、生态习性和危害方式及程度等方面表现出明显的差异，如内蒙古中东部以布氏田鼠为主，宁夏、甘肃、内蒙古中西部主要为长爪沙鼠、黄鼠，新疆则为黄兔尾鼠、子午沙鼠、大沙鼠，青藏高寒草甸区为高原鼠兔和高原鼢鼠，这些鼠种的生态习性和生存环境各有不同的特点，这种差异决定了在鼠害防治过程中所采取的方法和手段的不同，因此本章将结合已有的研究和三江源区高原鼠兔防治试验结果，将着重介绍高原鼠兔种群数量变化特征及种群数量的控制。

7.1　主要害鼠的生物学特征

7.1.1　草地害鼠种类及分布

中国共有鼠类动物240余种，其中，5科70余种分布于我国不同地理区划的草地。

7.1.1.1　青藏高原高寒草地鼠类分布区

该区为喜马拉雅造山运动所形成的高原地带，包括西藏、青海大部分地区及甘肃南部和四川西部等区域。区内海拔多在3000 m以上，高山顶部多有大陆性冰川覆盖，气候寒冷。草地类型主要为：高寒草甸、高寒灌丛、高寒草地和高寒荒漠。该区鼠类主要优势鼠种有高原鼠兔、高原鼢鼠、青海田鼠（*Microtus fuscus*）和长尾仓鼠（*Cricetulus longicaudatus*）等。其中以高原鼠兔和高原鼢鼠分布最广，数量最多，危害也最为严重，是青藏高原草地生态系统的主要害鼠。

7.1.1.2 内蒙古典型草地鼠类分布区

该区主要包括内蒙古中、东部地区，东起大兴安岭西麓山前平原和松辽平原西部，西至集二县北部及鄂尔多斯东部。区内东北部地势较低且较为平缓，海拔为160~190 m；西部及西南部地势较高，海拔为600~1500 m。属大陆性温带气候。植被类型单一，多为以禾本科植物为优势种或建群种的典型草地。该区鼠类主要优势种为布氏田鼠（*Microtus brandti*）、达乌尔鼠兔和蒙古黄鼠（*Citellus dauricus*）等。

7.1.1.3 西部荒漠、半荒漠草地鼠类分布区

该区主要包括内蒙古西部至新疆的荒漠、半荒漠地带，甘肃河西走廊和宁夏西北部，以及青藏高原的柴达木盆地。区内海拔多在1000 m左右，柴达木盆地达3000 m左右，地势较为平坦而多沙漠，属大陆性气候。植被稀疏，多为荒漠、半荒漠旱生灌木，如骆驼刺（*Alhagi sparsifolia*）、梭梭（*Haloxylon* spp.）、柽柳（*Tamarix* spp.）、麻黄（*Ephedra* spp.）和沙拐枣（*Calligonum mongolicum*）等。该区主要鼠类为子午沙鼠（*Meriones meridianus*）、长爪沙鼠（*Meriones unguiculatus*）、五趾跳鼠（*Allactaga sibirica*）和三趾跳鼠（*Dipus sagitta*）等。

7.1.1.4 黄土高原农牧交错带草地鼠类分布区

该区包括青藏高原以东、秦岭山脉以北、太行山脉以西的黄土高原区。区内海拔多为800~1800 m，兼有大陆性气候和季风气候特征。原生植被东部以阔叶落叶林为主，西北部以草地为主，目前大面积的森林和草地已不复存在，主要为农田所占据。该区仍保留有较大面积的草地，牧业比例较大，具有明显的农牧结合带特征。该区主要鼠类有蒙古黄鼠、黑线仓鼠（*Cricetulus barabensis*）和中华鼢鼠（*Myospalax fontanieri*）等。

7.1.1.5 东部平原、丘陵零星草地鼠类分布区

该区包括东北针叶林带以南至秦岭—淮河一线以北、太行山以东的广大温带季风地区。东北的山地主要是小兴安岭和长白山海拔在2000 m以下的丘陵地区。植被类型以落叶阔叶林为主，但大部分土地已开垦为农田，所留森林面积和草地所占面积很小，多为小块草地零星散布于森林、农田景观之中。该区鼠类动物种类较多，在东北东南部山地森林中，主要有松鼠（*Sciurus vulgaris*）、花鼠（*Tamias sibiricus*）和棕背䶄（*Clethrionomys rufocanus*）等；在沼泽草甸，以黑线姬鼠（*Apodemus agrarius*）占绝对优势，沼泽田鼠（*Microtus fortis*）、莫氏田鼠（*Microtus maximowiczii*）、麝鼠（*Ondatra zibethicus*）等也是这类环境的常见种；在华北山地，出现了一些与南方共有的种类，如岩松鼠（*Sciurotamias davidianus*）、隐纹花松鼠（*Tamiops swinhoei*）、沟牙鼯鼠（*Aeretes melanopterus*）和大鼯鼠（*Petaurista petaurista*）等。其中，岩松鼠常成为山区农林的主要害鼠。

7.1.1.6 南方草山草坡鼠类分布区

该区泛指长江以南广阔地区的草山、草坡、林缘和林间等零星草地。全区含亚热带和

热带两种气候类型。区内自云南、广西、广东和福建的北部至秦岭—淮河一线属亚热带气候。天然植被为常绿阔叶林，区内绝大部分山地丘陵的原始森林经砍伐和人工经营，次生林地和灌丛、草坡所占面积很大。平原及谷地几乎全为农区，大部分是水田。该区鼠类种类丰富，林栖种类主要为赤腹松鼠（*Sciurus igniventris*）、橙腹长吻松鼠（*Dremomys lokriah*）和花松鼠（*Tamiops* spp.）等。在西部山区，岩松鼠和草兔（*Lepus capensis*）为常见种；在农耕地区，以黑线姬鼠、褐家鼠（*Rattus norvegicus*）和小家鼠（*Mus musculus*）为优势种；在长江以北的平原地区，黑线仓鼠、沼泽田鼠在某些地区也可成为优势种。

7.1.2 主要害鼠的生物学特征

7.1.2.1 分类地位、形态特征及分布

高原鼠兔又名黑唇鼠兔、鸣声鼠或阿乌那（藏名译音），在分类地位上隶属兔形目（Lagomorpha），鼠兔科（Ochotonidae），鼠兔属（*Ochotona*），高原鼠兔种。

高原鼠兔体形中等，体长平均169 mm。耳小而短圆，耳壳具有明显的白色边缘。后肢略长于前肢，前后足的指（趾）垫常隐于毛内，爪较发达，无尾。

高原鼠兔一般夏毛色深，毛短而贴身；冬毛色淡，毛长而蓬松。夏毛体上面呈暗沙黄褐色或棕黄色，下面毛色呈浅黄白色或近白色。上下唇及鼻部黑褐色，耳壳背面浅黑褐色，耳缘具白边。

高原鼠兔为非冬眠性植食性小哺乳动物，主要分布在青藏高原及与高原毗邻的尼泊尔和印度北部，为青藏高原的特有物种。分布于海拔为3200～5200 m的草地草甸、高寒草甸及高寒荒漠草地带。在山间盆地、湖边滩地、河谷阶地、山麓缓坡、山前冲积的洪积扇及砾石山坡营群居生活。高原鼠兔喜于植被低矮、排水良好、视野开阔的生境栖息，特别对镶嵌有斑块状裸地的生境尤其偏爱。因此，由各种原因引起的斑块状极度退化草地和裸地极易成为高原鼠兔的最适栖息地。

7.1.2.2 繁殖特征

动物的繁殖力反映的是雌性动物产生新个体的能力，它与动物性成熟速度、胎数和胎仔数等有直接的关系。

高原鼠兔为季节性繁殖的动物，繁殖期的长短不仅有地域上的差异，而且存在年度变化。在海拔3900 m以上地区，高原鼠兔成体雌鼠的繁殖期为4～7月。妊娠高峰期为4月和5月；产仔高峰在5月和6月。雄鼠睾丸大小和重量也与季节繁殖相关。3月雄鼠睾丸变大、变重，平均质量达1.5 g/个，4～5月平均为1.83 g/个。非繁殖季节中成体雄鼠睾丸平均重为65.24 mg/个。

高原鼠兔的繁殖特征因地区和海拔变化而不同。首先，高原鼠兔种群的性比在不同年龄、不同季节、甚至不同地区有所变化。在青海天峻县快尔玛地区高原鼠兔的雄性个体显著少于雌性个体，而在青海省泽库县多福顿乡和青海海北地区，性比接近1∶1；而在青海果洛大武地区雌体多于雄体，性比为0.65。其次，高原鼠兔在繁殖次数上亦表现出地区差异。在海拔较高的果洛大武地区，高原鼠兔一年仅繁殖1次，而在海北地区繁殖1或2

次，少数则繁殖3次，部分当年生雌性个体性成熟后亦参与繁殖。

在繁殖期，高原鼠兔不同性别间攻击行为存在明显的差异，其中，雄性更具攻击性，个体攻击性越强，在种群内的优势地位就越明显。对高原鼠兔的体重和睾丸重作相关性分析，发现在4月11日~5月10日和6月11日~7月10日，雄性成体体重与其睾丸重呈显著正相关。说明体重大的雄性将具有强的攻击行为，处于高的等级地位，从而在竞争配偶中处于优势。

当年出生的雌性幼体有的可直接参加繁殖，但当年出生的雄性幼体却不能直接参加繁殖活动，雌雄幼体发育的不同步在一定程度上可以提高雄性后代的适合度。许多研究指出雄性的繁殖成功不是简单地取决于它产生精子的能力，更重要的是取决于雄体战胜其他雄体的生理状况及吸引雌体的能力，而当年生雄体很难在以上方面与那些体形较大、体力强壮、性经验丰富的雄性成体进行有效的交配竞争。因此在繁殖巢区已经确定的情况下，多数当年雄鼠采取性活动休止对策，既减少或避免了与成年雄鼠间处于劣势的交配竞争，又在一定程度上降低了成年雄鼠对它们的伤害性或致死性攻击，提高了它们的存活机会，增加了在下一个繁殖季节中成功繁殖的概率，从而最终保证其获得较大的繁殖收益。

7.1.2.3 食物选择

食物是动物生存和繁殖所需营养的来源，食物关系反映了物种间的基本关系。在自然界中，任何生命的存在和延续都必须以消耗特定的资源为基础。在长期的自然选择压力和进化过程中，每种动物都形成了各种能够适应栖息地环境的取食对策，以利于种群的繁衍。

高原鼠兔对食物的选择不仅有明显的季节变化，而且与栖息地植物类群的丰富度有密切的联系，同时还存在着明显的地理差异。

高原鼠兔的食量较大，平均每日采食鲜草77.3 g，占体重的52%。不同季节的日食量亦有变化，夏季的食量大于春季，秋季大于夏季。

在果洛大武地区，植物生长期内（5~9月），高原鼠兔在以杂类草为主的重度退化草地中主要选择：禾本科植物、甘肃棘豆、弱小火绒草（*Leontopodium pusillum*）、乳白香青、长茎藁本（*Ligusticum thomsonii*）、兰石草、红花岩忍冬（*Lonicera rupicola*）、白苞筋骨草、芸香叶唐松草（*Thalictrum rutifolium*）和铺散亚菊（*Ajania khartensis*）等。在以禾草和莎草为主要优势种的中度和轻度退化草地主要选择：垂穗披碱草、早熟禾（*Poa* spp.）、二柱头藨草、矮嵩草、黑褐薹草、兰花棘豆、甘肃棘豆、弱小火绒草和乳白香青等。高原鼠兔的食物组成与栖息地内植物的丰富度变化趋向一致，即高原鼠兔主要选择栖息地中丰富度较大的植物。

在青海省海北地区，高原鼠兔选择的食物项目与大武地区存在着明显差异。在海北地区，除垂穗披碱草和黄花棘豆各月均选择外，其他食物项目很不一致。5月，主要选食异针茅和矮嵩草；6月，主要选食美丽风毛菊和矮嵩草，7月，主要选食羊茅和钉柱委陵菜，8月，主要选食早熟禾和钉柱委陵菜，9月，主要选食美丽风毛菊、异叶米口袋、麻花艽和蒲公英。

高原鼠兔冬季的食物选择主要以双子叶植物为主，取食的植物种类明显减少，主要植物种类有：甘肃棘豆、长茎藁本、铺散亚菊和红花岩忍冬等。

在青海省果洛藏族自治州大武地区，高原鼠兔为了开阔视野，营造有利于生存的栖息地环境，从6月下旬开始刈割植物，至9月下旬结束。同时对有些刈割的植物进行搬运、收集，并形成大小不等的干草堆（hay pile）。在样地内70余种植物中，高原鼠兔对40种植物进行了刈割。同时对不同类型的植物采取不同的刈割策略。对铁棒锤（*Aconitum pendulum*）这种植株粗壮植物，对其一定高度内［0～（25.33±1.82）cm］的叶片进行刈割；对青海刺参（*Morina kokonorica*）等带刺的植物，将其咬倒，但数量较少；对禾本科和其他直立植株的植物，高原鼠兔直接将其从根部咬断。高原鼠兔的这一行为，可能是为躲避天敌而长期进化的结果，但在门源县海北地区则未发现类似行为。

7.1.2.4　家庭结构

高原鼠兔的家庭组成，在繁殖期开始形成，可能为“一夫一妻”制，并有明显的季节变化（图7-1）。4月，随着配偶选择、交配及妊娠的开始，组成家庭者占本月洞群数的22.2%，其余均营独居生活；5月，组成家庭者占81.8%，这时大部分鼠兔都参加了繁殖，是鼠兔妊娠、哺乳的盛期，也是高原鼠兔家庭的兴旺时期；6月，形成家庭者占70%，和5月较接近；7月，鼠兔的哺乳期将要结束，再加上幼鼠的分居，家庭成员不断减少，保持家庭组织者占50%；8月和9月，家庭保持者分别为：33.3%和30.4%，呈下降趋势，其余的家庭已经解体；10月，鼠兔的家庭组织已全部解体，营独居生活，虽然还有个别的当年鼠生活在一起，但没有组成家庭。

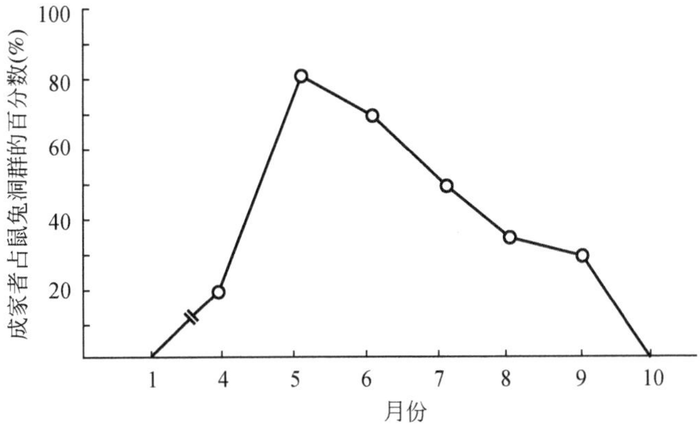

图7-1　高原鼠兔家庭组成的季节变化（梁杰荣，1981）

高原鼠兔的家庭组织与繁殖密切相关。在繁殖期，其家庭形式可分为4个类型。

1）雌、雄亲鼠组成家庭；

2）雌、雄亲鼠和幼鼠；

3）雌亲鼠和未成熟的幼鼠；

4）雄亲鼠和未成熟的幼鼠。

7.1.2.5 活动节律

高原鼠兔为昼出活动动物，在夏秋季的夜晚 11 时前仍有个别个体活动。在不同季节或同一季节的不同天气条件下，它们的日活动频次、强度和活动行为的表现均不相同。这种差异与鼠兔不同时期的生理状况有密切关系。在春季末期和夏季，鼠兔处于发情交配期，地面活动频繁，7 月活动频率最高，且活动范围较大，一次能奔跑约 75 m。7 月初大量幼鼠出洞，采食时间长，但活动范围减小，一般在洞口附近活动；8 月，植物处于生长茂盛期，食物资源丰富，活动时间减少；10 月以后，由于天气严寒，活动频率明显降低，绝对时数为 11.5 h；活动频率最低为 12 月和 1 月，绝对时数仅为 9.5 h。冬季和早春，鼠兔仅在晴天和无风的中午出洞采暖和取食，此时活动范围较小，在大雪覆盖时，鼠兔仍在雪下活动，但活动频次较低。

高原鼠兔的活动高峰因季节和天气的变化而有所差异，在 4 ~5 月，活动高峰期在上午 6 ~10 时，中午、下午活动也较多，但高峰期不明显；6 ~9 月，全日有两个活动高峰期，最高峰在上午 7 ~10 时，下午活动频次明显降低，但高峰亦很明显；10 月，仅一个活动高峰期，为上午 7 ~10 时；中午和下午活动均降低；11 月，明显仅有一个活动高峰期，时间为 11 ~14 时。

7.2 草地害鼠爆发原因及危害特点

7.2.1 草地鼠害现状

草地鼠害是草地开发利用过程中出现的重要生态学问题。随草地退化和荒漠化进程的加剧，我国草地鼠害发生面积呈逐年扩增趋势。三江源区是青海省鼠害面积最大、危害最严重的地区。由于其自然和生态条件极其脆弱，草地鼠害已成为该区与雪灾和旱灾并列的三大自然灾害之一，但因其分布地域的广泛性和危害的持续性，对高寒生态环境、草地生产力以及草地畜牧业造成的危害损失已远远超过了雪灾和旱灾的危害，严重制约了该区域畜牧业的可持续发展。

长期以来，人口和牲畜数量的增加，导致了天然草场超载放牧，使草场大面积退化；加之对草场的乱采滥挖和开荒，致使草地生态系统严重失衡。作为草地退化的伴生物，害鼠数量急剧增加，发生草地鼠害。而害鼠的猖獗，又进一步加剧了草地的退化，鼠患严重地区的原生植被破坏殆尽，次生裸地不断扩大，从而形成大面积的“黑土滩”，特别是在我国西北部鼠害的发生尤为频繁。据农业部统计，全国草地鼠害发生面积由 1996 年的 46 413 万亩增加到 2001 年的 69 259 万亩，占草地总面积的 11.8%，增幅近 50%；其中，严重发生面积由 1996 年的 28 193 万亩快速增加到 2001 年的 40 805 万亩，约占草地总面积的 7%，增幅达 45%。2002 年全国草地鼠害成灾面积比近 10 年来的成灾面积平均数高出了 28%，鼠害分布范围已遍及青海、甘肃、宁夏、新疆、西藏、四川和内蒙古等 13 个省（自治区），尤以三江源地区严重，如青海省中度以上退化草地面积 1633 万 hm^2，其中，鼠害发生面积达973.3万hm^2，危害面积733.3万hm^2。青南地区危害面积580万hm^2，环湖地区危害面积80万hm^2，柴达木地区危害面积33.3万hm^2，东部农业区危害面积40万hm^2。四川西部的甘孜、阿坝地区2000年鼠害发生面积为3040万hm^2，比上年增加333.3万hm^2，以石渠县为例，由于高原鼢鼠危害使得1/2可利用的草地不能放牧，其中沦为黑土滩的面积达0.67万hm^2。2000年新疆北部草地黄兔尾鼠危害面积虽比上一年减少21.2%，但仍达241万hm^2，其中，严重发生面积63.33万hm^2。内蒙古全区草地，在2000年发生鼠害面积比往年有所减少，其中，锡林郭勒盟布氏田鼠数量显著下降；但呼伦贝尔草地陈巴尔虎旗以西的布氏田鼠数量上升，受害面积约90万hm^2，占可利用草地的1/4，其中，遭受2级以上危害的近60多万公顷；草甸草地的东北鼢鼠（*Myospalax psilurus*）危害程度加重，严重发生的地段牧草产量下降30%～50%；内蒙古中西部鄂尔多斯高原长爪沙鼠的危害突出，对沙生植物特别是防护草网的破坏，使杭锦旗、鄂托克旗等地有些防沙草网因沙鼠啃啮需重复栽种。

草地害鼠与家畜争夺优良牧草，降低了草地载畜量，而且还打洞造穴，造成地表塌陷和水土流失。草地鼠害得不到有效的控制，草地资源和畜牧业生产将会受到严重的影响，草地生态环境将受到严重的破坏，广大牧民赖以生存的物质基础将不复存在。因此，防治草地鼠害，既是保护草地资源、发展畜牧业生产的需要，也是生态环境保护与建设的需要，同时也是繁荣牧区民族区域经济，提高牧民生活水平，实现人与自然和谐、经济与社会可持续发展的需要。

7.2.2 草地害鼠爆发原因

30多年来，在政府各级部门的重视和支持下，我国的草地鼠害治理虽然取得了明显成效，但也要看到其中还存在着严重的问题。新中国成立初期，虽未采取任何治理措施，我国的草地鼠害也未造成多大损失。但是自20世纪60年代以来，尤其是70年代以来，尽管年年防治，草地鼠害还在年年发生，从未间断过。是什么原因造成这样的结果呢？鼠类本是草地生态系统中必不可少的组分之一，在正常的（处于平衡状态下的）情况下，它们一般并不会对草场形成危害。虽然鼠类主要以植物为食，并由于营穴居生活而进行挖掘活动，但不能据此就简单地判定它们为有害动物。在平衡的草地生态系统中，系统内已为它们准备了它们所需要的那份食物及它们所需要的生存空间。在它们取食的时候有时还能产生对草场有益的副作用，如粘在鼠身上的种子及粪便中未消化的种子，均可被它们从一个地方携带至另一个地方，起到天然的播种作用。鼠类的挖掘活动似乎是有害的，它们将地下的土壤翻到地面，形成土丘，土丘上裸露的疏散土壤易被风雨侵蚀，而且土丘还会覆盖部分多年生优质牧草；此外，在挖掘过程中，还会破坏部分牧草根系；但从另一方面来看，这种挖掘活动还起到了疏散土壤、下渗降水、加速物质循环的作用。我们常常会看到，春季土丘上的植被萌发较早，而且其新芽比周围草地的牧草更显得壮实葱绿，这是因为从地下翻出的新土，质地疏散，富含养分，为牧草提供了较好的存活条件。这说明鼠类的挖掘活动并非只对草地带来不利的影响，而且适度的挖掘活动还有利于牧草的生长。从能流和物质循环角度来看，鼠类又是次级生产者，是次级消费者，如各种猛禽、小型食肉动物鼬以及狐狸、蛇等的主要食源，而后者则是对人类有益的动物。从以上分析可看出，在平衡的草地生态系统中，鼠类不但对草场无害，而且还有益于系统维持稳定。然而，当正常的平衡被干扰或打破后，鼠类就有可能偏离它原来的轨迹，发生群落演替或某些种群的数量爆发，从而导致草地鼠害的发生。

我国草地鼠害此起彼伏，连年发生，其根源就是原有草地系统平衡的破坏，结果创造了鼠类适宜的生存环境，使鼠类数量骤增，对草场形成危害。草地生态系统原有平衡破坏的原因有二：一是自然力，如风、干旱、温度等；其二就是人为因素的干预。在自然因素中，可引起鼠类种群数量急剧变化的因素主要有气候因素和生物因素两大类。气候因素中又以降水和气温的影响最为常见，如局部区域短时间的强降水可造成该区域鼠类数量锐减；季节性严重旱情可使植被性状发生有利于鼠类生存的变化，从而促使鼠类数量的急剧增长。在生物因素中，流行性疾病和天敌动物对鼠类种群数量的影响较为重要。在某一特定的区域，自然因素一般较为稳定，只有当出现异常变化时才能对鼠类种群产生强烈的作用，而这种情况通常很少发生，即使发生，持续时间相对较短，或者具有一定的周期性。因此，由于自然因素引发的鼠害往往不会使生态系统遭受较大的损害。在人为干扰下的草地生态系统中，最明显的干扰就是长期的持续的过度放牧，而过度放牧的结果不仅降低了植物群落的高度、盖度和地上部分生物量及多样性，同时也使植物赖以生长的土壤的理化性质发生显著改变，引起草地的退化。这种结果恰好满足了高原鼠兔对栖息地的需求，这也正是为什么鼠害总是发生在退化草地的原因之一。因而，草地鼠灾既是自然变异过程的产物，也是人类不合理的牧业活动所带来的问题，从而形成了作用于人类社会经济系统的一种特殊的自然－经济现象。

上述情况表明，正是人类经济活动而导致草地自然环境的改变，进而影响相应地区鼠类群落结构和种群数量的变化，使某一种或几种鼠数量急剧上升形成危害。人类应充分认识和预见这种变化的发展动向，避免或减少人为因素导致某地区新鼠害的出现和加剧。所以以单因子研究鼠类灾害，或者把鼠灾问题看作是一个灾害问题或植保问题已远远不恰当了。鼠害的发生除与气候变化等自然环境的改变有关外，还与草场利用形式的改变、人类活动影响等都有直接的关系。

草地本是由自然－社会－经济－文化等因素组成的一个复合系统，它们之间既相互联系，又相互制约。鼠－畜矛盾的产生与实质，正是由于人和这一复杂系统的各个成分之间关系的失调。草地畜牧业的持续发展，需要牧草资源和良好的生态环境为依托，有赖于其生产和生态功能的协同，有赖于社会的宏观调控能力，有赖于牧民整体效益素质的提高，等等。其中，任何一个方面功能的削弱或增强都会影响其他组分和持续发展进程。因此，草地资源管理系统所追求的应包括生态效益、经济效益和社会效益的综合，并把系统的整体效益放在首位。

7.2.3 草地害鼠的危害特征

鼠类是草地生态系统中不可或缺的重要组成部分，在一个运行良好系统中，其数量受到系统自身调节机制的约束而只能在一定范围内波动。但是，在自然和人为因素的干扰下，鼠类数量打破了系统的原有约束在短时间内呈现异常增长，当种群数量增长并达到一定限度时，必然会对所栖息的草地产生危害，进而影响到整个生态系统的结构和功能乃至对整个生态系统的安全构成威胁。

一般而言，草地害鼠主要有以下几种危害。

7.2.3.1　与畜争食

鼠类属食草动物，其食性主要为禾草类等优良牧草，与家畜的食性在很大程度上接近或相似。这种食物资源生态位上的重叠性必然会导致鼠类与家畜的食物资源的种间竞争。在食物资源有限的条件下，鼠类的数量越多，对食物资源的消耗量就越大，可供家畜采食的资源就会大量减少。虽然鼠类个体较小，单个个体日采食有限，但当种群数量很高时，其对牧草的消耗总量则达到令人难以想象的程度。据调查，青南地区害鼠造成的牧草损失量按成年高原鼠兔、高原田鼠、高原鼢鼠日食鲜草平均为66.7 g、34 g、264 g计，危害期分别按360天、180天、180天计，经测算青南地区草地害鼠每年造成的鲜牧草损失为411亿kg，按70%的利用率，可饲养1970.36万个羊单位，以每只羊200元计，折合经济损失为39.41亿元，危害损失是惊人的。

7.2.3.2　掘洞毁草

草地鼠类均为穴居动物，因此，鼠类的挖掘活动是其行为组成中是不可缺少的。春季是动物寻偶交配和修窝筑巢的季节，鼠类的挖掘活动较为频繁，而此时也是牧草返青的时节。鼠类的挖掘活动将大量的土壤由地下推出，在洞口处或洞口上形成大小不一的土丘，在土丘的覆盖下，大量牧草停止生长或死亡。秋季是鼠类分窝、储草的季节，同时还是一年中鼠类种群数量的高峰时期，此时的挖掘活动推出的土丘数量多，使大量牧草被覆盖而失去利用价值。同时，其取食和构筑洞道的挖掘活动主要发生在距地表4～16 cm的土层内，在这一土层内各类牧草的根系生物量占总根系生物量的90.7%，从而破坏植物根系，干扰牧草正常生长。据统计，全省鼠害危害严重区域高原鼠兔平均有效洞口为275.5个/hm^2，高原鼢鼠为7.5个/hm^2，高原田鼠有效洞口平均为899.5个/hm^2。高原鼠兔挖掘能力很强，每个土丘（鼠坑）造成的次生裸地面积为0.1707～0.2780 m^2。高原鼢鼠终生营地下洞穴生活，造穴是其主要的生活习性，每个土丘面积为0.1875 m^2。高原田鼠洞口小，密度大，单位面积上裸地约为植被总面积的1%。据估算，青海省每年主要害鼠因挖掘活动损耗鲜草达4.56亿kg。加上采食消耗的鲜草，经济损失达11.3亿元。

7.2.3.3　滋生杂草

在良性循环的草地生态系统，植物群落的组成和结构始终处于一种有序的动态平衡状态。但当鼠类数量过高时，这种平衡状态会由于大量的次生裸地和土丘而被打破，原有植物群落地种类组成在鼠类和家畜的采食下发生改变。其结果是优良牧草减少，毒杂草比例上升。据调查，毒杂草在草地植被组成中的比例随土丘数量的增加而上升，可食牧草特别是优良牧草的比例则随土丘数量的增加而下降。毒草不仅与优良牧草争夺生境，抑制牧草的生长发育，造成优良牧草比例下降，生态系统呈恶性循环，同时引起牲畜中毒死亡，年经济损失约280多万元。虽然毒杂草的滋生蔓延是许多因素共同作用的结果，但土丘和次生裸地为杂草的滋生提供了良好的立地条件无疑是其中最主要的原因之一。

7.2.3.4 水土流失

鼠类在挖掘活动中将大量土壤由地下转移至地表，在失去植被覆盖和保护的条件下任由风吹、雨淋、日晒。在干旱多风的冬春季节，土壤被大风卷起，四处飘散；而在多雨夏秋季节，土壤随地表径流汇入江河。这样年复一年，造成土壤的大量流失。鼠类的挖掘活动不仅导致土壤的流失，同时，推出的土丘暴露在阳光下，加剧了水分的散失。同时，由于鼠类活动所产生的次生裸地，草皮层被破坏，缺乏植物的覆盖，土壤结构松散，涵养水分能力下降，从而造成土壤水分的大量逸失。据在木格滩的调查，原生植被下的土壤含水量为29.87%，而在次生裸地土壤含水量仅为21.87%，降幅达26.78%；另据在青海天峻县阳康地区的调查，原生植被0～5 cm土层的含水量为13.52%，而土丘次生裸地同层含水量仅为8.74%，减少幅度达35.36%。可见，由于鼠类的活动，不仅导致土壤的流失，同时也加剧了土壤中水分的逸失。

7.2.3.5 退化演替

在一个运行良好的草地生态系统中，鼠类的活动并不能够引起草地演替的发生。但是，当鼠类种群数量快速上升，增长到一定程度的时候，系统内不同成员之间原有的长期形成的相互依赖、相互制约的关系就会被打破，使系统处于一种不稳定的无序状态。在鼠类破坏作用力的推动下，植物群落的演替朝着更加不稳定和无序化方向发展，即进入退化演替。当演替达到某一阶段时，鼠类数量减少，作用力减弱，植物群落又将在系统内在驱动力的作用下向稳定和有序的方向发展。这是两种方向相反的演替过程，前者导致群落中抗干扰能力较弱的禾本科、莎草科植物减少和趋于消失，一些抗干扰能力强的杂类草逐渐增多，其演替的最终结果为严重的退化草地或次生裸地，即退化演替；而后者则是不同生态型植物对环境条件恢复的适应性更替，为恢复演替。在植物群落演替过程中，鼠类的数量变化对演替方向有决定性作用。数量高导致退化演替，数量降低到某种程度时，则有利于恢复演替。

7.2.3.6 疾病传播

在各种病原体的宿主中，鼠类动物占据着十分重要的地位。鼠类不仅是宿主，同时也是病原体的传播媒介，在许多人、畜疾病的传播中有着不可忽视的作用。鼠疫就是鼠类传播疾病中最为可怕的一种。

7.2.4 草地害鼠种群数量与危害程度的关系

草地害鼠种群数量与危害面积之间存在密切的关系。当种群数量较低时，洞口稀疏，危害面积较小，植物群落生长良好，但由于食物条件充足，数量日趋增加，居住洞口增多，坑道连成片状，此时，危害面积迅速增大，土丘和坑道长期不能生长牧草，食物条件趋于恶劣，种群数量增长缓慢，甚至下降，危害面积率降低。这个过程说明高原鼠兔种群数量与危害面积率不是简单的线性关系，而是呈现对数增长。

草地害鼠除直接取食所喜食植物外，挖掘洞道破坏原生草皮，推出的土堆覆盖植物，同时排泄粪便形成了大量的土坑，减少了草地可利用面积。这些活动对草地的破坏作用甚至超过了其对植物取食所形成的伤害。对于不同程度退化草地，害鼠的数量不同，因而其危害作用存在着差异（表7-1）。从未退化草地至重度退化草地，随着害鼠种群数量的变化，危害面积和危害面积率逐渐增大，直至形成毒杂草丛生的“黑土滩”退化草地。

表7-1　不同程度退化草地高原鼠兔种群数量与危害面积

退化类型	种群密度（只/hm^2）	秃斑数（个/hm^2）	危害面积（m^2）	危害面积率（%）
未退化草地	25 ± 2.08	132.00 ± 8.72	15.84	0.634
轻度退化草地	82 ± 6.66	462.67 ± 13.87	69.70	2.788
中度退化草地	148 ± 19.86	467.00 ± 3.46	121.42	4.857
重度退化草地	48 ± 10.01	353.00 ± 17.35	571.86	22.874

7.3　草地害鼠防治技术

鼠害治理技术主要包括：物理防治、化学防治、生物防治、生态治理以及综合防治等。近年来不育控制技术与生态治理技术逐渐兴起，并越来越为人们所接受，成为未来鼠害治理的主要发展方向。

7.3.1　物理防治

物理防治是指采用人工器具捕杀害鼠的方法，例如，利用鼠夹、笼具、地箭、陷阱、索套、粘鼠板等工具捕杀害鼠。物理防治方法是一种传统的技术，简单易行，对人、畜比较安全，捕杀效果较好，但工效较低，不适合大面积应用。

下面介绍几种主要的捕鼠器械。

1）板夹类：板夹是最常用的捕鼠工具，常以木板或镂空的铁板为主体，架以铁弓，当鼠触动引发机关时，由于弹簧的弹压作用，可使铁丝弓夹住鼠体。从结构上看，板夹可分为踏板夹和诱饵夹两类，从制作材料上看，可分为木板夹和铁板夹。目前，在野外捕鼠过程中，铁板诱饵夹最为常用。

2）弓形夹类：弓形夹以两个弧形铁弓作为主体，利用弹簧钢片的强力弹压作用，当鼠触动踏板时，夹被击发，两个铁弓夹住鼠体。弓形夹是一种适应性较强的捕鼠工具，不仅用于捕杀地面活动的害鼠，还可以置于地下鼠活动的洞道内，捕杀地下鼠。

3）笼类：捕鼠笼亦为常用的捕鼠工具。常用于捕捉易于进笼的或试验需要的活体鼠类。

4）活套类：活套类是利用滑动活套越拉越紧的原理来捕获鼠类。使用时将做好的活套放在洞口，另一端固定在钉好的木棍上，待鼠通过时将鼠套住。活套主要适用于捕获不进笼而试验需要的活体鼠类。高原鼠兔的活体捕捉常用此方法。

5）弓箭类：弓箭类是以弓的弹力作为动力，利用箭的射刺作用捕杀鼠类（图7-2）。常见的弓箭类捕鼠器有地箭、地弓和捕鼠箭。

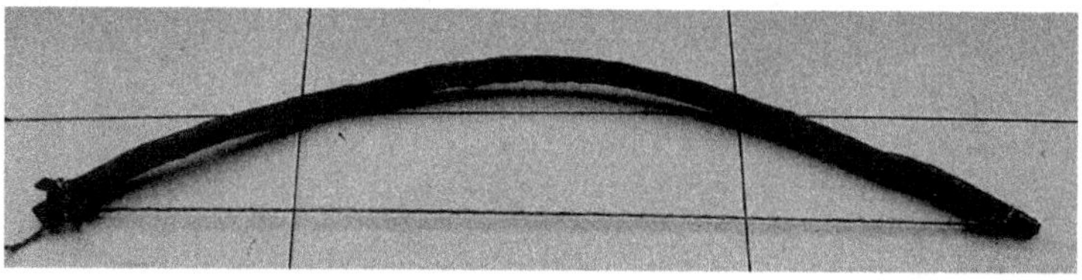

(a)弓和弦

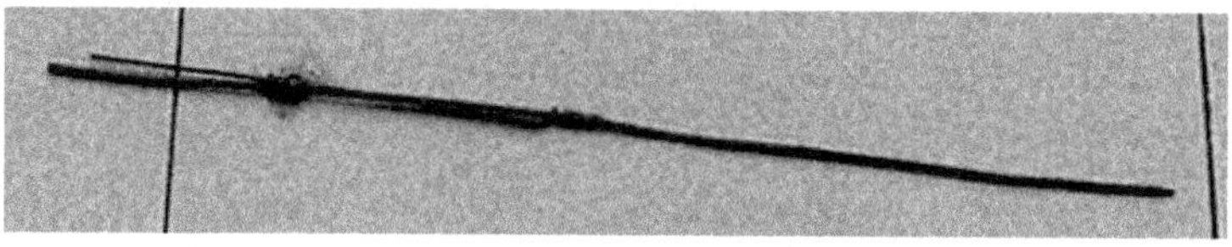

(b)箭

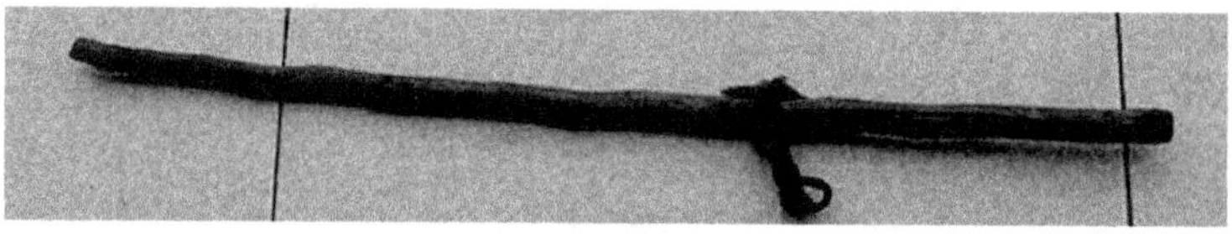

(c)顶棍

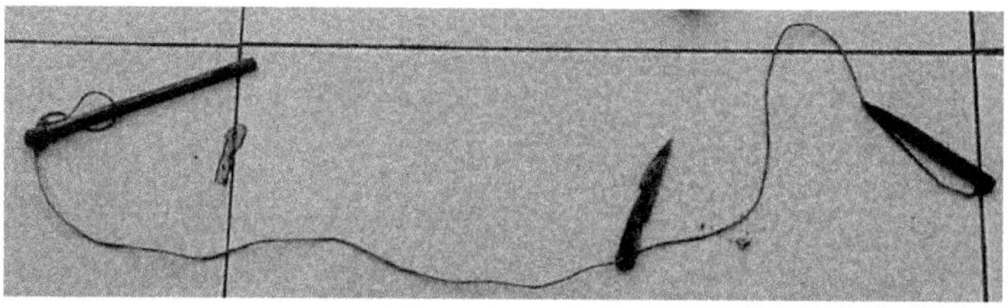

(d)挑棍、诱绳、挂钩和划棍

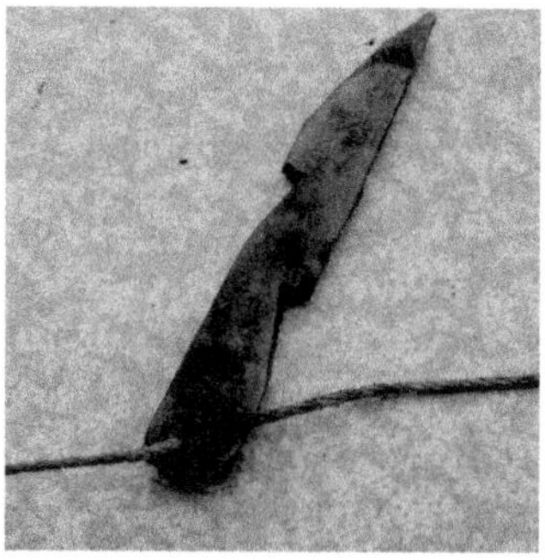

(e)挂钩

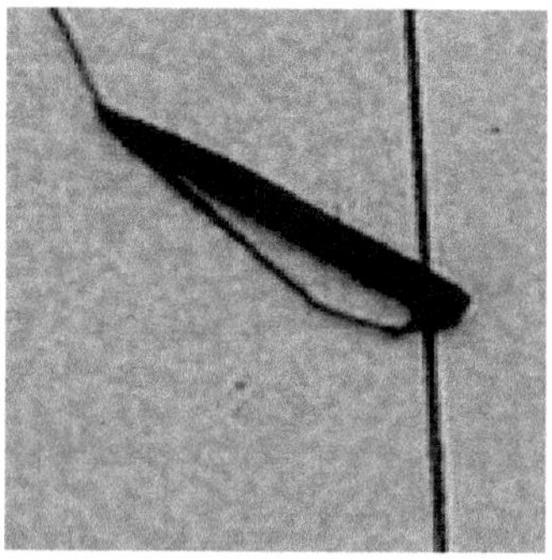

(f)划棍

图7-2　弓箭结构示意图

各种物理灭鼠方法都有一定的适用范围，在野外捕鼠活动中，应根据捕捉的目的、捕捉鼠的种类和鼠的生态习性来选择捕鼠器械，同时，还要根据鼠类的不同选择器械的放置地点和时间，以便最有效发挥捕鼠器械的作用。

7.3.2 化学防治

化学防治是指利用化学试剂配置诱饵杀灭害鼠。化学防治也经历过一个漫长的发展过程，从开始的剧毒药物，如磷化锌、氟乙酰胺过渡到当前相对安全的抗凝血剂类杀鼠药物。化学防治具有周期短、见效快、费用低的优点，但缺点是容易引起人、畜误食中毒，鼠类天敌的二次中毒，破坏食物链结构，引发系统功能紊乱，害鼠容易产生抗药性机制，另外还容易引发环境污染。

化学防治主要包括以下三种方法。

(1) 毒饵灭鼠法

毒饵灭鼠法使用胃毒剂配制成各种不同诱饵，诱鼠取食，导致取食鼠中毒死亡。

毒饵灭鼠法中，毒饵的选择十分重要，一种好的毒饵应具备较好的适口性和适度的毒力。毒力的分级一般以致死中量（单位：mg/kg）为标准，分为 5 级：极毒，$LD_{50} < 0.1$；剧毒，LD_{50}为 1.0 ~ 9.9；毒，LD_{50}为 10.0 ~ 99.0；弱毒，LD_{50}为 100 ~ 999；微毒，$LD_{50} > 1000$。

自 20 世纪 50 年代以来，我国进行了大量的化学灭鼠剂的开发和试验（表 7-2），淘汰了一些毒力过强、容易引起二次中毒及对环境污染较强的药剂，仅几年来，C 型和 D 型肉毒毒素在草地灭鼠实践中被认为是一种比较理想的化学灭鼠药剂，得到了广泛的应用。

表 7-2　鼠药在我国试验、试用和实用情况

鼠药名称	20 世纪					备注
	50 年代	60 年代	70 年代	80 年代	90 年代	
亚砷酸	ac	—	—	—	—	—
安妥	ac	c	c	—	—	—
氟乙酸钠	ab	ab	b	B	B	明令禁用
普罗米特	ab	b	—	—	—	—
磷化锌	a、b、c	a、b、c	a、b、c	a、b、c	a、b、c	—
没鼠命	a	a、b	—	A、B	B	明令禁用
毒鼠硅	—	—	a	—	B	—
氟乙酰胺	—	—	a、b、c	C	C	明令禁用
毒鼠磷	—	—	a、b、c	a、b、c	b	—
甘氟	—	a、b	a、b	a、b、c	B	已禁用
灭鼠优	—	—	a、b	—	—	—
杀鼠灵	a	a、b	—	—	—	—
敌鼠	a	—	—	—	—	—
敌鼠钠	—	a、b	a、b、c	a、b、c	a、b、c	—

续表

鼠药名称	20世纪					备注
	50年代	60年代	70年代	80年代	90年代	
氯敌鼠	—	—	a、b	a、b、c	a、b、c	—
杀鼠迷	—	—	a、b、c	a、b、c	a、b、c	—
溴敌隆	—	—	—	a、b、c	a、b、c	—
大隆	—	—	—	a、b	a、b、c	—
杀它仗	—	—	—	a	a、b、c	进口

注：①a、b、c分别代表试验、试用、实用；A、B、C表示非法使用；②做过小型试验的还有碳酸钡、红海葱、白磷、硫酸铊、氨硫脲、氯醛糖、鼠克星、鼠立死、鼠扑定、灭鼠安、双苯敌鼠以及数百种中草药

资料来源：汪诚信，2000

（2）熏蒸灭鼠法

熏蒸灭鼠法是指经呼吸道吸入有毒气体来消灭鼠类的方法。有毒气体可由某些药品挥发产生，或由某些物质燃烧后放出。熏蒸灭鼠具有以下特点。

1）具有强制性，不必考虑害鼠的食性；

2）不使用粮食和其他诱饵类谷物；

3）收效快，效果好；

4）对畜禽比较安全；

5）适于特殊场所（如船舶等）灭鼠；

6）用量较大，经济支出相对较高；

7）工效低，不适于大面积使用。

目前，常使用的熏蒸剂有两种类型：一类是化学熏蒸剂，如氯化苦和磷化钙等；另一类为烟剂，其主药为硫黄、亚砷酸和六六六等。

由于一般烟剂均为混合物，由多种成分组成，又需燃烧才能发挥作用。要改进配方提高毒力和灭杀效果，技术难度较大。因此，熏蒸灭鼠仍停留在20世纪50年代的水平。硫黄已被淘汰，硝基三氯甲烷、氰化氢、氰化钙和溴甲烷，以及50年代盛极一时的烟剂，使用都不多，只有磷化铝和磷化钙等仍偶有使用。

（3）鼠害不育控制技术

不育控制（contraception control）就是采用某种方法使雄性或雌性鼠绝育或阻碍其胚胎的着床发育，甚至幼体的生长发育障碍，以降低鼠类的出生率，控制其种群数量和密度。其实质是生育率控制（birth control），与传统的使用化学灭鼠剂增加其种群死亡率的杀灭策略不同，它是通过降低种群的生育率来达到降低种群数量的目的。

从生物学的观点来看，采用鼠类不育技术控制鼠害应该是可行的。首先，鼠类生长发育快、性成熟早、妊娠期短、分娩后可立即发情交配、全年大部分时间都能繁殖且单胎仔数多。采用鼠类不育控制技术，一方面可以导致种群内部分个体不能繁殖，降低种群的出生率，另一方面这些不育个体继续占据空间、消耗资源，保持紧张的社群压力，抑制了种群数量的恢复和发展。不育个体对种群内的正常生育个体尚有竞争性繁殖干扰（competitively reproductive interference）的作用。其次，鼠类的社群及其交配行为主要表现为领地和等级行为，高等位的雄性鼠往往将领地建立在离食源较近的地方，独占1个洞系、1个窝巢、1个鼠道，与若干只雌鼠生活在一起，不许其他雄性个体侵入，且有侵入低等位鼠领地的权力。在一个相对封闭的鼠类种群系统中，如能使相当数量的雄性个体不育而又不破坏鼠类这种应有的社群行为，无疑将会大大地降低该鼠类种群的出生率。

现已发现的对鼠类不育作用的物质主要有3类，即雌激素衍生物、非甾体类化合物和不育疫苗。这些物质对鼠类不育的机理主要是抑制滤泡形成、杀死精原细胞、抑制排卵、阻止受精、阻塞附睾管、阻止胚胎着床、阻止或延迟胚胎发育、致畸、早夭等，针对雄鼠的为雄性不育剂，针对雌鼠的为雌性不育剂。而化学不育剂最突出的缺点就是对环境和非靶生物有一定的潜在危险，而免疫不育技术则是使用不育疫苗激发鼠体内产生生殖调控激素，达到阻断生育的目的。这项技术的优点是不污染环境，疫苗属蛋白质类物质，在生物体内可完全分解；抗原－抗体的特异性强，对其他动物和体内组织副作用小，无杀伤作用；具有可逆性，一旦出现人、畜及其他非靶生物的误伤可复原；控制不育的时间较长等。

化学不育剂可作用于鼠类生殖的各个阶段：直接或间接破坏发育和成熟的生殖细胞；阻止受精；阻止受精卵在子宫内着床；延迟胚胎发育，引起畸形及性器官的发育不全；流产；阻止乳汁分泌；幼体早亡；抑制性外激素的产生，使雌雄两性间的联系因失去化学媒介而受阻。

7.3.3　生物防治

生物防治是指利用害鼠的天敌，如鹰、隼、蛇、寄生虫或者特定病原生物直接杀灭或控制害鼠种群数量的技术。生物防治具有良好的环境效益，但缺点是见效缓慢。有时仅在特定时段有效。例如，天敌通常在控制低密度害鼠时具有更好的效果，但在高密度时则很难奏效。寄生虫与病原生物防治的效果在高密度时虽能够发挥良好的成效，但在低密度时效果却不佳。不过总体而言，采用生物防治技术治理鼠害也是当前研究的一个重要方面。

生物防治的内涵非常广泛，既有对各种不利于鼠类的自然关系实施保护的含义，同时也包含人为强化或促进某种不利于鼠类生存和繁衍的物种或生物因素的内容。如对鼠类天敌动物的保护和引进、对天敌动物的人工养殖及野外投放、对鼠类致病微生物培养和传播、对生物毒素的提取和利用、对鼠类遗传和繁殖能力的削弱和破坏、对各种生物风险的模拟等，都属于生物控制的范畴。

7.3.3.1　保护、引进和培育天敌

在草地生态系统中，鼠类以植物为食，同时又是其他食肉性兽类和禽类的食物资源。因此，一定数量的鼠类天敌的存在是限制鼠类数量异常增长的重要因素之一。通常情况下，鼠类天敌的数量总是随着鼠类种群数量的变化而增加或减小。但是，由于人类的滥捕、滥猎及不适当的药物灭鼠所引发的二次中毒，致使鼠类天敌数量迅速减少，这

无疑是鼠害频发的原因之一。所以，采取切实有效的措施，保护鼠类天敌，不仅可以使鼠类的数量得到一定程度的控制，而且对于维护草地生态系统的多样性和稳定性有重要的意义。

由于人为因素的影响，草地天敌动物的种类和数量已远远低于与鼠类数量相平衡，有些种类在一定的范围内消失或绝迹，而这些天敌动物在生存对策上多选择 K－对策，如果任由其自然恢复，即使在相当长的时间内，达到一定的数量规模是不可能的，也是不现实的。因此，根据当地鼠类特点及历史上天敌动物的组成，有针对性地利用人工繁殖技术进行人工繁殖，野外投放或从其他地区引进一些天敌动物，以加快当地天敌动物的数量恢复速率、丰富天敌动物的种类组成。

天敌动物在某一区域的种类、数量及分布除了受到食物条件的影响外，还受到诸如安全性、栖息环境优劣和水源的分布等其他因素的影响。因此，可利用人工手段，改善某些不利于天敌动物的环境条件或增加一些有利于天敌动物生存条件，诱使更多的天敌动物迁入。在青海的海北州同宝牧场、果洛藏族自治州玛多县、泽库县及甘肃的甘南和山丹等十几个县，实践证明，在草地上建立鹰架是一种有效的方法，可以为鹰类提供休息、瞭望和繁殖的场所，增加鹰类数量和活动范围，有效控制鼠类的蔓延。

7.3.3.2 对病原微生物的利用

在自然界中，必然有一些微生物对鼠类具有选择性的致病力，利用已感染病原微生物的个体，继续传播给其他个体，引起鼠间传染病的流行，可达到杀死大批鼠类的目的。

另外，利用鼠类遗传缺陷、利用鼠类的外激素等都属于生物防治的范畴，但由于技术的不成熟，在草地灭鼠中没得到大面积推广和应用。

7.3.4 生态防治

生态防治也称生态治理，是指在免除化学防治的条件下，针对害鼠栖息地选择特征、为患成因以及危害现状，在生态系统原理基础上提出的以协同调整系统中主要成员的生态经济结构关系为主的治理策略。通过恶化害鼠的栖息地条件，从而实现控制鼠害的种群数量。生态治理的目的，不仅仅是控制鼠害和挽回损失，更主要的是消除对环境的污染并在整体上保证控害增益的持续效益。生态治理具有控制持续时间长，收效明显，并且对环境无污染的特点，缺点是一次性投入较高。

生态防治强调以整个生态系统的结构完整、功能健全、组成稳定为目标，采用的措施和手段因不同的草地类型、不同的鼠种和草地生态系统不同的受损程度而异。对于以放牧利用为主的草地而言，长期的超载过牧使草地退化，为鼠类提供了适宜的栖息地环境是鼠害爆发的主要原因之一。因此，凡是有利于草地恢复和顺行演替的措施均可作为生态防治的手段。现阶段，草地生态系统的保护和恢复主要采取以草定畜、合理利用，退化草地的人工改良以及人工草地建设等措施。

7.3.4.1 以草定畜，合理利用

长期超载过牧是草地退化的主要原因之一，草地退化的结果势必导致鼠类种群的超常

增长。因此，根据不同类型草地的生产力和家畜的采食量确定适宜的放牧强度，减少牲畜存栏数量，提高出栏率和商品率，并合理配置冬春和夏秋草场的比例，以利于草地生态系统在不退化的前提下持续利用。这是实施鼠害生态防治的最基本的措施和前提条件。

7.3.4.2　退化草地的改良

对已经退化的草地，采取轻耙、人工补播、施肥、清除杂草和封育等措施，可望在短期内（2～3年）使原有植物群落地上部分生物量上升，群落盖度和高度提高，密度和种的丰富度增加，草地生态系统得到改善，鼠类生存环境恶化。

7.3.4.3　建立人工草地

对于严重退化的、几乎无放牧价值的“黑土滩”退化草地，建立一年或多年生人工草地，从根本上改变害鼠赖以生存的栖息地环境，达到控制害鼠数量的目的。

7.3.5　综合防治

单一的防治措施往往难以收到良好的效果，因此实际应用中常常采用多种防治技术的组合，从而实现更理想的成效，这就是综合防治技术。例如，在鼠害爆发时采用化学杀灭方法迅速降低害鼠密度，其后引进天敌控制害鼠密度，综合防治技术通常能够收到理想的效果。

7.4　草地鼠害的综合防治——以三江源区高原鼠兔为例

动物对栖息地选择的趋向性是在物种遗传特性及其适应能力范围内实现的。群居的植食性鼠类——高原鼠兔对栖息地的植被条件有一定的选择倾向。植被不仅是它们生存的环境条件（草群的高矮与稀疏程度，以及与此相关的小气候和捕食风险等），而且是它们的食物资源库，植被条件在很大程度上影响着它们的种群数量。

7.4.1　高原鼠兔栖息地选择特征

在一定条件下，啮齿动物的数量变化受许多因素的影响，适宜的栖息地可能是影响小哺乳动物分布和丰富度的最重要的因子。栖息地受到外界干扰，例如，河流改道（stream-channel realignment）、地表覆盖物的清除（clear-cutting）和火等都可能影响小哺乳动物种群和群落组成，植物群落的演替也会导致小哺乳动物的演替。植被和栖息地的变化，可能对一些种的种群增长有利，而对另外一些种的种群产生有害影响。另外，灾害性天气也会对啮齿动物的种群数量产生作用。

高寒草甸草地群居鼠高原鼠兔的研究表明，高原鼠兔在草群低矮环境中觅食时观察行为频繁，表现为独特的啄食行为模式，即低头采食片刻便抬头做短暂观察，再继续采食，继而抬头观察。当有异常声响或发现不明物体时，旋即后足站立引颈注视，处于警戒状态，断定有危险存在，立即逃回洞内。在草地植被生长盛期，高原鼠兔对其生境中高大草丛刈倒弃之一旁，以保持开阔的防御视野，从而能够更有效地发现和逃避捕食者及其他敌害。人为增设地表覆盖物的情况下，高原鼠兔把地表覆盖物视为风险源。在低风险带鼠兔趋于远离洞口取食，在高风险带其取食区域则几乎集中于洞口旁。大量研究结果表明高原鼠兔喜栖于植被低矮的开阔生境，而回避有高大植株和植被郁闭度较高的生境。

针对高原鼠兔栖息地选择特征，对不同程度退化草地实施不同人工措施，优化原有植物群落的结构和组成，改变高原鼠兔赖以生存的栖息地特征，以实现害鼠数量的持续控制。其中，可采取的主要方法为：建植人工草地、改良退化草地、减轻放牧压力和封育等。

7.4.2 高原鼠兔的入侵机理

在天然退化草地上，植被低矮，利于高原鼠兔栖息，高原鼠兔种群数量较高，可达每公顷200只以上。高密度下的高原鼠兔在配偶、食物、空间上的竞争比较激烈，因此，在竞争中处于劣势地位的个体势必向周边地区扩散，侵入周边非最佳栖息地。通常情况下，灌丛不适宜高原鼠兔生存，但当高原鼠兔种群数量较高时，同样会侵入灌丛内栖息。

灭鼠同样为高原鼠兔的侵入创造了条件。灭鼠活动中，由于人力和财力上的限制，灭鼠具有一定的范围，难以做到大面积特别是害鼠活动区域的整体灭鼠，当一地区灭鼠后，周边地区的高原鼠兔会很快侵入这一地区，原有空间生态位的释放、竞争的减弱，以及大量可利用的洞道，均为高原鼠兔种群的增长创造了有利条件，因此，鼠兔种群在短期内就会得到恢复，甚至超过原有种群数量。

植被的局部性极度破坏及斑块状分布是导致高原鼠兔迁入的重要因素。在各种植被破坏因素中，以小面积开垦性破坏的诱迁作用最强，草地裸斑是高原鼠兔入侵的主要诱因。放牧活动、药材采挖、土壤取样都会在草地上形成不同面积的裸斑。观察和统计发现，采挖药材和土壤取样后留下的斑块上，很快就会有高原鼠兔的新洞出现，其利用率达到96%以上。人工草地经过深耕后建植，土壤比较疏松，有利于高原鼠兔挖掘洞道。在人工草地边缘入侵的高原鼠兔几乎所有洞口都在人工草地行间的裸地上。

7.4.3 天然草地高原鼠兔种群数量季节动态

高原鼠兔广泛分布于青藏高原的各类草甸和草地。在不同的分布区域，由于气象要素的不同，高原鼠兔在性成熟速度、繁殖期长短、胎数和胎仔数等繁殖特征表现出了极大的差异。在自然条件下，繁殖参数的变化必然会影响到种群的数量动态；同时，栖息地植被特征，如生物量、高度、盖度以及植物群落的组成和种的分布亦会对种群的数量变化产生影响，因而，不同地区高原鼠兔的种群动态将存在很大的差异，即使是同一地区，不同退化程度草地、不同年份高原鼠兔的种群动态也不尽相同。

动物种群数量变动是多种因素综合作用的结果，凡是影响种群出生率、死亡率、迁入和迁出的因素必然会对种群的增长产生作用。这些影响因素又可分为两类：一种是种群的内在因子，如年龄结构、性比、妊娠率、胎仔数和年繁殖次数等；另一类因子是环境因子，包括气候、植物群落特征、食物资源和土壤坚实度等。种群的内在因子中，初始密度是一个不可缺少的参数，它是种群增长的出发点；种群的内禀增长率是由种群的内部特征（平均胎仔数、年繁殖次数和繁殖率）决定的，它表明了一个种群潜在的增长能力以及种群的增长速度。小型啮齿动物种群增长常常受到密度的制约，一般认为种群的增长率随其密度的增加而减小，即密度对种群的增长具有阻尼作用。影响种群增长的外部因子中，气候的变化总是在起作用，特别是灾害性天气对啮齿动物具有较大的影响。然而灾害性或异常的气候变化并不是经常出现的，并具有难预测性，因此在模型中很少考虑或不予考虑。

高原鼠兔种群的消长属于密度阻滞型，即种群的增长率随密度的增加而减小，密度对种群增长具有阻尼作用；反之，当种群的密度很小时，种群数量近似指数增长，种群数量增长速度惊人。植被的盖度、高度和均匀度等栖息地生境的适合度，决定了高原鼠兔的生存、繁殖或迁徙，以及草地对高原鼠兔的环境容纳量。

在天然草地上，高原鼠兔种群数量的季节动态（图7-3）。高原鼠兔繁殖从4月开始，7月结束。5～6月为产仔高峰期；胎仔数为1～8只，多为3～6只，平均胎仔数为3.89只。从子宫斑看出，当年的亚成体不参加繁殖，该地区高原鼠兔每年仅繁殖一次；繁殖期（4～8月）幼体雌雄比接近1∶1。因而高原鼠兔的数量从5月开始逐步上升，9～10月达到高峰，而后缓慢下降，4月降到数量谷底。

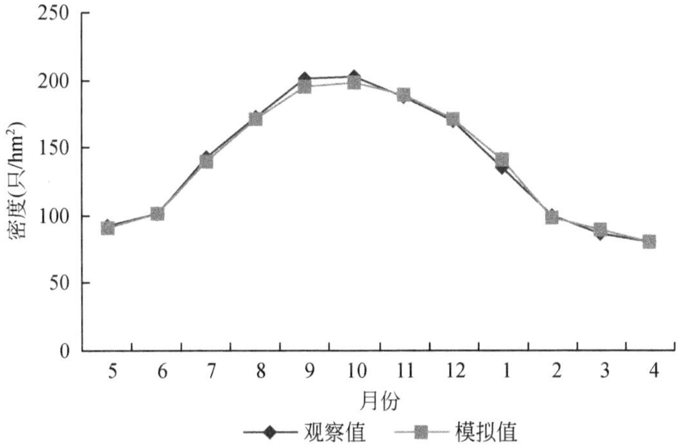

图7-3　天然草地高原鼠兔种群数量动态模拟曲线

高原鼠兔的年度数量变化曲线（图7-3），以10月为界可分为两段：上升段和下降段。其上升段和下降段均以“S”形曲线变化。因此，可以用两段“S”形曲线（逻辑斯谛方程边值问题）

$$\frac{dN}{dt}=r_1N/(1-N/K_1)$$
$$N|_{t=5\text{月}}=93 \qquad 5\text{月}\leqslant t\leqslant 10\text{月} \tag{7-1}$$
$$N|_{t=10\text{月}}=203$$

和

$$dN/dt=r_2N/(1-N/K_2)$$
$$N|_{t=10\text{月}}=203 \qquad 10\text{月}\leqslant t\leqslant \text{翌年}2\text{月} \tag{7-2}$$
$$N|_{t=5\text{月}}=93$$

拟合。于是，式（7-1）和式（7-2）就是高原鼠兔的年度数量变化数学模型，其模拟曲线与观测曲线的比较见图 7-3。利用该模型只要观测当年年初的数量就能预测全年高原鼠兔种群数量的变化趋势。

7.4.4 高原鼠兔种群数量年际动态

高原鼠兔种群数量在不同的年份表现出相同的季节变化，但年际有明显的差别。青海省果洛藏族自治州大武地区重度退化草地高原鼠兔种群数量变化结果表明（图 7-4）：在种群数量未达到环境容纳量 K 值前，其种群数量逐渐增加，直至达到环境容纳量。

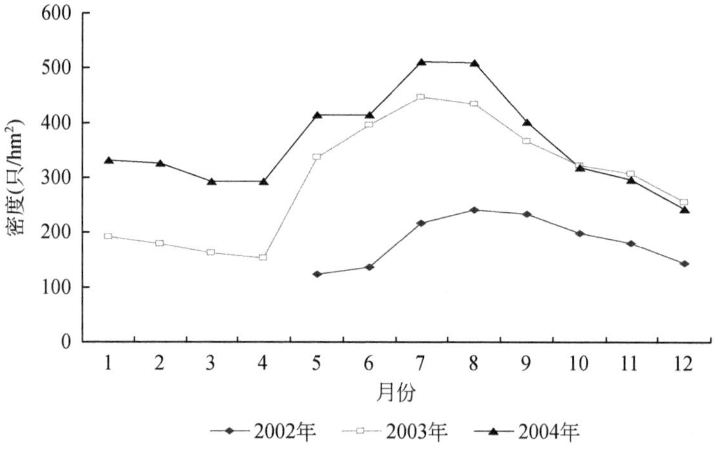

图 7-4　高原鼠兔种群数量年际动态

高原鼠兔种群数量的年际变化受内外诸多因素的影响。其中，栖息地环境的变化是重要的因素之一。在不同程度退化草地，植物群落的组成和空间结构不尽一致，因而，高原鼠兔种群数量的变化亦不相同。在果洛藏族自治州达日地区，不同程度退化草地上高原鼠兔种群数量年间变化如图 7-5 所示。可以看出，未退化草地上高原鼠兔种群数量较低，且年间数量变化幅度较小；轻度退化草地上高原鼠兔数量高于未退化草地，且呈现较低幅度的增长；至中度退化草地，栖息的高原鼠兔数量急剧增加，最低密度亦为 148 只/hm^2，且呈逐年增加的趋势；重度退化草地高原鼠兔的种群数量明显下降，低于轻度和中度退化草地，而高于未退化草地上的密度。

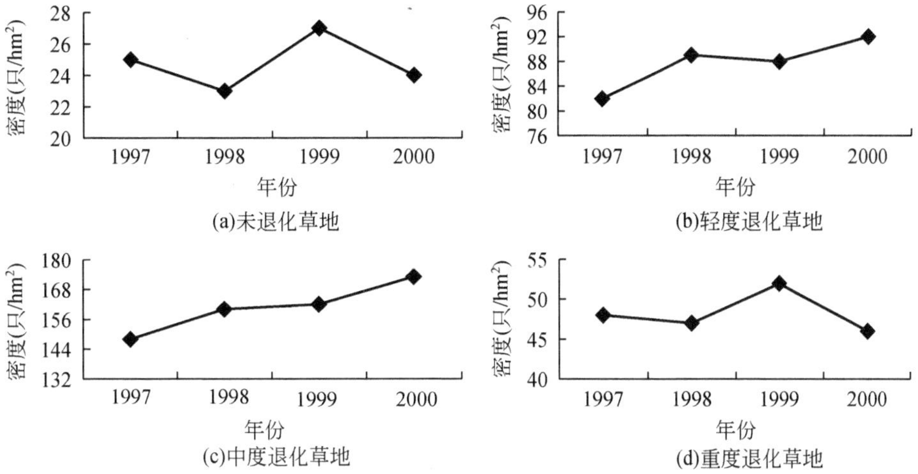

图 7-5　达日地区高原鼠兔种群数量年际动态

7.4.5　高原鼠兔的综合防治

天然草地是一种可再生资源的自然综合体。可持续发展的畜牧业是以合理、适度的利用草地资源，并向自然资源适当投资保育其生物多样性及可持续的生产，以有利于其主要依靠自然因素完成的自我修复或生态修复（ecological restoration），乃至能产生资源量的若干储备。相应的草地管理对策，包括鼠害治理，必须体现这种生态、经济和社会效益的统一。因此，草地鼠害防治的着眼点不应该是“灭”或仅挽回“损失”，而应注重调整草 - 畜 - 鼠的生态协调关系，才能从整体目标上根除成灾条件，获得促进草地畜牧业良性循环的持续效益，这就是实施以生态治理为核心内容的草地鼠害防治对策。

草地鼠害发生后，人们首选的方法是利用化学杀鼠剂灭鼠，该方法的优点是成本低，见效快，可以在一定的范围和时间内暂时降低害鼠密度，尤其是初次使用某种灭鼠剂，效果极佳。该方法的缺点是：由于长期使用灭鼠剂，导致鼠类拒食、耐药性与适应性的产生，连续使用效果每况愈下；在毒杀过程中，组织与技术措施不落实或方法不当，还造成环境污染，产生二次中毒，伤害大量有益和无害的生物；同时，也对鼠类个体进行选择和淘汰，优存劣汰，留下高序位、生命力旺盛的个体，形成“超级种群”和促进鼠类群落的演替及活动规律的改变；人们很难及时发觉这些变化，并适时地调整和改进防治策略，其结果很可能给人类带来其他的损害和潜在性威胁；另外，鼠类的繁殖力强，单纯使用化学灭鼠剂控制鼠害，常常是在当年鼠类数量减少，但其种群数量很快得到恢复，甚至超过原有的密度水平，或者是一种鼠数量被控制而另一种鼠又增多，造成年年灭鼠的被动局面。单纯利用化学药物防治草地害鼠的弊端已引起人们的重视，从生态学角度出发，采用多种手段，对草地害鼠实施以生态防治为核心的综合防治是控制草地害鼠数量的唯一途径。

7.4.5.1　灭鼠药物筛选和药物灭鼠技术

在鼠患严重的退化草场和欲建立人工和半人工草地实施治理的退化草地上，为了防止害鼠对草地的进一步破坏和啃食播种的牧草幼苗，本着“安全、有效、经济、简易”的原则，筛选抗凝血杀鼠剂——敌鼠钠盐毒饵和减少二次中毒的生物毒素——C 型、D 型肉毒杀鼠素毒饵，于 2002 年 11 月中旬在各处理区进行了现场灭鼠试验，结果如表 7-3 所示。

表 7-3　敌鼠钠盐、C 型和 D 型肉毒杀鼠素在不同治理区防治高原鼠兔效果比较

试验样区	毒饵及浓度	处理洞口数（个/hm^2）	处理后掘开洞口数（个/hm^2）	灭洞率（%）	校正灭洞率（%）
人工草地（边缘地带）	0.075% 敌鼠钠盐	84	4	95.2	93.6
	0.1% C 型肉毒杀鼠素	216	16	92.6	90.1
	0.1% D 型肉毒杀鼠素	104	8	92.3	89.7
半人工草地	0.075% 敌鼠钠盐	620	56	91.0	97.7
	0.1% C 型肉毒杀鼠素	688	72	89.5	86.0
	0.1% D 型肉毒杀鼠素	720	72	90.0	86.6
天然草地	0.075% 敌鼠钠盐	964	84	91.3	88.3
	0.1% C 型肉毒杀鼠素	1100	80	92.7	90.3
	0.1% D 型肉毒杀鼠素	1316	120	91.0	87.8

从表 7-3 不难看出，在人工草地、半人工草地和退化草地中，0.075% 敌鼠钠盐、0.1% C 型和 0.1% D 型肉毒杀鼠素 3 种毒饵的灭鼠效果均无显著性差异（$P > 0.05$），同一种药物在不同处理中的灭效间也无显著性差异（$P > 0.05$）。但三种处理间的有效洞口数之间，即高原鼠兔种群数量之间具有极显著差异（$F = 56.614 > F_{0.01} = 5.143$，$P < 0.01$）。这说明，改良后半年的人工草地和半人工草地对高原鼠兔种群数量仍然有明显的抑制作用。这 3 种药物可以在野外大面积灭鼠活动中交替使用。在进行药物试验的同时，结合果洛藏族自治州冬季灭鼠活动，12 月在军牧场约 20 000 hm^2 的草场上开展了大面积连片灭鼠。灭后调查结果显示，0.075% 敌鼠钠盐平均灭效为 98.6%；0.1% C 型和 0.1% D 型肉毒杀鼠素的平均灭效分别为 95.5% 和 98.4%。此次灭鼠中未禁牧，没有发生人畜中毒现象，毒饵适口性好。尤其是 C 型肉毒杀鼠素和首次使用的 D 型肉毒杀鼠素，毒饵残效期短、不污染环境、无二次中毒，对保护鼠类天敌动物、维持生态平衡均具有良好的作用。

7.4.5.2　建植人工草地，控制害鼠数量

对严重退化的天然草地采用机械翻耕、碾压、播种、耙耱和镇压等措施建立人工草地，治理期间机械耕作直接把高原鼠兔杀灭或使之迁移，并彻底破坏了它的栖息地和食物资源，新建植的人工草地基本无高原鼠兔种栖息，在边缘地带种群数量逐年下降（图 7-6），且害鼠种群数量维持在较低的密度水平。

人工草地的建立，可以在短期内使原有的退化草地得到恢复，植物群落的结构和组成均发生明显的变化，群落高度和盖度增加，层次分化明显，这些因素均不利于高原鼠兔的生存，因此，在人工草地中心地带，基本上无高原鼠兔出现。但由于人工草地多为

高原鼠兔喜食的禾本科植物，食物资源丰富，人工草地周边地区还大量栖息高原鼠兔（图 7-7）。

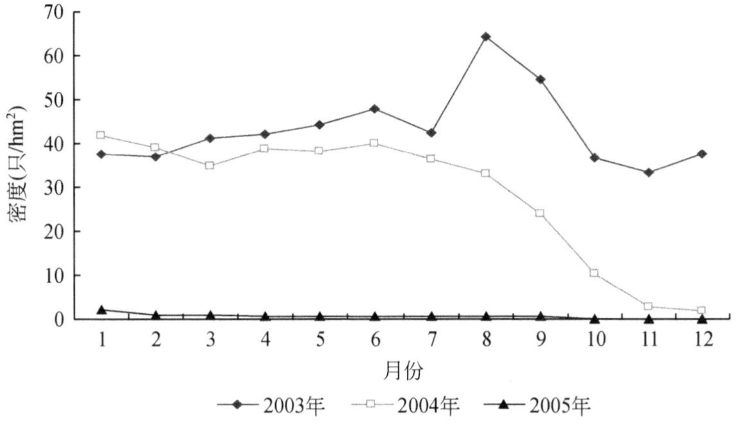

图 7-6　人工草地边缘高原鼠兔种群动态

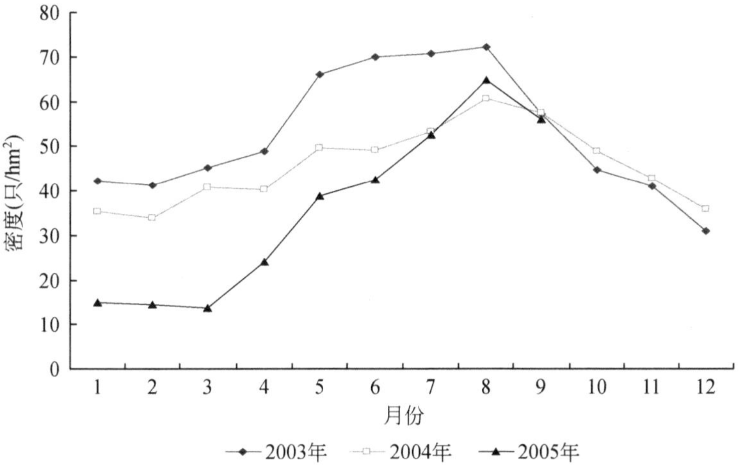

图 7-7　人工草地周边高原鼠兔种群数量动态

7.4.5.3　改良退化草地，控制害鼠数量

退化草地采取灭鼠、施肥和补播等人工措施后，植物群落结构和组成上发生了改变，主要表现在群落盖度、密度、平均高度和生物量均表现不同程度的增加，但栖息于该区域的高原鼠兔种群数量不仅没有减少，反而呈现增长的趋势（图 7-8），这说明，退化草地在采取人工改良措施后，草地植物群落虽有所改变，但并不足以有效抑制高原鼠兔的生存，在 2004 年冬季利用化学手段灭杀后，种群数量得以大幅度下降，并得到有效的控制。

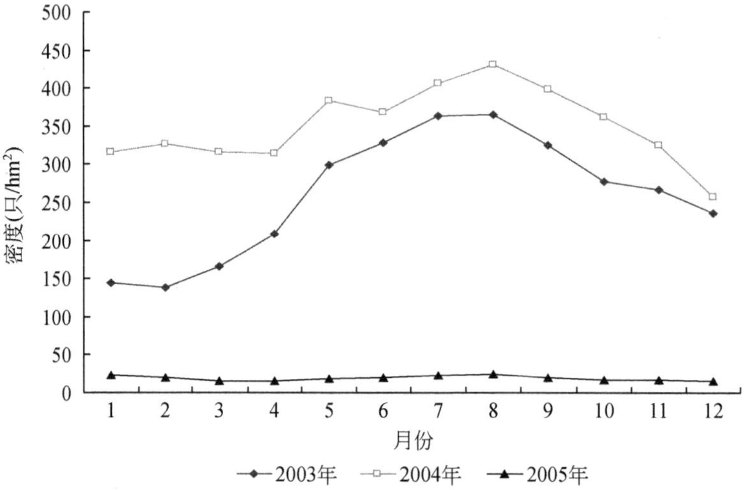

图 7-8　半人工草地高原鼠兔种群数量动态

7.4.5.4　建立鹰架，控制高原鼠兔种群数量

据观察，在研究示范区内，高原鼠兔的主要天敌有草原雕（*Aquila rapax*）、大鵟（*Buteo hemilasius*）、沙狐（*Vulpes corsac*）、艾虎（*Mustela eversmannii*）和香鼬（*Mustela altaica*）等。由于兽类捕食者活动范围大，试验操作上具有一定的不确定性，仅对鹰类做了调查。

在研究示范区（人工草地和改良草地）建立鹰架 20 个，鹰巢 10 个，2 行间隔 400 m 平行排列，观察鹰架上是否有鹰降落，鹰架下是否有鼠兔残留物（毛、骨和牙齿等）及鹰巢中是否产卵等。每次观察 1 h，每月 3 次，观察结果如表 7-4 所示。

表 7-4　人工鹰架观察结果

年份	鼠兔残留物	筑巢产卵	平均降落频数
2004	24（30）	0	2. 67/20
2005	26（30）	1	3. 3/20

注：括号中数字为鹰架与鹰巢数

鹰架下唾弃物多为深灰色团状或条状物，内有大量鼠毛、牙齿和白色鼠骨，有时也能看到鼠类的内脏，其粪便为白色状物。在观察的鹰架和鹰巢下面，或多或少都有唾弃物，少数没有（2004 年，20%；2005 年，13. 3%），说明鹰架为鹰提供了取食和栖息场所。

在设置鹰架的人工草地和改良草地，人工草地鼠兔的数量一直维持在比较低的密度水平，但这一结果是否与鹰的捕食有直接的关系还不确定。人工草地植物群落的建立，在很大程度上改变了鼠兔适宜的栖息环境，降低了鼠兔的种群数量，鹰类捕食者对高原鼠兔种群仅起调节作用。改良草地上高原鼠兔种群数量并没有大幅度降低，也说明鹰类对高密度鼠兔抑制效果甚微。

7.4.5.5 不同植被恢复措施对高原鼠兔种群数量的影响

多年的研究表明，高原鼠兔与草场植被之间有着密切的联系。草地退化、杂草丛生、植被稀疏、植株矮小和视野开阔的环境，既有利于鼠兔逃避天敌的扑食又有喜食的食物，从而成为其良好的生存繁衍栖息地；相反，植株平均高度和盖度提高、植被繁茂、环境郁闭时，不利于害鼠防御天敌，对其生存构成不利影响，鼠兔具有明显的回避效应（表7-5）。

表7-5 不同处理区草场植被盖度、高度与高原鼠兔洞口数

处理区	植被盖度（%）	植物高度（cm）	鼠洞数（个/hm^2）
人工草场	85.33 ±2.91	5.43 ±0.09	80 ±13.86
半人工草场	59.33 ±8.69	4.53 ±0.59	360 ±11.55
退化草场	35.00 ±2.89	3.07 ±0.19	648 ±32.09

显著性检验结果表明，植被盖度、高度与鼠兔洞口数均有极显著相关关系（$r_{植被盖度-鼠洞}=0.932$，$P=0.000$；$r_{植被高度-鼠洞}=0.898$，$P=0.001$）。经方差分析检验，在3种不同处理的草场中植被盖度存在极显著性差异（$F_{2,6}=20.61$，$P=0.002$），同样植物高度和鼠兔有效洞口数均有极显著性差异（$F_{2,6}=10.98$，$P=0.01$；$F_{2,6}=281.81$，$P=0.000$）。多重比较结果表明，3种不同处理草场中，植被盖度彼此间差异显著（$P<0.05$）；除人工和半人工草场植被高度无显著性差异外，人工、半人工草场植被高度与退化草场均有显著差异（$P<0.05$）。不同处理区鼠兔有效洞口数也有显著差异（$P<0.05$）。

人工与半人工治理区植被盖度较退化草场（对照区）分别增加2.4倍和1.7倍，草层高度也分别增长1.8倍和1.5倍。但鼠密度则与之相反，人工和半人工草场治理区比退化草场（对照区）分别降低87.7%和44.4%。进而说明，草场退化、植被稀疏和低矮有利于鼠兔的生存和繁衍，而植被繁茂、环境郁闭则危及它的活动和生存；这些结果既表明提高植被的高度和盖度以及恢复植被的原始面貌能够抑制鼠害，反过来也证明鼠害是生态系统严重失衡和草地退化的产物。利用退化草地恢复与重建技术，以及草地合理、适度利用技术，能够重建高寒草地生态系统的生态平衡，作为生态系统一个重要消费者的高原鼠兔，保持在不为害的数量水平，发挥其正常生态功能。

总之，高原鼠兔种群是一种稳定性较差、但恢复能力和扩散力极强的种群。一旦环境条件合适，其繁殖力急剧增强，快速迁徙，种群迅速扩大。退化草地为害鼠提供了良好的栖息地，具有害鼠潜在增长的条件。尽管退化草地采用人工、半人工或围栏封育等生态措施治理前进行了灭鼠，竖立了鹰架，但由于当年的人工、半人工或封育草地的高度和盖度均较低，天敌种群增长较慢，害鼠还会迅速迁徙进来。迁徙来的害鼠和残鼠以及快速壮大的害鼠种群，将对初建的人工、半人工封育草地造成严重破坏。为了避免高原鼠兔再次对治理后的人工草地入侵和破坏，还须再次药物辅助灭鼠。通过生态防治措施与药物灭杀相结合治理鼠害，待治理后的退化草地生态结构形成，其生态防治鼠害功能则会正常发挥。如能合理利用治理后的草地资源，维持其健康的结构和功能，就可长期发挥其生态防治鼠害功能。

根据对青海省果洛藏族自治州大武乡格多牧委会退化草场恢复试验及害鼠种群数量动

态监测结果的分析及大量的研究结果，提出高原鼠兔综合防治的策略。

1）着重保护处于鼠兔入侵阶段的轻度退化草地。这一阶段，鼠兔种群数量较低，危害程度轻，如果能及时采取适当的保护措施，较快恢复植被，可以在短期内使退化草地向良性化方向转化。在早春实施化学药物防治，减少害鼠数量，并配合以减轻放牧压力、休牧或轮牧等措施调整载畜量，可以在投资较小的情况下，有效控制鼠兔的种群数量。

2）在鼠兔大量入侵后的中度退化草地，植物群落结构简单，高度、盖度和密度降低，大量鼠兔的啃食使能够形成高郁闭度的优良牧草比例下降，栖息地环境适宜高原鼠兔种群的快速增长，因此，这一阶段也是高原鼠兔种群数量呈现“爆发式”增长阶段，即使采取减轻放牧压力和封育等措施，植物群落也难以在短期内恢复。因此，首先要利用化学药物防治手段，在短期内降低害鼠的种群数量，在此基础上，对退化草地实施施肥、补播等人工措施，提高植物群落的生物量、高度、密度和盖度，营造不利于鼠兔生存的栖息地环境，可望有效控制残鼠种群的恢复和增长。

3）在退化严重的高寒草甸草场，由于大量鼠兔的挖掘活动和啃食，植物群落组成中禾本科植物比例严重失调，杂类草比例大幅度上升，植物赖以生长和繁衍的草皮层遭到严重破坏，形成大片的次生裸地，采用补播和施肥等手段亦难以使植被在短期内得到恢复。采用化学药物防治手段，仅能在短期内降低鼠兔的数量，栖息地环境没有改变，残存的害鼠种群数量有望在短期内（2～3年）得到恢复，因此，在此类草地上建植人工草地，可以在短期内恢复草场植被，恶化高原鼠兔的生存条件，抑制高原鼠兔种群数量的增长。同时，根据人工草地周边地区高原鼠兔种群数量及危害程度辅以化学药物防治手段，防止鼠兔对人工草地的侵入，可以将高原鼠兔种群数量长期控制在危害阈值以下。

草地鼠害的治理是一个集生物学、生态学、经济学和社会学等的综合问题，需要各学科的密切配合，应以草地生态系统的整体观念为基础，合理运用化学的、物理的、生物的和生态的以及有效的行政手段等，实行综合治理；从维持草地生态系统的稳定性出发，采取多种防治措施，如防止滥垦、过牧，实行围栏育草、轮牧、补播、浅耕翻以及保护天敌等，使之相互协调，因时、因地制宜，力求经济、简便，易于实施。

第8章　放牧对草地生产力及生物多样性的影响

放牧对植物的直接影响是通过采食植物的叶片和茎秆，降低植物的叶面积指数，干扰了碳水化合物的合成与供给以及可储藏性营养物质的积累，从而影响植物正常生长发育（许志信等，1993；许志信和白永飞，1994）。随着放牧强度的增加，牧草的再生能力降低，且其分蘖数、叶量、株高、生长速度、单株干物质及总生物量均下降（Veiga and Da，1984；Christiansen and Svejcor，1988）。放牧强度对草地植物群落组成、结构、特征、生产力及其动态规律的影响一直是放牧生态学研究的热点（夏景新，1993；王德利等，1996；李永宏等，1999；赵宝山和王健，2000；卫智军等，2000；彭祺等，2004）。另外，在适度放牧下，放牧可促进草地植物生长的作用，能够维持草地生产力，或可以起到改良草地的作用（李永宏等，1999；董世魁等，2002；彭祺等，2004；Klein et al.，2005），但是随着放牧强度的增加，家畜对牧草采食的强度和对草地的践踏作用增大，对群落的组成和结构产生较大影响（Hart et al.，1993；Kenneth et al.，1993；Matthew et al.，1995）。

放牧及其他干扰对群落结构影响的研究都离不开物种多样性问题（汪诗平等，2001；Klein et al.，2005）。关于草原群落植物多样性及其与放牧间的关系，国外很早已有大量的研究（Grimes，1973；Huston，1979；Klein，2003，2004；Karen et al.，2004），然而我国在这方面的系统研究还不多（汪诗平等，1998a，2001；董全民等，2004a，2005a）。放牧可使草地植物群落多样性发生变化，但不同放牧率对植物多样性的影响程度不同（汪诗平等，2001；杨利民和李建东，1999；杨利民等，2001）。研究表明，适度放牧对草地群落物种多样性的影响符合“中度干扰理论”（Connell，1978；Sousa，1984；李永宏，1993；杨持和叶波，1995；Foster and Gross，1998），即中度放牧能维持高的物种多样性，但刘伟等（1999）的研究结果表明，植物种的多样性随放牧强度的增加而升高；汪诗平等（2001）报道，不同放牧率对物种丰富度的影响不大，但植物多样性和均匀度随放牧率的增大而下降，群落优势度却随放牧率增大而增大。周华坤等（2004）通过对放牧第18年高寒灌丛植被的研究，长期重度放牧使高寒灌丛群落结构简化，且随放牧率的增加，植物种多样性指数的变化是一个典型的单峰曲线模式。另外，杜国祯等（2003）和王长庭等（2004）对不同类型高寒草甸的调查研究也表明高寒草地生态系统稳定性和群落生产力除受物种多样性的影响外，也受功能群内物种密度和均匀度的影响，并受到物种本身特征、外部环境资源和不同干扰方式的影响。

8.1 放牧演替及其发生机制

8.1.1 放牧及放牧试验的概念和意义

家畜放牧是当今世界上一种重要的土地利用方式，全球陆地总面积约有25%被划为牧地，另外还有10%～15%的农田实质上是为畜牧业生产服务的。然而，放牧除了作为主要的土地利用手段之外，对于放牧过程本身的研究，草地群落和家畜之间关系的探讨是近年来这个学科的新进展（Hodgson，1990），尤其是应用植物组织转化（tissue turnover）技术进行草地动态分析，进一步揭示了草地生态系统中物质循环规律，为草地合理利用开拓了途径。放牧试验就是阐明放牧生态系统中输入输出间的关系，这种关系在实验室、温室或其他小规模的田间试验中是无法提供的。毫无疑问，放牧试验是目标极强的研究，试验结果通常直接或间接地与生态环境保护和草地畜牧业生产息息相关（汪诗平等，2003）。

然而，家畜放牧是一个复杂的生态系统，由许多因素组成，包括牧草、家畜、土壤和气候，它们之间相互作用和相互影响。在这些因素中牧草和家畜是放牧生态系统中的主体。土壤和气候是牧草生存的条件，牧草是草地的初级生产者，家畜是牧草的消费者，也是畜产品生产者。牧草的生长、家畜对牧草的利用和畜产品的转化是草地放牧系统中的重要环节。草地为家畜提供饲草，家畜则通过采食、践踏和排泄等活动影响牧草生长，它们处于一个矛盾的统一体中（侯扶江等，2004）。因此在放牧生态系统中，家畜的种类、数量、放牧时间和强度都会对草地发生影响；牧草的生产、种类以及牧草不同生长阶段也影响家畜的放牧利用。Hodgson（1990）对放牧系统管理的理论和具体技术进行了全面的论述，为对以后的放牧系统管理的研究和实践产生了深远的影响，而从20世纪90年代至今，放牧管理的研究大多沿着组织转化和具体的管理措施进行，也就是霍德逊的理论体系的发展和延伸，更体现出信息技术在该领域的推广和应用（尚占环和姚爱兴，2004）。

8.1.2 放牧演替

放牧演替是草地植被研究的一个重要方面。在Clements（1916）提出“顶极与植物演替”理论后，Sampson（1919）首先将其引入草场管理的研究领域，随后Dysterhuis（1949）明确提出了放牧演替的“单稳态模式”（一个草场类型只有一个稳态，即顶极或潜在自然群体），并区分放牧演替中的植物为增加者、减少者和侵入者。不合理的放牧所引起的逆行演替，可以通过管理、减轻或停止放牧而恢复，并认为恢复过程与退化途径相同，但方向相反（Fuls，1991；李永宏和陈佐忠，1995；汪诗平等，1998b）。然而，随着研究范围的不断扩大和研究手段、技术的逐渐改进和完善，许多学者发现单稳态模式并不能完全适合各种植被类型，因此，Westoby（1989）提出的“状态－过渡模式”和Laycock

（1991）提出的“演替多稳态理论”解决了这一疑惑，是近年来对放牧系统中植被研究的新认识，也是对放牧演替理论的扩展和完善。

8.1.3　放牧演替的发生机制

放牧家畜的选择性采食（Stebbins，1981）和践踏（Edmond，1963；侯扶江等，2004）影响植物的生长和耐受性，使这些植物和放牧家畜在长期的协同进化过程中形成了一系列动态的、相互作用的复合状态（汪诗平，1998）。在放牧条件下，草地植物群落特征与放牧强度紧密相关（李永宏，1988；王德利等，1996；汪诗平等，1998b，2001；刘伟等，1999；赵新全等，2000；董全民等，2004a，2004b，2004c，2005a，2005b），而且草地植物在放牧影响下有一些共同的规律，如草地群落中耐牧和适牧植物逐步增多，不耐牧的植物减少或消失；草地生产力下降，优良牧草比例下降，毒杂草比例增加；草地植物多样性在适度放牧下最高（李永宏和陈佐忠，1995）。对不同生态区的不同草地类型而言，尽管其放牧退化演替的模式是不同的，但放牧退化演替的基本理论依据是“顶极与植物演替”理论，而草地放牧退化演替的主要原因是不合理的超载过牧和放牧方式对放牧生态系统各组分及其协调关系的破坏，以及对放牧生态系统物质循环通量的衰减（李永宏和陈佐忠，1995）。

当前，草地放牧演替及草地状况的评定方法源于 Sampson（1919），主要是依据 Clements（1916）提出的演替概念，将次生演替阶段与家畜放牧造成的草地状况分级联系起来，重度放牧使演替向较低级的阶段转变，而轻度放牧或不放牧则使演替转向较高的阶段。也就是将当前植被的种类组成（相对生物量）与当地的“顶极”或“潜在自然”植被进行比较，根据与顶极植被的相似性，可将植被分为低劣、一般、良好和优 4 个等级，其中，“顶极”或“潜在自然”植被表示稳定性、多样性和生产力最佳，而且植被偏离顶极或退化常归因于家畜放牧，且是连续多年过牧或放牧强度过高所致。然而，众多学者指出，该传统的评价方法存在许多问题（Laycock，1991；李永宏，1994；王仁忠和李健东，1995a，1995b；汪诗平等，1998b）。因此，Laycock（1991）提出草地放牧演替及草地状况的“阈值”概念，认为可根据一系列的群落组成成分，通过分类和排序等将草地分为“好”或“劣”，因为草地并非必然随放牧压的增大而呈线性退化，而是始终保持有恢复到临界状态的能力，但当超过该阈值点，则很难演替（恢复）到以前的状态。

李永宏（1988，1992，1994）研究了羊草草原和大针茅草原在牧压梯度上的空间变化及退化草原的恢复演替动态，认为内蒙古草原的放牧退化演替是单稳态的，且在牧压梯度上的空间变化与恢复演替动态相对应；而且随放牧强度的增加，草原植物的物种丰富度下降，但群落的均匀度和多样性指数在中牧地段较高，地上生物量显著下降，草群变低，草质变劣，并有大量的有毒植物出现。关世英等（1997）、刘永江等（1997）报道，随放牧强度的增加，土壤有机质以及 N、P 和 K 含量降低，而且土壤中不同功能群无脊椎动物随牧压的变化与植物和土壤营养的变化一致，与整个草原系统的变化相协同。张为政（1994）认为，东北草原的放牧退化往往与土壤的盐碱化相伴发生，且随放牧强度的增加，羊草等优势种逐渐减少，甚至完全消失，而另一些植物，如寸薹草（*Carex duriuscula*）、星星草逐渐增多或出现，形成优势种。董全民等（2004d，2005a，2005b，2005c）报道，随放牧强度的增加，高寒高山嵩草草甸的草地生产力下降，优良牧草比例下降，毒杂草比例增加，而且植物多样性指数在中度放牧（牧草利用率为50%）下最高，而且土壤有机质的含量也大幅度下降。周华坤等（2002）报道，高寒草场在过度放牧干扰下，植物群落层次结构减少，优良牧草衰退，毒杂草增加，植物多样性下降，群落稳定性较差，而且禾草、莎草和灌木的生物量比例随放牧强度的增加而不断下降，其中，禾草最明显，莎草类次之，而杂类草的生物量比例则随放牧强度的增加而显著增高。放牧强度由轻到重，草场植物种发生替代，其中，优良牧草逐渐减少，直至消失殆尽，而劣质牧草，如鹅绒委陵菜、圆萼刺参和白苞筋骨草等毒杂草逐渐占据优势地位。

另外，李永宏（1988，1994）对内蒙古典型草原地带的羊草草原和大针茅草原的放牧试验研究表明，放牧影响下植物群落会发生分异与趋同，在连续多年的强度放牧压力下二者均可退化演替为冷蒿（*Artemisia frigida*）草原群落；由于冷蒿具有适牧的营养繁殖对策，因而它不仅是定量的放牧退化指示植物，而且也是优良牧草和草原退化的阻截者。然而，汪诗平等（1998*b*）指出，冷蒿小禾草退化草原如果长期（8 年）重牧或过牧，则进一步退化为星毛委陵菜（*Potentilla acaulis*）草原，但在不同放牧率下将明显分为三种类型（轻牧使冷蒿小禾草草原中的小禾草比例显著上升，而重牧或过牧则演替分化为星毛委陵菜＋冷蒿草原群落和星毛委陵菜草原群落），也就是冷蒿小禾草退化草原只是放牧演替阶段中的一个相对未定阶段或退化“阈值”，但如果继续重牧或过牧，冷蒿小禾草草原则难以维系，最终退化或趋同于星毛委陵菜草原群落。

8.2 放牧对草地植物生产力的影响

8.2.1 放牧对高寒草甸天然草地植物生产力的影响

8.2.1.1 放牧对地上生物量的影响

不同放牧强度下（试验设计见第4 章）地上净初级生产力的变化见图 8-1。不论是暖季草场还是冷季草场，从返青期开始，地上净初级生产力逐渐增加，8 月底达到高峰，大约 15 天以后，随着气温的降低，植物体开始衰老枯黄，地上净初级生产力逐渐降低。在试验期内，地上净初级生产力的变化出现了“低—高—低”的变化趋势，基本呈“S”形变化。随着放牧强度的增加，地上净初级生产力趋于减小，其中，重牧组减小幅度最明显。各年度不同放牧强度下各月地上净初级生产力均低于对照区，且随着放牧强度的增加呈递减趋势。从年度变化来看，轻牧和中牧区 1999 年各月的地上净初级生产力略高于 1998 年，对照组各月的地上净初级生产力明显高于 1998 年。一方面是两季草场各放牧强度均低于试验前的放牧强度，因此相对于试验前，试验期的三个放牧强度均属中轻度放牧，其后数年（尤其第二年）牧草均能程度不同地显示草场自我恢复对放牧强度的影响，我们称之为草场的自我恢复效应；另一方面，在牧草生长期，1999 年的降水量明显高于

1998 年，这也证实了地上净初级生产力更易受降水和气温的影响（McNaughton，1985；Hunt and Nicholls，1986；Andren and Paustian，1987；董全民等，2006c），且轻牧区牧草充足，牦牛的采食对它的生物量影响不大，它的变化主要受牧草生长规律的影响，而重牧区的变化主要受牦牛采食的影响。

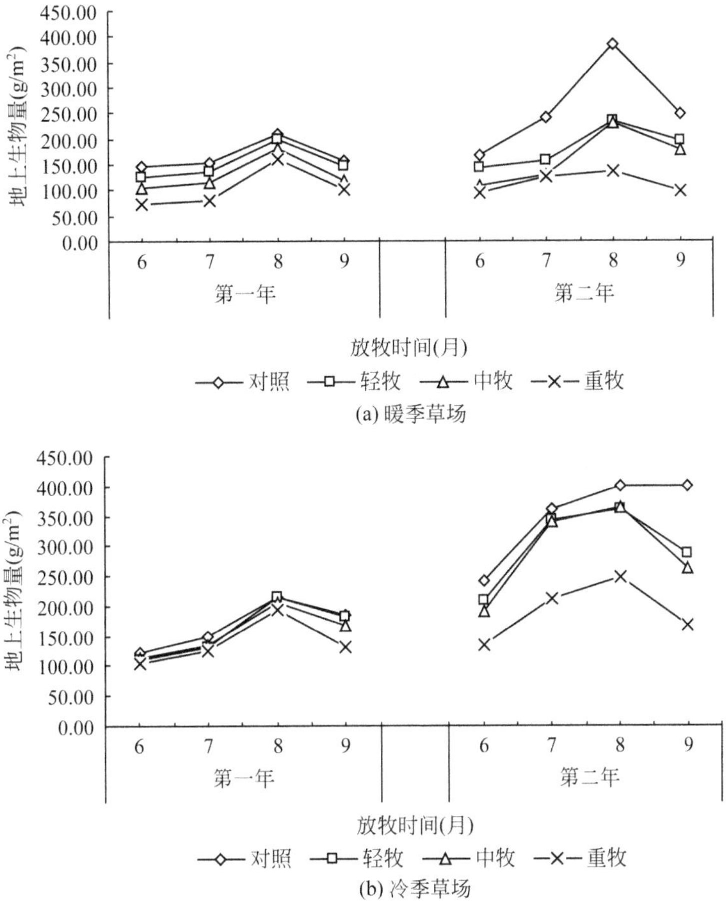

图 8-1　不同放牧强度下草场地上净初级生产力的季节和年动态变化

8.2.1.2　不同植物类群平均地上净初级生产力及其年度变化

在轻牧和中牧区，放牧牦牛的采食行为刺激莎草和禾草快速生长，以补偿莎草和禾草的损失，但当地上净初级生产力达到一定水平时，这种功能补偿又往往产生牧草的生长冗余，因此，轻度和中度放牧下莎草和禾草的地上净初级生产力降低比较缓慢。但随着放牧强度的提高，在重牧区，虽然这种功能补偿形式可以弥补在该利用率下莎草和禾草生物量降低的损失，但多为牦牛不喜食或不可采食的杂类草，因此它是一种功能上的组分冗余，表现为杂草和毒杂草的地上净初级生产力的增加，使禾草和莎草的生产受到了更为严重的胁迫（资源亏损胁迫）（张荣和杜国祯，1998），造成轻牧、中牧与重牧地上净初级生产力之间存在一定差异。随着放牧强度的增加，莎草和禾草的地上净初级生产力降低，可食杂草和毒杂草的生物量增加，而且莎草和禾草的地上净初级生产力和总的地上净初级生产力在放牧第二年均比第一年年略有增加（表 8-1）。方差分析表明，莎草和禾草的地上净初级生产力和总的地上净初级生产力在不同放牧强度之间差异极显著（$F_{莎草}=59.34>F_{0.01}=29.46$；$F_{禾草}=180.20>F_{0.01}=29.46$；$F_{总}=38.31>F_{0.01}=29.46$），但年度之间差异不显著。进一步做新复极差分析，结果见表 8-1。这一方面是草场自我恢复的“滞后效应”的体现，另一方面是因为在牧草生长期，放牧第一年的降水量明显高于第二年。

表 8-1　暖季草场不同放牧强度各植物类群 6～9 月平均地上净初级生产力　（单位：g/m^2）

植物类群	重牧		中牧		轻牧		对照	
	第一年	第二年	第一年	第二年	第一年	第二年	第一年	第二年
莎草	40.24 ± 12.04 Bc	41.12 ± 10.6 Bc	52.00 ± 12.16 c	53.20 ± 14.60 c	68.28 ± 14.00 Aa	69.32 ± 14.80 Aa	69.60 ± 16.40 Ab	71.20 ± 14.80 Ab
禾草	21.20 ± 5.04 Aa	26.80 ± 4.04 Aa	38.92 ± 11.92 b	39.40 ± 12.04 b	44.52 ± 8.40 b	54.72 ± 11.60 b	135.00 ± 13.20 Bc	138.00 ± 21.2 Bc
可食杂草	55.76 ± 15.72	59.80 ± 11.92	36.68 ± 7.20	43.48 ± 12.12	36.52 ± 10.24	32.84 ± 7.96	34.72 ± 60.60	27.96 ± 3.92
毒杂草	31.32 ± 12.00	25.88 ± 4.04	22.00 ± 5.20	19.52 ± 3.92	19.08 ± 3.12	14.76 ± 1.40	14.88 ± 2.24	12.56 ± 4.04
总生物量	150.68 ± 72.84 A	153.60 ± 41.28 A	150.80 ± 21.40 A	156.80 ± 20.04 A	168.40 ± 15.96 A	171.64 ± 19.96 A	254.00 ± 64.00 B	241.60 ± 32.52 B

注：同行小写字母相同者，差异不显著；小写字母不同者，差异显著；大写字母不同者，差异极显著

在冷季草场，由于经过一个夏秋季节的休牧，整个草场已恢复的比较均匀。在牦牛放牧时，牧草已经枯萎，轻牧区相对试验前的放牧属极轻放牧，对已发生退化的高寒高山嵩草草甸的放牧称为草场改良性放牧强度（汪诗平等，2003）；而中牧和重牧区相对而言则属轻牧和中牧，放牧的“滞后效应”对牧草第二年的生长影响不大，且第二年牧草生长期的降水量明显高于第一年，因此第二年草场的自我恢复效应进一步程度不同地显现出来。从表 8-2 可以看出，随着放牧强度的增加，莎草和禾草的地上净初级生产力降低，可食杂草和毒杂草的生物量增加，且放牧第一年莎草、禾草、可食杂草和毒杂草的地上净初级生产力和总的地上净初级生产力均比第二年明显增加。方差分析表明，莎草、禾草、可食杂草和毒杂草的地上净初级生产力和总的地上净初级生产力在不同放牧强度之间的差异不显著，但莎草、禾草的地上净初级生产力在年度之间的差异显著（$F_{莎草}=15.65>F_{0.05}=10.13$；$F_{禾草}=16.89>F_{0.05}=10.13$），可食杂草和毒杂草的地上净初级生产力和总的地上净初级生产力在不同年度之间的差异极显著（$F_{可食杂草}=68.50>F_{0.01}=34.12$；$F_{毒杂草}=68.87>F_{0.01}=34.12$；$F_{总}=45.98>F_{0.01}=34.12$）。进一步做新复极差分析，结果见表 8-2。

表 8-2　冷季草场不同放牧强度各植物类群 6～9 月平均地上净初级生产力　（单位：g/m^2）

植物类群	重牧		中牧		轻牧		对照	
	第一年	第二年	第一年	第二年	第一年	第二年	第一年	第二年
莎草	40.12 ± 12.04 a	54.20 ± 13.00 a	58.00 ± 11.92 a	67.60 ± 16.24 a	60.40 ± 14.80 a	86.80 ± 16.24 b	67.12 ± 14.60 a	98.40 ± 15.96 b
禾草	38.12 ± 10.76 a	60.40 ± 15.84 b	41.60 ± 8.12 a	80.28 ± 14.80 b	40.28 ± 11.12 a	110.00 ± 15.20 b	44.92 ± 9.80 a	120.36 ± 20.12 b
可食杂草	33.16 ± 9.20 A	61.60 ± 15.28 B	40.40 ± 12.04 a	58.80 ± 11.96 b	35.20 ± 9.60 A	60.80 ± 12.84 B	33.36 ± 8.24 a	50.40 ± 14.60 b
毒杂草	17.84 ± 4.84 A	33.20 ± 2.40 B	21.6 ± 6.80 a	31.60 ± 8.40 b	19.20 ± 3.60 A	32.80 ± 6.80 B	17.96 ± 3.56 a	27.20 ± 7.60 b
总生物量	129.20 ± 35.84 a	209.20 ± 48.20 b	161.60 ± 28.12 a	240.8 ± 52.80 b	161.60 ± 25.20 A	290.40 ± 94.40 B	163.32 ± 45.28 A	299.60 ± 92.40 B

注：在放牧强度相同的情况下，同行小写字母相同者，差异不显著；小写字母不同者，差异显著；大写字母不同者，差异极显著

8.2.1.3　不同植物类群地上净初级生产力的组成及其年度变化

不同放牧强度下各植物群落地上净初级生产力百分比组成的变化见表 8-3 和表 8-4。随放牧强度的减小，禾草和莎草的比例增加，可食杂草和毒杂草比例下降。在不同年度之间，莎草的比例减小，禾草的比例增加；重牧和中牧区可食杂草和毒杂草比例增加，而轻牧和对照区可食杂草和毒杂草比例下降。因为在轻牧和对照区，不论是暖季草场还是冷季草场，禾草和莎草的生长过程对可食杂草和毒杂草有比较强的抑制作用，优良牧草（莎草和禾草）的生长量比较高，而可食杂草和毒杂草的生长就受到影响。在中牧和重牧区，暖季草场放牧牦牛的采食行为刺激莎草和禾草快速生长，以补偿莎草和禾草的损失，但这只能弥补在该利用率下莎草和禾草生物量降低的部分损失，因而莎草和禾草对牦牛不喜食或不可采食的杂类草的抑制作用就相对减弱，杂草和毒杂草生长量增加，使禾草和莎草的生产受到了更为严重的胁迫（资源亏损胁迫）（张荣和杜国祯，1998）。另外，在中牧和重牧区，植株高的禾草比例的减少提高了群落的透光率，从而使下层植株矮小的莎草和杂草截获的光通量增高，光合作用的速率提高和干物质积累增加。因此对照区莎草的比例均低于其他放牧区。在冷季草场中牧和重牧区，草场的自我恢复效应和牦牛放牧引起的“滞后效应”（周立等，1995d；李永宏和陈佐忠，1995）互相叠加，共同影响牧草的生长，导致放牧第二年重牧和中牧区可食杂草和毒杂草的比例比第一年高。回归分析表明，两季草场优良牧草的生物量组成的年度变化与放牧强度均呈负相关，与杂类草均呈正相关，它们的线性回归关系如下。

暖季草场：

$$Y_{\text{优良牧草}} = -3.3X + 8.995(r = -0.986, P < 0.01);$$
$$Y_{\text{杂类草}} = 3.3X - 8.995(r = 0.986, P < 0.01) \quad (8\text{-}1)$$

冷季草场：

$$Y_{优良牧草} = -4.447X + 11.65(r = -0.962, P < 0.01);$$
$$Y_{杂类草} = 4.447X - 11.65(r = 0.962, P < 0.01) \quad (8\text{-}2)$$

表 8-3　暖季草场不同放牧强度各植物类群 6～9 月平均地上净初级生产力的百分比组成　（单位：%）

项目	重牧		中牧		轻牧		对照	
	第一年	第二年	第一年	第二年	第一年	第二年	第一年	第二年
莎草	28.14	25.45	35.28	35.20	40.55	37.47	27.33	25.96
禾草	14.07	9.16	25.81	25.82	29.44	33.44	40.14	47.69
可食杂草	37.01	41.38	24.32	24.73	21.69	20.07	16.67	11.97
毒杂草	20.79	24.01	14.59	15.45	11.33	9.02	9.86	5.38
优良牧草比例	42.21	34.60	61.09	61.02	66.98	70.91	67.48	73.66
优良牧草比例年度变化	-7.61		-0.07		3.93		5.88	

表 8-4　冷季草场不同放牧强度各植物类群 6～9 月平均地上净初级生产力的百分比组成　（单位：%）

项目	重牧		中牧		轻牧		对照	
	第一年	第二年	第一年	第二年	第一年	第二年	第一年	第二年
莎草	31.03	25.91	35.98	28.38	38.32	29.88	41.09	32.80
禾草	29.49	29.78	25.64	33.37	27.22	37.90	27.50	41.25
可食杂草	25.66	28.46	24.96	25.47	22.40	20.94	20.42	16.87
毒杂草	13.81	15.86	13.42	13.78	12.06	11.28	11.00	9.08
优良牧草比例	60.52	55.68	61.62	61.75	65.55	67.78	68.59	74.05
优良牧草比例年度变化	-4.84		0.13		2.23		5.46	

8.2.2　放牧对高寒草甸天然草地牧草生长率和再生性能的影响

众多学者认为，放牧能促进草地植物生长，并且提出动物放牧对植物具有超补偿性生长（Vickery，1972；李永宏和汪诗平，1998；韩国栋等，1999；汪诗平等，1998a，2001；刘颖等，2002，2004），但放牧对草地生产力的影响取决于促进与抑制间的净效果，与立地条件和管理措施紧密相关，过度放牧可以减少草原的生产力，而适当的放牧可以刺激植物的生长，从而增加当年植被的生产力（McNaughton，1979；Noy-Meir，1993；李文建，1999；汪诗平等，2001；刘颖等，2004）。

8.2.2.1　地上总生物量生长率的季节和年度变化

生长率是衡量生物量净积累速率的参数。绝对生长率（AGR）为单位时间内单位面积生物量的净积累量；相对生长率（RGR）则说明单位生物量单位时间的净积累量。它们表示的都是瞬间值，但因测定条件的限制，常以一定时间内的平均来表示。计算式如下。

$$AGR = (W_2 - W_1)/(t_2 - t_1);RGR = (\ln W_2 - \ln W_1)/(t_2 - t_1) \tag{8-3}$$

式中，W_1、W_2分别表示 t_1、t_2 时刻的生物量；$\ln W_1$、$\ln W_2$ 为 t_1、t_2 时刻的生物量对数；AGR 和 RGR 的单位分别为 $g/(m^2 \cdot d)$ 和 $g/(g \cdot d)$。

两季草场地上生物量绝对生长率的季节及年动态变化见表 8-5 和图 8-2。

表 8-5　不同放牧强度下地上总生物量绝对生长率的季节及年动态变化　［单位：$g/(m^2 \cdot d)$］

两季草场	月份	对照		轻牧		中牧		重牧	
		第一年	第二年	第一年	第二年	第一年	第二年	第一年	第二年
暖季草场	6	0.98	1.11	0.83	0.94	0.69	0.71	0.48	0.62
	7	3.58	6.90	3.01	4.31	1.97	3.58	1.48	3.58
	8	1.88	4.80	2.05	2.53	2.23	3.36	2.73	1.39
	9	−0.79	−0.52	−0.75	−0.31	−0.52	−0.35	−0.97	−0.71
冷季草场	6	0.82	1.85	0.73	1.6	0.76	1.47	0.7	1.02
	7	0.89	3.97	0.76	4.51	0.71	4.96	0.68	2.61
	8	2.2	1.8	2.75	1.57	2.32	1.8	2.31	1.21
	9	−0.11	−0.93	−0.12	−0.48	−0.23	−0.44	−0.17	−0.68

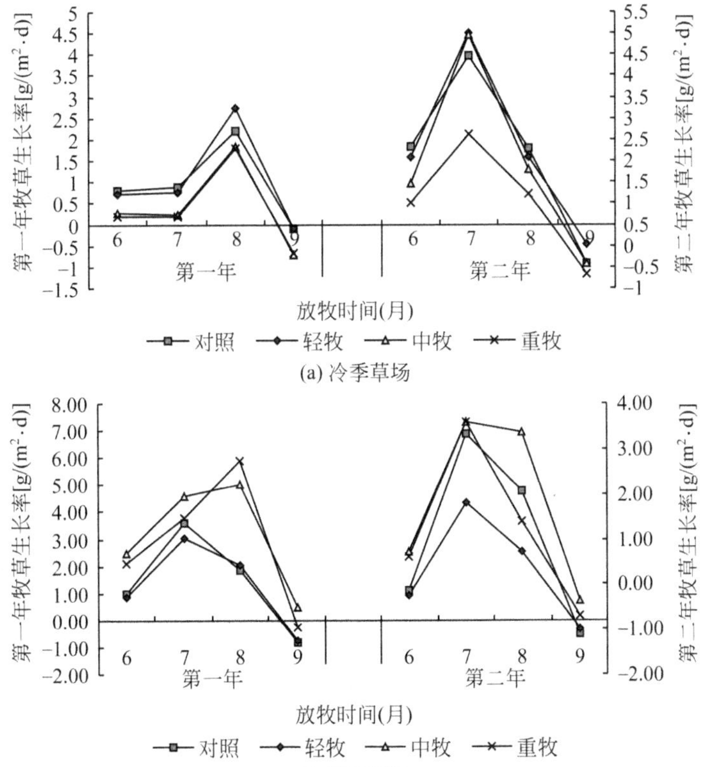

(a) 冷季草场

(b) 暖季草场

图 8-2　不同放牧强度下草场地上生物量绝对生长率的月份和年度变化

8.2.2.2 禾草地上生物量生长率的季节及年动态变化

从表8-6和图8-3可以看出，冷季草场第一年禾草地上生物量的绝对生长率8月达到最大，且除了重牧区，9月其他处理组禾草的绝对生长率仍然为正值，表明9月禾草出现营养的再次积累；第二年禾草地上生物量的绝对生长率在7月达到最大，9月均为负值，表明禾草已处于生长后期。这可能是因为第一年牧草生长季节比较干旱（7~8月份），禾草的生长潜力没有充分发挥，因此冷季草场（生长季节休牧）禾草的绝对生长率延迟到8月才达到最大，而第二年牧草生长季节（6~8月）的降水量比第一年大，牧草迅速生长，并于7月达到最大。暖季草场1998年禾草地上生物量的绝对生长率7月达到最大，而重牧区9月的绝对生长率仍然大于零，说明牦牛对重牧区禾草的过量采食促进了它的补偿和超补偿性生长，因此在9月出现了营养的再次积累；1999年在6月和8月出现了两个峰值，且除了对照区，其他各处理区禾草的绝对生长率大于零，也出现了禾草营养的再次积累。这与王启基等（1995a）、王艳芬和汪诗平（1999a）、汪诗平等（1999a）的结论不太一致，这或许是高寒高山嵩草草甸禾草受降水影响的特殊表现，也可能是试验时间太短，尚需考虑草场本身的具体条件和动态特征，应尽可能选择较多的气候类型和试验点，以多年试验资料结合气候变化格局进一步研究。

表8-6 不同放牧强度下禾草地上生物量生长率的季节及年动态变化　　[单位：g/(m² · d)]

两季草场	月份	对照		轻牧		中牧		重牧	
		第一年	第二年	第一年	第二年	第一年	第二年	第一年	第二年
暖季草场	6	3.54	2.56	3.49	3.33	3.12	1.44	2.04	1.15
	7	4.96	4.11	4.88	2.08	4.37	0.40	2.85	1.79
	8	0.32	0.40	3.36	0.43	3.73	3.65	2.96	3.04
	9	-1.60	-0.40	-0.74	2.40	-2.40	2.40	0.98	1.03
冷季草场	6	0.39	2.44	0.39	0.86	0.44	1.50	0.30	0.95
	7	0.82	3.89	0.73	6.42	0.78	4.22	0.89	3.07
	8	1.28	1.09	0.88	0.99	0.99	0.87	1.65	1.58
	9	0.41	-0.96	0.51	-0.43	0.14	-1.68	-0.21	-0.48

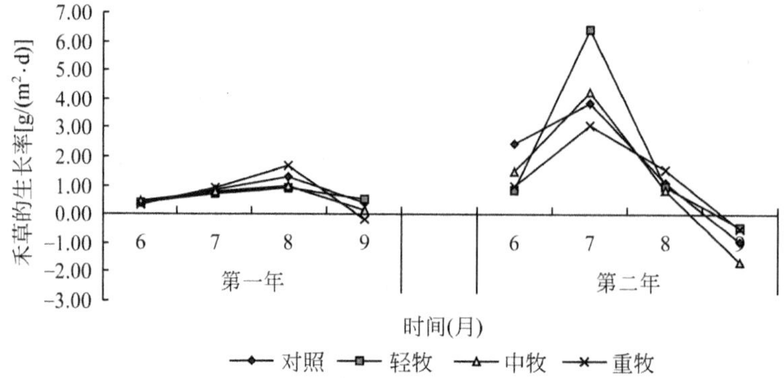

(a) 冷季草场

图8-3 不同放牧强度下草场禾草地上生物量生长率季节及年动态变化

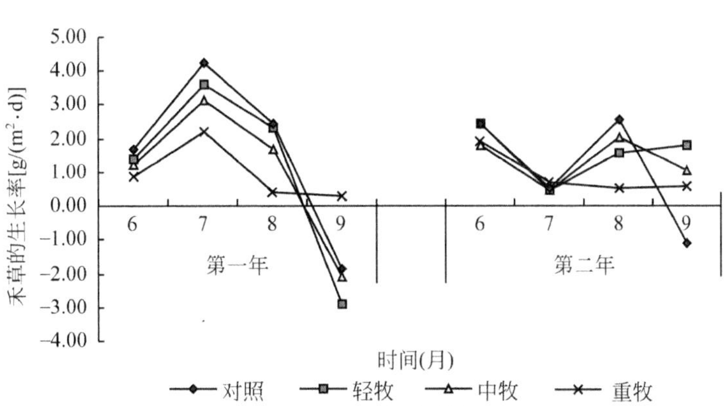

(b) 暖季草场

图8-3　不同放牧强度下草场禾草地上生物量生长率季节及年动态变化（续）

8.2.2.3　莎草地上生物量生长率的季节及年动态变化

从表8-7和图8-4可以看出，第一年冷季草场莎草地上生物量的绝对生长率在8月达到最大，暖季草场在7月达到最大，且除了中牧和重牧组，轻牧和对照组在9月也出现了营养的再次积累；第二年，暖季草场莎草的绝对生长率在8月达到最大，而冷季草场莎的绝对生长率在中牧和轻牧情况下在7月达到最大，对照组和重牧组在6月和8月出现了两个峰值。这与王启基等（1995a，1995b）的结论不太一致。另外，高寒高山嵩草草甸的莎草科植物比较耐旱和耐牧，过多的降水会对其生长产生负面影响，这一点可以从图8-4a中得到证实。从图8-4a可以看出，暖季草场第二年各月的绝对生长率均小于第一年。冷季草场牧草生长期正处于休牧期，对照和重牧区在6月和8月出现了两个峰值，这与Bircham（1984）、Hodgson和Maxwell（1984）在人工草地上的结论完全相反。产生这种完全相反的结果，一方面可能是因为试验地的草场类型不同和放牧强度标准不一，另一方面可能是草地利用时间和频率都不尽相同。

表8-7　不同放牧强度下莎草地上生物量生长率的季节及年动态变化　[单位：g/(m²·d)]

两季草场	月份	对照		轻牧		中牧		重牧	
		第一年	第二年	第一年	第二年	第一年	第二年	第一年	第二年
暖季草场	6	0.56	2.65	0.32	2.42	0.32	0.74	0.14	0.25
	7	1.43	1.79	0.82	1.43	0.82	1.04	0.36	1.14
	8	1.39	3.49	2.37	1.49	2.03	1.63	2.59	2.27
	9	-2.13	-1.04	-1.76	-1.33	1.01	-0.56	-2.13	-0.40
冷季草场	6	1.24	2.86	1.15	2.27	1.08	2.08	1.02	2.59
	7	0.62	0.64	0.51	2.96	0.16	3.04	0.13	0.02
	8	0.48	2.74	0.40	0.61	1.28	0.56	0.40	2.28
	9	0.25	0.16	0.21	0.29	-0.31	-2.21	-0.02	-0.96

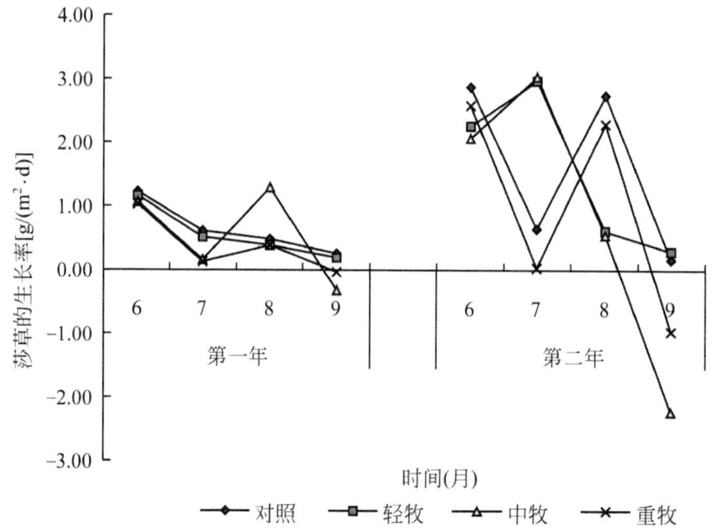

(a) 冷季草场

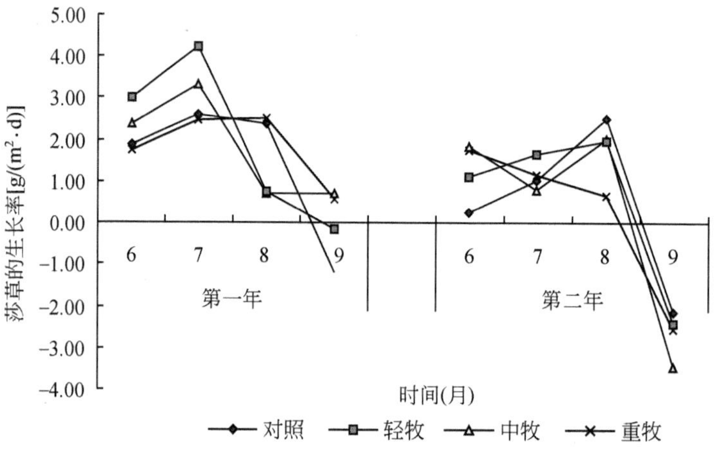

(b) 暖季草场

图 8-4 不同放牧强度下草场莎草地上生物量生长率季节及年动态变化

8.2.2.4 杂类草地上生物量生长率的季节及年动态变化

从表 8-8 和图 8-5 可以看出，冷季草场杂类草的绝对生长率在 6 月最大，随着时间的推移，总体上呈下降趋势；在暖季草场，第一年重牧区杂草的绝对生长率在 8 月达到最大，其他各处理杂草在 7 月达到最大；第二年重牧区杂草的绝对生长率在 6 月达到最大，其他各处理杂草在 8 月达到最大。冷季草场在牧草生长期不放牧，因此在牧草生长初期，禾草和莎草对杂草的抑制作用比较弱，杂草的绝对生长率大于禾草和莎草，但随着时间的推移，禾草和莎草对杂草的抑制作用增强，杂草的绝对生长率总体上呈下降趋势。暖季草场的牧草生长期正是牦牛的放牧期，因此牦牛对优良牧草不同程度的采食刺激其快速生长，以补偿优良牧草的损失。随着放牧强度的提高，在重度放牧情况下，虽然该种功能补偿形式可以弥补在该利用率下优良牧草地上生物量降低的部分损失，但多为牦牛不喜食或不可采食的杂类草，第一年表现为杂草的绝对生长率在9月以前呈上升趋势，而第二年牧草生长期降水量比较丰富，重牧组杂草的绝对生长率总体上呈下降趋势，其他处理组与禾草和莎草的生长趋势相似。

表8-8　不同放牧强度下杂草地上生物量生长率的季节及年动态变化　　[单位：g/(m²·d)]

两季草场	月份	对照		轻牧		中牧		重牧	
		第一年	第二年	第一年	第二年	第一年	第二年	第一年	第二年
暖季草场	6	1.87	0.27	3.03	1.12	2.36	1.84	1.75	1.73
	7	2.61	1.04	4.24	1.65	3.31	0.80	2.45	1.17
	8	2.37	2.53	0.75	1.97	0.72	2.00	2.51	0.67
	9	-1.19	-2.13	-0.18	-2.40	0.71	-3.47	0.56	-2.53
冷季草场	6	2.08	3.23	2.15	5.09	1.81	4.41	1.83	1.96
	7	0.51	1.80	0.16	0.97	1.54	1.39	0.59	0.76
	8	0.08	-1.53	0.85	-2.32	0.37	-2.12	0.48	0.44
	9	-0.13	-0.88	0.10	-0.85	0.87	-0.15	0.10	-1.96

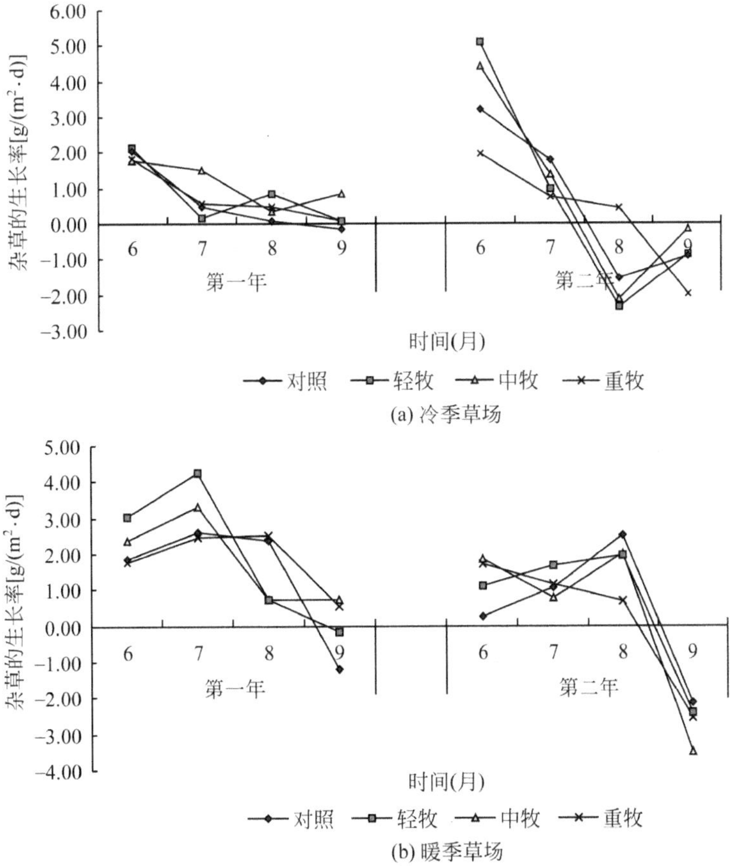

图8-5　不同放牧强度下草场杂草地上生物量生长率季节及年动态变化

8.2.3 放牧对高寒人工草地植物生产力的影响

放牧是草地畜牧业生产中由第一性生产转化为第二性生产的主要手段，因而草地稳定性和草地畜牧业生产的效率主要取决于放牧利用的管理（王淑强等，1996），而植物地上生物量的变化是草地生态系统研究的重要内容。对人工草地而言，除了降水和地温，土壤肥力和牧草品种等也是第一性生产力的主要限制因素，而其利用则是影响人工草地第一性生产力的最大因素，利用方式及利用强度与牧草第一性生产力息息相关（Holmes，1987；任继周，1995，1998）。

8.2.3.1 地上总现存量的季节变化

不同放牧强度下植物地上现存量有明显变化（图8-6），从6月20日开始，现存量逐渐增加，但各处理最大值出现的时间先后不同。不同放牧强度下地上现存量与放牧强度之间的关系用二次方程拟合（表8-9），在各放牧强度下均呈单峰曲线，但随放牧强度的增加，曲线的峰值下降，最大现存量减小，且达到最大值的时间提前。由二次方程求得的地上现存量的最大值出现的时间列于表8-9。

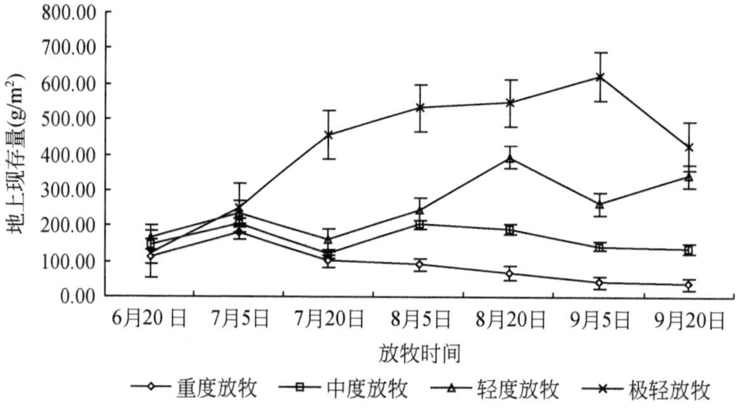

图8-6 地上总现存量随放牧强度的季节变化

表8-9 地上总现存量季节动态曲线方程及其特征值

放牧强度	回归方程 $y=ax^2+bx+c$ （$a\neq0$）			相关系数 R^2	显著水平 P	最大值出现的天数（天）
	a	b	c			
对照	-23.129	2481.12	210.12	0.9001	<0.01	80
极轻放牧	-29.712	292.58	173.20	0.9411	<0.01	70
轻度放牧	-3.7426	32.797	128.05	0.5377	<0.02	66
中度放牧	-2.8807	21.965	130.40	0.4047	<0.10	57
重度放牧	-1.4757	7.3775	149.28	0.7245	<0.01	38

在植物生长季节，地上现存量出现低—高—低的变化趋势，但随放牧强度的增加，地上生物量利用率依次增加，现存量趋于减少（图8-6）。在极轻和轻度放牧下，地上现存量的季节变化主要受植物生长规律及降雨的影响，但在中度和重度放牧，特别是重度放牧

下，牦牛过度采食新生枝叶，使有效光合面积减小，从而影响对营养物质的积累和储存。同时随着放牧时间的延长，植物生长发育所需的营养物质长期处于亏损状态，个体生物量下降，甚至造成死亡。另外，2003 年 8 月几乎未下雨，严重影响了植物的生长，导致极轻放牧植物 8 月生长缓慢，地上现存量相对较低，轻度放牧现存量 8 月中旬达到最大。到 8 月下旬 ~9 月上旬降雨较多，植物出现较大的补偿和超补偿性生长，但由于牦牛的过度采食和补偿以及超补偿性生长的有限性，现存量仍然较低。

8.2.3.2 不同功能群植物地上现存量及其组成的响应

随着放牧强度的增加，地上现存量及其百分比组成降低，星星草和杂类草的地上现存量呈曲线变化，百分比组成呈上升趋势（图 8-7，图 8-8）。放牧强度的提高抑制了披碱草的生长和种子更新，导致披碱草地上生物量减少，而构成内禀冗余的植物（杂类草）虽不

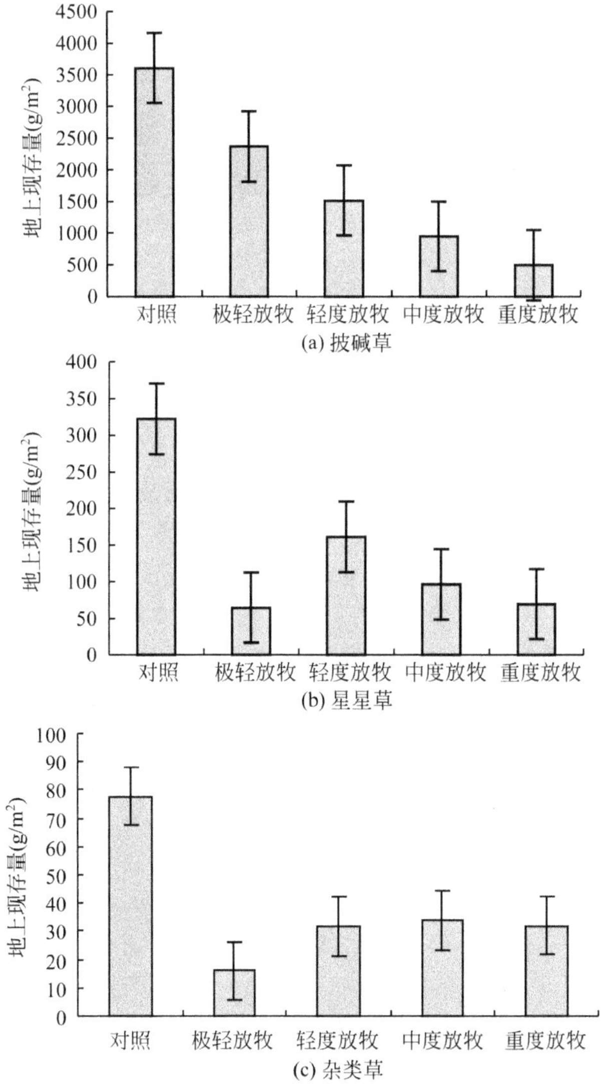

图 8-7 不同功能群植物地上现存量随放牧强度的变化

被牦牛所喜食，但一些植物可被其他动物所利用，同时也可以补偿植被总盖度和现存量降低的损失（董全民等，2005c）。另外，一方面由于内禀冗余的存在，随放牧强度的增加，披碱草种群群落补偿和超补偿作用加强，就会增加种群数量和生物量，补偿放牧强度过高下群落的功能降低；另一方面，放牧强度的提高，披碱草被牦牛大量采食，为星星草和杂类草（下繁草）的生长发育创造了条件，使它们能够竞争到更多的阳光、水分和土壤养分，因而杂类草和星星草的地上现存量和比例有所增加，使上繁草生产性能的降低和下繁草生产性能的增加趋向于建立更加稳定的群落关系。

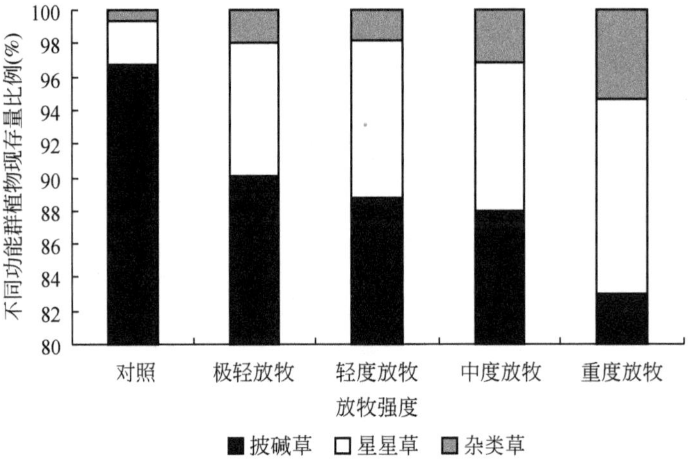

图 8-8　不同功能群植物地上现存量的百分比

8.2.3.3　地上生物量的动态变化

放牧不但改变草地的土壤环境，更重要的是减少了植物光合作用面积，导致营养物质生产和积累下降，从而影响地上生物量的形成（王仁忠等，1995a，1995b）。由表 8-10、表 8-11可以看出，2003 年和2004 年不同处理组的地上生物量开始阶段逐渐增加，之后逐渐下降，出现了“低—高—低”的变化趋势；而且随着放牧强度的增加，同一时期地上生物量减小；2003 年从7 月20 日开始、2004 年从8 月5 日开始至9 月20 日，不同放牧强度下同一时期的地上生物量差异显著（$P<0.05$）。2003 年，对照组和极轻放牧组的地上生物量在9 月5 日达到最大，分别为851.50 g/m^2 和634.96 g/m^2；轻度放牧组8 月20 日最大，为392.41 g/m^2；中度和重度放牧组7 月5 日就达到最大，分别为208.28 g/m^2 和180.68 g/m^2。2004 年，对照组、极轻放牧组、轻度放牧组和中度放牧组均在8 月5 日达到最大，分别为395.40 g/m^2、354.83 g/m^2、233.19 g/m^2 和199.12 g/m^2；重度放牧组7 月20 日最大，为112.30 g/m^2（表 8-10，表 8-11）。从地上生物量的动态变化来看，2004 年各放牧处理组均有一个峰值，而2003 年轻度放牧组出现了3 个峰值，对照组和中度放牧组有2 个峰值，其他处理组各有一个峰值，且峰值生物量随放牧强度的增加而减小。这与姚爱兴等（1998）在湖南南山牧场对不同放牧强度下黑麦草/白三叶混播草地第一性生产力的研究结果、胡民强等（1990）在四川红池坝对不同放牧强度下以红三叶为主的混播草地的研究结果，以及董世魁等（2004）在甘肃天祝县金强河地区对不同放牧强度

下多年生混播禾草草地初级生产力的研究结果一致。此外，从表 8-10、表 8-11 也可以看出，随着放牧时间的延续，试验中后期不同处理组的地上生物量之间差异显著（$P < 0.05$）。这一结果也与姚爱兴等（1998）在人工草地、董全民等（2004a）在高寒草甸以及王艳芬和汪诗平（1999a）在内蒙古典型草原上的结论一致。

表 8-10　不同放牧强度下 2003 年牧草生长季节地上生物量季节动态变化（单位：g/m^2）

处理	日期						
	6 月 20 日	7 月 5 日	7 月 20 日	8 月 5 日	8 月 20 日	9 月 5 日	9 月 20 日
对照	120. 50 ±10. 23	420. 50 ±29. 90	559. 78 ±45. 91a	830. 99 ±109. 23a	802. 22 ±110. 23a	851. 50 ±123. 98a	583. 01 ±79. 24a
极轻放牧	120. 52 ±15. 90	249. 50 ±10. 78	206. 62 ±21. 43b	531. 98 ±111. 21a	566. 32 ±198. 23a	634. 94 ±199. 99a	581. 68 ±110. 67a
轻度放牧	166. 12 ±23. 75	235. 36 ±23. 45	160. 8 ±19. 02b	246. 42 ±73. 12b	392. 41 ±39. 89a	264. 00 ±32. 09b	337. 98 ±89. 92a
中度放牧	147. 34 ±26. 89	208. 28 ±28. 56	120. 98 ±11. 03b	204. 42 ±46. 89b	190. 82 ±27. 98b	142. 24 ±23. 01b	125. 34 ±23. 90b
重度放牧	110. 50 ±19. 78	180. 68 ±23. 56	100. 74 ±9. 87b	91. 76 ±17. 45b	69. 94 ±17. 10c	37. 00 ±4. 98c	27. 62 ±3. 09c

注：在同一列中，小写字母相同者，差异不显著；小写字母不同者，差异显著

表 8-11　不同放牧强度下 2004 年牧草生长季节地上生物量季节动态变化（单位：g/m^2）

处理	日期						
	6 月 20 日	7 月 5 日	7 月 20 日	8 月 5 日	8 月 20 日	9 月 5 日	9 月 20 日
对照	116. 22 ±27. 23	272. 10 ±103. 45	329. 23 ±26. 23	395. 40 ±39. 64a	301. 73 ±101. 11a	278. 73 ±67. 32a	250. 20 ±39. 78a
极轻放牧	110. 51 ±21. 56	249. 73 ±23. 10	295. 62 ±12. 67	354. 83 ±34. 56a	245. 9 ±45. 12a	261. 23 ±78. 01a	234. 86 ±51. 01a
轻度放牧	129. 59 ±30. 12	200. 1 ±20. 76	220. 63 ±27. 23	223. 10 ±23. 78a	188. 20 ±32. 12a	184. 77 ±41. 90a	188. 63 ±19. 99a
中度放牧	120. 45 ±17. 23	136. 61 ±21. 09	164. 18 ±14. 29	199. 12 ±19. 38a	187. 23 ±27. 31a	86. 97 ±17. 91b	96. 03 ±15. 12b
重度放牧	107. 34 ±12. 89	79. 74 ±13. 67	112. 30 ±9. 99	76. 75 ±17. 52b	49. 48 ±9. 99b	43. 11 ±6. 54c	34. 18 ±2. 99c

注：在同一列中，小写字母相同者，差异不显著；小写字母不同者，差异显著

从年度变化来看，各放牧处理区 2003 年同一时期的地上生物量均高于 2004 年，这与在该地区 3 龄披碱草人工草地上地上生物量最大的结论相悖（王启基等，2004；史惠兰等，2005a，2005b），但与胡民强等关于（1990）红三叶人工草地上放牧第二年的产量比第一年低的结论一致。一方面，这可能与该地区 2004 年牧草生长季节连续阴雨有关（2004 年牧草生长季节的降水量较 2003 年高 100%，地温低 2 ~ 3℃），这也证实了地上生物量更易受降水和气温的影响（McNaughton，1985；Hunt and Nicholls，1986；Andren and Paustian，1987），同时，人工草地 - 牦牛放牧系统是一高输出的系统，如果输入（包括降

水、温度等自然因素以及施肥、灭鼠和灭除杂草等管理措施）不足，必然引起该系统的输出（地上生物量）减少；另一方面，放牧对草地植物影响的“滞后效应”（周立等，1995a，1995b），可能也与2004年比2003年地上生物量低有关。

8.2.3.4 地上平均生物量年度变化

随着放牧强度的增加，2003年和2004年牧草生长季节地上平均生物量下降，且不同处理组的地上平均生物量以及年度变化之间差异显著（$P<0.05$）（表8-12）。多重比较表明，2003年对照、极轻放牧和轻度放牧组的地上平均生物量之间、中度放牧和重度放牧组之间的差异不显著（$P>0.05$），但它们之间的差异显著（$P<0.05$）；2004年对照、极轻放牧、轻度放牧和中度放牧组之间的差异不显著（$P>0.05$），但它们与重度放牧组的差异显著（$P<0.05$）。对年度变化而言，2004年较2003年地上平均生物量低，除了放牧草地管理、施肥和气候因素外，还与放牧降低了披碱草在草地植被群落中的比例有关（董全民等，2005c）。在两个放牧季内，随着放牧强度的增加，各处理间地上平均生物量的差异扩大，地上平均生物量成倍地降低；2003年和2004年对照组地上平均生物量分别是607.96 g/m^2和250.20 g/m^2，而重度放牧组分别是88.30 g/m^2和71.84 g/m^2。这种差异虽然是2年的放牧经历和气候条件共同作用的结果，但就每个放牧季而言，在环境条件相同的情况下，不同放牧强度则是导致这种差异的主要原因（王艳芬和汪诗平，1999a）。

表8-12 不同放牧强度下牧草生长季节平均地上生物量年度变化 （单位：g/m^2）

时间	处理				
	对照	极轻放牧	轻度放牧	中度放牧	重度放牧
2003年	607.96±231.09 a	413.06±198.07 a	257.58±68.92 a	162.77±61.01 b	88.30±21.27 b
2004年	250.20±29.99 a	250.38±60.12 a	190.72±32.12 a	141.51±31.01 a	71.84±19.09 b
年度变化	−357.76±123.90 a	−162.68±61.09 a	−66.86±19.07 b	−21.26±6.00 b	−16.46±2.34 b

注：在同一行中，小写字母相同者，差异不显著；小写字母不同者，差异显著

8.2.3.5 不同时期地上生物量与放牧强度之间的关系

从表8-13可以看出，除了2003年7月5日和8月5日以及2004年6月20日地上生物量与放牧强度呈极显著的二次回归关系外，其他各时间地上生物量与放牧强度均呈极显著的线性回归关系。在6月20日~7月5日，由于牦牛的采食，导致地上生物量下降；然而当放牧强度逐渐增加至4.33头/hm^2时，牦牛的采食转而刺激牧草快速生长，以补偿牦牛采食的损失，因而地上生物量逐渐增加。在7月5日~7月20日，尽管牧草的生长和补偿性生长能在一定程度上补偿生物量降低的损失，但该种补偿已不能满足牦牛的采食需求，它只能是一种功能上的组分冗余（张荣和杜国祯，1998），因而表现为随放牧强度的增加，地上生物量降低。在7月20日~8月5日，在对照、极轻和轻度放牧下，披碱草、星星草和当地的早熟禾植物进入孕穗期，植物的同化系统（叶）和非同化系统（茎、叶鞘等）的生长均趋于缓慢，地上生物量减小；中度和重度放牧下，牦牛不但采食同化系统，也不得不采食非同

化系统，这导致植物无法进行孕穗以及种子生产，但由于植物的补偿和超补偿性生长，植物体同化系统的更新加快，地上生物量增加。8 月 5 日 ~9 月 20 日，由于气温逐渐下降和光照逐渐减弱，植物生长趋于缓慢，因而随放牧强度的增加，地上生物量逐渐下降。2004 年，从试验一开始，由于 2003 年不同放牧强度的影响，对照、极轻和轻度放牧组植物表现出明显的补偿和超补偿性生长特性，但当放牧强度增加至 5.61 头/hm^2 时，补偿和超补偿作用减弱，同时由于牦牛对牧草的采食强度增加，地上生物量逐渐下降。从 7 月 5 日开始，随着放牧强度的增加，地上生物量呈下降趋势。这说明经过第一年的放牧后，放牧的“滞后效应”已经对植物的生长产生明显影响，而且放牧时间越长，这种效果将越明显（周立等，1995a，1995b）。

表 8-13　地上生物量与放牧强度之间的简单回归关系

年份	时间	回归方程 $y = ax^2 + bx + c$（$a \geq 0$）			相关系数	显著水平	拐点对应放牧强度（头/hm^2）
		a	b	c			
2003	7月5日	19.561	-169.45	552.05	0.9167	<0.01	4.33
	7月20日	0	-100.37	530.9	-0.8403	<0.01	—
	8月5日	44.019	-444.71	1231.1	0.9862	<0.01	5.05
	8月20日	0	-184.01	956.36	-0.9948	<0.01	—
	9月5日	0	-212.17	1022.4	-0.9738	<0.01	—
	9月20日	0	-156.71	801.26	-0.9705	<0.01	—
2004	6月20日	-3.0729	17.655	97.658	0.8516	<0.01	5.61
	7月5日	0	-49.784	337.01	-0.9880	<0.01	—
	7月20日	0	-56.53	393.98	-0.9951	<0.01	—
	8月5日	0	-79.301	487.74	-0.9802	<0.01	—
	8月20日	0	-56.317	363.46	-0.9484	<0.01	—
	9月5日	0	-64.55	364.61	-0.9804	<0.01	—
	9月20日	0	-57.087	332.04	-0.9722	<0.01	—

注：x 表示放牧强度，y 为地上生物量

8.2.3.6　地上平均生物量与放牧强度之间的关系

在 2003 年和 2004 年两个放牧季内，牧草生长季节的地上平均生物量与牦牛放牧强度均呈极显著的线性回归关系（表 8-14）。

表 8-14　地上平均生物量与放牧强度之间的简单回归关系

年份	回归方程 $y = a - bx$（$a > 0$）		相关系数	显著水平
	a	b		
2003	563.93	48.847	-0.9813	<0.01
2004	273.98	17.616	-0.9665	<0.01

注：x 表示放牧强度，y 为地上生物量

8.3 放牧对牧草品质的影响

放牧季节牧草营养成分的变化是进行合理放牧管理的基本信息，在草地资源管理上已成为一种相当重要的工具（McInnis et al., 1983），这些信息可以给放牧管理者提供有关放牧家畜营养摄入量的估测以及不同放牧家畜潜在的资源竞争状况（汪诗平，1998）。放牧草场各种植物的比例和同一种植物不同的物候期以及放牧家畜的选择性采食，使这些植物在生长期的协同进化过程中形成各自不同的生长发育节律，在时间上形成物候期的相互交错，因而不同的植物结构产生了不同的营养等级（Stebbins, 1981）。然而，由于放牧家畜对植物利用的最优理论，即放牧家畜对不同植物不同时期的采食（Painter et al., 1989），导致不同放牧强度下牧草营养成分的变化。然而，尽管有些学者（谢敖云等，1997a，1997b；汪诗平和李永宏，1997；王艳芬和汪诗平，1999b）对高寒草甸牧草产量及营养成分的变化以及不同放牧率下内蒙古典型草原牧草营养成分的变化进行了研究，但有关不同放牧强度下高寒人工草地牧草营养成分的动态变化还未见报道。

8.3.1 放牧对牧草总能和各营养成分的影响

8.3.1.1 放牧对牧草总能的影响

不同放牧强度下牧草总能的动态变化见表8-15。方差分析表明：放牧时间对各放牧区牧草总能的影响不显著（$P>0.05$），而放牧强度对各放牧区牧草总能的影响极显著（$P<0.01$）（表8-16）。进一步做新复极差检验，对照、极轻、轻度和中度放牧区牧草的总能极显著地高于重度放牧区（$P<0.01$），而对照和极轻放牧区、轻度和中度放牧区牧草总能之间的差异不显著（$P>0.05$），但它们之间的差异显著（$P<0.05$）。

表8-15 不同放牧强度下牧草总能及营养因子含量的动态变化

总能及营养因子	时间	对照	极轻放牧	轻度放牧	中度放牧	重度放牧
总能（MJ/g）	7月5日	21.43Aa	21.80Aa	22.24Ab	21.35Ab	21.04B
	7月20日	21.97Aa	21.98Aa	21.46Ab	21.76Ab	21.14B
	8月5日	22.30Aa	22.35Aa	21.68Ab	21.98Ab	21.25B
	8月20日	22.50Aa	21.89Aa	21.84Ab	21.53Ab	21.09B
	9月5日	21.85Aa	21.72Aa	21.93Ab	21.64Ab	20.79B
	9月20日	21.16Aa	21.68Aa	21.29Ab	21.97Ab	20.73B
粗蛋白（%）	7月5日	9.12Ba	10.57Ba	13.57Bb	9.43Ba	9.82Ba
	7月20日	10.68Aa	13.26Aa	14.65Aa	16.12Ab	12.88Aa
	8月5日	10.24Ba	7.78Ba	9.65Ba	8.24Ba	14.81Bc
	8月20日	6.88Cd	6.75Cd	9.64Cc	8.52Cd	9.30Cc
	9月5日	6.310Cd	5.850Cd	9.300Cc	6.340Cd	9.130Cc
	9月20日	5.510Cd	4.930Cd	8.240Cc	5.930Cd	7.270Cc

续表

总能及营养因子	时间	对照	极轻放牧	轻度放牧	中度放牧	重度放牧
粗脂肪（%）	7 月 5 日	5.840	4.030	4.090	3.240	4.430
	7 月 20 日	6.280	4.570	5.390	3.420	4.210
	8 月 5 日	4.690	4.830	5.260	3.660	4.200
	8 月 20 日	3.960	4.240	3.920	5.080	5.000
	9 月 5 日	3.410	4.180	4.120	3.460	6.490
	9 月 20 日	3.320	3.490	2.870	3.760	3.670
粗纤维（%）	7 月 5 日	19.340A	22.590A	25.000A	26.970A	22.500A
	7 月 20 日	23.500Bb	22.830Bb	26.460Bb	28.090Bb	28.430Bb
	8 月 5 日	26.910Bc	26.040Bc	30.480Bc	26.250Bc	32.940Bc
	8 月 20 日	28.910Bc	29.560Bc	30.740Bc	27.720Bc	31.460Bc
	9 月 5 日	31.720Bc	32.200Bc	31.290Bc	33.230Bc	31.770Bc
	9 月 20 日	39.150C	34.290C	34.250C	33.750C	33.300C
粗灰分（%）	7 月 5 日	5.810Aa	6.870Ab	9.030B	4.660C	7.160D
	7 月 20 日	6.920Aa	7.400Ab	9.370B	5.900C	8.230D
	8 月 5 日	8.050Aa	6.180Ab	12.560B	4.820C	11.400D
	8 月 20 日	10.060Aa	6.000Ab	12.850B	4.760C	6.020D
	9 月 5 日	9.230Aa	5.260Ab	13.400B	3.590C	5.870D
	9 月 20 日	4.600Aa	3.090Ab	9.860B	3.700C	4.950D
钙（%）	7 月 5 日	1.140Aa	1.310Aa	1.630Aa	0.836Aa	1.320Aa
	7 月 20 日	1.480B	1.640B	1.740B	1.820B	1.340B
	8 月 5 日	1.070Ab	1.520Ab	1.190Ab	1.940Ab	1.300Ab
	8 月 20 日	1.120Ab	1.330Ab	1.030Ab	1.220Ab	1.410Ab
	9 月 5 日	1.230C	1.150C	0.900C	1.320C	1.120C
	9 月 20 日	0.850Ac	1.140Ac	0.710Ac	1.020Ac	1.050Ac
磷（%）	7 月 5 日	0.069Aa	0.067Aa	0.063Aa	0.079Ab	0.086Ab
	7 月 20 日	0.068Aa	0.091Ab	0.066Aa	0.092Ab	0.089Ab
	8 月 5 日	0.075Bb	0.053Bb	0.072Bb	0.054Bb	0.099Ba
	8 月 20 日	0.044Cc	0.037Cc	0.049Cc	0.051Cc	0.072Ca
	9 月 5 日	0.036Cc	0.047Cc	0.034Cc	0.043Cc	0.071Ca
	9 月 20 日	0.039Cc	0.069Cd	0.060Cd	0.054Cc	0.050Cc

注：对牧草总能和各营养成分而言，同一列或同一行大写字母不同者为差异极显著（$P<0.01$），小写字母不同者为差异显著（$P<0.05$），大小写字母相同者为差异不显著（$P>0.05$）

表 8-16　放牧强度和放牧时间对牧草总能和营养因子含量的影响

总能及营养因子	影响因子	平方和	自由度	*F* 值	*F* 临界值	*P* 值	显著性检验
总能	放牧时间	0.316 9	5	0.625 7	2.710 9	0.682 1	ns
	放牧强度	3.385 7	4	8.356 6	2.866 1	0.000 4	**
粗蛋白	放牧时间	162.655 2	5	12.115 7	2.710 9	0.000 017	**
	放牧强度	37.627 1	4	3.503 5	2.866 1	0.025 4	*
粗脂肪	放牧时间	7.404 9	5	2.865 8	2.710 9	0.479 1	ns
	放牧强度	3.120 4	4	1.193 5	2.866 1	0.087 2	ns
粗纤维	放牧时间	435.063 3	5	15.221 1	2.710 9	0.000 003	**
	放牧强度	20.725 3	4	0.906 4	2.866 1	0.479 1	ns
粗灰分	放牧时间	32.509 2	5	2.590 4	2.710 9	0.058 0	ns
	放牧强度	148.477 3	4	14.788 5	2.866 1	0.000 09	**
钙	放牧时间	1.251 7	5	4.153 5	2.710 9	0.009 5	**
	放牧强度	0.253 3	4	1.050 8	2.866 1	0.406 3	ns
磷	放牧时间	0.004 9	5	7.793 8	2.710 9	0.000 5	**
	放牧强度	0.001 9	4	3.598 2	2.866 1	0.022 9	*

注：ns 为差异不显著（$P>0.05$）；* 差异显著（$P<0.05$）；** 差异极显著（$P<0.01$），后同

8.3.1.2　放牧对粗蛋白含量的影响

不同放牧强度下牧草粗蛋白随放牧时间的动态变化见表 8-15。方差分析表明：放牧时间对各放牧区牧草粗蛋白含量的影响极显著（$P<0.01$），而放牧强度对各放牧区牧草粗蛋白含量的影响显著（$P<0.05$）（表 8-16）。进一步做新复极差检验，7 月 20 日各放牧区（除重度放牧）粗蛋白的含量极显著地高于其他任何时间，7 月 5 日和 8 月 5 日各放牧区粗蛋白的含量极显著地高于 8 月 20 日、9 月 5 日和 9 月 20 日。另外，7 月 5 日轻度放牧区牧草粗蛋白的含量显著高于其他各放牧区（包括对照）（$P<0.05$），而其他放牧区之间的差异不显著（$P>0.05$）；7 月 20 日中度放牧区显著高于其他各放牧区（$P<0.05$），但其他放牧区之间的差异不显著（$P>0.05$）；8 月 5 日重度放牧区显著高于其他各放牧区（$P<0.05$），但其他处理之间的差异不显著（$P>0.05$）；8 月 20 日、9 月 5 日和 9 月 20 日对照、极轻和重度放牧区之间、轻度和重度放牧区之间的差异均不显著（$P>0.05$），而它们之间的差异显著（$P<0.05$）（表 8-15）。

8.3.1.3　粗脂肪的变化

不同放牧强度下牧草粗脂肪随放牧时间的动态变化见表 8-15。对照区粗脂肪含量的最大值出现在 7 月 20 日，而极轻和轻度放牧区出现在 8 月 5 日；中度放牧区的最大值出现在 8 月 20 日，重度放牧区出现在 9 月 5 日。可见随放牧强度的逐渐增加，各放牧区（包括对照）牧草粗脂肪最大峰值出现的日期依次推迟，这是放牧牦牛对各处理区牧草采食强度的差异造成的。方差分析表明：放牧强度和放牧时间对各放牧区牧草粗蛋白含量的影响

均不显著（$P<0.01$）（表8-16）。不同放牧强度下，7月5日和7月20日粗脂肪含量的最大值均出现在对照区，最小值均出现在中度放牧区；8月5日最大值出现在轻度放牧区，最小值在中度放牧区，而8月20日的变化与8月5日相反；9月5日和9月20日的最大值分别出现在重度和中度放牧区，而最小值均在对照区（表8-15）。

8.3.1.4　粗纤维的变化

不同放牧强度下牧草粗纤维随放牧时间的动态变化见表8-15。随放牧时间的延续，对照、极轻和轻度放牧区牧草的粗纤维含量呈增加趋势，而中度和重度放牧区第一个最大值均出现在9月20日，另一最大值分别出现在7月20日和8月5日。方差分析表明：放牧时间对各放牧区牧草粗纤维含量的影响极显著（$P<0.01$），而放牧强度对各放牧区牧草粗蛋白含量的影响不显著（$P>0.05$）（表8-16）。进一步做新复极差检验，9月20日各放牧区（包括对照）牧草粗纤维的含量极显著地高于其他任何时间（$P<0.01$），7月20日、8月5日、8月20日和9月5日各放牧区（包括对照）牧草粗纤维的含量极显著地高于7月5日（$P<0.01$）；8月5日、8月20日和9月5日各放牧区牧草粗纤维含量之间的差异不显著（$P>0.05$），但它们和7月20日各放牧区的差异显著（$P<0.05$）（表8-15）。

8.3.1.5　粗灰分的变化

不同放牧强度下牧草粗灰分含量随放牧时间的动态变化见表8-15。随放牧时间的延续，对照和极轻放牧区牧草粗灰分含量的最大值均出现在8月20日，最小值均在9月20日，轻度、中度和重度放牧的最大值分别出现在9月5日、7月20日和8月5日，整个放牧期牧草粗灰分含量均在轻度放牧区最大（表8-15）。方差分析表明：放牧时间对各放牧区牧草粗纤维含量的影响不显著（$P>0.05$），而放牧强度对各放牧区牧草粗灰分含量的影响极显著（$P<0.01$）（表8-16）。进一步做新复极差检验，对照和极轻放牧区牧草粗灰分含量之间的差异显著（$P<0.05$），它们与其他放牧区之间的差异极显著（$P<0.01$），而且轻度、中度和重度放牧之间的差异也极显著（$P<0.01$）（表8-15）。

8.3.1.6　钙、磷含量的变化

不同放牧强度下牧草钙、磷含量随放牧时间的动态变化见表8-15。随放牧时间的延续，对照、极轻和轻度放牧区牧草钙含量的最大值均出现在7月20日，而中度和重度放牧的两个最大峰值分别出现在8月5日和8月20日。各放牧区牧草磷的含量（包括对照）随放牧时间的变化趋势与钙有所不同，重度放牧区牧草磷含量的最大值出现在8月5日，其他放牧区（包括对照）牧草磷含量的最大峰值依次出现在8月5日、7月20日、8月5日和7月20日，且各放牧区9月20日牧草磷的含量比9月5日均有所增加。方差分析表明：放牧时间对各放牧区牧草钙和磷含量的影响极显著（$P<0.01$），而放牧强度对各放牧区牧草钙含量的影响不显著（$P>0.05$），但对各放牧区牧草磷含量的影响显著（$P<0.05$）（表8-16）。进一步对其分别做新复极差检验，7月20日与9月5日各放牧区（包括对照）牧草钙含量之间的差异极显著（$P<0.01$），而且它们与其他时间各放牧区（包括对照）牧草钙含量之间的差异也极显著（$P<0.01$）；8月5日和8月20日各放牧区

（包括对照）牧草钙含量之间的差异不显著（$P>0.05$），但它们与7月5日和9月20日牧草钙含量之间的差异显著（$P<0.05$），而且7月5日和9月20日牧草钙含量之间的差异也显著（$P<0.05$）。对磷的含量而言，8月20日、9月5日和9月20日各放牧区（包括对照）与其他时间各放牧区（包括对照）牧草磷含量之间的差异极显著（$P<0.01$），且8月5日各放牧区（包括对照）与7月5日和7月20日各放牧区（包括对照）牧草磷含量之间的差异也极显著（$P<0.01$）；在7月5日，对照、极轻和轻度放牧区、中度和重度放牧区牧草磷的含量之间的差异均不显著（$P>0.05$），但它们相互之间的差异显著（$P<0.05$）；在7月20日，对照和轻度放牧区之间、极轻、中度和重度放牧区之间的差异均不显著（$P>0.05$），但它们之间的差异显著（$P<0.05$）；在8月5日、8月20日和9月5日，对照、极轻、轻度和重度放牧区之间的差异不显著（$P>0.05$），但它们与重度放牧区之间的差异显著（$P<0.05$）；在9月20日，对照、中度和重度放牧区之间、极轻和轻度放牧之间的差异均不显著（$P>0.05$），但它们之间的差异显著（$P<0.05$）（表8-15）。

8.3.1.7 牧草总能和平均营养因子含量之间的相关关系

从表8-17看出，不同放牧强度下牧草粗蛋白和粗纤维含量之间呈极显著的负相关（$P<0.01$），与粗灰分之间分别呈显著的负相关和正相关（$P<0.05$）；总能和磷的含量之间呈之间呈极显著的负相关（$P<0.01$），与粗蛋白和粗纤维之间呈显著负相关（$P<0.05$）；粗脂肪和粗灰分与钙之间呈显著负相关（$P<0.05$），粗纤维和磷、粗灰分之间均呈显著正相关（$P<0.05$），其他各因子之间的相关不显著（$P>0.05$）。

表8-17 牧草总能和各营养因子平均含量相互之间的简单相关系数

类别	总能	粗蛋白	粗脂肪	粗纤维	粗灰分	钙	磷
总能	1						
粗蛋白	-0.603*	1					
粗脂肪	-0.280	0.171	1				
粗纤维	-0.756*	-0.898**	0.034	1			
粗灰分	0.039	0.678*	0.443	0.358	1		
钙	-0.235	-0.118	-0.686*	0.003	-0.644*	1	
磷	-0.977**	0.423	0.296	0.603*	-0.201	0.308	1

8.3.2 放牧对牦牛干物质采食量及其表观消化率的影响

由于放牧家畜的营养需要受许多因素的影响，如日粮组成、各种植物的比例和同一种植物不同的物候期等，加之放牧家畜的选择性采食以及采食量难以确定等，故放牧家畜的营养需要在许多方面不同于舍饲家畜（汪诗平，1998）。毕西潮等（1997）研究了不同草场类型青草期牦牛瘤胃的消化代谢，刘书杰等（1997）、薛白等（2004）对放牧条件下生长牦牛的采食量进行了研究，但这些研究均局限于某一时间点，缺乏时间段的动态研究。

龙瑞军（1995）通过对高山草原放牧牦牛血清中几种营养代谢物的季节动态研究，发现牦牛在高山草原放牧饲养条件下，生产能力和营养状况依附于气候和草地牧草产量的季节波动呈现相应的变动。尽管有些学者对不同放牧率下牧草产量及其品质的变化做了研究（王艳芬和汪诗平，1999b），但不同放牧率下家畜采食量及牧草营养成分的变化报道不多（汪诗平和李永宏，1997），有关不同放牧强度及放牧时期牦牛的干物质采食量及其表观消化率的动态变化还未见报道。

8.3.2.1 放牧对牦牛干物质采食量的影响

从表8-18可以看出，在放牧期间，牦牛干物质的采食量随放牧强度的增加而减小，而且随放牧时间的延续，各放牧小区牦牛的干物质采食量均在8月5日~8月20日达到最大；但极轻和轻度放牧区牦牛采食量的最小值出现在放牧开始阶段（6月20~7月5日），而中度和重度放牧区出现在放牧结束阶段（9月5~20日）。方差分析表明：放牧强度和放牧时间对牦牛采食量均有极显著的影响（$P<0.01$）（表8-19）。进一步做新复极差检验，在放牧期内，极轻、轻度和中度放牧区牦牛采食量极显著地高于重度放牧区，而且在7月5日~7月20日、7月20日~8月5日和8月20日~9月5日极轻、轻度和中度放牧区牦牛采食量之间的差异显著（$P<0.05$）；在6月20日~7月5日、8月5日~8月20日和9月5日~9月20日，轻度和中度放牧区之间的差异不显著（$P>0.05$），但它们与极轻放牧区之间的差异显著。对放牧时间而言，在极轻和中度放牧下，8月5日~8月20日牦牛的采食量极显著地高于其他时间（$P<0.01$），其他时间内牦牛采食量之间的差异不显著（$P>0.05$）；在轻度放牧下，6月20日~7月5日和9月5日~9月20日牦牛采食量之间、其他放牧时间牦牛采食量之间的差异均不显著（$P>0.05$），但它们相互之间的差异显著（$P<0.05$）；在重度放牧下，8月5日~8月20日牦牛的采食量显著高于其他放牧时间（$P<0.05$），但其他放牧时间牦牛采食量之间的差异不显著（$P>0.05$）。

表8-18 不同放牧强度下牦牛干物质采食量的动态变化 [单位：kg/(头·d)]

放牧处理	放牧时间（月．日）					
	6.20~7.5	7.5~7.20	7.20~8.5	8.5~8.20	8.20~9.5	9.5~9.20
极轻放牧	6.72Aa	7.14Aa	7.23Aa	7.53Bb	6.9Aa	6.75Aa
轻度放牧	5.94Ab	6.36Ac	6.42Ac	6.63Bc	6.33Ab	6.03Ac
中度放牧	5.34Ab	5.94Ab	5.67Ab	6.45Bc	5.73Ab	5.1Ab
重度放牧	4.14Cb	4.35Cb	4.29Cb	4.68Cc	4.47Cb	4.11Cb

注：同一行或列中大写字母不同者为差异极显著（$P<0.01$），小写字母不同者为差异显著（$P<0.05$）

表8-19 放牧强度和时间对牦牛干物质采食量的影响

影响因子	平方和	自由度	F值	F临界值	P值	显著性
放牧强度	23.5093	3	263.4318	3.2874	<0.0001	**
放牧时间	1.7142	5	11.5253	2.9013	0.0001	**

8.3.2.2 不同放牧强度下牧草干物质消化率的动态变化

牦牛粪干物质的动态变化见表8-20。方差分析表明：放牧强度对牦牛粪干物质的影响极显著（$P<0.01$），而放牧时间（季节变化）对它的影响不显著（$P>0.05$）（表8-21）。进一步做新复极差检验，极轻、轻度和中度放牧区在任一时间段的牦牛粪干物质均显著高于重度放牧（$P<0.01$），而且极轻、轻度和中度放牧区在任一时间段的牦牛粪干物质之间的差异显著（$P<0.05$）。

表8-20 不同放牧强度下牦牛粪干物质的动态变化 [单位：kg/(头·d)]

放牧处理	放牧时间（月．日）					
	6.20~7.5	7.5~7.20	7.20~8.5	8.5~8.20	8.20~9.5	9.5~9.20
极轻放牧	2.25Aa	2.28Aa	1.92Aa	2.25Aa	2.25Aa	2.35Aa
轻度放牧	2.17Ab	2.01Ab	1.73Ab	1.98Ab	1.97Ab	2.21Ab
中度放牧	1.93Ac	2.21Ac	2.05Ac	2.23Ac	1.75Ac	2.01Ac
重度放牧	1.84B	1.75B	1.63B	1.71B	1.48B	1.69B

注：同一行或列中大写字母不同者为差异极显著（$P<0.01$），小写字母不同者为差异显著（$P<0.05$）

表8-21 放牧强度和时间对牦牛粪干物质的影响

影响因子	平方和	自由度	F值	F临界值	P值	显著性
放牧强度	0.8938	3	17.1608	3.2874	<0.0001	**
放牧时间	0.2332	5	2.6862	2.9013	0.0631	ns

牦牛干物质消化率的动态变化见表8-22。在极轻和轻度放牧区牦牛干物质的消化率均在7月20日~8月5日达到最大，而中度和重度放牧区在8月20日~9月5日达到最大。方差分析表明：放牧强度和放牧时间对牦牛干物质消化率的影响均达到极显著水平（$P<0.01$）（表8-23）。进一步做新复极差检验，极轻、轻度放牧下，7月20日~8月5日和8月5~20日牦牛干物质消化率之间、其他放牧时间牦牛干物质消化率之间的差异均不显著（$P>0.05$），但它们相互之间的差异显著（$P<0.05$）；在中度放牧下，8月20日~9月5日牦牛干物质的消化率极显著地高于其他放牧时间（$P<0.05$）；在重度放牧下，7月20日~8月5日、8月5~20日和8月20日~9月5日牦牛干物质的消化率之间、其他放牧时间之间的差异不显著（$P>0.05$），但它们相互之间的差异极显著（$P<0.01$）。

表8-22 不同放牧强度下牦牛干物质消化率的动态变化 （单位：%）

放牧处理	放牧时间（月．日）					
	6.20~7.5	7.5~7.20	7.20~8.5	8.5~8.20	8.20~9.5	9.5~9.20
极轻放牧	66.61Aa	68.41Aa	73.13Bb	70.13Bb	67.41Aa	65.11Aa
轻度放牧	63.52Aa	68.47Aa	73.11Bb	70.14Bb	67.44Aa	65.13Aa
中度放牧	62.11Bc	62.83Bc	63.84Ba	65.41Ba	69.43Ab	62.41Ba
重度放牧	55.61Cc	59.82Cc	62.12Aa	63.51Aa	66.92Aa	58.91Cc

注：同一行或列中大写字母不同者为差异极显著（$P<0.01$），小写字母不同者为差异显著（$P<0.05$）

表 8-23　放牧强度和时间对牦牛干物质消化率的影响

影响因子	平方和	自由度	*F* 值	*F* 临界值	*P* 值	显著性
放牧强度	0.0211	3	13.7440	3.2874	0.0001	**
放牧时间	0.0138	5	5.4228	2.9013	0.0050	**

8.4　放牧对植物多样性的影响

近年来，生物多样性的保护已受到全世界的关注，成为当今生态学研究的三大热点之一。放牧是草地群落最重要的人为干扰因子之一，因此有关草地群落植物多样性及其与放牧间的关系，国外已有大量的研究（Collins，1987；Collins and Knapp，1998；Milchunas et al.，1988；Noy-meir，1989；West，1993；Jorge et al.，2003；Karen et al.，2004；Krzic et al.，2005），国内在这方面也有系统的研究，但多数是选择基本同质的群落类型按照放牧干扰梯度的空间系列变化来替代时间系列上的变化，以研究不同放牧强度对草地植物多样性的影响（李永宏，1993，李永宏和陈佐忠，1995；杨持和叶波，1995；王仁忠，1997；杨利民和李建东，1999；杨利民等，2001），在时间系列上通过定量的放牧试验研究较少，特别是对高寒草甸上不同放牧强度和放牧方式下植物多样性变化规律的研究更少（董全民等，2005b；Zhou et al.，2005）。

8.4.1　放牧对高寒草甸天然草地植物多样性的影响

8.4.1.1　暖季草场群落物种多样性的变化

群落的物种丰富度及多样性是群落的重要特征，放牧及其他干扰对群落结构影响的研究都离不开物种多样性问题（汪诗平等，2001；王正文等，2002）。α 多样性是对一个群落内物种分布的数量和均匀程度的测量指标，是生物群落在组成、结构、功能和动态方面表现出的差异，反映各物种对环境的适应能力和对资源的利用能力（汪诗平等，2001；杨利民等，2001；董全民等，2005b）。从图 8-9 可以看出，不同放牧强度下 α 多样性指数的变化不同。物种丰富度指数（*S* 和 Ma）表明群落中物种的多少。本试验中，经过两年的放牧，对照草地丰富度最低，中度放牧最高，不同放牧强度下草地的物种丰富度指数排序为：对照 < 轻度放牧 < 重度放牧 < 中度放牧 [图 8-9（a），图 8-9（b）]。均匀度反映各群落中物种分布的均匀程度。在不同放牧强度下，对照组草地的均匀度最低（0.7102），中度放牧地的均匀度最高（0.8688）[图 8-9（e）]。优势度反映的趋势与多样性指数和均匀度指数相反。对照草地的优势度最大（0.7892），其排序为：对照 > 轻度放牧 > 重度放牧 > 中度放牧 [图 8-9（f）]。多样性指数（*D* 和 *H*）是物种水平上多样性和异质性程度的度量，能综合反映群落物种丰富度和均匀度的总和（汪诗平等，2001；江小蕾等，2003；岳东霞和惠苍，2004），因此必然与物种丰富度和均匀度的度量结果有一定程度的差异多样性，但本试验中它们总的变化趋势是一致的 [图 8-9

(c)，图 8-9 (d)]。

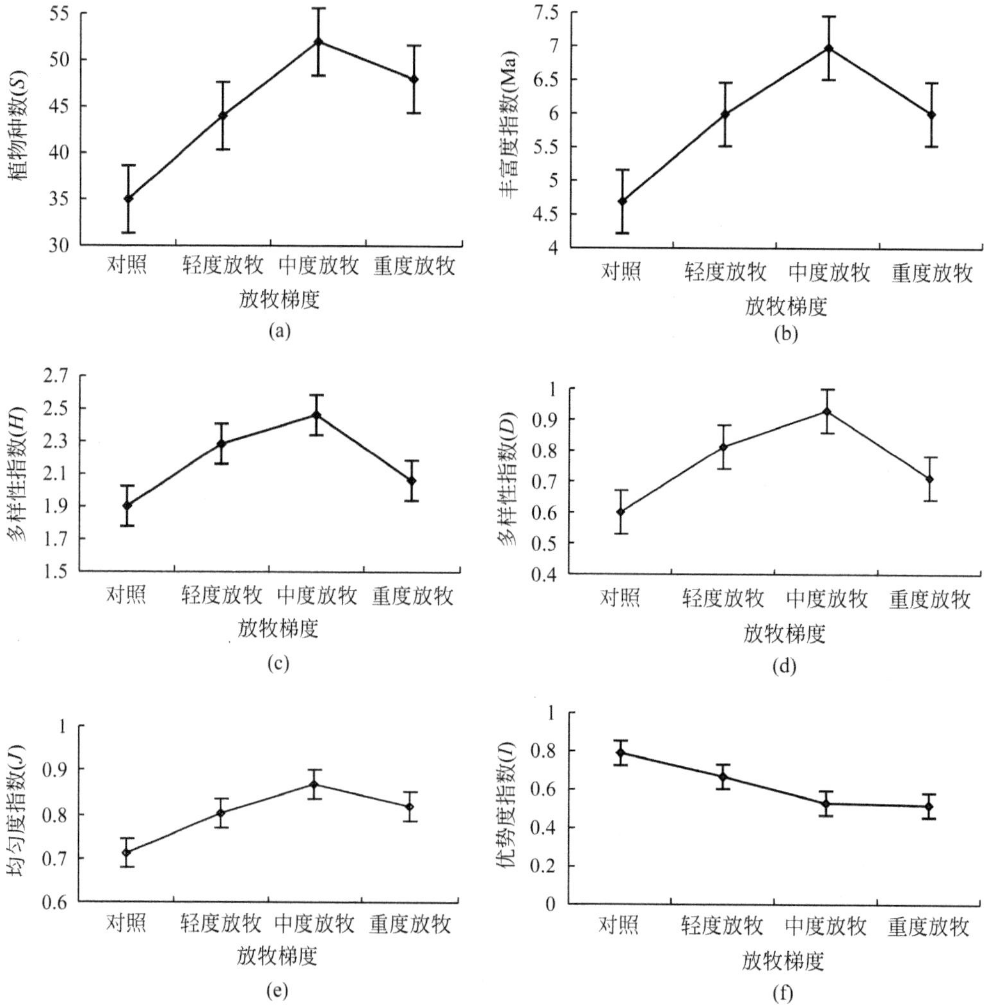

图 8-9　不同放牧强度对高寒草甸群落物种多样性的影响

8.4.1.2　冷季草场群落物种多样性的变化

不同放牧强度下冬季草场群落的多样性指数和均匀度指数的变化见表 8-24。植物群落的多样性指数在各年度的变化趋势一致：中度放牧 > 轻度放牧 > 重度放牧 > 对照；均匀度反映各群落中物种分布的均匀程度，第一年中度放牧最大，重度放牧时最小，而第二年轻度放牧最大，对照最小，中度放牧和重度放牧处于二者中间。而组成群落的物种数在中牧最大，对照最小。优势度反映的趋势与多样性指数和均匀度指数相反，对照草地的优势度最大，其排序为：对照 > 轻度放牧 > 重度放牧 > 中度放牧。

表 8-24　不同放牧强度下冷季草场植物群落多样性指数和均匀度指数的变化

放牧处理	时间	种数（种）	多样性指数（H）	均匀度指数（J）	优势度指数（I）
轻度放牧	第一年	54	5.1534	5.1534	0.7623
	第二年	48	5.2896	5.2896	0.7496
中度放牧	第一年	49	5.1662	5.1162	0.6241
	第二年	60	6.3415	6.3415	0.6012
重度放牧	第一年	46	4.7800	4.7800	0.4221
	第二年	57	5.2697	5.2697	0.4018
对照	第一年	28	4.4103	4.4103	0.8536
	第二年	46	4.9096	4.9096	0.8662

8.4.1.3　放牧强度与植物种多样性之间的关系

经回归分析，在暖季草场，放牧强度与植物群落多样性指数、均匀度指数呈极显著的正相关关系（$r=0.9840$，$P<0.01$；$r=0.9986$，$P<0.01$），与植物群落组成种的种数呈显著的负相关关系（$r=-0.8660$，$P<0.05$）（表 8-25）。这一结果与刘季科等（1991）在夏季草场的试验结论不完全相同，他们认为放牧强度与植物群落多样性指数、均匀度指数和植物群落组成种的种数均之间存在显著的正相关关系。在冷季草场，放牧强度与植物群落多样性指数、均匀度指数和植物群落组成种的种数均呈显著的二次关系（表 8-25），这一结论可以用张荣和杜国祯（1998）的“内禀冗余”的原理得到很好的解释。因为构成内禀冗余的植物（毒杂草）虽不能被牦牛所采食，但一些植物可被其他动物所利用，这对草地群落的生物多样性和均匀度有重要作用。由于内禀冗余的存在，当可食植物群落在放牧强度加重的情况下，补偿和超补偿作用加强，就会增加种群数量和生物量，补偿放牧强度过高下群落的功能降低。但当放牧强度分别为 2.3、2.4 和 2.5 时，植物群落组成种的种数、植物群落多样性指数和均匀度指数依次达到最大，然后开始减小。这说明内禀冗余是有条件的，在高寒草甸冬季草场，当放牧强度增加到一定程度时，内禀冗余对草地植物群落多样性指数、均匀度指数和植物群落组成种的种数的维持和调节作用减弱，组分冗余作用加强，植物群落的结构发生变化，稳定性下降。

表 8-25　放牧强度与植物种多样性之间的关系

草场	指数	回归方程	相关系数	P
冷季草场	植物种数	$y=-12.25x^2+57.55x-8.75$	0.9940（R^2）	<0.001
	均匀度指数	$y=-0.0172x^2+0.0874x+0.8081$	0.9077（R^2）	<0.05
	多样性指数	$y=-0.3164x^2+1.742x+3.1763$	0.8876（R^2）	<0.05
暖季草场	植物种数	$y=0.1753x+4.8633$	0.9920	<0.001
	均匀度指数	$y=0.0347x+0.8975$	0.9993	<0.001
	多样性指数	$y=-x+46.667$	-0.9305	<0.05

另外，相关分析表明，不同放牧强度下群落多样性指数（*D* 和 *H*）与丰富度指数（Ma）呈极显著的正相关（$P<0.01$），与优势度指数（*I*）呈极显著的负相关（$P<0.01$），与均匀度指数（*J*）呈显著的正相关（$P<0.05$）。

8.4.2 放牧对高寒人工草地植物多样性的影响

放牧对人工草地植物群落组成和生物多样性的影响，国内外学者已有较多的研究报道（胡民强等，1990；蒋文兰和李向林，1993；夏景新，1993；王刚等，1995；王淑强等，1996；McKenzie，1996，1997；姚爱兴等，1997；Hume and Brock，1997；王德利等，2003；董世魁等，2004），但这些报道多集中于对温带和亚热带地区白三叶、红三叶和多年生黑麦草草地的研究，有关放牧强度对青藏高原高寒人工草地群落特征和多样性的研究很少（董世魁等，2002，2004；董全民等，2006a，2006b）。

8.4.2.1 放牧强度对群落物种组成和植物种重要值的影响

表 8-26 可以看出，经过连续三个放牧季的放牧，各放牧区草地植物群落组成的变化较大，轻度放牧的物种数最多（34 种），比较极轻放牧和中度放牧区分别增加 4 种和 6 种，比对照和重度放牧区分别多 10 种和 11 种。随放牧强度的增加，垂穗披碱草的重要值降低，而星星草则增大，极轻放牧、轻度放牧、中度放牧和重度放牧区内垂穗披碱草的重要值比对照分别下降 16.7%、16.8%、19.0% 和 20.7%，而星星草分别增加 2%、10%、11% 和 17%。经过三个放牧季的放牧，各处理组（包括对照）的建群种依然为垂穗披碱草和星星草，但它们的主要次优势种和伴生种有很大不同。对照组的主要次优势种（按重要值大小顺序）依次为早熟禾、细叶亚菊和蓬子菜，主要伴生种为兰石草、黄帚橐吾、鹅绒委陵菜和紫羊茅；极轻度放牧下主要次优势种依次为兰石草、蓬子菜和早熟禾，主要伴生种为紫羊茅、细叶亚菊、鹅绒委陵菜和黄帚橐吾；轻度放牧下主要次优势种依次为早熟禾、青海薹草和兰石草，主要伴生种为矮嵩草、细叶亚菊、黄帚橐吾和甘肃马先蒿；中度放牧下次优势种依次为早熟禾、矮嵩草和青海薹草，主要伴生种为兰石草、细叶亚菊、黄帚橐吾和甘肃马先蒿；重度放牧下次优势种依次为甘肃马先蒿、早熟禾和兰石草，主要伴生种为黄帚橐吾、细叶亚菊、蓬子菜和鹅绒委陵菜。从表 8-26 也可看出，各处理小区的次优势种均有早熟禾，伴生种均有黄帚橐吾，而且各放牧小区的伴生种均有细叶亚菊。这是因为在整个放牧期（牧草生长期）内，对照、极轻和轻度放牧组垂穗披碱草的竞争率总是大于星星草，抑制了星星草的生长（董全民等，2005c），这也就为早熟禾和黄帚橐吾以及细叶亚菊等阔叶植物的生长提供了一定的环境资源，表明垂穗披碱草、星星草和早熟禾、黄帚橐吾、细叶亚菊等占有不同的生态位，利用不同的环境资源，说明它们在水、热等的利用上表现出一定的互利共生关系（董全民等，2005c）。随着放牧强度的增加，在中度放牧下，由于牦牛对垂穗披碱草、星星草和早熟禾的采食强度增加，为兰石草、细叶亚菊、黄帚橐吾和甘肃马先蒿等杂类草的生长发育创造了条件，使之能够竞争到更多的阳光、水分和土壤养分（王刚等，1995），它们的重要值有所增加；随着放牧强度的继续增加，中度放牧组的伴生种（兰石草和甘肃马先蒿）成为重度放牧组的次优势种，说明兰石

草和甘肃马先蒿为垂穗披碱草/星星草混播草地过牧危害下的过渡植物，如果持续过度放牧，垂穗披碱草和星星草进一步被兰石草和甘肃马先蒿等杂类草所代替，草场出现严重退化（王刚等，1995；王刚和蒋文兰 1998）。

表 8-26　不同放牧强度下垂穗披碱草/星星草混播群落主要植物种群重要值的变化

植物名	对照	极轻放牧	轻度放牧	中度放牧	重度放牧
垂穗披碱草 *Elymus nutans*	0. 522	0. 355	0. 354	0. 332	0. 315
星星草 *Puccinellia tenuiflora*	0. 065	0. 067	0. 075	0. 076	0. 082
早熟禾 *Poa* spp.	0. 061	0. 039	0. 068	0. 078	0. 064
落草 *Koeleria cristata*	0. 011	0. 020	0. 022	—	—
紫羊茅 *Festuca rubra*	0. 022	0. 035	0. 039	0. 020	—
青海薹草 *Carex qinghaiensis*	0. 022	0. 041	0. 050	0. 051	0. 029
矮嵩草 *Kobresia humilis*	0. 010	0. 020	0. 034	0. 074	0. 027
高山嵩草 *K. pygmaea*	0. 013	0. 014	0. 016	0. 028	0. 020
兰石草 *Lancea tibetica*	0. 028	0. 046	0. 048	0. 050	0. 053
紫花地丁 *Viola philippica*	0. 014	0. 015	0. 016	0. 024	0. 012
细叶亚菊 *Ajania tenuifolia*	0. 029	0. 030	0. 031	0. 029	0. 034
蓬子菜 *Galium verum*	0. 028	0. 045	0. 025	0. 018	0. 033
火绒草 *Leontopodium leontopodioides*	0. 019	0. 006	0. 021	0. 015	0. 032
雅毛茛 *Ranunculus pulchellus*	0. 015	0. 023	0. 012	0. 011	0. 015
多枝黄芪 *Astragalus polycladus*	—	0. 010	0. 011	0. 014	0. 026
黄花棘豆 *Oxytropis ochrocephala*	—	0. 013	0. 014	0. 017	0. 022
黄帚橐吾 *Ligularia virgaurea*	0. 025	0. 025	0. 030	0. 044	0. 048
乳白香青 *Anaphalis lactea*	0. 016	0. 021	0. 020	0. 022	—
甘肃马先蒿 *Pedicularis kansuensis*	—	0. 004	0. 026	0. 029	0. 071
鹅绒委陵菜 *Potentilla anserina*	0. 023	0. 028	0. 010	0. 026	0. 033
多裂委陵菜 *P. multifida*	0. 03	0. 04	0. 02	0. 007	0. 019
钉柱委陵菜 *P. saundersiana*	0. 02	0. 004	0. 003	0. 010	0. 018
大针茅 *Stipa grandis*	0. 01	0. 08	0. 012	0. 01	0. 02
高山紫菀 *Aster alpinus*	0. 010	0. 001	0. 001	0. 008	0. 003
毛茛 *Ranunculus japonicus*	0. 005	0. 012	0. 002	0. 001	0. 02
独活 *Heracleum hemsleyanum*	—	0. 002	0. 002	—	—
棱子芹 *Pleurospermum camtschaticum*	—	0. 002	0. 002	—	—
星状风毛菊 *Saussurea stella*	—	—	0. 001	0. 002	0. 004
高山葶苈 *Draba alpina*	0. 001	0. 002	0. 002	—	—
白苞筋骨草 *Ajuga lupulina*	—	—	—	—	—
西伯利亚蓼 *Polygonum sibiricum*	—	—	0. 001	0. 001	—
高山唐松草 *Thalictrum alpinum*	—	0. 001	0. 001	0. 001	—
长叶无尾果 *Coluria longifolia*	—	—	0. 001	—	—
西藏微孔草 *Microula tibetica*	—	—	0. 001	—	—
短管兔耳草 *Lagotis brevituba*	0. 001	0. 001	0. 001	0. 001	—
物种数	24	30	34	28	23

8.4.2.2 放牧强度对植物种多样性和均匀度的影响

群落的物种丰富度及多样性是群落的重要特征，放牧及其他干扰对群落结构影响的研究都离不开物种多样性问题（汪诗平等，2001）。α 多样性是对一个群落内物种分布的数量和均匀程度的测量指标，是生物群落在组成、结构、功能和动态方面表现出的差异，反映各物种对环境的适应能力和对资源的利用能力（马克平，1994a，1994b；杨利民等，2001；汪诗平等，2001；江小蕾等，2003）。从表 8-27 可以看出，不同放牧强度下群落的物种多样性指数、丰富度和均匀度指数的变化不同。经过一个放牧季的放牧，轻度放牧区植物群落的物种丰富度和多样性指数在最高，而均匀度指数在对照区最高，其次为中度放牧区，三个指数的排序分别为：物种丰富度为对照 < 重度放牧 < 中度放牧 < 极轻放牧 < 轻度放牧，均匀度指数为重度放牧 < 轻度放牧 < 极轻放牧 < 中度放牧 < 对照，多样性指数 H' 和 D 均为对照 < 中度放牧 < 重度放牧 < 极轻放牧 < 轻度放牧。经过 3 年的连续放牧，轻度放牧区植物群落的物种多样性指数、物种丰富度和均匀度最高，三个指数的排序如下：物种丰富度为重度放牧 < 对照 < 中度放牧 < 极轻放牧 < 轻度放牧，均匀度指数为重度放牧 < 对照 < 极轻放牧 < 中度放牧 < 轻度放牧，多样性指数 H 为对照 < 极轻放牧 < 重度放牧 < 中度放牧 < 轻度放牧，多样性指数 D 为对照 < 重度放牧 < 极轻放牧 < 中度放牧 < 轻度放牧。在 2004 年，多样性指数在极轻放牧区最小，而在重度放牧区最大，这与 2003 年和 2005 年的结果差异很大。这是因为多样性指数（D 和 H）是物种水平上多样性和异质性程度的度量，能综合反映群落物种丰富度和均匀度的总和（汪诗平等，2001），因此必然与物种丰富度和均匀度的度量结果有一定程度的差异多样性（江小蕾等，2003），本试验中的结果也是如此。均匀度反映各群落中物种分布的均匀程度。在不同放牧强度下，第一个放牧季，对照区的均匀度指数最大，其次为中度放牧，重度放牧区最小，而经过连续三个放牧季的放牧后，轻度放牧区最大，其次为极轻放牧区，重度放牧区仍然最小。

表 8-27 不同放牧强度下群落多样性、丰富度和均匀度指数的变化

年份	指标	对照	极轻放牧	轻度放牧	中度放牧	重度放牧
2003	丰富度（物种数）	13	22	26	17	14
	均匀度指数（J）	0.8221	0.7766	0.7752	0.8128	0.7640
	多样性指数（H）	1.7086	2.2420	2.3761	2.0094	2.0639
	多样性指数（D）	0.6970	0.8066	0.8138	0.7596	0.7967
2004	丰富度（物种数）	16	15	23	19	17
	均匀度指数（J）	0.8133	0.8029	0.8565	0.8636	0.7789
	多样性指数（H）	1.8697	1.9561	1.8687	1.9175	2.3623
	多样性指数（D）	0.7148	0.7500	0.7181	0.7221	0.8503
2005	丰富度（物种数）	24	30	34	28	23
	均匀度指数（J）	0.6878	0.7292	0.8025	0.7623	0.5910
	多样性指数（H）	2.1859	2.4800	2.5776	2.5403	2.5047
	多样性指数（D）	0.7735	0.8042	0.8686	0.8633	0.8013

回归分析表明，在三个放牧季内，放牧强度与物种丰富度、多样性指数 H、多样性指数 D（除了 2003 年）和均匀度指数（除了 2004 年）均呈显著或极显著的二次回归，它们的回归方程见表 8-28。另外，不同放牧强度下群落多样性指数（D 和 H）与丰富度呈极显著的正相关（$P<0.01$），与均匀度指数（J）呈显著的正相关（$P<0.05$）。

表 8-28　放牧强度与丰富度、多样性指数和均匀度指数之间的关系

年份	指标	回归方程 $y=ax^2+bx+c$（a，b，$c>0$）			R^2	显著性检验
		a	b	c		
2003	丰富度（物种数）	-0.3878	3.9685	13.6660	0.8288	*
	均匀度指数 J	0.0004	-0.0068	0.8109	0.7692	*
	多样性指数 H	-0.0153	0.1793	1.7742	0.6919	*
	多样性指数 D	-0.0022	0.0287	0.7145	0.5834	ns
2004	丰富度（物种数）	-0.1457	1.7600	14.7890	0.5418	*
	均匀度指数 J	-0.0020	0.0208	0.7967	0.5098	ns
	多样性指数 H	0.0023	-0.0149	0.7343	0.7064	*
	多样性指数 D	0.0023	-0.0149	0.7343	0.7064	*
2005	丰富度（物种数）	-0.3340	3.3675	23.992	0.9336	**
	均匀度指数 J	-0.0056	0.0528	0.6092	0.8817	**
	多样性指数 H	-0.0083	0.1134	2.2042	0.9607	**
	多样性指数 D	-0.0026	0.0321	0.7627	0.8515	**

第 9 章　放牧对家畜生产力的影响

青藏高原是中国主要的畜牧业基地，高寒草甸是其主要的草地类型，而作为青藏高原特有畜种的牦牛和藏系绵羊是组成青藏高原高寒草甸生态系统的主体。然而，由于受寒冷气候的影响，植物生长期短（仅 90 ~ 120 天）而枯萎期很长，季节牧场很不平衡，草畜矛盾突出。一方面，在牦牛产区，终年放牧、靠天养畜的饲养方式和极度粗放的经营管理，使牦牛始终处于“夏饱、秋肥、冬瘦、春乏”的恶性循环之中（Dong et al，2003；Long et al.，2005；董全民和李青云，2003）；夏秋季节牧草生长旺盛，营养丰富，造成营养物质的浪费；冬春季节牧草枯萎，营养供应不足，导致营养不良，这种供需矛盾使放牧家畜育肥慢、饲喂周期长、周转慢、商品率低，尤其是遇到周期性的雪灾时，由于没有储备饲料，大量的牦牛死亡，造成严重的经济损失（赵新全等，2000；Long et al.，2005）。另一方面，由于缺乏对高寒草甸草场的科学管理，加之不合理的放牧强度和放牧体系及鼠虫害危害等，青海南部地区 30% 以上的天然放牧场已发生严重退化，突出表现为草场初级生产力下降，优良牧草减少，毒杂草比例增加，使牧草品质逐年变劣，伴随而来的是牦牛个体变小、体重下降、畜产品减少、出栏率和商品率低、能量转化效率下降等一系列问题，严重影响着该地区畜牧业的发展和经济效益的提高（董全民和李青云，2003）。因此，为了将当前与长远利益统筹兼顾，保持高寒草地资源 - 家畜动态平衡以及两季草场的适宜放牧强度范围，一些学者以绵羊作为试验动物做了一定的研究（赵新全和皮南林，1987；赵新全等，1989；周立等，1995a），但以牦牛为试验动物进行适宜放牧强度的研究相对较少（陈友慷等，1994；董全民等，2003a，2003b，2006a，2006b）。

9.1　自然放牧下家畜采食量及生产力变化

自 Erizian 等（1932）提出了最简单的采食前后的体重差法测定动物采食量的方法后，研究者在测定动物采食量方面做了大量的研究工作。Penning 和 Hooper（1985）用先进的精密电子秤，测定采食前后的体重变化及不可感知的体重损失，由此计算家畜的采食量。但这种方法费时费力，于是人们使用了标记物法。传统的标记物法测定采食量的方法是全收粪法，此法要求每一个试验动物有其自己的消化代谢笼，或者在它们身上固定收粪装置，根据采食的标记物总量和粪中的标记物总量来计算采食量。理想的标记物应在动物的消化道内不被吸收，而且不干扰动物的消化和吸收过程。常被用于估测反刍动物采食量的标记物有镱（Hatfield et al.，1991），铬的氧化物（Kababya et al.，1998）和链烷（Chen et al.，1999）。铬的氧化物在投饲方法上又分为每日投饲法（Kababya et al.，1998）和瘤胃缓释弹丸法（Hatfield et al.，1991）。所有的用于估测家畜排粪量的金属标记物都有共同的缺点：测定前样品需灰化，用原子吸收光谱仪或感应结合等离子发射光谱仪测定金属化合物含量不仅昂贵，而且费时、费力、污染性大。因此，牧草自身所含有的指示剂——4 mol/L盐酸不溶灰分，成了研究放牧家畜采食量的理想的指示剂。本研究通过全收粪法，分析粪和牧草样品中的4 mol/L盐酸不溶灰分的含量，由此计算放牧家畜的采食量。

在青藏高原，牧草一般在春末夏初（4月底~5月初）发芽，经夏秋两季的生物量积累，于8月底或9月初达到生物量高峰，之后草场生物量开始下降，到翌年4月青黄不接时草场牧草现存量最低，家畜采食量由于受草场产草量的限制，营养物摄入量也呈季节波动，由此导致母牦牛冬季体重下降25%，而在极冷的年份，牦牛群体的体重下降可达到暖季最大体重的30%（Long et al.，1999b）。因而，通过测定不同月份和不同年龄的放牧家畜的体重和体能量，可获得放牧家畜体重和体能量的季节变化动态，最终了解放牧家畜的生长发育规律。

9.1.1 自然放牧下家畜的采食量及牧草消耗动态

9.1.1.1 家畜采食量的季节变化

牦牛采食量动态见表9-1。在夏季、秋季和冬季，牦牛的采食量随年龄增大而增大（5岁前：$P<0.01$；5~6岁：$P<0.05$），6岁以后规律不明显；在春季，5岁、6岁和7岁牦牛的采食量间无差异（$P>0.05$）。在任何季节，6岁和7岁牦牛的采食量间无差异（$P>0.05$）。一岁牦牛的采食量在冬季最高，夏季次之，其他所有年龄组的牦牛的采食量在春季最高，冬季次之；所有牦牛的秋季采食量最低（表9-1）。高山细毛羊的采食量季节波动（表9-2）与牦牛类似，一岁高山细毛羊的采食量在冬夏两季差异不显著（$P>0.05$），但明显高于（$P<0.01$）春秋两季，春秋两季间差异不显著（$P>0.05$），其他所有年龄组的高山细毛羊的采食量在春季最高，冬季次之；所有试羊的秋季采食量最低。在任何季节，高山细毛羊的采食量随年龄增大而增大（$P<0.01$），但4岁和5岁高山细毛羊的采食量间无显著差异（$P>0.05$）。

表9-1 天然草场放牧牦牛的干物质采食量季节变化 （单位：kg/d）

季节	1岁	2岁	3岁	4岁	5岁	6岁	7岁
春	2.86	5.52	7.72	8.55	9.16	9.18	9.16
夏	3.29	4.74	6.14	7.58	8.01	8.36	8.41
秋	2.41	3.64	4.32	7.17	7.63	7.74	7.54
冬	3.71	5.31	6.78	7.69	8.13	8.45	8.23

表9-2 天然草场放牧高山细毛羊的干物质采食量季节变化 （单位：kg/d）

季节	1岁	2岁	3岁	4岁	5岁
春	0.82	1.65	1.88	2.26	2.31
夏	0.94	1.44	1.72	2.18	2.14
秋	0.78	1.32	1.66	1.82	1.87
冬	1.12	1.54	1.86	2.21	2.22

家畜的自由采食量是指在饲草资源充足情况下家畜每日所能消耗的牧草总量，在这种情况下，家畜的采食量仅仅受机体内在机制的调节，这些内在机制要么是由家畜自身引发的，要么是由来自牧草的某些特性引发的（Baile and Forbes，1974）。但是，放牧条件下家畜的牧草采食量并不等同于其自由采食量，因为放牧条件下家畜的采食量不仅受牧草品质，还受牧草产量和环境应激的影响（Chacon and Stobbs，1976；Peyraud，1998；Martin，1955；Finch，1984；Allden，1962；Young，1986；Young et al.，1987）。

大量研究表明，反刍家畜的采食量主要受牧草营养含量，尤其是氮含量的影响。日粮质量可通过影响其在瘤胃内的消化率而影响其采食量（Blaxter，1962）。许多研究者发现，对反刍家畜补饲优质禾本科干草（Ruiz-Barrera，1993）或豆科干草（Ndlovu and Buchanan-Smith，1985）可明显提高劣质牧草的采食量。Silva 和 Ørskov（1988）报道，补饲优质干草可促进瘤胃内纤维素分解菌的生长，从而提高含纤维素较高的劣质牧草的消化率，并促使采食量的提高。在青藏高原，牧草一般在 4 月底或 5 月初开始返青，这是青藏高原的春季，夏季牧草嫩绿，营养物含量高，在这一阶段，牧草的氮含量最高（赵新全等，2000），此后，牧草的氮含量随季节而递减（赵新全等，2000），到了 9 月牧草开始枯黄。据赵新全等（1988b），天然草场冬季（从 11 月到翌年 4 月）牧草消化率只有暖季的 1/4。因此，若按牧草的氮含量，放牧家畜的最大采食量应该在夏季，而最低采食量应该在冬季。这一推论与本研究的结果有很大的矛盾。本研究的大部分结果表明，放牧家畜的最大采食量发生在春季，但其冬季采食量却并非最低，总是仅次于春季，高于夏季和秋季。这可能是由于青藏高原冬季严寒导致牦牛能量支出加剧以维持正常体温，客观上要求牦牛必须有足够的采食量才能满足其能量需要量（韩兴泰等，1997）。在青藏高原，环境因素，主要是环境温度，是影响放牧家畜采食量的主要因素。在更加严寒，地处北极的挪威，驯鹿夏季瘤胃内容物的重量是体重的 13%，而冬季瘤胃内容物的重量是体重的 20%，也反映出驯鹿冷季采食量高于夏季的特征（Mathiesen et al.，2000）。Revell 和 Williams（1993）报道，与家畜处于等热区的采食量相比，低温可使家畜的采食量提高，而高温可降低家畜的采食量。青藏高原在冷季，家畜为了保持体温而必须依靠增加能量支出的方法来对抗寒冷的气温，因此，客观上要求家畜增加采食量以适应增加的能量支出。另外，对于反刍家畜（牛和绵羊），尽管家畜的体况（膘情）与营养物摄入量间没有确切的关系（Freer and Dove，1983），但反刍家畜腹部脂肪沉积可降低家畜自由采食量的 3% ~30%（丁路明等，2009；薛白等，2004，2005；Fox，et al.，1972），相反，体况差的家畜要比体况好的家畜采食较多的中高品质的牧草，这就是补偿采食。本试验中家畜冷季牧草采食量高于暖季也符合补偿采食原则。

9.1.1.2 家畜的牧草消耗动态

放牧家畜的年牧草消耗量是将家畜当年不同季节所消耗的牧草量累加在一起得到的；青藏高原一年四季的划分原则是：日积温在 0 ~ 5℃ 为春，大于 10℃ 为夏，5 ~ 10℃ 为秋，小于 0℃ 为冬，据此，青藏高原的春季大致从 4 月 15 日起到 5 月 30 日止共 45 天，夏季从 6 月 1 日起到 8 月 15 日共 75 天，秋季从 8 月 16 日起到 10 月 15 日共 61 天，冬季从 10 月 16 日起到来年 4 月 14 日止共 182 天，因此，年牧草消耗量 = 45 × 春季采食量 + 75 × 夏季

采食量 +61 × 秋季牧草采食量 +182 × 冬季牧草采食量。累计牧草消耗量是指家畜从 1 岁起到特定年龄所消耗的牧草总量。由此计算的不同年龄牦牛和高山细毛羊的年牧草消耗量（FC）和从出生到特定年龄的累计牧草消耗量（AFC）分别见表 9-3 和表 9-4。牦牛和高山细毛羊的牧草消耗量远高于其体重增长。1 岁牦牛的牧草消耗量是其体重的 8.23 倍，而 7 岁牦牛的牧草消耗量则是其体重的 64.19 倍（表 9-3），1 岁高山细毛羊的牧草消耗量是其体重的 11.007 倍，而 5 岁高山细毛羊的牧草消耗量则是其体重的 60.627 倍（表 9-4）。因此，从资源消耗角度考虑，牦牛和高山细毛羊饲养的时间越长越不经济。牦牛和高山细毛羊在生长过程中不同年份的牧草消耗量和特定年龄的累计牧草消耗量随年龄增长而迅速增长。用二次方程预测牧草消耗量与牦牛和高山细毛羊年龄间的关系，拟合度很高，R^2 均大于 99.9%（表 9-5，表 9-6）。在任何年龄点，牧草消耗量增加得比体重快。累计牧草消耗量（AFC）/牦牛体重（BW）与年龄呈线性关系，即随体重增长，累计牧草消耗量直线上升。对 AFC 与年龄的回归关系式求一阶导数，可得到累计牧草消耗量随年龄的变化速率，牦牛的累计牧草消耗量 y 随年龄 x 的变化速率方程为

$$dy/dx = 240.52x + 1739.6 \tag{9-1}$$

高山细毛羊的累计牧草消耗量 y 随年龄 x 的变化速率方程为

$$dy/dx = 86.298x + 435.78 \tag{9-2}$$

比较式（9-1）和式（9-2），可以得出结论：牦牛的牧草消耗量随年龄而上升的速率远高于高山细毛羊，但通过对表 9-5 和表 9-6 进行比较可知，在同一年龄，高山细毛羊的累计牧草消耗量和体重的比值高于牦牛，即在同一年龄，高山细毛羊每千克体重所消耗的牧草量高于牦牛。

表 9-3　天然草场放牧牦牛的牧草消耗量

指标	1 岁	2 岁	3 岁	4 岁	5 岁	6 岁	7 岁
FC（kg）	1 197.68	1 792.36	2 305.38	2 790.2	2 958.04	3 050.14	3 000.75
AFC（kg）	1 197.68	2 990.04	5 295.42	8 085.62	11 043.7	14 093.8	17 094.6
BW（kg）	91	128	168	211	235	246	251
AFC/BW	13.161	23.360	31.520	38.320	46.994	57.292	68.106
AFC/LWG	15.065	25.666	33.836	40.529	49.412	60.101	71.376

注：FC 为年牧草消耗量；AFC 为累计牧草消耗量；BW 为家畜体重；LWG 为家畜体重增加；下同

表 9-4　天然草场放牧高山细毛羊的牧草消耗量

指标	1 岁	2 岁	3 岁	4 岁	5 岁
FC（kg）	358.82	543.05	653.38	778.44	782.56
AFC（kg）	358.82	901.87	1 555.25	2 333.69	3 116.25
BW（kg）	32.6	41.5	45.1	48.3	51.4
AFC/BW	11.007	21.732	34.484	48.316	60.627
AFC/LWG	12.335	23.740	37.395	52.103	65.071

表 9-5　牦牛牧草消耗量与年龄间的回归关系

y	x	回归方程	R^2
AFC	年龄	$y = 120.26x^2 + 1739.6x - 820.6$	0.9993
AFC/BW	年龄	$y = 8.8633x + 4.3689$	0.9955

表 9-6　高山细毛羊牧草消耗量与年龄间的回归关系

y	x	回归方程	R^2
AFC	年龄	$y = 43.149x^2 + 435.78x - 128.79$	0.9997
AFC/BW	年龄	$y = 12.583x - 2.5144$	0.9984

9.1.2　自然放牧下家畜体重及体成分的变化

9.1.2.1　自然放牧下家畜体重的变化

(1) 季节动态

放牧家畜体重变化的季节动态如图 9-1 所示。牦牛和绵羊（高山细毛羊）都是 4 月出生，它们的体重变化有一个共同的特点，那就是：从出生（4 月）到 8 月龄（12 月）家畜体重呈上升趋势，13 月龄（翌年 5 月）体重最低，之后体重又开始上升，牦牛到 18 月龄（翌年 10 月），绵羊到 19 月龄迎来体重的第 2 次高峰，此后体重又开始下降，到 25 月龄（第三年 5 月）体重最低，然后开始新一轮体重上升。牦牛和高山细毛羊在第二年体重下降的时间比第一年早 1 ~2 个月，这可能是由于家畜出生第一年有 3 ~4 个月的哺乳期，因此推迟了第一个冷季体重下降的时间。Phillips 等（1991）研究了放牧压力对犊牛生长发育的影响，发现断奶前的放牧压力并不影响犊牛断奶后第一个冬季和春季放牧期间的生产性能。

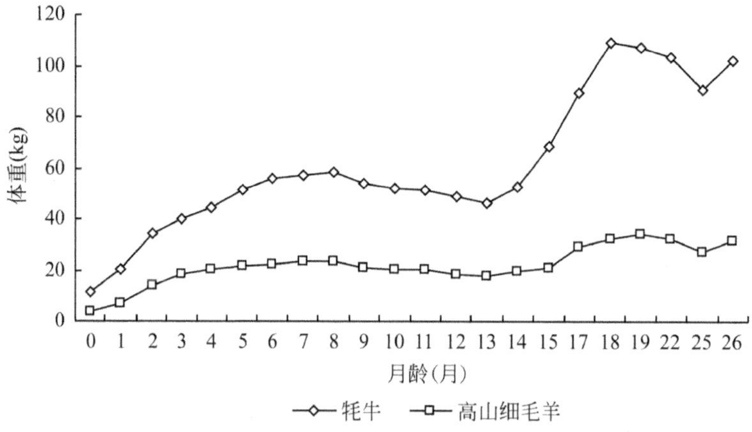

图 9-1　自然放牧下牦牛和绵羊的体重变化

1）牦牛体重变化的季节动态。牦牛从出生到 8 月龄（4 ~12 月）体重增加了 47.2 kg，在其随后的第一个冬季掉膘期（12 月～第二年 2 月）体重下降为6.5 kg，占出生当年体重积累的13.77%，而在其第一个春季掉膘期（第二年2～5月）体重下降为5.6 kg，占出生当年体重积累的11.86%，第一个冬、春季牦牛体重下降幅度差异不显著（$P>0.05$）。因此，牦牛出生当年所增加的47.2 kg体重中，有25.64%在第一个冷季（12 月～第二年 5 月）被消耗，略低于（$P>0.05$）高山细毛羊同时期的体重下降幅度。到了翌年 5 月，随牧草的萌发，牦牛开始了第二个暖季的体重积累，直到同年 10 月，这段时间牦牛共增加体重62.9 kg，其中，夏季增重（来年5～7 月）为22.2 kg，平均日增重为363.93 g；秋季增重（第二年7～10 月）为40.7 kg，平均日增重达442.39 g，牦牛的秋季日增重大于夏季日增重（$P<0.05$）。第二个暖季增重后是第二个冷季减重（第二年 10 月～第三年 5 月），期间牦牛共减重18.7 kg，其中第二个冬季掉膘期（第二年 10 月～第三年 2 月）体重下降6.0 kg，占第二个体重积累的9.54%；第二个春季掉膘期（第三年 2 月～第三年 5 月）体重下降12.7 kg，占第二个体重积累的20.19%，因此，在第二个冷季，牦牛的春季体重下降幅度大于冬季（$P<0.01$），牦牛在第二个暖季所增加的体重，有29.73%在第二个冷季被消耗（表9-7）。

表9-7 自然放牧下不同月龄牦牛的体重变化 （单位：kg）

月龄	0	1	2	3	4	5	6	7	8	9	10
体重	11.5	20.5	34.6	40.2	44.6	51.7	55.8	57.4	58.7	53.7	52.2
月龄	11	12	13	14	15	17	18	19	22	25	26
体重	51.3	48.8	46.6	52.4	68.8	89.4	109.5	107.6	103.5	90.8	102.2

2）藏系绵羊的生产特征。绵羊体重随牧草储存量与营养成分含量的季节变化而改变，其季节变化呈“S”形曲线（图9-2）。在大部分嵩草草甸牧区，藏系绵羊是全年在天然草地上放牧饲养的牲畜。在传统草地畜牧业中，牲畜出栏率低、周转慢，畜群数量与牧草产量的年、季变化不一致，因而牧草的供应和牲畜的需要很难做到动态平衡。从植物生产的角度来看，牧草生长有两个关键时期。一是秋季结籽和根部储存养料时期；二是春季消耗根部储存的养料进行萌发时期，牧草在这两个时期最不耐牧，所以被称为“忌牧期”。（赵新全等，2000）。但冷季草场的利用时间却恰好与忌牧期相重叠，牧草的生长和发育因此受到严重的损害。在牧草生长盛季，可采食牧草的储存量则比较充足。到 8 月底，牧草储存量分别达到家畜需求量的221.71%及160.00%。此后虽有下降，但牧草营养价值仍较高，藏系绵羊在放牧状态下体重仍不断增加。至夏秋放牧场（6 月 1 日～10 月 31 日）结束时，可采食牧草仍很丰富。所以，夏秋放牧季由于牧草充足、气候适宜、牛羊增重快，是发展高寒草地畜牧业的黄金季节。在 11～12 月，可采食牧草的储存量虽大于绵羊的需求量，但牧草营养成分下降，适口性变劣，加之气温下降，放牧家畜的体重开始下降。2～4 月，草畜矛盾更为突出，家畜可采食的牧草严重不足，牧草储存量仅占家畜需求量的85.03%，亏缺14.97%，所提供的营养物质远远小于家畜的营养需要。为维持其生命活动，家畜不得不消耗体内沉积的脂肪、蛋白质和糖类，迫使其体重急剧下降，甚至造成老弱病畜的死亡。家畜每年冷季掉膘损失和繁殖母羊的能量转化效率见表9-8。繁殖藏系绵羊从摄入总能到消化能的转化效率低，尤其在2～4 月更为明显。这是高寒草地畜

牧业生产过程的最大弱点，也是经济效益差、能量和物质转换效率低的主要原因（赵新全等，2000）。

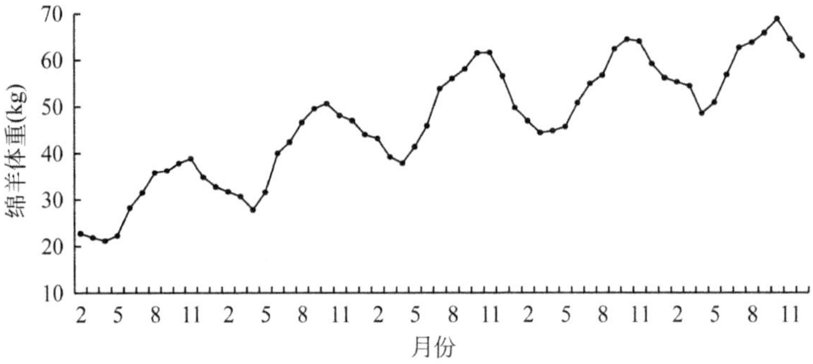

图 9-2　2～7 岁藏系绵羊体重变化

表 9-8　繁殖藏系绵羊能量利用效率

指标	物候期			
	返青期	草盛期	枯黄期	枯草期
摄入总能（kJ）	31 919	23 500	16 486	14 681
消化率（%）	78.6	66.3	56.8	48.1
代谢能（kJ）	20 359	12 060	7 077	5 639
产热量（kJ）	14 345	8 824	7 719	10 821
产热量/代谢能	0.705	0.732	1.09	1.92
能量沉积（kJ）	6 014	3 236	-642	-5 182
总效率（%）	19.2	13.8	-3.9	-35.3

从表 9-9 可知，各时期绵羊的蛋白质摄入量具有极显著的差异，牧草返青期极显著地高于枯草期和枯黄期，显著地高于草盛期；枯草期和枯黄期的蛋白质日食量差异不显著。由粪中排出的蛋白质与蛋白质摄入量的变化相似。由尿排出的蛋白质以返青期最高，显著地高于其他 3 个物候期。蛋白质的沉积量在不同时期的差异也是极显著的，返青期最高，且返青期和草盛期极显著地高于枯草期和枯黄期。另外，枯草期和枯黄期绵羊蛋白质代谢为负平衡，平均每日消耗体蛋白质分别为 26.57 g 和 13.06 g。与绵羊蛋白质代谢有关因子（采食量、蛋白质采食量、粪蛋白质、尿蛋白质、牧草蛋白质和蛋白质沉积量）之间均存在显著或极显著的正相关，排粪量和排尿量与上述 6 个因子无显著相关。粪及尿的蛋白质损失均与蛋白质的摄入量有强的正相关，除蛋白质的沉积量除与排粪量和排尿量无显著的相关外，其余均存在显著的正相关（赵新全等，2000）。

表 9-9 列出不同时期绵羊对蛋白质的利用率，牧草蛋白质的消化率主要取决于牧草的质量，而可消化蛋白质利用率主要取决于家畜的生理状态和品种特性。草盛期和返青期蛋白质的净利用率平均为 37.11%，年加权平均值为 19.72%。据测定，藏系绵羊羔羊的平均初生重为 3230 g，其蛋白质含量为 20%，蛋白质量为 646 g；胎盘重平均为 900 g，蛋白

质含量为 21%，蛋白质量为 189 g，两者合计蛋白质量为 835 g。将绵羊的繁殖期分为 4 个时期，即妊娠前期（8 月）、中期（9 ~ 10 月）、后期（11 月 ~ 12 月）和泌乳期（1 月 ~ 4 月）。妊娠期子宫内容物的增长主要在中期和后期，分别占 1/3 和 2/3，前期子宫内容物沉积很少，可忽略不计，按此比例可估计妊娠中期和后期每日子宫内容物中蛋白质的沉积量，分别为 4.66 g 和 9.31 g，将该值除以母羊平均蛋白质净利用率即为妊娠期的蛋白质需要。在泌乳期，平均每日泌乳量 220 g，乳中蛋白质的比例为 4.71%，即含量为 10.36 g，将该值除以平均蛋白质净利用率即为泌乳期蛋白质需要。另外，在繁殖期，绵羊的体重也有增加，如每日增重按 60 g 计，增重物中蛋白质含量为 15%，则每日蛋白质沉积量为 9 g，因此，繁殖期的蛋白质需要，应为妊娠和泌乳的需要、维持需要及自身体内蛋白质沉积需要 3 部分组成（赵新全等，2000）。

表 9-9　繁殖藏系绵羊蛋白质利用效率

指标	物候期			
	返青期	草盛期	枯黄期	枯草期
日食蛋白质（g）	232	148	52	46
粪蛋白质损失（g）	57	49	38	37
蛋白质消化率（%）	75.45	66.84	24.66	19.14
尿蛋白质损失（g）	86	45	28	39
表观生物学效价（%）	50.46	54.34	—	—
蛋白质量沉积（g）	88	53	-13	-27
总效率（%）	38.08	36.14	—	—

从表 9-10 可知，繁殖母羊蛋白质需要随繁殖期的后移逐渐增加。与此相反，绵羊蛋白质的实际采食量则随繁殖期的后移而减少。蛋白质供应不足，导致绵羊生产性能低、经济效益不佳。因此，在生产实践中，在妊娠期及泌乳期给绵羊以适当的补饲，补充蛋白质的严重不足，可以提高其生产能力。藏系绵羊是青藏高原特有的家畜品种，长期以来，在高寒气候的影响下，形成了适应高寒气候的代谢机制，表现出很强的适应性。另外，绵羊的每日蛋白质需要与实际采食量相差很大，特别是在妊娠后期和泌乳期，其实际采食量只占需要量的 32.62% 和 29.84%。母羊在妊娠后期蛋白质供应不足，直接地影响羔羊的生长和发育，直至发生严重的消化紊乱、营养性贫血、流产及母体死亡（Clark and Speedy，1980，Gibb and Treacher，1982），但藏系绵羊能在极其恶劣的气候环境下繁衍后代，主要是因为妊娠期绵羊能改变体内蛋白质的分配来维持妊娠需要，在分娩后，其体重一般下降 7.96 kg，尤其在哺乳期，体重下降更甚，与同龄羯羊相比，母羊在哺乳期要多减重 5.23 kg；其次，藏系绵羊有很强的代谢补偿能力，以便为度过枯草季的繁殖过程作储备。另外，在寒冷季节藏系绵羊以极低的代谢率来节省能量消耗，减少体组织的分解，在冷季营养缺乏时，绵羊可将其代谢降至比基础代谢稍高的水平，以维持生命和繁殖的需要（赵新全等，1989）。由此可见，藏系绵羊对牧草蛋白质有较高的利用率，也是藏系绵羊对恶劣气候环

境适应的对策之一（赵新全等，2000）。

表 9-10　繁殖母羊蛋白质需要与实际采食

指标	繁殖期			
	妊娠前期	妊娠中期	妊娠后期	哺乳期
蛋白质需要（g/d）	112	135	159	164
实际采食（g/d）	148	100	52	49
实际采食/蛋白质需要（%）	132	74	33	30

3）高山细毛羊体重变化的季节动态。高山细毛羊从出生到 8 月龄（4 ~ 12 月）体重增加了 20.13 kg，8 ~ 10 月龄（12 月 ~ 翌年 2 月）是高山细毛羊的第一个冬季掉膘期，这段时间的体重下降是 3.12 kg，占出生当年体重积累的 15.50%；之后是高山细毛羊的第一个春季掉膘期（翌年 2 ~ 5 月），此期的体重下降为 2.47 kg，占出生当年体重积累的 12.27%，高山细毛羊第一个冬、春季体重下降幅度差异不显著（$P>0.05$）。整个冷季（12 月 ~ 翌年 5 月）高山细毛羊体重下降总共是 5.59 kg，占出生当年体重积累的 27.77%。高山细毛羊在第二个夏季增重期（翌年 5 ~ 7 月）增重为 3.02 kg，平均日增重为 50.33 g；之后是秋季增重（翌年 7 ~ 11 月），此期的体重增加是 13.24 kg，平均日增重达 108.52 g；秋季日增重远高于夏季（$P<0.01$）。在第二个体重积累过程中，高山细毛羊体重总共增加了 16.06 kg。在第二个暖季体重增加之后，紧接着是冷季的体重下降阶段。在高山细毛羊的第二个冬季掉膘时间（翌年 11 月 ~ 第三年 2 月）体重下降为 1.78kg，占第二个体重积累的 11.08%，而在其第二个春季掉膘期（第三年 2 月 ~ 第三年 5 月）体重下降为 5.02 kg，占第二个体重积累的 31.26%，因此，在第二个冷季，高山细毛羊春季体重下降幅度远高于（$P<0.01$）冬季。高山细毛羊在第二暖季所增加的体重中，有 6.80 kg 在第二个冷季被消耗，占第二个体重积累的 42.34%。

（2）补偿生长

放牧家畜从出生到出栏的生长速率通常是不连续的，尤其在青藏高原，牧草全年供给量极不平衡。然而，草地畜牧业生产却可利用牧草资源的季节波动，推迟家畜的生长，直到牧草资源充足。由表 9-11 可见，放牧家畜在出生的头一年不存在体重波动，从第二年 1 月至 5 月的冬春季节，由于严寒和饲草短缺等环境和资源因素，放牧家畜体重下降，但 5 月一过，放牧家畜体重立即上升，在第二个夏秋季节（第二年 5 月 ~ 第二年 10 月）的 5 个月增重期间，牦牛平均日增重 419.33 g，而牦牛夏季舍饲饲养试验表明，即使在高精料条件下饲养，牦牛的日增重也只有 247.47 g（Xue et al.，1994），因此，放牧牦牛的补偿生长效果很明显。放牧高山细毛羊的增重期比牦牛多一个月，平均日增重为 90.33 g。国外草地畜牧业就常利用家畜的补偿生长来进行肉牛生产，被称作推迟生长放牧生产系统。补偿生长是由 Bohman（1955）提出的一个术语，旨在描述动物在营养缺乏条件下生长受到抑制后，一旦营养充足，生长效率会更高的现象。这种有关家畜前期的营养水平对后期生长速率的影响方面的报道层出不穷（Wilson and Osbourn，1960；Allden，1970；Moran and Holmes，1978；O'Donovan，1984）。补偿生长现象对草地畜牧业生产有很大的现实意义。在国外，由于生产高度分工，畜牧业生产也根据家畜的不同的生长阶段而分为不同的生产厂家，因此，在家畜的一生中，它们要几次更换主人。补偿生长就在更换主人时表现出来，也就是说，在这一高度分工的产业中，一个厂家失去的正是另一个厂家获得的。当然，从整个生产过程看，这一结果并不能改变家畜一生的总价值，它只是家畜总价值在不同厂家间的重新分配，在这一分工的生产系统中，补偿生长的功效是以补偿生长的家畜与连续生长的家畜在市场价值和生长速率上的差异为基础的，青藏高原的草原畜牧业生产不存在分工，可以说是一个连续的生产系统，在这一系统中，家畜生长过程中每一阶段的成本投入都需要进行考虑，在家畜的生长抑制期，尽管资源投入较少，但此期的维持费用占总生产成本的比例将随生长抑制期的长度增长而增长，因此，过长的生长抑制期既无助于牧民获利，又无助于资源的高效利用。本研究表明，在家畜出生的头一年内（4 月到第二年 5 月），冷季减重的时间（12 月到第二年 5 月，共 5 个月）比出生后第二年（第二年 5 月到第三年 5 月）短两个月（从第二年 10 月到第三年 5 月，共 7 个月），因此，牧民可以充分利用家畜出生后第一个冷季结束后的补偿生长的特点，将家畜饲养到 18 月龄出栏，这从资源利用效率上说是很划算的。补偿生长应用得当将是提高生产效率、控制家畜出栏体重的理想方法。在国外，家畜的出栏体重远低于其体成熟时的体重（Owens et al.，1995），我们的草地畜牧业更没必要把牦牛养到 5 岁以后再出栏。

表 9-11　自然放牧下不同月龄家畜的体重变化　（单位：kg）

月龄	0	1	2	3	4	5	6	7	8	9	10
体重	3.51	7.06	13.71	18.25	20.12	21.58	22.33	23.44	23.64	21.25	20.52
月龄	11	12	13	14	15	17	18	19	22	25	26
体重	20.53	18.56	18.05	19.75	21.07	29.34	32.52	34.31	32.53	27.51	31.75

9.1.2.2　放牧家畜暖季增重成分和冷季减重成分

由表 9-12 可见，高山细毛羊在第二个夏季增重期体重增加了 3.02 kg，增重成分中，水分占 64.90%，粗蛋白占 19.87%，脂肪占 12.25%，每千克增重的能量沉积是 7.97 MJ；在其第二个秋季增重期体重增加为 13.24 kg，增重成分中，水分占 69.18%，粗蛋白占 20.02%，脂肪占 10.04%，每千克增重的能量沉积是 7.12 MJ，可见在夏季和秋季增重过程中，高山细毛羊的增重成分中都以水分为主，且秋季的增重中，水分含量增加，脂肪含量略有下降，而粗蛋白所占的比例几乎没有变化。出生后第二年整个暖季高山细毛羊的能量积累是 118.34 MJ。高山细毛羊在第二个冬季掉膘期体重下降 1.78 kg，其中，水分占 46.07%，粗蛋白占 28.09%，脂肪占 25.84%，每千克减重的体能量损失是 14.28 MJ；而在其第二个春季掉膘期，体重下降为 5.02 kg，其中，水分占 67.33%，粗蛋白占 16.14%，脂肪占 16.53%，每千克减重的体能量损失是 8.88 MJ，出生后第二年整个冷季（出生后第二年 11 月～第三年 5 月）高山细毛羊所消耗的体能量是 70.00 MJ，占第二个暖季能量积累的 59.15%。

表 9-12　1 ~ 2 岁高山细毛羊体成分沉积动态

月龄	活重变化（kg）	水分沉积（kg）	蛋白质沉积（kg）	脂肪沉积（kg）	能量沉积（MJ）
13 ~ 15	3.02	1.96	0.60	0.37	24.08
15 ~ 19	13.24	9.16	2.65	1.33	94.31
19 ~ 22	-1.78	-0.82	-0.50	-0.46	-25.41
22 ~ 25	-5.02	-3.38	-0.81	-0.83	-44.58

牦牛体成分沉积的变化规律与高山细毛羊不同（表 9-13）。在牦牛的第二个夏季增重期，体重增加了 22.2 kg，增重成分中，水分占 71.97%，粗蛋白占 20.18%，脂肪占 4.08%，每千克增重的能量积累是 4.94 MJ；在其第二个秋季增重期，体重增加 40.7 kg，增重成分中，水分占 69.98%，粗蛋白占 22.06%，脂肪占 6.98%，每千克增重的能量积累是 6.33 MJ，可见在夏季的增重期，增重成分中以水分为主，水分在增重成分中所占的比例远高于（$P<0.01$）高山细毛羊同时期的增重成分中的水分含量，每千克增重的能量沉积也只有高山细毛羊的 61.98%，而在秋季增重中，尽管增重成分中仍以水分为主，但蛋白质和脂肪所占的比例有所增加，因此每千克增重的能量积累也明显升高，达到高山细毛羊同时期每千克增重能量沉积的 88.90%。牦牛在出生后第二个暖季的能量积累总共是 367.30 MJ。在随后的第二个冬季掉膘期，牦牛体重下降 6.0 kg，其中，水分占 41.36%，粗蛋白占 38.98%，脂肪占 19.83%，每千克减重损失的能量是 14.00 MJ；而在其第二个春季掉膘期体重下降 12.7 kg，其中，水分占 66.79%，粗蛋白占 21.37%，脂肪占 12.90%，每千克减重损失的能量是 8.39 MJ，第二个冷季（从出生后第二年 10 月到第三年 5 月）牦牛总共消耗体能量 190.55 MJ，占第二个暖季体能量积累的 51.88%。可见，牦牛在冬春季体重下降过程中的能量损失和水分损失情况与高山细毛羊几乎完全一致，只是在损失的能量中，牦牛主要靠体蛋白的分解，高山细毛羊则更多地依赖体脂肪的分解，尤其在第二个冬季掉膘期，这一趋势更加明显。青藏高原有漫长的冬季，每年 12 月到翌年 2 月是最冷的时候，是牦牛和高山细毛羊的冬季掉膘期；2 ~ 4 月，尽管日均气温仍低于 0℃，但气温已开始回升，5 月初日均气温已大于 0℃，到 5 月中旬，牧草开始返青，但仍是青黄不接，因此，2 ~ 5 月（22 ~ 25 月龄）牦牛和高山细毛羊体重继续下降，这段时间是牦牛和高山细毛羊的春季掉膘期。在牦牛的冬季掉膘期，体重损失的主要成分是水分和 CP，二者下降的比例几乎相等，各占体重损失的 40% 左右，而在牦牛的春季掉膘期，体重损失中水分占的比例明显上升，粗蛋白占的比例显著下降，因此，在隆冬季节，牦牛体重每下降 1 kg，体能量损失达 14.00 MJ，而隆冬过后，牦牛体重每下降 1 kg，体能量损失只有 8.39 MJ。尽管牦牛和高山细毛羊体重损失中蛋白质和脂肪占的比例不同，但每千克减重的能量损失却几乎完全一样：在隆冬季节，高山细毛羊体重每下降 1 kg，体能量损失达 14.28 MJ，而隆冬过后，高山细毛羊体重每下降 1 kg，体能量损失只有 8.88 MJ。

表 9-13　1～2 岁牦牛体成分沉积动态

月龄	增重（kg）	水分沉积（kg）	蛋白质沉积（kg）	脂肪沉积（kg）	能量沉积（MJ）
13～15	22.3	16.05	4.50	0.91	110.08
15～18	40.7	28.48	8.98	2.84	257.70
18～22	-5.9	-2.44	-2.30	-1.17	-82.58
22～25	-13.1	-8.75	-2.80	-1.69	-109.96

9.2　天然草地放牧家畜个体增重

9.2.1　放牧家畜个体增重的变化

9.2.1.1　不同放牧强度下牦牛个体增重的变化

两季草场及年度不同放牧强度下牦牛个体平均增重见表 9-14。在放牧试验第一年，无论是暖季草场、冷季草场，还是年度增长，放牧强度对牦牛个体增重显示出一定的差异，但不是很明显。这与周立等（1995a）、汪诗平等（1999a）在放牧绵羊上的试验结果基本一致。暖季草场正处于牧草生长期，在轻度放牧和中度放牧下，放牧牦牛的采食行为刺激莎草和禾草快速生长，以补偿莎草和禾草的损失，但当盖度和生物量达到一定水平时，这种功能补偿又往往产生牧草的生长冗余，因此轻度和中度放牧下优良牧草（莎草和禾草）的盖度和生物量降低比较缓慢，优良牧草（莎草和禾草）的有些品种的种子就能够成熟。但莎草的茎、叶，特别是种子中，单宁的含量比较高，它会影响牧草营养的消化吸收，这是单宁基本的抗营养机理（冯定远和汪儆，2001）。因此在第一年，轻度和中度放牧下牦牛的个体增重差异不明显。但随着放牧强度的提高，在重度放牧下，虽然该种功能补偿形式可以实现在该利用率下莎草和禾草盖度降低的损失，但多为牦牛不喜食或不可采食的杂类草，因此它是一种功能上的组分冗余，表现为杂草和毒杂草盖度和生物量的增加，使禾草和莎草的生产受到了更为严重的胁迫（资源亏损胁迫）（张荣和杜国祯，1998），造成轻度、中度放牧与重度放牧之间的差异。另外，由于试验期的冷、暖季草场均是当地牧民的暖季草场，试验前牦牛的放牧强度二十多年以来均比试验期的重度放牧还要高，因此相对于试验前，试验期的三个放牧强度均属中轻度放牧，所以两季草场第一年的试验结果能更好地体现这三个放牧强度的差异。其后数年（尤其第二年）牧草均能程度不同地显示草场自我恢复对放牧强度的影响，我们称之为自我恢复性放牧强度或改良性放牧强度（汪诗平等，1999a），而这种放牧可能会掩盖放牧强度对草地的“滞后效应”（周立等，1995b）。因此，这种自我恢复性放牧强度或改良性放牧强度使放牧强度对草场的“滞后效应”携带了草场自我恢复的差异。在放牧第二年，轻度放牧下，牧草返青后，由于牧草的品质好，营养价值高，牦牛增重明显；但到后期，由于牧草资源丰富，优良牧草（莎草和禾草）的数量远大于牦牛的采食需求，优良牧草

（莎草和禾草）的品质和营养价值下降，有些植物的种子就能够成熟，牧草中的单宁含量增加，进而影响牧草营养的消化吸收，牦牛个体增重减慢。中度放牧下，牦牛的采食行为刺激莎草和禾草快速生长，优良牧草的品质比较好，营养价值较高，导致牦牛在整个放牧期内的个体增重高于轻度和重度放牧，牦牛个体平均增重与放牧强度的二次拟合曲线的显著性大于一次曲线，即有较大的相关系数（$R^2=0.9883$）。这一结果与周立等（1995a）、李永宏和汪诗平（1999）、汪诗平等（1999a）在绵羊研究上的结论不一致。在冷季草场，尽管草场自我恢复性放牧强度或改良性放牧强度和放牧强度引起的“滞后效应”在牧草生长期同时存在，但在放牧期，牧草已经枯萎，因此放牧强度的差异是影响牦牛增重的决定因素。

表 9-14　不同放牧强度下牦牛个体平均体重增长　　（单位：kg）

项目	轻度放牧		中度放牧		重度放牧	
	第一年	第二年	第一年	第二年	第一年	第二年
暖季草场	45.1	62	45.4	72.7	37.0	70.2
冷季草场	25.1	4.5	10.3	0.2	-4.4	-9.3
年度增重	70.2	66.5	55.7	72.9	32.6	60.9
总增重	136.7		128.6		93.5	

在试验期内，三个处理的牦牛平均总增重依次为 136.7 kg、128.6 kg、93.5 kg（表 9-14），轻度放牧组较中度放牧组高 6.3%、较重度放牧组高 46.2%。经方差分析表明，三个处理的牦牛平均总增重有显著的差异（$F=5.03>F_{0.05}=3.68$），进一步做新复极差测验，30%和50%放牧利用率之间差异不显著，但它们和70%放牧利用率之间的差异均显著。

9.2.1.2　不同放牧强度下藏系绵羊个体增重的变化

两季草场及年度不同放牧强度下藏系绵羊个体平均增重见表 9-15。在 2 年的试验期内，第一年无论是暖季草场、冷季草场，还是年度增长，放牧强度对藏系绵羊个体增重并未有明显影响，这主要是由于各试验区的本底差异引起的；第二年藏系绵羊的个体增重随放牧强度的增加而明显下降，表明放牧强度已成为影响藏系绵羊个体增重的关键因素（周立等，1995a）。这主要是因为放牧绵羊对牧草（尤其是喜食牧草）不同强度的啃食引起叶面积不同程度的减少，冠层物理结构和透光率也发生了变化，同时不同数量的家畜排泄物改变了土壤营养状况，从而不同程度地影响了第一年牧草生长、物质积累和生殖过程，因而也相应地影响了第二年牧草的萌发和生长状况，尤其是返青期。因此，经过第一年（一个植物生长周期）不同强度的放牧之后，各放牧强度的影响已渗入牧草之中，其后数年（尤其是第二年）牧草均能程度不同的显示这种影响，也即放牧的“滞后效应”。因此，在下文中以第一年的试验数据作为探讨放牧强度关于藏系绵羊生产力效应的体据。

表 9-15　不同放牧强度下藏系绵羊个体平均体重增长　　（单位：kg）

项目	不同放牧强度下的牧草利用率									
	60%		50%		45%		35%		30%	
	第一年	第二年	第一年	第二年	第一年	第二年	第一年	第二年	第一年	第二年
暖季草场	9.80	8.35	10.05	9.20	9.80	9.54	7.80	9.38	9.61	11.32
冷季草场	-2.52	-3.62	-2.05	-1.05	-3.65	-1.10	-0.25	-0.38	-1.82	-0.48
年度增重	7.28	4.73	8.00	8.15	6.15	8.44	7.55	9.00	7.79	11.80
总增重	12.01		16.15		14.59		16.55		19.59	

注：表中数据引自周立等（1995a）

9.2.2　放牧家畜个体增重与放牧强度之间的关系

9.2.2.1　牦牛个体增重与放牧强度之间的关系

Jones 和 Sandland（1974）考察了从热带到温带33个不同植被类型牧场的大量放牧强度试验数据，发现家畜的个体增重 Y 与放牧强度 X（只/hm^2）之间存在一种线性关系：

$$Y = a - bX(b > 0) \tag{9-3}$$

尽管对极轻和极重的放牧强度下直线或曲线的形状存在一些争议（Jones，1981），但其间很大的放牧强度范围内存在着线性关系，则是人们普遍接受的（周立等，1995a；汪诗平等，1999a；李永宏等，1999；董全民等，2003b，2005b）。

从3个放牧梯度的试验数据来看，第一年无论是冬季草场、暖季草场，还是年度，牦牛的个体增重均与放牧强度呈线性关系（表9-16）。这表明高寒高山嵩草草甸上牦牛个体增重与放牧强度之间确实存在着如表9-16回归方程所示的线性关系，放牧强度是引起牦牛个体增重变化的主要原因。

表 9-16　牦牛个体增重与放牧强度之间的回归方程

项目	回归方程	r 值	显著水平（P）
冷季	$Y = 46.925 - 28.365X$	-1.0000	$P < 0.001$
暖季	$Y = 50.6 - 24.05X$	-0.8499	$P > 0.10$
年度	$Y = 99.692 - 67.978X$	-0.9914	$P < 0.01$

回归方程中的 Y 轴截距（a）和斜率（b）均不相同，一般认为 a 表示草场的营养水平。a 值越大表示草场营养水平越高，低放牧强度下家畜个体增重越大；而斜率（b）则表示草场关于放牧强度的空间稳定性（家畜在不同强度的啃食下，草场维持潜在生产力和植被组成不变的能力）及恢复能力（植被组成改变后恢复到原来状态的能力）。b 值越小个体增重减少越慢，直线 Y 就趋向水平，草场的空间稳定性越好，恢复能力越强。从表9-16可以看出，暖季草场的营养水平（$a = 50.6$）高于冷季草场（$a = 46.925$）；暖季草场的空间稳定性和恢复能力（$b = 24.05$）远高于冷季草场（$b = 28.365$）。这是因为夏季草场放牧正处于牧草生长期，牧草营养丰富，而且牧草不断得到补充；而冬季草场放牧期处于牧

草枯黄期，牧草营养大幅度下降，且被食牧草得不到任何补充。

9.2.2.2 藏系绵羊个体增重与放牧强度之间的关系

从藏系绵羊第二年 5 个强度的试验数据来看，无论是暖季草场、冷季草场，还是年度，藏系绵羊个体增重均与放牧强度呈显著的负相关（表 9-17）。回归分析表明，放牧强度与藏系绵羊个体增重之间存在着显著的线性回归关系，放牧强度是引起藏系绵羊个体增重的主要原因。

表 9-17 牦牛个体增重与放牧强度之间的回归方程

项目	回归方程	r 值	显著水平（P）
冷季	$Y=13.46-0.9459X$	-0.9615	0.01
暖季	$Y=2.873-1.118X$	-0.9200	0.05
年度	$Y=16.35-4.158X$	-0.9604	0.01

表 9-17 中暖季草场、冷季草场和年度藏系绵羊个体增重与放牧强度之间的线性回归方程中 Y 轴截距和斜率方程 9-3 与表 9-16 中的意义相同。但是，这种解释只适于放牧时间长度相差不多的季节性草场之间的比较，以家畜的个体增重变化间接相对度量草场的质量截距（a）以及草场的稳定性和恢复能力斜率（b）。年度回归方程显然不宜与季节性草场比较，因为牦牛个体的总增重等于两季草场上牦牛个体年度的增重之和，从而年度回归方程在 Y 轴上的截距（a）必然大于两季草场回归方程在 Y 轴上的截距之和。换言之，如果年度回归方程与两季草场的回归方程相比较的话，只会得出在试验期内草场的营养水平高于两季草场的误解，对于斜率（b）也存在类似的问题。

回归直线 Y 与 X 轴的交点（$X=a/b$）表示家畜个体增重为 0 的放牧强度。即在该放牧强度之下，草场只能支撑家畜的维持代谢。若高于该强度，家畜体重则呈负增长。称其为草场的最大负载能力，这也是草场理论上容纳家畜数量的能力。

9.3 天然草地放牧家畜单位面积增重

9.3.1 单位面积牦牛增重与放牧强度间的关系

当放牧强度为 X，也即每公顷草地有 X 头牦牛时，由式（9-3），每公顷草地的牦牛总增重 Y_T（kg/hm^2）为

$$Y_T=aX-bX^2 \tag{9-4}$$

对于每公顷的草地，若以牦牛的活重来度量其牦牛生产力，则式（9-4）表示每公顷草地牦牛生产力与放牧强度之间的定量关系。因为 $b>0$，Y_T 达到最大值的放牧强度为

$$X^*=a/2b \tag{9-5}$$

X^* 恰好是草场最大负载能力 X_C 的一半。相应的 Y_T 最大值为

$$Y_{\text{Tmax}} = a^2/4b = (a/b) \cdot a/4 = X_C \cdot a/4 \qquad (9\text{-}6)$$

表明每公顷草地的最大牦牛生产力仅由草场的最大负载能力和营养水平决定。显然，这二者一旦已知，草场的空间稳定性和恢复力也就比较清楚了。可见营养水平和最大负载能力是评价草场的重要指标。

利用式（9-5）和式（9-6），由表9-16所列各回归方程容易得到各季草场及年度的最大牦牛生产力。

在暖季草场放牧5个月、冷季草场放牧7个月、各放牧强度的两季草场牧草利用率控制在基本相同的条件下，由回归分析得到暖季草场、冷季草场和年度草场单位面积最大牦牛生产力分别为60.96 kg/hm^2、19.41 kg/hm^{2}和36.55 kg/hm^2。

9.3.2　单位面积藏系绵羊增重与放牧强度间的关系

应用上文中放牧家畜单位面积增重与放牧强度之间的关系，通过表9-17中线性回归方程的参数，得到藏系绵羊单位草地面积增重为：暖季草场47.43 kg/hm^2，冷季草场1.85 kg/hm^2，年度单位面积草场16.07 kg/hm^2。

这里需要指出的是，在极轻放牧强度下，由于优良牧草的数量远大于牦牛和藏系绵羊的采食需求，其选择性、采食量及个体增重基本上不变；对于接近最大负载能力的极重放牧强度，可能已超出了草场的弹性调节范围，草场出现退化现象，导致负载能力下降。如果一味地提高放牧强度，追求公顷最大放牧强度，势必造成草场的进一步退化，不能保证持续地获得单位面积最大增重。因此，该指标主要适用于草场状况良好，投入少，家畜支出少，经济意识不强的情况。但最大量获取、极少投入的牧业生产，从持续利用的角度，再好的草场也要退化。

9.4　人工草地放牧牦牛个体增重

9.4.1　牦牛总增重的变化

从图9-3可以看出，在三个放牧季内，放牧区牦牛的总增重有随放牧强度的增加而减小的趋势，且相同放牧区牦牛总增重之间的差异不显著（$P>0.05$），而同一放牧季各放牧区牦牛总增重之间的差异显著（$P<0.05$），这与周立等（1995a，1995b，1995c）、李永宏等（1999）、汪诗平等（1999a）在绵羊放牧试验上的结果基本一致。在2003～2005年，极轻放牧区牦牛总增重比轻度放牧区分别高18.1 kg、19.4 kg和10.2 kg，比中度放牧区分别高33.0 kg、34.1 kg和28.4 kg，比重度放牧区分别高40.1 kg、122.1 kg和114.1 kg；轻度放牧区比中度放牧区分别高14.9 kg、14.7 kg和18.2 kg，比重度放牧区分别高22 kg、102.7 kg和104.4 kg，而中度放牧区比重度放牧区分别高7.1 kg、88.0 kg和86.2 kg。

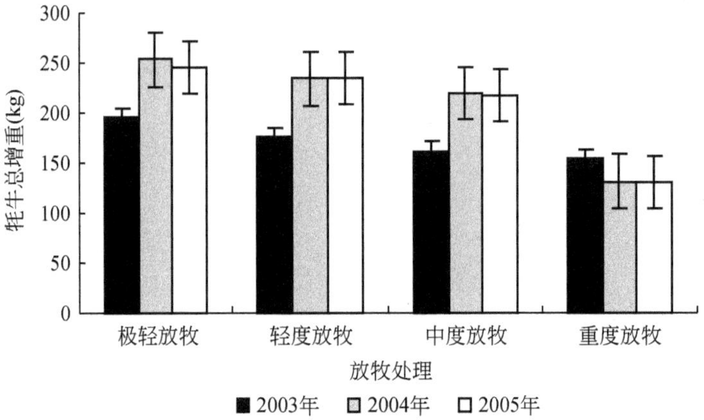

图 9-3　放牧强度对各放牧小区牦牛总增重的影响

9.4.2　不同放牧强度下牦牛的个体增重

在三个放牧季内，不同放牧梯度下牦牛个体增重见表 9-18。方差分析表明，相同放牧区牦牛总增重之间的差异不显著（$P>0.05$），而同一放牧季各放牧区牦牛总增重之间的差异显著（$P<0.05$）。进一步做新复极差方差分析，各年度极轻放牧、轻度放牧和中度放牧区牦牛总增重之间的差异不显著，而它们与重度放牧区之间的差异显著（表 9-18）。

表 9-18　不同放牧梯度下牦牛的个体增重　（单位：kg/头）

放牧梯度	放牧季		
	2003 年	2004 年	2005 年
极轻放牧	48.7a	63.4a	63.4a
轻度放牧	44.2a	61.6a	58.0a
中度放牧	40.5a	52.9a	46.5a
重度放牧	38.7b	32.9b	30.0b

注：同一行或列，字母相同表示差异不显著（$P>0.05$），字母不相同表示差异显著（$P<0.05$）

9.4.3　牦牛个体增重与放牧强度之间的关系

回归分析表明，各放牧季牦牛的个体增重与放牧强度均呈显著的线性回归关系（表 9-19）。这与 Jones 和 Sandland（1974）、Jones（1981）从热带到温带 33 个不同植被类型放牧场的大量放牧强度试验数据发现家畜的个体增重与放牧强度之间存在一种线性关系的结论一致，也与周立等（1995a，1995b，1995c）、汪诗平等（1999a）的结论一致。直线回归方程中的 Y 轴截距 a 和斜率 b，一般认为分别表示放牧场的营养水平和草地场的空间稳定性及恢复能力。a 值越大表示草场营养水平越高，b 值越小，表明草场的空间稳定性越好，恢复能力越强（周立等，1995a）。

表9-19　放牧强度与牦牛个体增重之间的关系

年份	回归方程 $Y=a-bX$ ($b>0$)		回归系数 (r)	显著水平 (P)
	a	b		
2003	51.490	1.2822	−0.9853	<0.01
2004	74.238	3.1618	−0.9227	<0.05
2005	71.227	2.7019	−0.9185	<0.05

9.5　人工草地牦牛单位面积增重

9.5.1　不同放牧强度下单位面积草地牦牛的增重

不同放牧强度下每公顷草地牦牛活体增重见表9-20。方差分析表明，相同放牧区每公顷草地牦牛总增重之间的差异不显著（$P>0.05$），而同一放牧季各放牧区牦牛总增重之间的差异极显著（$P<0.01$）。进一步做新复极差方差分析，各年度极轻放牧区、轻度放牧和中度放牧区每公顷草地牦牛总增重之间的差异显著（$P<0.05$），而它们和极轻放牧区每公顷草地牦牛总增重之间的差异极显著（$P<0.01$）（表9-20）。

表9-20　不同放牧强度下单位面积牦牛增重的变化　　（单位：kg/hm^2）

放牧梯度	放牧季		
	2003年	2004年	2005年
极轻放牧	126.7A	164.8A	159.6A
轻度放牧	234.0 Ba	326.5 Ba	311.9 Ba
中度放牧	323.8 Bb	423.0 Bb	434.4 Bb
重度放牧	406.0 Bc	345.5 Bc	357.0 Bc

注：同一行或列，大写字母不同者，为差异极显著（$P<0.01$）；小写字母不同者，为差异显著（$P<0.05$）；字母相同者，为差异不显著（$P>0.05$）

9.5.2　放牧强度与单位面积草地牦牛实际增重之间的关系

回归分析表明，2003年每公顷草地牦牛总增重与放牧强度均呈显著的线性回归关系，而2004年和2005年每公顷草地牦牛总增重与放牧强度均呈显著的二次回归关系（表9-21）。多数学者认为：放牧强度与单位面积草地的家畜增重呈二次回归关系（Hart，1978；Jones，1981；周立等，1995a，1995b，1995c；汪诗平等，1999a），本试验2003年的结果与以上学者的研究结果不一致。

表 9-21　单位面积草地牦牛增重和放牧强度的关系

年份	回归方程 $y=ax-bx^2$（$b>0$）或 $y=a-bx$（$b>0$）		R^2	显著水平（P）
	a	b		
2003	40.601	3.5164	0.9968	<0.01
2004	90.067	5.2599	0.9093	<0.05
2005	86.224	4.7546	0.8945	<0.05

放牧强度对草场植被及土壤的影响具有“滞后效应”，这种“滞后效应”在短期放牧内可能会掩盖放牧强度对草地土壤养分含量甚至草地第一性生产力的真实状况（周立等，1995a，1995b，1995c）。因此，在放牧第一年，单位面积草地牦牛增重随放牧强度的增加而呈上升趋势；在放牧第二年和第三年，极轻和轻度放牧区由于牧草残存量（枯枝落叶）较多，这将影响返青初期牧草的生长；而中度放牧区由于牧草的再生性好，营养价值高，加之放牧初期牦牛的“补偿性生长”，牦牛增重明显；对重度放牧而言，放牧初期和中期，牧草生长和再生能力强，牧草的生长和再生量能够满足牦牛的采食，但到放牧后期牧草的生长和再生能力下降，牧草资源已不能满足牦牛的采食需求，牦牛增重出现了负增长，中度放牧区单位面积草地的牦牛增重最大，因此单位面积草地牦牛增重与放牧强度的二次拟合曲线的显著性大于一次曲线。

9.5.3　放牧强度与单位面积草地牦牛增重之间的关系

在三个放牧季内，各放牧季牦牛的个体增重与放牧强度均呈显著的线性回归关系。在试验的第一年，放牧强度对牦牛个体增重显示出一定的差异，虽然不是很明显，但线性关系依然极显著。在放牧第二年，重度放牧下，牧草返青后，由于牧草的品质好，营养价值高，牦牛增重明显，但到后期，由于牧草的生长和补偿性生长不能满足牦牛的草食需求，个体增重减慢，甚至出现负增长；在极轻和轻度放牧下，由于枯草比较多，反而影响牧草的返青，牦牛增重不是很明显，但到后期，由于牧草资源丰富，优良牧草（莎草和禾草）的数量远大于牦牛的采食需求，牦牛个体增重减慢，但体重依然增加。中度放牧下，牦牛的采食行为刺激莎草和禾草快速生长，优良牧草的品质比较好，营养价值较高，使牦牛在整个放牧期内的个体增重高于轻度和重度放牧，牦牛个体增重与放牧强度趋向二次拟合曲线。由于放牧强度“滞后效应”，在放牧第三年，放牧强度的差异才是是影响牦牛增重的决定因素，因此我们选择第三年的试验数据作为探讨放牧强度对牦牛生产力效应的依据。

利用式（9-5）和式（9-6），由表 9-19 所列各回归方程容易得到单位面积人工草地牦牛最大增重为：373.73 kg/hm^2，而通过表 9-21 直接得到的最大增重为 390.88 kg/hm^2，两者之间的差异不显著。

第 10 章　三江源区草地资源合理利用

三江源区是青海省的主要畜牧业基地，草地资源丰富，草质柔软，营养丰富，具有高蛋白、高脂肪、高碳水化合物以及纤维素含量低、热值含量高等特点，是发展高原草地畜牧业的物质基础（Long et al.，1999a；赵新全等，2000）。然而，由于该地区高寒草场的初级生产力水平很低，牧草现存量和营养成分的季节性变化大以及长期的超载过牧，造成放牧家畜“夏饱、秋肥、冬瘦、春死亡”的恶性循环，致使高寒草甸草地畜牧业发展缓慢（王秀红和郑度，1999；赵新全和周华坤，2005）。为此，近 5 年来，国家和青海省投入大量的人力和物力，建植人工草地约 16 万 hm^2，缓解了该地区天然草地压力及草畜矛盾问题，也在一定程度上遏制了局部生态环境进一步恶化的趋势。但由于该地区人工草地合理利用和管理技术的研究较少，技术储备不足，尤其是人工草地草 - 畜系统优化集成技术研究更为缺乏。这种状况与正在实施的“三江源自然保护区生态环境保护和建设总体规划”的现状和要求极不适应。因此，对高寒地区生态环境恶化，气候寒冷，风沙和干旱灾害频繁的特点，从理论上探讨放牧生态系统（草甸天然草地和人工草地）在放牧下主要生态过程的变化，以及这些变化对放牧生态系统稳定性和可持续能力的作用，从而为高寒草甸天然草地和高寒人工草地科学、合理和可持续利用奠定基础；在实践上，针对高寒地区由于过载等造成草地退化日趋严重的现状，解决高寒地区（高寒草甸天然草地和人工草地）适宜放牧率及放牧管理策略以及人工草地何时利用、如何利用这些主要问题，以资源的持续最大利用为目标，以提高家畜的出栏率、商品率和生产力为突破口，以放牧、放牧加舍饲以及补饲为主要措施，充分利用“退耕还草”、“荒山种草”中建植的人工草地和“四配套”建设、“天保项目”以及“温饱工程”等项目修建的太阳能暖棚，改变粗放的传统经营管理模式，运用综合配套技术和集约化、专业化生产的经营管理模式，促进天然草地和人工草地放牧生态系统的耦合，科学合理利用天然草地、提高高寒地区人工草地资源的利用效率，从而实现该地区畜牧业持续、稳定、高效、协调的发展，既能保持该地区草地生态环境的稳定，又不危及子孙后代的利益，这才是当代畜牧业发展的战略任务。

10.1　天然草地资源的合理放牧利用

10.1.1　高寒天然草地优化放牧方案的综合评价

高寒草甸草场目前一个突出的问题是放牧方案的不合理而导致草场的初级生产力低、草场退化、优良牧草减少，伴随而来的是次级生产力下降，家畜个体变小，严重影响高寒草地畜牧业的发展（赵新全等，1989）。因此，高寒草地的放牧方案，是生产实践中急需解决的问题，这对生态系统的最大、持续、稳定的输入和输出具有十分重要的意义。赵新全等（1989）应用放牧方案综合评价的数学模型，选出15个因子作为评价放牧方案的必要因子，把所考虑的因素按某些属性分成几类，先对每一类进行综合评判，再对评语结果进行类之间的高层次综合，然后利用综合值对不同放牧方案进行优劣评判；同时指出，良好的放牧方案应该从草畜两方面进行考虑，既不造成牧草资源浪费和家畜利用不足，又能维持草地生产力。因此，评价最优放牧方案的依据应该是植被反应和家畜生产两部分，其重要程度是前者大于后者，二者的权重为0.55和0.45。植被反应又包括生物量、类群变化和牧草营养成分三部分，其中，生物量反映了草地的初级生产力，生物量下降，表明草场退化；植物类群变化在一定程度上反映了草场的演替趋势，如果草场中禾草和莎草的比例增高，说明草场向正向演替；相反，如果草场中杂类草的比例升高，说明草场向逆向演替。牧草营养成分反映了牧草质量，如果牧草中粗蛋白质的含量增加，牧草质量较高；相反，牧草中粗纤维含量增高，牧草质量变劣。我们认为在高寒草甸草场牧草现存量最为重要；其次为植物类群组成和牧草营养成分，三者的权重分别为0.40、0.35和0.25。根据藏系绵羊的生产性能，家畜生产部分主要指增重（产肉）、产毛和死亡率，由于藏系绵羊的主要生产用途是产肉，其权重较高，上述三个因素的权重分别为0.50、0.25和0.25，增重和产毛又分为个体产量和单位面积产量两部分，如果单独追求个体产量，就会使放牧强度过轻，相反单纯追求单位面积产量就可能使放牧强度过重，在生产实践中，以单位面积产量较为重要，二者的权重为0.40和0.60。图10-1列举了评价放牧方案因素层次及权重。

应用模糊数学模型对某放牧方案进行综合评价时，首先应列出该放牧方案的每个因素所属的阈值。然后根据矩阵查出该放牧方案的每个影响因素语言所对应的行矩阵。每一级因素按单层次评判的数学模型评判，而每层次的单层次评判又是下一层次的综合评判结果。例如，植被反应是牧草储量、类群组成，营养成分综合评判结果，而牧草储量又是夏场、冬场的评判结果，这样就形成了由后面层次到前面层次逐层利用单层次评判模型进行评判，最终得出综合评判结果（图10-1）。表10-1列举了5种放牧方案的综合评价值，其中以放牧方案的综合评判值为最高。在该放牧方案下，不论是植被反应还是家畜生产，各因素的语言值都较高，也就是说，在放牧强度为2.67只绵羊/hm^2的情况下，家畜生产也维持在相对高的水平，同时，草场的初级生产力较高，且植被向好的方向演替，从而实现嵩草草场的持续利用。

表10-1　5种放牧方案的综合评价值

项目	放牧方案				
	A	B	C	D	E
放牧强度（只绵羊/hm^2）	5.30	4.43	3.55	2.67	1.80
综合评判值	3.34	3.20	4.87	5.06	4.47

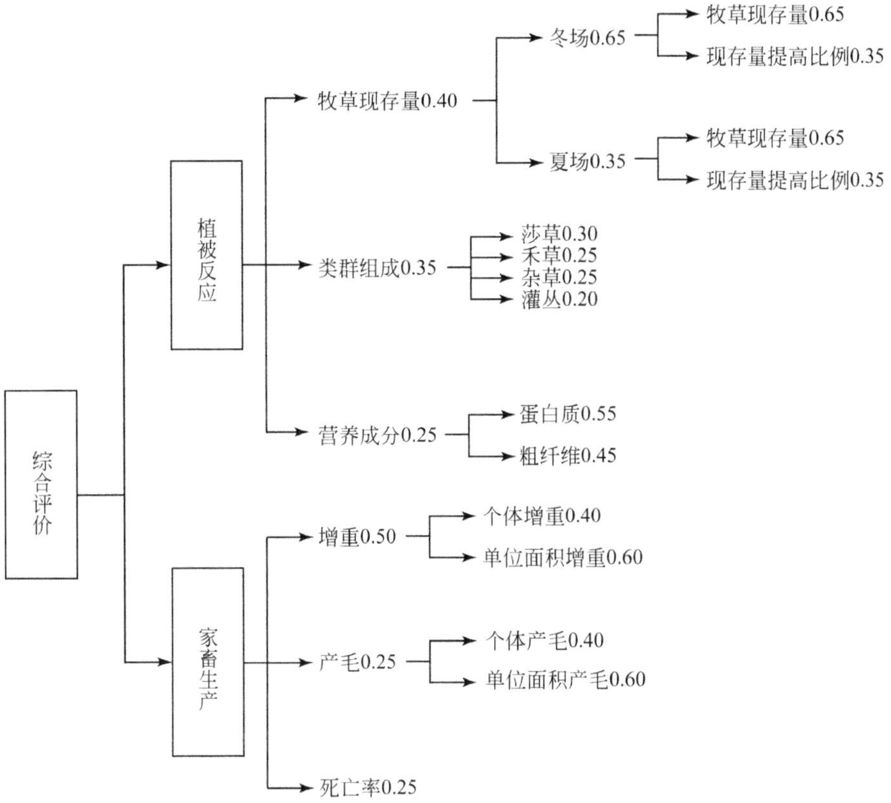

图 10-1　评价放牧方案的因素层次及权重

10.1.2　两季放牧草场的最佳生态放牧强度

一定草地面积上放牧畜群的生产力与放牧强度的关系可表达为 $Y = aX - bX^2$（Y 为单位面积放牧家畜增重，X 为放牧强度）。因此可以利用该式计算草地“最佳放牧（率）强度”。当放牧强度为 $a/2b$ 时，单位面积畜群生产力最大，为 $a^2 \cdot (4b)^{-1}$，此时的放牧强度称之为“生态最佳放牧（率）强度”（Hart，1978；Jones，1981）。在高寒草甸两季草场暖季草场放牧 5 个月、冷季草场放牧 7 个月、各放牧强度两季草场牧草利用率控制基本相同的条件下，当暖季草场、冷季草场和年度草场单位面积牦牛生产力达到最大时，它们对应的放牧强度分别为 2.52 头/hm^2、1.68 头/hm^2 和 1.47 头/hm^2，此时的放牧强度称之为“生态最佳放牧强度”，或称之最大生产力放牧强度（周立等，1995a）。在放牧强度为 1.47 头/hm^2 时，每公顷草场年度最大牦牛生产力（36.55kg/hm^2）达到最大，而此时的放牧强度比较接近暖季草场的中度放牧（1.45 头/hm^2）。冷季草场重度放牧的放牧强度（1.81）大于其最大生产力放牧强度（1.68），但小于其最大负载能力，牦牛反而减重，其原因还不确定，可能是由于试验组牦牛个体差异造成的；也可能是因为重度放牧组已接近极重放牧强度，已超出了草场的弹性调节范围，草场出现退化现象，导致负载能力下降；也可能是由于气候变化造成的，尚需进一步探讨。

另外，周立等（1995a）以金露梅灌丛为夏季草场、矮嵩草草甸为冬季草场，得出暖季草场、冷季草场和年度草场单位面积牦牛生产力达到最大时，它们对应的放牧强度分别为7.05 头/hm^2、0.78 头/hm^2 和1.97 头/hm^2。

10.1.3 两季放牧草场的最佳配置

在草地供给方面，两季草场单位面积可供采食的牧草量并不相同，只有在牧场总面积的约束下通过合理调整两季草场的面积分配，才能使各季牧场的牧草总供给与总需求达到平衡，解决季节性草畜矛盾。周立等（1995a）通过建立非线性数学模型并利用线性规划模型的最优解对海北定位站轮牧草场放牧强度最佳配置进行了分析证明，证明了非线性无约束最优化问题解的存在和唯一性，提出了优化方法和并给出两季草场最佳放牧强度的解析表达式为

$$X_1 = (b_2/b_1)^{1/2} \cdot X_2 \qquad X_2 = (a_1 + a_2)/2[(b_1 b_2)^{1/2} + b_2] \tag{10-1}$$

式中，b、a 为两季草场牦牛体重增长方程中的系数；X_1 表示夏季草场放牧强度；X_2 表示冬季草场放牧强度。将表示牦牛个体增重与放牧强度的回归方程的系数用于式（10-1），得出两季草场最佳配置放牧强度为：夏季草场为1.81 头/hm^2，冬季草场为1.08 头/hm^2。因此，夏季草场的最佳配置应为：夏季草场∶冬季草场＝1.68∶1。在本试验中，夏季草场的最佳配置放牧强度位于中度和重度放牧之间，而冬季草场则位于轻度和中度放牧之间，这是由高寒草甸两季草场牧草营养的状况决定的，是高寒草甸草场长期形成的固有特征。

另外，周立等（1991a）应用藏系绵羊放牧试验结果，得出了在最优存栏和出栏结构下两季草场的最佳面积分配，两者分别为231.53 hm^2（夏秋草场）和268.47 hm^2（冬春草场），分别占草场总面积（以500 hm^2 为单位）的46.31%和53.69%，夏秋与冬春草场面积为1∶1.16（周立等，1991b）。按上述最佳面积分配，夏秋和冬春草场提供的实际可采食牧草总量分别为308.77 t和326.67 t。由于在估算单位面积草地可采食牧草量时，已考虑了不引起草场退化的适度利用率，例如，夏秋草场的牧草利用率为40%～50%。如果牧草利用率太高，将会影响草地的更新和牧草产量。反之，牧草利用率低于50%，则说明该季草场的牧草利用不足。

然而，两季草场放牧强度最佳配置受到草场不退化放牧强度的制约，不同放牧起始时间和不同的持续放牧、休牧时间长短，其营养水平、最大负载能力和家畜生产力均不相同。冬季草场的放牧强度一般都接近或超过最大负载能力，家畜生产力为负值，从而使得年度家畜生产力只能维持于较低水平。要摆脱这种困境，从根本上讲，必须改变“靠天养畜”的局面，进行大量的投入，改变传统的畜牧业经营方式。

10.1.4 高寒草甸植被状态度量指标与草场不退化最大放牧强度

放牧状态下动物生产是植物变化和土壤变化综合作用的结果，评价草地放牧适宜度时，必须以动物生产为标准（Wilson and Macleod，1991）。然而，有些学者以草场地上净

初级生产力为标准，将草场最大净初级生产力的放牧率作为最适放牧率（Williamson et al., 1989；汪诗平等，1999a），也有将公顷增重和放牧之间的关系及放牧与牧草现存量的关系，作为决定最适放牧的标准（Brandsy，1989；汪诗平等，1999b）。但是，不管采用什么标准，必须依草场的使用目的而定。经营草场的目的并不是不放牧的气候顶极植被，而是一个有生产力和恢复力的草场，即使在这种度量标准下，最终还须建立植被变化和家畜生产力之间的某种联系，以解释草场各种植被状态的好和坏。对于草场植被在理论上存在两种各有侧重的度量标准：一种是植被演替尺度标准，另一种是家畜生产力标准（Wilson，1986），近年来大多数人都接受以家畜生产力标准来衡量植被的变化，甚至草场总体状况的好坏（Wilson et al.，1984）。

10.1.4.1　牦牛个体增重及优良牧草比例随放牧强度梯度的变化

优良牧草比例和牦牛个体增随放牧强度的增加而减小（图 10-2）。牦牛个体增重和优良牧草比例与放牧强度均呈显著的线性回归关系（优良牧草比例：$R_{1998}=0.9613$，$R_{1999}=0.9827$；牦牛个体增重：$R_{1998}=0.8672$，$R_{1999}=0.0.9919$）。放牧第一年和第二年优良牧草比例与放牧强度之间两回归直线交点对应的放牧强度为 1.83 头/hm^2，第一年和第二年牦牛个体增重与放牧强度之间两回归直线交点对应的放牧强度为 1.89 头/hm^2。因此，不同放牧强度下放牧家畜生产力是植物变化、特别是优良牧草比例变化的间接反映（Wilson and Macleod，1991）。

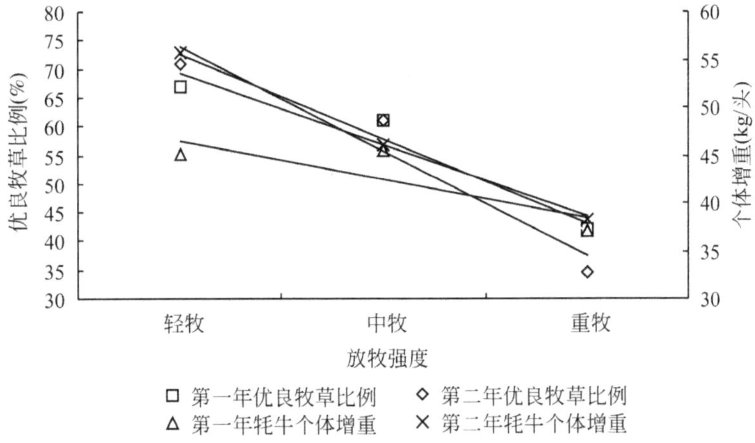

图 10-2　优良牧草比例和牦牛个体增重随放牧强度的变化

10.1.4.2　优良牧草比例与牦牛个体增重间的关系

优良牧草比例和牦牛个体增重的年度变化随放牧强度的增加而减小（图 10-3）。优良牧草比例年度变化和牦牛个体增重的年度变化与放牧强度之间两回归直线交点对应的放牧强度为 1.86 头/hm^2。这说明放牧强度约为 1.86 头/hm^2 时基本能维持优良牧草比例和牦牛个体增重年度不变，如果放牧强度高于该强度，优良牧草比例和牦牛个体增重第二年下降，反之上升；而且偏离越远，上升或下降幅度越大。显然，优良牧草比例的年度变化和

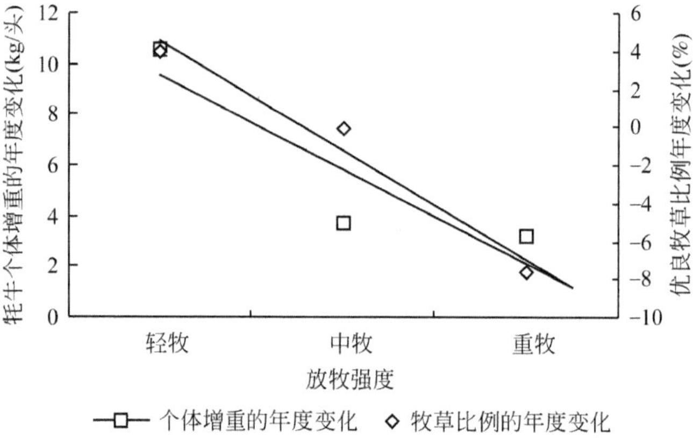

图 10-3 优良牧草比例和牦牛个体增重年度变化随放牧强度的变化

牦牛个体增重年度变化之间存在着正相关关系。为了便于分析，将它们随放牧强度度变化情况一并列于表 10-2 中。优良牧草比例的年度变化（Y_{Rf}）与放牧强度（X）之间的回归方程为

$$Y_{Rf} = 8.0003 - 2.97X\ (R = -0.9990, P < 0.01) \tag{10-2}$$

式中，$X>0$；Y_{Rf}的单位为%。

牦牛个体增重的年度变化（Y_{Lg}）与放牧强度之间的回归方程为

$$Y_{Lg} = 12.2\text{-}5.22X\ (R = -0.8702,\ P < 0.10) \tag{10-3}$$

式中，$X>0$；Y_{Lg}的单位为 kg/头。

进而 Y_{Rf}与 Y_{Lg}之间存在着正相关关系，其回归方程为

$$Y_{Lg} = 1.1801Y_{Rf} - 7.1112(R = 0.9136, P < 0.05) \tag{10-4}$$

表 10-2 牦牛个体增重和优良牧草比例年度变化

放牧处理	轻度放牧	中度放牧	重度放牧
放牧强度（头/hm^2）	0.89	1.45	2.08
牧草利用率（%）	30	50	70
优良牧草比例的年度变化（%）	3.93	-0.07	-7.61
牦牛个体增重的年度变化（kg/头）	10.6	3.7	1.2

实际上，牦牛个体增重的年度变化应该是优良牧草年比例的年度变化和牧草生物量年度变化的函数（周立等，1995a）。但由于两年各放牧强度处理组的牧草生物量的年度差异不显著，因此牧草生物量和牦牛个体增重的年度变化并不显著相关，牧草生物量在优良牧草年比例的年度变化对于牦牛个体增重的年度变化、牧草生物量之间的回归方程对回归平方和的贡献微小（$R=0.013$），从而牧草生物量对牦牛个体增重的年度变化的影响极小，可以忽略不计。因此只有优良牧草比例的年度变化 Y_{Rf}是暖季草场牦牛个体增重的年度变化 Y_{Lg}的主要决定因素［式（10-4）］。但对于其他类型的草场或放牧时间比较长的放牧试验，不同放牧强度下各放牧组牧草生物量可能随放牧强度不同而呈现明显的年度变化，牧

草生物量可能成为影响牦牛个体增重年度变化的主要因素之一（周立等，1995a；李永宏等，1999），因此有关牦牛放牧对草场生物量、牧草的补偿和超补偿生长能力以及草－畜之间的互作效应尚需进一步深入和系统的研究和探讨。

从优良牧草比例和牦牛个体增重的年度变化来看（表 10-2），总的趋势是随放牧强度的增加，优良牧草比例减小，牦牛个体增重也减小。但第二年中度和重度放牧组优良牧草的比例下降，而牦牛个体增重反而增加。第一年和第二年两年各放牧组牧草生物量的年度差异不显著，从理论上来说，优良牧草的比例下降，牦牛个体增重应该下降。这可能是系统误差和测量误差的影响造成优良牧草的比例和牦牛个体增重的年度变化相反。根据以上分析，含有试验误差的回归方程（10-4）的精确方程应该为：$Y_{Lg}=K\cdot Y_{Rf}$（K 为常数，且 $K>0$），因此方程 $Y_{Lg}=1.1801\cdot Y_{Rf}$ 可能是 Y_{Lg} 和 Y_{Rf} 关系的一个最好近似。这与周立等（1995b）在藏系绵羊上的结论一致。

10.1.4.3　优良牧草组成及草地质量指数的变化

各放牧区优良牧草（禾本科牧草＋莎草科牧草）地上生物量百分比组成及其年度变化见表 10-3。方差分析表明，不同放牧处理组优良牧草比例之间的差异显著（$P>0.05$），但各放牧区年度之间差异不显著（$P>0.05$）（表 10-4）。从各放牧区两年优良牧草的组成来看，对照、轻度和中度放牧区优良牧草地上生物量比例之间的差异不显著（$P>0.05$），但它们和重度放牧区之间的差异显著（$P<0.05$），而且各处理组年度之间的差异也不显著（$P>0.05$）。随着放牧强度的提高，植株较高的禾本科植物比例的减少提高了群落的透光率，从而使下层植株矮小的莎草科植物、特别是阔叶植物截获的光通量增高、光合作用的速率提高以及干物质积累增加，进而导致优良牧草地上生物量比例下降，阔叶草的比例上升。从各处理组不同年度优良牧草比例的变化来看，重度放牧区第二年比第一年减小，中度放牧组基本没有变化，轻度放牧组和对照组略有增加。另外，从表 10-3 也可以看出，随放牧强度的增加，优良牧草比例的年度变化减小，且优良牧草比例的年度变化与放牧强度呈极显著的负相关（$r=-0.9631$，$P<0.01$）。

表 10-3　优良牧草组成及草地质量指数的变化

项目	时间	对照	轻牧	中牧	重牧
优良牧草（禾本科牧草＋莎草科牧草）	1998 年	67.48±9.97a	66.98±5.65a	61.09±6.01a	42.21±3.32b
	1999 年	73.66±10.20a	70.91±7.61a	61.02±7.00a	34.60±3.01b
	年度变化	5.88±0.99	3.93±0.54	−0.07±0.01	−7.61±0.56
草地质量指数（IGQ）	1998 年	5.62Aa	5.21Aa	3.99Ab	2.12C
	1999 年	5.66Aa	5.36Aa	3.89Ab	1.64C
	年度变化	0.04	0.15	−0.1	−0.48

注：对同项目而言，字母相同者，表示差异不显著（$P>0.05$）；小写字母不同者，表示差异显著（$P<0.05$）；大写字母不同者，表示差异极显著（$P<0.01$）

为了比较不同放牧强度对草场质量的影响，除了用不同功能群植物地上生物量的比例及优良牧草比例直接度量草场植被的变化，也可通过计算草地质量指数来描述植被变化。

从表 10-3 可以看出，各处理组的草地质量指数之间的差异极显著（$P<0.01$），而年度之间的差异不显著（$P>0.05$）。随放牧强度的增加，不同处理组各年度的草地质量指数下降，而且中度放牧组的草地质量指数显著地高于轻度放牧和对照组（$P<0.05$），重度放牧组极显著地高于其他处理组（$P<0.01$），且草地质量指数的年度变化与放牧强度呈极显著的二次回归关系（$R^2=0.9883$，$P<0.01$）（表 10-3）。因此，应该采用植被群落组成和草地质量指数的年度（纵向）变化来分析探讨放牧强度对植被群落组成的影响。

表 10-4　优良牧草组成及草地质量指数方差分析

项目	分析项目	平方和（SS）	自由度（df）	*F* 值	*P* 值	显著性检验
优良牧草	处理间	1 317.865 0	3	23.944 2	0.013 46	*
	年度间	0.738 1	1	0.040 23	0.853 9	ns
草地质量指数（IGQ）	处理间	8.948 5	3	71.760 2	0.002 764	**
	年度间	0.012 8	1	0.307 9	0.617 6	ns

10.1.4.4　植物群落相似性系数变化

植物群落除了受放牧强度影响之外，还受气候变化的影响。对照区植物群落的年度变化体现了年度气候变化的影响。因此，以对照区基准的相似性系数的年度变化，消除了年度气候变化的影响，完全是放牧的结果。所以相似性系数的年度变化可以说明放牧强度对植物群落年度变化的影响（周立等，1995d）。从表 10-5 可以看出，1998 年各放牧区的相似性系数均较高且相差不多，但从相似性系数的年度变化来看，除轻放区外，中牧和放牧区均有不同程度的下降，其中，重牧区下降幅度最大，其次为中牧区。说明 1999 年除轻牧区外，中牧和重牧区植物群落都接近对照区的方向变化（变化增大），而轻牧区植物群落则偏离对照区。由于相似性系数已去除年度气候变化的影响，可以认为各放牧区植物群落的年度变化是不同放牧强度的结果（周立等，1995d）。

表 10-5　放牧强度与植群落相似性系数变化

项目	放牧强度					
	轻牧		中牧		重牧	
	1998 年	1999 年	1998 年	1999 年	1998 年	1999 年
相似性系数	0.8742	0.8824	0.8852	0.8679	0.8923	0.7989
年度变化	0.0082		−0.0173		−0.0934	

10.1.4.5　植被状态的度量指标

由于植被状态的变化（优良牧草比例变化或草地质量指数）就是放牧价值的变化，因此以对照组为标准的相似性系数的年度变化或草地质量指数可作为度量植被整体年度变化的一个定量指标。由于计算相似性系数时，各个种或类群及其丰富度的地位是相同的，因而它的变化显示任何物种或类群及其丰富度的相对变化。但对草地质量指数而言，不同植物类群盖度的测定和适口性的判别人为因素的干扰太大，因此它也不是一个很客观的指标。为了便于比较，我们将评价高寒高山嵩草草甸植被状态的指标一并列于表 10-6 中。从表 10-6 可以看出，4 个指标与放牧强度之间均存在负相关关系，且轻度放牧组的 4 个指标均为正值，表明轻度放牧组植被的放牧价值和牦牛生产力逐年改善，其植物群落与对照组植物群落的差异逐年减小，草地质量（放牧价值）在提高。在中度放牧区，草地质量指数和牦牛个体增重的年度变化均为正值，但植物群落的相似性系数和优良牧草比例的年度变化为负值。这说明轻度放牧能改善高寒高山嵩草草甸植被的放牧价值和牦牛生产力，但群落整体与对照组的差异略有增大。在重度放牧条件下，尽管其他 3 项指标均为负值，但牦牛个体增重的年度变化为正值，这与周立等（1995d）在藏系绵羊上的结论不完全一致。这可能是系统误差和测量误差造成牦牛个体增重的年度变化与草地的放牧价值和草地质量相反，也可能是牦牛在高寒高山嵩草草甸放牧与其他家畜在消化和代谢等方面不同所致，或是由于高寒高山嵩草草甸植被中某些特有植物的特殊化学成分在起作用（冯定远和汪儆，2001），尚需进一步深入研究。

表 10-6　高寒高山嵩草草甸暖季草场植被状态变化的度量指标

放牧强度	植被变化指标			牦牛生产力变化指标
	相似性系数变化	优良牧草比例变化（%）	草地质量指数变化	牦牛个体增重变化（kg/头）
轻牧（0.89 头/hm^2）	0.0142	3.93	0.1500	10.0
中牧（1.45 头/hm^2）	-0.0109	-0.07	0.1000	3.7
重牧（2.08 头/hm^2）	-0.0509	-7.61	-0.4800	3.2

10.1.4.6　草场不退化最大放牧强度

通过以上分析可知，如果单独探讨植物群落整体的相对变化，相似性系数和草地质量指数是比较全面的指标。但相似性系数的变化与优良牧草比例变化指标不同，它与牦牛生产力变化没有直接的联系，不能反映草场放牧价值的变化。相比之下，草地质量指数的变化也要比相似性系数的变化能更好地反映牦牛生产力变化，因为它把所有不同植物类群的盖度、适口性都考虑到了，能从整体上反映草场放牧价值的变化，但它仍然与牦牛生产力没有太直接的联系，不同植物类群盖度的测定和适口性的判别人为因素的干扰太大，因此它也不是一个很客观的指标。以上事实也说明重度放牧组的植被放牧价值和草地质量逐年降低，植物群落也朝远离对照组的方向变化，但中牧组植物群落的相似性系数和优良牧草的比例基本维持不变，牦牛个体增重的年度变化仍然比较大，草地质量指数也在增大。我们知道，草场不退化放牧强度应该是持续最大生产力放牧强度，它不但要求家畜生产力达到最大，而且要能维持草场和家畜生产力的年际相对稳定，甚至应该向更好的方向发展。因此，草场不退化放牧强度应该在中牧和重牧之间（图 10-2）。从上面的讨论我们已经知道，放牧强度为 1.86 头/hm^2 时，基本能维持优良牧草比例和牦牛个体增重年度不变，可以认为放牧强度 1.86 头/hm^2 大约是高寒高山嵩草草甸暖季草场不退化的最大放牧强度。

10.2　人工草地的合理放牧利用

10.2.1　人工草地最佳生态放牧强度

在试验的第一年，放牧强度对牦牛个体增重显示出一定的差异，虽然不是很明显，但线性关系依然极显著。在放牧第二年，重度放牧下，牧草返青后，由于牧草的品质好，营养价值高，牦牛增重明显，但到后期，由于牧草的生长和补偿性生长不能满足牦牛的采食需求，个体增重减慢，甚至出现负增长；在极轻和轻度放牧下，由于枯草比较多，反而影响牧草的返青，牦牛增重不是很明显，但到后期，由于牧草资源丰富，优良牧草（莎草和禾草）的数量远大于牦牛的采食需求，牦牛个体增重减慢，但体重依然增加。中度放牧下，牦牛的采食行为刺激莎草和禾草快速生长，优良牧草的品质比较好，营养价值较高，导致牦牛在整个放牧期内的个体增重高于轻度和重度放牧，牦牛个体增重与放牧强度的趋向二次拟合曲线。由于放牧强度“滞后效应”，在放牧第三年，放牧强度的差异才是是影响牦牛增重的决定因素。因此我们选择第三年的试验数据作为探讨放牧强度对牦牛生产力效应的依据。

一定草地面积上放牧畜群的生产力与放牧强度的关系可表达为 $Y = aX - bX^2$（Y 为单位面积放牧家畜增重，X 为放牧强度）。因此可以利用该式计算草地“最佳放牧（率）强度”。当放牧强度为 $a/2b$ 时，单位面积畜群生产力最大，为 $a^2 \cdot (4b)^{-1}$，此时的放牧强度称之为“生态最佳放牧（率）强度”（Hart，1978；Jones，1981）。由前文所列回归方程容易得到人工草场的最大牦牛生产力放牧强度。通过回归方程计算得到：牧草生长季放牧的最佳放牧强度为 7.23 头/hm^2，枯草季放牧（10 月～第二年牧草返青前～4 月中下旬）按牧草营养减损和放牧时间折算为 2.68 头/hm^2。

10.2.2　人工草地植被状态度量指标及不退化最大放牧强度

10.2.2.1　生物量组成及牦牛个体增重的年度变化

前面已经讨论过，在每个放牧季各放牧试验区的地上生物量均低于未放牧的对照区，而且随着放牧强度的增加而呈递减趋势。三个放牧季优良牧草比例的平均年度变化见表 10-6。在三个放牧季内，优良牧草的比例随放牧强度的增加而减小，且 2005 年极轻和轻度放牧区优良牧草的比例均高于 2004 年和 2003 年，而中度和重度放牧下 2003 年最高。就其年度平均变化而言，它们随放牧强度的增加而减小（表 10-7）。

表 10-7　牦牛个体增重和优良牧草比例的变化

项目	年份	极轻放牧	轻度放牧	中度放牧	重度放牧
优良牧草比例（%）	2003	87.20	90.91	88.54	72.80
	2004	96.24	92.97	79.60	64.36
	2005	97.63	95.16	87.87	69.12

续表

项目	年份	极轻放牧	轻度放牧	中度放牧	重度放牧
牦牛个体增重（kg/头）	2003	48.7	44.2	40.5	38.7
	2004	63.4	61.6	52.9	32.9
	2005	63.4	58.0	46.5	30.0
优良牧草比例的平均年度变化（%）	—	5.21	2.13	-0.34	-1.84
牦牛个体增重的平均年度变化（kg/头）	—	7.35	6.9	3.01	-4.35

10.2.2.2　人工草地植物群落的变化

丰富度和植被组成的变化是植物群落变化的两个方面。包括两者在内植物群落变化常常用相似性系数 $S_M = 2\sum_{min}(U_i^{(m)}, V_i) / \sum(U_i^{(m)} + V_i)$ 来度量（Greig-Smith，1983）。它的大小说明群落组成的差异水平，是评价生态系统结构和功能以及生态异质性的重要参数。将各放牧试验区植物群落与对照区植物群落进行横向比较，计算每年各放牧区群落的相似性系数，以确定其相对对照区的变化程度。本节以生物量表示丰富度，对于两区的每一个植物类群，i（$i=1, 2, 3, 4, 5$），取其在 m 放牧区的生物量（作为丰富度指标）$U_i^{(m)}$ 与对照区生物量 V_i 的最小值，对所有类群求和并除以两区植物总生物量，从而获得相似性系数 S_m（m = A，B，C，D）。可以看出，$U_i^{(m)}$ 与 V_i 的最小值和两组植物群落的丰富度（$\sum U_i^{(m)}$，$\sum V_i$）决定了 S_m 的大小。显然，$0 \leqslant S_m \leqslant 1$。当 m 放牧区的植物群落与对照组相同时，$S_m = 1$，即没有变化。若 $S_m = 0$，则表明该组植物群落与对照相比，在组成和丰富度两方面完全改变了。因此，S_m 值下降表示群落相对变化增大，反之，变化则减小。

从表 10-8 可以看出，在三个放牧季内，群落的相似性系数随放牧强度的增加而减小，而从年度平均变化来看，轻度和中度放牧区变化较小，中度和重度放牧区变化较大（特别是重度放牧区），相似性系数的变化基本随放牧强度的增加而减小。这表明随放牧强度的增加，三个放牧季内各放牧区与对照区植物群落的相似程度下降，植物群落均朝着偏离对照区植物群落的方向变化，而且放牧时间越长，各放牧区与对照区植物群落的相似程度越小。相关分析表明，各放牧区植物群落的相似性系数与放牧强度呈显著的负相关($r = -0.9205$)。

表 10-8　各放牧试验区植物群落的相似性系数

项目		放牧处理			
		极轻放牧	轻度放牧	中度放牧	重度放牧
相似性系数	2003 年	0.9241	0.9147	0.8741	0.7998
	2004 年	0.9233	0.8732	0.8232	0.7206
	2005 年	0.9295	0.8219	0.7931	0.6120
年度平均变化	—	0.027	-0.0314	-0.0405	-0.0689

10.2.2.3 草地质量指数的变化

为了比较不同放牧强度对草场质量的影响，除了用不同功能群植物地上生物量的比例及优良牧草比例直接度量草场植被的变化，也可通过计算草地质量指数来描述植被变化（杜国祯和王刚，1995）。从表10-9可以看出，各处理组的草地质量指数之间的差异极显著（$P<0.01$），而年度之间的差异不显著（$P>0.05$）。随放牧强度的增加，不同放牧区各年度的草地质量指数减小，对照和极轻度放牧区的草地质量指数显著地高于轻度和中度放牧区（$P<0.05$），重度放牧区极显著地低于其他处理（$P<0.01$），且草地质量指数的年度变化与放牧强度呈显著的线性回归关系（$R^2=0.9162$，$P<0.01$）（表10-10）。

表10-9 优良牧草组成及草地质量指数方差分析

植物类群	分析项目	平方和	自由度	F值	P值	显著性检验
草地质量指数	处理间	6.391 6	4	70.207 0	0.000 003	**
	年度间	0.609 9	2	3.349 5	0.087 7	ns

表10-10 优良牧草组成及草地质量指数的变化

年份	放牧处理				
	对照	极轻放牧	轻度放牧	中度放牧	重度放牧
2003	5.38Ab	5.71Ab	4.45Aa	4.21Aa	2.95B
2004	5.25Ab	5.56Ab	4.67Aa	4.06Aa	2.01B
2005	5.09Ab	5.73Ab	4.26Aa	3.76Aa	1.54B
年度平均变化	-0.145	0.010	-0.095	-0.225	-0.705

注：对同项目而言，字母相同者，表示差异不显著（$P>0.05$）；小写字母不同者，表示差异显著（$P<0.05$）；大写字母不同者，表示差异极显著（$P<0.01$）

10.2.2.4 优良牧草比例和牦牛个体增重的关系

经回归分析，优良牧草比例的年度变化（Y_f）、牦牛个体增重的年度变化（Y_w）与放牧强度（G_i）之间的回归方程为

$$Y_f = -0.8957G_i - 7.2046\ (r = -0.9903) \quad (10\text{-}5)$$

$$Y_w = -1.4705\ G_i + 12.937\ (r = 0.9261) \quad (10\text{-}6)$$

牦牛个体增重和优良牧草比例的平均年度变化均随放牧强度的增加而减小，这说明优良牧草比例和牦牛个体增重同步随放牧强度逐年变化，凡是能够改善第二年和第三年牧草质量的放牧强度也能提高第二年和第三年牦牛的个体增重，反之亦然。很显然，牦牛个体增重和优良牧草比例的年度平均变化之间存在着正相关关系。因此，为了便于分析，将它们随放牧强度变化的趋势线一并绘于图10-4。优良牧草和牦牛个体增重的平均年度变化随放牧强度变化的两直线交点对应的放牧强度为9.97头/hm^2，即当放牧强度约为9.97头/hm^2时基本能维持优良牧草比例和牦牛个体增重年度不变。如果放牧强度高于该强度，优良牧草比例和牦牛个体增重下降，反之上升，而且偏离越远，上升或下降幅度越大。

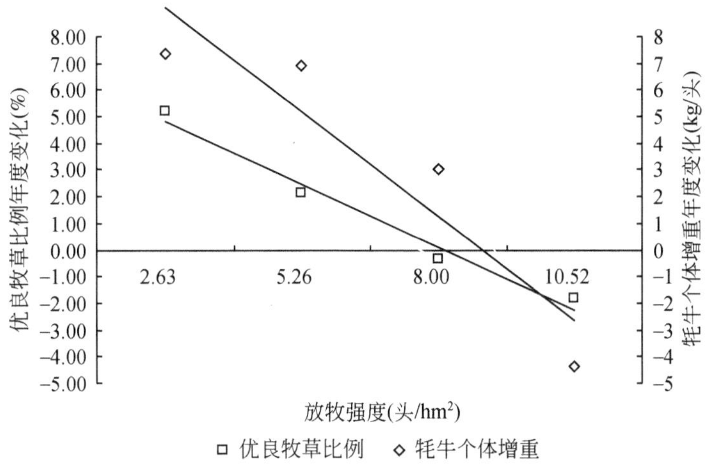

图 10-4　牦牛个体增重和优良牧草比例的年度变化与放牧强度间的关系

10. 2. 2. 5　人工草地植被状态的度量指标

植被变化和家畜生产力变化是草场的两种不同属性。但植被变化是草场变化的最直接表现，也是导致其他属性土壤营养状况、家畜生产力变化的基本因素。因此，在家畜生产力指标之下，如果要直接度量草场植被的变化，首先应度量不同植物类群的变化，即植被放牧价值的变化，也就是从描述植被变化的指标转移到以家畜生产力评价植被变化的指标，从而既可以描述植被变化，也能描述家畜生产力的状况。另外，为了比较不同放牧强度对草场质量的影响，也可计算草地质量指数。为了便于比较，我们将评价植被状态的各指标一并列于表 10-11 中。

表 10-11　人工草地植被状态变化的度量指标

放牧强度（头/hm^2）	植被变化指标			牦牛生产力变化指标
	相似性系数变化	优良牧草比例变化（%）	草地质量指数变化	牦牛个体增重变化（kg/头）
极轻放牧	0. 0270	5. 21	0. 010	7. 35
轻度放牧	－0. 0314	2. 13	－0. 095	6. 90
中度放牧	－0. 0405	－0. 34	－0. 225	3. 01
重度放牧	－0. 0689	－1. 84	－0. 705	-4. 35

从表 10-11 可以看出，4 个指标与放牧强度之间均存在负相关关系，且轻度放牧区的 4 个指标均为正值，表明极轻放牧组植被的放牧价值和牦牛生产力逐年改善，其植物群落与对照组植物群落的差异逐年减小，草地质量（放牧价值）在提高。在轻度放牧组，优良牧草比例和牦牛个体增重的年度变化均为正值，但植物群落的相似性系数和草地质量指数的年度变化为负值。这说明轻度放牧能改善人工草地植被的放牧价值和牦牛生产力，但群落整体与对照组的差异略有增大。在中度放牧条件下，尽管 3 项指标均为负值，但牦牛个体增重

的年度变化为正值，这与周立等（1995d）在藏系绵羊上的结论不完全一致。这可能是系统误差和测量误差造成牦牛个体增重的年度变化与草地的放牧价值和草地质量相反，也可能是牦牛放牧与其他家畜在消化和代谢等方面不同所致，尚需进一步深入研究。

10.2.2.6 人工草地不退化最大放牧强度

由前文可知，各放牧区地上生物量和优良牧草的变化趋势一致，因此，植被状态的变化就是草地生产力和牧草质量的变化，从而各放牧区牧草质量（优良牧草比例）的年度变化决定了牦牛个体增重的年度变化。于是，优良牧草比例增大，表明草场质量指数增大，草场植被改善或向好的方向变化，反之说明植被变劣、退化或向坏的方向发展。另外，由于植被状态的变化（优良牧草比例变化或草地质量指数）就是放牧价值的变化，因此以对照组为标准的相似性系数的年度变化或草地质量指数可作为度量植被整体年度变化的一个定量指标。由于计算相似性系数时，各个种或类群及其丰富度的地位是相同的，因而它的变化表示任何物种或类群及其丰富度的相对变化，但相似性系数的变化与优良牧草比例的变化指标不同，它与家畜个体生产力没有明显的联系，因而不能反映草场放牧价值的变化。对草地质量指数而言，不同植物类群盖度的测定和适口性的判别人为因素的干扰太大，因而它也不是一个很客观的指标。由于优良牧草和牦牛个体增重的平均年度变化随放牧强度变化的两直线交点对应的放牧强度（9.97 头/hm^2）基本能维持优良牧草比例和牦牛个体增重年度不变，因此，可以认为该放牧强度大约是高寒人工草地（牧草生长季放牧）不退化的最大放牧强度；另外，依据枯草季放牧草场牧草营养减损情况，冬季草场不退化的最大放牧强度约为 4.01 头/hm^2。

10.3 草产品加工技术

草产品通常包括草捆、草粉、草块和草颗粒等。草产品已在国外形成庞大的产业系统，为畜牧业生产提供了优质草产品，促进了畜牧业的发展。我国的草产品生产才刚刚开始，但增长速度极快，特别是干草捆的对外出口量逐年增加，生产前景看好。

10.3.1 人工牧草的干草调制及青贮加工

干草调制是把天然草地或人工草地种植的牧草和饲料作物进行适时收割、晾晒和储藏的过程。刚刚收割的青绿牧草称为鲜草，鲜草的含水量大多在50%以上，鲜草经过一定时间的晾晒或干燥，水分达到15%以下时，即成为干草（玉柱等，2003）。

牧草的收获与储藏是干草生产的重要部分，干草的生产和调制是实现草产品产业化的一个重要环节。影响干草质量的因素较多，如品种、收获时期、收获时的天气状况、收获技术及储藏条件等，而这些因素大多可以通过适当的管理措施加以调整与控制以提高干草质量。为了获得高质量的牧草干草，要适时刈割，一般在现蕾期和初花期为好。收获后牧草在干燥和储藏过程的损失较多，这些损失一般包括呼吸损失、机械损失、雨淋损失和储藏损失。

牧草的青贮是利用微生物的发酵作用将新鲜牧草（含饲用作物）置于厌氧环境下经过乳

酸发酵，制成一种多汁、耐储藏的、可供家畜长期食用的饲料的过程，它是长期保存青绿饲料营养的一种简单、经济而可靠的方法，也是保证家畜长年均衡供应粗饲料的有效措施。

（1）青贮原理

青贮发酵是一个复杂的微生物活动和生物化学变化的过程，受化学因素、微生物和物理因素的影响较大，因此了解青贮材料的特性、青贮过程中的各种变化，对制作出优质青贮饲料具有重要作用。

（2）青贮过程

青贮过程受3个相互作用的因素所控制，一是青贮原料的化学组成；二是青贮原料中空气的数量；三是细菌的活性。具体过程如下：①青贮的发酵过程。青贮的发酵过程根据其环境、微生物种群的变化及其物质的变化可分为呼吸期、乳酸发酵期、稳定期和酪酸发酵期4个时期。为了制作出优质青贮饲料，必须做到抑制好气发酵，阻止酪酸发酵的产生。前者要求密闭，而后者要求青贮原料低水分，pH下降到4.2以下。只要做到这些，就能制作出优质青贮饲料。②呼吸期。当牧草被收获时，本身是活体，在刈割后的一段时间内，它仍然有生命活动，直到水分低于60%才停止。这个时期由于牧草刚被密闭，植物体利用间隙的空气继续呼吸，随着呼吸消耗植物体内的可溶性糖，产生二氧化碳和水，并产生热量。待青贮窖内的氧被消耗完后，则变成厌气状态。同时，这个时期好气菌也在短期内增殖，消耗糖，产生乙酸和二氧化碳。此期内蛋白质被蛋白酶水解，当pH下降到小于5.5，蛋白水解酶的活性停止。通常这个时期在1~3天结束，时间越短越好。影响这个时期发酵的因素主要是密封、材料密度、水分含量和温度。密封好的青贮窖很快达到厌气条件。切细的材料容易压实，减少空隙，同样可以加速达到厌气条件。而高水分有利于微生物的繁殖，可以缩短好气发酵期。温度15~30℃，密封得好，好气菌急速下降。③乳酸发酵期。当青贮窖内充满二氧化碳和氮气时，进入厌气发酵期，主要是乳酸发酵。这个时期在青贮窖密封后的4~10天内。植物原料中的少量乳酸菌，在2~4天之内增加到每克饲料内含有数百万个。乳酸菌把易利用的碳水化合物转化成乳酸，降低了被贮牧草的pH。低pH抑制细菌生长和酶的活动，从而保存了青贮饲料。影响乳酸发酵的因素主要有密封性、切碎长度、糖含量、水分含量和温度等。④稳定期。当青贮饲料中产生的乳酸含量达到1.0%~1.5%的高峰时，pH下降到4.2以下，乳酸菌活动减弱并停止。青贮饲料处于厌气和酸性的环境中得以安全储藏。这个时期在密封后的2~3周。如无空气，那么这种青贮饲料可以保存数年。在暴露于空气之前，较干燥的青贮饲料即使pH较高也是稳定的。⑤青贮饲料的二次发酵。青贮饲料二次发酵是指青贮成功后，由于开窖或密封不严，或青贮袋破损，致使空气侵入青贮饲料内，引起好气性微生物活动，分解青贮饲料中的糖、乳酸和乙酸，以及蛋白质和氨基酸，并产生热量，使pH升高，饲料品质变坏，所以也称为好气性变质。引起二次发酵的微生物主要是霉菌和酵母菌。因此在青贮饲料保存的过程中，要严格密封，防止漏气，保持厌氧环境，防止二次发酵的发生。开窖后要做到连续取用，每日喂多少取多少，取后严实覆盖。此外，也可以喷洒丙酸等，以抑制霉菌和酵母菌的增殖。

（3）牧草青贮的种类

牧草青贮主要有3种类型：①半干青贮，也叫低水分青贮，是青贮发酵的主要类型之一。这种方法已在美洲、欧洲广泛应用，中国北方地区也适合采用这种方法青贮。具体做法是：将牧草（含饲料作物）收获后，经风干晾晒，水分降至45%～55%以后，将牧草放在青贮窖或青贮塔中，压紧密封，使好气性细菌的活动受到抑制，加上氧气少，使腐败菌、乳酸菌等活动受阻，但乳酸菌的活动相对受影响较少，还能进行增殖，随着厌氧条件的形成、乳酸的积累，牧草便被完好地保存下来。半干青贮牧草含水量低，干物质多，减少了运输费用，使营养物质损失更少。②添加剂青贮，即在青贮时加入适量的添加剂，保证青贮质量。加入添加剂的目的主要是保证乳酸的繁殖的条件，促进青贮发酵。目前应用的一些添加剂，也有控制青贮发酵及改善青贮饲料营养价值的作用。添加剂一般分为4种：发酵促进剂、发酵抑制剂、好气性变质抑制剂和营养添加剂。这4种添加剂的主要作用在于提高酸度，促进pH的降低，抑制不良细菌的产生与发展，提高青贮饲料的营养价值。③混合青贮，青贮原料的种类繁多，质量各异，如果将两种或两种以上的青贮原料进行混合青贮，彼此取长补短，既能保证青贮成功，又能保证青贮质量，如豆科牧草与禾本科混合青贮更易成功。

（4）牧草青贮的调制技术

要掌握各种青贮牧草的收割适宜期，及时收割。一般禾本科牧草适宜在孕穗至抽穗期收割，豆科牧草在孕蕾至开花初期进行收割。这样既兼顾营养成分和收获量，又有比较适宜的水分，可随割随运。调制青贮牧草时，可将收割的牧草阴干晾晒1～2天，使禾本科牧草的含水量降到不低于45%，豆科牧草为50%左右。另外，原料切碎便于压实排除空气，原料中的汁液也能流出，有利于乳酸菌摄取养分。在机器切碎时，要防止植物叶片、花序等细嫩部分的损失。采用窖储或塔贮装窖时，原料要逐层平摊装填，同时要压紧，排除空气，为乳酸菌创造厌气环境。原料要随装随压，务求踏实，要达到弹力消失的程度，整个装窖过程要求迅速和不间断。装满时使四周边缘原料与窖口相平，中间高出一些，呈弓形，在原料上面加盖10～20 cm厚的整株青草，踏实，覆土30 cm厚封严，或在原料上覆盖塑料薄膜，薄膜上再压10～15 cm厚的沙土；封窖或封塔后头几天原料下沉，封顶土会出现裂缝，应及时加土踏封，防止透气漏水。

（5）牧草的窖储

青贮窖应选择土质坚实、地下水位低、周围环境符合卫生条件、取用方便的地方修建。具体要求如下：①青贮窖应建在土质坚硬、地势高燥、地下水位低、排水容易、靠近畜舍、远离污染源的地方。切忌在低洼处或树荫下挖窖，并且要有一定空地，以便青贮原料的堆放、青贮的制作等。②青贮窖按青贮容量，可分为小型窖（30 t以下）、中型窖（30～100 t）和大型窖（100 t以上）三种；按形状结构，可分矩形、圆形、马蹄形以及敞开式和屋顶式等种类。矩形窖建造方便、结构简单；马蹄形窖可节省建筑材料和占地面积，牢度强，便于加工操作；屋顶式青贮窖可防止雨水渗入，减少窖顶部青贮料的霉变损失。一般小型窖长4～6 m、宽2 m、高3 m，中型窖长6～10 m、宽3～4 m、高4～5 m，大型窖长10～20 m、宽4～6 m、高5～6 m。③青贮窖要求结实牢固，防止漏气。墙体用砖石、混凝土砌成，底部厚80～100 cm，上口部厚40～60 cm，小型窖厚度可适当小些。内部墙壁面（水泥面）要求光滑，矩形窖四边角要做成弧形，以利于青贮时青贮原料的下沉、压紧及排尽空气。窖顶盖棚可用瓦片或玻璃钢材料。盖棚与窖体间的空隙60～90 cm，以便于饲料切碎机喷填。窖底部应设渗漏槽（四周或中间），以便排除过多的汁液。

（6）牧草壕贮步骤

牧草的壕贮具体步骤为：建壕→备料→装壕→封顶→取用（玉柱等，2003）。

1）建壕：青贮壕应建在地势较高，地下水位较低、避风向阳、排水性好、距畜舍近的地方。壕按照宽、深 1∶1 的比例来挖，根据青贮量的大小选择合适的规格，常用的有 1.5 m×1.5 m、2.0 m×2.0 m、3.0 m×3.0 m 等多种，长度应根据青贮量的多少来决定。一般 1 m^3 可容青贮料 700 kg 左右。壕壁要平、直。平即壕壁不要有凹凸，有凹凸则饲料下沉后易出现空隙，使饲料发霉；直是要上、下直，壕壁不要倾斜，不要上大下小或上小下大，否则易烂边。侧壁与底界处可挖成直角，但最好挖成弧形，以防有空隙而饲料霉烂。壕的一端挖成 30°的斜坡以利青贮料的取用。

2）备料：凡是无毒、无刺激、无怪味的禾本科牧草茎叶都是制作青贮料的原料。为保证获得良好的发酵并减少干物质损失和营养物质损失，青贮原料含水率以 50%～70% 为宜，以 65% 为最佳。青贮牧草应在 9 月初收割，含水量控制在 65% 左右。备好原料后将原料用切草机或铡刀切成 3 cm 长，以备装壕。

3）装壕：将切短的原料均匀地摊平在青贮壕内，每装 15～20 cm 厚踏实一次，堆到高于地面 20～30 cm 便停止堆放。为了提高青贮饲料的营养价值，满足草食动物对蛋白质的要求，可按 0.3% 的比例在装填过程中均匀撒入尿素。

4）封顶：储料装满踏实后，仔细用塑料薄膜将顶部裹好，上用 30 cm 厚的泥土封严，壕的四周挖好排水沟。7～10 天后青贮饲料下沉幅度较大，压土易出现裂缝，出现的裂缝要随时封严。

5）取用：青贮饲料在装入封严后经 30～50 天（气温高 30 天，气温低 50 天）就可以从有斜坡的一端打开青贮壕，每天取料饲喂动物。

（7）牧草的捆裹青贮

三江源区冷季漫长，暖季短暂，青绿饲草的供应存在着明显的季节不平衡性，而传统的牧草（饲草）保存方法也有其致命的缺陷（收割时间受到限制），而且青绿色的饲草在晒制过程中渐渐变黄，粗蛋白含量下降 4～6 个百分点，茎秆变得粗老，适口性和消化率都随之下降；堆垛储存时如饲草含水量偏高，或春季雨雪渗入垛内，极易引起霉变，造成更大损失。牧草捆裹技术是在窖储、塔储基础上发展起来的一种新的青贮方式，较之传统青贮方式的最大优点是可以移动，可以把本来构不成商品的鲜草变为商品，为合理开发利用饲草资源和调节地域间的余缺创造了条件。在高寒牧区大力推广冷季储备饲草机械及其加工技术，提高饲草贮备量，集成并推广多年生人工半人工草地草储牧草暖棚育肥和放牧相结合的草地畜牧业优化经营管理模式，减少营养物质的损失和浪费，缓解饲草供应的季节不平衡性，为畜牧业实现由粗放经营向集约化经营转变提供可靠的饲草技术保障。充分发挥牲畜的生产能力，确保畜产品的均衡上市，加快畜群周转，提高牲畜的出栏率，从而避免草场过度放牧，有利于维持草地生产力和草地生态环境的可持续发展。为此，中国科学院西北高原生物研究所和青海省畜牧兽医科学院 2002～2005 年在果洛藏族自治州大武乡的格多牧业委员会对一年生燕麦草（2002 年）和多年生垂穗披碱草草地（2 龄、3 龄和 4 龄）进行了青贮试验，即每年 8 月上旬收割青草，自然晾晒 1 天，然后直接用 CAEB

(小型) 型打捆机将收割的青草打成30～40 kg的圆形捆，再用CAEB (小型) 型打包机将打成的捆用黑塑料薄膜打包青贮，用于冬季牦牛和藏系绵羊的补饲和育肥。不同处理下的牧草营养成分见表10-12。

表10-12　不同调制加工措施下牧草的营养价值　(单位:%)

类别	青贮			刈割风干		
	粗蛋白	粗脂肪	粗纤维	粗蛋白	粗脂肪	粗纤维
燕麦草	7.29	6.28	16.44	4.62	4.21	30.12
2龄披碱草	5.82	4.43	31.72	3.71	2.94	31.77
3龄披碱草	6.66	4.21	16.40	3.89	3.12	26.23
4龄披碱草	6.21	4.46	24.5	4.01	3.44	32.74

10.3.2　人工草地的青干草调制

三江源区人工草地的青干草产量随建设年限及管理水平可达到1500～8000kg/hm^2，草层高度可达到60 cm以上，因此具备良好的割草条件。从割草地上收获的牧草，一般作为储备饲料，其利用方式可分为青饲、半干贮、青贮、调制干草和干草粉等。其中，干草作为主要的储备饲料，优质干草是一种很好的平衡饲料，也是家畜不可取代的一种主要饲料。用于割草的人工草地主要以在圈窝和弃耕地上建植的一年生燕麦人工草地和以高禾草建植的多年生禾本科人工草地为主。收割时间，一年生燕麦人工草地可在9月下旬～10月上旬收割，这时牧草仍处于抽穗期，营养和产量均在高峰期，另外，随着雨季的结束和霜冻来临，牧草生长停止，收获的牧草可在田间冻干保存，是一种经济便捷的青干草调制方法。多年生人工草地对于牧草的产量和营养含量来说，最理想的收割时期为8月，但此时在三江源区往往是秋雨季节，对青干草调整是极为不利的。收割方法可采用人工收割和机械收割，人工收割简便易行，虽然速度较慢，但由于收割人员可根据天气状况，边收割边晒制青干草，随时进行储藏，不易造成损失，因此是目前较为普及的一种方法。机械收割目前在三江源区还没有大面积实施，这主要是由于缺乏大面积的适合机械作业的人工草地，但随着人工草地面积的快速增加和现代生态畜牧业的发展，这一现代手段会在三江源区的草业生产中发挥其应有的作用。多年生人工草地割草地的留茬高度应控制在5 cm左右，过高会造成牧草浪费，过低会影响牧草越冬和第二年的产量。调整的青干草含水量应控制在18%以内。调整的青干草应在封闭或半封闭的储草棚里保存，可用于舍饲育肥和冬春补饲饲料，其营养成分见表10-12。

10.3.3　草粉、草块和草颗粒加工

青饲料的加工，除晒制干草、青贮外，加工成草粉也是较好的一种方法。从保存营养角度看，加工成草粉，其营养成分损失较少。在自然干燥条件下，牧草的营养损失常达30%～50%，胡萝卜素损失高达90%左右。而牧草经人工强制通风干燥或高温烘干，加工成草粉可显著减少营养物质的损失，一般干物质损失为5%～10%，胡萝卜素的损失为

10%。例如，紫花苜蓿等豆科牧草经快速干燥加工成草粉，比晒制干草营养价值高 1 ~ 2 倍，可消化蛋白为干草的 1.7 倍，胡萝卜素高 4 倍。

10.3.3.1　草粉生产技术

草粉即主要把禾本科和豆科饲草的青草经人工或机械干燥后粉碎而成。对于用秸秆及其他农作物副产品的加工粉，可根据原料性质分别叫麦秸粉、玉米芯粉和豆衣粉等。

(1) 加工草粉的优点

1）可以提高饲草的消化率，增强适口性。

2）含有丰富的蛋白质、矿物质和各种维生素可使饲料中的营养完善。

3）可以提高干草的利用率，如披碱草、油菜秸秆等茎秆粗大，家畜不易采食，但加工成草粉后，家畜就可以充分利用。

(2) 加工草粉的原料

农村、牧区在大搞草地建设和种草养畜中，栽培优良饲草的面积逐年在扩大，这为加工草粉提供了大量的原料。禾本科饲草有冰草、无芒雀麦、多年生黑麦草、多花黑麦草、猫尾草、狗尾草、鸡脚草、狐茅、狗牙根、披碱草、羊草、野黑麦、鹅观草、苏丹草和新麦草等。制作草粉的豆科饲原料主要有苜蓿、草木犀、沙打旺、红豆草、野豌豆、箭筈豌豆、扁宿豆和三叶草等。

(3) 做草粉用干草的刈割时期及晒制方法

加工草粉用的饲草刈割的适宜时期是：豆科饲草在孕蕾期至开花初期；禾本科饲草在抽穗初期。刈割如果迟于上述时间，则茎秆粗硬，纤维增多，蛋白质含量下降。准备做草粉用的饲草，刈割后在地面平晒的时间越短越好，而后集成小垛进行风干，避免阳光直接射入破坏干草中的维生素，直至小垛内的饲草阴干成风干状态后，即可集成大垛，备作草粉之用。此环节很重要，只有好质量的干草才能加工出好质量的草粉来，否则相反。

(4) 草粉加工

草粉的加工过程要求较高的机械化程度。如果天气条件好，饲草割倒后地面平晒不能超过 6 h，经运输、铡碎成 2 ~ 3 cm 长的小段，立即用转鼓气流式或别的型号烘干机干燥。热源直接用煤气燃烧，进风口温度达 900 ~ 1100℃，出风口温度 70 ~ 80℃。每小时生产能力，依原料含水量而定，当原料含水量为 60% ~ 65% 时，每小时可生产草粉 700 kg；含水量 75% 时，每小时生产 420 kg；含水量达 85% 时，每小时生产草粉 200 kg。饲草粉碎机主要可分齿牙式、锤片式和劲锤式等几种类型。每一种类型中，为了与不同动力配套，又有不同型号，但其工作原理完全相同，仅在结构尺寸及生产力方面有所不同。各地应根据当地具体情况选择使用。

(5) 加工草粉的要求与保存、饲喂方法

1）粉碎干草时，应仔细挑出霉烂腐败的干草、毒草以及其他有害夹杂物。

2）草粉饲喂的对象不同，要求粉碎的细度也不同，如果饲喂牛、马和羊，用的草粉可粗些，细度可在 3 mm 左右；

3）草粉可以散堆，但最好装在麻袋或牛皮纸袋中，每袋重 15 ~ 20 kg。因草粉易受潮而损失营养，所以应在 2 ~ 4℃ 低温条件下保存，放在干燥、通风良好的仓库内。

4）目前，草粉主要用于为多种家畜生产配合饲料，草粉在配合饲料中的用量达60%～80%，可以大量的代替多种精饲料。优质草粉的营养价值接近于精饲料，每千克含约0.8个饲料单位、120 g左右可消化蛋白质；调制时营养物质损失不超过5%～10%。同时草粉加工成颗粒饲料后，可以进行较长时间的储存，据试验，储存8个月后，蛋白质损失不超过2.2%～7.0%，脂肪不超过2.5%～6.1%，维生素不超过2.1%～9.3%；而普通干草的蛋白质损失则高达43%。

10.3.3.2 草块加工技术

草块加工的原理及营养价值与草粉加工相同。草块加工分为田间压块，固定压块和烘干压块三种类型。田间压块是由专门的干草收获机械——田间压块机完成的。固定压块是由固定压块机强迫粉碎的干草通过挤压钢模形成的。烘干压块由移动式烘干压饼机完成。草块的压制过程可根据饲喂畜禽的需要，加入尿素、矿物质及其他添加剂。

10.3.3.3 草颗粒加工技术

（1）草颗粒的优点

1）饲草的生长和利用受季节影响很大。冬季饲草枯黄，含营养素少，家畜缺草吃；暖季饲草生长旺盛，营养丰富，草多家畜吃不了。因此，为了扬长避短充分利用暖季饲草，经刈割、晒制、粉碎、加工成草颗粒保存起来，可以冬季饲喂畜禽。

2）饲料转化率高。冬季用草颗粒补喂家畜家禽，可用较少的饲草获得较多的肉、蛋、乳。

3）体积小。草颗粒饲料只为其原料干草体积的1/4右，便于储存和运输，粉尘少，有益于人畜健康，饲喂方便，以简化饲养手续，为实现集约化、机械化畜牧业生产创造条件。

4）增加适口性，改善饲草品质。如草木犀具有香豆的特殊气味，家畜多少有点不喜食，但制成草颗粒后，则成适口性强、营养价值高的饲草。

5）扩大饲料来源。如油菜秸秆经粉碎后加工成草颗粒，就成为家畜所喜食的饲草。其他如农作物的副产品、秕壳、秸秆以及各种树叶等加工成的草颗粒皆可用于饲喂家畜。

（2）草颗粒的加工技术

加工草颗粒最关键的技术是调节原料的含水量。首先必须测出原料的含水量，然后拌水至加工要求的含水量。据测定，用豆科饲草做草颗粒，最佳含水量为14%～16%；禾本科饲草为13%～15%。草颗粒的加工，通常用颗粒饲料轧粒机。草粉在轧粒过程中受到搅拌和挤压的作用，在正常情况下，从筛孔刚出来的颗粒温度达80℃左右，从高温冷却至室温，含水量一般要降低3%～5%，故冷却后的草颗粒的含水量不超过11%～13%。由于含水量甚低，适于长期储存而不会发霉变质。可以按各种家畜家禽的营养要求，配制成含不同营养成分的草颗粒（武保国，2002）。其颗粒大小可调节轧粒机，按要求加工。

（3）饲喂技术要点及注意事项

1）家畜家禽饲喂前要驯饲6～7天，使其逐渐习惯采食颗粒饲料。饲喂期间每日投料2次，任其自由采食。傍晚，补以少量青干草，提高消化率。颗粒饲料的日给量以每天饲槽中有少量剩余为准。一般活重为 30～40 kg 的羊只日给量为 1.5 kg，活重为 40～50 kg 的羊只日给量为 1.8 kg。采食颗粒饲料比放牧时需水量多，缺水时畜禽拒食，所以要定时饮水，每天饮水不少于 2 次。有条件装以自动饮水器更为理想。

2）颗粒饲料遇水会膨胀破碎，影响采食率和饲料利用率，所以雨季不宜在敞圈中饲养，一般在枯草期进行，以避开雨季。

3）饲喂开始前，必须进行驱虫和药浴。对患有其他疾病的畜禽要对症治疗，使其较好地利用饲料。适当延长饲喂时间将获得较大的补偿增重，达到预想的饲喂效果。

10.3.4　牦牛和藏羊全价配合饲料的配置及加工

长期以来，由于青海省高寒牧区牧草生产与家畜营养需要的季节不平衡，降低了物质和能量的转化效率，浪费了大量的牧草资源。因此，以国家西部大开发战略和草地生态畜牧业发展为指导，依托畜牧科学和现代科学技术，以市场为导向，以生产效益为中心，以牧民增收为目的，通过牦牛和藏羊全价营养饲料配方实行牦牛和藏羊育肥，一方面可以解决青海省高寒牧区草畜矛盾及季节不平衡、提高草地资源的利用效率及草地畜牧业的经济效益、保持草地畜牧业可持续发展；另一方面可推进青海省高寒牧区畜牧业结构调整、优化产业结构，将资源优势转化为经济优势，实现由粗放经营向集约化经营的转变，提高牦牛和藏羊业的综合效益，探索出草地畜牧业效益化经营的新模式，从理论上探讨草地生态系统在家畜放牧和舍饲条件下主要生态过程的变化，以及这些变化对草地生态系统稳定性和可持续能力的作用，从而为该地区提出畜牧业的持续发展对策奠定基础；在实践上，针对该地区草地过度放牧和冬季严重缺草这些主要问题，以资源的持续最大利用为目标，以提高牲畜的出栏率、商品率和生产力为突破口，以舍饲和放牧加补饲为主要措施，充分利用“退耕还草”和“荒山种草”中建立的人工草地和“休牧育草”恢复起来的天然草地，改变粗放的传统管理模式，运用综合配套技术和集约化、专业化生产的经营模式，使冷季有较充足的饲草供应，提高该地区草地资源的利用效率，从而实现该地区畜牧业持续、稳定、高效和协调的发展，使广大牧民群众尽快走上富裕之路的同时，又能保持草地生态环境的稳定，不危及子孙后代的利益，这才是当代畜牧业发展的战略任务。

10.3.4.1　全价配合饲粮的配方设计

饲料配方技术是动物营养与饲料学同近代应用数学相结合的产物，是实现饲料合理搭配，获得高效益、低成本饲料配方的重要手段。尤其是计算机技术的发展和普及，越来越多的饲料生产企业采用计算机配方软件来优选饲料配方，这对降低动物生产成本、提高配合饲料质量、促进饲料工业和养殖业的发展将起到巨大的推动作用。饲料配方的设计方法主要有手工计算法和计算机辅助设计方法两种。手工计算法是依据动物营养与饲料学的基本知识和简单的数学运算，计算配方中各种饲料的配合比例，一般先满足配方的能量和蛋白质的水平要求，后满足钙、磷等其他成分的水平，氨基酸不足部分由合成氨基酸补足。常见的有试差法、方形法和公式法等，这是计算机设计配方的基础。目前，中国在线性规划最大收益饲料配方设计、多目标规划饲料配方设计及“专家系统”优化饲料配方设计的软件研究与开发方面已取得了很大进展。现在已有很多软件供计算机设计配方使用，使用时只要输入有关的营养需要量、饲料营养成分含量、饲料价格以及相应的约束条件，即可很快得出最优饲料配方。然而，尽管计算机配方技术日益普及，但手算法在动物生产中，如一般养殖场（户）及中小型饲料加工企业仍普遍采用。同时，手算配方是计算机设计配方的基础，计算机配方程序的编制，也必须遵循常规饲料配方计算的基本知识和技能。因此，这里仅介绍常用手算配方的基本方法——全价配合饲料的设计方法。全价配合饲料是指除水分外能完全满足动物营养需要的配合饲料。这种饲料所含的各种营养成分均衡全面，能够完全满足动物的营养需要，不需添加任何成分就可以直接饲喂，并能获得最好的经济效益。它是由能量饲料、蛋白质饲料、矿物质饲料以及各种饲料添加剂组成的。常用的设计方法主要有试差法、方形法和公式法等。

1）试差法：此法是根据经验，先初步拟订一个饲料配方，然后计算该配方的营养成分含量，再与饲养标准比较，如某种营养成分含量过多或不足，再适当调整配合饲料配方中饲料原料比例，反复调整，直到所有营养成分含量都满足要求为止。这种方法简单易学，尤其是对于配料经验比较丰富的人员，非常容易掌握。缺点是计算量大，尤其当自定的配方不够恰当或饲料种类及所需营养指标较多时，往往需反复调整各类饲料的用量，且不易筛选最佳配方，成本也可能较高。值得注意的是，配方中营养成分的浓度可稍高于饲养标准，一般控制在高出 2% 以内。

2）交叉法：又称万块法、四角法或对角线法，此法简单易于掌握，适用于饲料原料种类及营养指标较少的情况，可较快地获得比较准确的结果；同时它也是由浓缩饲料与能量饲料已知的搭配比例推算浓缩饲料配方的设计方法，生产中最适合于求浓缩饲料与能量饲料的比例。

3）代数法：此法简单易于掌握，适用于饲料原料种类及营养指标较少的情况。优点是条理清晰，方法简单。用公式法计算时，方程式必须与饲料种类数相等，一般以 2 或 3 个方程求解 2 或 3 种饲料用量为宜。若饲料种类多，可先自定几种饲料用量，余下 2 或 3 种饲料进行计算。

10.3.4.2 牦牛和藏羊肥育全价配合饲粮的设计原则

牦牛和藏羊属反刍动物，除采食一定量的精料补充外，还采食大量粗饲料。设计配方的基本步骤有：①首先计算出反刍动物每天采食的粗饲料为其提供各种营养物质的数量。②根据饲养标准计算出达到规定的生产性能尚差的营养物质的数量，即必须由精料补充料提供的营养物质的量。③由反刍动物每天采食的精料补充料的量，计算精料补充料中各种营养物质的含量。④根据配合精料补充料的营养物质的含量，拟订反刍动物精料补充料配方。因此，一般应采用高能、高精料饲喂育肥牦牛和藏羊，其饲料配方设计特点是：①合理拟订精粗饲料比例，一般育肥牛、羊颗粒饲料占日粮的 40% ~60%，精料补充料设计粗纤维以不低于 10% 为宜。②育肥牛、羊精料补充料用量大，应尽可能选用能维护瘤胃功能的饲料原料，如适当增加大麦、糠麸类饲料、糟渣类饲料和高纤维饼粕（如亚麻籽饼粕等）类饲料原料的用量。③在育肥后期应适当降低日粮的能量，适当限制日粮中的不饱和脂肪酸的含量，严格控制含叶黄素多的饲料（如草粉、苜蓿粉等）的比例。④可添加瘤胃缓冲剂，如瘤胃素、尿素等添加剂。

10.3.4.3　藏羊肥育全价配合饲粮的配方设计

（1）生长藏羊育肥全价营养饲料的配制

依据配方材料的营养成分和赵新全等（2000）关于藏羊在不同活重和不同日增重条件下的代谢能和可消化蛋白质的需求量（表 10-13，表 10-14），结合当地现有饲草料资源，确定饲料的组成和藏羊的采食量。

表 10-13　各饲料成分的代谢能、粗蛋白及可消化蛋白质的含量

饲料成分	代谢能（μJ/kg）	粗蛋白（%）	可消化蛋白质（%）
燕麦草	7.2	9.0	8.5
麸皮	8.5	18.0	16.5
菜籽饼	13.5	30.0	25.8
玉米	13.21	8.9	7.8

表 10-14　能值含量、粗蛋白需要量与羔羊生长速率

能量含量（MJ/d）	粗蛋白需要量（%）			生长速率（g/d）
	20kg 羊羔	30kg 羊羔	40kg 羊羔	
13	19.3	16.1	13.8	280
12	17.5	14.7	12.9	230
11	15.7	13.3	11.9	185
10	14.0	11.9	10.8	145
9	12.4	10.6	9.6	小于 145

配方 1：

40% 披碱草青干草 +20% 菜籽饼 +36% 青稞 +2% 磷酸氢钙 +1% 盐 +1% 添加剂

代谢能 =9.76MJ/d

可消化蛋白质 =11.92%

配方 2：

60% 披碱草青干草 +19% 菜籽饼 +17% 青稞 +2% 磷酸氢钙 +1% 盐 +1% 添加剂

代谢能 =8.45MJ/d

可消化蛋白质 =10.97%

配方 3：

40% 披碱草青干草 +25% 菜籽饼 +31% 青稞 +2% 磷酸氢钙 +1% 盐 +1% 添加剂

代谢能 =10.1MJ/d

可消化蛋白质 =12.9%

（2）羔羊羊育肥全价营养饲料的配制

依据表 10-13 和表 10-14 以及羔羊的生长发育特点，结合当地现有饲草料资源，制订以下配方（表 10-15）。

表 10-15　羔羊的饲料配方

原料	配方 1	配方 2	配方 3
饲草（%）	40	60	80
青稞（%）	40	25	10
菜籽饼（粕）（%）	19	14	9
矿物质及微量元素（%）	1	1	1
粗蛋白含量（%）	14.16	12.47	10.79
可消化粗蛋白（%）	12.22	10.98	9.54
代谢能（MJ/kg DM）	10.31	9.11	7.86

依据表10-13和表10-14以及羔羊的生长发育特点、当地现有饲草料资源以及预期增重目标，制订以下配方（表10-16～表10-18）。

表 10-16　育肥羔羊不同营养水平全饲粮颗粒饲料配方（日增重100g）

原料	配方 1	配方 2	配方 3
粗饲料			
披碱草/燕麦草			
粗蛋白含量（%）	6.80		
可消化粗蛋白（%）	5.01		
代谢能（MJ/kg DM）	7.47		
精料			
青稞（%）	45	40	35
玉米（%）	33	36	39
菜籽饼（粕）（%）	21	23	25
矿物质及微量元素（%）	1	1	1
粗蛋白含量（%）	14.81	15.06	15.31
可消化粗蛋白（%）	12.94	13.14	13.34
代谢能（MJ/kg DM）	12.91	12.95	12.97
配方饲料（精：粗=6∶4）			
粗蛋白含量（%）	11.61	11.76	11.91
可消化粗蛋白（%）	9.75	9.88	10.01
代谢能（MJ/kg DM）	10.75	10.77	10.78

表 10-17　育肥羔羊不同营养水平全饲粮颗粒饲料配方（日增重150 g）

原料	配方 1	配方 2	配方 3
粗饲料			
披碱草/燕麦草			
粗蛋白含量（%）	6.80		
可消化粗蛋白（%）	5.01		
代谢能（MJ/kg DM）	7.47		

续表

原料	配方1	配方2	配方3
精料			
青稞（%）	49	43	39
玉米（%）	24	26	28
菜籽饼（粕）（%）	26	30	32
矿物质及微量元素（%）	1	1	1
粗蛋白含量（%）	16.01	16.65	16.93
可消化粗蛋白（%）	13.97	14.50	14.73
代谢能（MJ/kg DM）	12.91	12.95	12.97
配方饲料（精：粗 = 6：4）			
粗蛋白含量（%）	12.33	12.71	12.88
可消化粗蛋白（%）	10.39	10.70	10.84
代谢能（MJ/kg DM）	10.73	10.76	10.77

表 10-18　育肥羔羊不同营养水平全饲粮颗粒饲料配方（日增重200 g）

原料	配方1	配方2	配方3
粗饲料			
披碱草/燕麦草			
粗蛋白含量（%）	6.80		
可消化粗蛋白（%）	5.01		
代谢能（MJ/kg DM）	7.47		
精料			
青稞（%）	44	42	40
玉米（%）	25	23	21
菜籽饼（粕）（%）	30	34	38
矿物质及微量元素（%）	1	1	1
粗蛋白含量（%）	16.68	17.64	18.23
可消化粗蛋白（%）	14.53	15.19	15.84
代谢能（MJ/kg DM）	12.94	12.96	12.98
配方饲料（精：粗 = 6：4）			
粗蛋白含量（%）	10.75	10.74	12.73
可消化粗蛋白（%）	10.77	11.13	13.19
代谢能（MJ/kg DM）	10.78	11.53	13.66

10.3.4.4　牦牛肥育全价配合饲粮的配方设计

根据韩兴泰（1997）、薛白等（1997）对生长牦牛能量和蛋白质代谢的研究表明，在精料型日粮条件下，生长牦牛对日粮能量的消化率、代谢率和沉积率分别为60%～77%、50%～70%和9%～25%，并且随日粮精料含量增加而升高，在精料型日粮和粗饲日粮条件下，生长牦牛代谢能需要量分别为 ME（MJ/d）$=0.458W^{0.75}+(8.732+0.091W)\times\Delta G$ 和 ME（MJ/d）$=1.393W^{0.52}+(8.732+0.091W)\times\Delta G$；生长牦牛的 CP 需要量为 RDCP $=6.093W^{0.52}+(1.1548/\Delta W+0.0509/W^{0.52})^{-1}$ 其中，$6.093W^{0.52}$ 为维持的氮需要量，$(1.1548/\Delta W+0.0509/W^{0.52})^{-1}$ 为增重需要。

根据以上公式及表 10-19，生长牦牛在不同体重和增重条件下，其代谢能和粗蛋白质的需要量可以通过计算得到表 10-20。

表 10-19　不同日粮条件下生长牦牛代谢能用于生长的效率

日粮	方程	kg 计算值			
		$q=0.4$	$q=0.5$	$q=0.6$	$q=0.7$
混合日粮	$kg=0.38q+0.282$	—	0.472	0.510	0.548
各种日粮	$kg=0.78q+0.006$	0.318	0.396	0.474	0.552
各种日粮	$kg=0.81q+0.03$	0.354	0.435	0.516	0.597
颗粒饲料	$kg=0.024q+0.465$	0.475	0.477	0.479	—
精料型日粮	$kg=1.37q-0.37$	—	—	0.452	0.589

表 10-20　不同活重条件下生长牦牛蛋白质和代谢能需要量

体重（kg）	日增重（g/d）	DMI（g/d）	CP（%）	ME（MJ/d）
70	200	1204	15.26	14.11
	400		18.45	17.13
	600		20.06	20.15
100	200	1699	12.27	18.04
	400		15.04	21.61
	600		16.51	25.18
130	200	2194	10.41	21.74
	400		12.88	25.85
	600		14.24	29.96
160	200	2689	9.12	25.24
	400		11.36	29.9
	600		12.62	34.56

配方 1：

40% 披碱草青干草 +20% 菜籽饼 +36% 青稞 +2% 磷酸氢钙 +1% 盐 +1% 添加剂

代谢能 =9.76 MJ/kg DM

可消化蛋白质11.92%

配方2：

40%披碱草青干草 +18%菜籽饼 +38%青稞 +2%磷酸氢钙 +1%盐 +1%添加剂

代谢能 =10.1 MJ/kg DM

可消化蛋白质 =11.9%

配方3：

35%燕麦草 +20%菜籽饼 +41%青稞 +2%磷酸氢钙 +1%盐 +1%添加剂

代谢能（ME） =10.26 MJ/kg DM

可消化粗蛋白（CP） =13.71%

配方4：

40%披碱草青干草 +25%菜籽饼 +31%青稞 +2%磷酸氢钙 +1%盐 +1%添加剂

代谢能（ME） =10.1 MJ/kg DM

可消化蛋白质（CP） =12.9%

配方5：

35%披碱草 +32%麸皮 +13%菜籽饼 +16%青稞 +2%磷酸氢钙 +1%盐 +1%添加剂；

代谢能（ME） =13.06 MJ/kg DM

可消化粗蛋白（CP） =9.67%

值得注意的是，牦牛和藏羊是放牧性家畜，试验一开始就直接给它们饲喂高精料性日粮，会引起消化道紊乱，因此在试验开始到结束之前应有10～14天的适应期。

10.4　牦牛和藏系绵羊暖棚舍饲育肥

舍饲育肥是世界上许多畜牧业发达地区一项基本投资方式。在秋末草场牧草质量和数量缺乏时，开展牛羊育肥，使牲畜及时出栏上市，缩短牲畜存栏时间，这样不仅可以减轻放牧压力，尤其是减轻冬季牧场的放牧压力，保护天然草场，同时可以提高牧户抗灾越冬能力，增加牧民经济收入（徐世晓等，2005）。发展季节畜牧业，对充分发挥天然草地生产力的季节优势，减轻冬春草场的载畜量，缓解草畜矛盾，减少资源浪费均具有重要的意义，它不仅可提高出栏率和畜群周转率，而且使牧草尽快转化为畜产品和商品（周立等，1991a；赵新全等，2000；王启基等，2001，2005）。根据高寒牧区夏季牧草丰盛，营养丰富的优势和幼畜早期生长发育快、饲料消耗少的特点，不失时机地育肥羔羊和犊牛，以家畜最优化生产模式调整畜群结构，及时出栏经短期育肥的淘汰成畜和当年羯羔（周立等，1991b；王启基和周兴民，1991；赵新全等，2000）。一方面通过培育家畜优良品种，暖棚建设和冬季补饲等措施以提高家畜生产性能、质量和能量转换效率为目的，逐步减少和替代家畜存栏数，从根本上缓解草畜矛盾；另一方面对羔羊、犊牛应用生长调节素、饲料添加剂等短期催肥新技术，使当年羔羊和犊牛达到出栏标准，在有条件的地方进行异地育肥。这样做不仅提高了羔羊肉的品质，而且可以大幅度提高草地生产效率和经济效益（周立等，1991a；赵新全等，2000）。赵新全等（2000）在海北高寒草甸生态系统研究站的研究表明：人工草地的建立、畜群的优化生产结构和牛羊舍饲育肥等进行集约化经营是实现草地畜牧业优化结构的关键所在。徐世晓等（2005）针对牧民关心的经济收益以及因此而产生的生态效益，对三江源区开展牛、羊舍饲育肥进行综合核算，结果表明，牛、羊舍饲育肥的经济收益分别为256.5元/头和34.25元/只，而因此产生的生态效益价值则高达15 953.31元/（头·a）和5301.85元/（只·a）。Dong等（2003）报道：通过对1岁、2岁牦牛和成年母牦牛5个月的尿素复合营养添砖的补饲，它们的体重损失比对照减少1.2 kg、8.3 kg和7.9 kg，它们的输出输入比分别为0.3∶1、1.8∶1和1.4∶1。Long等（2005）报道：应用燕麦干草、青稞秸秆对成年牦牛和复合营养添砖对生长牦牛进行冬季补饲，它们的输出输入比分别为1.55∶1、1.14∶1和1.6∶1。

10.4.1 牦牛太阳能暖棚舍饲育肥

10.4.1.1 育肥日粮组成

依据韩兴泰等（1997）、薛白等（1997）对牦牛能量和蛋白质需要的研究结果，应用当地现有资源（青贮牧草、青稞）以及邻近地区的菜籽饼和麸皮等，并配以钙和磷以及盐和添加剂，经粉碎配制加工后筛选出以下8种配方。

配方1：35%燕麦草+20%菜籽饼+41%青稞+2%磷酸氢钙+1%盐+1%添加剂；代谢能（ME）=10.26 MJ/kg DM；可消化粗蛋白（CP）=13.71%。（2002年）

配方2：65%燕麦草+19%菜籽饼+12%青稞+2%磷酸氢钙+1%盐+1%添加剂；代谢能（ME）=12.06 MJ/kg DM；可消化粗蛋白（CP）=8.44%。（2002年）

配方3：40%披碱草青干草+20%菜籽饼+36%青稞+2%磷酸氢钙+1%盐+1%添加剂；代谢能（ME）=9.76 MJ/kg DM；可消化粗蛋白（CP）=11.29%。（2003年）

配方4：60%披碱草青干草+19%菜籽饼+17%青稞+2%磷酸氢钙+1%盐+1%添加剂；代谢能（ME）=11.70MJ/kg DM；可消化蛋白质（CP）=8.32%。（2003年）

配方5：40%披碱草青干草+25%菜籽饼+31%青稞+2%磷酸氢钙+1%盐+1%添加剂；代谢能（ME）=10.1 MJ/kg DM；可消化蛋白质（CP）=12.9%。（2003年）

配方6：35%披碱草+32%麸皮+13%菜籽饼+16%青稞+2%磷酸氢钙+1%盐+1%添加剂；代谢能（ME）=13.06 MJ/kg DM；可消化粗蛋白（CP）=9.67%。（2004年）

配方7：65%披碱草+16%麸皮+7%菜籽饼+8%青稞+2%磷酸氢钙+1%盐+1%添加剂；代谢能（ME）=11.70 MJ/kg DM；粗蛋白（CP）=8.32%。（2004年）

配方8：50%麸皮+21%菜籽饼+25%青稞+2%磷酸氢钙+1%盐+1%添加剂；代谢能（ME）=13.1 MJ/kg DM；粗蛋白（CP）=12.50%。（2004年）

10.4.1.2 育肥牦牛及日粮

2002年11月，在牧户牛群内随机选取健康、生长发育良好的42月龄阉割过的公牦牛15头，平均体重为（120±10）kg，按体重随机分为3组（每组5头），第一组（处理A）以配方饲喂［2.820 kg/（头·d）］；第二组（处理B）以配方2饲喂［3.100 kg/（头·d）］；第三组（对照CK1）为对照组，自由放牧，不补饲，无棚舍。2003年11月同样选取健康、生长发育良好的30月龄岁阉割过的公牦牛20头，平均体重为（100±10）kg，按体重随机分为 4 组（每组 5 头），第一组（处理 C）以配方 3 饲喂［2.350 kg/（头·d）］；第二组（处理 D）以配方 4 饲喂［2.600 kg/（头·d）］；第三组（处理 E）为 100% 的青贮披碱草［2.810 kg/（头·d）］；第四组（对照 CK2）为对照组，自由放牧，不补饲，无棚舍。

10.4.1.3　饲喂方式

42 月龄牦牛育肥试验从 2002 年 11 月 20 日开始，2003 年 1 月 24 日结束。30 月龄牦牛育肥试验从 2003 年 11 月 8 日开始，2004 年 1 月 8 日结束。试验分为五期，每期 10 天，预试期 16 天。每天的日粮分两次喂完（早晨 8：00，下午 4：00），每日饮水两次（早晨 10：00，下午 5：30）。每天早晨饲喂之前，分别记下前一天每组所吃剩的饲料。试验期内暖棚外的平均气温是 -25℃，暖棚内的平均气温是 -16℃，暖棚内外的平均相对湿度分别为 0.52 和 0.49。具体饲喂方式见表 10-21。

表 10-21　预试期精料的饲喂方式

饲喂天数（天）	第一组（处理 A）		第二组（处理 B）	
	精料（%）	燕麦草（%）	精料（%）	燕麦草（%）
1～2	0	100	0	100
3～4	10	90	5	95
5～6	20	80	10	90
7～8	30	70	15	85
9～10	40	60	20	80
11～12	50	50	25	75
12～14	60	40	30	70
14～16	65	35	35	65

10.4.1.4　牦牛舍饲育肥的增重效果

（1）42 月龄牦牛的增重效果

在整个育肥期内，42 月龄牦牛体重和日增重的变化见表 10-22。在整个育肥期内，第 1 组牦牛的绝对增重和相对增重分别比第 2 组和对照组高 5.9 kg、4.94% 和 31.44 kg、26.59%，第 2 组比对照组高 25.54 kg、21.65%（表 10-23）。因为日粮中粗饲料比例太低，反而会影响牦牛的消化和吸收效率，这一结果与董全民等（2004d）、Dong 等（2006）、吴克选等（1997）和 Yu 等（1997）的结论基本一致。因此，在完全舍饲条件下育肥牦牛，适当增加精料比例，甚至精料占到 65%，提高牦牛的日增重，是完全可行的。

表 10-22 42 月龄牦牛体重及日增重

育肥期	体重（$\bar{X}_1 \pm S$）（kg）			日增重（$\bar{X}_2 \pm S$）[kg/（头·d）]		
	第 1 组（处理 A）	第 2 组（处理 B）	对照组（对照 CK1）	第 1 组（A）	第 2 组（B）	对照组 CK1
预试前	117.98 ±6.78	117.46 ±7.02	118.60 ±8.21	—	—	—
预试末	122.04 ±12.02	120.40 ±8.21	—	0.27 ±0.10Aa	0.20 ±0.098 Ab	—
第 1 期	124.84 ±16.20	122.66 ±8.65	—	0.28 ±0.123 a	0.23 ±0.096 b	—
第 2 期	132.04 ±13.02	127.66 ±9.87	—	0.72 ±0.298 Ab	0.50 ±0.212 Ba	—
第 3 期	135.22 ±18.32	130.10 ±12.34	—	0.32 ±0.164 Aa	0.22 ±0.102 Ab	—
第 4 期	138.10 ±16.32	132.10 ±18.10	—	0.29 ±0.123 Aa	0.20 ±0.068 Aa	—
第 5 期	140.62 ±19.65	134.20 ±16.85	109.80 ±10.10	0.25 ±0.132 a	0.21 ±0.081 a	—

注：同行或列大写字母不同者为差异极显著（$P<0.01$），小写字母不同者为差异显著（$P<0.05$）；$\bar{X}$ 为平均值；S 为标准差

表 10-23 42 月龄牦牛体重及增重变化

处理	始重（kg）	末重（kg）	绝对增重（kg）	相对增重（%）
第 1 组 A	117.98 ±6.78	140.62 ±19.65	22.64 ±6.45	19.19 ±7.12
第 2 组 B	117.46 ±7.02	134.20 ±16.85	16.74 ±5.12	14.25 ±3.21
对照组 CK1	118.60 ±8.21	109.80 ±10.10	−8.8 ±1.99	−7.4 ±2.02

在整个育肥期内，第 1 组牦牛的平均日增重总是大于第 2 组，而且除了第二期，预试期的牦牛平均日增重大于其他各育肥期，两处理的牦牛平均日增重均在育肥第二期达到最大，然后均开始下降。这是因为经过 16 天的预试期，牦牛瘤胃微生物还没有从完全放牧条件下的区系形成适应这种舍饲日粮的瘤胃微生物区系，所以在育肥第一期，牦牛的日增重出现了下降趋势，但再经过第一期的适应后，适应这种日粮的瘤胃微生物区系基本趋向稳定，出现了牦牛的“补偿性生长”，在育肥第二期牦牛平均日增重达到最大，然后均开始下降，从第四期开始，牦牛平均日增重趋向稳定。

另外，从表 10-24 看出，牦牛的日增重与采食量之间呈极显著的线性回归关系，且第 1 组直线的 a 值大于第 2 组，说明第 1 组牦牛的日增重比第 2 组要大。这一结果与薛白和韩兴泰（1997）的结论有相似之处，但在日粮的精粗比相似的情况下，本试验的“增重/采食量”的试验结果大，这是试验设计的问题，还是称重的误差造成的，尚需进一步研究。

表 10-24 日增重与采食量之间的回归关系

处理	回归方程 $Y=-aX+b$		相关系数 r	显著水平
	a	b		
第 1 组 A（精: 粗 =65:35）	2.5717	1.9074	0.9198	**
第 2 组 B（精: 粗 =35:65）	0.05	0.1117	0.9669	**

(2) 30 月龄牦牛的增重效果

整个育肥期内，30 月龄牦牛体重和日增重的变化见表 10-25。在整个育肥期内，随日粮中精料的减少，牦牛的体重和日增重减小，第 1 组牦牛的绝对增重分别比第二和第三组增加 1. 48 kg 和 3. 64 kg，其相对增重分别提高 1. 49% 和 3. 41%；第 2 组牦牛的绝对增重比第一组增加 2. 16 kg，其相对增重提高 1. 97%（表 10-26）。

表 10-25　30 月龄牦牛体重和日增重的变化

育肥期	体重（$\bar{X}_1 \pm S$）(kg)				日增重（$\bar{X}_2 \pm S$）[g/(头·d)]			
	第一组 C	第二组 D	第三组 E	CK2	第一组 C	第二组 D	第三组 E	CK2
预试前	109. 52 ± 32. 30	110. 42 ± 27. 91	110. 92 ± 23. 91	110. 52 ± 21. 90	—	—	—	—
预试末	110. 99 ± 23. 09	112. 09 ± 25. 93	112. 61 ± 31. 09	—	146. 7 ± 38. 0a	169. 3 ± 28. 9a	169. 3 ± 23. 9 a	106. 4 ± 33. 8
第 1 期	113. 39 ± 39. 12	114. 13 ± 22. 98	114. 67 ± 30. 21	—	240. 0 ± 48. 1 b	204. 0 ± 38. 0c	206. 0 ± 32. 3 c	—
第 2 期	116. 05 ± 29. 12	116. 49 ± 17. 99	116. 93 ± 27. 01	—	266. 0 ± 39. 9 b	236. 0 ± 40. 2 c	226. 0 ± 24. 1 c	—
第 3 期	119. 09 ± 27. 89	119. 05 ± 29. 01	118. 99 ± 23. 78	—	304. 0 ± 33. 9 d	256. 0 ± 38. 0 d	206. 0 ± 33. 3 c	—
第 4 期	121. 93 ± 21. 78	122. 11 ± 21. 73	120. 89 ± 19. 99	—	284. 0 ± 29. 9 b	306. 0 ± 40. 2 b	190. 0 ± 40. 3 c	—
第 5 期	124. 61 ± 19. 98	124. 23 ± 23. 91	122. 59 ± 22. 89	103. 71 ± 23. 71	268. 0 ± 37. 1 b	212. 0 ± 33. 1 c	170. 0 ± 35. 0 a	—

注：同行或列小写字母不同者为差异极显著（$P<0.01$），相同者为差异显著（$P<0.05$）；$\bar{X}_1$ 为牦牛的平均体重，$\bar{X}_2$ 为牦牛的日平均增重；S 为标准差

表 10-26　42 月龄牦牛体重及增重变化

处理	始重（kg）	末重（kg）	绝对增重（kg）	相对增重（%）
A	109. 52 ± 32. 30	124. 61 ± 19. 98	13. 62	12. 27
B	110. 4 ± 27. 91	124. 23 ± 23. 91	12. 14	10. 83
C	110. 92 ± 23. 91	122. 59 ± 22. 89	9. 98	8. 86
CK	110. 52 ± 21. 90	103. 71 ± 23. 71	−6. 81	−6. 16

方差分析表明，育肥日粮组成和育肥时间对 30 月龄牦牛日增重的影响显著（$P<0.05$）（表 10-27），进一步做新复极差分析，预饲期牦牛日增重之间的差异不显著（$P>0.05$），在第一期和第二期，处理 D 和 E 之间的差异不显著（$P>0.05$），但它们和处理 C 之间的差异显著（$P<0.05$）；第三期和第四期处理 C 和 D 之间的差异不显著（$P>0.05$），但它们和处理 E 之间的差异显著（$P<0.05$）；第五期各处理之间的差异均显著（$P<0.05$）。

表 10-27　日粮组成对 30 月龄牦牛日增重的影响

影响因子	平方和（SS）	自由度（df）	F 值	P 值	显著性
育肥时间	19 774. 64	5	4. 243 575	0. 024 867	*
处理	9 937. 383	2	5. 331 327	0. 026 55	*

10.4.2 藏系绵羊太阳能暖棚育肥

10.4.2.1 育肥藏系绵羊及日粮

在牧户羊群内，选取健康、生长发育良好的羔羊和18月龄阉割过的公羊各30只，随机分为3组（每组10只）。羔羊第一组按配方1的日粮组成饲喂，第二组按配方2的日粮组成饲喂，第三组（处理C）喂100%的燕麦青贮草，另选10只为对照组，自由放牧，不补饲，无棚舍（表10-28）。试验从2002年11月14日开始，2003年1月24日结束。18月龄藏系绵羊第一组（处理A）按配方4的日粮组成饲喂，第二组（处理B）按配方3的日粮组成饲喂，第三组（处理C）喂100%的披碱草青贮草，另选10只为对照组，自由放牧，不补饲，无棚舍（表10-28）。试验从2003年11月8日开始，2004年1月10日结束。每个试验包括15天预试期和50天的育肥期（试验分为5期，每期10天），每10天早晨空腹称重（用电子秤称重）一次。每天的日粮分两次喂完（早晨8：00，下午4：00），每日饮水2次（早晨10：00，下午5：30）。

表10-28 藏系绵羊暖棚育肥试验

日期	育肥群	第一组	第二组	第三组	对照组
2002.11.14～2003.1.24	羔羊（10只/组）	35%燕麦草+20%菜籽饼+41%青稞+2%磷酸氢钙+1%盐+1%添加剂（配方1）	65%燕麦草+19%菜籽饼+12%青稞+2%磷酸氢钙+1%盐+1%添加剂（配方2）	100%燕麦草青贮草	自由放牧，不补饲，无棚舍
2003.11.8～2004.1.10	18月龄藏系绵羊（10只/组）	40%披碱草+20%菜籽饼+36%青稞+2%磷酸氢钙+1%盐+1%添加剂（配方3）	60%披碱草+19%菜籽饼+17%青稞+2%磷酸氢钙+1%盐+1%添加剂（配方4）	100%披碱草青贮草	—

10.4.2.2 藏系绵羊育肥的增重效果

（1）羔羊育肥的增重效果

在整个育肥期，各育肥组羔羊每期个体增重见表10-29。羔羊个体总增重的大小顺序为：第1组>第3组>第2组>对照，且它们的增重率分别为51.27%、50.08%、48.75%和-8.25%。显著性检验表明，三个育肥组的总增重极显著地高于对照组（$t=4.167>t_{0.01}=5.841$）。

表10-29 羔羊个体总增重效果比较

育肥组	预试前体重（kg）	试验末体重（kg）	总增重（kg）	比对照增加（kg）	增重百分比（%）
第1组	18.81±3.29	28.46±5.60	9.65±3.02	11.17±3.69	51.27±11.33
第2组	18.83±2.98	28.01±4.98	9.18±2.87	10.60±2.73	48.75±19.03
第3组	18.8±13.98	28.23±5.01	9.42±3.29	10.94±3.19	50.08±21.12
对照	18.42±4.10	16.9±3.61	-1.52±0.98	—	-8.25±3.01

(2) 羔羊个体增重与育肥时间的关系

羔羊个体增重随育肥时间呈二次曲线变化，它们的回归方程见表 10-30。当 $X=5.05$ 时，第 1 组羔羊的个体增重达到最大，因此从经济和饲料利用的角度考虑，用这种日粮育肥 1 岁羔羊的时间不能少于 50 天；第 2、第 3 组在 $X=3.59$ 和 3.69 时羔羊个体增重达到最大，即它们的育肥时间期不能少于 40 天。但具体育肥多长时间，还需考虑其他成本因素。

表 10-30　羔羊个体增重与育肥期之间的回归方程

试验处理	回归方程	r 值	P 值
第 1 组	$Y=-0.0493X^2+0.4984X+0.523$	0.8798	<0.01
第 2 组	$Y=-0.1564X^2+1.1244X-0.1381$	0.9629	<0.01
第 3 组	$Y=-0.0968X^2+0.714X+0.05823$	0.7036	<0.10

(3) 羔羊饲料转化率与育肥时间之间的关系

从图 10-5 可以看出，各育肥组羔羊饲料转化率的变化与其个体增重的变化趋势基本一致，其回归方程见表 10-31。当 $X=5.24$ 时，第 1 组羔羊的饲料转化率达到最大；当 $X=3.61$ 和 3.67 时，第 2 组和第 3 组分别达到最大，这与羔羊个体增重的变化很接近。饲料转化率最大的时期也就是回报率最高的时间。因此不论从羔羊个体增重、还是从饲料转化率的角度考虑，利用相应的日粮组成育肥 1 岁羔羊时，第 1 组、第 2 组和第 3 组分别不能少于 50 天、40 天和 40 天。

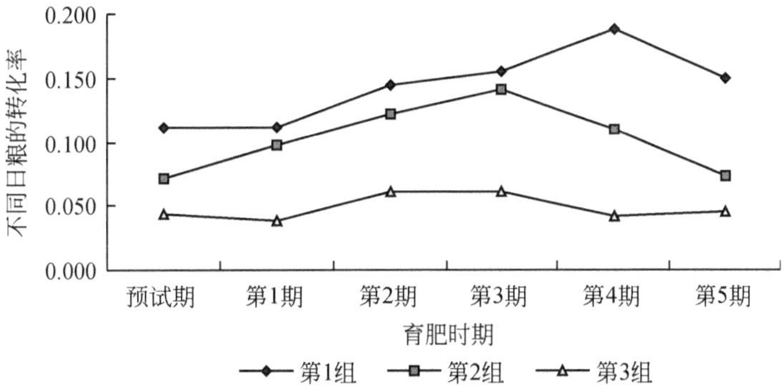

图 10-5　羔羊饲料转化率随育肥时间变化的关系

表 10-31　饲料转化率与育肥时间之间的回归方程

试验处理	回归方程	r 值	P 值
第 1 组	$Y=-0.0035X^2+0.0367X+0.0676$	0.8540	<0.05
第 2 组	$Y=-0.0095X^2+0.0685X+0.0064$	0.9602	<0.01
第 3 组	$Y=-0.0023X^2+0.0169X+0.0245$	0.6527	<0.20

(4) 18 月龄藏系绵羊的增重效果

在整个试验期（包括 15 天的预饲期和 50 天的育肥期）内，不同处理组绵羊的日增重、饲料转化率与育肥时间呈显著的二次回归关系（表 10-32，表 10-33）。由表 10-32 计算可知：生长绵羊的日增重达到最大的时间随日粮中粗蛋白含量的降低而缩短，处理组 A 为 29 天，B 为 39 天，C 为 26 天。各育肥组绵羊增重和效益分析见表 10-34。另外，对生长绵羊不同日粮配方下的增重和经济效益的分析表明：在 15 天的预饲期和 50 天的育肥期内，处理 A 的绵羊体重平均增加 10.6 kg/头，处理 B 平均增加 10.2 kg/头，处理组 C 平均增加 10.1 kg/头，而对照组则平均减少 2.8 kg/头，分别增加了 43.42%、41.98% 和 41.61%，而对照减小了 11.29%，显著性检验表明，三个育肥组的绝对增重显著地高于对照组（$P<0.05$），三个处理组之间差异不显著（$P>0.05$），三种日粮对生长藏系绵羊的育肥效果接近。

表 10-32　18 月龄藏系绵羊日增重随育肥时间的变化

试验处理	回归方程	r 值	P 值
第 1 组 A	$Y=-0.106X^2+6.0368X+106.87$	0.7689	<0.05
第 2 组 B	$Y=-0.0814X^2+6.2789X+87.226$	0.8924	<0.01
第 3 组 C	$Y=-0.1508X^2+7.8093X+104.98$	0.7583	<0.05

表 10-33　18 月龄藏系绵羊饲料转化率随育肥时间的变化

试验处理	回归方程	r 值	P 值
第 1 组 A	$Y=0.0031X^2-0.1712X+7.8133$	0.7809	<0.05
第 2 组 B	$Y=0.003X^2-0.2311X+10.231$	0.9268	<0.01
第 3 组 C	$Y=0.0047X^2-0.1987X+9.7869$	0.7329	<0.05

表 10-34　不同日粮下 18 月龄藏系绵羊增重及经济效益比较

处理组	开始体重（kg）	采食量（kg/只）	绝对增重（kg/只）	相对增重（%）	饲料转化率（%）
配方 4（A）	24.3	56.5	10.6	43.42	5.33
配方 3（B）	24.4	46.5	10.2	41.98	4.56
青贮草 C	24.4	71.5	10.1	41.61	7.08
对照 CK	24.9	—	-2.81	-11.29	—

10.4.3　舍饲育肥牦牛和藏系绵羊的经济效益

10.4.3.1　牦牛育肥经济效益分析

不同育肥日粮的价格、活体增重成本以及育肥利润见表 10-35。在 50 天的育肥期内，处理 A、B、C、D 和 E 的利润分别为 20.60 元/头、55.07 元/头、12.46 元/头、29.86 元/头和 54.39 元/头，42 月龄牦牛组，即处理 A 和 B 比其对照组分别高 116.67 元/头和 82.2 元/头，而 30 月龄牦牛组，即处理 C、D 和 E 分别比其对照组高 60.13 元/头，77.53 元/头和 102.06 元/头。

表 10-35　不同日粮育肥牦牛的经济效益分析

年份	处理	饲料价格（元/kg）	活体增重（kg/头）	活体增重成本（元/kg）	利润（元/头）	比对照增加（元/头）	产出投入比
2002～2003	A	0.79	22.64±6.45 a	6.09	20.60 a	82.20	1.15∶1
	B	0.49	16.74±5.12 a	3.71	55.07 b	116.67	1.89∶1
	CK1	—	-8.8±1.99 b	0	-61.60 c	—	—
2003～2004	C	0.72	13.62 ±3.30 a	6.06	12.46 a	60.13	1.16∶1
	D	0.54	12.14±1.98 a	4.54	29.86 b	77.53	1.54∶1
	E	0.20	9.98±1.01 a	1.55	54.39 c	102.06	4.52∶1
	CK2	—	-6.81±2.12 b	0	-47.67 d	—	—

注：同列小写字母不同者为差异极显著（$P<0.01$），相同者为差异显著（$P<0.05$）。

产出投入比按下面公式计算：

产出/投入[Output（O）/ input（I）] =（活体增重 × 卖出的活重价格）/（育肥时间 × 采食量 × 饲料价格）　　(10-7)

这里活体增重的单位是 kg/头，卖出的活重价格的单位是元/kg，育肥时间的单位是天，采食量的单位是 kg/（头・d），饲料价格的单位是元/kg。不同处理组的产出投入比见表 10-26。高精料对应的处理 A 和 C 的 O/I 分别是 1.15∶1 和 1.16∶1，它们均低于其他处理组。这是因为尽管这两个处理组的牦牛活体增重较其他处理组高，但它们的饲料成本高，因此它们的活体增重成本也高。中等精料对应的处理 B 和 D 的 O/I 分别是 1.89∶1 和 1.54∶1，产出大于投入，因此可以在实践中推广。然而，处理 E 的 O/I 是 4.52∶1，远远高于其他处理组，这是因为它的日粮成本最低，进而其活体增重成本也低的原因。因此，应在高寒牧区的局部地区大力推广一年生和多年生人工草地的建植，充分应用邻近地区的菜籽饼和麸皮等，并配给钙和磷以及盐和添加剂在牦牛产区进行冬季育肥，不但可减轻天然草地压力，同时可以获得很好的经济效益。

10.4.3.2　藏系绵羊育肥的经济效益分析

从表 10-36 可知，在 50 天的育肥期内，18 月龄藏系绵羊第一组（精料 65%）、第二组（精料 35%）和第三组（100% 燕麦青贮草）的个体增分别比对照组重高 11.17 kg、10.7 kg 和 10.94 kg，三组分别比对照组多获利 28.31 元/只、32.19 元/只和 35.38 元/只。羔羊组，处理 A、B 和 C 分别较对照高 63.36 元/头、57.92 元/头和 76.07 元/头，而且它们的投入产出比分别为 1∶1.43、1∶1.13 和 1∶3.94（表 10-36）。

表 10-36　藏系绵羊饲料成本及经济效益

育肥群	处理	饲料成本（元/kg）	平均增重（kg/只）	增重成本（元/kg）	平均获利（元/只）	比对照组多获利（元/只）	产出投入比
18 月龄藏系绵羊	第一组 A	0.79	9.65	4.50	14.45	28.31	1.44∶1
	第二组 B	0.49	9.18	4.00	18.33	32.19	1.63∶1
	第三组 C	0.20	9.42	3.72	21.52	35.38	1.75∶1
	对照组(CK1)	—	-1.52	—	-13.86	—	—

续表

育肥群	处理	饲料成本（元/kg）	平均增重（kg/只）	增重成本（元/kg）	平均获利（元/只）	比对照组多获利（元/只）	产出投入比
羔羊	第一组 A	0.54	10.6	2.88	43.69	63.36	1.43∶1
	第二组 B	0.72	10.2	3.28	37.92	57.59	1.13∶1
	第三组 C	0.20	10.1	1.42	56.4	76.07	3.94∶1
	对照组(CK2)	—	-2.81	—	-19.67	—	—

10.4.4 太阳能暖棚育肥牦牛和藏系绵羊的生态效益

确定三江源区主要草地生态系统类型，参考谢高地等（2003）对中国自然草地生态系统和青藏高原生态资产价值的评估，确定该草地生态系统类型单位面积的各项生态系统服务价值(P_i，$i=1$，…，9)；根据相关试验数据和文献确定三江源区单位藏系绵羊和牦牛所占的草地面积（A）。最后将三江源区主要草地生态系统类型单位面积的各项生态系统服务价值分别与单位牦牛所占的草地面积相乘，得到单位羊单位进行舍饲育肥的生态效益价值（V）。

$$V = \sum_{i=1}^{9} AP_i \tag{10-8}$$

草地生态系统不但为人类提供食物、饲料和药物等重要资源，而且还为人类提供许多工业技术难以替代的生态公益，包括空气和水体的净化、缓解洪涝和干旱、土壤的产生及其肥力的维持、生物多样性的产生和维持、气候的调节等。长期以来，草地提供的肉、奶、皮和毛等畜产品的经济价值得到公认，但往往忽略其强大的生态功能。沙尘暴的频繁袭掠、洪涝泛滥、干旱肆虐和空气污染等许多重大环境问题，使我们不得不更加重视草地的生态功能。Costanza 等（1997）将生态系统服务划分为气体管理、气候管理等 17 项，谢高地等（2001，2003）主要针对我国草地生态系统的 14 项服务进行量化评估，也就青藏高原生态资产的价值进行了评估。根据三江源区草地生态系统特殊的地理位置，其生态系统服务主要体现在以下方面（表 10-37）。

表 10-37 草地生态系统主要服务内容

服务项目	主 要 内 容
水源涵养	水分的保持与储存及水分循环过程的调节
土壤保护	土壤保持和保护，减少风蚀和水蚀，土壤养分的获取、形成、内部循环和储存以及 N、P、K 等营养元素的循环
生物多样性保护	为众多青藏高原特有动、植物物种提供栖息地和生长环境
气体调节	调节大气化学组成、CO_2 和 O_2 平衡、SO_2 水平
气候调节	对气温、降水以及对其他气候过程的生物调节
食物生产	为牛、羊等初级消费者提供牧草，生产大量牛、羊肉，满足市场需求
废物处理	毒物降解和污染控制，吸收或减少空气中的硫化物、氮化物和卤素等有害物质的含量
原材料	皮、毛等畜产品以及药材和燃料的生产和供应
娱乐文化	旅游、狩猎等户外休闲娱乐活动，同时也为美学、艺术教育和相关科学研究开展提供基地

三江源区高寒草甸草地生产力属中等水平，单位羊单位需求的高寒草甸草地面积为 0.68 ~ 1.54 hm^2，平均 1.11 hm^2；根据中国牧区适用的家畜单位换算系数，每头牛的所需要的草场面积相当于 3.0 个羊单位，故每头牛需求的高寒草甸草地面积为 2.04 ~ 4.62 hm^2，平均为 3.34 hm^2。参照谢高地等对中国自然草地生态系统服务价值的核算和青藏高原生态资产的价值评估，确定三江源区高寒草甸草地生态系统提供的涵养水源、土壤保护、生物多样性保护、气体调节、气候调节、食物生产、废物处理、原材料生产和娱乐文化等生态系统服务的价值分别为 527.81 元/(hm^2·a)、1286.53 元/(hm^2·a)、719.03 元/(hm^2·a)、527.81 元/(hm^2·a)、593.84 元/(hm^2·a)、197.86 元/(hm^2·a)、864.21 元/(hm^2·a)、33.01 元/(hm^2·a) 和 26.34 元/(hm^2·a)，牛、羊育肥产生的生态效益价值分别达到 5301.85 元/(只·a) 和 15 953.31 元/(头·a)（表 10-38）。

表 10-38　牦牛育肥的生态效益核算

生态系统服务价值		涵养水源	土壤保护	生物多样性	气体调节	气候调节	食物生产	废物处理	原材料生产	娱乐文化	总价值
单位面积价值 [元/(hm^2·a)]		527.81	1 286.53	719.03	527.81	593.84	197.86	864.21	33.01	26.34	4 776.44
生态效益价值（元/a）	绵羊	585.87	1 428.05	798.12	585.87	659.16	219.62	959.27	36.64	29.24	5 301.85
	牦牛	1 762.89	4 297.01	2 401.56	1 762.89	1 983.43	660.85	2 886.46	110.25	87.98	15 953.31

10.4.5　牦牛的冬季补饲

10.4.5.1　补饲牦牛及日粮组成

在当地牧户（4 户）牛群内选取健康、生长发育良好的 18 月龄阉割过的公牦牛共计 200 头，分为 4 组，每组 50 头，平均体重为（90 ± 10）kg。第一组（处理 A）每头每天补饲 0.5 kg 的精料；第二组（处理 B）每头每天补饲 0.5 kg 的青贮披碱草；第三组（处理 C）每头每天补饲 0.25 kg 的精料 + 0.25 kg 青贮披碱草；第四组（对照 CK）自由放牧，不补饲。所有牦牛的补饲均在露天进行，补饲日粮的组成及其营养成分见表 10-39、表 10-40。

表 10-39　补饲日粮的组成

项目	精料（50% 麸皮 + 21% 菜籽饼 + 25% 青稞 + 2% 磷酸氢钙 + 1% 盐 + 1% 添加剂）（kg/头）	青贮披碱草（kg/头）
处理 A	0.5	0
处理 B	0.25	0.25
处理 C	0	0.5
对照 CK	0	0
日粮价格（元/kg）	0.86	0.30

表 10-40　补饲日粮中精料和青贮披碱草的营养成分

日粮成分	总能（MJ/kg）	有机质（g/kg）	粗蛋白（%）	粗脂肪（%）	粗纤维（%）	酸性洗涤纤维（%）	钙（%）	磷（%）
精料	21.87	917.00	11.29	4.62	30.12	32.70	1.55	0.30
青贮披碱草	21.42	907.50	6.66	4.21	16.40	25.89	1.14	0.16

10.4.5.2　不同补饲日粮下牦牛的增重效果

不同处理组牦牛个体增重随补饲时间的动态变化见表 10-41。在 162 天的补饲期内，除了处理 A、B 和 C 第 1 个月（11 月 13 日 ~12 月 15 日）牦牛个体增重为正值，所有处理组牦牛个体增重均为负值，也即牦牛的体重均在减小。方差分析表明：补饲日粮组成和补饲时间对牦牛个体增重的影响均达到极显著水平（$P<0.01$）（表 10-42）。对各处理而言，在第 1 个月（11 月 13 日 ~12 月 15 日），处理 A 牦牛个体增重极显著地高于其他处理组，处理 B 和 C 之间的差异不显著（$P>0.05$），但它们和对照组之间的差异显著（$P<0.05$）；在第 2 个月（12 月 15 日 ~1 月 10 日）~第 4 个月（3 月 14 日 ~4 月 22 日），处理 A 和对照 CK 之间的差异极显著（$P<0.01$），而且它们也和处理 B 和 C 之间的差异极显著（$P<0.01$），但处理 B 和 C 之间的差异不显著（$P<0.05$）。在最后 1 个月（3 月 14 日 ~4 月 22 日），各处理之间的差异均不显著（$P>0.05$）（表 10-33）。在整个补饲期内，处理 A 第 1 个月和第 4 个月牦牛个体增重之间的差异极显著（$P<0.01$），与其他各月之间的差异也极显著（$P<0.01$），但第 2 个月（12 月 15 日 ~1 月 10 日）和第 3 个月（1 月 10 日 ~2 月 16 日）之间的差异不显著（$P>0.05$），而它们与第 4 个月（2 月 16 日 ~3 月 14 日）之间的差异显著（$P<0.05$）；处理 B 和 C 最后 1 个月牦牛的个体增重极显著地低于其他各月（$P<0.01$），第 2、3、4 个月之间的差异不显著（$P>0.05$），但它们与第 1 个月之间的差异显著（$P<0.05$）；对照组第 1 个月与其他各月之间的差异极显著（$P<0.01$），第 2、3、4 个月之间的差异不显著（$P>0.05$），但它们与最后一个月之间的差异显著（$P<0.05$）。

表 10-41　牦牛个体增重的变化　　（单位：kg/头）

时间（月.日）	处理			
	A	B	C	CK（对照）
11.13 ~ 12.15	3.08 ±0.31A	0.82 ±0.12Ba	0.49 ±0.08Ba	−1.94 ±0.19Bd
12.15 ~ 1.10	−0.06 ±0.01Cc	−0.52 ±0.11Bb	−0.72 ±0.10Bb	−3.00 ±0.23Db
1.10 ~ 2.16	−0.01 ±0.004Cc	−1.65 ±0.21Bb	−0.67 ±0.13Bb	−3.16 ±0.46Db
2.16 ~ 3.14	−0.21 ±0.05Cb	−1.52 ±0.24Bb	−1.74 ±0.72Bb	−3.39 ±0.17Db
3.14 ~ 4.22	−3.58 ±0.98Dc	−3.63 ±0.99Dc	−3.11 ±0.65Dc	−3.46 ±1.21Dc

注：同行或列大写字母不同者为差异极显著（$P<0.01$），小写字母不同者为差异显著（$P<0.05$），大写字母相同、小写字母不同为不显著（$P>0.05$）

表 10-42　补饲日粮和时间对牦牛个体增重的影响

影响因子	平方和	自由度	F 值	F 临界值	P 值	显著性
处理	15.211 1	3	10.023 1	3.490 3	0.001 4	**
时间	56.314 6	4	27.830 7	3.259 1	0.000 05	**

10.4.5.3　不同补饲日粮下牦牛的生产和经济效益

从表 10-43 可以看出，在 162 天的补饲期内，各处理组牦牛的个体增重均为负值，也即牦牛均减重，但处理 A 牦牛体重的损失最小，为 0.78 kg/头，处理 B 和 C 分别为 5.75 kg/头和 6.49 kg/头，而对照组达到 16.16 kg/头。各补饲处理组 A、B 和 C 牦牛体重分别比对照少损失 15.36 kg/头、10.41 kg/头和 9.67 kg/头，个体增重分别比对照组牦牛相对提高 95.36%、64.42% 和 59.84%；相对于对照组，各补饲处理组 A、B 和 C 牦牛的饲料报酬（采食量/相对个体增重）分别为 5.23∶1、7.68∶1 和 8.38∶1。在补饲期内，不同处理组牦牛比对照获利［每头牦牛体重相对对照的增加（kg/头）×牦牛活重的价格（元/kg）］分别为 122.88 天/头、83.28 天/头和 77.36 元/头，各处理组牦牛补饲的总成本分别为 69.66 天/头、46.98 天/头和 24.30 元/头，因此，不同日粮补饲组牦牛的产出投入比分别为 1.76∶1、1.77∶1 和 3.18∶1。

表 10-43　不同补饲日粮下牦牛的生产和经济效益

项目	处　理			
	A	B	C	CK（对照）
总增重（kg/头）	-0.78	-5.75	-6.49	-16.16
比对照的相对增加（kg/头）	15.36	10.41	9.67	—
比对照的相对提高（%）	95.05	64.42	59.84	—
采食总量（kg/头）	81.00	81.00	81.00	—
采食量/相对个体增重	5.23∶1	7.68∶1	8.38∶1	—
相对收入（元/头）	122.88	83.28	77.36	—
补饲成本（元/d）	0.43	0.29	0.15	—
总成本（元/头）	69.66	46.98	24.30	—
产出投入比	1.76∶1	1.77∶1	3.18∶1	—

10.4.5.4　不同日粮补饲牦牛的生态效益

表 10-44 为高寒草甸生态系统的生产力状况及服务价值。根据董全民等（2006a，2006c）对高寒草甸适宜放牧强度的研究结果，草地年度最大生产力为 36.5 kg/hm^2，因此可以将补饲牦牛体重较对照的增加，也即补饲组较对照组牦牛个体的相对增重折算，得到恢复补饲期牦牛体重损失所需的草地面积。另外，参照谢高地等（2001，2003）对中国自然草地生态系统服务价值的核算和青藏高原生态资产的价值评估，确定高寒草甸草地生态系统提供的涵养水源、土壤保护、生物多样性保护、气体调节、气候调节、食物生产、废

物处理、原材料生产和娱乐文化等生态系统服务的价值分别为 527.81 元/(hm^2·a)、1286.53 元/(hm^2·a)、719.03 元/(hm^2·a)、527.81 元/(hm^2·a)、593.84 元/(hm^2·a)、197.86 元/(hm^2·a)、864.21 元/(hm^2·a)、33.01 元/(hm^2·a) 和 26.34 元/(hm^2·a)，因此高寒草甸生态系统总价值为 4776.44 元/(hm^2·a)。不同处理组 A、B 和 C 牦牛补饲产生的生态效益价值分别达到 2006.10 元/(头·a)、1337.40 元/(头·a) 和 1421.87 元/(头·a)。

表 10-44　不同日粮补饲牦牛的生态效益

项目	处理			
	A	B	C	CK（对照）
补饲期牦牛个体总增重（kg）	-0.78	-5.75	-6.49	-16.16
比对照的相对增加（kg）	15.38	10.41	9.67	—
高寒草甸草场牦牛最大生产力（kg/ hm^2）	—	36.65	36.65	—
高寒草甸生态系统服务总价值［元/（hm^2·a）］	—	4776.44	4776.44	—
恢复冬季牦牛体重损失所需草地面积（hm^2）	0.42	0.28	0.26	—
补饲牦牛的生态效益价值［元/（头·a）］	2006.10	1337.40	1241.87	—

第 11 章　三江源区草地生态系统可持续管理与展望

11.1　生态系统可持续管理的概念、原理和方法

11.1.1　生态系统可持续管理的概念

生态系统管理是以生态系统结构、功能和过程的可持续性以及社会和经济的可持续性为目标的综合资源管理，生态系统管理的目标很多如生态系统健康、生态系统的生产力和恢复力、生态系统的生物多样性、生态系统的完整性等（杨荣金等，2004）。于贵瑞（2001）认为生态系统管理是以保护生态系统可持续性为总体目标，在各个不同部门、不同专业领域、不同专家的生态系统管理的定义中，可持续性也得到了充分体现。生态系统的可持续管理是一种面向目标的管理，相对于传统的具有时间滞后性的面向问题的管理具有较大的优越性，它以可持续性为总体目标，下设一系列的具体的管理目标如生态系统结构、功能和过程等生态系统自身的可持续性以及生态系统的产品和服务等对外输出的可持续性，再往下还可以有更加详细的管理目标，从而构成一个生态系统可持续性管理的目标体系。由于目标体系中各个分目标之间可能有冲突，分目标间的关系也可能产生问题，因此要考虑目标间的优先问题以及目标间的联系和相互影响等问题（Nute et al.，2000），但在生态系统管理政策和生态系统管理项目中，可持续的原理还体现得太少（Malone，2000），同时也没有有效的方法来进行生态系统的可持续管理，以保证生态系统可持续性的总体目标的实现（Slocombe，1998）。弄清生态系统可持续管理的原理和方法对于实现生态系统的社会、经济和生态目标具有重要的理论和实践意义（Lackey，1998）。

11.1.2　生态系统可持续管理原理和方法

生态系统可持续管理是一个动态的过程，一个不断完善的过程（Gentile et al.，2001；Mazzotti and Morgenstern，1997）。首先是确定管理的总体目标及各个分目标构成的目标体系，然后确定相应的管理尺度，根据管理对象的情况进行管理规划，结合社会目标做出管理决策或选择执行管理决策，对执行情况进行监测和评价，根据监测和评价结果修改管理的目标，如此不断循环而设定目标是生态系统可持续管理的重要的方法论。

生态系统是以动态和变化为特征的（Hilborn and Ludwig，1993；Ludwig et al.，1993），目标之间经常是相互冲突的（Dale et al.，2000），有多种方法可以解决目标间在逻辑上和

现实中的冲突。目标不是适应当时条件的一时目标，而是可持续的长远目标，不是针对某一方面的单个目标，而是一个有层级结构的针对整个生态系统的目标体系（Nute et al.，2000），这种层级结构不仅体现在空间尺度上，而且也体现在时间尺度上，即由长期、中期和短期的目标以及核心空间尺度和邻近空间尺度的目标共同构成一个综合的目标体系。由于生态系统本身的复杂性、动态性、模糊性以及外来干扰的不确定性，对于生态系统的管理也要有较大的适应和变化的能力，这就要求生态系统管理的可持续性目标也要是可变的和有弹性的。尽管国内、国外已经有一些关于可持续性的指标体系的研究，甚至有人提出了生态可持续性的评价步骤（Harwell，1997），但由于研究对象和侧重点不同，可持续性指标体系仍有很大的不同，具体指标体系的确定，要根据所研究的生态系统和研究的目的来确定，同时应该注意使确定的目标具有可操作性（Nute et al.，2000）。

目标确定以后，需要对目标的各指标进行测量。根据管理前后的测量结果，可以对管理效果进行评价，根据评价结果，或调整管理手段和管理方法，或调整管理的边界和尺度，直至调整或修改管理的目标，进入生态系统可持续管理的又一次循环过程，通过生态系统可持续管理的各个环节的不断调整，以适应于不断变化的生态系统和生态系统外部环境以及人类需求，实现生态系统可持续管理的总体目标。

针对三江源区生态环境特征、草地大面积退化和服务功能下降的突出问题，制定生态系统可持续发展目标，根据国家西部大开发和可持续发展战略的需求，以生态学原理和系统科学理论为基础，依据恢复生态学和可持续发展理论研究三江源区主要草地生态系统的退化现状、形成机制及恢复演替的生态过程。根据源区草地退化、实际鼠害和经济发展状况以及存在的突出问题，集成、组装各项已有的相关技术研究和引进新技术，探讨退化草地的综合治理策略和植被快速恢复与重建技术，既防止草地退化又能提高畜牧业经济效益和农牧民收入的生态畜牧业优化经营管理模式。在深入分析自然和人为因素互作影响的基础上预测三江源区草地的演变趋势，进而提出针对性强，适合青藏高原的草地生态建设和环境保护对策措施，使草地生态系统步入良性循环的轨道，为全面推广退化草地综合治理技术和生态畜牧业模式，恢复和维持三江源区的生态功能提供技术支撑和示范样板。

11.2 三江源区草地生态系统可持续管理的原则

11.2.1 三江源草地生态系统动态过程及原因

青藏高原的环境变化不仅使区域地表过程具有敏感响应，也在长时间尺度和大空间范围上影响到整个北半球乃至全球气候环境系统，从而对高原本身以及亚洲的人类生存环境产生直接影响。青藏高原夏季加热对大气环流的影响进一步加强了欧亚大陆尺度的加热对大气环流的影响，对中亚的干旱和东亚的季风起着放大器的作用，而青藏高原荒漠化的加剧与东北亚地区频繁的沙尘暴事件、青藏高原冬季积雪面积的增加与中国东部第二年夏季梅雨时间的延长可能存在着某种联系，尽管这些联系仍然存在着不确定性，然而这种不确定性所产生的灾害可能会给社会经济的发展带来重大影响。作为亚洲大江大河的发源地，高原地区的冰川加速融化在短时期内会导致冰川融水补给量大的河流流量增加，造成中下游的洪水频繁发生，而冰川的持续退缩也会使冰川融水补给的河流流量逐渐减少，特别是对中国西北内陆河流域的影响最大，直接威胁到干旱区绿洲的可持续发展。这些事实表明，青藏高原环境变化不仅从区域本身响应全球变化，而且通过一系列作用过程在周边地区和全球范围内产生影响，这种影响引起的连锁反应对人类生存环境的影响更为严重。

高寒生态系统的形成和平衡是由气候和人类两个驱动因子同时控制的。研究发现高寒草甸生态系统的历史形成与人类从全新世（大约 1 万年以前）驯养家畜（牦牛）密切相关，从而表明该生态系统极有可能是一个典型的人 - 家畜 - 高寒草地控制形成的系统。20 世纪 50 年代以来，随着人口的快速增加草地畜牧业发展，三江源区各州县家畜数量呈同步波动快速增长模式，由于当地的放牧习惯在离定居点和水源地接近的滩地、山坡中下部以及河道两侧等地的冬春草场，频繁和集中放牧加剧了冬春草场的放牧压力，严重破坏了原生优良嵩草、禾草的生长发育规律，导致致密的草皮层丧失，土壤、草群结构变化给害鼠提供了生存条件，从而进一步加剧草地退化。利用层次分析法对三江源区草地退化原因的定量分析表明，长期超载过牧的贡献率达到 39%，位居第一。

随着全球变暖，青藏高原目前正在发生的环境变化逐渐成为全球关注的焦点。作为中低纬度最大的冰川作用区，全球变暖情形下青藏高原冰川发生的全面和加速退缩，不仅可能造成地表反射率的改变，极大地影响区域气候过程和大气环流运动，也会影响到区域水循环和水资源条件。温度上升也使占青藏高原 2/3 面积的多年冻土发生融化，对大型道路和工程建设产生严重影响，对区域生态、环境产生了破坏作用。由于气候变暖、湖泊的快速退缩造成高原湿地面积急剧减小，直接削弱了对生态环境的调节作用，而由于冰川和冻土融化等原因，一些湖泊又发生快速扩张，对高原的生态、环境和经济发展产生严重影响。受青藏高原的严酷气候影响，经常处于脆弱地表系统平衡条件下的环境因子常常处于临界阈值状态，气候变化的微小波动也会在生态系统产生强烈响应，导致高原生态系统的格局、过程与功能发生改变，表现为林线波动、草场退化、湿地消失等，同时还影响到气候、土壤、植被和生物多样性等。生态系统碳过程是生态系统重要功能之一，高原生态系统碳固定能力受环境变化的影响远大于其他地区，就环境温度而言，高寒草甸地区年平均温度由 -1.53℃升至 -0.65℃时，每平方米草甸所固定的碳由 192.5 g 下降到 78.5 g，人类活动对生态系统的碳收支也会产生重大影响，随着退化程度的加剧其土壤有机碳均呈下降趋势。

综上所述，人类活动加剧和气候的异常波动，导致高原地区高寒生态系统生物多样性的丧失、荒漠化、土地退化加剧、水土流失严重、平流层臭氧的减少、水资源短缺等生态后果，使本来脆弱的生态系统整体功能受到严重破坏，阻碍了该地区的持续、稳定、协调发展，对少数民族群众的生存条件造成威胁，如何提高资源的利用效率又不危及子孙后代的利益，保证区域经济繁荣、维持生态平衡已成为该地区社会经济发展的战略任务。

因此，高原地区的生态环境对全国乃至全球生态环境有着重大影响作用，显然保护和建设青藏高原的生态环境，整治退化的高寒生态系统，不仅对该地区的可持续发展，而且对实现全国可持续发展战略有着重大意义。鉴于青藏高原在全国甚至全球生态环境中的重要地位，在西部大开发战略实施过程中，应以脆弱生态环境保护建设和退化高寒生态系统的整治为根本和切入点，在保证“生态安全”的前提下谋求经济与社会的发展，以实现青藏高原高寒生态系统内人与自然和谐相处及可持续发展。

11.2.2 三江源草地生态系统可持续管理举措

11.2.2.1 合理利用草地资源是维系草地生态系统功能的基础

青藏高原草地生态系统是在全新世以来人类活动干扰下形成的。合理的放牧利用有利于草原的更新和植物物种多样性的维系，动物和植被在长期的进化中已形成了各自的防卫模式，使得各自适应对方而形成了极为巧妙的协同进化，因此草地的合理放牧利用是必不可少的，选择适宜放牧强度和放牧制度等最优放牧策略，将提高草地初级生产力，维护草地生态平衡，有效防止草地退化。然而长期过度地放牧利用无疑是草地退化的主要原因，过度利用不但使草地的第一生产力破坏，也没有追求到最大的畜产品产量，所以科学地利用草地资源就成为草地畜牧业的最根本问题。

草地资源的合理利用概括为“草地资源限量，时间机制调节，经济杠杆制约”的原理，其思路主要为：在基于草地饲草生产力（资源量）、家畜需求量、季节性变化以及季节性差异等参数的基础上，确定草地可以放牧利用以及必须舍饲圈养的时间，建立以休牧时间为主要指标的可持续的牧草生长管理制度，其主要特点为：① 根据植物生长发育节律，在草地放牧敏感期设定舍饲休牧期，防止对草地的破坏，这是“时间机制”的基本含义；② 以休牧期的家畜需草量为限制因子，督促生产者自觉储草备料，这与原管理方式以面积为主要限制因子的思路有根本性的不同；③ 依据休牧期的长短，基于舍饲时购买饲草料花费、设施和劳动力成本等经济因子的制约，促使生产者主动规划生产规模，确定饲养数量，这是“经济杠杆制约”的基础。通过这样一种行政监督和经济调节相互结合的监管方法，可以形成能够有效防止草地超载过牧而又不限制畜牧业发展的生产机制。

就全球天然草地的合理利用而言，通常人们认为合理的草地利用率为地上生物量的50%，即“取半留半”的放牧利用原则。当然这是针对未退化的草地或者牧草的地上生物量绝大部分可以被草食动物利用，不可食牧草的比例很小等前提而言。鉴于青藏高原牧草生长期短、自然条件恶劣，未退化草地为45%左右的牧草利用率最佳，两季草场轮牧制度下夏秋草场的不退化最大放牧强度为4.30只藏羊/hm^2，冬春草场为4.75只藏羊/hm^2，年最大放牧利用强度不超过2.5羊单位/hm^2。通过高寒草场优化放牧方案和最优生产结构的研究认为，高寒草场地区藏系绵羊和牦牛的比例以3∶1，藏系绵羊的适龄母畜比例为50%~60%，牦牛的适龄母畜比例为30%~40%较为合理。

11.2.2.2 实现草畜平衡是遏制草地退化的现实需要

草畜平衡是草原生态和草原畜牧业发展中的关键控制点，在草原畜牧业发展的不同技术阶段草畜平衡的具体内涵是不同的，分清草原畜牧业的不同技术阶段对于深刻理解草畜平衡的实质意义、把握建立在草畜平衡基础上的草原畜牧业的未来发展走势，以及为确立相关政策提供一个清晰而连贯的背景都具有十分重要的理论意义。传统草畜平衡有三个不同的技术阶段。

第一个阶段是在自然生产力条件下草原放牧系统的草畜平衡阶段，主要内容是天然草场的生产力与牲畜饲养量之间的平衡；关注的关键问题是如何发挥天然草场的生产潜力。主要措施包括三个方面：第一是畜群结构的优化，即在家畜总头数保持不变，而每年出栏家畜数最多的状况下实现单位面积草场的最大效益；第二要有足够的储草量，因为丰年和歉年的草地产量相差很多，储草量大就可以有效降低灾年的损失；第三，实行划区轮牧，通过围栏控制下的有计划地放牧才能充分利用天然草场的生产潜力（贾幼陵，2005）。

第二阶段是在发展人工草地前提下的草畜平衡。从理论上讲只要加进人工种草这个外部因素，如果这个因素的数量没有限制的话，无论饲养多少牲畜草原生态系统都可以保持平衡，也就是能够实现草畜平衡。然而在生产实践中人工种草并不可能无限增加，受限的因子很多，在高原地区主要受水热条件的限制。此外，地形及土壤发育程度及人工草地饲草的合理利用也是不可忽视的因素。

第三个阶段是营养平衡阶段，随着天然草原和人工草原潜力的不断发挥，在草畜的平衡关系中将出现新的也是最后一个制约因素，即营养要素的平衡。在天然草原中土壤中大部分氮素来源于大气中的氮、家畜粪便的再循环以及动植物残体的分解，随着草畜平衡点的不断提高，长期放牧使草原的产出不断增加，导致土壤氮素水平的下降，而土壤氮素水平将成为制约草原生产能力的主要因素。

显然，上述三个阶段体现了对草畜进行平衡控制的不同技术手段和水平，但这并不意味着三个阶段必须严格按技术水平高低递进，一方面大多数技术措施都会随着技术的进步而不断释放其本身的潜力，如畜群本身的生产效率可随着良种水平的提高和畜群结构的不断优化，而提高划区轮牧和围栏的技术水平以及人工植被建植和利用技术、施肥技术本身等都可以随着技术进步的提高产生新的潜力；另一方面，不同阶段关键技术措施的交叉使用可以始终避免约束因素的出现而保证草畜平衡的实现。

从经济学的角度看这些关键措施也并不是使用得越多越好，措施的交叉使用还有一个共同的约束条件，就是必须符合经济合理的原则，每一种措施的采用都是有成本的，必须在维持草畜稳定平衡的前提下使单位成本的效益最高，这样各项技术措施作用的发挥，就是有条件的。某项技术措施能不能采用、采用到什么程度，就不是由技术本身的成熟程度或技术水平的高低来决定，而是由一定的社会经济条件来决定。

结合区域社会经济的全面发展考虑草畜平衡，主要是由人对草原经济价值的追求的程度所决定的，因此草畜平衡的背后是人与草的平衡，当牧区社会经济发展到一定的阶段或水平以后，特别是人口密度增加到较高水平、牧民的生活水平提高到一定程度后，草畜平衡的各项技术措施的作用在一定技术经济条件下得到比较充分的发挥后，草畜平衡的问题就转变为人草的平衡问题，草原管理的关键就不仅仅是管理载畜量的问题，而实际上就会成为管理“载人量”的问题。多年来在牧区推行草畜平衡成效不大的主要原因是牧区人口不断增长，而增加的人口要维持基本生活水平就必然要增加牲畜的头数。从这个意义上讲，草畜平衡实际上是一个复杂的系统工程，需要从科学、技术、社会、经济等各个方面综合考虑。

目前人们已经认识到解决高原地区草畜平衡的复杂性，已在广大牧区实施生态治理工程时，出台许多政策减人减畜，并取得一定效果（赵新全和周华坤，2005）。在草畜生态系统中引入外部能量施加人工措施提高草地载畜量，从而提高草畜平衡点，是实现草畜平衡的一条重要途径。从牧区和农牧交错区具体情况看，牧区的人工种草主要指以生态恢复和饲草料基地建设为目的的人工草地，建设这种“以地养地”的模式是解决草畜之间季节不平衡矛盾的重要措施，也是保证冷季放牧家畜营养需要和维持平衡饲养的必要措施，农牧交错区的人工种草主要指目前实施的退耕还林（草）项目，加强饲草料产品的研发，同时加大力度推行四年一次的草带更新，大幅度提高耕地的利用力和饲草料的产量。

11.2.2.3 转变传统生产方式是实现可持续发展的必然选择

高原地区从生产功能上划分为草地畜牧业区、农牧交错区和河谷农业区。草地畜牧业区实施畜群优化管理推行“季节畜牧业”模式，加强良种培育及畜种改良，在入冬前出售大批牲畜到农牧交错区和农业区，以转移冬春草场放牧压力，充分利用农业区的饲草料资源进行育肥，实现饲草资源与家畜资源在时空上的互补。农牧交错区进行大规模的饲草料基地建设和加工配套技术集成，推行标准化的集约舍饲畜牧业，为转移天然草场的放牧压力提供强大的物质基础，将部分饲草料输送到草地牧业区，为越冬家畜实施补饲及抵御雪灾提供饲料储备。河谷农业区充分利用牧区当年繁殖的家畜，种草养畜进行农户小规模牛羊肥育，一部分饲草料进入牧区，农区、牧区的动植物资源产生互作效应，使其资源利用效益超出简单的相加价值，整体经营效益得以提高。根据高原地区各生产系统的特点和优势，从转变生产方式入手，重点解决好以下几个层面的耦合是草原草地畜牧业生产方式转变的关键：一是不同生产层之间的系统耦合；二是不同地区－生态系统之间的系统耦合；三是不同专业之间的系统耦合，这三者的市场－生产流程新构建，组成了新时代草地畜牧业方式转变的主要特征。

建立稳定、高产的人工草地，加强冷季补饲，减缓系统间的时空相悖性是解决子系统间时空相悖的重要途径。通过人工或半人工草地的建植可以提高牧草生产量 5～10 倍，缓解枯黄期牧草供需矛盾。在三江源区严重退化且难以自然恢复的退化草地建植人工植被是可行的，也是必要的，调查表明三江源区“黑土滩”退化草地总面积为 7363 万亩，其中滩地（坡度 $<7°$ 适宜于以生态恢复为目的建植多年生人工草地）“黑土滩” 4683 万亩，可提供大约 200 万 t 青干草及 600 万 ～ 700 万羊单位冷季舍饲育肥草料。目前人工草地以冷季放牧利用为主，由于牲畜的践踏和牧草营养物质的自然损失，大大减少人工牧草应有的价值，建议在三江源 4 个州条件较好的地方，分别建立以青贮、青干草、草颗粒及全价颗粒饲料加工的饲草料加工和集约化舍饲育肥示范基地。

实现生产方式的转变就是要利用高原不同生产系统的特点，利用生态系统耦合的原理，解决生产实践中各系统不同层面相悖，其中包括：一是经营方式要由粗放经营向集约经营转变，实现规模化经营、专业化生产；二是饲养方式要由自然放牧向舍饲半舍饲转变；三是增长方式要由单一数量型向质量效益型转变；四是市场开拓要由局部小市场向国内国际大市场拓展。为尽快实现这些目标，目前工作的重点是：以饲草料建设为重点切实加强畜牧业基础设施建设；大力推广舍饲半舍饲，加快推进畜牧业科技创新和应用；加大结构调整力度促进产业优化升级；推进畜牧业产业化提高畜牧业的综合效益。

11.2.2.4　实现区域人与自然的协调发展

人类社会已经历了渔猎文明、农业文明、工业文明、信息文明等不同的文明阶段，而生态文明提出，它是以人与自然协调发展作为行为准则，建立健康有序的生态机制，实现经济、社会、自然环境的可持续发展。这种文明形态表现在物质、精神、政治等各个领域，体现人类取得的物质、精神、制度成果的总和。生态文明是在人类历史发展过程中形成的人与自然、人与社会环境和谐统一、可持续发展的文化成果的总和，是人与自然交流融通的状态，它不仅说明人类应该用更为文明而非野蛮的方式来对待大自然，而且在文化价值观、生产方式、生活方式、社会结构上都体现出一种人与自然关系的崭新视角。

从保护与可持续发展的双重角度出发，针对高原草原地区的特殊性和生态 - 生产 - 生活承载力，尊重自然规律和科学发展观，提出区域草地生态畜牧业产业发展的总体定位、发展格局和发展目标，提出与资源优化配置及生态环境建设相适应的生态型产业体系和产业结构调整与优化布局方案，并对建设方案的实施过程进行动态滚动监测评估，对实施效果进行滚动预警，对广袤的天然草地区域实施草地资源的合理利用，以适度建植人工草地而提高草畜平衡点；在农牧交错区则以建设稳产高产的人工草地为主，实现饲草料加工产品的商品化，使广大牧民逐渐接受冷季以舍饲圈养为主的生产方式，形成以饲草料基地建设、草产品加工、牲畜的舍饲育肥、畜产品加工及销售的完整生产体系和产业链，把青海牧区建设成为生态、生产、生活共同繁荣的区域、国家级可持续发展实验区和国家生态畜牧业示范区。

11.3　生态系统耦合理论及其应用

11.3.1　生态系统耦合理论

系统相悖使草地畜牧业系统效益下降，植物生产层与动物生产层之间的系统相悖主要反映于三个方面：系统的时间相悖、空间相悖和种间相悖。其中时间相悖居于主导地位，对于草地畜牧业生态系统而言，系统相悖主要指植物生产系统和动物生产系统的结构性缺陷，以及由此导致的功能不协调。牧草生产与家畜营养需要在时间上有严重失调，在环境与草丛之间的系统相悖反映在水、热、养分供求之间的不协调，许多农艺措施就是针对这类系统相悖因子，草畜系统与社会经济之间的系统相悖主要反映在供求之间、价值与价格之间的背离。生态系统相悖可通过生态系统耦合理论指导给予解决。

系统耦合是指两个或两个以上的具有耦合潜力的系统，在人为调控下，通过能流、物流和信息流在系统中的输入和输出，形成新的、高一级的结构功能体，即耦合系统，它的一般功能是完善生态系统结构、释放生产潜力与放大系统的生态与经济效益。草地农业生态系统的系统耦合与系统相悖理论是多学科交叉的产物，主要是系统科学与草地农业生态学交叉的产物。多年的定位试验研究表明，草地牧业生态系统内部各生产层之间以及不同类型的系统之间在时间及空间上全方位的耦合，从理论上可使生产力至少提高 6 倍（林慧龙和侯扶江，2004；任继周等，2000）。农区和牧区两大经济生产系统间既存在显著差别，又相互依存、相互制约与相互促进，它们之间系统耦合可最大限度地提高和促进各自经济的全面健康发展，并加快产业化进程。

11.3.2 三江源区各类生态系统分布和特点

三江源是青藏高原的重要畜牧业生产基地，由于自然环境变化以及系统相悖的影响，该地区纯牧业功能区的草地已经普遍发生退化（其中，中度以上退化草地 730 万 hm^2，“黑土滩型”退化草地约 490.87 万 hm^2，“沙化型”退化草地约 267 万 hm^2，“毒杂草型”退化草地约 133 万 hm^2），草地利用价值大幅度下降（各类草地退化导致可食鲜草年减产约 1200 万 t，折合减少载畜量 820 万羊单位，每年造成经济损失 10 多亿元）。青海省的农牧交错区大多处于纯牧业区和农业区的过渡地段，水热条件居中，海拔不太高，以同德县、贵南县和湟源县为代表，然而由于信息、技术、观念落后，资金限制，其生产－经济潜力亟待挖掘，农牧交错区是连接纯牧区和农业区的纽带，地位十分重要。青海省的农业区大多处于东部地区海拔较低、水热条件较好的谷地，如湟水河谷地和黄河谷地，主要种植小麦、油菜、马铃薯和蚕豆等作物，每年有大量的秸秆和菜籽饼等农副产品。除了运往省外和少量秸秆还田以外，大多废弃，造成资源与能量的极大浪费，既影响了经济效益也不符合目前全社会倡导的循环经济理念。

11.3.3 基于生态系统耦合理论的畜牧业生产新范式

草地农牧耦合模式实质上是种植业和畜牧业的结合，是人类赖以生存和社会经济得以正常运转的物质生产部门种植业和畜牧业的关系，是对立统一的关系，二者相互依赖，相互促进又相互制约，农牧结合是土地、种植业和畜牧业三位一体的农业生产系统内综合利用自然资源、提高资源利用率和产出率、促进种植业和畜牧业协调发展的根本途径，是求得最佳经济效益、社会效益和生态效益，增加农牧民收入，实现资源永续利用和区域经济可持续发展的重要途径。

在国家实施西部大开发战略的契机下，青海省大力推行生态环境建设，在开展陡坡地退耕还林还草的形势下，越来越多的农民放弃农耕转而从事畜牧业生产。但是由于自然条件有限，生产基础薄弱，传统的放牧生产方式落后，畜牧业经营效益低下，牧区经济发展缓慢，急需生产技术和经营管理方面的发展突破。另外，伴随着我国广大人民群众生活水平的不断提高，社会需求对各类畜产品数量和质量都有了更高的要求，发展生态畜牧业生产有着广阔的市场需求，同时在发展推广过程中缺乏切实可行的高效农牧业生产模式，影响了可持续发展的潜力和经济效益的发挥。推进草地农牧耦合是目前促进农牧民增收，农牧业经济发展和农村社会进步，构建和谐社会的重要环节。

当前高寒草地生态系统处于初级生产不足、次级生产超前的严重时空相悖状态，与全球气候变暖、变干等自然因素共同作用使草地畜牧业处于“超载过牧—草地退化—草畜矛盾加剧—次级生产能力下降”的恶性循环之中。为了改善高原的生态环境，国家投巨资建设三江源自然保护区，在自然保护区通过休牧禁牧减少草地放牧家畜数量，规划迁出 1 万多户、5 万多牧民，如何保证这些移民在新的定居点安居乐业？他们的后续产业如何发展？是当前三江源区生态建设、畜牧业发展和构建社会主义新牧区最重要的实际问题，为此在农牧交错带定居点建设草地农牧耦合生产新范式是切合实际的选择，是实现生态环境建设和畜牧业发展共赢、牧区社会经济持续发展的关键切入点，因此在农牧交错地区（如同德、贵南等地）和农业区（如湟水河和黄河谷地）建立饲草料加工厂，利用大量的、未充分利用的农副产品加工颗粒饲料，用于牧区移民畜牧生产从而实现农牧业生产系统耦合的三大效应：时空互补效应、资源互作效应、信息与资金的激活效应，同时在高寒草地分布区的适宜耕种农作物的地区，把部分粮田改为饲草料种植基地，种植优良牧草，这既可以减少水土流失，还能调整种植业结构，提高生产水平实现局部生产系统的耦合。

研究区域可持续发展问题必须把区域作为一个整体来研究，以区域的整体生态安全和经济可持续发展为研究目标，农牧交错区经济可持续发展的关键是饲草料基地建设和草地资源合理利用，牧业区实施畜群优化管理推行“季节畜牧业”模式，加强良种培育及畜种改良，在入冬前出售大批牲畜到农牧交错区和农业区，以转移冬春草场放牧压力。充分利用农业区的饲草料资源进行育肥，实现饲草资源与家畜资源在时空上的互补，在农牧交错区进行大规模的饲草料基地建设和加工配套技术集成，将部分饲草料输送到源区放牧畜牧业生产基地，转移天然草场的放牧压力，为越冬家畜实施补饲及抵御雪灾提供饲料储备。河谷农业区充分利用牧区当年繁殖的家畜种草养畜，进行农户小规模牛羊肥育，一部分饲草料进入牧区，农区、牧区的动植物资源产生互作效应使其资源利用效益超出简单的相加价值，整体经营效益得以提高（图 11-1）。

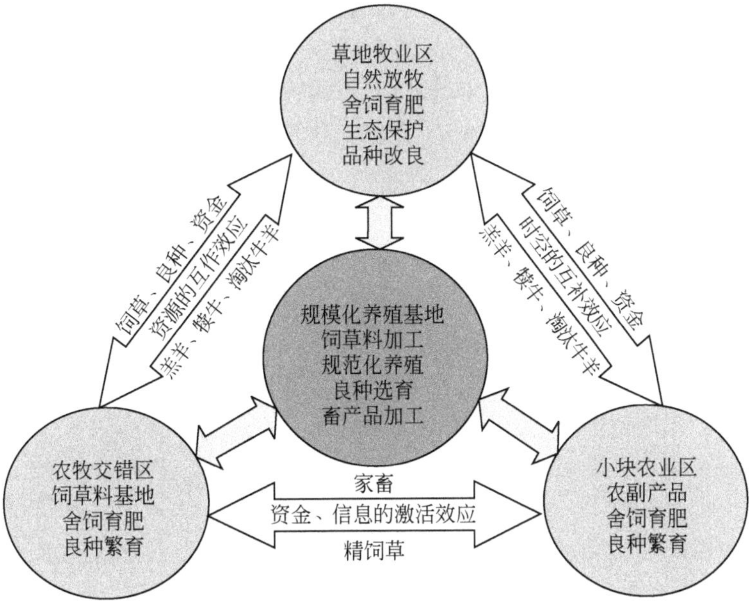

图 11-1　草地农牧生态系统三大功能区耦合范式

多年实践证明只要管理得当，农牧交错带蕴藏的巨大的生产潜力和经济效益就可以被发掘（任继周，2005）。草地农业系统是农牧交错区的主要生态系统，以植物和动物生产为核心，向前延伸到前植物生产；向后延伸到外生物生产，即农副产品的加工流通，在这个系统中，通过牧草的纽带作用，把种草与养畜、养地结合起来，把土地与家畜结合起来，再把草畜与别的部门结合起来，增加了农业系统的多样性、丰产性和稳定性，同时生态系统不断外延，渐趋复杂化、扩大化，使之更加富有弹性，建立一个在生态上依靠自我维持，经济上有生命力的草地农牧耦合经济生态系统，不仅能够恢复和治理生态环境，又能持续发展农业生产，获得显著的经济效益，所以建立基于系统耦合理论的三江源草地农牧耦合系统，对于提高区域的经济可持续发展能力意义重大。

综上所述，针对青海高原不同生态功能分区的现状和草地农业－畜牧业系统生产过程相悖的实际，克服系统相悖于青海经济的负面影响而设计符合循环经济的理念，充分发挥农牧系统耦合效应，进行三江源草地农业－畜牧业耦合生产新范式的试验研究与示范推广已经迫在眉睫。

11.3.4 基于生态系统耦合理论的畜牧业生产技术体系

11.3.4.1 优质高产规模化饲草料基地建设

退耕还林还草政策、三江源生态保护工程的实施给三江源区草地畜牧业带来了很好的机遇，通过建立饲草料生产基地，为畜牧业走舍饲、半舍饲和短期育肥道路提供大量的饲草料来源，为发展优质高效畜牧业创造了条件，可减轻草场压力，有效遏止草场恶化，缓解畜草矛盾，发展畜牧业和保护草地生态环境相结合，促进项目区畜牧业可持续发展，是一条切实可行的致富途径（胡自治等，2000；张耀生等，2003；赵新全和周华坤，2005）。充分利用项目区丰富的牧草资源，改变传统畜牧业经营方式，引导农牧民群众进行舍饲圈养，减轻天然草场压力，保护草原生态环境，已拥有很好的物质基础。因此，紧紧抓住中央退耕还林还草政策和西部大开发战略实施的有利时机，建设饲草料生产基地是十分必要的，也是非常迫切的。

建植多年生人工草地或一年生人工草地，其产量可为天然草地的20～30倍，我们简称该模式为“120资源置换模式”。这种模式在三江源区海拔4000 m以下，降水400 mm以上的严重退化草地或者三江源东部的退耕还林（草地）上得到广泛应用，以退化生态系统恢复更新为主要目的建植多年生人工植被，可提供给家畜的可食牧草量相当于天然草地的20～30倍，在一定区域面积上可建成规模相当可观的饲草料生产基地。

优质高产规模化饲草料基地建设具体的生产技术体系由三江源区多年牧草生产和退化草地恢复治理的实践总结得到（王启基等，2006；马玉寿等，2006a），已在该区域得到广泛应用。具体技术措施如下：根据当地的气候和土壤条件，以一年生牧草和高产优质多年生牧草为主要种植品种（如燕麦、箭筈豌豆、无芒雀麦、老芒麦、中华羊茅、垂穗披碱草等），进行牧草种植。采用撒播或机械条播，总播种量为17.5 kg/亩，播前耕翻，耙耱整地，耕深30 cm左右。补播时间在5月中旬～6月中旬，需用化肥或牛羊粪作基肥，氮肥的施用量为30～60 kg/hm^2，磷肥的用量为60～120 kg/hm^2，氮磷比为1:2，牛羊粪用量为

22 500 ~ 30 000 kg/hm^2。建立围栏、灭鼠、深翻、耙平、撒播种子和肥料、轻耙覆土镇压。播种时将各类种子按比例混合在一起；牧草生长至乳熟期即采用机械进行收割；割后进行裹包青贮，草棚储藏。播后加强管理，采用网围栏封闭，严禁牛羊进地。收获宜在抽穗至开花期进行，刈后捆束，架储，严防霉烂，也可经霜后冻干，收割高品质的冻干草。

11.3.4.2　草产品深加工技术体系

通过现代化草产品加工来有效解决种草的出路和增值问题，使农牧民真正得到经济实惠，增加他们的经济收益，才能提高参与生态建设的积极性，才能使国家生态建设的成果得以巩固；同时，借助于高科技附加值草产品的产业化开发，提升企业科技创新能力，在国内外市场树立青海省草业开发良好的品牌形象。

草产品可分为五类：青干草捆、草捆青贮、草粉、草颗粒和草块（曹致中等，2005）。

到目前为止，已开发的牧草草产品主要包括：草粉、草颗粒、草块、草饼等（曹致中等，2005）。其中，应用最为广泛的是草捆、草粉、草块和草颗粒。草捆是应用最为广泛的草产品，其他草产品基本上都是在草捆的基础上进一步加工出来的，目前，青海省外销的草产品中 80% 以上都是草捆。草捆加工工艺简便，成本低，主要通过自然干燥法使牧草脱水干燥。其加工工艺为：将鲜草刈割（人工或机械刈割）后，在田间自然状态下晾晒至含水量为20% ~25%。用捡拾打捆机将其打成低密度草捆（20 ~ 25 kg/捆，草捆大小约为 30 cm × 40 cm × 50 cm），或者用人工方法将其运回加工厂，用固定式的打捆机将低密度草捆或干草打成高密度草捆（45 ~ 50 kg，草捆大小约为 30 cm × 40 cm × 70 cm）。与此工艺配套的设备有：①切割压扁机；②捡拾打捆机；③固定式打捆机（二次压缩打捆机）。

草捆生产的工艺流程为：牧草刈割（人工或机械刈割）→自然晾晒（含水量为 20% ~25%）→捡拾打捆→二次打捆（含水量为 17% ~19%）→商品草捆→包装→入库。

草粉生产的工艺流程为：原料草（刈割或刈割压扁）→晾晒（水分含量 40% ~50%）→切碎→烘干→粉碎→草粉→包装→入库。

草颗粒生产的工艺流程为：原料草（刈割或刈割压扁）→切碎→烘干→粉碎→草粉→制粒（制块）→包装→入库。

草捆青贮根据储存方式可分为三种，即袋装草捆青贮、草捆堆状青贮和拉伸膜裹包青贮，草捆青贮生产工艺流程：原料草（刈割或刈割压扁）→晾晒→捡拾压捆→拉伸膜裹包作业→入库。青贮饲料的收割期以牧草扬花期为最佳，收割时其原料含水量通常为 75% ~ 80% 或更高。裹包青贮可直接机械完成，无需切碎；青贮窖青贮，应将饲草切成 2 ~ 3 cm。青贮前将青贮窖清理干净，窖底铺软草，以吸收青贮汁液。装填时边切边填，逐层装入，速度要快，当天完成。原料装填压实后，应立即密封和覆盖，而且压得越实越好，尤其是靠近壁和角的地方。

适时刈割：青贮饲料的收割期以牧草扬花期为最佳。此阶段不仅从单位面积上获取最高可消化养分产量，而且不会大幅度降低蛋白质含量和提高纤维素含量。

密封：原料装填压实后，应立即密封和覆盖，而且压得越实越好，尤其是靠近壁和角的地方。

11.3.4.3 农牧耦合关键技术体系

该技术体系的功能为：以区域草产业为纽带，按照生态学的理论在充分考虑区域各个生产单元的功能、结构特点和自然条件的前提下保证区域生态安全。可持续发展新范式通过对典型草地牧业区（果洛藏族自治州玛沁县和达日县）、农牧交错区（海南藏族自治州同德县、贵南县）和河谷农业区（海东地区各县）物质、能量、信息及其转化规律的研究以草地牧业区生态功能恢复、河谷农业区的产业结构调整、农牧交错区舍饲畜牧业的发展，达到草地资源的合理利用和饲草资源合理配置的目的；以农牧交错区饲草料生产基地为依托，实现经营方式由粗放经营向集约经营转变、饲养方式由自然放牧向舍饲半舍饲转变（图11-2）；进而建立草地农牧耦合生产新范式，为青海省畜牧业可持续经营和社会主义新牧区的和谐发展提供理论依据、技术支撑和示范样板。

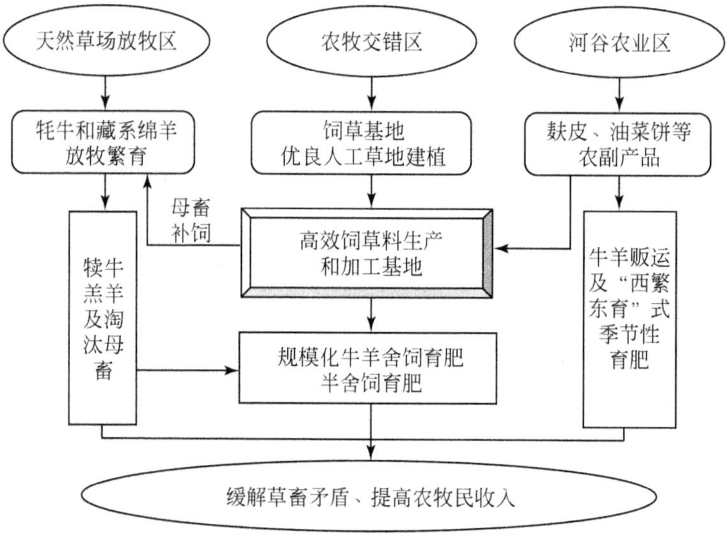

图11-2 农牧耦合体系的技术途径

实现青海草地农牧系统内子系统间的耦合促进草地农牧生态系统和谐发展，需要通过以下研究示范：青海高原草地农业－畜牧业系统不同界面相悖性评价；不同用途饲草料产品加工工艺的研发；草地农业－畜牧业子系统功能优化和置换调控模式集成；探索三江源区生态移民后续产业发展新模式；牛、羊异地繁育及圈养技术集成；青海高原农牧耦合效应评价。在技术层面，需要加强天然草地资源的合理利用、保护和建设，实现农牧系统间的耦合；优化家庭牧场生态结构及生产模式，实现动物生产系统的高效性，克服草畜界面上传统生产模式下的相悖性；利用各功能区的自然环境特征，综合农艺措施，提高初级生产力，克服初级生产亚系统和非生命环境亚系统之间的相悖性；建立稳定、高产的人工草地，加强冷季补饲，解决草畜矛盾，减缓系统间的时空相悖性；加速各功能区的能流、物流和信息流过程，推进“西繁东育、牧繁农育”模式，缓解畜产品供求之间、价值与价格之间的背离，克服草畜系统与社会经济之间的系统相悖性，建立有一定辐射效应的系统耦合可持续发展示范区。

农牧交错区具有丰富的饲草料资源，表 11-1 列举主要农牧交错区，利用这些农副产品可配制用于不同生产性能家畜的全价育肥饲料。

表 11-1　农区主要饲料成分的代谢能、粗蛋白及可消化蛋白质的含量

饲料名称	代谢能（MJ/kg）	可消化粗蛋白（%）	粗蛋白（%）
谷物籽实			
大麦（贵南混合）	12.94	7.0	8.0
青稞（门源）	12.72	11.0	12.4
小麦（海西高原 338）	13.31	8.7	9.7
玉米（贵德）	13.21	7.8	8.9
干草			
燕麦草	6.71	7.6	8.5
油菜秸秆（乐都）	5.77	5.4	6.1
油菜秸秆（贵南）	5.83	3.9	4.6
青稞秸秆（贵德）	5.88	4.5	5.2
蚕豆秸秆（湟源）	7.06	8.0	9.0
马铃薯秧（乐都）	5.84	6.7	7.6
豌豆秸秆（贵德）	3.32	7.2	8.1
豆类			
蚕豆（大通）	13.30	21.4	24.9
豌豆（大通）	13.22	17.9	20.6
饼类			
菜籽饼（湟中脱毒）	13.36	26.2	30.5
菜籽饼（门源）	13.48	25.8	30.0
菜籽饼（门源浸出）	14.14	34.3	40.0
胡麻饼（湟中）	14.39	24.5	27.9
青稞酒酒渣（湟源）	13.86	12.8	21.4

根据不同活重和不同日增重条件下的代谢能和可消化蛋白质的需求量及该地区现有饲草料资源确定补饲、育肥日粮的组成（表 11-2）。

表 11-2　育肥绵羊日营养需求及饲草料供给量

育肥羊	精料（其中磷酸氢钙 2%、盐 1%、添加剂 1%）			青干草比例（%）	饲喂量（kg/只）
	代谢能（MJ/kg）	可消化蛋白质（%）	精料比例（%）		
羔羊	11.5 ~ 12.0	11.5 ~ 12.5	50	50	0.6 ~ 0.8
生长藏羊	12.0 ~ 12.5	9.5 ~ 11.0	60	40	1.0 ~ 1.2
成年藏羊	11.5 ~ 12.5	8.5 ~ 9.5	40	60	1.2 ~ 1.6

由于放牧绵羊以天然草地牧草为食，其消化道微生物及生态环境适应于该种食物条件，因此，再转入舍饲育肥后，一般需要 2 个星期的适应期，其牧草和配合精饲料的比例如表 11-3 和表 11-4 所示。

表 11-3 生长藏羊饲喂方式

预试期天数（天）	精料（%）	青干草（%）
1～3	0	100
4～6	20	80
7～9	40	60
10～12	50	50
13～15	60	40
开始育肥（16～75）	60	40

表 11-4 成年藏羊饲喂方式

预试期天数（天）	精料（%）	青干草（%）
1～3	0	100
4～6	20	80
7～9	25	75
10～12	35	65
13～15	40	60
开始育肥（16～75）	40	60

11.4 生态畜牧业理论及其实践

11.4.1 草地畜牧业发展历程

草地畜牧业的发展经历了原始畜牧业、传统畜牧业、工厂化畜牧业和生态畜牧业四个阶段。原始畜牧业主要靠天养畜，生产者通过动物自繁自养扩大畜群规模，畜牧业的生产方式主要是家畜逐水、草而居，畜牧业生产水平低，提供畜产品数量少，其特点是人类对动物生产很少进行干预，动物、植物和微生物之间通过自然力相互影响。传统畜牧业是人类有意识地对动物生产的过程进行干预，以获取更为丰富的畜产品。传统畜牧业的特点是经营分散、规模小、自给性强、商品化不足、畜牧业生产停留在依靠个人经验经营和组织生产，由于原始畜牧业和传统畜牧业生产的产品主要在系统内部消耗，人类未能按照畜牧业发展的要求主动地组织生产，因而这种生产是一种低效益的自然性副业生产。工厂化畜牧业是指人类将动物当作活的机器，运用工业生产的方式，采用高密度、大规模、集约化的生产，工厂化畜牧业借助现代动物遗传繁育、动物营养与饲料、环境控制、疾病预防与防治技术，进行标准化、工厂化的畜牧业生产，工厂化畜牧业经营的一种重要理念就是人们按照畜牧业发展的客观要求积极主动地组织生产要素和生产方式，生产的产品则为社会所需求的主导产品。工厂化畜牧业生产的特点是能量和物质投入多，技术含量高，生产水平高，生产效益好；缺点是割裂了动物和植物之间的自然联系，忽视了动物生产过程中的资源循环利用、绿色生产过程及环境效应（安立龙和效梅，2002）。

11.4.2　草地生态畜牧业概念及特点

生态畜牧业就是按照生态学和经济学的原理，运用系统工程的方法，吸收现代畜牧科学技术的成就和传统畜牧业的精华，根据当地自然资源和社会资源状况，科学地将动物、植物和微生物种群组织起来，形成一种生产体系，进行无污染、无废弃物的生产，以实现生态效益、社会效益和经济效益的协调发展。生态畜牧业的特点是：①注重现代畜牧科学技术的应用；②强调系统投入；③注重生态效益、社会效益和经济效益的协调发展；④强调发挥畜牧业生态系统整体功能；⑤为社会提供大量的绿色畜产品；⑥以动物养殖和动物性产品加工为中心，同时因地制宜配置种植业和粪便废水无公害及归田处理系统，形成一个优质高产绿色的畜牧业生产体系。

青海草地畜牧业生产大部分仍然处于原始和传统畜牧业阶段，生产效率低下，市场发育水平不高。发展生态畜牧业，应按照生产力发展水平、区域特点发展不同的生产模式：①以保护生态为前提的草地生态畜牧业的模式，是生态畜牧业的初级阶段，适合于自然条件差的广大天然草地区，其主要任务是：以保护草地生态安全为前提，以科学利用草场为基础，以草畜平衡为核心，以转变生产方式为关键，促进人与自然和谐发展。②以资源循环利用为目标的生态畜牧业发展模式，这种生产方式是生态畜牧业的更高一种形式，适用于农牧交错区、退耕还草（林）及有条件建植人工草地的区域，即充分运用生态系统的生态位原理、食物链原理和生物共生原理，强调生态系统营养物质多级利用、循环再生，将人类不可直接利用的植物性产品转化为畜产品，提高资源的利用率。现代农牧结合型生态畜牧业的经营，利用种植业与牧业之间存在着相互依赖、互供产品、相互促进的关系，将种植业与畜牧业结合经营，走农牧并重的道路，提高农牧之间互供产品的能力，形成农牧产品营养物质循环利用，借以提高农牧产品产量，表现为农牧之间的一方增产措施可取得双方增产的效果。③现代绿色生态养畜经营方式，以区域草地畜牧业的环境优势，利用生物共生和生物抗生的关系，强调动物健康养殖，尽可能利用生物制品预防动物疾病，减少饲料添加剂和兽药的使用，给动物提供无污染无公害的绿色饲料，所生产的产品为有机畜产品，这种畜产品具有无污染物残留、无药物和激素残留的特性，是一种纯天然、高品位、高质量、高附加值的健康食品。

11.4.3　草地生态畜牧业与生态系统可持续管理

整体性是生态系统的基本特征之一，在生态系统管理中要特别重视生态系统有其自身的运动规律，切忌人为割裂这种规律，如草原生态系统具有一定的承载力，在发展畜牧业生产时不能只顾眼前经济利益而过度放牧、粗放经营，而应加强草地基本建设，科学养畜，促进草原生态系统的可持续发展。从生态系统的整体性出发，在系统管理中一方面要搞好生态规划，协调生态环境保护与经济发展的关系，同时要加强环境监督，维护和改善生态环境。

实行清洁生产，包括采用清洁能源、生产过程无（或少）废物以及生产对环境无害的产品等内容，它对减轻环境污染促进生态系统可持续发展具有重要作用（钱易和唐孝炎，2000）。从生态学的角度看资源与废物之间并没有绝对的区别，废物可以说是放错了地方的资源，只要有先进的技术废物就可以再次得到回收利用。因此，应依靠科技，采取多种途径将废物进行资源化处理变废为宝，如将有机物垃圾生产成复合肥，科学管理，提高效益。

11.4.4　三江源区草地生态畜牧业设计及实践

三江源区草地生态畜牧业发展要从保护生态、可持续发展的双重角度出发，针对高原草原地区的特殊性和生态-生产-生活承载力，尊重自然规律和科学发展观，提出区域草地生态畜牧业产业发展的总体定位、发展格局和发展目标；按照“整体、协调、循环、再生”的原则以确保畜牧资源的低耗、高效转化和循环利用，大力发展无公害饲料基地建设及持续利用技术、饲料及饲料清洁生产技术（青贮和氨化）、家畜健康养殖技术、有机肥和有机无机复混肥制备技术（高温发酵和微生物发酵）、太阳能利用技术等技术建立“资源—产品—废弃物—资源”的循环式经济系统，充分利用畜牧业资源、气候资源、光能资源、绿色饲草料生产等资源形成以饲草料基地建设、草产品加工、牲畜的舍饲育肥、粪便废水无公害及归田处理、太阳能利用、畜产品加工及销售的完整循环生产体系和产业链。

11.4.4.1　以保护生态为前提的草地生态畜牧业模式

以保护生态为前提的草地生态畜牧业模式是生态畜牧业的初级阶段，适合于自然条件差的广大天然草地区，其主要任务是：以保护草地生态安全为前提，以科学利用草场为基础，以草畜平衡为核心。草地资源的合理利用是在基于草地饲草生产力（资源量）、家畜需求量、季节性变化以及季节性差异等参数的基础上，确定草地可以放牧利用以及必须舍饲圈养的时间。草畜平衡是草原生态和草原畜牧业发展中的关键控制点，在草原畜牧业发展的不同技术阶段草畜平衡的具体内涵是不同的，分清楚草原平衡的不同技术阶段对于深刻理解草畜平衡的实质意义，对于把握建立在草畜平衡基础上的草原畜牧业的未来发展走势，从而为确立相关政策提供一个清晰而连贯的背景具有十分重要的理论意义。传统草畜平衡有三个不同的技术阶段：第一个阶段是在自然生产力条件下草原放牧系统的草畜平衡阶段；第二阶段是在发展人工草地前提下的草畜平衡；第三个阶段是营养平衡阶段，随着天然草原和人工草原潜力的不断发挥，在草畜的平衡关系中将出现新的也是最后一个制约因素，即营养要素的平衡。

高寒草甸类是高山（高原）亚寒带、寒带、半湿润、半干旱地区的地带性草地，由耐寒的旱中生或中旱生草本植物为优势种组成的草地类型，主要分布在我国的西藏自治区、青海省和甘肃省境内，常在海拔3500~4500 m的高原面、宽谷、河流高阶地、湖盆外缘及山体中上部地形部位分布。分布区气候寒冷，属高寒半湿润、半干旱气候，年均温-4~0℃，年降水量300~600 mm。该地区以放牧为牧草利用形式，暖季草场放牧时间为6~10月，冷季草场放牧时间为11月~翌年5月。受地理条件、环境因素和放牧习惯的影响，高寒牧区形成了冷季草场和暖季草场两季轮牧制度。两季轮牧草场最佳配置指两季放牧草场在不退化情况下，草场的年度家畜生产力最大时的草场面积的比例。

制订合理的放牧强度是合理利用草地资源的基础，草地最佳放牧强度，又称最大生产力放牧强度，是指既不造成草地退化，又可获得单位草地面积较大家畜生产力的放牧强度。以 3 岁生长牦牛放牧为例，平均体重为 120 ~ 140 kg/头，折合 2. 5 个羊单位，而一头成年育成牛相当于 5 个羊单位。牦牛体重及采食量的确定，依据放牧家畜不同生长阶段和不同生产状况的营养需求，按照以下公式计算放牧畜群的采食量：

成年牦牛的干物质采食量（kg）= 牦牛活重（kg）×2. 4%

生长牦牛的干物质采食量（kg）= 牦牛活重（kg）×2. 5%

怀孕母牦牛的干物质采食量（kg）= 牦牛活重（kg）×2. 6%

该地区天然草地的牧草产草量于每年 8 月中下旬达到高峰期，牧草干重产量为 1800 ~ 2000 kg/hm^2。经过多年研究（董全民等，2005a，2006a）发现，其最佳放牧强度为：暖季草场为 0. 93 ~ 1. 26 头/ hm^2（4. 65 ~ 6. 30 羊单位/hm^2），冷季草场为 0. 46 ~ 0. 84 头/hm^2（2. 30 ~ 4. 20 羊单位/hm^2），年最佳放牧强度为 1. 54 ~ 2. 52 羊单位/hm^2。两季轮牧草场的最佳配置为暖季草场面积: 冷季草场面积 = 1∶1. 68。根据以上各指标综合计算，暖季草场合理的放牧利用率为 40% ~60%，冷季草场合理的放牧利用率为 70% ~80%。

在严重退化的天然草地建植多年生人工草地可是退化草地恢复的措施之一，人工草地可以通过刈割青干草，也可以作为家畜秋季育肥的放牧地。人工草地暖季的最佳放牧强度为 2. 89 头/ hm^2（14. 45 羊单位/hm^2），年最佳放牧强度为 4. 19 羊单位/hm^2。根据放牧强度与牧草利用率的对应关系，暖季草场放牧利用率约为 60%，冷季草场放牧利用率约为 70%（董全民等，2005c，2006b）。

11. 4. 4. 2　以资源循环利用为目标的生态畜牧业发展模式

这种生产方式是生态畜牧业的更高一种形式，适用于农牧交错区、退耕还草（林）及有条件建植人工草地的区域，即充分运用生态系统的生态位原理、食物链原理和生物共生原理，强调生态系统营养物质多级利用、循环再生，将人类不可直接利用的植物性产品转化为畜产品，提高资源的利用率。现代农牧结合型生态畜牧业的经营，以利用种植业与牧业之间存在的相互依赖、互供产品、相互促进的关系，将种植业与畜牧业结合经营，走农牧并重的道路，提高农牧之间互供产品的能力，形成农牧产品营养物质循环利用，借以提高农牧产品产量，表现为农牧之间的一方增产措施可取得双方增产的效果。

由于牧草生产与家畜营养需要的季节不平衡，降低了物质和能量的转化效率，浪费了大量的牧草资源。实行羔羊育肥是解决草畜矛盾及季节不平衡、提高草地资源的利用效率及畜牧业的经济效益和草地畜牧可持续发展的主要措施。

高寒牧区绵羊的育肥方法，归纳起来的有 3 种。①放牧育肥：为最经济的育肥方法，利用牧草丰盛的时候，放牧 80 ~ 90 天，绵羊体重可增加 20% ~ 30%，秋末冬初屠宰。②混合育肥：在秋末，对没有抓好膘的绵羊，补饲一些精料，使其在 30 ~ 40 天屠宰。③舍饲强度育肥：羔羊舍饲育肥不受季节限制，其优点是在草场质量较差的时候向市场提供羊肉，从而获得较好的经济效益。近几年根据三江源农牧交错区的绵羊短期育肥的生产时间和效益，我们把该种模式简称为“324 绵羊短期育肥模式”，即产冬羔地区，当年羔羊在越冬前经过3个月的舍饲强度育肥，可达到传统自然放牧情况下2岁羊（24个月）体重，又称为“324加速牲畜出栏模式”。

近年来，颗粒饲料发展很快，其具有以下优点：保持了配合饲料的各种成分，防止因物理形状不同而在运输、储藏过程中造成的不均匀，防止动物挑食，减小运输中的体积，减少饲喂中的浪费，增加采食量。没有条件的地方可对精料（主要指谷物籽实）压碎即可。同时，对粗饲料粉碎也有必要。根据营养学和生态学原理，利用青稞、油菜等秸秆及菜籽饼等农副产品，进行配料加工，集中强度育肥，对当年羔羊在减重以前开始育肥，使其在2个月之内达到出栏标准，以减轻冬季草场的放牧压力，提高草地畜牧业生产效率。表11-5列举了两种营养配方的饲料组成及其营养成分。

表11-5　羔羊育肥日粮组成及化学成分

日粮组成	日粮配方	
	1	2
青稞（g/kg）	360	310
菜籽饼（g/kg）	260	310
油菜秸秆（g/kg）	175	175
燕麦草（g/kg）	175	175
NaCl（g/kg）	15	15
$CaCO_3$（g/kg）	15	15
维生素矿物质混合物（g/kg）	1	1
营养成分（g/kg）	—	—
可消化蛋白质（N×6.25）（g/kg）	12.94	15.44
代谢能（万J/kg干物质）	1023	1181

利用以上两种配方在海北站进行了当年羔年舍饲强度育肥试验，其结果见表11-6。其中，由于配方2含有较高的粗蛋白质含量，对体重较小的羊羔的增重效果更好，饲料报酬也较高。

表11-6　日粮营养水平对藏系绵羊生长及饲料利用率的影响

项目	日粮			
	1		2	
	A	B	A	B
开始体重（kg）	22.16	19.08	26.15	23.04
日采食量（kg）	1080	980	1100	1012
结束体重（kg）	25.70	22.45	29.01	26.49
日增重（g）	190	157	189	192
增重/饲料（kg/kg）	5.68	6.24	5.82	5.27

总之，饲养周期长及牲畜出栏率低是制约高寒草地畜牧业生产的最大瓶颈，对当年羔羊实行全舍饲强度育肥或放牧加补饲育肥是解决这一问题的主要途径，广大牧区已建成了许多简易的和永久性的暖棚，为全舍饲及放牧加补饲奠定了物质基础。以上介绍的适合于高寒牧区及农牧交错地区饲料配方及优化育肥制度及科学的喂养方法，可以实现以较少的饲草饲料换取更多的畜产品的目的，从而改变传统粗放的经营管理模式，使高寒草地畜牧业生产高效、稳定、持续发展。

现在农牧业生产中，大多还是使用化学化肥，而且对化肥的需求也日益加大。但是化学肥料对土地及农作物及牧草都有一定的危害。而绿色生态有机肥的有机质含量在45%以上，是一种营养全面的有机肥料。建立畜禽粪便处理项目，可以为农牧业生产提供无公害的精致有机肥料，能够促进青海省无公害农产品和绿色农牧产品的发展，促进资源的循环利用。

养殖业的迅速发展，在大大提高人们生活水平的同时，也对人们的生存环境造成了严重的危害，从而引起了世界各国有关部门的密切关注，并投入了大量的人力物力来研究种种对策。但至今还没有找到一种十分完善的处理方法，也没有研究出一种普遍适用的处理技术。因此，对于畜禽粪便的无害化处理技术仍是值得研究的。由于人们生活水平日益提高，人们越来越在乎其生存环境的好坏。所以，对于畜禽粪便的处理技术强调“无害化”，即在处理过程中不产生二次污染；同时，兼顾低成本、易操作等基本要求。

随着国民经济的快速发展、人口的日益增长和人民生活水平的日益提高，市场对畜牧业生产环境及其加工产品的需求，特别是对无公害肉食品及其产品的需求日益增加。同时环境问题也会损坏企业的自身形象，在竞争激烈的当今社会，企业形象有着至关重要的作用。作为青海省的农牧业的龙头企业，推进三江源畜牧业经济发展，义不容辞。因此，实施牛羊粪便的无害化处理技术与示范等项目，是企业做大做强，带动当地经济发展的迫切需要。

随着三江源区饲草料基地建设及牛羊冬季育肥业的蓬勃发展，牛羊粪便的无害化处理技术显得越来越重要，它既符合资源循环利用的理念，又符合有机畜牧业生产需要。利用现代生物处理技术，通过微生物的发酵作用，畜禽粪便中的有机物转化为富含植物营养物的腐殖质，产生大量的热量使物料维持持续高温，降低物料的含水率，有效地杀灭病原菌、寄生虫卵及幼虫，使粪便无害化，清洁饲养环境，降低疾病危害。通过优势微生物发酵菌种的分离、培养、筛选和配比等研制出适合于项目区牛羊粪便无害化处理的复合微生物发酵菌剂；并且进一步利用微生物发酵菌剂无害化处理牛羊粪便，验证无害化处理效果。复合微生物发酵菌剂的研究工艺如下：微生物菌种分离 → 培养基选择 → 培养 → 筛选 → 发酵 → 载体吸附→ 干燥 → 复合微生物发酵菌剂。

未经过处理的畜禽粪便是一种污染源，但如果将其通过合理有效的方法进行处理，开发利用，可变废为宝，会成为一项重要的可利用资源。其中，通过应用微生物无害化活菌制剂发酵技术处理畜禽粪便是比较科学的、理想的、经济实用的方法，所产生的无害化生物有机肥是一种重要的肥料资源。利用微生物发酵菌剂通过微生物的发酵作用，牛羊粪便达到无害化处理，同时，发酵后的粪便经过工厂化生产处理，可作为优质生物有机肥料应用，达到资源化利用的目的。有机肥料生产工艺流程如图 11-3 所示。

适宜生物菌剂
↓
粪便收集 → 混辅料 → 微生物发酵 → 干燥 → 过筛 → 造粒 → 筛分 → 颗粒有机肥
↓
粉状有机原肥

图 11-3　有机肥料生产工艺流程

11.4.4.3　有机畜牧业经营模式

有机畜牧业是遵照一定的有机畜产品生产标准，在整个生产过程中不采用基因工程获得的生物及其产品，不使用化学合成的农药、化肥、生产调节剂、饲料添加剂等物质，遵循自然规律和生态原理，协调种植业和养殖业平衡，采用一系列可持续发展的畜牧业技术以维持持续稳定的畜牧业生产体系的一种畜牧业生产方式。有机畜牧业生产遵从标准化、法制化、产业化和国际化的四大原则。

近年来，通过有机畜牧业生产的肉类平均每年以 20% 的速度增长，有机畜产品的消费与日俱增。有机食品的市场主要在发达国家，有机食品正成为发展中国家向发达国家出口的主要产品之一。欧盟是世界上最大的有机食品消费市场，其中德国又是欧盟国家中有机食品消费量最大的市场；美国是另一有机食品消费大市场，年增长幅度高达 20% 以上；韩国有机食品销售量每年以 40% 的速度递增；日本有机食品的国内市场销售量也在迅速增长。发达国家的有机食品大部分依赖进口，德国、荷兰、英国每年进口的有机食品分别占有机食品消费总量的 60%、60%、70%；零售价格欧盟有机产品市场一般比常规产品高 30% ~50%，有些品种高出 1 倍以上，甚至更高。而在国内市场，根据对北京和上海有机食品市场的调研，超市中销售的认证的有机转换及有机蔬菜的价格是常规蔬菜的 3 倍以上，高的甚至达到 10 倍，显然有物以稀为贵的原因。有机食品正成为发展中国家向发达国家出口的主要产品之一。

青藏高原具有空气清新、工业污染少等特点，是发展有机畜牧业生产最理想的地区之一。发展有机畜牧业，生产开发牦牛、藏羊有机肉食品，不仅拉长了产业链，提高了产品档次，为社会提供了安全、保健食品，保证了人民的身体健康，而且增强了羊肉的市场竞争力，有力地推动了地方经济的发展，可形成新的经济增长点，为省内外提供有机牛羊肉精深加工产品，进一步丰富人民群众的“菜篮子”，促进全省有机、生态畜牧业发展，增加地方财政和牧民群众的收入，对发展区域经济有重要意义。由于有机牛羊肉生产、加工都需要良好的环境条件，基地建设要符合有机产品对大气、水质、土壤的要求，生产加工过程要尽量少用或不用化学合成物质，如饲料添加剂、药物等，运输要千方百计地减少包装品的污染，整个生产过程都要按照有机食品的要求和规定进行，牛羊疫病防治采用中藏药及微生态制剂等方法，牛羊粪便采用无害化有机处理，这些都有利于生态环境的保护，同时，有机养殖要依据草场的承受能力和牛羊的舒适度，进行“定量放牧”，严格按照国际标准，对单位面积草场上的牲畜头数进行规定，转变了靠头数畜牧业提高生产效益的生产方式，通过提高单位草场面积的畜产品产值，增加附加值，提高畜牧业生产效益，从而实现草地生态环境保护与可持续发展利用。三江源区发展有机畜牧业生产应抓住以下几个环节。

（1）有机畜产品生产、加工与出售可追溯体系的建立

有机食品的可追溯体系是食品质量安全管理的重要手段，是食品生产、加工、贸易各个阶段的信息流的连续性保障体系。一旦有机食品（商品）出现问题，能方便查找违规原因，控制原材料的风险度，可使需要回收货物的量最小化。

有机畜产品的可追溯是指对从最终产品（商品）到原料以及从原料到畜禽饲养的整个过程都保存相关的生产记录，即利用现代化信息管理技术，给每件商品（产品）标上号码并保存相关的管理记录，从而可以追踪到生产日期、原料来源记录、生产及加工记录、仓库保管记录、出货销售记录等，根据原料记录又可以追溯到牲畜来源及饲养过程的所有信息流。

有机畜产品生产、加工与出售可追溯体系建设主要由有机牛羊生产的文档记录体系和有机食品生产加工出售记录体系两部分组成。

有机牛羊生产的文档记录体系主要由农事日志、外购物质记录、健康保护措施记录、生产性能记录、活畜出售记录等组成养殖历史档案记录，力争使每一头只牲畜的饲养过程均有档可查，即有机养殖→个体佩带耳号→养殖历史档案记录→活畜出售。

食品生产加工销售记录体系主要是活畜收购记录（来源、耳号等）→屠宰记录→加工包装标码记录→商品出售记录。

通过以上有机牲畜养殖，畜产品生产、加工、销售等档案资料的详细记录，达到建立有机畜产品生产、加工与出售完善的可追溯体系的目的。

（2）牦牛、藏羊的有机饲养管理技术示范

根据有机食品生产的相关规定和项目区实际情况，制定出适合于当地实际的有机牛羊肉生产实施规程，并全面落实。有机养殖是加工有机牛羊肉产品的基础，只有严格控制饲养环境条件，按有机养殖的要求进行科学饲养管理，才能饲养出符合有机食品标准的牦牛、藏羊，因此，从养殖方式、环境圈舍建设要求、繁殖方法、种畜培育与引进、补饲饲料、疾病防治、粪便无害化处理及资源化利用、牲畜运输、屠宰到加工都严格按有机牛羊肉生产实施规程要求进行，特别是在控制载畜量、重视动物福利、棚圈建设、饮水设施、粪便处理和兽药使用方面要下大力气进行改进、引导和整治，按照有机畜牧业标准进行标准化生产，并根据生产进程进行档案跟踪记录，确保生产出合格的有机牛羊肉产品。

（3）牦牛、藏羊有机产品开发与生产

依托肉食品加工龙头企业，严格按照 GB/T19630 有机食品生产，有机食品加工，有机食品标识与销售、管理体系要求进行养殖、收购、加工、销售等过程，开发出牦牛、藏羊系列产品各 3 个或 4 个，产品以高档精制为宗旨，要求加工精细、包装设计精美、环保，生产有机转换产品。

工艺流程如下。

有机牛羊养殖→收购→待宰→宰前检疫→吊挂→伊斯兰教方法屠宰→放血→剥皮→开膛去内脏→4 ℃、24 h 排酸处理→剔骨→修割淋巴等→按筋膜分部位→称重→装袋→喷牛羊个体码→装不锈钢盘→－33 ℃速冻 12 h→加合格证及追溯单编码→装箱→－18 ℃入库→品种区域划分→销货单→汽车清洗、消毒→发货→市场有机转换产品→顾客满意度调查。

（4）牦牛、藏羊有机养殖寄生虫病和幼畜疾病控制技术

寄生虫病是放牧家畜的常见多发病，长期以来一直使用化学合成药物进行防治。但是，2005 年国家发布实施了有机产品标准 GB/T19630—2005，其中规定有机畜牧业生产中禁止使用抗生素或化学合成的兽药，允许使用中兽医、针灸、植物源制剂等自然疗法医治畜禽疾病。目前，利用中藏药进行家畜寄生虫病防治方面的研究极少，资料有限，是有待研究开发的课题。因此，加快中藏药在防治家畜寄生虫病方面的研究开发，符合有机畜牧业发展的要求。

通过临床药效与安全性研究，稳定性观察，复核试验与扩大试验等系统研究，确定最佳处方及适用制剂，确保防治效果与使用的安全性并示范应用。中藏药驱虫优化处方研究：中藏药驱虫药基础方剂的收集与整理→不同方剂有效性筛选试验→驱虫处方优化与改进→最佳处方确定→炮制方法研究→临床药效验证→安全性观察→稳定性研究→持效期研究→资料整理。

微生态制剂是指利用动物体内正常微生物及其代谢产物或生长促进物质经特殊加工工艺而制成的制剂，具有补充、调整或维持动物肠道内微生物平衡，提高动物免疫能力，防治疾病、促进健康或提高生产性能的作用。

按有机畜牧业生产要求，在控制兽药使用的前提下，应用微生态制剂可以替代部分抗菌素，以达到预防牛羊肠道疾病、提高幼畜成活率和饲料利用率、促进幼畜的健康生长的目的。通过该项技术的研究与示范推广，既可为三江源地区有机牛羊肉生产提供必要的技术保障，又顺应了减少抗生素使用的趋势，使疾病控防走上良性循环发展的要求。

（5）有机畜牧业养殖技术培训

有机畜牧业是一门全新的科学，有严格的环境控制要求，在饲养管理方面注重自然方式，注重饲草料及环境安全无害，注重动物福利，因此，在有机养殖饲养管理方面包含许多不为广大群众所知的技术知识，只有通过宣传、培训、技术示范等措施才能使群众理解和掌握，达到自觉按有机养殖的技术要求进行生产有机产品的目的。培训的主要内容是我国有机牛肉、羊肉产品标准；有机牛、羊生产技术；有机牛、羊生产规范等，培训对象为广大牧民。

有机畜牧业生产是大势所趋，在当今社会人们越来越重视食品安全的时候，具有巨大的市场潜力，可为三江源区的草地畜牧业方式带来根本性转变。有机畜牧业生产环节要求严格，图 11-4 展示了有机生态养畜经营模式技术路线流程。

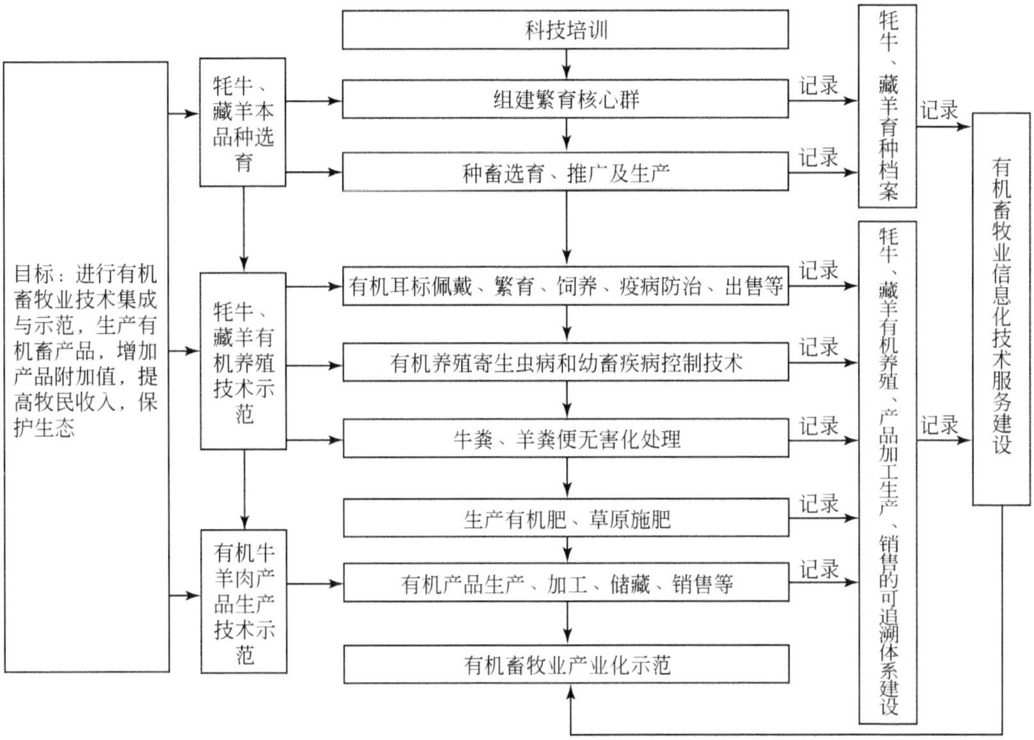

图 11-4　青海省黄南藏族自治州河南县有机生态养畜经营模式技术路线图（毛学荣，2008）

11.5　草地生态系统可持续管理展望

11.5.1　建设三江源草地生态系统可持续管理体系的必要性

三江源国家级自然保护区有各类高原湿地生态系统，是三江源区湿地最为集中的区域，包括重要的湿地生态系统有各拉丹冬雪山、阿尼玛卿雪山、当曲、果宗木查、约古宗列、星星海沼泽以及列入中国重要湿地名录的扎陵湖、鄂陵湖等；有典型的高寒草甸与高山草原植被，有珍稀、濒危和经济价值高的野生动植物物种及它们的栖息地，可以说保护区是整个三江源区生态类型最集中、生态地位最重要、生态体系最完整的区域，保护和治理好保护区的生态环境是恢复源区生态功能的关键。

三江源地区是一个完整的生态体系区域，其在气候、自然条件、地理环境、区位方面是一个不可分割的有机统一体，它的生态功能和作用体现在整个系统的完整性上，如境内冰川、雪山及广袤的草地资源构成了一个有效而统一的整体，给予整个源区及中下游地区水资源的持续补给，因此三江源区作为全国最大、最具影响力的生态调节区，不是靠局部的生态改善而所能左右的，应从完整的生态系统角度加以考虑，三江源地区不仅是生态环境问题，还涉及地区经济社会可持续发展、民族地区安定团结、社会稳定等诸多因素，因此保护和建设三江源是一项全方位、综合性的工程而不是局部的、小范围内的工程，在生态环境保护和建设的同时应该为区域经济发展和社会进步留出空间、进一步谋求发展，生态保护和经济发展并举，不断提高当地牧民群众的生活水平，从而使大面积的草原生态系统得到有效的保护。

11.5.1.1 建设可持续畜牧业示范基地是发展现代化高效农牧业的需要

畜牧业生产是我国的传统产业，青海省是全国五大牧区之一，在国家实施西部大开发战略，大力进行生态环境建设，开展陡坡地退耕还林还草的形势下，越来越多的农民放弃农耕转而从事畜牧业生产，成为青海高原重要的国民经济基础产业。近年来实施的农业结构调整使得畜牧业生产在农业中的比例逐步上升，但是由于自然条件有限，生产基础薄弱，传统的放牧生产方式落后，畜牧业经营效益低下，牧区经济发展缓慢，急需生产技术和经营管理方面的发展突破。另外，伴随着我国广大人民群众生活水平的不断提高，社会需求对各类畜产品数量和质量都有了更高的要求，发展畜牧业生产有着广阔的市场需求。推进畜牧业现代化是我国目前促进农牧民增收、农牧业经济发展和农村社会进步、构建和谐社会的重要环节。总结多年来我国畜牧业发展的经验，大力促进以规模化养殖为主要特点的畜牧业生产方式转变，已成为进一步发展我国畜牧业的当务之急。青海省畜牧业发展与全国的形势一样，正处在重要的转型时期。如何面对严重的草地退化问题是高原畜牧业进一步发展的关键所在。发展生态畜牧业是大势所趋、势在必行，如何根据现有条件发展具有高原特色的生态畜牧业，如何对各种实用技术进行集成组装，以发挥更大的系统整体效益，需要推出示范样板和发展模式，需要建设示范基地探索经验、树立典型、以点带面。规模化养殖是世界畜牧业发展之共同经验，是发展现代畜牧业的必经之路，也是我国和青海省当前畜牧业发展的正确方向。以现代生态学为理论基础建立高效集约畜牧业生产基地，其重要性在于：该模式是世界畜牧业发达国家普遍采取的一种生产方式，具有生产效率高，对自然资源依赖程度低的特点；它是一个技术密集型产业，具有较高的科学含量并可获得丰厚的附加值；该模式实现不同生产系统耦合和资源的持续和循环利用，减少人口增长对草地资源的过度利用，保护生态环境；该模式可改善和丰富畜牧业发展，较单一的模式为社会发展创造更多的新经济增长点。提高农牧民的收入发展“生态畜牧业”必须实现以下四方面畜牧业生产经营方式的转变：一是经营方式要由粗放经营向集约经营转变实现规模化经营、专业化生产；二是饲养方式要由自然放牧向半舍饲转变；三是增长方式要由单一数量型向质量效益型转变；四是市场开拓要由局部小市场向国内国际大市场拓展。为尽快实现这些目标，目前工作的重点是：以饲草料建设为重点切实加强畜牧业基础设施建设；大力推广舍饲、半舍饲，加快推进畜牧业科技创新和应用；加大结构调整力度促进产业优化升级；推进畜牧业产业化提高畜牧业的综合效益。近年来青海省一些企事业单位如青海省牧草良种繁殖场、三角城种羊场、贵南草业开发有限责任公司等已经在这些方面积累了一些宝贵的经验。实践证明在青海发展规模化养殖是切实可行的，建设示范基地条件具备、时机成熟。

11.5.1.2 建设可持续畜牧业示范基地是“三江源”生态建设的需要

保护和改善生态环境是全人类面临的共同挑战，是当今世界各国日益重视的重大问题。我国政府十分重视生态环境保护，长期坚持生态环境保护，实施可持续发展战略。青藏高原的生态环境保护有着其特殊的重要意义，近年来受日趋频繁的人类经济活动及全球气候变化的共同影响，该地区人与自然的不协调性矛盾逐渐突出，源区生态环境恶化，人口、资源、环境与发展之间的矛盾日渐严重，使得三江源区高寒草地大面积退化部分草地沦为次生裸地——“黑土滩”，预示着该区大量草地资源遭受严重破坏，草地退化、生态环境保护与自然资源开发利用的形势日益严峻。三江源区的生态退化及环境保护和建设受到了社会各界的关注，成为目前青海省最大的生态建设项目。目前正在组织实施的“三江源自然保护区生态保护和建设总体规划”项目投资大、周期长，是一项艰巨而复杂的系统工程，这项工程不仅关系到源区人民的利益，更关系到中下游地区社会经济的可持续发展，是一项惠及三江流域乃至全国人民的宏大工程。为了发挥自然保护区的生态功能，需要从保护区核心区迁移 1 万多户牧民，如何安置这些移民，妥善解决他们移居新址后的后续生活与生产问题是当前急需解决的重大社会问题，是三江源生态建设成败的关键。生态移民面临的最大问题是如何选择和经营迁移后的生产活动，继续从事天然草地放牧活动肯定行不通，转而从事其他行业需要重新学习生产技术，不能解决燃眉之急，而发展舍饲畜牧业则可以发挥移民已经具备的家畜饲养技能和知识，成为后续产业的最佳选择。

11.5.1.3　建设可持续畜牧业基地是实现国家公共卫生安全的需要

家畜疫病防控长期以来是困扰畜牧业发展和畜产品走向国际市场的顽疾。近年来多发的人畜共患疾病更使得国家公共卫生安全形势严峻，禽流感等大家熟知的一些高传染性疾病严重威胁人民的生命安全，政府为此每年耗费大量的物力和财力。家畜养殖产生的粪便排泄物的环境污染，在欧美国家已经成为十分严重的环境问题，我国的形势也不容乐观，而通过建设养殖小区实现规模化养殖可以为家畜疾病防控提供有利条件，为环境保护提供有利条件，为延伸草畜产业链、实现资源循环利用提供有利条件，为从根本上解决这一系列重要社会问题提供基础。

11.5.1.4　建设可持续畜牧业基地是构建青海高原和谐社会的需要

为了改善青海高原的生态环境，国家投巨资建设三江源自然保护区。在保护区通过休牧禁牧，减少草地放牧家畜数量，需要迁出 1 万多户、5 万多牧民。如何保证这些移民在新的定居点安居乐业？他们的后续产业如何发展？是当前青海省生态建设和畜牧业发展最重要的实际问题，为此在同德等农牧交错带定居点，建设规模化养殖小区为主要特征的生态畜牧业，是最好的选择，是实现生态环境建设和畜牧业发展共赢、牧区社会经济持续发展的关键切入点。新的移民定居点一般建在气候条件较好、交通便利的地方，周围都有可供种植牧草的人工草地或者邻近农作物种植地区，这些地区拥有丰富的饲草饲料资源，尤其是近年来退耕还草退出的大片农田已经成为新的饲草生产基地，这就为建设规模化养殖小区奠定了必要的物质基础。只要政府对移民进行组织，就能建设成为高效益的生态畜牧业生产基地。通过基地建设吸纳这些移民发展规模化养殖，有利于统一组织管理，解决移民与当地居民的土地使用纠纷，有利于草畜产业高新技术的推广应用，有利于提高生产组织化水平和效益，有利于实现社会稳定、构建牧区和谐社会，具有广阔的发展前景。规模化养殖小区在解决移民生产和生活问题的同时，可以大量吸收保护区内的家畜进行季节性育肥生产，有效地缓解保护区内的天然草场放牧压力，提高自然保护区的生态功能和生态效益。

青海高原畜产品具有独特的天然绿色产品特征，多年以来肉、奶、皮、毛等高原畜产品一直供不应求，发展畜产品生产拥有巨大的市场潜力。青海高原的畜产品不仅在国内畅销，而且具有广阔的全球市场。青海的牛羊肉由于产于海拔3000 m以上的草地，牲畜生产的环境污染小，有绿色食品之美誉，肉质鲜美低盐、低胆固醇、高蛋白及高非饱和脂肪酸，深受广州、深圳等沿海城市消费者的喜爱。牛羊肉外调数量逐年增加，在国际市场上青海牛羊出口数量达到40多万头（只）。藏毯产品是国际上的畅销货物，牛绒衫一度成为全国抢手商品，供不应求，牛羊皮张销售市场也是一直供不应求。从各种自然资源和社会资源的配置来看，发展生态畜牧业，通过推广舍饲、半舍饲，喂养家畜优良品种，提高畜产品质量。通过规模养殖提高生产效益，具有广泛的群众基础和巨大的市场需求。我们近期对同德、共和、贵南、海晏的一些大型畜牧企业和事业单位的规模化养殖进行的调研，从调研结果来看，规模化养殖由于大量集中引进优良种畜，在发展饲草料生产的基础上快速有效地改良畜种结构并以大规模生产的饲草料供应支持大规模舍饲圈养，从而大幅度提高饲料报酬和经营效益，有效地减轻了天然草场的压力，保护了天然草场。调研结果充分说明，发展生态畜牧业是提高经营效益的有效途径，也是保护草原生态环境的有效途径。资金短缺是目前发展规模化养殖的最大制约因素，三江源区的农牧民衷心希望得到政府支持，普及高产优质家畜新品种，得到饲草料加工技术和资金的支持，衷心欢迎这种生产模式的推广普及，通过强化投资建设生产基地具有重要的现实意义。

11.5.2 三江源草地生态系统可持续管理基本框架

由于三江源地区牧民群众仍沿袭着逐水草而居的游牧生活，相对独立地对一个地理单元加以保护和建设势必增加对其他区域更为沉重的生态压力，在目前草地生态承载能力极为弱小的情况下，这种压力将造成局部改善整体恶化的灾难性后果。因此，三江源生态保护和建设必须总体规划、分步实施，近期以自然保护区为主最终发挥三江源地区的整体生态效益。

11.5.2.1 建立三江源生态监测体系

生态系统非常复杂，并且具有动态变化的特征，要完整和全面地收集生态系统各方面的信息是不可能的，也是不可取的。但要对生态系统进行可持续管理，又必须对生态系统的状态进行相对连续的和比较全面的评价和监测，并把这些结果及时地反映到管理决策中，以适应复杂多变的生态系统及其外部环境，取得生态系统可持续管理的成功。随着地理信息系统和遥感技术以及GPS技术的发展，对于复杂多变的生态系统的快速响应成为可能，特别是在中大尺度的管理上多方面、多层次、快速更新的信息为管理决策的及时性和准确性提供了一定的保障监测，对于生态系统可持续管理具有极为重要的意义。通过监测可以了解生态系统的状态、生态系统发生的变化及生态系统可能要发生的变化，从而为管理决策提供依据，并不断根据监测结果调整管理行为或者调整管理的分目标，最后达到管理的总目标。实际上，监测的过程就是收集数据的过程，收集生态系统各方面、多时空尺度的尽可能多的数据，并据此修改计划，可以增加决策的有效性和提高管理的成功率，选择有利于检测生态系统变化的较为敏感的指标是非常必要的，也是可能的。而对于不同的时空尺度，生态系统变化的相对敏感的监测指标或监测指标体系应该是不同的。把某一尺度上收集的信息用于另一尺度上并不一定适合，尽管它可以提供一定的参考信息。因此，对于一个具体的生态系统而言，为管理目标收集信息需要一个合适的核心尺度，但同时从几个尺度上收集数据仍然是必要的。

地理信息系统能够对各种来源的、不同时期的空间数据进行有效的、快速和及时的存储、加工、处理和输出，同时，地理信息系统也是遥感技术和 GPS 结合的平台，为大量的空间信息的快速处理和空间分析提供了基础。遥感技术是通过对卫星图片或航拍片的解译，获得所需要的信息的技术，它的特点是快速和大面积作业，对于生态系统管理这样的中大尺度的应用项目，具有极大优势；特别是在生态系统管理决策中对于信息获取的及时性的要求，提供了可能。Sexton 和 Szaro（1998）提出了一个执行生态系统管理的多尺度（生物维、时间维、社会维和空间维）遥感信息框架。全球定位系统可提供所研究系统的地理位置和高程分布，从而可以提供所研究系统的地理参考。在生态系统管理中，应用地理信息系统、遥感技术和全球定位系统还存在一些困难，由于一般管理人员对于计算机和以上三项技术的不了解，在没有专家参与的情况下，不能理解所得大量数据的具体意义以及生态系统各要素间的相互关系。引入人工智能来增加解释、翻译功能和自身应用功能，制作各种生态系统管理应用专家系统可能是更有效的途径。

各种直接获得和加工处理得到的科学信息应用于管理决策，以实现可持续的生态系统管理总体目标尽管在改善，对于生态系统的理解和发展有效的管理工具和管理策略中，科学具有更大的作用（Malone，2000），但科学信息只是决策过程的一个元素。Rauscher（1999）对执行生态系统管理有关的决策支持系统进行了综述，认为发展一个可操作的生态系统管理过程和支持它的决策工具可能是我们今天面临的最复杂和最紧迫的挑战。当前的生态系统管理规划和决策过程由于不透明和不易于理解而难以令人满意，对于生态系统管理决策的判断标准和决策步骤虽有人论及，但并不完善。

11.5.2.2　生态系统可持续管理的核心原理

生态系统管理通过各种管理手段对所管理的自然生态系统或者人工生态系统进行调整和产生影响，使之向人们期望的方向发展，即向可持续的方向发展生态系统的保护、恢复与重建是生态系统管理的核心（Boyce and Haney，1997）。对于保存比较完好的自然生态系统，主要的任务是保护，使之不受人为干扰或少受人为干扰，至少也要把人为干扰控制在自然生态系统能够承受的范围内，即能够保持自然生态系统自身的可持续性。在受到较大自然或人为干扰的情况下，或者是已受过较大干扰的生态系统，主要考虑的是生态系统的恢复。而对于受损严重，已经不能进行恢复的生态系统，就要进行生态系统的重建，建立新的平衡与可持续状态。对于自然或人工生态系统的可持续管理就是根据不同生态系统的受损程度，进行保护、恢复或重建的工作，与一般的生态系统保护、恢复或重建不同的是，它把生态系统管理的思想和可持续性的目标始终贯穿在保护、恢复和重建中，最主要的工作是恢复。

Stein 和 Gelburd（1998）列举了国际上 7 个重大的生态系统管理项目，这些生态系统管理项目无一例外地把恢复作为了生态管理的核心内容，但生态系统恢复的工作要取得成功却并不容易，Thom（2000）认为采用适应性管理是一个好的办法，并提出了生态恢复项目中有效地运用适应性管理所需要的三个主要成分：清楚的目标说明、概念模型和决策框架。适应性管理在生态系统恢复项目中得到了广泛的应用。促进退化生态系统的恢复事关人类的生存，意义十分重大，生态恢复是针对受损而言的，受损就是生态系统结构、功能和关系的破坏，因而，生态恢复就是恢复生态系统合理的结构、高效的功能和协调的关系，使之达到一种可持续的状态或者说是达到生态系统管理的总体目标：可持续性。

11.5.2.3　三江源生态系统的适应性管理

由于在大的时间和空间尺度上很难进行重复性的试验，多数情况下也没有办法设置对照，这给管理研究带来了困难，同时也为将科学应用于管理设置了障碍。适应性管理提供了一个把科学有效地整合到生态系统管理中的途径，同时也提供了解决不确定性问题的可能。适应性管理是指在生态系统功能和社会需要两方面建立可测定的目标，通过控制性的科学管理、监测和调控管理活动来提高当前数据收集水平，以满足生态系统容量和社会需求方面的变化（Vogt et al., 1997）。适应性管理有足够的弹性和适应能力，可以适应不断变化的生物物理环境和人类目标的变化，因而适应性管理可能是不确定性和知识不断积累条件下唯一的合乎逻辑的方法，它在生态系统可持续管理中具有重要的地位。

适应性管理是基于两个前提：①人类对于生态系统的理解是不完全的；②管理行为的生物物理响应具有很高的不确定性（Prato，2000），理解的不完全可以通过适应性管理来积累数据、知识和经验，不确定性也可以应用 Bayesian 分析来修正这种分析，用各种结果的可能性表达不确定性，并在可采用更多信息时重新评估可能性。Prato 认为适应性管理执行的不成功是因为缺乏执行的框架，并提出了一个两级框架：首先通过 Bayesian 规则识别最可能取得可持续生态系统状态的管理行为，然后评价生态系统的可持续状态，适应性管理的成功只有当决策中的不确定性水平被接受时才能取得。通过适应性管理，可以适应于生态系统的复杂性、人类对于生态系统认知的不完整性以及生态系统管理中普遍存在的不确定性，达成生态系统管理的总体目标：生态系统的可持续性。因此，为了保证三江源区草地生态系统功能的正常发挥和维系，很有必要按照国际上的有关生态系统适应性管理的原则和方法，并结合自身特点，对三江源生态系统进行管理。

11.5.3　三江源草地生态系统可持续管理体系对策

11.5.3.1　科学定位生态恢复与区域可持续发展的指导思想、目标与模式

三江源区生态环境脆弱，难以支撑区域社会经济的可持续发展，加快三江源区生态恢复，是确保区域可持续发展的前提和基础。实践证明，单纯追求经济效益忽视生态建设与

保护，经济发展就会因生态破坏而受到制约，单纯就恢复和保护生态而搞生态建设，不注意发展地方经济，生态恢复的成果难以持久。因此，在当今三江源生态恢复工作中，应科学定位生态恢复与区域可持续发展的指导思想、目标与模式，注重生态恢复与经济建设相协调，整合生态效益、经济效益和社会效益，变传统的"生态恢复"为"生态恢复与经济建设"二者的有机结合与协调发展。一方面生态恢复要以生态经济理论为指导，加强生态示范区、生态县、生态村、生态产业、生态工业园区、生态社区等建设，逐步建立三江源绿色生态经济区，按照生态学和生态经济学原理组织生产，把发展经济、建设生态、保护资源相结合，统筹规划，科学管理，形成一个有机整体；另一方面要积极探索社会主义市场经济体制下的生态建设政策体系与组织管理机制及其有效实现形式，有力地促进青藏高原生态恢复与区域社会经济的可持续发展。

11.5.3.2　依靠科技进步，制定生态恢复与区域可持续发展规划

随着新技术的迅猛发展，为从整体上把握三江源自然环境和社会经济发展动态提供了可能。在生态恢复过程中，依据恢复生态学与生态经济学原理，利用最新的背景资料、先进的技术和生态技术等手段，通过多学科联合，对该区生态环境状况进行科学分析和正确定位，以县域为单位，生态恢复与经济发展相结合，制订符合三江源实际的生态恢复与区域经济协调发展规划，鼓励广大群众积极参与该地生态恢复重建工作，对在生态恢复工作中有突出贡献的人员予以重奖，确保生态恢复工作的顺利进行和建设成效。

11.5.3.3　建立政府引导、科研院所参与及企业运作的项目实施机制

生态畜牧业生产模式是一种新的生产模式，它将对三江源区社会发展产生深远的影响，如何实现生态上合理、经济上可行、社会上可接受是项目成败的关键。近年来，中国科学院西北高原生物研究所及青海省畜牧兽医科学院等科研院所已进行了有益的探索。"十一五"期间得到科学技术部、中国科学院以及青海省科技厅有关项目的支持，负责项目整体设计、技术集成和模式研发，建议政府将三江源生态建设项目牧民生活补贴及抗灾保畜资金，抽出部分统筹一部分用于饲草料加工，企业将成品饲草料无偿提供给移民用于牧业生产；也可以将部分资金用于扶持有土地资源牧户专门从事饲草料生产、加工及销售，使广大牧民逐渐接受冷季以舍饲圈养为主的生产方式，实现饲草料加工产品的商品化，形成以饲草料基地建设、草产品加工、牲畜的舍饲育肥、畜产品加工及销售的完整生产体系和产业链。

11.5.3.4　协调好人地关系，调整产业结构，大力发展生态特色产业

充分利用西部大开发的历史机遇，协调人地关系，进一步加快基础设施建设，积极调整产业结构，特别是以草地畜牧业为主的传统牧业结构，大力发展以特色农业、畜牧业为主的生态农业；加快工业结构的调整、改组和改造步伐；重视发展高新技术产业，大力发展旅游、信息、咨询、金融等第三产业，大力培育潜力产品，发展特色经济，促进经济结构的调整与优化。要强化经济的生态化，全面实现三江源生态恢复和区域可持续发展。

一是积极鼓励农牧民从事高效农业、养殖业、种植业等，引导农牧民走科学化、集约

化、经营化之路。在种植业方面，可以借鉴其他地区农牧民的成功经验，采取“公司+基地+农户”的股份制方式与农牧民进行合作。三江源地区也应该尝试这种形式来发展当地的种植业，农牧民可以进行药用植物及优质高产饲草料的种植，与青海藏药企业进行合作，实现双赢的目的。二是大力开发建筑业、社会服务业等就业岗位，鼓励转产农牧民从事传统服务和社区服务工作。

11.5.3.5 大力发展以畜产品为原料的食品加工业

畜牧业是三江源区的优势产业。加大以畜产品为原料的食品加工业的支持，有利于草地生态畜牧业的发展，有利于发挥三江源的资源优势，有利于延伸畜牧业产业链。首先是鼓励有实力的畜产品加工企业和个人通过建立基地、收购点等多种形式，主动加大三江源地区畜产品的收购力度，一方面减轻草场压力，另一方面减少自然灾害或冬季营养不足给牧民带来的损失；其二是加快畜产品加工技术的研发和技术、装备的引进，生产优质精品，打造名牌产品，提高产品附加值；其三是适应国内外对动物源食品安全卫生质量要求日益严格的发展趋势，积极向生产无公害、绿色畜产品、功能食品方向发展，依托大型出口生产加工企业不断提高生产加工的经济效益和畜产品在国内外的知名度和信誉度，发挥其出口生产加工及参与国际市场竞争的主体作用，努力开拓国内外市场扩大畜产品外销的比例。

11.5.3.6 合理利用生物资源培植后续产业

由于三江源区海拔高、温差大、日照长、无污染的气候和地区特点，这里的中藏药材不仅种类繁多而且药效高。随着青海省中藏药生产企业建立和生产规模扩大，药材资源被大量破坏。应对濒危中藏药材在其他地区种植方法研究成果基础上进行开发、引进、研究和组装，提出适合三江源区的唐古特大黄、秦艽、红景天、藏茵陈、川贝母等中藏药材的种植方法，予以推广和示范。

该地区特有生物资源丰富，以冬虫夏草、鹿、麝、藏羚羊、雪鸡、大头盘羊、特细绒藏羊、藏獒以及功能性畜产品等为代表的三江源区重要生物资源的开发，作为后续产业发展可提高该区域牧民收入。如三江源区冬虫夏草产量动态变化因素分析、保护措施及可持续利用技术研究；野生动物（鹿、麝、藏羚羊、雪鸡、大头盘羊等）驯养和利用技术研究；特细绒藏羊、藏獒等畜禽资源开发研究；三江源区功能性畜产品开发等项目都很有应用前景和经济效益。

11.5.3.7 强化政府的生态环境监控职能

加强政府对生态环境的宏观管理力度，制定社会、经济与环境综合决策，把生态环境保护与其他政策的制定和执行结合起来，提高政策效能。加大生态环境保护行政监督力度，推动科技进步，培育环保产业市场，为解决生态环境问题提供科技服务。引入市场机制，重视经济手段，积极培育环境资源市场，建立生态环境基金，真正做到在经济发展过程中解决生态环境问题。

11.5.3.8　实施生态教育，加大执法力度，加强综合治理

生态环境建设是一项复杂的系统工程，需要诸多行政部门的协调和配合、多门学科的参与和支持，同时生态环境保护又是一项长期而艰巨的任务。要大力加强生态宣传教育，提高公众的生态意识，使广大群众逐步认识到人与自然和谐统一的重要性，认识到生态与经济的相辅相成关系，认识到生态保护对三江源、对国家以及对农民自身的益处，动员全社会的力量抓生态环境建设，把保护生态环境变成人民群众的自觉行动；同时，加强法制建设，完善森林法、草原法、水土保持法、环境保护法等相关的法律法规，加大加强法律的普及工作，加大执法力度，做到有法必依，执法必严，违法必究。

11.5.3.9　控制人口数量，提高人口素质

严格控制三江源人口增长，减缓人口对生态环境的压力。改变当地农牧民传统的生育观念，实施生育节制。通过教育、宣传、立法等国家人口干预过程，积极控制人口增长。改善医疗条件和儿童营养状况，提高婴儿存活率。建立和完善社会养老保险制度，加大社会保障力度，解决老年人口的后顾之忧。提倡优生优育，提高人口素质。加大教育投入，大力发展科技教育，提高人口的科学文化素质。

11.5.3.10　建立生态补偿机制，拓宽资金投入渠道，强化经营管理

增加必要的和充足的物能投入与科技投入是三江源生态恢复建设的客观要求。尽快建立生态补偿机制，尤其是建立生态环境保护和建设的补偿机制，对为经济的可持续发展做出牺牲的移民实施补偿，促进“三江源”地区生态保护事业的良性发展。建立生态补偿机制，投资来源不应仅仅依靠中央和当地地方政府，还要鼓励兄弟地区和群众来投入。全国的生态环境是一个整体，发达地区，尤其是下游地区应当对其治理承担一定的投入数额，以确保增加三江源治理投入的需要。通过转移支付、征收生态补偿费以及吸收一些关注三江源生态环境的有志之士参与等方式，治理保护三江源，加大对农牧民的生产条件的改善，提高生活水平。通过政策因素进行操作和约束，选择合理的经营方向，适当发展草产业，增加牧民收入，这也是现阶段三江源生态恢复过程中，确保草业发展与稳定的一个基本条件。同时，加强建设后管理，巩固三江源生态恢复成效。

参考文献

安立龙，效梅. 2002. 我国生态畜牧业产业化的理念及其经营方式. 农业现代化研究，23（3）：183-191.

安渊，李博，杨持等. 2001. 内蒙古大针茅草原草地生产力及其可持续利用研究（Ⅰ）：放牧系统植物地上现存量动态研究. 草业学报，10（2）：22-27.

安渊，李博，杨持等. 2002. 不同放牧率对大针茅草原种群结构的影响. 植物生态学报，26（2）：163-169.

毕西潮，谢傲云，韩兴泰等. 1997. 不同草场类型青草期牦牛瘤胃的消化代谢//胡令浩. 牦牛营养研究论文集. 西宁：青海人民出版社.

边疆晖，景增春，樊乃昌等. 1999. 地表覆盖物对高原鼠兔栖息地利用的影响. 兽类学报，19（3）：212-220.

才旦. 2006. 青海省主要鼠害对草地的危害及其防治. 草业科学，23（1）：79-81.

蔡晓明. 2000. 生态系统生态学. 北京：科学出版社.

曹致中. 2005. 草产品学. 北京：中国农业出版社.

车敦仁，郎百宁，王大明等. 1996. 无芒雀麦草地干物质生产量季节动态的研究. 青海草业，5（4）：1-5.

陈桂琛，刘光琇，Kam-biu Liu. 1999. 黄河上游地区植被特征及其与毗邻地区的关系//中国科学院西北高原生物研究所. 高原生物学集刊. 北京：科学出版社.

陈桂琛，黄志伟，彭敏等. 2002. 青海高原湿地特征及其保护. 冰川冻土，24（3）：254-259.

陈灵芝，陈伟烈. 1995. 中国退化生态系统研究. 北京：中国科学技术出版社.

陈友慷，陈宇，王晋峰等. 1994. 不同放牧强度对牦牛生长和草地第二生产力的影响. 草业科学，11（1）：1-4.

邓自发，谢晓玲，周兴民. 2002. 高寒草甸高山嵩草种群繁殖生态学研究. 西北植物学报，22（2）：344-349.

邓自发，谢晓玲，王启基等. 2003. 高寒高山嵩草草甸种子库和种子雨动态分析. 应用与环境生物学报，9（1）：7-10.

丁路明，龙端军，郭旭生等. 2009. 放牧生态系统家畜牧食行为研究进展. 家畜生态学报，30（5）：4-9

丁晓涛，李发明，谢文彬等. 2000. 高原鼠兔繁殖及种群年龄结构的初步研究. 四川畜牧兽医，27（增）：54，55.

董全民，李青云. 2003. 世界牦牛的分布及生产现状. 青海草业，12（4）：32-35.

董全民，马玉寿，李青云等. 2003a. 放牧强度对牦牛生长的影响. 草地学报，11（3）：256-260.

董全民，李青云，马玉寿等. 2003b. 放牧率对牦牛生产力的影响初析. 草原与草坪，（3）：49-52.

董全民，赵新全，徐世晓等. 2003c. 高寒牧区牦牛冬季暖棚育肥试验研究. 青海畜牧兽医杂志，33（2）：5-7.

董全民，赵新全，马玉寿等. 2004a. 牦牛放牧率对高寒高山嵩草草甸地上、地下生物量的影响初析. 四川草原，（2）：20-27.

董全民，马玉寿，李青云等. 2004b. 牦牛放牧强度对高寒草甸暖季草场植被的影响. 草业科学，21（2）：48-53.

董全民，马玉寿，李青云等．2004c. 牦牛放牧率对小嵩草高寒草甸植物群落的影响．中国草地，26（3）：24-32.
董全民，赵兴全，徐世晓等．2004d. 高寒牧区牦牛育肥试验研究．中国草食动物，（5）：8-10.
董全民，马玉寿，李青云等．2005a. 牦牛放牧率对小嵩草（*K. parva*）高寒草甸暖季草场植物群落组成和植物多样性的影响．西北植物学报，25（1）：94-102.
董全民，赵新全，马玉寿等．2005b. 牦牛放牧强度与高寒高山嵩草草甸植物群落的关系．草地学报，13（4）：334-338.
董全民，赵新全，马玉寿等．2005c. 牦牛放牧率对江河源区混播禾草种间竞争力及地上初级生产量的影响．中国草地，27（2）：1-8.
董全民，赵新全，李青云等．2006a. 牦牛放牧强度对高山嵩草高寒草甸草场生产力的影响研究．家畜生态学报，27（4）：73-77.
董全民，赵新全，马玉寿等．2006b. 不同牦牛放牧率下江河源区垂穗披碱草/星星草混播草地第一性生产力及其动态变化．中国草地学报，28（3）：5-15.
董全民，赵新全，马有泉等．2006c. 高寒高山嵩草草甸牦牛优化放牧强度的研究．西北植物学报，26（10）：2110-2118.
董世魁，胡自治．2000. 人工草地群落稳定性及其调控机制研究现状．草原与草坪，(3)：3-8.
董世魁，江源，黄晓霞．2002. 草地放牧适宜度理论及牧场管理策略．资源科学，24（6）：35-41.
董世魁，丁路明，徐敏云等．2004. 放牧强度对高寒地区多年生混播禾草叶片特征及草地初级生产力的影响．中国农业科学，37（1）：136-142.
杜国祯，王刚．1995. 甘南亚高山草甸人工草地的演替和质量变化．植物学报，37（4）：306-313.
杜国祯，覃光莲，李自珍等．2003. 高寒草甸植物群落中物种丰富度与生产力的关系研究．植物生态学报，27（1）：125-132.
冯定远，汪儆．2001. 抗营养因子及其处理研究进展//卢德勋．2000 动物营养研究进展．北京：中国农业出版社．
冯永忠，杨改河，杨世琦等．2004. 三江源区地域界定研究．西北农林科技大学学报（自然科学版），32（1）：11-14.
冯祚健，郑昌琳．1985. 中国鼠兔属（*Ochotona*）的研究：分类与分布．兽类学报，5（4）：269-289.
傅伯杰，陈利顶，马克明等．2001. 景观生态学．北京：科学出版社．
甘淑，何大明，袁建平等．1999. 澜沧江流域自然生态环境背景与土地资源．土壤侵蚀与水土保持学报，5（5）：20-24.
关世英，齐沛钦，康师安等．1997. 不同牧压强度对草原土壤养分含量的影响初析．草原生态系统研究，5：17-22.
韩国栋，李博，卫智军等．1999. 短花针茅草原放牧系统植物补偿性生长的研究．草地学报，7（1）：1～7.
韩兴泰，胡令浩．1997. 生长牦牛能量代谢的研究//胡令浩．牦牛营养研究论文集．西宁：青海人民出版社．
何耀宏，高杉，周俗等．2006. 植物灭鼠剂在青藏高原防治高原鼠兔应用试验．四川动物，25（4）：743-746.
贺金生，方精云，马克平等．2003. 生物多样性与生态系统生产力：为什么野外观察和受控实验结果不一致．植物生态学报，27（6）：835-843.
侯扶江，常生华，于应文等．2004. 放牧家畜的践踏作用研究评述．生态学报，24（4）：784-789.
侯秀敏．1995. 鹰架招鹰控制高原鼠兔种群数量研究初探．青海草业，4（2）：27-30.
侯秀敏．2001. 青南地区草地鼠害现状及治理对策．四川草地，13（1）：28-31.

胡民强，王淑强，廖国蕃等. 1990. 红池坝人工草地放牧强度试验. 农业现代化研究，11（5）：44-49.
胡自治. 1997. 草原分类学概论. 北京：中国农业出版社.
胡自治. 2000. 青藏高原的草业发展与生态环境. 北京：中国藏学出版社.
黄葆宁，李希来. 1996. 利用嵩草属优良牧草恢复“黑土滩”植被试验研究报告. 青海畜牧兽医，(1)：1-5.
黄葆宁，李希来，戴海珍. 1996. 试论青海“黑土滩”草地的退化特征及其成因. 青海畜牧兽医，(3)：33-35.
霍义. 1985. 果洛地区高寒草甸类退化草场植被恢复措施的探讨. 农牧资源区划与研究，(2)：9-12.
吉田重治. 1979. 草地の生态の生产技术. 东京：东京养贤堂株式会社.
贾敬敦，伍永秋，张登山等. 2004. 青海生态环境变化与生态建设的空间布局. 资源科学，26（3）：9-16.
贾幼陵. 2005. 关于草畜平衡的几个理论和实践问题. 草地学报，13（4）：256-268.
江小蕾，张卫国，杨振宇等. 2003. 不同干扰类型对高寒草甸群落结构和植物多样性的影响. 西北植物学报，23（9）：1479-1485.
江小蕾. 1998. 植被均匀度与高原鼠兔种群数量相关性研究. 草业学报，7（1）：60-64.
姜恕，李博，王启基等. 1988. 草地生态研究方法. 北京：中国农业出版社.
蒋文兰，李向林. 1993. 不同利用强度对混播草地牧草产量与组分动态的研究. 草业学报，3：1-10.
靳长兴，周长进. 1995. 关于澜沧江正源问题. 地理研究，14（1）：44-491.
景增春，樊乃昌，周文杨等. 1991. 盘坡地区草场鼠害的综合治理. 应用生态学报，2（1）：32-38.
景增春，王文翰，王长庭等. 2003. 三江源区退化草地鼠害的治理研究. 中国草地，25（6）：36-40.
景增春，王启基，史惠兰等. 2006. D型肉毒杀鼠素防治高原鼠兔灭效试验. 草业科学，23（3）：89-91.
康乐. 1990. 生态系统的恢复与重建//马世骏. 现代生态学透视. 北京：科学出版社.
李博. 1997a. 中国北方草地退化及其防治对策. 中国农业科学，30（6）：1-9.
李博. 1997b. 我国草地资源现状、问题及对策. 中国科学院院刊，1：49-52.
李博，杨持，林鹏. 2000. 生态学. 北京：高等教育出版社.
李海英，彭红春，王启基. 2004. 高寒矮嵩草草甸不同退化演替阶段植物群落地上生物量分析. 草业学报，13（5）：26-32.
李家藻，朱桂茹，杨淘. 1985. 高寒草甸细菌生物量的研究. 高原生物学集刊，4：107-117.
李丽娟，李海滨，王娟. 2002. 澜沧江水文与水环境特征及其时空分异. 地理科学，21（1）：49-56.
李鹏年. 1986. 内蒙古草地鼠害防治的经济效益问题. 中国农学通报，(6)：13-14.
李青云，施建军，马玉寿等. 2004. 三江源区人工草地施肥效应研究. 草业科学，21（4）：35-38.
李文华，周兴民. 1998. 青藏高原生态系统及优化利用模式. 广州：广东科技出版社.
李文建. 1999. 放牧优化假说研究述评. 中国草地，(4)：61-65.
李希来. 1996. 补播禾草恢复“黑土滩”植被的效果. 草业科学，13（5）：17-19.
李希来. 2002. 青藏高原“黑土滩”形成的自然因素与生物学机制. 草业科学，19（1）：20-22.
李希来，黄葆宁. 1995. 青海黑土滩草地成因及治理途径. 中国草地，(4)：64-67.
李永宏. 1988. 内蒙古锡林河流域羊草草原和大针茅草原在放牧影响下的分异和趋同. 植物生态学与地植物学报，12（3）：186-196.
李永宏. 1992. 放牧空间梯度上和恢复演替时间梯度上羊草草原的群落特征及其对应性//中国科学院内蒙古草原生态系统定位站. 草原生态系统研究. 北京：科学出版社.
李永宏. 1993. 放牧影响下羊草草原和大针茅草原植物多样性的变化. 植物学报，35（11）：877-884.
李永宏. 1994. 内蒙古草原草场放牧退化模式研究及退化检测系统建议. 植物生态学报，18（1）：68-79.

李永宏，陈佐忠．1995. 中国温带草原生态系统的退化与恢复重建//陈灵芝，陈伟烈．中国退化生态系统研究．北京：中国科学技术出版社．
李永宏，汪诗平．1998. 草原植物的补偿性生长与草原放牧系统持续管理// 陈佐忠，汪诗平．典型草原畜牧业优化生产模式研究．北京：气象出版社．
李永宏，汪诗平．1999. 放牧对草原植物的影响．中国草地，(3)：11-19.
李永宏，陈佐忠，汪诗平等．1999. 草原放牧系统持续管理试验研究．草地学报，7（3）：173-182.
梁杰荣．1981. 高原鼠兔的家庭结构．兽类学报，1（2）：159-165.
林慧龙，侯扶江．2004. 草地农业生态系统中的系统耦合与系统相悖研究动态．生态学报，24（6）：1252-1258.
刘国华，傅伯杰．2000. 中国生态退化的主要类型、特征及分布．生态学报，20（1）：13-19.
刘季科，张云占，辛光武．1980. 高原鼠兔数量与危害程度的关系．动物学报，26（4）：378-385.
刘季科，王祖望．1991. 高寒草甸生态系统．北京：科学出版社．
刘敏超，李迪强，温琰茂．2005a. 论三江源自然保护区生物多样性保护．干旱区资源与环境，19（4）：49-53.
刘敏超，李迪强，栾晓峰等．2005b. 三江源地区生态系统服务功能与价值评估．植物资源与环境学报，14（1）：40-43.
刘敏超，李迪强，温琰茂等．2006. 三江源区湿地生态系统功能分析及保育．生态科学，25（1）：64-68.
刘慎谔．1986. 关于大兴安岭的森林更新问题//刘慎谔．刘慎谔文集．北京：科学出版社．
刘书杰，王万邦等．1997. 放牧牦牛采食量的研究//胡令浩．牦牛营养研究论文集．西宁：青海人民出版社．
刘书润．1979. 内蒙古锡林郭勒地区布氏田鼠与草地植被相互关系的初步研究．中国草地，(2)：27- 31.
刘伟，周立，王溪．1999. 不同放牧强度对植物及啮齿动物作用的研究．生态学报，19（3）：378-382.
刘伟，周立，王溪等．2003. 高原鼠兔对高山嵩草草甸的破坏及其防治．兽类学报，23（3）：214-219.
刘毅英，谢文华，朵宏等．1998. C 肉毒杀鼠素对高原鼠兔的再遇适口性试验．中国媒介生物学及控制杂志，9（2）：87-88.
刘迎春，E. 林柏克，马玉寿．2002. 青海省果洛地区牧草引种试验报告．中国草地，(2)：20-24.
刘颖，王德利，王旭等．2002. 放牧强度对羊草草地植被特征的影响．草业学报，11（2）：222-228.
刘颖，王德利，韩士杰等．2004. 放牧强度对羊草草地植被再生性能的影响．草业学报，13（6）：39-44.
刘永江，刘新民，乾德门．1997. 不同牧压对草原土壤动物的影响//中国科学院内蒙古草原生态系统定位站．草原生态系统研究．北京：科学出版社．
刘振乾，刘玉红，吕宪国．2001. 三江平原湿地生态脆弱性研究．应用生态学报，12（2）：241-244.
龙瑞军．1995. 高山草原放牧牦牛血清中几种营养代谢物的季节动态．兰州：甘肃农业大学．
龙瑞军，董世魁，胡自治等．2005. 西部草地退化的原因分析与生态恢复措施探讨．草原与草坪，(6)：1-5
罗泽，王旬．1986. 从内蒙古的农垦史谈农田鼠害的防治．中国草地，(2)：65-79.
马克平．1994a. 生物群落多样性的测度方法（Ⅰ）：α 多样性的测度方法（上）．生物多样性，2（3）：162-168.
马克平．1994b. 生物群落多样性的测度方法（Ⅰ）：α 多样性的测度方法（下）．生物多样性，2（4）：231-239.
马世骏．1990. 现代生态学透视．北京：科学出版社．
马玉寿，郎百宁．1998. 建立草业系统恢复青藏高原“黑土型”退化草地植被．草业科学，15（1）：5-9.
马玉寿，王启基，郎百宁．1999. “黑土型”退化草地研究工作的回顾与展望．草业科学，16（2）：5-9.

马玉寿，郎百宁，李青云等. 2002. 江河源区高寒草甸退化草地与恢复重建技术研究. 草业科学，19（9）：1-5.
马玉寿，施建军，董全民等. 2006. 人工调控措施对“黑土型”退化草地垂穗披碱草人工植被的影响. 青海畜牧兽医杂志，36（2）：1-3.
毛学荣. 2008. 河南县欧拉型藏羊肉用性能选育及高原有机肉羊产业的发展研究. 青海科技，（3）：12-14.
孟林. 1998. 层次分析法在草地资源评价中应用的研究. 草业科学，15（6）：1-4.
孟延山，李长明. 2004. 三江源自然保护区生物多样性的保护. 青海农林科技，4：38，39.
牟新待. 1997. 草地系统工程. 北京：中国农业出版社.
彭祺，王宁，张锦俊. 2004. 放牧与草地植物之间的相互关系. 宁夏农学院学报，25（4）：76-79，96.
彭少麟. 1997. 恢复生态学与热带雨林恢复. 世界科技研究与发展，19（3）：58-61.
彭少麟. 2003. 热带亚热带恢复生态学研究与实践. 北京：科学出版社.
彭少麟，赵平，张经炜. 1999. 恢复生态学与中国亚热带退化生态系统的恢复. 中国科学基金，10（5）279-283.
钱易，唐孝炎. 2000. 环境保护与可持续发展. 北京：高等教育出版社.
青海省畜牧业区划组. 1987. 青海省畜牧业资源和区划. 成都：四川科学技术出版社.
任海，彭少麟. 2001. 恢复生态学导论. 北京：科学出版社.
任海，邬建国，彭少麟. 2000. 生态系统管理的概念及其要素. 应用生态学报，11（3）：455-458.
任海，邬建国，彭少麟等. 2004. 退化生态系统与恢复生态学. 生态学报，24（8）：1756-1764.
任继周. 1995. 草地农业生态学. 北京：中国农业出版社.
任继周. 1998. 草业科学研究方法. 北京：中国农业出版社.
任继周. 2005. 草地农业生态系统通论. 合肥：安徽教育出版社.
任继周，林慧龙. 2005. 江河源区草地生态建设构想. 草业学报，14（2）：1-8.
任继周，南志标，郝敦元等. 2000. 草业系统中的界面论. 草业学报，9（1）：1-8.
三江源自然保护区生态环境编辑委员会. 2002. 三江源自然保护区生态环境. 西宁：青海人民出版社.
尚占环，姚爱兴. 2004. 国内放牧管理措施的综述. 宁夏农林科技，（2）：32-35.
尚占环，龙瑞军，马玉寿. 2006. 江河源区“黑土滩”退化草地特征、危害及治理思路探讨. 中国草地学报，28（2）：69-74.
沈景林，谭刚，乔海龙等. 2000. 草地改良对高寒退化草地植被影响的研究. 中国草地，5：49-54.
沈世英. 1982. 青海省草地灭鼠经济效益探讨. 青海畜牧兽区杂志，（增刊）：23-26.
沈世英，陈一耕. 1984. 青海省果洛大武地区高原鼠兔生态学初步研究. 兽类学报，4（2）：107-115.
施大钊. 1986. 低数量期布氏田鼠在不同季节中对生境的选择及影响因素的研究. 兽类学报，6（4）285- 296.
施大钊，钟文勤. 2001. 2000 年我国草地鼠害发生状况及防治对策. 草地学报，9（4）：248-252.
施建军. 2002. 高寒牧区牧草引种及混播技术研究. 青海畜牧兽医杂志，（5）：5-7.
施建军，马玉寿. 2006. 羊茅属 8 种牧草在“黑土型”退化草地上的适应性表现. 中国草地，28（1）：22-25.
施建军，王柳英. 2005. 梭罗草的引种栽培试验. 青海畜牧兽医杂志，6：10-12.
施建军，李青云，董全民等. 1999. 高寒牧区多年生禾草混播试验初报. 青海草业，8（3）：25-28.
施建军，李青云，李发吉等. 2003. 高寒牧区多年生禾草引种试验初报. 青海畜牧兽医杂志，（3）：12，13.
施建军，马玉寿，王柳英. 2006a. “黑土型”退化草地人工植被早熟禾属 10 种牧草的适应性评价. 青海畜牧兽医杂志，4：14-16.

施建军，马玉寿，王柳英等．2006b．“黑土型”退化草地人工植被披碱草属三种牧草的适应性评价．青海畜牧兽医杂志，1：4-6.
施建军，马玉寿，王柳英等．2006c．异针茅栽培驯化初报．中国草地，28（4）：84-86.
施建军，马玉寿，王柳英等．2007a．“黑土型”退化草地优良牧草筛选试验．草地学报，15（6）：543-549.
施建军，邱正强，马玉寿．2007b．“黑土型”退化草地上建植人工草地的经济效益分析．草原与草坪，12（1）：60-64.
施建军，马玉寿，王柳英等．2007c．“黑土型”退化草地人工植被施肥试验研究．草业学报，(2)：25-31.
施建军，马玉寿，董全民等．2007d．“黑土型”退化草地人工植被杂草防除试验报告．杂草科学，(2)：24-26.
施建军，邱正强，马玉寿等．2008．模拟采食对“黑土型”退化草地混播人工植被的影响．青海畜牧兽医杂志，(5)：4-6.
施建军，王彦龙，杨时海等．2009．三江源区牧草引种驯化概述与思考．青海畜牧兽医杂志，(3)：29-31.
施银柱．1983．草场植被影响高原鼠兔密度的探讨．兽类学报，3（2）：181-187.
施银柱等．1978．高原鼠兔种群年龄及繁殖的研究//青海省生物研究所．灭鼠和鼠类生物学研究报告．北京：科学出版社．
石凡涛．2003．青海省草地灾害类型与防灾对策．草业科学，20（4）：23～27.
史惠兰，王启基，景增春等．2005a．江河源区人工草地及“黑土滩”退化草地群落演替与物种多样性动态．西北植物学报，25（4）：655-661.
史惠兰，王启基，景增春等．2005b．三江源区人工草地群落特征、多样性及其稳定性分析．草业学报，14（3）：23-30.
宋作敏，赵广明．2003．青海三江源区湿地生态系统保护问题的探讨．中南林业调查规划，22（2）：30-32.
苏建平，刘季科．2000．高寒地区植食性小哺乳动物的越冬对策．兽类学报，20（3）：186-192.
孙国钧，张荣，周立．2003．植物功能多样性与功能群研究进展．生态学报，23（7）：1431-1435.
孙吉雄．2005．草地培育学．北京：中国农业出版社．
万里强，侯向阳，李向林．2003．层次分析法在西部草业发展中的应用．草业学报，12（5）：1-7.
汪诚信．潘祖安．1983．灭鼠概论．北京：人民卫生出版社．
汪诚信．2000．中国鼠害治理的五十年．中华流行病学杂志，21（3）：231-233.
汪诗平．1998．内蒙古典型草原适宜放牧率和草地畜牧业可持续发展的研究．北京：中国农业大学．
汪诗平，李永宏．1997．放牧率和放牧时期对绵羊排粪量、采食量和干物质消化率的影响．动物营养学报，9（1）：47-54.
汪诗平，王艳芬，李永宏等．1998a．不同放牧率对草原牧草再生性能和地上净初级生产力的影响．草地学报，6（4）：276-281.
汪诗平，王艳芬，李永宏等．1998b．不同放牧率下冷蒿小禾草草原放牧演替规律与数量分析．草地学报，6（4）：299-305.
汪诗平，李永宏，陈佐忠．1999a．内蒙古典型草原草畜系统适宜放牧率的研究（Ⅰ）：以绵羊增重及经济效益为管理目标．草地学报，7（3）：183-191.
汪诗平，李永宏，陈佐忠．1999b．内蒙古典型草原草畜系统适宜放牧率的研究（Ⅱ）：以牧草地上现存量和净初级生产力为管理目标．草地学报，7（3）：192-197.
汪诗平，王艳芬，陈佐忠等．2003．放牧生态系统管理．北京：科学出版社．
汪诗平，王艳芬，李永宏等．2001．不同放牧率对内蒙古冷蒿草原植物多样性的影响．植物学报，43

（1）：89-96.
王长庭，龙瑞军，丁路明等. 2004. 高寒草甸不同草地类型功能群多样性及组成对植物群落生产力的影响. 生物多样性，12（4）：403-409.
王长庭，龙瑞军，丁路明等. 2005. 高寒地区不同建植期人工草地群落垂直结构和生产力变化的研究. 中国草地，27（5）：16-21.
王德利，吕新龙，罗卫东. 1996. 不同放牧密度对草原植被特征的影响分析. 草业学报，5（3）：28-33.
王德利，滕星，程志茹等. 2003. 放牧条件下人工草地植物高度的异质性变化. 东北师大学报（自然科学版），35（1）：102-109.
王刚，蒋文兰. 1998. 人工草地种群生态学研究. 兰州：甘肃科学技术出版社.
王刚，吴明强，蒋文兰等. 1995. 人工草地杂草生态学研究（Ⅰ）. 杂草入侵与放牧率之间的关系. 草业学报，4（2）：75-80.
王根绪等. 2001. 江河源区的生态环境变化及其综合保护研究. 兰州：兰州大学出版社.
王国宏. 2002. 再论生物多样性与生态系统的稳定性. 生物多样性，10（1）：126-134.
王堃，洪绂曾，宗锦耀. 2005. "三江源"地区草地资源现状及持续利用途径. 草地学报，13（增刊）：28-31.
王明宁，马金祥，胡琳等. 2006. 三江源区植物多样性与保护. 青海草业，15（2）：24-27.
王启基，周兴民. 1991. 高寒矮嵩草草甸禾草种群的生长发育节律及环境适应性. 植物生态学与地植物学学报，15（2）：168-176.
王启基等. 1989. 高寒矮嵩草草甸再生草生长规律的初步研究//中国科学院西北高原生物研究所. 高寒草甸生态系统国际学术讨论会论文集. 北京：科学出版社.
王启基，沈振西. 1991. 高寒草甸草地畜牧业特点及对策的研究//刘季科，王祖望. 高寒草甸生态系统. 北京：科学出版社.
王启基等. 1991a. 恢复生态系统植物种群氮、磷、钾含量及相关分析//刘季科，王祖望. 高寒草甸生态系统. 北京：科学出版社.
王启基等. 1991b. 不同调控策略下退化草地恢复与重建的效益分析//刘季科，王祖望. 高寒草甸生态系统. 北京：科学出版社.
王启基，周立，王发刚等. 1995. 放牧强度对冬春草场植物群落结构及功能的效应分析//中国科学院海北高寒草甸生态系统定位站. 高寒草甸生态系统. 北京：科学出版社.
王启基，景增春，王文颖. 1997. 青藏高原草地资源环境及可持续发展研究. 青海草业，6（3）：1-11.
王启基，王文颖，邓自发等. 1998. 青海海北地区高山嵩草草甸植物群落生物量动态及其能量分配. 植物生态学报，27（3）：222-230.
王启基等. 2001. 青藏高原草地退化原因及可持续发展战略//申忠玉. 中国·欧盟技术合作. 西宁：青海人民出版社.
王启基，史惠兰，景增春等. 2004. 江河源区退化天然草地的恢复及其生态效益分析. 草业科学，21（12）：35-41.
王启基，牛东玲，蒋卫平等. 2005. 柴达木盆地农牧交错区种草养畜的生态经济效益. 草地学报，13（3）：226-232.
王启基，李世雄，王文颖等. 2008. 三江源区高山嵩草（*Kobresia pygmaea*）草甸植物和土壤碳、氮储量对植物覆被变化的响应. 生态学报，28（3）：885-894.
王仁忠. 1997. 放牧对盐碱化羊草草原物种多样性的影响. 草业学报，6（4）：17-23.
王仁忠，李建东. 1995a. 松嫩平原碱化羊草草地放牧空间演替规律的研究. 应用生态学报，6（3）：277-281.

王仁忠，李建东．1995b. 羊草草地放牧退化演替中种群消长模型的研究．植物生态学报，19（2）：170-174.
王世红．2003. 三江源森林资源现状及保护问题刍议．林业科技管理，3：46-47.
王淑强，李兆方．1996. 人工草地绵羊放牧与割草综合利用的研究．草地学报，4（3）：221-227.
王文颖，王启基．2001. 高寒嵩草草甸退化生态系统植物群落结构特征及物种多样性分析．草业学报，10（3）：8-14.
王文颖，王启基，景增春等．2006. 三江源区高山嵩草草甸覆被变化对植物群落特征及多样性的影响．资源科学，28（2）：118-124.
王溪，刘季科．1992. 植食性小哺乳类营养生态学的研究：高原鼠兔的食物选择模式与食物质量．兽类学报，12（3）：183-192.
王秀红，郑度．1999. 青藏高原高寒草甸资源的可持续利用．资源科学，21（6）：38-42.
王学高．1990. 高原鼠兔交配期及交配行为模式的研究．兽类学报，10（1）：60-65.
王艳芬，汪诗平．1999a. 不同放牧率对内蒙古典型草原地下生物量的影响．草地学报，7（3）：198-203.
王艳芬，汪诗平．1999b. 不同放牧率对内蒙古典型草原牧草地上现存量和净初级生产力及品质的影响．草业学报，11（4）：15-20.
王正文，邢福，祝延成等．2002. 松嫩平原羊草草地植物功能群组成及多样性特征对水淹干扰的响应．植物生态学报，26（6）：708-716.
卫智军，韩国栋，杨静等．2000. 短花针茅荒漠草原植物群落特征对不同载畜率水平的响应．中国草地，23（6）：1-5.
魏万红，樊乃昌．1999. 复合不育剂对高原鼠兔种群控制的研究．草地学报，7（1）：39-45.
魏万红，樊乃昌．2000. 繁殖期高原鼠兔的攻击行为．动物学报，46（3）：278 - 286.
温秀卿，杨改河，王得祥等．2004. 江河源区植被分区．西北农林科技大学学报（自然科学版），32（2）：5-13.
邬建国．2000. 景观生态学：格局、过程、尺度与等级．北京：高等教育出版社．
吴克选，尚生琮．1997. 不同类型野血牦牛冷季暖棚补饲效果．草食家畜，1：27-31.
吴玉虎．1995. 黄河源头地区植物的区系特征．西北植物学报，15（1）：82-89.
吴玉虎．2000. 长江源区植物区系研究．西北植物学报，20（6）：1086-1101.
吴玉虎，梅丽娟．2001. 黄河源区植物资源及其环境．西宁：青海人民出版社．
武保国．2002. 牧草的加工技术．农村养殖技术，15：30.
武保国．2006. 草颗粒加工技术．云南农业，5：23.
武云飞，吴翠珍．1995. 长江河源区的鱼类及其区系分析//孙广友，唐邦兴．长江河源区自然环境研究．北京：科学出版社．
夏景新．1993. 放牧生态学与牧场管理．中国草地，14（4）：61-65.
夏武平．1986. 灭鼠的生态观．中国农学通报，(6)：7- 91.
萧运峰等．1982. 天峻县阳康地区高原鼠兔的分布及其对高山嵩草草场植被的影响//青海省生物研究所．灭鼠和鼠类生物学研究报告．北京：科学出版社．
谢敖云，柴沙驼等．1997a. 高山草甸草地牧草产量及其营养变化规律//胡令浩．牦牛营养研究论文集．西宁：青海人民出版社．
谢敖云，刘书杰等．1997b. 不同施氮量对高山草甸草地牧草产量及营养成分的影响//胡令浩．牦牛营养研究论文集．西宁：青海人民出版社．
谢高地，张钇锂，鲁春霞等．2001. 中国自然草地生态系统服务价值．自然资源学报，16（1）：47-53.
谢高地，鲁春霞，冷允法等．2003. 青藏高原生态资产的价值评估．自然资源学报，18（2）：189-196.

胥鹏海，冯永忠，杨改河等．2004. 江河源区水环境变化规律及其影响因素分析．西北农林科技大学学报（自然科学版），32（3）：10-14.
徐世晓，赵新全，董全民．2005. 江河源区牛、羊舍饲育肥经济与生态效益核算——以青海省玛沁县为例．中国生态农业学报，13（1）：195-197.
徐秀霞．2006. 青海省草地生物灾害现状及应对措施．草地保护，（8）：36-38.
许志信，白永飞．1994. 干草原牧草贮藏碳水化合物含量变化规律的研究．草业学报，3（4）：27-31.
许志信，李永强．2003. 草地退化对水土流失的影响. 干旱区资源与环境，17（1）：65-68.
许志信，巴图朝鲁，卫智军等．1993. 牧草再生与贮藏碳水化合物含量变化关系研究．草业学报，2（2）：13.
薛白，韩兴泰．1997. 牦牛瘤胃内饲料蛋白质降解率的研究//胡令浩．牦牛营养研究论文集．西宁：青海人民出版社．
薛白，柴沙驼等．1997. 生长期牦牛蛋白质需要量的研究//胡令浩．牦牛营养研究论文集．西宁：青海人民出版社．
薛白，赵新全，张耀生．2004. 青藏高原天然草场放牧家畜的采食量动态研究．家畜生态，25（4）：21-25.
薛白，赵新全，张耀生．2005. 青藏高原天然草场放牧牦牛体重和体成分变化动态．动物营养学报，17（2）：54-57.
杨持，叶波．1995. 放牧强度对生物多样性的影响//李博，杨持．草地生物多样性保护研究．呼和浩特：内蒙古大学出版社．
杨持，李永宏，燕玲．1985. 羊草草原主要种群地上生物量与水热条件定量关系初探//中国科学院内蒙古草原生态系统定位站．草原生态系统研究．北京：科学出版社．
杨福囤，王启基，何海菊．1986. 青藏高原植物热值含量与畜牧业生产．自然资源，（2）：24-30.
杨福囤，王启基，史顺海．1987. 青海海北矮嵩草草甸生物量和能量分配．植物生态学与地植物学学报，11（2）：106-112.
杨福囤等．1989. 矮嵩草草甸生物量季节动态与年间动态//中国科学院西北高原生物研究所．高寒草甸生态系统国际学术讨论会论文集．北京：科学出版社．
杨利民，李建东．1999. 放牧梯度对松嫩平原生物多样性的影响．草地学报，7（1）：8-16.
杨利民，韩梅，李建东．2001. 中国东北样带草地群落放牧干扰植物多样性的变化．植物生态学报，25（1）：110-114.
杨荣金，傅伯杰，刘国华等．2004. 生态系统可持续管理的原理和方法．生态学杂志，23（3）：103-108.
姚爱兴，王培．1997. 不同放牧制度和强度下多年生黑麦草/白三叶人工草地种群密度研究．宁夏农学院学报，1：11-15.
姚爱兴，王培，樊奋成等．1998. 不同放牧处理下多年生黑麦草/白三叶草地第一性生产力研究．中国草地，（2）：12-16，24.
殷宝法，王金龙，魏万红等．2004. 高寒草甸生态系统中高原鼠兔的繁殖特征．兽类学报，24（3）：222-228.
于贵瑞．2001. 生态系统管理学的概念框架及其生态学基础．应用生态学报，12（5）：787-794.
余作岳，彭少麟．1996. 热带亚热带退化生态系统植被恢复生态学研究. 广州：广东科技出版社.
玉柱，杨富裕，周禾等．2003. 饲草加工与贮藏技术．北京：中国农业科学出版社．
袁庆华，张卫国，贺春贵等．2004. 牧草病虫鼠害防治技术．北京：化学工业出版社．
岳东霞，惠苍．2004. 高寒草地生态经济系统价值流、畜群结构、最优控制管理及可持续发展．西北植物学报，24（3）：437-442.

张荣，杜国祯 . 1998. 放牧草地群落的冗余与补偿 . 草业学报，7（4）：13-19.
张承德 . 2001. 高原鼠兔繁殖特征 . 东北林业大学学报，29（3）：90-92.
张娜，梁一民 . 1999. 黄土丘陵区两类天然草地群落地下部生长及其与土壤水分关系的比较研究 . 西北植物学报，19（4）：699-706.
张全发，郑重，金义兴等 . 1990. 植物群落演替与土壤发展之间的关系 . 武汉植物学研究，8（4）：325-334.
张为政 . 1994. 松嫩草原羊草草地植被退化与土壤盐碱化的关系 . 植物生态学报，18（1）：50-55.
张堰铭，樊乃昌 . 1998. 鼠害治理条件下鼠类群落变动的生态过程 . 兽类学报，18（2）：137-143.
张耀生，赵新全 . 2002. 高寒牧区中华羊茅人工草地退化演替的数量特征研究 . 应用生态学报，13（3）：285-289.
张耀生，赵新全，周兴民 . 2000. 青海草地畜牧业可持续发展战略与对策 . 自然资源学报，15（4）：328-334.
张耀生，赵新全，黄德生 . 2003. 青藏高寒牧区多年生人工草地持续利用的研究 . 草业学报，12（3）：22-27.
张毓 . 2006. 高原鼠兔食性的研究 . 北京：中国科学院研究生院 .
张毓，刘伟，王学英 . 2005. 高原鼠兔贮草行为初探 . 动物学研究，26（5）：479-483.
张知彬 . 1995. 鼠类不育控制的生态学基础 . 兽类学报，15（3）：229-234.
章家恩，徐琪 . 1999. 恢复生态学研究的一些基本问题探讨. 应用生态学报，10（1）：109-112.
赵宝山，王健 . 2000. 草场不同程度的利用对植被的影响 . 内蒙古草业，（4）：20-24.
赵晓英，孙成权 . 1998. 恢复生态学及其发展 . 地球科学进展，13（5）：474-480.
赵新全，皮南林 . 1987. 青海草场资源的综合评价 . 青海畜牧兽医学院学报，（1）：13-18.
赵新全，周华坤 . 2005. 三江源区生态环境退化、恢复治理及其可持续发展 . 中国科学院院刊，20（6）：471-476.
赵新全，王启基，皮南林 . 1988a. 高寒草甸草场不同放牧强度下藏系绵羊对牧草资源利用的主成分分析 . 高原生物学集刊，（8）：89-95.
赵新全，皮南林，王启基 . 1988b. 藏系绵羊牧草消化率动态测定 . 青海畜牧兽医杂志，（1）：11-14.
赵新全，王启基 . 1989. 青海高寒草甸草场优化放牧方案的综合评价 . 中国农业科学，22（2）：68-75.
赵新全，张耀生，周兴民等 . 2000. 高寒草甸畜牧业可持续发展：理论与实践 . 资源科学，22（4）：50-61.
赵英伟，刘黎明，白晓飞 . 2004. 西部大开发草地资源可持续利用评价与发展对策 . 中国生态农业学报，12（2）：15-18.
中国科学院西北高原生物研究所 . 1987. 青海经济动物志 . 西宁：青海人民出版社 .
钟文勤，樊乃昌 . 2002. 我国草地鼠害发生原因及其生态治理对策 . 生物学通报，37（7）：1-4.
钟文勤，周庆强，孙崇潞 . 1985. 内蒙古草场鼠害的基本特征及其生态对策 . 兽类学报，5（4）：241-249.
周长进，关志华 . 2001. 澜沧江（湄公河）正源及其源头的再确定 . 地理研究，20（2）：184-190.
周华坤 . 2004. 江河源区高寒草甸退化成因、生态过程及恢复治理研究 . 西宁：中国科学院西北高原生物研究所 .
周华坤，周立，赵新全等 . 2002. 放牧干扰对高寒草场的影响 . 中国草地，24（5）：53-61.
周华坤，周立，赵新全等 . 2003. 江河源区"黑土滩"型退化草场的形成过程与综合治理 . 生态学杂志，22（5）：51-55.
周华坤，赵新全，唐艳鸿等 . 2004. 长期放牧对青藏高原高寒灌丛植被的影响 . 中国草地，26（6）：1-11.

周华坤，赵新全，周立等 . 2005. 层次分析法在江河源区高寒草地退化研究中的应用 . 资源科学，27（4）：63-70.
周立等 . 1991a. 高寒牧场最优生产结构的研究（Ⅰ）：藏羊最佳出栏年龄//刘季科，王祖望 . 高寒草甸生态系统 . 北京：科学出版社 .
周立等 . 1991b. 高寒牧场最优生产结构的研究（Ⅱ）：藏系绵羊种群最大能量输出的生产结构//刘季科，王祖望 . 高寒草甸生态系统 . 北京：科学出版社 .
周立等 . 1995a. 高寒草甸牧场最优放牧的研究（Ⅰ）：藏羊最大生产力放牧强度//中国科学院海北高寒草甸生态系统定位站 . 高寒草甸生态系统 . 北京：科学出版社 .
周立等 . 1995b. 高寒草甸牧场最优放牧的研究（Ⅱ）：轮牧草场最佳配置//中国科学院海北高寒草甸生态系统定位站 . 高寒草甸生态系统 . 北京：科学出版社 .
周立等 . 1995c. 高寒草甸牧场最优放牧的研究（Ⅲ）. 最大利润放牧强度//中国科学院海北高寒草甸生态系统定位站 . 高寒草甸生态系统 . 北京：科学出版社 .
周立，王启基，赵新全等 . 1995d. 高寒草甸牧场最优放牧的研究（Ⅳ）：植被变化度量与草场不退化最大放牧强度//中国科学院海北高寒草甸生态系统定位站 . 高寒草甸生态系统 . 北京：科学出版社 .
周立等 . 1995e. 高寒草甸生态系统非线性振荡行为周期性的研究（Ⅰ）：降水和初级生产力的功率谱分析及其波动周期//中国科学院海北高寒草甸生态系统定位站 . 高寒草甸生态系统 . 北京：科学出版社 .
周立等 . 1995f. 高寒草甸生态系统非线性振荡行为周期性的研究（Ⅱ）：气温波动的功率谱分析及其波动周期与初级生产力振荡周期的关系//中国科学院海北高寒草甸生态系统定位站 . 高寒草甸生态系统 . 北京：科学出版社 .
周兴民 . 1982. 青藏高原嵩草（*Kobresia*）草甸的基本特征和主要类型 . 高原生物学集刊，(1)：151-161.
周兴民 . 1999. 人类活动对高寒草地生态系统多样性的影响//陈灵芝，王祖望 . 人类活动对生态系统多样性的影响 . 杭州：浙江科技出版社 .
周兴民，张松林 . 1986. 矮嵩草（*Kobresia humilis*）草甸在封育条件下群落结构和生物量变化的初步观察//中国科学院西北高原生物研究所 . 高原生物学集刊 . 北京：科学出版社 .
周兴民等 . 1987. 青海植被 . 西宁：青海人民出版社 .
周兴民等 . 2001. 中国嵩草草甸 . 北京：科学出版社 .
周延林 . 2000. 我国草地鼠害问题的生态学审视 . 内蒙古环境保护，12（2）：22-25.
祝廷成 . 1988. 植物生态学 . 北京：高等教育出版社 .
宗浩，夏武平，孙德兴 . 1986. 一次大雪对鼠类数量的影响 . 高原生物学集刊，6：85-90.
Holmes W. 1987. 草地生产及其利用 . 唐文青译 . 乌鲁木齐：新疆人民出版社 .
Whittaker R H（惠特克）. 1986. 植物群落排序 . 王伯荪译 . 北京：科学出版社 .
Allden W G. 1962. The herbage intake of grazing sheep in relation to pasture availability. Proceedings of the Australian Society of Animal Production，4：163-166.
Allden W G. 1970. The effects of nutritional deprivation on the subsequent productivity of sheep and cattle. Nutrition Abstracts & Reviews，40：1167-1184.
Andren O，Paustian K. 1987. Barley straw decomposition in the field：comparison of models. Ecology，43：1-20.
AOAC. 1984. Official Methods of Analysis. 13th ed. Washington D. C.：Association of Official Analytical Chemists.
Baile C A，Forbes J M. 1974. Control of feed intake and regulation of energy balance in ruminants. Physiological Reviews，54：160-214.
Baker R H. 1968. Habitats and distribution//King J A. Biology of Peromyscus（Rodentia）. USA：American Society of Mammalogists.
Batzli O G. 1994. Special Feature：mammal-plant interaction. Journal of Mammalogy，75（4）：813-815.

Bircham J S. 1984. The effects of change mass on rates of herbage growth and senescence in mixed sward. Grass and Forage Science, 39: 111-115.

Birney E C, Grant W E, Barid D D. 1976. Importance of vegetative cover to cycles of Microtus populations. Ecology, 57: 1043-4051.

Blaxter K L. 1962. The Energy Metabolism of Ruminants. London: Hutchinson's Scientific and Technical Publications.

Bohman V R. 1955. Compensatory growth of beef cattle: the effect of hay maturity. Journal of Animal Sciences, 14: 249-255.

Boyce M S, Haney A. 1997. Ecosystem Management: Applications for Sustainable Forest and Wild Life Resources. New Haven: Yale University Press.

Bradshaw A D. 1987. Restoration: an acid test for ecology//Jordon W R III, Gilpin N, Aber J. Restoration Ecology:A Synthetic Approach to Ecological Research. Cambridge: Cambridge University Press.

Brandsy D I. 1989. Justification for grazing intensity experiments: economic analysis. Journal of Agriculture Science, 74: 3395-3342.

Brown S, Lugo A E. 1994. Rehabilitation of tropical lands: a key to sustaining development. Restoration Ecology,2 (2): 97- 111.

Cairns J J. 1995. Restoration ecology. Encyclopedia of Environmental Biology, 3: 223-235.

Cao G, Tang Y, Mo W, et al. 2004. Grazing intensity alters soil respiration in an alpine meadow on the Tibetan Plateau. Soil Biology & Biochemistry, 36: 237-243.

Chacon E A, Stobbs T H. 1976. Influence of progressive defoliation of grass sward on the eating behaviour of cattle. Australian Journal of Agriculture Research, 27: 709-727.

Chapman G P. 1992. Desertified Grassland. London: Academic Press.

Chen L Z, Chen W L. 1995. Study of Chinese Degraded Ecosystem. Beijing: Science Press.

Chen W, Scott J M, Blair G J, et al. 1999. Using plant cuticular alkanes to study plant- animal interactions on pastures. Canadian Journal of Animal Science, 79: 553-556.

Christiansen S O, Svejcor T. 1988. Grazing effects on shoot and root dynamics and above and below- ground nonstructure carbonhydrate in Caucasian bluestem. Grass and Forage Science, 43 (2): 375-435.

Clark C F S, Speedy A. 1980. Effects of pre-mating and early-pregnancy nutrition on fetal growth and body reserves in scottish halfbred ewes . Animal Production: 485.

Clements F E. 1916. Plant Succession: Analysis of the Development of Vegetation. Washington D. C. : Carnegie Institute Publication.

Clutton-Brock T H, Guinuess F E, Albon S D. 1982. Red Deer: Behavior and Ecology of Two Sexes. Chicago: University of Chicago Press.

Collins S L. 1987. Interaction of disturbance in tall grass prairie: a field experiment. Ecology, 68: 1243-1250.

Collins S L, Knapp A K. 1998. Modulation of diversity by grazing and mowing in native tallgrass prairie. Science, 280: 745-747.

Connell J H. 1978. Diversity in tropical rain forests and coral reefs. Science, 199: 1302-1310.

Costanza R, Groot R, de Farber S, et al. 1997. The value of the world's ecosystem services and natural capital. Nature, 387: 253-260.

Dale V H, Brown S, Haeuber R A, et al. 2000. Ecological principles and guidelines for managing the use of land. Ecological Applications, 10 (3) : 639-670.

Daily G C. 1995. Restoring value to the worlds degraded lands. Science, 269: 350- 354.

Davidson E A, Ackerman I L. 1993. Changes in soil carbon inventories following cultivation of previously untilled soils. Biogeochemistry, 20: 161-193.

Diamond J. 1987. Reflections on goals and on the relationship between theory and practice//Jordon W R III, Gilpin N, Aber J. Restoration Ecology: A Synthetic Approach to Ecological Research. Cambridge: Cambridge University Press.

Donald O P. 1981. Genetic Models of Sexual Selection. Cambridge : Cambridge University Press .

Dong S K, Long R J, Kang M Y. 2003. Milking and milk-processing: traditional technologies in yak farming system of Qinghai-Tibetan plateau, China. International Journal of Dairy Technology, 56 (2): 86-93.

Dong Q M, Zhao X Q, Li Q Y, et al. 2004. Liveweight gain and economic benefits of yak fed with different feeding regimes in house during winter in areas of Yangtze and Yellow River sources. Proceedings of the 4th International Congress on Yak. Chengdu: Sichuan Pubishing House of Science and Technology.

Dong Q M, Zhao X Q, Li Q Y, et al. 2006. Live-weight gain, apparent digestibility, and economic benefits of yaks fed different diets during winter on the tibetan plateau. Livestock Science, 101: 199-207.

Dysterhuis E J. 1949. Condition and management of rangeland based quantitative ecology. Journal of Range Management, 2: 104-115.

Edmond D B. 1963. Effects of treading perennial ryegrass (*Lolium perenne* L.) and white clover (*Trifloium repens* L.) pastures in winter and summer at two soil moisture levels. New Zealand Journal of Agriculture Research, 6: 265-276.

Elton C S. 1958. The Ecology of Invasions by Animals and Plants. London: Chapman and Hall.

Erizian C, et al. 1932. A new method of determining the amount of pasture forage consumed by cattle. Zeitschrift fur Tierzuchtung und Zuchtungsbiologie Reihe B, 25: 443-459.

Finch V A. 1984. Heat as a stress factor in herbivores under tropical conditions//Gilchrist F M C, Mackie R I. Herbivore Nutrition in The Subtropics and Tropics. Craighall, South Africa: The Science Press.

Foster B L, Gross K L. 1998. Species richness in a successional grassland: effects of nitrogen enrichment and plant litter. Ecology, 71: 2593-2602.

Fox D G, Johnson R R, Preston R L, et al. 1972. Protein and energy utilization during compensatory in beef cattle. Journal of Animal Science, 34: 310

Freer M, Dove H. 1984. Rumen degradation of protein in sunflower meal, rapeseed meal and lupin seed placed in nylon bags. Animal Feed Science and Technology, 11 (2): 87-101.

Fuls E R. 1991. Habitat and vegetation dynamics during range retrogression. Proceedings of the 4th International Rangeland Congress. USA: Society for Range Management

Geier A R. 1980. Habitat selection by small mammals of riparian communities: evaluating effects of habitat laterations. The Journal of Wildlife Management, 44 (1): 16-24.

Gentile J H, Harwell M A, Cropper Jr, et al. 2001. Ecological conceptual models: a framework and case study on ecosystem management for South Florida sustainability. Science of the Total Environment, 274 : 231-253.

Gibb M J, Treacher T T. 1982. The effect of Body condition and nutrition during late pregnancy on the performance of grazing ewes during lactation. Animal Production, 34: 123-129.

Grant W E, Birney E C, French N R, et al. 1982. Structure and productivity of grassland small mammal communities related to grazing-induced changes in vegetive cover. Journal of Mammalogy, 63: 248-260.

Greig-Smith P. 1983. Quantitative Plant Ecology. Oxford: Blackwell.

Grimes J P. 1973. Control of species diversity in herbaceous vegetation. Journal of Environmental Management, (1): 151-167.

Hart R H, Clapp S, Test P S, et al. 1993. Grazing strategies, stocking rates and frequency and intensity of grazing on western wheatgrass and blue grama. Journal of Range Management, 46 (2): 121-129.

Hart R N. 1978. Stocking rate theory and its application to grazing on rangeland//Hyder J N. Proceeding of the 1st International Rangeland Congress. Colorado, USA: Society for Range Management.

Harwell M A. 1997. Ecosystem management of South Florida. BioScience, 47 (8) : 499-512.

Hatfield P G, Walker J W, Glimp H A, et al. 1991. Effect of intake and supplemental barley on marker estimates of fecal output using an intraruminal continuous-release chromic oxide bolus. Journal of Animal Science, 69: 1788-1794.

Hilborn R, Ludwig D. 1993. The limits of applied ecological research. Ecological Applications, 3 : 550-552.

Hobbs R J. 1996. Towards a conceptual framework of restoration ecology. Restoration Ecology, 4 (2): 93-110.

Hodgson J. 1990. Grazing Management-Science into Practice. London: Longman.

Hodgson J, Maxwell T J. 1984. Grazing studies for grassland sheep system at the hill farming research organization, U. K. Proceedings of the New Zealand Grassland Association. New Zealand: New Zealand Grassland Association.

Holmes W. 1989. GRASS-Its Production and Utilization. London: Blackwell Scientific Publications.

Hume D E, Brock J L. 1997. Morphology of tall fescue (*Festuca arundinacea*) and perennial ryegrass (*Lolium perenne*) plants in pastures under sheep and cattle grazing. Journal of Agricultural Science, 129: 19-31.

Hunt R, Nicholls R O. 1986. Stress and coarse control of growth and root-shoot parting in herbaceous plant. Oikos, 47: 149-158.

Huston M. 1979. A general hypothesis of species diversity. American Naturalist, 13: 81-101.

Jones R J. 1981. Interpreting fixed grazing intensity experiments//Wheeler L, Mochris R D. Forage Evaluation: Concepts and Techniques. Melbourne: CSIRO.

Jones R J, Sandland R L. 1974. The relation between animal and stocking rate. Derivation of the relation from the result of grazing of trials. Journal of Agriculture Science, 83: 335-342.

Jordan W R III. 1995. "Sunflower forest": ecological restoration as the basis for a new environmental paradigm// Baldwin A D J. Beyond Preservation: Restoring and Inventing Landscape. Minneapolis: University of Minnesota Press.

Jorge M G, Juan C G, Oscar R, et al. 2003. Perennial grass abundance along a grazing gradient in Mendoza, Argentina. Journal of Range Management, 56: 364-369.

Kababya D, Bruckeutal I, Landou S, et al. 1998. Selection of diets by dual-purpose Mamber goats in Mediterranean woodland. Journal of Agriculture Science, 131: 221-228.

Karen R H, David C, Robet C, et al. 2004. Grazing management effects on plant species diversity in tallgrass prairie. Journal of Range Management, 57: 58-65.

Kenneth C O, Brethour J R, Launchbaligh J L. 1993. Shortgrass range vegetation and steer growth response to intensive-early stocking. Journal of Range Management, 6 (2): 127-131.

Kirkaland G L. 1977. Response of small mammals to the clear-cutting of northern Appalachian forests. Journal of Mammalogy, 58: 600-609.

Klein J A. 2003. Climate Warming and Pastoral Land Use Change: Implications for Carbon Cycling, Biodiversity and Rangeland Quality on the Northeastern Tibetan Plateau. Ph. D. thesis. Berkeley, CA: University of California.

Klein J A, Zhao X Q, Harte J. 2004. Experimental warming causes large and rapid species loss, dampened by simulated grazing, on the Tibetan Plateau. Ecology Letters, 7: 1170-1179.

Klein J A, Zhao X Q, Harte J. 2005. Dynamic and complex microclimate responses to warming and grazing manipulations. Global Change Biology, 11: 1440-1451.

Krzic M, Newman R F, Broersma K. 2005. Plant species diversity and soil quality in harvested and grazed boreal aspen stands of northeastern British Columbia. Forest Ecology and Management, 182: 315-325.

Lackey R T. 1998. Ecosystem management: desperately seeking a paradigm. Journal of Soil and water Conservation, 15 (1) : 92-94.

Lal R, Fausey N R, Eckert D J. 1995. Land use and soil management effects on emissions of radiatively active gases from two soils in Ohio//Lal R, Kimble J, Levine E, et al. Soil Management and Greenhouse Effect. Boca Raton: CRC Press.

Laycock W A. 1991. Stable states and thresholds of rangeland succession on the North American rangeland: a viewpoint. Journal of Range Management, (3): 46-57.

Li L, Chen Z. 1997. Changes in soil carbon storage due to over-grazing in *Leymus chinensis* steppe in the Xilin river basin of Inner Mongolia. Journal of Environmental Science, 9 (4): 486-490.

Long R J, Apori S O, Castro F B, et al. 1999a. Feed value of native forages of the Tibetan Plateau of China. Animal Feed Science and Technology, 80: 101-113.

Long R J, Zhang D G, Wang X, et al. 1999b. Effect of strategic feed supplementation on productive and reproductive performance in yak cows. Preventive Veterinary Medicine, 38: 195-206.

Long R J, Dong S K, Wei X H, et al. 2005. Effect of supplementary strategy on body weight change of yaks in cold season. Livestock Production Science, 92 (3): 197-204.

Ludwig D, Hiborn R, Walters C. 1993. Uncertainty, resource exploitation, and conservation: lessons from history. Science, 260 (17): 17, 36.

Lugo A E. 1988. The future of the forest ecosystem rehabilitation in the tropics. Environment, 30 (7): 17-25.

MacArthur R. 1955. Fluctuations of animal populations, and a measure of community stability. Ecology, 36: 533-536.

Malone C R. 2000. Ecosystem management policies in state government of the USA . Landscape Urban Plan, 48 : 57-64.

Martell A M. 1977. Changes in small mammals populations after clearcutting of northern Ontario black spruce. Canadian Field Naturalist, 91: 41-46.

Martin D J. 1955. Features of plant cuticle An aid to the analysis of the natural diet of grazing animals with especial reference to Scottish hill sheep. Transactions of the Botanical Society of Edinburgh, 36: 278-288.

Mathiesen S D, Norberg H J, Tyler N J C, et al. 2000. The oral anatomy of Arctic ruminants: coping with seasonal changes. Journal of zoology (London), 251: 119-128.

Matthew J N G, Lemaire N R, Sackrille N R, et al. 1995. A modified self-thinning equation to describe size/density, relationship for defoliated swards. Annals of Botany, 76 : 597-605.

Mazzotti F J, Morgenstern C S. 1997. A scientific framework for managing urban natural areas. Landscape Urban Plan, 38 : 171-181.

McInnis M L, Vavra M, Krueger W C. 1983. A comparison of four methods used to determine the diets of large herbivores. Journal of Range Management, 36: 302-306.

McKenzie F R. 1996. The influence of grazing frequency and intensity on the vigour of *Lolium perenne* L. under subtropical conditions. Australian Journal of Agricultural Research, 47 : 975-983.

McKenzie F R. 1997. Influence of grazing frequency and intensity on tiller appearance and death rates of *Lolium perenne* L. under subtropical conditions. Australian Journal of Agricultural Research, 48 : 337-342.

McNaughton S J. 1979. Grazing as an optimization process: grass-ungulate relationships in the Serengeti. American

Naturalist, 5: 691-703.

McNaughton S J. 1985. Ecology of grazing ecosystem: the Serengeti. Ecological Monographs, 55: 259-294.

Milchunas D G, Lauenroth W K, Burke I C. 1998. Livestock grazing: animal and plant biodiversity of shortgrass steppe and the relationship to ecosystem functioning. Oikos, 83: 65-74.

Moran J B, Holmes W. 1978. The application of compensatory growth in grass/cereal beef production systems in the United Kingdom. World Review of Animal Production, 14: 65-73.

Ndlovu L R, Buchanan-Smith J G. 1985. Utilization of poor quality roughages by sheep: effects of alfalfa supplementation on ruminal parameters, fiber digestion and rate of passage from the rumen. Canadian Journal of Animal Science, 65: 693.

Noy-Meir I. 1989. Responses of Mediterranean grassland plants to grazing and protection. Journal of Ecology, 77: 220-230.

Noy-Meir I. 1993. Compensating growth of grazed plant and its relevance on the use of rangelands. Ecological Applications, 3 (1): 32-34.

Nute G R, Roseuberg G, Nath S, et al. 2000. Goals and goal orientation in decision support systems for ecosystem management. Computers and Electronics in Agriculture, 27 : 355-375.

Odum E D. 1971. Fundamentals of Ecology. Philadelphia: W B Saunders Co.

Owens F N, Dukeski P, Hanson C F. 1993. Factors that alter the growth and development of ruminants. Journal of Animal Science, 71: 3138-3150.

Owens F N, Gill D R, Secrist P S, et al. 1995. Review of some aspects of growth and development of feedlot cattle. Journal of Animal Science, 73: 3152-3172.

O'Donovan P B. 1984. Compensatory gain in cattle and sheep. Nutrition Abstracts & Review, 54: 389.

Painter E L, Belsky A J. 1989. Grazing history, defoliation, and frequency-dependent competition: effects on two North American grasses. American Journal of Botany, 76: 1368-1379.

Penning P D, Hooper G E. 1985. An evaluation of the use of short-term weight changes in grazing sheep for estimating herbage intake. Grass and Forage Science, 40: 79.

Peyraud J L. 1998. Techniques for measuring faecal flow digestibility and intake of herbage in grazing ruminants//Gibb M J. Techniques for Investigating Intake and Ingestive Behaviour by Farm Animals Proceedings of the IXth European Intak Workshop. North Wyke : Institute of Grassland and Environmental Research.

Phillips W A, Homouay J W, Coleman S W. 1991. Effect of pre- and postweaning management system on the performance on Brahman crossbred feeder calves. Journal of Animal Science, 69: 3102-3111.

Possardt E E. 1978. Stream channelization impacts on songbird and small mammals in Vermont. Wildlife Society Bulletin, 6: 18-24.

Prato T. 2000. Multiple attribute Bayesian analysis of adaptive ecosystem management. Ecological Modelling, 133: 181-193.

Rauscher M H. 1999. Ecosystem management decision support for federal forests in the United States: a review. Forest Ecology and Management, 114: 173-197.

Revell D K, Williams I H. 1993. A review: physiological control and manipulation of voluntary food intake//Batterham E S. Manipulating Pig Production (MPP) IV. Australia: APSA.

Ruiz-Barrera O. 1993. Better-Quality Forage as Supplement to Sheep Offered Untreated Barley Straw. Ph. D. dissertation. Reading: University of Reading.

Sala O E, Lauenroth W K, Manaughton S J. 1996. Biodiversity and ecosystem functioning in grasslands//Mooney H. Functional Roles of Biodiversity: A Global Perspective. New York: John Wiley & Sons Ltd.

Sampson A W. 1919. Suggestions for instructions in range management. Journal of Forestry, 17: 523-545.

Sexton W T, Szaro R C. 1998. Implementing ecosystem management: using multiple boundaries for organizing information. Landscape Urban Plan, 40: 167-171.

Silva A T, Ørskov E R. 1988. The effect of five different supplements on the degradation of straw in sheep given untreated barley straw. Animal Feed Science and Technology, 19: 289.

Slocombe S. 1998. Lessons from experience with ecosystem based management. Landscape Urban Plan, 40: 31-39.

Sousa W P. 1984. The role of disturbance in natural communities. Annual Review of Ecology and Systematics, 15: 353-392.

Stebbins G L. 1981. Coevolution of grasses and herbivores. Annals of the Missouri Botanical Garden, 68: 75-86.

Stein S M, Gelburd D. 1998. Healthy ecosystems and sustainable economies: the federal interagency ecosystem management initiative. Landscape Urban Plan, 40: 73-80.

Thom R M. 2000. Adaptive management of coastal ecosystem restoration projects. Ecological Engineering, 15: 365-372.

Tiessen H J, Btewart J W B, Bettany J R. 1982. Cultivation effects on the amount and concentration of carbon, nitrogen and phosphorus in grassland soil. Agronomy Journal, 74: 831.

Tilman D, Downing J A. 1994. Biodiversity and stability in grassland. Nature, 367: 363-365.

Trimble S W, Mendel A C. 1995. The cow as a geomorphic agent: a critical review. Geomorphology, 13: 1-4.

Veiga J, Da B. 1984. Effect of grazing management upon a dwarf elephant grass pasture. Science and Engineering, 45 (6): 1642-1643.

Vickery P J. 1972. Grazing and net primary production of temperate grassland. Journal of Applied Ecology, 9: 307-314.

Vitousek P M, Hooper D U. 1993. Biological diversity and terrestrial biogeochemistry//Schulze E D, Mooney H A. Biodiversity and Ecological Function. Berlin: Springer-Verlag.

Vogt K A, Gordon J, Wago J, et al. 1997. Ecosystems: Balancing Science with Management. New York: Springer.

Wang Q J, et al. 1994. The structure of *Kobresia* tibetan community and utilization of the Alpine Swamp Meadow in Qinghai Province//Li B. Proceedings of The International Symposium on Grassland Resources. Beijing: China Agriculture Scientech Press.

West N E. 1993. Biodiversity of rangelands. Journal of Range Management, 46: 2-13.

Westoby M. 1989. Transition-state model of rangeland succession. Journal of Range Management, 4: 97-103.

Williamson S C, Dyer M I, Detling J K, et al. 1989. Experimental evaluation of the grazing optimization hypothesis. Journal of Range Management, 42: 149-152.

Wilson A D. 1986. Principles of grazing management system//Joss R J, Lynch P W, Williams O B. Rangeland: A Resource and Siege. New York: Cambridge University Press.

Wilson A D, Macleod N D. 1991. Overgrazing: present or absent? Journal of Range Management, 44 (5): 475-482.

Wilson A D, Harrington G N, Boale I F. 1984. Grazing management//Harrington G N, Wilson A D, Young A D. Management of Australia's Rangelands. Melbourne: CRIRO.

Wilson J B, Agnew A D Q. 1992. Positive-feedback switches in plant communities. Advances in Ecological Research, 23: 263-336.

Wilson P N, Osbourn D F. 1960. Compensatory growth after undernutrition in mammals and birds. Biological Reviews, 35: 324-363.

Xue B, et al. 1994. Study on protein requirement of growing yak. Proceedings of 1st International. Congress on

Yak. Lanzhou: 1st International Congress on Yak.

Xue B, et al. 2004. Liveweight change and retuned energy dynamic of growing yak grazing on natural grassland in Qinghai-Tibetan Plateau. Proceeding of the 4th International Congress on Yak. Chengdu: Sichuan Publishing House of Science and Technology.

Xue B, Zhao X Q, Zhang Y S. 2005. Seasonal changes in weight and body composition of yak grazing on alpine-meadow grassland in the Qinghai-Tibetan Plateau of China. Journal of Animal Science, 83: 1908-1913.

Young B A. 1986. Food intake of cattle in cold climates//Owen F N. Symposium Proceedings: Feed Intake by Beef Cattle, MP-121. Stillwater: Oklahoma Agricultural Experiment Station.

Young J A, et al. 1987. Secretion by the major salivary glands//Johnson L R. Physiology of the Gastrointestinal tract. New York: Raven Press.

Yu Mingshen, et al. 1997. Effect of synergist on weight gain of yaks in warm season. Proceedings of the 2nd International Congress on Yak. Xining: 2nd International Congress on Yak.

Zhou H K, Zhao X Q, Zhou L, et al. 2005. Alpine grassland degradation and its control in the source regions of Yangtze and Yellow Rivers. China Grassland Science, 51: 191-203.

附　　件

附件1　高寒草甸中、轻度退化草地植被恢复技术规程*

青海省地方标准　DB63/T608—2006

前　言

为了促进高寒草甸中、轻度退化草地植被恢复技术的标准化、规范化，特制定本规程。

本规程由青海省技术监督局提出。

本规程由中国科学院西北高原生物研究所和青海省畜牧兽医科学院负责起草。

本规程主要起草人：王启基、赵新全、董全民、马玉寿、景增春、王文颖、李有福、赖得珍。

1　范围

本规程规定了青海省高寒草甸退化草地等级划分标准、综合治理改良技术措施、工艺流程以及合理利用和科学管理等技术内容。

本规程适用于青海省海拔在3500～4500 m，年均气温在0℃以下的高寒草甸中、轻度退化草地植被的恢复。

---

* 青海省质量技术监督局2006-11-21发布，2007-01-01实施。

2 规范性引用文件

下列文件中的条款通过本标准的引用而成为本标准的条款。凡是注日期的引用文件，其随后所有的修改单（不包括勘误的内容）或修订版均不适用于本标准，然而，鼓励根据本标准达成协议的各方研究可使用这些文件的最新版本。凡是不注日期的引用文件，其最新版本适用于本标准。

GB 6142—1985　禾本科牧草种子质量分级

JB/T 7137—1993　镀锌网围栏基本参数

JB/T7138. 1—7138. 3—1993　编结网围栏技术条件

DB 63/T 164—1993　青海省灭治草地害鼠技术规程

DB 63/T 390—2002　天然草地改良技术规范

3 高寒草甸中、轻度退化草地等级划分标准

通过广泛调查研究和试验示范，提出青海省高寒草甸中、轻度退化草地分级标准如附表 1-1 所示。

附表 1-1　高寒草甸中、轻度退化草地评价等级标准

退化等级	植被盖度（%）	产草量比例（%）	可食牧草比例（%）	可食牧草高度（cm）	有机质含量（g/kg）	草场质量
原生植被	80 ~ 95	100	>70	25	>200	标准
轻度退化	70 ~ 85	50 ~ 75	50 ~ 70	下降 3 ~ 5	150 ~ 200	下降 1 等
中度退化	50 ~ 70	30 ~ 50	30 ~ 50	下降 5 ~ 10	100 ~ 150	下降 1 等

4 轻度退化草地植被恢复技术

4.1 鼠害防治

按《青海省灭治草地害鼠技术规程》（DB63/T164—1993）执行。

4.2 休牧育草

4.2.1 休牧时间

自 5 月初到 10 月初的整个生长季进行禁牧，轻度退化草地休牧 3 ~ 5 年，中度退化草地休牧 6 ~ 10 年。

4.2.2 围栏

围栏按镀锌钢丝网围栏基本参数（JB/T7137—1993）和编结网围栏技术条件（JB7138. 1—7138. 3—1993）执行。

4.2.3 人工管护

通过人工管护，禁止家畜在休牧期进入草地采食。

4.3 草地施肥

草地施肥前首先进行草地土壤养分调查，依据不同草场类型、土壤营养状况确定施肥量。

4.3.1 施肥方法

草地施肥主要以追肥为主，雨前撒施，有条件时可进行覆土或用施肥机施肥。

4.3.2 施肥时间

6 月中旬 ~7 月上旬牧草返青后期为宜。

4.3.3 肥种及施肥量

草地施肥主要以含氮量为 46% 的尿素和牛羊粪。氮肥的施用量为 34.5 ~ 51.75 kg/hm^2；牛羊粪用量为 15 000 ~ 30 000 kg/hm^2。

5 中度退化草地恢复技术

对中度退化草地采取在不破坏或少破坏原有植被的前提下，补播适宜青海省高寒草甸生长的多年生禾本科优良牧草。

5.1 补播时间

5 月上旬 ~6 月上旬。

5.2 草种及播种量

草种：上繁草主要为垂穗披碱草（*Elymus nutans*）、老芒麦（*E. sibiricus*），下繁草主要为青海草地早熟禾（*Poa pratensis* L. cv. Qinghai）、青海扁茎早熟禾（*Poa pratensis* var. *anceps* Gaud. cv. Qinghai）、冷地早熟禾（*Poa crymophila*）、星星草（*Puccinellia tenuiflora*）、碱茅（*Puccinellia distans*）、中华羊茅（*Festuca sinensis*）等。补播的草种种子纯净度、发芽率按 GB 6142—1985 执行。

播种量：单播时，上繁草的播种量为 30 ~ 45 kg/hm^2，下繁草为 10 ~ 15 kg/hm^2；混播时，上繁草的播种量为 20 ~ 30 kg/hm^2，下繁草为 8 ~ 10 kg/hm^2。

5.3 补播方法

根据补播区实际情况采用单播或混播措施，方法：a. 面积较大的地区，一般采用圆盘耙松耙一遍，撒施底肥、人工撒种后，再用圆盘耙覆土，最后进行镇压。b. 小面积斑块撒种后可用人工耙磨覆土和镇压，有条件的地方可用补播机直接补播。播种深度大粒种子为 2 ~ 3 cm，小粒种子 0.5 ~ 1 cm。

5.4 利用管理

补播草地第 1 年至第 2 年的返青期绝对禁牧。此后可进行放牧，暖季放牧时间（6 月下旬～10 月上旬）牧草利用率应控制在 40%～60%。冷季放牧时间（11 月下旬～翌年 4 月上旬）牧草利用率应控制在 70%～80%。

5.5 效果检查

5.5.1 检查内容及时间

播种时检查落种密度及均匀度，苗齐后测定出苗率，第 2 年返青时测定越冬率。每年在 8 月底测定补播地的产草量、调查补播地的群落结构及物种组成。

5.5.2 检查方法

用收割法测定草地产草量，测产时用随机取样法选取面积为 1 m×1 m 的 5 个样方，首先调查草地群落结构及物种组成，然后测定产草量。并按禾草类、莎草类、可食杂类草和不可食杂类草分类，称取鲜重，有条件时称取烘干重。

5.5.3 检查标准

要求出苗均匀整齐，每公顷出苗数大于 1 000 000 株（100 株/m^2）；建植第 1 年 8 月中旬的植被总盖度大于 65%，第 2 年大于 70%。

编制说明

1　本技术规程编制目的和意义

本规程主要针对高寒草甸生态脆弱带，由于超载过牧等人类活动干扰和自然因素的影响，导致植被破坏，鼠害猖獗，草地退化、沙化加剧等突出的生态问题，提出高寒草甸中、轻度退化草地植被恢复技术措施，改善该区不断恶化的生产和生态环境，实现人与自然的和谐发展，不仅对三江源区本身，而且对长江、黄河中下游的可持续发展都具有重大战略意义。

青海省天然草地改良经过多年的试验研究和示范推广以及生态环境保护和建设项目的实施，取得了一定的成效。但是，长期以来，由于缺乏系统、规范的技术要求和统一的标准，各地各部门采用的技术措施和标准不统一，不仅影响着项目顺利进行和质量的保证，而且给项目评估带来诸多不便。为了尽快恢复青海省退化草地植被，依据《国家标准化导则》的要求，编制《高寒草甸中、轻度退化草地植被恢复技术规程》，不仅十分必要，而且具有重要的指导作用。同时也为三江源自然保护区生态保护和建设总体规划实施提供科学依据和技术支撑。

2　本规程编制主要依据、标准和起草过程

根据青海省技术监督局（2006）53 号文的通知，《高寒草甸中、轻度退化草地植被恢复技术规程》由中国科学院西北高原生物研究所和青海省畜牧兽医科学院承担编制。在编制过程中，以近期我们主持完成的国家科委和青海省科委基金课题“青藏高原“黑土型”退化草地的成因及防治措施的研究”、青海省“九五”攻关项目“黑土型退化草地植被恢复技术研究”（95—N—112）、国家“十五”科技攻关计划重大项目“江河源区退化草地治理技术与示范”（2001BA606A—02）等项目的研究与示范成果和推广应用的实践经验加以总结提炼，并参照了有关技术规程。

本《规程》的发布实施将是青海省高寒草甸中、轻度退化草地植被恢复，草地科学管理进入规范化、标准化管理的重要标志。

附件2 “黑土型”退化草地等级划分及综合治理技术规程*

青海省地方标准 DB63/T674—2007

前 言

“黑土型”退化草地是高寒草甸重度和极度退化的产物，它已完全失去牧用价值。因此该类草地在青海省的大面积发生不但制约着当地畜牧业生产的发展，而且严重威胁着青海江河源区及其下游地区的生态安全。另外，尽管众多学者对高寒草甸退化草地的分级指标做了定性和定量的描述，但没有对“黑土型”退化草地的类型和分级做进一步研究，因而在“黑土型”退化草地治理实践中难以操作。因此，本规程依据 GB/T1.1—2000《标准化工作导则》，在参阅有关资料的基础上，总结近年来对“黑土型”退化草地的等级划分及综合治理的实验结果，本着科学、实用、先进的原则，特制定本规程。

本规程由青海省畜牧兽医科学院提出并归口青海省农牧厅。

本规程起草单位：青海省畜牧兽医科学院。

本规程主要起草人：董全民、马玉寿、施建军、孙小弟、王彦龙。

本规程由青海省质量技术监督局发布。

1 范围

本规程规定了“黑土型”退化草地的等级划分标准、不同退化等级下“黑土型”退化草地综合治理措施及模式等技术内容。

本规程适用于不同类型的“黑土型”退化草地等级划分及其综合治理。

2 规范性引用文件

下列文件中的条款通过本标准的引用而成为本标准的条款。凡是注日期的引用文件，其随后所有的修改单（不包括勘误的内容）或修订版均不适用于本标准，然而，鼓励根据

* 青海省质量技术监督局2007-09-26发布，2007-11-01实施。

本标准达成协议的各方研究是否可使用这些文件的最新版本。凡是不注日期的引用文件，其最新版本适用于本规程。

GB 6142—1985　　禾本科牧草种子质量分级
DB 63/T 330—1999　　老芒麦栽培技术规范
DB 63/T 390—2002　　天然草地改良技术规范
DB63/T603—2006　　“黑土型”退化草地人工植被建植及其利用管理技术规范
DB63/T608—2006　　高寒草甸中、轻度退化草地植被恢复及改良技术规程
DB63/T609—2006　　高寒人工草地牦牛放牧利用技术规程

3　“黑土型”退化草地的界定

“黑土型”退化草地的界定依据 DB63/T603—2006 执行，但地形不受坡度的限制。

4　“黑土型”退化草地的类型及分级

4.1　“黑土型”退化草地的类型

“黑土型”退化草地按坡度划分为三种类型，滩地：0°≤坡度<7°；缓坡地：7°≤坡度<25°；陡坡地：坡度≥25°。

4.2　“黑土型”退化草地的等级划分

“黑土型”退化草地分为轻度、中度和重度三级。

4.3　“黑土型”退化草地的类型及分级标准

依据上述分类及分级结果，“黑土型”退化草地的类型及分级标准如附表 2-1 所示。

附表 2-1　“黑土型”退化草地评价指标、类型及等级划分

退化类型	退化等级	秃斑地比例（%）	可食牧草比例（%）
滩地（Ⅰ） 0°～7°	Ⅰ-1 轻度	40～60	15～20
	Ⅰ-2 中度	60～80	5～15
	Ⅰ-3 重度	≥80	≤5
缓坡地（Ⅱ） 7°～25°	Ⅱ-1 轻度	40～60	15～20
	Ⅱ-2 中度	60～80	5～15
	Ⅱ-3 重度	≥80	≤5
陡坡地（Ⅲ） 大于 25°	Ⅲ-1 轻度	40～60	15～20
	Ⅲ-2 中度	60～80	5～15
	Ⅲ-3 重度	≥80	≤5

注：各参数数值范围中左边数值包含在本范围中，右边值包含在下一范围中

5 “黑土型”退化草地的治理及模式

5.1 人工草地：改建模式

适用于坡度小于7°的重度“黑土型”退化草地。该类退化草地的土壤层厚度大于20 cm,地势相对平坦，适于机械作业，可选择适宜草种通过机械作业建植人工草地。

建植人工草地的草种选择、农艺措施和田间管理以及利用参照DB63/T603—2006执行、GB 6142—1985、DB63/T330—1999和DB63/T609—2006执行。

5.2 半人工草地：补播模式

适合于坡度小于7°的中、轻度“黑土型”退化草地和7°≤坡度<25°的中度和重度“黑土型”退化草地。这类退化草地，可在不破坏或尽量少破坏原生植被的前提下，选择适宜的草种，通过机械耙耱或人工补播措施建立半人工草地。

建植半人工草地的草种选择、农艺措施和田间管理参照DB63/T608—2006和DB63/T 390—2002执行。

5.3 封育：自然恢复模式

适于7°≤坡度<25°的轻度“黑土型”退化草地和坡度≥25°的所有类型的“黑土型”退化草地。这类“黑土型”退化草地坡度陡，治理难度大，可通过10年以上的长期封育并辅之补充适宜草种和施肥逐渐恢复其植被。

编 制 说 明

“黑土型”退化草地是指青藏高原高寒环境条件下，以嵩草属植物为主要建群种的高寒草甸草场严重退化后形成的大面积次生裸地，或原生植被退化成丘岛状的自然景观。因其裸露的土壤呈黑色，故名“黑土型”退化草地。它包括俗称的“黑土滩”、“黑土坡”、“黑土山”等。“黑土型”退化草地只是一种概括性的称谓并没有发生学的意义。该类草地在青海省的大面积发生已严重制约着当地畜牧业生产的发展，威胁着青海江河源区及其下游地区的生态安全。

近年来，青海省在“黑土型”退化草地上建植人工草地及其利用管理已取得了较好的成绩，但缺乏对“黑土型”退化草地的等级划分和分级标准以及不同类型和退化等级下“黑土型”退化草地的具体治理措施及模式研究，这种现状与国家西部大开发和《青海三江源自然保护区生态保护和建设总体规划》以及“黑土型”退化草地工程的要求极不相称。因此为了在“黑土型”退化草地治理工程中有章可循，项目组结合青海各地的成功技术和经验，总结不同类型和退化等级下“黑土型”退化草地的具体治理措施及模式，使各项分立技术整体化、系统化，促使此项工作上升到规范化、标准化程度，并依照国家标准化导则的要求，制定出系统而完整的“黑土型”退化草地等级划分及综合治理技术规程”。此规程的发布实施对青海省“黑土型”退化草地治理及生态环境保护、促进牧草产业化和发展生态畜牧业将发挥积极的作用，也是青海省“黑土型”退化草地治理步入规范化的重要标志。

根据青海省质量技术监督局［2007］32 号文关于印发《二○○七年地方标准制定、修订计划》的通知，由青海省畜牧兽医科学院负责起草本规程。起草过程中在主要参阅有关资料的基础上，总结近年来对“黑土型”退化草地的划分标准及综合治理的试验结果，并征求了有关专家的意见，在此基础上本着科学、实用、先进的原则，根据 GB/T1.1—2000《标准化工作导则》中的标准起草与表达规则和标准编写的基本规定编制而成。

任务来源：2005 年三江源自然保护区生态保护和建设工程科研课题及应用推广“三江源区‘黑土滩’退化草地本底调查”项目（2005 - SN - 1）和“十一五”国家科技支撑计划重点项目（2006BAC01A02）。

附件3 “黑土型”退化草地（黑土滩）人工植被建植及其利用管理技术规范*

青海省地方标准 DB63/T603—2006

前 言

鉴于草地退化对全球生态安全、环境质量及社会发展的负面影响日益严重，从恢复生态学角度研究退化草地生态系统的恢复与重建对策，尤其是人工草地的建植与管理已成为研究草原生态问题的最重要组成部分，并将继续成为21世纪国际环境科学界共同关注的热点问题。建植人工植被是快速恢复“黑土型”退化草地（黑土滩）唯一可行的途径，建植后的科学管理及合理利用是保证人工草地持续利用的基础。“黑土型”退化草地（黑土滩）人工植被的建植及利用管理技术不仅对恢复退化草地生态环境、促进牧草产业化和发展生态畜牧业有重要的现实意义，而且可推进它的标准化、规范化建设，特制定本规范。

本标准由青海省质量技术监督局提出。

本标准起草单位：青海省畜牧兽医科学院和中国科学院西北高原生物研究所。

本标准主要起草人：马玉寿、董全民、王启基、施建军、李青云。

1 范围

本规程制定了“黑土型”退化草地（黑土滩）上建植人工植被的地点选择、农艺措施、工艺流程以及建植后的合理利用和科学管理等技术内容。

本规程适用于“黑土型”退化草地（黑土滩）上人工植被的建植。

2 规范性引用文件

下列文件中的条款通过本标准的引用而成为本标准的条款。凡是注日期的引用文件，其随后所有的修改单（不包括勘误的内容）或修订版均不适用于本标准，然而，鼓励根据

* 青海省质量技术监督局2006-09-07发布，2006-10-01实施。

本标准达成协议的各方研究是否可使用这些文件的最新版本。凡是不注日期的引用文件，其最新版本适用于本标准。

GB 6142—1985　《禾本科牧草种子质量分级》
JB/T 7137—1993　《镀锌网围栏基本参数》
JB/T7138. 1—7138. 3—93　《编结网围栏技术条件》
DB 63/T 164—1993　《青海省灭治草地害鼠技术规程》
DB 63/T 241—1996　《青海省灭治草地毒草技术规程》
DB 63/T 390—2002　《天然草地改良技术规范》
DB 63/T 391—2002　《人工草地建设技术规范》
DB 63/T 394—2002　《小型打贮草机械选型配套作业技术规程》

3　“黑土型”退化草地（黑土滩）的界定

3.1　退化草地评价等级标准（附表 3-1）

附表 3-1　退化草地评价等级标准

退化等级	原生植被盖度（%）	产草量比例（%）	可食牧草比例（%）	可食牧草高度（cm）	有机质含量（g/kg）	草场质量
原生植被	>80	100	75	25	>200	标准
轻度退化	70～85	50～75	50～75	下降 3～5	150～200	下降 1 等
中度退化	50～70	30～50	30～50	下降 5～10	100～150	下降 1 等
重度退化①	30～50	15～30	15～30	下降 10～15	50～100	下降 1～2 等
极度退化②	<30	<15	几乎为零	—	<50	极差

注：①、②为“黑土型”退化草地

3.2　海拔及气候

海拔为 3500～4200 m，年均气温在 0℃以下。

3.3　土壤

土壤含水量低，土壤容重及坚实度小，土壤趋于碱性，有机质含量小于 100 g/kg，土壤层厚度大于 20 cm。

3.4　植被

此类草地鲜草产量 400 kg/hm^2，仅占未退化草地产量的 12%，原生植被平均盖度小于 30%，1m^2 内植物种为 9～16 种，分别为原生植被盖度和物种数的 35% 和 50%；植物种类构成中 60% ～80% 是毒杂草。

3.5　地形

地势平坦，坡度小于 25°。

4 人工植被建植技术

4.1 牧草品种及处理

要求选用适宜高寒草甸种植生长的牧草品种，上繁草为垂穗披碱草、青海中华羊茅、青牧一号老芒麦、同德老芒麦等，下繁草为青海冷地早熟禾、青海草地早熟禾、青海扁茎早熟禾、星星草、西北羊茅、毛稃羊茅、波伐早熟禾等。

种子要求达到 GB 6142—1985 规定的三级以上标准。

对带有长芒的种子应进行脱芒处理。

4.2 播种方式

灭鼠→翻耕→耙磨→施肥→撒播（条播）→覆土→镇压。

4.3 播种量

4.3.1 撒播

单播时，上繁草的播种量为 30 ~ 45 kg/hm^2，下繁草为 11 ~ 15 kg/hm^2；混播时，上繁草的播种量为 20 ~ 30 kg/hm^2，下繁草为 8 ~ 11 kg/hm^2。

4.3.2 条播

单播时，上繁草的播种量为 20 ~ 30 kg/hm^2，下繁草为 8 ~ 10 kg/hm^2；混播时，上繁草的播种量为 15 ~ 20 kg/hm^2，下繁草为 6 ~ 8 kg/hm^2。

4.4 播种期

播种适宜期为 5 月上旬 ~ 6 月上旬。

4.5 播种深度

播种深度大粒种子为 2 ~ 3 cm，小粒种子 0.5 ~ 1 cm。

4.6 基肥

需用化肥或牛羊粪作基肥，氮肥的施用量为 30 ~ 60 kg/hm^2，磷肥的用量为 60 ~ 120 kg/hm^2，氮磷比为 1:2。牛羊粪用量为 22 500 ~ 30 000kg/hm^2。

5 人工植被的田间管理

5.1 围栏

人工植被建植后，应及时对其采用围栏管护措施（围栏应符合 JB/T 7137—1993 和 JB/T7138.1—7138.3—93 标准的规定）。

5.2 禁牧

人工植被建植第1年的生长季和每年的返青期（5月下旬）要求绝对禁牧。

5.3 追肥

以生态恢复为目标的“黑土滩”人工植被建成后可以不施肥。以牧用为目标的“黑土滩”人工植被，建植后的第3年起每年或隔年在牧草分蘖－拔节期（6月下旬～7月上旬）追施尿素1次，总用量为75～150 kg/hm^2。

5.4 防除毒杂草

以牧用为目标的“黑土滩”人工植被，第4年起要及时进行毒杂草防除（依据DB 63/T 241—1996标准执行）。

5.5 灭治草地害鼠

按DB 63/T 164—1993标准执行。

6 人工植被的利用

6.1 放牧

人工植被建植第1年的生长季和每年的返青期要求绝对禁牧，生长第二年起可进行适度放牧利用，暖季放牧时间应在6月下旬至10月上旬，牧草利用率应控制在40%～60%。冷季放牧时间应在11月下旬至翌年4月上旬，牧草利用率应控制在70%～90%。

6.2 刈割

按DB 63/T 390—2002和DB 63/T 391—2002标准执行。
刈割后的牧草经自然晾晒后制成青干草，运回堆垛存放。

6.3 青贮

按DB 63/T 394—2002标准执行。

7 效果检查

7.1 检查内容及时间

播种时检查落种密度及均匀度，苗齐后测定出苗率，第2年返青时测定越冬率。每年在8月中下旬测定放牧地的产量、调查放牧地的群落结构及物种组成，刈割期测定草地的产量、调查刈割地的群落结构及物种组成。

7.2 检查方法

用随机取样法测定草地产量、调查群落结构及物种组成。测产、调查草地群落结构及物种组成均用1 m×1 m 的样方，5 次重复。

7.3 检查标准

要求出苗均匀整齐，密度大于800 株/m^2；建植第一年8 月中旬的植被盖度大于70%，第2 年以后大于85%，物种多样性增加，群落趋于稳定。

编 制 说 明

“黑土型”退化草地是指青藏高原高寒环境条件下，以嵩草属植物为建群种的高寒草甸草场严重退化（重度和极度退化）后形成的一种大面积次生裸地，或原生植被退化呈丘岛状的自然景观。因其裸露的土壤呈黑色，故名“黑土型”退化草地。它包括俗称的“黑土滩”、“黑土坡”、“黑土山”等。“黑土型”退化草地只是一种概括性的称谓，并没有发生学的意义。

“黑土型”退化草地（黑土滩）是高寒草甸重度和极度退化的产物，它已完全失去利用价值。因此该类草地在青海省的大面积发生已严重制约着当地畜牧业生产的发展，威胁着青海江河源区及其下游地区的生态安全。然而，要恢复此类草地，必须通过建植人工植被来实现。更重要的是，人工草地不仅因其产量高、草质优良的特点在农牧业生产和发展中占有重要地位，而且在环境保护和环境产业中极具重要意义。在青藏高原高寒地区退化草地生态系统中，人工草地具有创造新的草地生产力和改善草地生态环境的双重功效。因此，在“黑土型”退化草地（黑土滩）上建植人工草地，不仅对恢复青海省草地生态环境、促进牧草产业化和发展生态畜牧业具有重要的现实意义，而且对保护长江和黄河下游地区的生态安全、保证21世纪经济的可持续发展都具有重大的战略意义。

青海省从20世纪60年代开始在退化草地上进行人工草地建设及其利用管理，经过多年的实验研究和大面积推广，取得了较好的成绩，但长期以来缺乏系统的、规范的技术标准。为了更好地规范此项工作，保证人工草地建植质量，在工作中有章可循，把我们在达日县和玛沁县“黑土型”退化草地（黑土滩）上建植人工草地的成功技术措施进行归纳总结，结合青海各地的成功技术和经验，组装配套，使各项分立技术整体化、系统化，促使此项工作上升到规范化、标准化程度，并依照国家标准化导则的要求，制定出系统而完整的“黑土型”退化草地（黑土滩）人工植被建植及利用管理技术规范十分必要。此《规范》的发布实施对恢复青海省“黑土型”退化草地（黑土滩）植被及生态环境、促进牧草产业化和发展生态畜牧业将发挥积极的作用，也是青海省“黑土型”退化草地（黑土滩）人工植被建植及利用管理步入规范化管理的重要标志。

任务来源：国家“十五”科技攻关计划重大项目（2001BA606A—02）。

附件4　高寒草甸牦牛放牧利用技术规程*

青海省地方标准　DB63/T607—2006

前　言

青藏高原高寒草甸生态系统退化的主要原因是草地过度放牧利用。因此，本规程依据GB/T1.1—2000《标准化工作导则》，在参阅有关资料的基础上，总结牦牛放牧试验结果，本着科学、实用、先进的原则，特制定本规程。

本规程由青海省质量技术监督局提出。

本规程起草单位：中国科学院西北高原生物研究所和青海省畜牧兽医科学院。

本规程主要起草人：赵新全、马玉寿、董全民、王启基、施建军。

1　范围

本规程规定了高寒草甸牦牛放牧利用率、最佳放牧强度、两季轮牧草场的最佳配置、植被不退化最大放牧强度等技术内容。

本规程适用于青海省海拔3500～4500 m高寒草甸两季轮牧草场牦牛放牧利用及科研、教学。

2　规范性引用文件

下列文件中的条款通过本标准的引用而成为本标准的条款。凡是注日期的引用文件，其随后所有的修改单（不包括勘误的内容）或修订版均不适用于本标准，然而，鼓励根据本标准达成协议的各方研究是否可使用这些文件的最新版本。凡是不注日期的引用文件，其最新版本适用于本标准。

JB/T 7137—1993　　镀锌网围栏基本参数

JB/T7138.1—7138.3—1993　　编结网围栏技术条件

* 青海省质量技术监督局2006-11-21发布，2007-01-01实施。

DB63/T209—1994	青海省草地资源调查规程
DB63/T373—2001	牛皮蝇蛆病防治技术规范
DB63/T390—2002	天然草地改良技术规程
DB63/T462—2004	牦牛寄生虫病防治技术规范

3 术语和定义

3.1 高寒草甸

高寒草甸类是高山（高原）亚寒带、寒带、半湿润、半干旱地区的地带性草地，由耐寒的旱中生或中旱生草本植物为优势种组成的草地类型；主要分布在我国的西藏自治区、青海省和甘肃省境内；常占据海拔3500～4500 m的高原面、宽谷、河流高阶地、湖盆外缘及山体中上部地形部位；分布区气候寒冷，属高寒半湿润、半干旱气候；年均温 -4～0℃，年降水量300～500 mm。

3.2 放牧利用率

以放牧为牧草利用形式，在一定时间内，放牧家畜在单位面积上的采食量占牧草产量的比例。

3.3 最佳放牧强度

最佳放牧强度，是指在既不造成草地退化，又可获得单位草地面积最大家畜生产力的放牧强度。

3.4 两季轮牧草场最佳配置

受地理条件、环境因素和放牧习惯的影响，在高寒牧区形成了冷季草场和暖季草场两季轮牧制度。两季轮牧草场最佳配置指两季放牧草场在不退化情况下，草场的年度家畜生产力最大时的草场面积的比例。

4 放牧管理

4.1 围栏

围栏按 JB/T 7137—1993 和 JB/T7138. 1—7138. 3—1993 执行。

4.2 放牧季节

暖季草场放牧时间为6～10月，冷季草场放牧时间为11月～翌年5月。

4.3 放牧牦牛

放牧牦牛为3岁生长牦牛，平均体重为120～140 kg/头，折合2.5个羊单位，而一头成年育成牛相当于5个羊单位。

4.4 牦牛疫病防治

牦牛常见疫病防治按DB63/T373—2001和DB63/T462—2004执行。

5 放牧利用标准的确定

5.1 畜群和草场资源的调查

畜群数量、结构和草场资源调查，按DB63/T209—1994执行。

5.2 牦牛体重及采食量的确定

依据放牧家畜不同生长阶段和不同生产状况的营养需求，按照以下公式计算放牧畜群的采食量：

成年牦牛的干物质采食量（kg）=牦牛活重（kg）×2.4% （附4-1）

生长牦牛的干物质采食量（kg）=牦牛活重（kg）×2.5% （附4-2）

怀孕母牦牛的干物质采食量（kg）=牦牛活重（kg）×2.6% （附4-3）

5.3 牧草产量的测定

牧草产草量于每年生物量高峰期8月中下旬测定，测产取样按DB63/T390—2002执行；牧草产量为1800~2000 kg·DM/hm^2。

5.4 最佳放牧强度

高寒草甸天然草地的最佳放牧强度为：暖季草场为0.93~1.26头/hm^2（4.65~6.30羊单位/hm^2），冷季草场为0.46~0.84头/hm^2（2.30~4.20羊单位/hm^2），年最佳放牧强度为1.54~2.52羊单位/hm^2。

5.5 两季轮牧草场的最佳配置

暖季草场面积∶冷季草场面积=1∶1.68。

5.6 放牧利用率

放牧利用率=（放牧家畜头数×采食量）/（草地面积×牧草产量） （附4-4）

根据以上各指标综合计算，暖季草场合理的放牧利用率为40%~60%，冷季草场合理的放牧利用率为70%~80%。

附录4-1（规范性附录）

Jones和Sandland（1974）考察了从热带到温带33个不同植被类型牧场的大量放牧强

度试验数据，发现家畜的个体增重 Y 与放牧强度 X（只/hm^2）之间存在一种线性关系：

$$Y = a - bX(b > 0) \quad \text{（附 4-5）}$$

尽管对极轻和极重的放牧强度下直线或曲线的形状存在一些争议，但对很大放牧强度范围内存在着线性关系，则是人们普遍接受的。从附表 4-1 可以看出，高寒草甸上牦牛个体增重与放牧强度之间确实存在着如方程（附 4-5）所示的线性关系，表明放牧强度是引起牦牛个体增重变化的主要原因。

附表 4-1　牦牛个体增重与放牧强度之间的回归方程

项目	回归方程	r 值	显著水平
冷季	$Y = 46.925 - 28.365X$	-1.0000	$P < 0.001$
暖季	$Y = 50.6 - 24.05X$	-0.8499	$P < 0.05$
第一年	$Y = 99.692 - 67.978X$	-0.9914	$P < 0.01$

回归方程中的 Y 轴截距（a）和斜率（b）均不相同，一般认为 a 分别表示草场的营养水平，a 值越大表示草场营养水平越高，低放牧强度下家畜个体增重越大；而斜率（b）则表示草场关于放牧强度的空间稳定性（家畜在不同强度的啃食下，草场维持潜在生产力和植被组成不变的能力）及恢复能力（植被组成改变后恢复到原来状态的能力）。b 值越小个体增重减少越慢，直线 Y 就趋向水平，草场的空间稳定性越好，恢复能力越强。

但是，这种解释只适于放牧时间长度相差不多的季节性草场之间的比较，以家畜的个体增重变化间接相对度量草场的质量截距（a）以及草场的稳定性和恢复能力斜率（b）。年度回归方程显然不宜与季节性草场比较。因为牦牛个体的总增重等于两季草场上牦牛个体年度的增重之和，从而年度回归方程在 Y 轴上的截距（a）必然大于两季草场回归方程在 Y 轴上的截距之和（附表 4-1）。换言之，如果年度回归方程与两季草场的回归方程相比较的话，只会得出在试验期内草场的营养水平高于两季草场的误解。对于斜率（b）也存在类似的问题。

回归直线 Y 与 X 轴的交点（$X = a/b$）表示家畜个体增重为 0 的放牧强度，即在该放牧强度之下，草场只能支撑家畜的维持代谢。若高于该强度，家畜体重则呈负增长，称其为草场的最大负载能力 X_c，这也是草场理论上容纳家畜数量的能力。

当放牧强度为 X，也即每公顷草地有 X 头牦牛时，由方程（附 4-5），每公顷草地的牦牛总增重 Y_T（kg/ hm^2）为

$$Y_T = aX - bX^2 \quad \text{（附 4-6）}$$

对于每公顷的草地，若以牦牛的活重来度量其牦牛生产力，则方程（附 4-6 ）表示每公顷草地牦牛生产力与放牧强度之间的定量关系。因为 $b > 0$，Y_T 达到最大值的放牧强度为

$$X^* = a/2b \quad \text{（附 4-7）}$$

X^* 恰好是草场最大负载能力 X_c 的一半。相应的 Y_T 最大值为

$$Y_T\max = a^2/4b = (a/b) \cdot a/4 = X_c \cdot a/4 \quad \text{（附 4-8）}$$

表明每公顷草地的最大牦牛生产力仅由草场的最大负载能力和营养水平决定，可见营养水平和最大负载能力是评价草场的重要指标。

在暖季草场放牧 5 个月、冷季草场放牧 7 个月、各放牧强度两季草场牧草利用率控制在基本相同的条件下，暖季草场、冷季草场最佳放牧强度分别为 1.26 头/hm^2（6.30 羊单位/hm^2）、0.84 头/ hm^2（4.2 羊单位/hm^2）。

附录 4-2（规范性附录）

周立等（1995b）通过建立非线性数学模型对海北定位站轮牧草场放牧强度最佳配置进行了分析证明，证明了非线性无约束最优化问题的解存在唯一性，提出了优化方法并给出两季草场最佳放牧强度的解析表达式：

$$X_1 = (b_2/b_1)1/2 \cdot X^2 \quad (附 4\text{-}9)$$

$$X_2 = (a_1 + a_2)/2[(b_1 \cdot b_2)1/2 + b_2] \quad (附 4\text{-}10)$$

式中，a、b 为两季草场牦牛体重增长方程中的系数；X_1 表示夏季草场放牧强度；X_2 表示冬季草场放牧强度。将附表 4-1 中的回归方程的系数用于上式，得出两季草场最佳配置为：夏季草场为 0.91 头/hm^2（4.55 羊单位/hm^2），冬季草场为 0.54 头/ hm^2（2.70 羊单位/hm^2）；暖季草场面积∶冷季草场面积 = 1∶1.68。

附录 4-3（资料性附录）

经回归分析，优良牧草比例和牦牛个体增重与放牧强度（附表 4-2）均呈负相关线性回归关系。优良牧草比例的年度变化（Rd）、牦牛个体增重的年度变化（Bg）与放牧强度（S）之间的回归方程分别为：

$$\mathrm{Rd} = 16.29 - 5.77 \cdot S(r = -0.9823, P < 0.02) \quad (附 4\text{-}11)$$

$$\mathrm{Bg} = 13.767 - 4.4 \cdot S\ (r = -0.9206, P < 0.05) \quad (附 4\text{-}12)$$

附表 4-2　牦牛个体增重和优良牧草比例年度变化

放牧处理	轻度放牧	中度放牧	重度放牧
放牧强度（头/hm^2）	0.89	1.45	2.08
牧草利用率（%）	30	50	70
优良牧草比例的年度变化（%）	3.93	-0.07	-7.61
牦牛个体增重的年度变化（kg/头）	10.6	3.7	1.2

放牧强度为 0.93 头/hm^2 时基本能维持优良牧草比例和牦牛个体增重的年度变化不变。如果放牧强度高于该强度，优良牧草比例和牦牛个体增重第二年下降，反之上升；而且偏离越远上升或下降幅度越大。因此，结合两季草场的最佳放牧强度，可以认为放牧强度 0.93 ~ 1.26 头/hm^2 是高寒草甸暖季草场不退化的最大放牧强度；另外，依据冬季草场牧草营养减损情况，冬季草场不退化的最大放牧强度为 0.46 ~ 0.84 头/hm^2。

编 制 说 明

高寒草甸占青海省天然草地总面积的60%以上，但它的初级生产力水平很低、牧草营养成分的季节性变化大，放牧牦牛始终处于“夏饱、秋肥、冬瘦、春死亡”的恶性循环之中，导致牦牛生产处在低水平的发展阶段。长期以来，高寒草甸草地放牧利用缺乏系统性、规范化的技术标准。因此，以达日县高寒草甸天然草地牦牛放牧试验及国家“十五”科技攻关计划重大项目（2001BA606A—02）研究结果为基础，结合其他地区的成功技术和经验，组装配套，使各项独立技术整体化、系统化，促使高寒草甸牦牛放牧利用技术上升到规范化、标准化程度，并依照国家标准化导则的要求，制定高寒草甸牦牛放牧利用技术规程。

此《规程》的发布实施对指导高寒草甸牦牛放牧管理以及防治草地退化等工作将发挥积极的作用，同时可为即将实施的《青海三江源自然保护区生态保护和建设总体规划》提供急需的技术保障和理论支持。

附件 5　高寒人工草地牦牛放牧利用技术规程*

青海省地方标准　DB63/T609—2006

前　言

近年来，国家和青海省投入大量的人力、物力和财力，在高寒草甸退化草地上共建植人工草地约 16 万 hm^2，缓解了建植区天然草地压力及草畜矛盾问题，也在一定程度上遏制了局部生态环境进一步恶化的趋势。但是高寒人工草地放牧利用的研究较少，技术储备不足，没有统一、规范化的放牧利用技术标准。因此，依据 GB/T1. 1—2000《标准化工作导则》的要求，在参阅有关资料和根据三年的人工草地牦牛放牧试验结果，特制定本规程。

本规程由青海省质量技术监督局提出。

本规程起草单位：中国科学院西北高原生物研究所和青海省畜牧兽医科学院。

本规程主要起草人：赵新全、董全民、王启基、马玉寿、王柳英。

1　范围

本规程规定了高寒人工草地牦牛放牧利用时间、放牧利用率、最优放牧强度、植被不退化最大放牧强度等技术内容。

本规程适用于高寒草甸人工草地的牦牛放牧利用。

2　规范性引用文件

下列文件中的条款通过本标准的引用而成为本标准的条款。凡是注日期的引用文件，其随后所有的修改单（不包括勘误的内容）或修订版均不适用于本标准，然而，鼓励根据本标准达成协议的各方研究是否可使用这些文件的最新版本。凡是不注日期的引用文件，其最新版本适用于本标准。

JB/T 7137—1993　　镀锌网围栏基本参数

JB/T7138. 1—7138. 3—1993　　编结网围栏技术条件

* 青海省质量技术监督局 2006-11-21 发布，2007-01-01 实施。

DB63/T209—1994	青海省草地资源调查规程
DB 63/T391—2002	人工草地建设技术规范
DB63/T373—2001	牛皮蝇蛆病防治技术规范
DB63/T462—2004	牦牛寄生虫病防治技术规范

3 术语和定义

3.1 人工草地

高寒人工草地，是在“黑土滩”退化草地上采用人工措施，恢复重建的多年生人工植被群落。

3.2 牧草利用率

以放牧为牧草利用形式，在一定时间内，放牧牦牛在单位面积上的采食量占牧草产量的比例。

3.3 最佳放牧强度

最佳放牧强度，又称最大生产力放牧强度，是指既不造成草地退化，又可获得单位草地面积最大家畜生产力的放牧强度。

4 放牧管理

4.1 围栏

围栏按 JB/T 7137—1993 和 JB/T7138. 1—7138. 3—1993 执行。

4.2 放牧季节

暖季草场放牧时间应为牧草生长季（6 ~ 9 月），冷季草场应在 10 月 ~ 翌年 5 月放牧。

4.3 放牧牦牛

放牧牦牛为 2 岁生长牦牛，平均体重为 100 ~ 110 kg/头，折合 2. 0 个羊单位，而一头成年育成牛相当于 5 个羊单位。

4.4 牦牛疫病防治

常见疾病防治按 DB63/T373—2001 和 DB63/T462—2004 执行。

5 放牧利用技术

5.1 畜群和草场资源的调查

畜群数量、结构，草场资源调查，按 DB63/T209—1994 执行。

5.2 牦牛采食量的确定

依据放牧家畜不同生长阶段和不同生产状况的营养需求，按照以下公式计算放牧畜群的采食量：

成年牦牛的干物质采食量（kg）= 牦牛活重（kg）×2.4%； （附 5-1）

生长牦牛的干物质采食量（kg）= 牦牛活重（kg）×2.5%； （附 5-2）

怀孕母牦牛的干物质采食量（kg）= 牦牛活重（kg）×2.6%； （附 5-3）

5.3 牧草产量的测定

牧草产草量于每年生物量高峰期 8 月中下旬测定，测产取样按 DB63/T390—2002 执行。

5.4 人工草地最佳放牧强度

高寒草甸人工草地的最佳放牧强度为：暖季草场为 2.89 头/ hm^2（14.45 羊单位/ hm^2），冷季草场按牧草营养减损和放牧时间折算为 1.07 头/hm^2（5.35 羊单位/hm^2），年最佳放牧强度为 4.19 羊单位/hm^2。

5.5 放牧利用率

放牧利用率 =（放牧家畜头数 × 采食量）/（草地面积 × 牧草产量） （附 5-4）

根据放牧强度与牧草利用率的对应关系，暖季草场放牧利用率约为 60%，冷季草场放牧利用率约为 70%。

附录（规范性附录）

人工草地放牧强度与三个放牧季牦牛个体增重之间的关系见附表 5-1，这表明牦牛的个体增重 Y 与放牧强度 X（头/hm^2）之间存在一种线性关系：

$$Y = a - bX(b > 0) \quad （附 5-5）$$

附表 5-1 牦牛个体增重随放牧强度的变化

时间	回归方程	r 值	显著水平
第一年	$Y = 51.4910 - 1.2822X$	-0.9853	$P < 0.01$
第二年	$Y = 74.2380 - 3.1618X$	-0.9224	$P < 0.01$
第三年	$Y = 76.2270 - 4.7019X$	-0.9184	$P < 0.01$

尽管对极轻和极重放牧强度下直线或曲线的形状存在一些争议，但对其间很大范围内存在着线性关系，则是人们普遍接受的。

回归方程中的 Y 轴截距（a）和斜率（b）均不相同，一般认为 a 分别表示草场的营养水平，a 值越大表示草场营养水平越高，低放牧强度下家畜个体增重越大；而斜率（b）

则表示草场关于放牧强度的空间稳定性（家畜在不同强度的啃食下，草场维持潜在生产力和植被组成不变的能力）及恢复能力（植被组成改变后恢复到原来状态的能力）。b 值越小个体增重减少越慢，直线 Y 就趋向水平，草场的空间稳定性越好，恢复能力越强。

回归直线 Y 与 X 轴的交点（$X = a/b$）表示家畜个体增重为 0 的放牧强度，即在该放牧强度之下，草场只能支撑家畜维持代谢。若高于该强度，家畜体重则呈负增长。称其为草场的最大负载能力 X_c，这也是草场理论上容纳家畜数量的能力。

当放牧强度为 X，也即每公顷人工草地有 X 头牦牛时，由方程（附 5-5），每公顷人工草地的牦牛总增重 Y_T（kg/hm^2）为

$$Y_T = aX - bX^2 \quad (附 5\text{-}6)$$

对于每公顷人工草地，若以牦牛的活重来度量其牦牛生产力，则方程（附 5-6）表示每公顷草地牦牛生产力与放牧强度之间的定量关系。因为 $b > 0$，Y_T 达到最大值的放牧强度为

$$X^* = a/2b \quad (附 5\text{-}7)$$

X^* 恰好是草场最大负载能力 X_c 的一半。相应的 Y_T 最大值为

$$Y_{Tmax} = a^2/4b = (a/b) \cdot a/4 = X_c \cdot a/4 \quad (附 5\text{-}8)$$

表明每公顷草地的最大牦牛生产力仅由草场的最大负载能力和营养水平决定。可见营养水平和最大负载能力是评价草场的重要指标。

利用（附 5-7）和（附 5-8）式，由附表 5-1 所列各回归方程容易得到人工草地单位面积牦牛增重与放牧强度之间的关系。通过计算得到：牧草生长季放牧的最优放牧强度为 2.89 头/hm^2（14.45 羊单位/hm^2），枯草季放牧（10 月～翌年 5 月）按牧草营养减损和放牧时间折算为 1.07 头/hm^2（5.35 羊单位/hm^2）。

编制说明

人工草地放牧系统集成技术研究，在国外已是很成熟的技术，国内其他地区人工草地放牧利用技术的研究也比较早，但青海高寒人工草地的放牧利用及管理技术还处于初探阶段。将玛沁县高寒人工草地牦牛放牧试验结果进行归纳总结，结合其他地区的成功技术和经验，组装配套，使各项分立技术整体化、系统化，促使高寒人工草地牦牛放牧利用技术上升到规范化、标准化程度，并依照国家标准化导则的要求，制定高寒人工草地牦牛放牧利用技术规程。

此《规程》的发布实施对指导青海高寒人工草地牦牛放牧管理及持续利用以及防止人工草地退化等研究工作将发挥积极的作用，同时可为即将实施的《青海三江源自然保护区生态保护和建设总体规划》提供急需的理论基础和技术支持。

任务来源：国家“十五”科技攻关计划重大项目（2001BA606A—02）。

附件 6　高寒牧区藏羊冷季补饲育肥技术规程*

青海省地方标准　（DB63/T705—2008）

前　言

本规程依据 GB/T1. 1—2000《标准化工作导则》，在参阅有关资料的基础上，总结课题组近年来在玛沁县大武乡格多牧委会和海北高寒草甸定位站对不同生长阶段藏羊冷季补饲、育肥及消化代谢的试验结果，本着科学、实用、先进的原则，特制定本规程。

本规程由中国科学院西北高原生物研究所和青海省畜牧兽医科学院提出并起草。

本规程归口青海省农牧厅。

本规程主要起草人：赵新全、董全民、徐世晓、马有泉、周华坤、杨海明、赵亮、孙小弟、李芙蓉、牛建伟、李善龙、施建军、王彦龙、盛丽、杨时海、王柳英。

本规程由青海省质量技术监督局发布。

本规程附录均为资料性附录。

1　范围

本规程规定了高寒牧区羔羊、生长和成年藏羊冷季补饲、育肥的饲喂量及日粮组成等技术内容。

本规程适用于高寒牧区羔羊、生长和成年藏羊冷季补饲、育肥。

2　规范性引用文件

下列文件中的条款通过本标准的引用而成为本标准的条款。凡是注日期的引用文件，其随后所有的修改单（不包括勘误的内容）或修订版均不适用于本标准，然而，鼓励根据本标准达成协议的各方研究是否可使用这些文件的最新版本。凡是不注日期的引用文件，其最新版本适用于本标准。

NY5148—2001　　　　肉羊饲养兽药使用准则

---

* 青海省质量技术监督局 2008-05-21 发布，2008-06-30 实施。

NY/T 63—2002	天然草地合理载畜量的计算
DB63/336—1999	牛羊配合饲料
DB 63/T 435—2003	牛、羊规模饲养防疫技术
DB63/607—2006	高寒草甸牦牛放牧利用技术规程
DB63/609—2006	高寒人工草地牦牛放牧利用技术规程

3 术语和定义

3.1 高寒牧区

高寒牧区是青海境内平均海拔在3000 m以上、年均温 -4 ~0℃的广大牧区。

3.2 补饲育肥

补饲育肥是由于家畜采食日粮中蛋白质缺乏、摄入能量不足，通过补充高营养浓度的饲草料，达到快速增重和提高肉的品质、加快家畜出栏速度的饲养方式。

3.3 冷季放牧、补饲及育肥时间

高寒地区冷季时间为11月～翌年5月；其间8:30～18:00进行放牧，归牧后（18:00左右）进行补饲；育肥藏羊不放牧，早（8:00左右）、晚（18:00左右）各饲喂一次。

4 日粮组成及配置

依据不同生长阶段放牧藏羊的消化特点、代谢能和蛋白质营养需要及该地区现有饲草料资源（附录6-1），同时参照DB63/336—1999确定羔羊、生长和成年藏羊补饲和育肥日粮的组成、补饲量及其配置（附表6-1和附表6-2）。

附表6-1 补饲日粮组成、补饲量及其配置

项目	精料（其中磷酸氢钙2%、盐1%、添加剂1%）			青干草补饲量（kg/只）
	代谢能（MJ/kg）	可消化蛋白质（%）	精料补饲量（kg/只）	
羔羊	11.5～12.3	11.5～12.5	0.1～0.2	0.20～0.4
生长藏羊	12.0～12.5	9.5～11.0	0.3～0.4	0.3～0.5
成年藏羊	11.5～12.5	8.5～9.5	0.2～0.3	0.3～0.6

附表6-2 育肥日粮组成、饲喂量及其配置

项目	精料（其中磷酸氢钙2%、盐1%、添加剂1%）			青干草比例（%）	饲喂量（kg/只）
	代谢能（MJ/kg）	可消化蛋白质（%）	精料比例（%）		
羔羊	11.5～12.0	11.5～12.5	0	100	0.6～0.8
生长藏羊	12.0～12.5	9.5～11.0	60	40	1.0～1.2
成年藏羊	11.5～12.5	8.5～9.5	40	60	1.2～1.6

5 补饲、育肥方式

5.1 补饲方式

8:30～18:00 参照 DB63/607—2006 和 DB63/609—2006 放牧，归牧后（18:00 左右）进行补饲。不同生长阶段藏系绵羊的日粮补饲量及其配置见附表 6-1。

5.2 育肥方式

依据 NY/T 63—2002、现代中国养羊和青海省畜禽品种志对不同生长阶段藏羊体重的测量统计，羔羊（6 月龄以内）的体重范围为：小于 20kg，生长藏羊（6～30 月龄）为 20～35kg，成年藏羊（30 月龄以上）大于 35kg。

依据不同生长阶段的蛋白质和能量需求，按照以下公式计算育肥藏羊的饲喂量：

羔羊的干物质采食量（kg）= 藏羊活重（kg）×2.8% （附 6-1）

生长藏羊的干物质采食量（kg）= 藏羊活重（kg）×3.0% （附 6-2）

成年藏羊的干物质采食量（kg）= 藏羊活重（kg）×2.5% （附 6-3）

不同生长阶段藏羊的育肥日粮及饲喂量见附表 6-2。预饲期逐渐增加精料的比例、饲喂方式见附表 6-3 和附表 6-4。

附表 6-3 生长藏羊饲喂方式

预试期天数（天）	精料（%）	青干草（%）
1～3	0	100
4～6	20	80
7～9	40	60
10～12	50	50
13～15	60	40
开始育肥（16～75）	60	40

附表 6-4 成年藏羊饲喂方式

预试期天数（天）	精料（%）	青干草（%）
1～3	0	100
4～6	20	80
7～9	25	75
10～12	35	65
13～15	40	60
开始育肥（16～75）	40	60

6 补饲、育肥管理

饲养管理参照 NY5148—2001 和 DB63/T 435—2003 执行。

7 生产和经济效益

生产和经济效益见附录 6-2 和附录 6-3。

附录 6-1（资料性附录）

根据不同活重和不同日增重条件下的代谢能和可消化蛋白质的需求量及该地区现有饲草料资源确定补饲、育肥日粮的组成（附表 6-5 和附表 6-6）。

附表 6-5 舍饲育肥羊的营养需要标准

活重（kg）	干物质（kg）	代谢能（MJ/kg）	可消化蛋白质（g/kg）	矿物质（g）			维生素		
				钙	磷	食盐	胡萝卜素（mg）	维生素 A（国际单位 IU）	维生素 D（国际单位 IU）
平均日增重 150 g									
20	0.80	11.25	12.5	4.1	3.0	4	6	2400	300
30	0.95	12.64	11.7	5.7	3.3	6	6	2400	450
40	1.25	12.58	9.6	6.0	3.7	8	7	2800	480
50	1.45	12.61	9.3	7.2	4.3	9	8	3200	500
60	1.60	12.63	9.1	8.3	4.3	10	8	3200	500
平均日增重 200 g									
20	0.85	12.35	12.9	4.3	3.1	5	6	2400	300
30	1.10	12.52	10.9	6.1	3.6	6	7	2800	480
40	1.40	12.04	9.3	6.7	4.2	8	9	3600	500
50	1.65	12.17	8.5	8.2	4.9	10	9	3600	600
60	1.80	12.78	8.3	9.0	5.0	11	10	4000	680

附表 6-6 各饲料成分的代谢能、粗蛋白及可消化蛋白质的含量

饲料名称	代谢能（MJ/kg）	可消化粗蛋白（%）	粗蛋白（%）
谷物籽实			
大麦（贵南混合）	12.94	7.0	8.0
青稞（门源）	12.72	11.0	12.4

续表

饲料名称	代谢能（MJ/kg）	可消化粗蛋白（%）	粗蛋白（%）
小麦（海西高原338）	13.31	8.7	9.7
玉米（贵德）	13.21	7.8	8.9
干草			
燕麦草	6.71	7.6	8.5
油菜秸秆（乐都）	5.77	5.4	6.1
油菜秸秆（贵南）	5.83	3.9	4.6
青稞秸秆（贵德）	5.88	4.5	5.2
蚕豆秸秆（湟源）	7.06	8.0	9.0
马铃薯秧（乐都）	5.84	6.7	7.6
豌豆秸秆（贵德）	3.32	7.2	8.1
豆类			
蚕豆（大通）	13.30	21.4	24.9
豌豆（大通）	13.22	17.9	20.6
饼类			
菜籽饼（湟中脱毒）	13.36	26.2	30.5
菜籽饼（门源）	13.48	25.8	30.0
菜籽饼（门源浸出）	14.14	34.3	40.0
胡麻饼（湟中）	14.39	24.5	27.9
青稞酒酒渣（湟源）	13.86	12.8	21.4
尿素	0	—	250

附录6-2（资料性附录）

在玛沁县大武乡的格多牧委会牧户（4户）羊群内选取健康、生长发育良好的羔羊、生长藏羊和成年藏羊各40只，平均体重分别为（18.50±2.2）kg、（31.45±2.5）kg和（45±3.0）kg。试验组各为30只，对照组各为10只。所有藏羊的补饲均在露天进行，补饲期一般为11月下旬~翌年5月上旬。

在160天的补饲期内，各处理组补饲藏羊的经济效益见附表6-7。在补饲期内，不同生长阶段藏羊比对照获利［每只藏羊体重相对于对照的增加（kg/只）×藏羊活重的价格（元/kg）］分别为40.18元/只、63.24元/只和57.65元/只。

附表 6-7　不同生长阶段补饲藏羊的生产和经济效益*

项目	处理		
	羔羊	生长藏羊	成年藏羊
对照组总增重（kg/只）	-0.78	-1.70	-1.41
比对照增加（kg/只）	9.21	7.24	8.45
比对照的相对提高（%）	68.21	56.32	50.32
收入比对照增加（元/只）	40.18	63.42	57.65

* 所有价格均以当年不变价格计算

附录 6-3（资料性附录）

在牧户羊群内，选取健康、生长发育良好的羔羊和生长藏羊各 30 只进行育肥。整个试验包括 15 天预试期和 50 天的育肥期；经济效益见附表 6-8。羔羊和生长藏羊的育肥利润分别为 43.30 元/只和 43.69 元/只。

附表 6-8　不同日粮下生长绵羊增重及经济效益比较*

项目		开始重（kg）	采食量（kg/只）	绝对增重（kg/只）	日粮成本（元/kg）	利润（元/只）	比对照高（元/只）
羔羊	育肥	18.8	45.21	9.42	0.50	43.30	53.94
	对照	18.42	—	- 1.52	—	- 10.64	—
生长藏羊	育肥	24.3	56.5	10.6	0.54	43.69	63.36
	对照	24.9	—	-2.81	—	-19.67	—

* 所有价格均以当年不变价格计算

编 制 说 明

根据青海省质量技术监督局文件（青质监标［2008］30号），基于“十一五”国家科技支撑计划重点项目（2006BAC01A02）和中国科学院西部行动计划（二期）项目（KZCX2—XB2—06）实施编制高寒牧区藏羊冷季补饲、育肥技术规程。

长期以来，由于高寒牧区牧草生产与藏系绵羊营养需要的季节不平衡，藏系绵羊生产长期处于“夏饱、秋肥、冬瘦、春乏”的恶性循环之中。改变粗放的传统经营，运用综合配套技术和集约化生产的经营模式，提高草地资源的利用效率，是实现该地区生态畜牧业持续、高效发展的必由之路。为促进高寒牧区畜牧业可持续发展，使藏系绵羊补饲、育肥工作有章可循，基于在果洛藏族自治州玛沁县和海北州门源县实施的藏系绵羊补饲和育肥项目的成功技术和经验，总结近年来对不同生长阶段藏系绵羊冷季补饲、育肥及消化代谢的试验结果，使各项分立技术整体化、系统化，促使此项工作上升到规范化、标准化程度，制定出系统而完整的“高寒牧区藏羊冷季补饲、育肥技术规程”。

本规程依托畜牧学和现代科学技术，以市场为导向、以生产效益为中心、以牧民增收为目的，实行冷季补饲、育肥，不但可以解决青海省高寒牧区草畜矛盾及季节不平衡，维持草地畜牧业可持续发展，而且可推进青海省高寒牧区畜牧业由粗放经营向集约化经营的转变，提高畜牧业综合效益。《规程》的发布实施对缓解青海高寒牧区牧草生产与藏系绵羊营养需要的季节不平衡，促进牧草产业化和推进生态畜牧业的发展将发挥积极的作用。

附件7　高寒牧区牦牛冷季补饲育肥技术规程*

青海省地方标准　DB63/T704—2008

前　言

尽管众多学者对青海高寒牧区牦牛冷季补饲、育肥做了相关的试验研究，却没有对不同生长阶段牦牛冷季补饲、育肥做系统的研究，因而在牦牛冷季补饲、育肥实践中难以操作，进而影响我省生态畜牧业的发展和推进。因此，本规程依据GB/T1.1—2000《标准化工作导则》，在参阅有关资料的基础上，总结课题组近年来对不同生长阶段牦牛冷季补饲、育肥及消化代谢的试验结果，本着科学、实用、先进的原则，特制定本规程。

本规程由中国科学院西北高原生物研究所和青海省畜牧兽医科学院提出并起草。

本规程归口青海省农牧厅。

本规程主要起草人：赵新全、董全民、徐世晓、马有泉、周华坤、赵亮、杨海明、孙小弟、李芙蓉、牛建伟、李善龙、施建军、王彦龙、盛丽、杨时海、王柳英。

本规程由青海省质量技术监督局发布。

本规程附录均为资料性附录。

本规程规定了高寒牧区犊牛生长和成年牦牛冷季补饲、育肥的饲喂量及日粮组成等技术内容。

本规程适用于高寒牧区犊牛生长和成年牦牛冷季补饲、育肥。

1　规范性引用文件

下列文件中的条款通过本标准的引用而成为本标准的条款。凡是注日期的引用文件，其随后所有的修改单（不包括勘误的内容）或修订版均不适用于本标准，然而，鼓励根据本标准达成协议的各方研究是否可使用这些文件的最新版本。凡是不注日期的引用文件，其最新版本适用于本标准。

NY5127—2001　　无公害食品肉牛饲养饲料使用准则

NY5128—2001　　无公害食品肉牛饲养管理准则

* 青海省质量技术监督局2008-05-21发布，2008-06-30实施。

DB63/336—1999　　牛羊配合饲料
DB 63/T 435—2003　　牛、羊规模饲养防疫技术
DB63/607—2006　　高寒草甸牦牛放牧利用技术规程
DB63/609—2006　　高寒人工草地牦牛放牧利用技术规程

2　术语和定义

2.1　高寒牧区

高寒牧区是青海境内平均海拔在3000 m以上、年均温 -4 ~0℃的广大牧区。

2.2　补饲育肥

补饲育肥是由于家畜采食日粮中蛋白质缺乏、摄入能量不足，通过补充高营养浓度的饲草料，达到快速增重和提高肉的品质、加快家畜出栏速度的饲养方式。

2.3　冷季放牧、补饲及育肥时间的界定

高寒地区冷季时间为11月 ~ 翌年4月；8:30 ~ 18:00进行放牧，归牧后（18:00左右）进行补饲；育肥牦牛不放牧，早（8:00左右）、晚（18:00左右）各饲喂一次。

3　日粮组成及配置

依据不同生长阶段放牧牦牛的消化特点、代谢能和蛋白质营养需要及该地区现有饲草料资源（附录7-1），同时参照DB63/336—1999和NY5127—2001确定犊牛、生长和成年牦牛的日粮组成、补饲量及其配置（附表7-1和附表7-2）。

附表7-1　补饲日粮组成及饲喂量

项目	精料（其中磷酸氢钙2%、盐1%、添加剂1%）			青干草饲喂量（kg/头）
	代谢能（MJ/kg）	可消化蛋白质（%）	精料补饲量（kg/头）	
犊牛	11.7 ~ 14.3	10.6 ~ 12.8	0.1 ~ 0.2	0.4 ~ 0.6
生长牦牛	9.4 ~ 10.6	7.5 ~ 9.3	0.4 ~ 0.6	0.3 ~ 0.4
成年牦牛	7.8 ~ 9.1	7.5 ~ 8.6	0.3 ~ 0.4	0.4 ~ 0.6

附表7-2　育肥日粮组成及饲喂量

项目	精料（其中磷酸氢钙2%、盐1%、添加剂1%）			青干草比例（%）	总饲喂量（kg/头）
	代谢能（MJ/kg）	可消化蛋白质（%）	精料比例（%）		
犊牛	11.7 ~ 14.3	10.6 ~ 12.8	0	100	1.2 ~ 2.2
生长牦牛	9.4 ~ 10.6	7.5 ~ 9.3	60	40	2.3 ~ 4.0
成年牦牛	7.8 ~ 9.1	7.5 ~ 8.6	40	60	3.8 ~ 4.8

4 补饲、育肥方式

4.1 补饲方式

8:30～18:00 参照 DB63/607—2006 和 DB63/609—2006 放牧，归牧后（18:00 左右）进行补饲。不同生长阶段牦牛的补饲日粮及补饲量见附表 7-1。

4.2 育肥方式

犊牛（1 岁以内）的体重范围为：小于 90 kg（1 岁以下），生长牦牛（1～4 岁）为 90～160 kg，成年牦牛（4 岁以上）大于 160 kg。

依据牦牛不同生长阶段的营养需求，按照以下公式计算育肥牦牛的采食量：

犊牛的干物质采食量（kg）= 牦牛活重（kg）×2.3%　（附 7-1）

生长牦牛的干物质采食量（kg）= 牦牛活重（kg）×2.5%　（附 7-2）

成年牦牛的干物质采食量（kg）= 牦牛活重（kg）×2.4%　（附 7-3）

不同生长阶段牦牛的育肥日粮及饲喂量见附表 7-2，预饲期逐渐增加精料的比例、饲喂方式见附表 7-3 和附表 7-4。

附表 7-3　生长牦牛饲喂方式

预试期天数（天）	精料（%）	青干草（%）
1～3	0	100
4～6	20	80
7～9	40	60
10～12	50	50
13～15	60	40
开始育肥（16～75）	60	40

附表 7-4　成年牦牛饲喂方式

预试期天数（天）	精料（%）	青贮草（%）
1～3	0	100
4～6	20	80
7～9	25	75
10～12	35	65
13～15	40	60
开始育肥（16～75）	40	60

5 补饲、育肥管理

补饲和育肥饲养管理参照 NY5128—2001 执行，疾病防治按照 DB63/T 435—2003

执行。

6 生产和经济效益

生产和经济效益见附录 7-2 和附录 7-3。

附录 7-1（资料性附录）

根据对生长牦牛能量和蛋白质代谢的研究，在精料型日粮和粗饲日粮条件下，生长牦牛代谢能需要量分别为 ME（MJ/d）$=0.458W^{0.75}+(8.732+0.091W)\times\Delta G$ 和 ME（MJ/d）$=1.393W^{0.52}+(8.732+0.091W)\times\Delta G$；生长牦牛的 CP 需要量为 RDCP $=6.093W^{0.52}+(1.1548/\Delta W+0.0509/W^{0.52})^{-1}$。

其中 $6.093W^{0.52}$ 为维持的氮需要量；$(1.1548/\Delta W+0.0509/W^{0.52})^{-1}$ 为增重需要；ME 为代谢能；W 为牦牛体重；ΔG 为牦牛活体增重；RDCP 为生长牦牛粗蛋白需要量。

根据以上公式，测定不同活重条件下生长牦牛蛋白质和代谢能需要量见附表 7-5。

附表 7-5 不同活重条件下生长牦牛蛋白质和代谢能需要量

体重（kg）	日增重（g/d）	干物质采食量（g/d）	粗蛋白（%）	代谢能（MJ/d）
70	200	1204	15.26	14.11
	400		18.45	17.13
	600		20.06	20.15
100	200	1699	12.27	18.04
	400		15.04	21.61
	600		16.51	25.18
130	200	2194	10.41	21.74
	400		12.88	25.85
	600		14.24	29.96
160	200	2689	9.12	25.24
	400		11.36	29.9
	600		12.62	34.56

附录 7-2（资料性附录）

在玛沁县大武乡的格多牧委会牧户（4 户）牛群内选取健康、生长发育良好的 18 月龄阉割过的公牦牛共计 200 头，分为 4 组，每组 50 头，平均体重为 90 kg ± 10 kg。第一组（处理 A）每头每天补饲 0.5 kg 的精料；第二组（处理 B）每头每天补饲 0.5 kg 的青干披碱草；第三组（处理 C）每头每天补饲 0.25 kg 的精料 + 0.25 kg 青干披碱草；第四组（对照 CK）自由放牧，不补饲。所有牦牛的补饲均在露天进行。补饲期一般为 11 月下旬~翌年5月上旬。

在162天的补饲期内，各处理组补饲牦牛的经济效益见附表7-6。在补饲期内，不同处理组牦牛比对照获利［每头牦牛体重相对于对照的增加（kg/头）×牦牛活重的价格（元/kg）］分别为122.88元/头、83.28元/头和77.36元/头，各处理组牦牛补饲的总成本分别为69.66元/头、46.98元/头和24.30元/头。不同日粮补饲组牦牛的产出投入比分别为1.76:1、1.77:1和3.18:1。

附表7-6 不同补饲日粮下牦牛的生产和经济效益*

项目	处理			
	A	B	C	CK（对照）
总增重（kg/头）	-0.78	-5.75	-6.49	-16.16
比对照的相对增加（kg/头）	15.36	10.41	9.67	—
比对照的相对提高（%）	95.05	64.42	59.84	—
采食总量（kg/头）	81.00	81.00	81.00	—
采食量/相对个体增重	5.23	7.68	8.38	—
相对收入（元/头）	122.88	83.28	77.36	—
补饲成本（元/天）	0.43	0.29	0.15	—
总成本（元/头）	69.66	46.98	24.30	—
产出投入比	1.76:1	1.77:1	3.18:1	—

*所有价格均以当年不变价格计算

附录7-3（资料性附录）

在玛沁县大武乡的格多牧委会牧户牛群内随机选取健康、生长发育良好的42月龄阉割过的公牦牛15头，平均体重为120 kg±10 kg，按体重随机分为3组（每组5头），A组日粮组成为：35%燕麦草+20%菜籽饼+41%青稞+2%磷酸氢钙+1%盐+1%添加剂；B组日粮组成为：65%燕麦草+19%菜籽饼+12%青稞+2%磷酸氢钙+1%盐+1%添加剂。另外30月龄岁阉割过的公牦牛20头，平均体重为100 kg±10 kg，按体重随机分为4组（每组5头），C组日粮组成为：40%披碱草+20%菜籽饼+36%青稞+2%磷酸氢钙+1%盐+1%添加剂；D组日粮组成为：60%燕麦草+19%菜籽饼+17%青稞+2%磷酸氢钙+1%盐+1%添加剂；E组为100%的青干披碱草；CK为对照组，自由放牧，不补饲，无棚舍。

在50天的育肥期内，A组、B组、C组、D组和E组的利润分别为20.60元/头、55.07元/头、12.46元/头、29.86元/头和54.39元/头。42月龄的A组和B组比其对照组分别高82.2元/头和116.67元/头，而30月龄的C组、D组和E组分别比其对照组高60.13元/头，77.53元/头和102.06元/头。精料A和C组产出投入比分别是1.15:1和1.16:1，中等精料B和D组产出投入比分别是1.89:1和1.54:1，处理E的产出投入比是4.52:1，远远高于其他处理组（附表7-7）。

附表 7-7　不同日粮育肥牦牛的经济效益分析*

组别	饲料价格（元/kg）	活体增重（kg/头）	活体增重成本（元/kg）	利润（元/头）	比对照增加（元/头）	产出投入比
A	0.79	22.64	6.09	20.60	82.20	1.15∶1
B	0.49	16.74	3.71	55.07	116.67	1.89∶1
CK1	—	-8.8	0	-61.60	—	—
C	0.72	13.62	6.06	12.46	60.13	1.16∶1
D	0.54	12.14	4.54	29.86	77.53	1.54∶1
E	0.20	9.98	1.55	54.39	102.06	4.52∶1
CK2	—	-6.81	0	-47.67	—	—

* 所有价格均以当年不变价格计算

编 制 说 明

根据青海省质量技术监督局文件（青质监标［2008］30号），基于“十一五”国家科技支撑计划重点项目（2006BAC01A02）和中国科学院西部行动计划（二期）项目（KZCX2—XB2—06）实施编制高寒牧区牦牛冷季补饲育肥技术规程。

长期以来，由于高寒牧区牧草生产与牦牛营养需要的季节不平衡，牦牛生产长期处于“夏饱、秋肥、冬瘦、春乏”的恶性循环之中。改变粗放的传统经营，运用综合配套技术和集约化生产的经营模式，提高草地资源的利用效率，是实现该地区生态畜牧业持续、高效发展的必由之路。为促进高寒牧区畜牧业可持续发展，使牦牛补饲、育肥工作有章可循，基于在果洛藏族自治州玛沁县实施的牦牛补饲和育肥项目的成功技术和经验，总结近年来对不同生长阶段牦牛冷季补饲、育肥及消化代谢的试验结果，使各项分立技术整体化、系统化，促使此项工作上升到规范化、标准化程度，制定出系统而完整的“高寒牧区牦牛冷季补饲育肥技术规程”。

本规程依托畜牧学和现代科学技术，以市场为导向、以生产效益为中心、以牧民增收为目的，实行牦牛冷季补饲育肥，不但可以解决青海省高寒牧区草畜矛盾及季节不平衡，维持草地畜牧业可持续发展，而且可推进青海省高寒牧区畜牧业由粗放经营向集约化经营的转变，提高牦牛产业的综合效益。《规程》的发布实施对缓解青海高寒牧区牧草生产与牦牛营养需要的季节不平衡、促进牧草产业化和推进生态畜牧业的发展将发挥积极的作用。